EMOTION
(Third Edition)

情绪心理学

（原著第三版）

［美］Michelle N. Shiota, James W. Kalat　著

周仁来　等　译

中国轻工业出版社

图书在版编目（CIP）数据

情绪心理学：原著第三版 /（美）米歇尔·N. 希奥塔（Michelle N. Shiota），（美）詹姆斯·W. 卡拉特（James W. Kalat）著；周仁来等译. —北京：中国轻工业出版社，2021.4（2024.7重印）

ISBN 978-7-5184-3291-2

Ⅰ. ①情… Ⅱ. ①米… ②詹… ③周… Ⅲ. ①情绪-心理学 Ⅳ. ①B842.6

中国版本图书馆CIP数据核字（2020）第233724号

版权声明

2018 by Oxford University Press.
EMOTION (THIRD EDITION) was originally published in English in 2018. This translation is published by arrangement with Oxford University Press. China Light Industry Press Ltd. / Beijing Multi-Million New Era Culture and Media Company, Ltd. is solely responsible for this translation from the original work and Oxford University Press shall have no liability for any errors, omissions or inaccuracies or ambiguities in such translation or for any losses caused by reliance thereon.

保留所有权利。非经中国轻工业出版社"万千心理"书面授权，任何人不得以任何方式（包括但不限于电子、机械、手工或其他尚未被发明或应用的技术手段）复印、拍照、扫描、录音、朗读、存储、发表本书中任何部分或本书全部内容。中国轻工业出版社"万千心理"未授权任何机构提供源自本书内容的电子文件阅览、收听或下载服务。如有此类非法行为，查实必究。

责任编辑：潘　南　　　责任终审：腾炎福
策划编辑：高小菁　　　责任校对：刘志颖　　　责任监印：吴维斌

出版发行：中国轻工业出版社（北京鲁谷东街5号，邮编：100040）
印　　刷：三河市鑫金马印装有限公司
经　　销：各地新华书店
版　　次：2024年7月第1版第3次印刷
开　　本：850×1092　1/16　印张：32
字　　数：400千字
书　　号：ISBN 978-7-5184-3291-2　定价：118.00元

读者热线：010-65181109
发行电话：010-85119832　010-85119912
网　　址：http://www.chlip.com.cn　http://www.wqedu.com
电子信箱：1012305542@qq.com

版权所有　侵权必究
如发现图书残缺请拨打读者热线联系调换

240966Y2C103ZYW

译者序

《情绪心理学》从原著第一版到第二版的翻译出版相隔五年。现在，又一个五年过去了，我很高兴能够把第三版带到国内的广大读者面前。从第一版走到第三版，我心中的欣慰和激动难以言表。

我们进行第三版的翻译和审阅时，适逢新型冠状病毒感染疫情全球大流行。疫病本身和为了阻断疫病而必须采取的隔离措施对个体生活与社会运行带来的巨大压力，在这段特殊时期里迅速滋生出抑郁、焦虑和创伤等种种困扰，再次警醒人们情绪在心理健康中的独特性和重要性。

早在2016年，为了贯彻落实习近平总书记在2016年全国卫生与健康大会上的讲话要求，落实"十三五"规划纲要和"健康中国2030"规划纲要，国家卫生计生委、中宣部、中央综治办、民政部等22个部门就共同印发了《关于加强心理健康服务的指导意见》，以推动我国心理健康领域的发展。2019年，《柳叶刀·精神病学》在线发表了北京大学第六医院社会精神病学与行为医学研究室主任黄悦勤教授团队"中国精神卫生调查"的第一批主要结果，这是我国首次全国性的精神障碍流行病学调查。调查显示，任何一种精神障碍（不含老年期痴呆）患病率已达到了9.32%。中国工程院院士、抗疫英雄钟南山教授也曾在一次围绕慢性病患者情绪调节的科普讲座中告诫公众："健康的一半是心理健康，疾病的一半是心理疾病！"而在全球范围内，近20年，尤其是最近10年来，以应对各种情绪障碍为目标的情绪调节研究如雨后春笋般迅猛增长。我们课题组这几年也在这方面做了许多工作。我们在国际上首次采用标准化工作记忆训练提高了抑郁倾向个体和吸毒者的情绪调节能力，为大规模、便捷化的情绪调节自我训练提供了良好的应用前景（更多信息可参见 http://rlrw.nju.edu.cn）。我们也期待和欢迎国内更多学者关注情绪调节策略对心理健康的影响研究，以回应时代的需求，增进人民的福祉。

与第二版相比，第三版新增了第 4 章、第 5 章和第 9 章，分别探讨情绪的诱因、情绪的多渠道表达以及人际社会中的情绪。第二版中对各种积极和消极情绪的介绍所占篇幅较大，一共有 5 章之多。如今第三版将这些内容加以提炼，并重新组织，分为第 11 章和第 12 章。除了这些整体编排上的较大改动以外，书中所介绍和引用的研究结果也进行了全盘更新。而基于大量新近研究结果所展开的理论探讨，自然更是与第二版大相径庭，值得读者认真、细致地进行审视和思考。

第二版和第三版的译者都来自我们的课题组，主要是北京师范大学和南京大学的研究生和本科生。第三版新增 3 章的译者分别是：第 4 章，周仁来；第 5 章，杨雄祥（南京大学心理学系 2017 级本科生）；第 9 章，梁仕奕（南京大学心理学系 2017 级本科生）。和第二版一样，第三版全书的审阅工作也由我负责。

最后，感谢"万千心理"十年来对于《情绪心理学》从第一版到第三版的不懈支持！本书翻译如有错漏之处，还请各位读者不吝指正。相信这本《情绪心理学》（原著第三版）能够一如前两版那样，不仅带来扎实、丰富的信息，也带来愉快、兴奋的阅读体验！

祝愿疫情早日过去，祝愿每一位读者拥有健康的体魄，更拥有健康的情绪！

周仁来

2020 年 12 月 18 日

于南大和园

序　言

你能想象出没有情绪的人生是怎样的吗？不妨试试看。假设你不具备任何与情绪有关的能力，你对世界的体验会变成什么样子呢？你的信念、判断力和决策力会发生变化吗？你的行为呢？如果抛开一切情绪因素，你和他人的关系会是什么样子的呢？试着不带有任何情绪成分地去感受音乐、文字、电影、舞蹈、绘画及建筑等多种艺术形式。从生活中彻底摒除情绪究竟是种怎样的感觉？很难想象，对不对？无论是好是坏，情绪都是人类的基本构成要素之一，扎根于我们生活中的每一个方面，密不可分。而对于心理学的学习者们来说，有关人类精神世界的若干根本问题无一不涉及情绪。如果你熟悉临床心理治疗领域，那么你就会认同，情绪问题是心理障碍中最为常见且对患者损害最深的一类症状。同样地，情绪在认知、社会互动、个体发展和人格领域也扮演着重要角色。

但是，与情绪在人类主观体验中的不可或缺相比，你会惊讶地发现，有关感情的科学——即情绪研究——仍是心理学中一个相当年轻的分支。20世纪中叶，行为主义完全统治着实验心理学，有关情绪的研究寥寥无几。在实验室研究出现之后，所谓的情绪研究大部分局限于"条件反射式的情绪反应"。也就是说，学者使用的是经典条件反射的研究范式，而不是情绪本身的研究方法。行为主义心理学家认为情绪是私人的、纯属主观的、无法观察的，因而不适合作为严谨的实证研究的对象。1971年，也就是本书作者之一James Kalat取得博士学位的那一年，对情绪感兴趣的心理学家少得可怜。

不过，自那时起，情绪研究在数量和质量两方面都出现了大幅增长。来自社会心理学、发展心理学及神经科学领域的研究者们逐渐"发现"了情绪，挖掘出许多有趣的故事来讲。他们的研究告诉了我们人类什么时候会有情绪，为什么会有情绪以及情绪如何影响人们的生活等方面的信息。尽管情绪研究渗透在心理学的每个分支领域当中，但它们在社会心理学、认知心理学等学科的教科书中，却很少以自己的本来面目出现。如今的研究者普遍认可情绪是人类体验的核心方面之一，因此我们相信，一门专职探讨情绪议题的课程势必成为心理学课程体系的重要部分。

2001年秋天，本书作者之一（James Kalat）酝酿写作一本以情绪为主题的教科书，在他的构想中，这将是一项非常有意思也非常富于挑战的任务。不过，他明白自己在该领域的知识积累对于完成这样的任务来说还远远不够，他必须找到一位优秀的合作者才行。此时他写作的心理学导论教科书刚刚交稿不久，责任编辑给他发来了一批最新的同行匿名审稿意见。其中一份意见展现出了非凡的眼界和出色的写作功力，而这份意见的作者恰好是一名情绪研究领域的专家。后续的一系列电话和邮件让Kalat结识了这位匿名审稿人——当时还在加州大学伯克利分校读研究生的Michelle Shiota。更加令人高兴的是，她对合作写一本有关情绪的教科书充满热情。随着岁月流逝，双方的合作成果喜人（但合作几乎完全是通过电子邮件和电话联系实现的，两位作者直到2013年才终于在一次学术会议中见上了面）。两个不同领域、不同视角的专家，为了一个共同的目标团结协作，精心成就了这本情绪心理学教科书。

近20年时光荏苒，与2001年相比，如今的情绪研究已经是一个颇为显赫的心理学分支领域。不少专业学术期刊全心关注着情绪理论和情绪研究；越来越多的大学心理学系在研究生阶段开设情绪心理学课程；情绪成为众多学术组织和学术会议的工作重心。现在已成为教授的Shiota在给本科学生的课堂上使用这本书作为教材——其他许多国家的大学老师也是这样做的。我们很高兴能够紧随情绪心理学领域的发展不断进步，从而将这本书的第三版交到读者手中。衷心期待您阅读它的过程和我们编写它的过程一样，愉快而充实。

本教材的宗旨

我们的写作目标是为读者提供一份涵盖情绪理论和情绪研究的全方位教学

用书，其内容跨越了临床、生物、社会、人格、发展及认知心理学等多个传统心理学分支。虽说全书的重心主要放在心理学的理论和研究上，但我们也涉及了哲学、人类学、社会学等其他学科中的有关内容。读完本书，您对于情绪科学领域内各个主要议题将获得一套比较全面的认识。而成为我们这本书的读者，最好先修完心理学导论课程，换句话说，需要对实验设计、经典条件反射、神经元以及诸如此类的基本概念有所了解。除此以外，阅读本书无须再满足什么条件。我们相信，大学二年级、三年级、四年级的学生阅读这本书都是十分合适的，在某些硕士研究生课程里使用它也很恰当。

在本书的前几章里，我们一一介绍了主要的情绪理论，随后，有关这些理论的反复探讨将持续进行直至尾声。与此同时，我们也非常重视科学范式在情绪研究中的价值。我们当然不能轻忽人文艺术对于我们认识情绪的本质、情绪的起源以及情绪与行为关系的重大贡献，但我们也力求凸显实证研究方法在破解上述课题中所发挥的关键作用。20世纪中期大行其道的行为主义并非一无是处——情绪的确是内隐且难于测量的——你将在本书中多次读到这个知识点。我们希望您能带着富于建设性的怀疑精神来阅读本书，即对情绪进行科学研究是可行的。尽管存在种种挑战，但不屈不挠的研究者们已经发明了诸多新鲜巧妙的方法，在实验室里和实验室外激发并测量人类的情绪。

如果您能够在阅读本书时对提及的情绪理论或研究进行批判性的思考，我们将非常欣慰。情绪科学是一个十分年轻的领域，即便使用最乐观的说法，我们也必须承认许多重要的情绪议题还未得到圆满的解答。世界上没有完美的科学研究。我们希望读者对书中每一项研究的优势和缺陷都有所认识。您可能会发现，有些研究与另一些研究彼此冲突，原本已经认可的研究发现突然间被标上了问号，甚至一些基本原则也仍然处于争议之中。相比将有关情绪的这门科学表现得圆满又整洁，我们认为，应当诚实地展现出该领域的复杂性。我们相信，您能够审慎地评估多方证据，从而得出自己的结论。

最后需要说明的是，在筹备第一版的时候，我们经过深思熟虑，决定使用亲切随意，外加一点搞笑的写作风格。而这种文风也延续到目前的第三版中。我们和语言、观点一道做游戏，调动幽默感，并且欢迎您体会有关我们自身的有趣例子。如果您能把书中的概念、原理应用到自己的生活里去，那我们会更加高兴的。情绪研究可以通过多种方式丰富您的人生体验。我们希望，阅读本书不仅可以增长您的学术知识，还能增强您让自己和身边人提升生活质量的技巧与智慧。

教学特色

本书包含不少有利于提升学习效果的特征，以图促进读者积极代入内容素材，增强批判性思考，并将所思所感运用到自己的生活实践当中。这些有益于教学的特点如下：

- 在前几章中系统呈现主要的理论课题，在其余章节中只要遇到有关的实证研究发现，立即对理论课题进行回顾。
- 总是细致地讨论研究所用到的方法、所获得的结果与结论，引导读者学会审慎地看待方法与结论之间的关系。
- 广泛运用现实生活中的例子，以一种引人入胜的方式生动解说抽象的概念和机制。
- 每一章都提供了一系列思考题和讨论题，从而帮助读者在面对新内容时对其展开批判性思考并妥善运用。同时，这些题目也可作为小组讨论或小测验论文的主题。
- 每一章都提供了若干课外阅读建议。其中大部分是情绪领域的权威学者所写的科普类图书，用平易近人的方式为人们深入解说学科内的重大议题。

第三版的新特色

熟悉本书第一版和第二版的读者会发现，第三版出现了显著变化。针对每一个原有的主题，最近几年的前沿研究发现都被纳入本书当中。与此同时，我们也更新了相关的流行文化元素［还记得我们以前讨论过经典情景喜剧《老友记》（*Friends*）吗？］。除此之外，第三版在整体架构上的变化也不容忽视。这方面的许多变化反映了作者 Shiota 在给她的本科生上情绪相关课程时的教学心得，进而也反映了情绪科学这一领域本身这几年来的进展。

首先，本书第一版和第二版是按照基本课题、具体情绪和心理学各分支领域内的情绪研究等几大板块来进行阐述的，而第三版的论述大纲则反映了在我们看来对读者来说最重要的几个问题：①什么是情绪，以及我们为什么会产生情绪？②情绪怎样影响我们的生活？③我们如何提升情绪健康？

其次，第三版不再用 5 章的篇幅分别论述具体情绪（恐惧/焦虑、愤怒/厌恶、爱、幸福感、自我意识情绪），而是用 1 章来探讨具体的消极情绪的功能和性质，再用 1 章来探讨具体的积极情绪的功能和性质。原来 5 章中的大部分内容被削减，整合到这两章中，或调配至其他相关章（例如，面部表情、身体语言、人际关系与社会交往中的情绪）。同时第三版新增了数章，用于探讨以下议题：①什么引发了情绪？②情绪在面部、身体和语音中的表达；③人际关系与社会交往中的情绪。

在更细致的层面，第三版还具备以下新亮点：

- 拓展了有关情绪的心理建构理论的论述（第 1 章）；
- 拓展了有关情绪的评价理论的论述（第 4 章）；
- 元分析方法对人们理解有关当代主要情绪理论的神经科学证据产生了较大影响，就如何应用这一方法进行了细致的探讨（第 6 章）；
- 拓展了有关激素在情绪中的作用，以及下丘脑—垂体—肾上腺轴在压力反应中所扮演的角色的论述（第 7 章）；
- 增加了探讨各种具体的积极情绪的一节（第 12 章）；
- 拓展了有关性别与情绪，以及情绪个体差异背后的遗传机制的论述（第 13 章）；
- 跟随《精神障碍诊断与统计手册》（第五版）的修订结果，更新了探讨临床障碍与情绪关系的一章，并且引入了跨诊断视角和美国国家精神卫生研究所提出的学术准则（第 14 章）。

致 谢

在写作本书的过程中，我们得到了许多无私的支持。我们衷心地感谢牛津大学出版社以及我们的编辑 Jane Potter。Jane 非常专业，而且富于耐心。同样谢谢 Holly Haydash，Larissa Albright 和 Lindsay Profenno 为出版这本书而付出的努力。谢谢 Sarah Cavanagh，Stephanie Davis，Andrea Heberlein 和 Marilyn Mendolia 审阅本书的部分草稿，并提出了宝贵的建议。

我们还要感谢学生、导师、家人和朋友在我们写作期间提供的关注和支持。作者之一 Shiota 谢谢这十多年来和她一同在情绪科学领域学习、成长的研究生们，他们是 Samantha Neufeld，Vladas Griskevicius，Elaine Perea，Stephanie Moser，Wan "Ellen" Yeung，Elizabeth Osborne，Alex Danvers，Claire Yee 和 Makenzie O'Neil。你们每一位都帮助她增长了知识，塑造了她的学术方向，而且给共同的工作带来了欢乐。此外，她深深地感谢自己研究生时期的导师 Dacher Keltner。他堪称心理学家中的摇滚明星，是他引领 Shiota 进入了情绪科学这个丰富的世界，并鼓励她不断前行以致有今日的成就。她感谢自己的父亲 Norman Shiota，从他那里她继承了许多情绪天赋。她感谢自己的母亲 Mary Gorman，40 年来，她为女儿提供了无尽的情感资源和实际的支持，并且是终身情感发展这一概念的灵感来源。Shiota 还要感谢自己的丈夫 Bob Levenson——天哪，这下要说的可太多了，我都不知道该从哪儿下笔了！感谢你滋养着她对这个领域的热情；感谢你十多年来为她指点迷津；感谢你在坚持科学研究的高标准方面给她做了好榜样；感谢你现在仍然每天带给她新的启发。最后，Shiota 要谢谢 Kalat，是他发起了这本书的写作并邀请她参与这次非凡的冒险。这是一次很棒的经历，她想不出还会遇上比 Kalat 更出色的导师和搭档了。谢谢你给我这个机会！

另一位作者 James Kalat 想对自己研究生时期的导师 Paul Rozin 表示感谢，他的鼓励和启发许多年来一直支持着他。当年 Kalat 在宾夕法尼亚大学取得博士学位的时候，Rozin 和他都尚未对情绪领域产生特别的兴趣，但 Rozin 鼓励他进行广泛的尝试和探索。当 Kalat 开始对情绪研究感兴趣时，Rozin 已经是这一领域，尤其是厌恶情绪的权威学者了。

最后，我们俩还要感谢每一位选择本书的读者。无论您是学生还是教师，我们都期待着您的反馈。也许过两年我们还会写第四版的，因此您的意见对我们十分珍贵。我们的邮箱地址是 lani.shiota@asu.edu 和 james_kalat@ncsu.edu。希望您喜欢这本书！

M. N. Shiota 及 J. W. Kalat

目 录

第一部分　情绪是什么？我们为什么会有情绪？

第 1 章　情绪的本质　002

情绪是什么？/ 003
　　试着定义情绪 / 005
　　另一种定义：原型法 / 007
经典情绪理论 / 008
　　詹姆斯—兰格理论 / 008
　　坎农—巴德理论 / 010
　　沙赫特—辛格理论 / 011
当代情绪理论 / 016
　　基本 / 离散情绪 / 016
核心情感与心理建构 / 018
成分加工模型 / 023
哪一种当代情绪理论是正确的？ / 025
研究方法：我们怎样研究情绪？ / 025
　　诱发情绪 / 026
　　测量情绪 / 028
情绪的各个要素密不可分吗？ / 035
总　　结 / 037

第 2 章　情绪的演化　041

什么是进化论视角？ / 042
　　进化论的基本原理 / 042
　　情绪的适应性 / 046
情绪的功能 / 049
　　情绪的内部功能 / 049
　　情绪的社会功能 / 050

进化论在当代情绪理论中的位置 / 052
　　情绪感受的信号价值 / 052
　　趋近动机与回避动机 / 054
　　上位神经程序 / 057
　　情绪的系统发生学 / 060

方法论的难题 / 061
　　示例：情绪中的生理方面具有普遍性吗？ / 064
总　　结 / 066

第 3 章　文化与情绪　069

什么是文化？ / 070
　　定义及其言外之意 / 070
情绪概念里的文化差异 / 071
　　所有的文化都拥有相同的"基本"情绪吗？ / 074
　　萨皮尔—沃夫假说 / 076
　　高认知情绪与低认知情绪 / 078
可预测情绪差异的文化维度 / 080
　　个人主义与集体主义 / 080

权力距离：纵向社会与横向社会 / 085
　　一元认识论与辩证认识论 / 087
方法论的难题 / 089
　　示例：荣誉文化及其对愤怒的影响 / 091
整合演化范式与文化范式 / 093
　　情绪的神经文化理论 / 093
　　情绪遵循社会建构的脚本 / 094
　　分析层面 / 096
总　　结 / 097

第 4 章　什么诱发了情绪？　100

评估是什么？ / 101
　　情绪评估的速度 / 103
评估的内容是什么？ / 105
　　核心关系主题 / 105
　　评估维度 / 106
　　哪一种理论取向是对的？ / 107
连接评估与情绪的证据 / 109
　　评估导致了情绪吗？ / 109

情绪评估中的普遍性和文化差异 / 112
评估是情绪的必要条件吗？ / 116
　　单纯呈现效应 / 116
示例：什么诱发了愤怒？ / 118
　　核心关系主题取向 / 119
　　评估维度取向 / 120
　　非认知的取向：认知新联结模型 / 121
总　　结 / 123

第 5 章　面部、姿势和声音的情绪表达　126

面部表情研究的历史意义 / 127

情绪的面部表情具有普遍性吗？ / 132

Ekman 的跨文化研究 / 132
　　一共有多少种情绪表达？/ 137
　文化与情绪表达 139
　　情绪表达规则 / 139
　　面部表情的方言 / 143
　姿势和声音中的情绪 / 144
　　姿势与情绪 / 144
　　情绪的声音表达 / 148
　情绪表达会影响情绪感受吗？/ 152
　总　　结 / 157

第二部分　情绪如何影响我们的生活？

第 6 章　情绪与中枢神经系统　　162

　研究情绪和脑的方法 / 164
　　脑损伤研究 / 164
　　脑电图 / 165
　　功能性磁共振成像 / 166
　　神经化学技术 / 169
　　反向推断问题 / 169
　杏仁核与情绪 / 171
　　杏仁核受损的后果 / 171
　　恐惧性条件反射的实验室研究 / 173
　　激活人类杏仁核的事件 / 174
　　杏仁核与情绪记忆 / 176
　情绪的神经解剖学：一些重要结构 / 177
　　下丘脑 / 178
　　伏隔核与腹侧被盖区 / 179
　　脑岛皮层 / 181
　　前额叶皮层 / 182
　情绪的神经化学：一些重要的神经
　　递质 / 186
　　多巴胺 / 186
　　β-内啡肽和阿片样肽 / 187
　　5-羟色胺 / 188
　　催产素 / 189
　情绪理论：来自神经科学的证据 / 191
　总　　结 / 193

第 7 章　自主神经系统与激素　　196

　自主神经系统 / 196
　　战斗或逃跑：交感神经系统 / 198
　　休息和消化：副交感神经系统 / 200
　　交感神经系统和副交感神经系统怎样
　　　协同工作？/ 202
　激素和内分泌系统 / 204
　测量情绪的生理方面 / 206
　　常用的测量方式 / 206
　　测量的挑战 / 210
　自主神经系统与情绪 / 211

躯体感知对情绪体验的必要性 / 211
情绪中的自主神经特异性 / 213
文化与情绪中的生理 / 217
积极情绪的生理 / 218
应激及其对健康的影响 / 219

汉斯·塞利与应激研究 / 220
界定和测量应激 / 222
应激如何影响健康 / 224

总　　结 / 228

第 8 章　情绪的发展

新生儿的情绪 / 232
　哭 / 233
　笑 / 234
　对危险的反应 / 235
具体情绪何时开始出现？ / 236
情绪是怎样发展出来的？ / 241
　生理成熟 / 241
　认知成熟 / 241
　社会互动 / 243
情绪沟通的发展：对情绪的感知、分享和

谈论 / 243
　解读面部表情 / 244
　情绪语言 / 246
情绪表达的社会化 / 247
青少年期的情绪 / 249
成年期的情绪发展 / 252
　贯穿终生的个体一致性 / 252
　情绪的年龄趋势 / 253

总　　结 / 256

第 9 章　关系与社会中的情绪

早期情感联结：婴儿依恋 / 260
　依恋的功能是什么？ / 262
　依恋的行为和生物机制 / 264
　依恋的种类：安全型、焦虑—矛盾型和
　　回避型 / 266
浪漫之爱与婚姻 / 268
　浪漫吸引与坠入爱河 / 270
　成人爱情关系中的依恋 / 273
　婚姻：预测满意度和稳定性 / 280

关心他人的情绪 / 284
　同情、怜悯和养育之爱 / 284
　共情 / 287
社会中的情绪 / 288
　友谊和群体中的依恋过程 / 289
　感激：发现、提醒和绑定 / 290
　尴尬的安抚功能 / 291
　骄傲和社会地位 / 293

总　　结 / 294

第 10 章　情绪与认知　298

- 情绪与注意 / 299
- 情绪与记忆 / 303
  - 情绪与记忆编码 / 304
  - 情绪与记忆巩固 / 307
  - 情绪与记忆提取 / 309
- 情绪和信息加工过程 / 310
  - 系统式认知与启发式认知 / 311
  - 情绪与两种认知 / 312
- 抑郁的人比较现实主义吗？ / 314
- 积极情绪与创造力 / 316
- 情绪与决策 / 317
  - 躯体标记假设 / 319
  - 基于偏好和价值的选择 / 320
  - 情绪和道德推理 / 322
  - 依赖情绪的弊端 / 325
- 总　结 / 326

第三部分　如何增进情绪健康？

第 11 章　负面情绪的价值　330

- 恐惧 / 331
  - 恐惧的价值 / 334
  - 恐惧和焦虑的生物学 / 337
  - 个体差异：性别与遗传 / 339
- 愤怒 / 340
  - 愤怒的价值 / 344
  - 愤怒和攻击的生物学 / 345
  - 个体差异：表达与管理 / 346
- 厌恶 / 348
  - 厌恶的生物学 / 351
- 个体差异：发展与影响 / 352
- 悲伤 / 353
  - 悲伤的价值 / 354
  - 悲伤的生物学 / 356
  - 个体差异：衰老与丧失 / 356
- 尴尬、羞耻和内疚 / 357
  - 自我意识负面情绪的价值 / 358
  - 尴尬的生物学 / 361
  - 自我意识情绪的个体差异 / 362
- 总　结 / 363

第 12 章　幸福感和积极情绪　366

- 幸福感是一种情绪吗？ / 367
  - 主观幸福感的测量 / 368
- 哪些因素可以预测幸福感？ / 369
- 人格：幸福感的自上而下理论 / 371
- 影响幸福感的生活事件 / 373
- 财富与幸福感 / 374

幸福感的其他相关因素 / 375
　　积极情绪的拓展—建构理论 / 379
　　存在多种积极情绪吗？ / 380
　　　　热情：对奖赏的预期 / 381
　　　　满足 / 383
　　　　骄傲 / 385

　　爱 / 386
　　搞笑和幽默 / 389
　　敬畏 / 392
　　希望和乐观 / 393
　　总　　结 / 395

第 13 章　情绪的个体差异　　　　398

　　性别与情绪 / 398
　　　　情绪体验和表达中的性别差异 / 399
　　　　性别与情绪调节 / 403
　　　　性别与共情 / 404
　　人格与情绪 / 406
　　情绪个体差异的生物机制 / 413
　　　　额叶偏侧化 / 414

　　　　5-羟色胺转运体基因的多态性 / 415
　　情绪智力 / 418
　　　　测量情绪智力 / 420
　　　　情绪智力测验的信度和效度 / 425
　　情绪智力可以训练吗？ / 427
　　总　　结 / 428

第 14 章　临床心理学中的情绪　　　　432

　　临床心理学的诊断 / 432
　　重性抑郁障碍 / 435
　　　　抑郁有多种类型吗？ / 437
　　　　抑郁的病因 / 438
　　　　治疗抑郁 / 443
　　躁狂与双相障碍 / 446
　　焦虑障碍 / 448

　　焦虑障碍的病因 / 451
　　治疗焦虑障碍 / 454
　　强迫症 / 455
　　反社会人格障碍 / 456
　　作为心理障碍跨诊断属性的情绪
　　　　紊乱 / 457
　　总　　结 / 459

第 15 章　情绪调节　　　　463

　　弗洛伊德的自我防御机制：早期的应对
　　　　方式分类 / 463
　　情绪调节的过程模型 / 466

　　情境关注策略 / 467
　　　　明智地选择情境 / 468
　　　　主动应对：改变情境 / 469

认知关注策略 / 472
 注意控制 / 473
 认知重评 / 476
 重评的不同类型 / 477
反应关注策略 / 480
 逃离情绪：酒精和食物 / 480
 抑制情绪表达 / 481

宣泄：表达你的感受 / 482
锻炼 / 484
放松 / 485
情绪调节的神经生物学基础 / 486
哪种情绪调节策略最好？ / 487
总　结 / 489

参考文献　　493

第一部分
情绪是什么？我们为什么会有情绪？

第 1 章　情绪的本质

第 2 章　情绪的演化

第 3 章　文化与情绪

第 4 章　什么诱发了情绪？

第 5 章　面部、姿势和声音的情绪表达

第 1 章

情绪的本质

很多教科书都会在开篇解释你为什么应该关心该书的主题，但是，你需要别人来说服你情绪是重要而有趣的吗？应该不用。人们时常互相询问"感觉怎么样？"，这说明我们关心别人的情绪，而且也愿意和别人分享自己的感受。我们通过电视电影、文艺小说、音乐和绘画作品中所讲述的故事去寻求体验情绪的机会，当然，我们也从自己的生活经历中感受各种各样的情绪。我们经常从情绪的角度去解释我们自己或他人的行为，因为情绪经由多种方式指引着我们做出决策。情绪渗透着我们认识周围世界的方方面面。正如 Antonio Damasio（1999, p. 55）所言："毋庸置疑，情绪与善恶之分紧密相连。"

从科学角度来看，情绪是心理学领域的核心。临床心理学家通常会帮助人们控制有害的或者功能紊乱的情绪；认知心理学家研究情绪如何影响人的思维过程和决策；社会心理学家关注情绪如何影响人际关系，以及人际关系如何反过来影响情绪；人格心理学家则研究人与人之间在情绪方面存在的系统差异。

尽管情绪的重要性显而易见，但情绪却是研究的难点。我们希望你在翻开此书时，对是否有可能进行科学的情绪研究持健康的怀疑态度。由于情绪的主观性太强，实验心理学家曾忽略了它几十年。即使在今天，依然有部分学者对于能否对私密的内在体验进行科学研究持保留态度。科研进展依赖于良好的测量手段，但无论我们在本书中怎样反复强调，精确测量情绪仍然很困难。因此，对当今的情绪研究者来说，最大的挑战是如何充分应用现有的测量工具并不断开发出更好的技术。

本章中，我们首先将尝试对"情绪"进行定义，然后介绍一下 3 种经典情绪理论，其中每一种理论都为情绪中各主要维度——例如主观情绪感受、生理反应和行为等——之间的关系提供了自己的解释。接下来，我们将介绍 3 种针对情绪本质和情绪构成的当代情绪理论模型：基本/离散情绪模型、核心情感/心理建构模型和成分加工模型。最后，我们将简要梳理一下情绪的测量方法（这方面的详细讨论贯穿全书），并讨论情绪的各个不同方面如何环环相扣地密切联系在一起——或是与此相反。

情绪是什么？

1884 年，美国心理学奠基人 William James 写了一篇题为"情绪是什么？"的重要文章。如今一百多年过去了，心理学家们仍然在问同样的问题。与其他几个重要概念一样，情绪很难精确定义，据 Joseph LeDoux（1996，p. 23）的看法，"遗憾的是，情绪最显著的特点之一，就是人人都知道它是什么——只要你不要求人们说出其定义的话。"情绪不是唯一难以定义的重要概念。St. Augustine（397/1955，Book 11，Chapter 14）曾写道："时间是什么？如果没人问我，我知道它是什么，但如果有人让我说明一下时间是什么，我就不知道了。"William James（1892/1961，p. 19）还曾这样形容意识："只要没人问起它的定义，我们就都知道它是什么。"然而，为了对各种现象进行科学研究，我们至少需要一个初步的定义来给我们的理论假设和研究方法指明方向。

想象一下，你接受了自己国家太空项目中的一个任务。你作为心理学家或宇航员被项目组派往一个新发现的星球。先遣队的宇航员们已经对这一星球上的动物们有了一些了解。它们的演化历程以及体内的生物化学反应都和我们截然不同，但它们的行为和我们相似。它们会看、听和嗅，也会吃、喝和繁殖。它们能够学着趋近一种颜色而舍弃另一种，以便获取食物，这足以说明它们拥有色觉、动机和学习能力。现在，你的工作就是确定它们是否有情绪。你会怎么做呢？

请先给出答案，再往下阅读。

啦嘀嗒，嗒嘀嗒嘀当当当……（在你思考这个问题时，我们暂停一下。）

你有答案了？很好，说出来听听看。

我们发现，学生们最常给出的答案就是将这些动物置于一个我们认为具备"情绪性"的具体情境中，然后观察它们的行为。比如，你可以假装凶狠地朝它们挥舞某个武器，看看它们是否会逃开。或者，你可以尝试偷走它们的食物，看看它们是否会攻击你。假设它们逃开了或发起了攻击。那么，你能得出它们有情绪的结论吗？

你无须远离地球去面对这个问题。如果你朝着苍蝇挥动手臂，它会飞走，但你能确定苍蝇害怕你吗？不，我们不能确定苍蝇有何感觉，甚至不清楚它是否有所感觉。如果你捣毁蜂巢，蜂群会飞过来蛰你，那场面看起来跟发了疯似的。但这群蜜蜂当真怒火中烧吗？同样的，你只能合情合理地回答"不是的"或者"我不知道"。

你养过宠物吗？是哪种动物？它喜欢你吗？你怎么知道它是否喜欢你？你每天回家的时候，它都在门口问候你吗？它会主动和你亲昵吗？当它受到惊吓的时候，会跑来找你吗？或者，当你心情低落或身体不适的时候，它会陪伴在你旁边吗？上述行为表现中，有哪些足以表明宠物对你怀有爱意呢？本书作者之一（Michelle Shiota）经常就这个问题和别人展开辩论。因为她自己养了一只猫，而许多人都坚称猫拥有爱的能力。

假设动物（无论它们是外星球的还是地球上的）能够学习我们的语言，你能问它们自己是否有情绪吗？不好意思，这也是行不通的。你打算怎样教它们理解"情绪"这个名词或者恐惧、愤怒等具体情绪状态的意义呢？你可能会解释说"恐惧就是你面临危险时的感受"，但这不公平。你没法确定它们感到了恐惧——除非你已经知道它们感到了恐惧，可我们所做的正是为了确定它们有没有感到恐惧！动物在面临危险时可能会感受到一些东西，但无论是它们本身还是作为提问者的你，都没法判断它们在相同情境中的感受是否会和你一样。

你是怎么习得诸如惊吓、愤怒、快乐和悲伤等词汇的含义的？在童年里的某个时刻，你目睹了恐怖画面，比如一头汪汪叫的凶犬或一张阴森的小丑脸，于是你哭了起来。爸爸妈妈或其他人会说："你是不是被吓到了？没事儿的，别害怕。"在另一个时刻，你因为丢失了自己心爱的毛绒玩具而哭泣，某人告诉你，你是伤心了。每一次，旁人都根据你所处的情境以及你对情境做出的反应来推测你的感受，并据此给你的情绪命名。每个人都通过这样的方式习得情绪词汇的含义。这样一来，你在理解他人情绪上，会遇到和理解婴儿及动物时同样的问题，即便他人是会说话能沟通的——人们永远没有办法确认自己和他人在相同情境中的感受是否一样，哪怕大家使用了相同的词汇。

如果你细心阅读以上几段话，你可能会发现，我们的用词在"情绪"和"感受"之间跳来跳去。当我们用随意的语气谈论情绪时，我们比较愿意轮换着使用这两个词。通常，当我们说到情绪时，我们指的是内部感受和可观测的行为，并且我们默认可以用感受去解释行为（"别去管她，她今天有点发神经"）。有时，情绪也意味着生理感觉，例如双手冰凉、心脏怦怦跳等。或者，它还会用来指特定情绪所针对的与某个人或某个情境有关的想法、念头等（"那家伙真是个混蛋！"）。在比较随意的讨论中，情绪一词所包含的这些复杂性算不上是一个问题——至少在母语为英语的人群当中是这样的，因为母语相同的个体对一个概念的理解往往是高度相似的。

但是，在科学文献中，日常口语里"情绪"这个词含义的模糊性则会带来很大的麻烦。由于感受是完全主观的，所以很难在一个人与另一个人之间进行比较，而这对于科学测量来说十分不利。情绪中那些可观察的部分——诱发情境、行为、生理变化——彼此的相关程度并不高，和个体的主观感受相关程度也不高。那么，情绪中的哪个部分最重要呢？以哪个方面作为判断标准最恰当呢？回头想一想外星动物（或你的宠物）的问题，它们是否具备主观感受重要吗？我们是否可以规定，只要某个动物对特定情境做出的可观察反应达到了某个标准，便足以用情绪来称呼这种反应呢？不同的研究者对此意见不一。

无论具体的答案分为多少种，有一点是毋庸置疑的：我们永远无法直接观察情绪，我们只能间接推测它。

试着定义情绪

研究情绪的人在如何定义情绪的议题上分歧不断，而且有些学者认为情绪并非一个天然存在的分类。James Russell（2003）曾提出，情绪概念或许仅仅是一个方便的标签，统称着许许多多拥有共同成分但实际上相差甚大的体验，就像美术和音乐这两个标签一样，涵盖了很多并不相似的具体项目。根据 Russell 的观点，情绪与非情绪之间的界线就像美术与非美术、音乐与非音乐的界线一样，随人类的意愿而定。有些语言中根本就没有"情绪"这个词（Hupka, Lenton, & Hutchison, 1999），而在那些有"情绪"一词的语言中，这个词的含义也各不相同（Niedenthal et al., 2004）。

然而，还是有很多研究者试图定义情绪。他们提出，所有被我们称为情绪的东西确实都具备一些有意义的共同成分。我们一起来看一个有关情绪定义的提案吧。这一提案很早就试着从心理学视角去定义情绪，不过它包含的许多要素，如今也出现在了被广泛接纳的情绪定义中（e.g., Ekman，1992; Frijda，1986; Izard，1992; Lazarus，1991; Tooby & Cosmides，2008）。这段描述有点长，但和我们一起忍忍吧：

> （情绪）是推测得来的针对某个刺激的复杂反应序列，它（包括）认知评价、主观改变、自主神经唤起和神经兴奋、行为冲动，以及为了对启动这一复杂序列的刺激施加影响而设计的行为。（Plutchik, 1982, p. 551）

我们明白，这段话有些拗口。所以，让我们仔细读一读这个情绪定义的要素和含义吧。

1. 这一定义意味着，情绪具有功能性，因为它旨在对我们所处的世界施加影响。换句话说，情绪是有用的。很多古代的哲学家，包括亚里士多德和佛祖，都认为情绪性的行为会扰乱世界，具有破坏性。极端情绪行为，比如惊恐发作，其破坏性无可否认。然而多数情况下，情绪引导我们快速而有效地行动。例如，我们感到害怕时就会逃跑；我们遭遇不公时就会反击；如果我们受到关怀，就会和对方保持亲密。这一点我们会在第2章详细阐述。

2. 根据这一定义，每一种情绪都是针对某个刺激（也就是发生的具体事件）的一些反应。一般而言，我们的体验都是支持这一观点的：我们为某事感到高兴，对某事愤怒，或者被某事吓坏。这就将情绪和饿、渴等内驱力区分开了。但是，情绪在这方面的定义还存在争议。有很多心理学家提出，人们可以不经过具体情境诱发就感受到情绪（Berkowitz & Harmon-Jones，2004; Parkinson，2007）。或许你就是觉得不舒服。"饿极生怒"这个说法描述的就是一种由饥饿驱动的愤怒体验，这种经历相信有不少人体会过。或者，由于一些微妙的生理原因你突然心跳加快、呼吸加重。于是你毫无缘由地感到害怕，甚至惊慌失措。还有一些患上抑郁症的个体，无论身边发生什么事，总是感到悲伤或情绪淡漠。

3. 这一定义和其他许多情绪定义一样，都认同情绪包括4个方面：认知评估，或者说是关于特定刺激对自身目标、关切及福祉有何意义的评估（appraisal）；感受（也就是"主观改变"）；生理变化（也就是"自主神经唤起和神经兴奋"）；行为。但是，正如我们前面看到的一样，情绪定义中的这一部分更是给争论开了闸。这样的定义意味着情绪是个正方形："真正的"情绪得包含4个方面，就像正方形得有4条边。如果只具备了其中3个方面，我们就不能说那是一种情绪。

这样说对吗？也不见得（Russell，2003）。假如你的教授实施了一次测验，而你的分数比自己预期的要高。你会有认知（好消息）、感受（开心）和一些生理变化（兴奋），但可能你什么都没做，没有蹦蹦跳跳，也没有向其他同学炫耀，甚至都没有笑出来。如果行为没有任何变化，我们能下结论说你并没有产生情绪吗？

假如你的心跳突然无缘无故加速，就像惊恐发作那样。你无法解释这种生理变化——它并非基于你对所处情境的认知评价而来——但你确实受到了惊吓，浑身冒汗、颤抖，而且想要逃离此处。我们能说，因为不是认知导致的，所以这不是一种情绪吗？或者，我们可以将"我正在经历惊恐发作"作为认知评价吗？可是即便如此，也十分勉强。

在本书中，我们将不断回到这个复杂的问题上来。正如这一情绪定义所提出的那样，我们经常假设认知评价、感受、生理变化和行为4个方面在情绪中是联结在一起的。因为有一些重要的理论推断在支撑这样的假设，我们将在第2章中详细讨论这些理论推断。在本章接下来的部分以及后续各章中，我们将讨论与这一假设有关的各种证据。不过，我们也会时常挑战这一假设。

另一种定义：原型法

有些术语可以精确定义，有些则不能。比如，我们能精确定义等边三角形：一种三边长度相等的图形。对于任何物体，我们都能确定它是，或不是等边三角形。相反，如果要定义迪斯科音乐，你会尽量找出几个典型的例子然后说"就是类似这样的音乐"。因此，不是每首曲子都能被确凿认定为是，或不是迪斯科音乐。总有些东西是边缘性的案例，很难精确地说它属于或者不属于某一类别。

或许情绪也是如此。心理学家们认为恐惧和愤怒就是情绪的好例子，所以我们可以定义情绪为"恐惧、愤怒之类的感受"。有些研究者曾提出，人们是以"原型"来理解情绪的。刚才的定义都描述了一种情绪原型，而其余的心理状态与原型相似的程度有多有少（Fehrw & Russell，1984；Shaver, Schwartz, Kirson,

& O'Connor, 1987）。心理学家曾就厌恶是不是一种真正的情绪（Royzman & Sabini, 2001）以及疑惑、惊讶和感兴趣能否作为情绪（Rozin & Cohen, 2003）产生过争论。但或许我们并不需要一个非黑即白的答案——"有一点"或者"某些方面算是"在前沿研究中仍然很有帮助。我们可以确定这些状态不是情绪的完美例子，就如有些曲子介于迪斯科、放克和摇滚之间一样。

我们不需要对情绪下一个终极定义，但在任何科学讨论中，我们都应该说明引用的是哪种定义。如果人们援引各自定义，不认可或者没有弄清前文所用定义时，就会给大家造成困惑。而在本书中，我们会持续讨论定义情绪的不同方式，以及研究者采用不同定义带来的影响。

经典情绪理论

前面我们提出了情绪状态包括认知评价、感受、生理变化和行为。情绪领域里一些最根本的问题关注的都是这4个方面相互之间的关系以及它们如何与环境事件相联系。它们是各自独立产生的，还是其中一个导致了其他几个？如果是，哪一个是主要的？让我们来认识一下最广为人知的经典情绪理论。

詹姆斯—兰格理论

有关心理学科学范式的探索始于1879年的德国。当时，冯特建立了第一个研究意识问题的实验室。几年之后，北美洲心理学的奠基者 William James 提出了第一个重要的情绪理论，事实上，它也是整个心理学领域最早的基本理论之一。几乎在同一时间，丹麦心理学家 Carl Lange（1885/1922）也提出了相似的观点。尽管这两套理论在多个方面都不大一样，而且 William James 的理论影响力要大得多，但是二者也拥有不少相通之处。因此，我们称之为**詹姆斯—兰格理论**（James-Lange theory）。

根据该理论，身体对特定情境的反应，直接决定着我们的情绪感受（James, 1884, 1894）。用 James 的话来说，"知觉到刺激性的客观事实，身体变化就紧随其后，而……与此同时我们对这些身体变化的感受就是情绪"（James, 1884, p. 190）。这个观点同常识（你感到愤怒，所以你发起攻击，或者你感到害怕，所以你试图逃跑）是冲突的。詹姆斯—兰格理论把因果方向倒转过来：你觉察到自己在攻击，所以你感到愤怒，你觉察到自己试图逃跑，所以你感到害怕。

常识视角：事件→感受→行为

詹姆斯—兰格理论：事件→生理变化及行为→感受

再说得具体些，按照詹姆斯—兰格理论，来自肌肉或内脏的感觉对于完整的情绪体验是必不可少的。这些内在身体感觉的减弱将导致情绪的减弱。对此，Carl Lange 举了一个例子。他指出了一个生活中的常见现象：饮酒减轻焦虑。酒会削减你对于压力刺激的身体反应，而当你感到你的身体变得更平静时，你感受到的情绪也就减少了。

此外，James（1884）认为每一种"情绪阴影"（shade of emotion）在感受方面可能有其独特的一整套生理变化（p. 15）。不过在这一点上，他在自己的论述中并没有贯彻到底，有时也会摇摆不定。这一观点意味着，一种情绪和另一种情绪（例如，恐惧和悲伤）之间的区别反映着你的身体面对不同诱发情境（例如，危险和丧失）的本能反应之间存在本质差异。

詹姆斯—兰格理论常常受到误解，有一部分原因是 William James 最初的表述不够精确（Ellsworth，1994）。James 举了一个怕熊的例子。他说：你不是因为害怕熊逃跑；确切地说，是看见熊这件事引发了你的逃跑，因为你逃跑了，所以你感到害怕。批评者指出，这个叙述明显是错误的，因为人们并不会自动化地从熊身边逃开。比如，你不会从关在笼子里的熊、马戏团受过训练的熊或正在睡觉的熊身边跑开。没错，James（1894）重新总结道：你逃跑的原因确实不是熊本身，而是你对情境的解释或评价（比如，这头危险的动物将会扑向你）。但是，他仍然坚持说，当你把那种情境评估为一个逃跑的信号时，你的身体做好了逃跑的准备并且你撒开了腿，而你对这些生理变化和行为的知觉就是你的恐惧感。

James 没有清晰地区分情绪的不同方面。具体而言，他没有使用"评价"之类的词，与这个术语有关的理念直到 20 世纪 60 年代才出现在情绪理论当中。因此，我们很难判断他对知觉和解释刺激的看法是否贴近我们前面所说的"评价"这个概念。如果采用如今的术语来说，那么詹姆斯的理论只解释了情绪的感受方面。因此，詹姆斯—兰格理论的恰当叙述应该是：对躯体行为和生理唤起的知觉，就是情绪中的感受。

詹姆斯—兰格理论（准确而言）：
事件→认知/评价→生理变化及行为→情绪感受

坎农—巴德理论

Walter Cannon 是 20 世纪早期的生理学家，因发现负责战或逃反应（fight-or-flight）的交感神经系统而闻名。他和另外一位杰出的生理学家 Philip Bard，提出了替代詹姆斯—兰格理论的情绪理论（Bard，1934；Cannon，1927）。Cannon 认为，肌肉和脏器的反应太慢，来不及形成情绪中的感受方面。按照**坎农—巴德理论**（Cannon-Bard theory），情绪认知和感受在因果关系上独立于生理唤醒和行为，只是所有这些方面都同时发生而已。换用现在的话来说，在对特定诱发事件做出反应的过程中，情绪的认知评价、感受、生理/行为方面是各自产生的。

坎农—巴德理论：

举个例子，看到一个拿着电锯的疯狂杀人犯追逐你，会让你判定自己遇到了危险（认知/评价），同时独立地触发你恐惧的感受以及逃跑的行为。（但 Cannon 自己有关自主神经系统的研究已经清晰地表明，某些生理变化，譬如心率上升、呼吸变快等，是逃跑行为的必要条件。）注意，假定认知、感受与行为相互独立，意味着：你的恐惧没有引起你的逃跑，而且你正在逃跑的事实也不会增加你的恐惧。

该理论在许多方面都比詹姆斯—兰格理论更加背离常识经验，很多证据都驳斥了这一理论。例如，突发的巨响会在一两秒内就导致个体肌肉紧张、心率加快、出汗增加，速度快得足以引发情绪感受。此外，正如我们很快将看到的那样，即使没有处在情绪情境中，情绪行为也可以改变主观感受。不过，坎农—巴德理论是许多强调情绪的认知方面的现代理论的先驱。

詹姆斯—兰格理论和坎农—巴德理论之间的大部分分歧源于语义上的差别，也就是我们在使用"情绪感受"这一术语时真正所指的内容。当 James 论述身体反应引发了情绪中的感受部分时，他说的是实实在在的感觉。从这个角度去理解的话，他的理论就是不证自明的了。毕竟，除了你自己的身体，感觉还能来源于什么别的地方呢？但在 Cannon 和 Bard 的论述中，情绪感受指的是包括了认知部分在内的整个体验。这样一来，说认知独立于身体感觉，自然也是没有问题的。

沙赫特—辛格理论

回忆一下詹姆斯—兰格理论，它认为不同的情绪感受可能是由不同的生理变化以及行为模式引起的。简而言之，可以通过具体的身体反应方式去识别我们感受到了何种类型的情绪。而根据**沙赫特—辛格理论**（Schachter-Singer theory）（由 Stanley Schachter 和 Jerome Singer 提出），伴随着情绪产生的生理唤醒才是决定情绪感受强度的关键，但它不能区分情绪类型。沙赫特—辛格理论假设：所有情绪都会诱发相似的生理反应，因此你不会仅仅通过考察身体反应来识别情绪感受，而会基于你所掌握的有关情境的综合信息来判定自己产生了哪种情绪（Schachter & Singer, 1962）。换句话说，一种情绪与另一种情绪的主要差异在于认知评价，而不是生理方面。图 1.1 比较了詹姆斯—兰格理论、坎农—巴德理论和沙赫特—辛格理论。

图 1.1　根据詹姆斯—兰格理论，认知评价引发具体的生理唤醒和行为，决定了情绪感受。根据坎农—巴德理论，认知、生理唤醒/行为与感受方面是彼此独立的。根据沙赫特—辛格理论，人们从所处情境中为生理唤醒寻求解释，而这些认知评价的内容决定了具体的感受和行为。

实事求是地说，仅根据自身心率、呼吸频率、出汗之类的反馈，你能把一种情绪与其他情绪区别开吗？我们将在第 7 章详细介绍有关生理变化的研究，但现在，先来进行一次思想实验：你和你的一个朋友进入不同的房间，研究者将电极连在你朋友身上记录其心率、呼吸频率和其他生理反应，并将这些线路连接到你佩戴在身上的装置中。当你朋友的心率上升或下降时，该装置会使你的心率同步产生相同的变化，对你的呼吸频率、出汗等反应的影响也一样。此时，你的朋友正在观看一部扣人心弦的影片，你的心率、呼吸频率等反应与你朋友同样精确地改变着。那么，你认为你会体验到相同的情绪吗？

詹姆斯—兰格理论认为你应该会——具体点说，你应该会体验到同样的情绪感受，但不一定会有相同的认知评价。坎农—巴德理论认为，你的生理变化同你的情绪感受无关。而根据沙赫特—辛格的观点，生理变化仅仅决定了情绪强度，并不决定你体验到什么样的感受。根据这一理论的假设，所有情绪产生的生理变化都是近似的，它们之间的差异提供不了多少信息。因此，如果你只是自己坐在房间里，没有发生什么可以让你用来解释自身生理唤醒的事件，那么，即便你报告说自己感觉到了某些情绪，但也不可能报告出与你朋友一样的情绪。按照沙赫特—辛格理论，情绪各主要方面之间的关系如下：

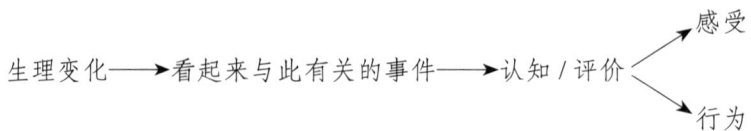

刚才我们描述的这个实验并不可行。但是，Schachter 和 Singer 做了一些他们认为能够回答这一问题的事情：他们诱发了参与者的生理唤起，然后，把它们置于不同的情境之中。如果每种情绪的生理变化不同而产生了情绪体验，所有参与者应该报告感受到了相同的情绪；但如果人们根据情境对唤起给予了不同的解释，即使他们的唤起水平相同，也应该报告体验到了不同的情绪。

由于这个实验影响力非常大，那么我们来给它仔细检查一下吧。这是一项有趣的研究，但也存在一些严重的缺陷。Schachter 和 Singer（1962）给一组参与者注射肾上腺素，这是一种提高生理唤醒水平的激素。而另一组参与者则接受安慰剂注射——不产生任何药理作用。在接受肾上腺素注射的这组当中，半数参与者被告知注射会导致心率加快、出汗等，另一半参与者则没有被告知这些信息。

接下来，有些参与者被安排到"快乐"情境中，另外的参与者则被安排到"愤怒"情境中。在快乐情境中，实验者让每个参与者与一个看上去也是参与者的年轻人待在一起，但实际上，此人是实验者雇来专门扮演"快活人儿"的。他们会卷起纸张，把它们投向垃圾箱，叠纸飞机，让它们满屋子飞，他们还用文件夹搭城堡，甚至玩呼啦圈，并且他们会试图拉真正的参与者加入这些游戏。

"愤怒"情境则设置得更加巧妙。实验者只要求参与者填一份长长的问卷，但问卷里充斥着私密、冒犯甚至粗鄙的问题。比如：

- 你父亲的年平均收入是多少？
- 你核心家庭里的哪位成员不爱洗脸或洗澡？
- 你核心家庭里的哪位成员需要去精神病院就诊？
- 多少男人（除你父亲外）与你母亲有私通关系？4个或以下；5~9个；10个或更多。

同样，愤怒情境中的参与者也会遇到一个看上去同样是参与者的伙伴，当然他们也是实验者雇来的。在这种情境中，他们会对问题骂骂咧咧，最后撕掉问卷，摔门而去。

经历了上述精心设计的实验情境之后，所有参与者都要对自己的快乐和愤怒程度进行评估。Schachter 和 Singer 没有分别报告快乐和愤怒的评分，而是报告了二者的相对差异（表1.1）。这使得结果有些难以解释，但我们仍然可以试试看。尽管两种实验条件下报告的差异不同，但所有的参与者都报告快乐多于愤怒。安慰剂注射组受情境影响较小——无论是在快乐还是愤怒情境中，快乐对愤怒的相对差异是一样的。而在肾上腺素注射组中，没有被告知药效的参与者的变化与预期不同。肾上腺素—快乐条件下的参与者往往会加入游戏，并且报告的快乐多于愤怒。他们的评分与安慰剂—快乐条件下的参与者几乎一样，也就是说，肾上腺素看起来压根没有产生什么影响。肾上腺素—愤怒条件下的参与者报告的愤怒也少于快乐，但两种情绪评分接近，而且有些参与者生气地嘀嘀咕咕或者拒绝完成问卷。

表 1.1　Schachter 和 Singer（1962）的研究结果

	安慰剂	肾上腺素，不告知药效	肾上腺素，告知药效
快乐情境	1.61	1.78	0.98
愤怒情境	1.63	1.39	1.91

说明：Schachter 和 Singer 将每个参与者的快乐评分减去其愤怒评分，然后取同一实验条件下的平均值。

那些被告知了注射药效的肾上腺素组参与者使得整个研究的总体结论模棱两可。在快乐情境中，这类参与者报告的快乐比其他实验条件下的参与者都要少（相对于愤怒而言），这说明尽管他们知道注射后会有什么样的感觉，肾上腺素却使得他们相当消沉。而在愤怒情境中，这类参与者则报告出对快乐的极大偏好（相对于愤怒而言）。该研究的主要发现似乎可以总结为：①人们对自身生理唤醒做出的具体情绪解释略微受到情境影响但影响不大，②参与者预期到生理唤醒实际上会减弱情绪感受和情境之间的联系。在后来的两个研究中，Maslach（1979）和 Marshall 及 Zimbardo（1979）发现，与接受安慰剂注射的对照组或者那些被告知会有"生理副作用"的参与者相比，体验到无法解释的自主神经唤起的参与者默认报告了消极情绪（也就是不愉快的感觉）。

或许 Schachter 和 Singer（1962）的结论有一部分是对的，有些情绪确实比其他情绪更容易发生混淆。还有一个基于沙赫特—辛格理论的著名实验，其研究思路是：如果情境的某一个方面诱发了强烈的唤起，那么人们会倾向于把这种唤起与该情境的其他方面也联系起来。在这个实验中，青年男子受邀参加一个名为"风光美景对创造性表达的影响"的研究。他们被实验者带到一座桥边，并要求他们过桥。当他们走到半途时，会被一名漂亮的女工作人员拦住，请他们观看一些图片，然后根据这些图片讲个简短的故事。问话结束后，这名漂亮的工作人员给每位参与者留下了她的电话号码，告诉参与者如果想进一步了解这个研究，可以打电话给她。

实验中的关键变量是参与者要过的桥的类型。有些参与者站在宽阔结实、距离河面仅 3 米左右的桥上与工作人员谈话，而另一些参与者的谈话则发生在一个狭窄的、摇摇晃晃的高出溪谷约 70 米的木桥上（图 1.2）。研究者假设那些站在木质吊桥上的参与者会由于摇摇欲坠的环境产生更大的唤起，问题是，这些参与者是否会把他们的唤起解释为受到工作人员吸引。很显然，许多人这样想了。39% 站在吊桥上的参与者后来给工作人员打了电话，而那些站在结实桥上的参与者只有 9% 打了电话（Dutton & Aron，1974）。研究者解释说，这是因为参与者在吊桥上产生了较大的唤起，并把自己的唤起理解为"怦然心动"。但是，我们得考虑另一种可能性：那位漂亮的工作人员同样也站在吊桥上，她可能也因此产生了更大的唤起并表现出来。参与者也许不仅对自己的唤起做出了解释，同时也对工作人员的表现产生了回应。

在一个相关的研究中，实验者要求年轻的异性恋男子观察《体育画报》(Sports Illustrated)中的泳装女郎图片，并对每一位女性的魅力进行评分（当然是以科学的名义）。与此同时，他们会听到随机呈现的声音。有些人被告知这些是随机播放的声音，另一些人则被告知这些声音是他们自己心跳的回放。那些认为听到了自己心跳加速的男子对自己当时正在观看的图片全都给出了高分（Crucian et al., 2000）。

图 1.2　你走在这样的桥上，会产生多大程度的唤醒呢？如果你在桥上邂逅一个好看的人，你会觉得对方特别迷人吗？

这些有关人们误把自己的唤醒归结为性兴奋的实验，不仅好玩，而且在人类如何体验并命名自身情绪的问题上给了我们一些启发。不过，这种效应只在魅力已经存在时才会出现。换句话说，那些以为自己听到的是自己心跳加速声音的男性，只有在他们一开始就认为这个女性有魅力的情况下，才会将他的兴奋感受归因于这个女性。同样的，感到兴奋有可能使你认为自己的上司"令人崇拜"，但这种效应也只发生于他确实具备一定魅力的时候（Pastor，Mayo，& Shamir，2007）。

当代情绪理论

这一节要介绍的是有关情绪本质的当代视角。上一节的经典情绪理论探讨了情绪中认知/评价、生理、感受及行为4方面之间如何相互联系，而当代情绪理论将过去的观点推进深化，就产生情绪的心理机制和情绪空间内在结构的含义提出了新的看法。情绪是基于生物演化的、人类普遍适用的、面对具体威胁或机遇时彼此独立且"成套打包"的反应吗？还是主要建构在我们从周围人那里习得的、理解我们内在感受、情境、身体和行动之间关系的观念和故事之上的呢？又或者，情绪会是针对当前所处情境综合评价的一系列现实、复杂且精确调谐的反应吗？

接下来，我们将简单介绍一下这些当代理论，描述它们的定义，并加以比较，同时明确它们与经典情绪理论之间的继承线索。不过，在本书的其他章节，我们也会时不时地重温这些理论。你将会发现，这些当代理论模型在最近几十年来的情绪研究当中发挥了重要的作用。

基本/离散情绪

查尔斯·达尔文在1872年出版的《人类和动物的情绪表达》（*The Expression of the Emotions in Man and Animals*）一书中描述说，世界各地的人类快乐、悲伤、恐惧、愤怒以及其他一些情绪的表情是相似的。为此，他认为我们应当把情绪分成几个泾渭分明的种类去考察。（迪士尼动画片《头脑特工队》就听从了达尔文的说法，用5个独立的角色来表示主人公头脑里5种独立的情绪。）例如，Paul Ekman 及其同事（Ekman, 1972; Ekman et al., 1987）基于他们对面部表情的深入研究，提出了一份"基本"情绪（或者说离散情绪）的著名清单——快乐、悲伤、愤怒、恐惧、厌恶和惊奇。关于这部分内容，我们将在第5章详细讨论。另有一些研究者在此基础上增加了几个候选情绪，如鄙夷、羞耻、内疚、兴趣、希望、骄傲、平缓、沮丧、爱、敬畏、无聊、妒忌、后悔和尴尬（Keltnerr & Buswell, 1997）。

基本/离散情绪（basic/discrete emotions）就定义而言是若干相互独立的实体，类似于不同的化学元素或动物种类，针对人类祖先所处环境中威胁或挑战的原型演化而来（Tooby & Cosmides, 2008）。基本情绪模型蕴藏着一些假设。首先，每一种基本情绪都具有区别于其他情绪的独特适应功能。例如，人类演化出恐惧情绪是为了帮助我们逃离捕食者的威胁或类似的紧迫生理风险（Öhman & Mineka, 2003）。而厌恶情绪的原型，则是针对毒害、污染等威胁而演化出来的，比方说讨厌腐烂变质的食物、传播疾病的寄生虫或外观病弱的人类等（Rozin & Fallon, 1987）。

其次，基本情绪协同情绪的各个方面——评价或认知、生理变化、主观感受以及行为——从而生产出帮助你有效应对当前情境的一整套反应（Levenson, 1999）。例如，恐惧的反应包括提升视觉敏锐度、向附近威胁凝聚注意力、增强"战或逃"自主神经系统的活动性为躯体行动做好准备、加强主要骨骼肌的肌张力、产生呆若木鸡或撒腿就跑的冲动，还包括体验到与危险有关的主观感受等（Tooby & Cosmides, 2008）。换作其他情境，上述诸多反应可能会各自出现，但作为一种基本情绪，恐惧的演化意义就在于把它们捆绑在一起，从而为你争取最大的逃生机会。

最后，人们赋予情绪的这套分类标签——恐惧、愤怒、悲伤，等等——至少在一定程度上，反映着不同的人类精神体验之间天然存在的差异。虽说基本情绪理论承认不同文化背景下的人们解释这些天然类别的方式多多少少会有点不同，甚至可能创造出专属于自身文化背景的情绪概念，但是，仍然有一些情绪类别植根于人类的遗传天性之中。不过，如果基本情绪确实存在，我们怎么知道它们具体是哪些呢？对此研究者提出了若干标准（e.g., Ekman, 1992）。在这里，我们关注的是学术界讨论较多且有关研究较多的几个标准。

一个标准是基本情绪在人类中应具有普遍性，而且在其他物种中也能看到基本情绪的某些迹象。如果基本情绪是演化出来的一部分天性，那么除了脑损伤病人、基因突变或其他异常个体之外，每个人都应该具备体验基本情绪的能力。与此相对的是，只有特定文化社会中的人有体验到基本情绪的表现，而另一些文化社会中的人则没有这些表现。在所有社会中都观察到某种情绪的证据，并不保证它就是基本情绪，但如果只在一部分社会中才能观察到某种情绪，则说明它肯定源于社会塑造而非人类天性。

第二个标准是，如果一种情绪是基本情绪，那么人类对它应具备一套独特的、先天的表达方式，包括面部表情、语音和其他行为。与第一个标准一致（跨文化的相似性）的是，所有文化中的人们都以相同——或至少十分相似——

的方式表达这种情绪并解读这些表达，这一点很重要。我们将在第 5 章详细讨论这一点。

第三个标准是，基本情绪应该在生命早期就明显存在。比如我们不会认为怀旧和爱国是基本情绪，因为它们通常在成年以后才产生，有时甚至根本不会产生。但究竟多早产生的情绪才算得上基本情绪呢？这是个充满争议的问题。新生儿能表现出痛苦和愉悦，但再没有其他。尽管他们能对父母高兴的语音做出睁大眼睛等反应，但他们不会微笑或大笑（Mastropieri & Turkewitz, 1999）。他们可能感受到了快乐，也可能没有。具有社会意义的微笑和皱眉直到婴儿 2~3 个月大的时候才开始出现（Izard, 1994）。要区分恐惧和痛苦的表现至少需要孩子 6 个月大，愤怒的表现则出现得更晚。

最有说服力的标准可能是每种基本情绪都应具有生理上的独特性，如大脑特定回路活动的增加，或者身体反应的特定模式等。人们曾经认为，每一种基本情绪都关联着一定区域的脑组织，但我们将在第 6 章看到，这一观点已经被摒弃了。不过，基本情绪是否具有自己独特的脑活动模式或身体反应模式，仍然是一个有待解答的难题。

由于基本/离散情绪模型认为情绪是一套针对环境刺激、具有适应功能、源于进化的生理和行为反应，而不大重视主观感受方面，所以它和经典的詹姆斯—兰格理论有些相近。James（1884）也曾经设想过不同的情绪感受可能与独特的生理变化一一对应。不过，James 并不认为情绪可以被归入彼此泾渭分明的若干种类。因此，詹姆斯—兰格理论和基本/离散情绪理论仍然是不同的。

核心情感与心理建构

基本/离散情绪模型假定情绪的 4 个方面（认知/评价、感受、生理反应和行为）相互之间紧密捆绑，并且在不同个体和不同文化群体之间都保持稳定一致——至少当情绪强烈的时候是如此。然而，一些研究者发现，这几个方面并不总是步调一致。于是，有人提出，我们应当选定情绪中的一个方面作为主要方面，然后考察它与其他方面之间的关联有多密切，以及为什么与其他方面关联（e.g., Barrett, 2006; Russell, 2003）。选用这种理论取向的研究者比较关注情绪的主观感受方面，而他们的研究结果也表明，离散的类别可能不是描述主观感受的最佳方式。

在类别标签之外，我们可以用维度去认识情绪。很多东西都可以借助维度加以描述。比如，如果你要在店铺里展示钻石，你可能会纵向按大小排列，横向按光泽度排列。同理，我们也能用一个连续维度上的不同位点来描述情绪（e.g., Cacioppo, Gardner, & Berntson, 1997; Russell, 1980, 2003; Watson & Tellegen, 1985）。为了提取这些维度，研究者可以给人们看情绪相关的词汇，然后让他们给每对词的相似程度打分，或者可以让人们报告自己在各个时刻的情绪强度是多少，并且标注哪些情绪是一起出现的。这些数据可以用多维坐标技术进行分析处理，从而让我们看到哪些维度从人们的情绪评定中浮现出来。问题是，浮现出来的这些维度是反映了离散的类别，如"悲伤""愤怒"等等，还是反映了一些连续变化的性质，而理论中的基本情绪只是这些性质维度上某个特定的点。

让我们跳过多维坐标方法中的数学技巧，画张图来说明。以颜色为例，假设我们给人们看各种不同的颜色配对，要求他们评价二者的相似程度。人们的结论通常会是两种深浅不同的紫色十分相近，紫色和蓝色则没那么像，和绿色更是八竿子打不着。那么数学模型就会将第一组颜色放在一起，第二组距离适中，第三组相距很远。只要收集到足够多的颜色配对评分，用图表呈现出来的结果就是紫色挨着蓝色，然后是淡青色，再往后是绿色，以此类推。与此同时，人们还可能会习惯于把深色和深色放在一起，浅色和浅色放在一起。如果我们用多维坐标法进行数据分析，我们可能得到一个二维空间，其中"波长"维度表示光谱，而"亮度"维度则表示明暗。用这两个维度来描述颜色以及颜色之间的相互关系效果很好，比把五彩斑斓的颜色简单划分为"黄"和"蓝"要精确得多。

采用这种方法，James Russell（1980），报告了如图 1.3 所示的情绪条目。使用不同语言进行的研究也得到了相似的结果（Yik & Russell, 2003）。Russell（2003）总结了这些结果，提出了**环形模型**（circumplex model），它借助情绪的愉悦程度和唤醒程度将情绪排成了一个环形。根据这个模型，我们可以将兴奋看作愉快和唤醒的结合，把满足看作愉快和平静的结合等。但要记住，该模型关注的是情绪的感受方面，而不是认知、生理变化和行为方面。比如，即使愤怒和恐惧是与不同的认知和行为相联系的，二者在该图中距离依然很近。在环形模型中，情绪的感受方面体现为愉悦度和唤醒，人们称之为**核心情感**（core affect）（Russell, 2003）。

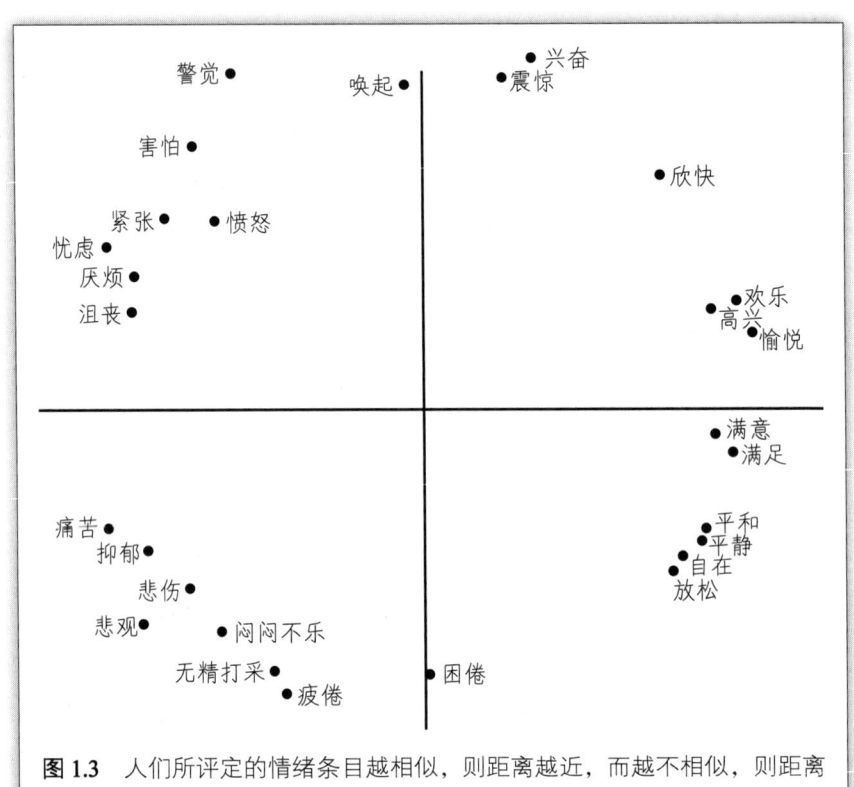

图 1.3 人们所评定的情绪条目越相似，则距离越近，而越不相似，则距离越远。J. A. Russell, 1980, *Psychological Review,* 110, 145-172.

其他的研究者，从不同的理论基础出发，重视对外界刺激的评估胜于主观感受，进而提出了一套稍有不同的两个维度。根据情绪的环形模型，情绪感受要么好要么坏，要么处于二者之间，因此，个体不可能在同一时刻既感受到强烈的积极情绪，又感受到强烈的消极情绪。而根据**评价空间模型**（evaluative space model）（Caciopp et al., 1997），我们对目标"好"和"坏"的评价实际上是相互独立的，这样一来，事件可以同时具备好和坏两种属性。也就是说，积极和消极感受应该是彼此独立的两个维度，而不是同一个维度的两端。

图 1.4 中的模型是由 David Watson 和 Auke Tellegen（1985）提出的，它允许积极感受和消极感受独立共存。每个维度都包含一个内在的唤醒或激活刻度，积极或消极情绪程度高的就是高激活，积极和消极程度都低的就是低激活。这样一来就将"平静"和"困倦"区分开来了。

那么，情绪感受的哪种模型是正确的呢？是环形模型还是评价空间模型？由于各种复杂的测量问题，不同研究者对积极和消极情绪的关系得到了不同

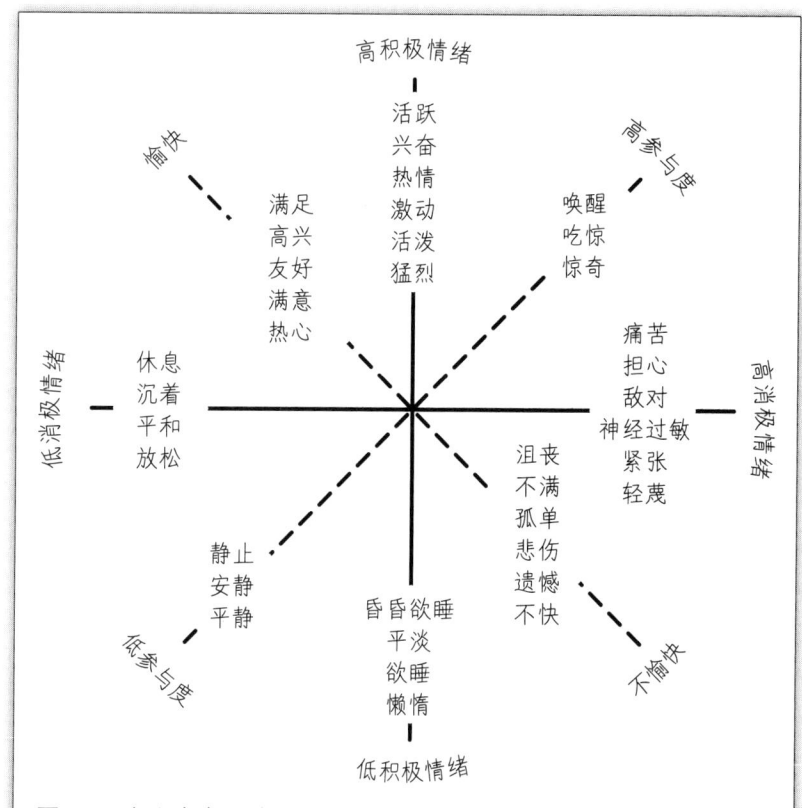

图1.4 在这个有关感受的空间模型里,主要的维度是积极激活和消极激活,而不是愉悦程度和唤醒程度。D. Watson and A. Tellegen, 1985, *Psychological Bulletin,* 98, 219-235.

的研究结果。有人发现它们近似于彼此独立(Tellegen, Watson, & Clark, 1999; Watson, Clark, & Tellegen, 1984, 1988)。另一些人则表示正好相反——你一次只能感受到一种情绪,不能同时感受两种(Remington, Fabrigar, & Visser, 2000; Russell, 1980)。一项研究表明,积极和消极情绪在大多数情况下是对立的,但在一些"痛并快乐着"的时刻(比如从大学毕业),人们确实能同时感受到两种情绪(Larsen, McGraw, & Cacioppo, 2001)。

对于这些不一致的结果,一个可能的解释是,研究者在测量情绪时并没有使用同样的时间刻度去衡量。比如,要求参与者报告他们生活中"总体"感受到了多少积极情绪和多少消极情绪(e.g., Watson et al., 1988)与问他们"此时"感受到了多少积极情绪和多少消极情绪(e.g., Barrett & Fossum, 2001)是很不一样的。正如我们之前所提到的,很难以瞬间为基准去测量情绪,因此,这个争论可能还要持续一段时间。

但我们不必在这个争论里越陷越深。你可能已经注意到，图1.3和图1.4看上去颇为相似。总结而言，不同的情绪维度模型在以下几点上达成了共识：①情绪的感受方面是最主要的，而不是认知或行为方面；②情绪感受最好用连续变化的维度进行描述，而不是用离散的类别；③情绪感受主要用效价（积极和消极）以及唤醒或激活程度来描述。在本书中，我们将会时常使用维度来探讨作为核心情感的主观感受。

如果说用维度而非类别能够更好地描述情绪感受，那么接下来，这些感受与情绪的认知、生理和行为等其他方面又是如何联系的呢？研究者认为，核心情感这一概念意味着情绪的各个方面未必紧密相连，也意味着情绪未必像基本/离散模型那样天然分为彼此独立的类别。按照James Russel（1991）和Lisa Feldman Barrett（2006）所说，诸如恐惧、愤怒等人们所认为的"基本"情绪并不是源于自然演化，而是源于**心理建构**（psychological construction），即人们为组织自身主观体验而形成的概念体系。

什么是心理建构？让我们用"宠物"这个例子来加以说明。宠物，指的是人们出于情感需求，而非协助耕作或保卫等实用目的，进行繁育和照管的动物。常见的宠物有狗、猫、仓鼠、小型鱼类等，但这些品种本身并不等于"宠物"这个概念，"宠物"的定义关键是动物与其人类主人之间的关系。重点在于，究其本质而言，世界上并没有一个自然形成的、客观存在的宠物品种。"宠物"这个概念，是人类根据自己的生活经历创造出来的，因而不同文化环境中的人可能对宠物具体是什么动物拥有不同的看法——事实上，有些文化中压根就没有"宠物"这个概念。

重视心理建构的研究者指出，当我们在谈论恐惧、愤怒、悲伤等情绪时，我们也同时在谈论这些心理概念。你将在本书第3章中看到，研究者发现，非英语文化环境和英语文化环境中的人们使用的情绪概念不尽相同。他们还发现，支持将情绪的各个方面成套打包的证据并不像基本情绪理论所期待的那样清晰有力。而核心情感中有关唤醒的主观感受则在某种程度上与实际的生理变化相匹配（Bradley & Lang, 2000）。与此同时，我们愉快和不愉快的感受和环境事件之间的联系也是可以预测的。不过，我们用来打包特定的刺激情境（例如被冒犯）、认知评价（例如感到不被尊重）、生理变化（例如面部充血）和行为（例如怒吼）的情绪概念（例如愤怒），通常代表的是我们用来归类和解说主观感受的故事，而不是指人类本性中的某个方面、某种类别。

情绪概念是怎样形成的呢？Barrett（2006）认为，它的形成始于我们第一次从父母或其他抚养者那里认识某个具体的情绪名词。我们会在脑海里将这个新名词和我们当时的体验联系起来，并且此后无论是我们自己或从朋友那里、从虚构的故事（例如小说或电影）里再次遇到这个标签，我们也都会立即联系起来。久而久之，我们在脑海中将这个情绪名词和各种具体经历所结成的一张大网连在一起，呈现出一个原型，也就是这个情绪概念。尽管每个人内心理解的情绪概念并不一样（即每个人针对特定的情绪名词结成自己独特的网络），但同一语言环境或同一文化环境中的人们对情绪概念的理解足够相似，所以他们还是能够有效地谈论情绪。

核心情感/心理建构模型显然继承了沙赫特—辛格理论。它们拥有同样的理论假设，即生理唤起具有普遍性，难以用来可靠地分清各种基本情绪。它们也都认为，人们依靠情境中的信息，结合自身语言中的概念体系，来给情绪感受归类，进而判断应当采取哪些行为。但和沙赫特—辛格理论不同的是，在心理建构模型中，对自身生理唤醒的觉察并不是人们识别情绪的必要环节（Barrett，2006）。

成分加工模型

第三种当代情绪理论与前两种既有相似也有不同。和基本/离散情绪模型一样，成分加工模型认为情绪是对环境事件的反应，其中包括多个彼此紧密联系的侧面，具有跨文化的普遍性。和核心情感/心理建构模型一样，成分加工模型认为使用维度而不使用类别的情绪空间能够更好地描述情绪。怎么会这样呢？

在基本情绪模型中，诸如生理变化、面部表情以及行为等客观方面是最为重要的部分，因为它们反映着人类面对特定刺激事件演化而来的、具有适应功能的反应。而在核心情感和心理建构模型中，主观感受才是关键。按照**成分加工模型**（component process model）的观点，认知评价是情绪中的重点要素。基本情绪模型的支持者追随 William James，认为认知评价是产生情绪反应的必要条件。例如，在厨房里看见一只蟑螂后感到恶心，你必须首先将蟑螂评价为一个威胁健康的污染源。

与此相反，成分加工模型里的认知评价也是维度，就是我们平时用来评价每一个生活事件的那套维度体系。尽管不同学术文献列出的具体维度略有差异，但 Klaus Scherer（2009）提出，这个模型里的首要成分包含着新异性、愉悦性、预期性、确定性、目标趋近性、变化性以及可控性等关键维度。也就是说，在成分加工模型里，你对蟑螂的评价大概是：中等新奇（你以前曾见过蟑螂，但不常见）、令人不快、出乎意料（居然出现在自家厨房）、十分确定（没错那就是一只蟑螂）、与目标相悖（本书作者真诚地希望您反对在厨房里养蟑螂）。重要的是，人们在评价蟑螂问题是否可控时可能存在很大差异，而这一点影响着他们的情绪。有的人可能会淡定地拿扫帚扫或用杀虫剂喷，而有的人可能会尖叫着冲出家门。

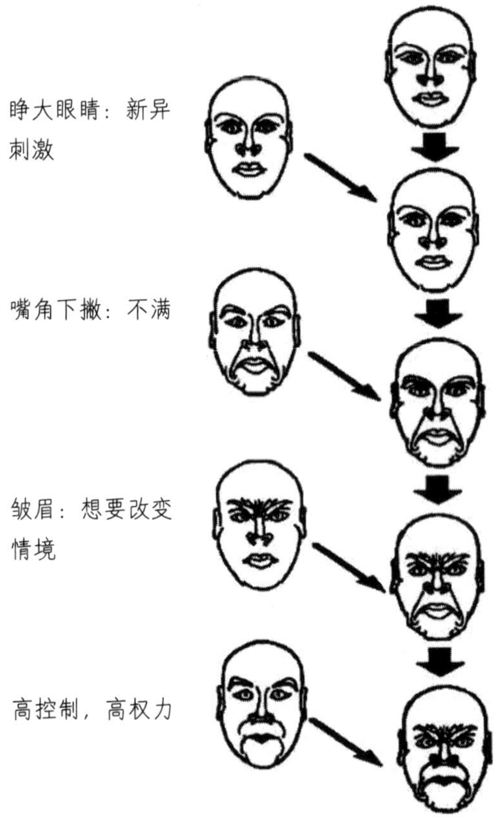

根据成分加工理论，我们对事件的生理和行为反应是可以预测的，但它们取决于每个人认知评价维度的综合结果，而不是各类基本情绪预先设定好的反应套装。举例来说，如图 1.5 右下角的愤怒面孔，如果不将其称为单一的情绪，我们可以将其看作 4 个评价成分的结合（Ortony & Turner，1990; Scherer，1992）。首先，瞪大的双眼说明刺激来自意料之外。愤怒中的这部分面部表达同时也是惊奇和恐惧表情的组成部分。

第二个成分是嘴角下撇，根据成分加工理论，这个动作代表了不愉快，它也出现在悲伤和厌恶中。第三个成分，紧锁的眉头暗示着想改变自己所处情境的欲望。人们在沮丧和专注的时候通常也会眉头紧锁。最后一个成分，紧闭的双唇。它代表了一种控制感。这个动作是愤怒的标志，但也可以构成骄傲——另一种涉及力量感和控制感的情绪（Campos, Shiota, Keltner, Gonzaga, & Goetz, 2013）。

这个例子讲的是面部表情，但其中的原理对于情绪的其他方面来说同样适用。关键点是，我们称之为愤怒的东西可能是若干维度的评价成分汇合而成，每一种成分对应着情境的某一方面。一个给定的情境可

图 1.5 根据成分加工模型，愤怒的表情是一系列肌肉运动的组合，反映了 4 项认知评价。K. R. Scherer, 1992, in *International Review of Studies of Emotion*（Vol. 2, pp. 139-165），Chichester, England: Wiley.

睁大眼睛：新异刺激

嘴角下撇：不满

皱眉：想要改变情境

高控制，高权力

能包含了一个或者几个不同的维度。但当情境涉及多个维度的评价成分时，它们是顺序发生而不是一拥而上的（Grandjean & Scherer，2008）。

Scherer（2009）指出，成分加工模型使得情绪状态可以符合特定程式，因此情绪看起来就像是基本情绪，而且这些程式化的情绪状态可能反映了人类在漫长的演化历史中习得的原型威胁和原型机遇。在不少案例中，基本情绪模型和成分加工模型会做出相似的预测。然而，它们之间的差异也十分明显。第一，在成分加工模型中，同一种笼统的情绪可能因为个体内心不同的认知评价而表现得多种多样。比方说，当所有维度的评价都指向愤怒时，我们会识别出一个典型而清晰的愤怒，但也可能只有一部分维度的评价汇集出愤怒的状态，而另一些维度则并不指向愤怒。第二，评价维度的组合方式多种多样，导致情绪反应和基本情绪类别不相匹配。这样一来，真实情绪体验的变化范围就大大拓宽了。

哪一种当代情绪理论是正确的？

理论实在太多啦！读到此处，你可能会问自己，到底哪一种理论是对的呢？研究者肯定已经找出来了吧！

很遗憾，并没有。你将在本书中看到，大量情绪研究都会选择某一种理论作为出发点，但很少有研究在做结论时能够成功判定那些理论比另一些更为优胜。即便概览众多研究，在其中一些支持这项理论的同时，另一些也会支持那项理论。我们期待你抱着开放的心态去翻阅本书后续章节，询问自己某项证据如何支撑或反驳每个理论，以及应当如何开展新研究以更好地解答有关情绪本质的问题，而不是急切地判定哪个理论是对的。你还可以想一想，这些理论是否当真非此即彼？也许每一种理论都有其合理之处，而我们需要做的只是努力把它们整合在一起。

研究方法：我们怎样研究情绪？

现在，让我们暂时放下理论，转向实践问题：我们怎样用科学方法研究情绪？这件事可不那么容易。首先，我们要让研究的参与者们进入情绪状态，或捕捉他们在现实生活中的情绪时段。接着，由于情绪涉及诸多不同侧面，怎样测量它们也很复杂。请跟随我们一起去看看研究者是如何应对这些挑战的吧。

诱发情绪

如果你要研究情绪对人的行为、人际关系或其他方面的影响，你该从哪里着手呢？你可以找一些感受到快乐、惊吓或愤怒的人，看他们与没有产生情绪的人在你所感兴趣的行为结果上有什么不同。但这种研究不是很有说服力，快乐的人与其他人行为结果的不同也可能是由其他原因造成的，与快乐本身无关。比如，快乐的人比不快乐的人更健康，你观察到的不同可能是由健康的差异引起的，而非快乐不快乐。与其他研究一样，唯一能够确定因果关系的方法就是对我们所认为的自变量进行实验操作，同时控制其他变量，然后看结果是否按预期的方向变化。

在心理学实验室的控制背景下，研究者是如何对情绪进行操作的呢？有以下几种诱发参与者情绪的方法。例如，研究者会让参与者回忆他们生活中强烈体验到某种情绪的时刻，然后说出或写下他们的感受（e.g., Bless et al., 1996; Ekman, Levenson, & Friesen, 1983; Tsai, Chentsova-Dutton, Freire-Bebeau, & Przymus, 2002）。这套方法能较好地适用于一部分参与者，但主要取决于参与者情绪体验的新近程度和强烈程度。或者，研究者可以让参与者阅读或想象自己身处于能诱发强烈情绪（如恐惧或骄傲）的情境故事（e.g., Griskevicius, Shiota, & Neufeld, 2010; Keltner, Ellsworth, & Edwards, 1993）。还有一些诱发方法是给参与者看情绪图片（e.g., Bradley, Greenwald, Petry, & Lang, 1992）或情绪短片（e.g., Gross & Levenson, 1995; Maner et al., 2005; Papousek, Schulter, & Lang, 2009）。

以上是实验室情境中最常用的几种情绪诱发方法，这些方法的一个优点是具有表面效度（face valid）——研究者通常使用被大部分人所认可的情绪性故事或图片（比如一个考试得高分的故事，或者一张蜘蛛的照片）。

另一个优点就是这些方法针对的是非常具体的情绪状态，如愤怒、悲伤和厌恶。然而，这些方法也有一定的局限性。所有情绪都是通过回忆或想象情境诱发的，而不是发生在当下的真实事件。在有些研究中，研究者通过直接将参与者置身于情绪情境来诱发情绪，比如送他们小礼物（e.g., Isen, Daubman, & Nowicki, 1987），或夸奖他们在前置任务中"富于创造力"，又或者要求他们发表演讲，同时让"观众"表现冷淡（e.g., Taylor et al., 2010）。

尽管这些策略有一定的生态效度，与人们真实生活中产生情绪的情境类似，但不够具体，人们对其的反应也各不相同。总之，优秀的研究者会尝试在一系列研究中运用多种方法来诱发情绪，看情绪的影响是否会因诱发方法不同而不同。

还有一些诱发情绪的方法尚存有争议，尽管有研究者使用，但得到的结果却不易为大家所认可。一些研究者给予参与者面部肌肉动作的指导，要求其呈现特定的面部表情，以此来诱发情绪（e.g., Levenson, Ekman, & Friesen, 1990）。尽管参与者在呈现表情之后更容易报告感受到了目标情绪（我们会在第5章详细介绍这种效应），但其他的效应有可能只是由肌肉运动本身引起，而非源于情绪。一些研究者也曾用音乐作为实验室中情绪诱发的手段（e.g., Zentner, Grandjean, & Scherer, 2008）。人们确实能有效识别一些音乐片段蕴含的情绪的性质，这也许是因为在感受到特定情绪时音乐的声学特性听起来就像人的声音。但是，这种技术在实际诱发情绪时并不总是有效。

情绪研究还有一个非常重要的问题，就是我们在实验室中几乎从来都不能诱发出像人们现实生活中那样强烈的情绪。看到电影里一个人冒犯他人是一回事，有时也能让你回忆起自己的经历，但在实际生活中被人侮辱完全是另外一回事。不违反某些重要的研究伦理准则是很难诱发出强烈的情绪的（比如，我们不能骗参与者说他最好的朋友刚刚被车撞死了）。因此，研究者必须记住，实验室中研究的情绪状态可能只是人们现实生活中情绪体验的一片倒影。

最近十年来，越来越多学者通过情绪采样技术去研究人们在现实生活中的情绪体验，从而应对这一难题。这种技术实施起来相当简单，研究者发给参与者某种设备，比方说智能手机或平板电脑等，它们会在一天中不特定的时间发出鸣叫。每当设备发出鸣叫，参与者就要立即回答一些有关其所处情境以及此时感受、活动的问题，最迟可以晚几分钟再回答。这种研究范式的好处是它能捕捉到人们在现实生活中的情绪体验，不足则在于人们大部分时间内情绪并不强烈，因此如果设备随机鸣叫的话，可能捕捉不到多少情绪强烈的时刻。另外，这种研究范式大大限制了可以使用的测量方法，通常只能运用一些简单、快捷的自我报告项目。接下来，让我们进一步聊聊如何测量。

测量情绪

> 凡客观存在的事物都有其数量。
>
> ——Edward Thorndike（1918，p. 16）
>
> 凡有其数量的事物都可以测量。
>
> ——W. A. McCall（1939，p. 15）
>
> 凡对存在事物的测量都有可能误测。
>
> ——Douglas Detterman（1979，p. 167）

对情绪的研究通常需要进行各种测量。如果情绪确实存在，我们应该能够对其进行测量。不幸的是，如果我们难以定义情绪，那么也就很难测量它。

不过，人们并不总是必须先透彻理解某个事物，然后才能测量它。这就好比你或许并不懂得有关温度的理论知识，但这不妨碍你懂得怎样使用温度计。你也可以测量磁力、电阻以及其他一些物理变量，而不需要事先深入理解它们。同样地，心理学家们也在尽力测量智力、动机、记忆以及其他尚未被精准定义或解释的心理过程。情绪研究者主要依靠以下几种测量方法：

- **自我报告**是指参与者对自身情绪感受的描述，也可以报告自己的认知、行为以及情绪的其他方面。
- **生理测量**是指测量血压、心率、出汗以及其他随情绪唤醒而波动的变量。研究者们也关注大脑活动和激素变化。
- **行为观察**是指观测行动，包括面部和声音的表现、逃跑或攻击。尽管行为反应可由参与者主观报告，但最好还是由观察者对其进行客观评定。

前面已经说过，情绪的定义一般包括 4 个方面：认知、感受、生理变化和行为。因此，研究者在测量情绪时也强调这 4 个方面。每一种测量方法都既有优势也有劣势。事实上，对于任何测量手段来说，研究者在相信使用该方法所得出的研究结果之前，都想先知道这种方法是否可靠和有效。**信度**（reliability）反映了测量分数的稳定性或可重复性，通常用 0~1 的刻度表示。信度较高（接近 1），意味着相同条件下参与者在重复测量时得分几乎相同；信度较低（接近 0），意味着得分会在相同条件的不同试次之间随机波动。如果信度很低，则说明该测试什么也测量不出来。比如，问卷的条目用词模糊表达不清会导致信度低，因为参与者可能在不同试次中对同一个问题给出不一样的答案。类似的，如果生理传感器没有正确连接，那么对心率的测量结果就会包含很多随机的噪声。

除了信度，**效度**（validity）考察的则是得分能否反映它自称所代表的内容。一份问卷在参与者每次答题时得分都能保持一致，说明它是可信的；但如果它测量的不是原本应该测量的内容，而是与之无关的东西，则不能称之为有效。例如，一份有关自尊的量表中包括如下判断题：我自己身上有许多东西是我想尽量改变的。如果你回答"是"，意味着你具有低自尊还是高抱负呢？另外，参与者的不诚实作答也可能造成问卷无效。

效度分为几种，研究者通常会试图保证一种新的测量手段在所有方面都有效（Joint Committee on Standards, 1999）：

- 测量内容应与指定的目标明显匹配。
- 如果目的是测量某些心理过程或技能，那么很有必要在任务中使用这些过程和技能来获得成功，而不能用其他东西来完成任务。
- 测量中的所有亚成分彼此间应正向相关。比如，问卷的不同条目之间应当互相联系，就如生理指标测量中心率和血压的变化那样。
- 最重要的是，测量得分应能准确预测一些与概念相关的结果。例如，对愤怒的有效测量得分应能准确预测谁比较容易陷入打架和争吵之中。

自我报告

自我报告数据的收集很简单，不一定需要转译。例如，参与者可能会在这样的一个量表上评估他们的紧张、快乐和其他情绪的水平：

```
一点也不紧张    有些紧张     非常紧张
    1    2    3    4    5    6    7
```

自我报告不可能是精确的，因为每个人的标准各不相同。数百年前，欧洲人以腕尺和掌尺来测量距离。腕尺是从肘到中指顶端的距离，掌尺是把手张开时从拇指尖到小指尖的距离。很明显，你的腕尺或掌尺与其他人不一样长。情绪的自我报告也存在同样的问题。如果你评估你的紧张度为"5",你的5可能与别人的5是不一样的,甚至你自己的5在不同时刻也会不一样。

自我报告有时候和一些比较客观的测量手段出现冲突。假如你问一个正在哭的人:"你为什么悲伤?"对方回答:"我并不悲伤,我心情很好。"你相信他的自我报告吗?它有可能是正确的。因为有时候人们流泪是出于幸福、娱乐或欣慰(见图1.6)。然而,当我们拿不准的时候,通常还是默认流泪的人感到悲伤。也就是说,相比主观的自我报告,我们更相信客观的行为观察。

图 1.6 人们可能是由于极度欣喜而哭。但如果我们不知道确切原因的话,一般假定其悲伤。

自我报告的另一个局限是,很难在母语或方言不同的参与者之间做比较。尽管情绪词可以翻译,但往往会因此丢失一部分微妙的信息。另外,研究婴儿、脑损伤病人等不便说话的群体或做动物研究时,自我报告也不适用。

尽管存在上述棘手的问题,但自我报告对很多研究来说仍然很有帮助。例如,如果你昨天评价自己的紧张度为5,今天的为2,即使你的5与别人的5含义不同,这种变化也足以说明你的紧张度下降了。再者,除了自我报告,确实也没有其他办法能够测量情绪中的主观感受方面了。

生理测量

看一看"17+35=52"这个算式。当你开动脑筋时,你感觉到自己的身体有何变化吗?很可能没有。它纯粹是一项事实陈述。相比之下,几乎所有的情绪体验都包含着生理成分。如果按我们早前所说的定义,情绪包含行为,那么任何情绪状态都应包含对行动的准备,也就是"行为倾向"。例如,愤怒意味着准备进攻,恐惧意味着准备逃跑。假如你是一名捕食者,看到可能的午餐就在不远处，你就必须准备好追逐，否则就得挨饿了。

情绪的生理测量考察的是身体如何为行为做准备。很多情绪条件都属于唤醒紧张的状态——你的心跳加快、腹部收紧、手开始出汗。交感神经系统（sympathetic nervous system）活动的增强对唤醒紧张，进而帮助身体做好"战或逃"的准备十分重要。它促使生理发生变化，血流和肌肉供氧增加，让你准备好能够完成高强度的生理任务。交感神经系统同时也会减少消化活动（因为消化活动会跟骨骼肌的收缩争夺能量供应）和性唤起（当你为了活命而战斗时，性就成了一件毫无意义的分心事）。相反，副交感神经系统（parasympathetic nervous system）有助于促进生长发育、增强日常维护功能，以积攒今后要用的能量。

和自我报告一样，情绪的生理测量也有一些局限，试想一下——情绪时刻是你心跳加快的唯一时刻吗？那么当你爬楼梯的时候呢？你的心率绝对会加快——倘若没有的话，你上楼以后会感到严重不适。但此时你感受到情绪了吗？未必。天气冷的时候，你手上的血管会和你感到恐惧时一样收缩，那能说明你感到害怕了吗？同样，也不一定。本书作者之一（Michelle Shiota）在实验中会剔除参与者每一次打喷嚏时的数据，因为那会污染生理测量结果。使用生理测量的研究者必须考虑清楚，生理变化究竟是由情绪、动作还是其他无关因素造成的。

同样，和自我报告一样，生理测量也因人而异。如果你此时测量你自己、好友以及爱人等的心率，你会得到不同的数值。有些不同是因为你们参与的活动不同，但即使进行相同的活动，人的身体也是不同的。正因如此，研究者通常关注的是情绪状态与无情绪状态（或情绪不强烈时）的基线水平之间生理数据的变化，一般来说是对一些指示或刺激的反应。

生理测量相比自我报告具有很大的优势。如果一个人说他的紧张度是从 5 降到 2，我们无法确定其意义，只知道现在比之前低。但如果一个人的心率从每分钟 75 次增加到了 80 次，其意义则具体得多了。而且，心率的定义总是明确的，而每个人对"紧张"的理解却千差万别。

除了测量交感神经系统和副交感神经系统，激素也会造成人类体验强烈情绪时的生理变化。激素（hormone）是以血液为载体，在身体内部传递信息的一种化学物质。例如，压力会导致身体释放皮质醇进入血液，并且在应激感受开始 20 分钟后即可从唾液中检出。收集有关激素的数据不那么方便（参与者得往试管里吐口水），也不怎么便宜（需要向专业的实验室付费来进行化验），但至少就一部分激素而言，这事不算太困难。

研究者也将监测大脑活动作为情绪测量手段。其中一个技术就是**脑电图**（electroencephalography，简称 EEG），研究者将电极黏贴在参与者的头皮上以测量情绪状态下大脑活动的瞬时变化。使用 EEG 的费用相对便宜，并且它能提供各个电极附近脑区神经细胞活动的毫秒级信息。当研究者关注情绪体验的精确时间时，EEG 尤为实用。在一个愉快或不愉快的刺激后，脑电反应可以瞬间就被探测到（Delplanque et al., 2009）。相反，参与者有关情绪感受的自我报告必然延迟，而且不可能精确到瞬间。

尽管 EEG 非常善于记录电极附近脑细胞的活动，但我们将在第 6 章看到，情绪中有大量神经活动发生在脑部深层区域。EEG 的另外一个局限是，每一个电极的数据都综合了一片相当大的脑区的活动，所以，EEG 提供的是脑活动的时间信息，而不是精确的位置信息。

最近，**功能性磁共振成像**（functional magnetic resonance imaging，简称 fMRI）技术变得越来越流行，它根据耗氧量的变化来测量大脑活动（Detre & Floyd, 2001）。脑区活动增加需要更多的氧，此时，邻近血管中的血红蛋白分子就会释放更多的氧。携带氧的血红蛋白分子与不携带氧的血红蛋白分子对磁场产生的反应不同，而环绕头部的 fMRI 扫描仪能够监测到这种不同（图 1.7）。fMRI 成像能够监测到大脑活动 1 秒以内的微小变化——虽然不像脑电图那样能够记录到毫秒级变化，但对许多研究目的来说都已够用。与此同时，它还可以将变化的位置精确至大脑表面之下 2 或 3 毫米，有时更深层脑区也可以——空间精确性远超脑电图。目前普遍认为这种技术对人体安全。

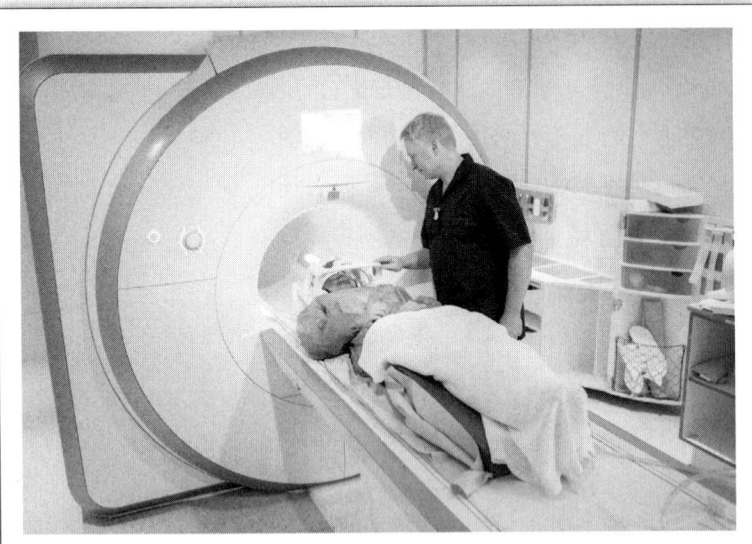

图 1.7　功能性磁共振成像可探测到最近相对活跃的脑区的耗氧情况。参与者需要一动不动地待在一个狭小嘈杂的仪器里，这个实验环境本身可能对情绪体验有影响。

然而，fMRI 也有几个实际的

缺陷。首先，人必须一动不动地躺在环绕头部且噪声嘈杂的仪器中。大多数儿童不愿意这样待着，或者没办法这样待着；患有幽闭恐怖症（对封闭的环境感到害怕）的人也是如此。其次，使用fMRI设备费用高昂，除了医院或大型研究中心之外，很少有研究者能使用。此外，扫描程序限制了研究者能够测试的体验类型。我们日常的情绪体验大多出现在与其他人接触时，而不是静静地躺在充满噪声的机器里透过小窗看着监视器上的图片时产生的。与很多领域的研究一样，为了更精确地测量，我们有时候不得不牺牲研究的**生态效度**（ecological validity）——研究中发生的事情能够真实反映现实生活中发生的事情的程度。

除了这些实践方面的缺陷，任何大脑扫描研究的结果都必须小心解释。比如你将一个人置于fMRI设备中，扫描她在观看蜘蛛图片时的脑活动，并以花朵和铅笔的图片作为对照条件。看看结果，你会发现一个叫作杏仁核的脑区在观看蜘蛛图片时的激活要高于观看其他图片时。这说明什么？或许杏仁核是负责恐惧的脑区，或许杏仁核是负责蜘蛛的区域，或许杏仁核是负责探测动物的区域，又或许杏仁核并不负责探测任何东西，只是协助大脑追踪运动而已。你肯定已经懂我们意思了——蜘蛛与花朵和铅笔有很多不同之处，而大脑加工这些对象时也有很多不同的方法。单凭任何一个研究，我们都无从知晓究竟是哪种不同与杏仁核的变化有关（Baxter & Murray, 2002）。但是，通过若干研究的比较，研究者可能会发现某种模式。最后，研究者也许能够使用脑扫描确定一个人的情绪类型和情绪强度，但对这样的结果更要谨慎解释。

行为观察

当人们一见到蜘蛛就跳起来和尖叫，我们推测他们是被吓着了；当人们攥紧拳头发出吼叫，我们推测他们愤怒了。研究者在与动物或还不会说话的婴儿打交道时必须依赖于这样的行为观察。研究者通过观测行为来对自我报告进行补充，因为人们经常没办法或者不愿意准确报告自己的情绪。

具体来说，研究者对面部特定肌肉群的收缩特别感兴趣，因为它们能产生表情。比如，当人们愤怒时，经常降低和皱拢眉毛，眯起眼睛，抿紧嘴唇（图1.8）。借助面部动作编码系统（Facial Action Coding System；Ekman & Friesen, 1984），研究者能够记录面部哪些肌肉收缩了，持续了多长时间以及收缩的强度。特定的肌肉收缩模式可能出现在人们正感受特定情绪或者正处于诱发特定情绪的情境之中（Ekman & Friesen, 1975）。例如，当感觉自己被冒犯时，人们能够可靠地做出如图 1.8 所示的表情。出于这种缘故，研究者有时会将肌肉收缩模式作为情绪的非言语测量手段。

图 1.8　研究者时常使用面部表情（比方说愤怒的表情）来测量研究期间人们感受到的情绪。

与其他的情绪测量方法一样，编码过的面部情绪表情也有自己的局限。首先，人们能够在不同程度上成功地伪装或隐藏他们的情绪（Ekman，2001）。其次，对面部表情进行编码的时间是十分短暂的，肌肉运动可能是非常细微的，因此研究者需要花大量时间进行训练，并要耗费很大耐心去区分所有的面部运动。同时，一般表情只持续 1~2 秒，所以，为了抓住每一瞬间，你必须反反复复地观看行为录像，慢放以找准每一个动作的起止时刻。每当编码者观察到一个面部动作，他们就会多次观看这个动作以确定其中包含哪些动作单元（action units）：是抬起眉头？还是抬起眉尾？眉毛皱拢了吗？眼睛是否张大？诸如此类的单元大约有几十个之多。通常来说，编码仅仅 1 分钟的录像需要花费 30~60 分钟。目前研究者和工程师正在彼此协作，努力开发计算机自动编码技术，但这些程序的精确性和效度仍有待验证。假以时日，计算机编码技术总会被广泛接受，但截至当下已发表的研究文献中，很少有人使用的是计算机编码。其三，尽管许多研究者在解读特定表情上达成一致，但对另外一些表情，许多人并不赞同或持有怀疑态度。不过，随着时间和精力的投入，研究者将在许多重要表情上取得共识。

那么，哪种测量方法最好呢？对于一部分研究者来说，感受是情绪中最重要的方面，因此自我报告是黄金标准。另一些研究者认为感受过于主观而不能作为情绪的最终标准，因此他们比较重视生理和行为测量。等待我们探索的内容这么丰富，证据种类自然越多越好。比如，如果我们在一个研究中纳入行为、自我报告和生理测量，我们就可以了解它们一致或不一致的地方。当测量结果不一致时会有点麻烦，因为我们必须确定自己最信任的测量方法是什么。然而，这种情形也能促生有趣的新思路。要牢记的是：在任何情况下，任何结论的效力都无法超越带来这种结论的测量方法的品质。

情绪的各个要素密不可分吗？

我们已经初步认识了情绪的不同测量手段，现在让我们回到本章早前提出的那个问题——情绪中的4个方面彼此联系的紧密程度如何？回想一下各种情绪理论对这一问题的答复，基本/离散情绪理论认为它们相互之间极为密切，而核心情感/心理建构理论则认为它们的联系比较松散。

关于**情绪反应一致性**（emotional response coherence）的初步研究，或者那些情绪自我报告在多大程度上可以预测生理反应以及像面部表情这类简单行为的研究，并没有对上述论断给出确切的证明（Bradley & Lang, 2000）。在这些研究中，研究者在参与者从事例如观看情绪电影这样的任务时测试其交感神经系统的唤醒情况，之后要求参与者对自己在任务过程中体验到的情绪强度进行评分。研究者会探讨为什么那些交感神经系统活动最强的个体恰好是在情绪自我报告上分数最高的人。大多数研究没有发现二者之间的关联，即情绪的主观报告和交感神经系统唤醒很难彼此预测，甚至有时它们的联系正好是相反的。

但是，再思考一下。假设有一位女士叫作爱莉丝，她报告自己在观看情绪电影时情绪体验强烈，是所有参与者当中情绪体验最强烈的。但与此同时，相对于其他的参与者，她却表现出了较弱的生理唤醒。这是不是意味着她的生理唤醒没有和她自己报告的情绪增强同步？完全不是。在这里我们要考虑情绪研究的大难题——自我报告被我们视为测量的"黄金标准"，但同时它也是主观的。爱莉丝对感受强烈程度的评价可能与其他参与者不同，但是，只要她的主观报告和她的生理唤醒同步变化，那么一致性假设就是成立的。

有一项研究仔细检验了这种参与者内实验设计的情绪反应一致性（Mauss, Levenson, McCarter, Wilhelm, & Gross, 2005）。参与者内设计的优势在于它避免了将不同参与者的自我报告进行对比，取而代之的是将每个参与者此刻的自我报告与其在另一个时刻的报告进行对比（对生理唤醒数据的处理也是一样）。在Mauss等人的实验中，参与者要观看一段5分钟的电影视频，视频内容会从搞笑到悲伤最后再回到搞笑，一共看 3 次。每一次观看视频，仪器都会对参与者的心血管活动和皮肤电导水平（交感神经系统活跃度的衡量指标）进行全程记录。其中一次，参与者只需观看；另一次，参与者要用一个便携式的按键设备不断对影片逗乐的程度打分；还有一次，他们要用同样的按键设备不断对影片令人伤感的程度打分。所有参与者第一次观看影片时愉悦和悲伤的面部表情也会被编码记录。

随后，研究者会探讨参与者的自我报告、面部表情和生理反应之间是否紧密相连，或者说，是否在整个观看过程中同步变化。数据处理结果见图 1.9。自我报告愉悦水平和愉悦的表情存在较强的正相关（$r=0.73$），自我报告悲伤水平

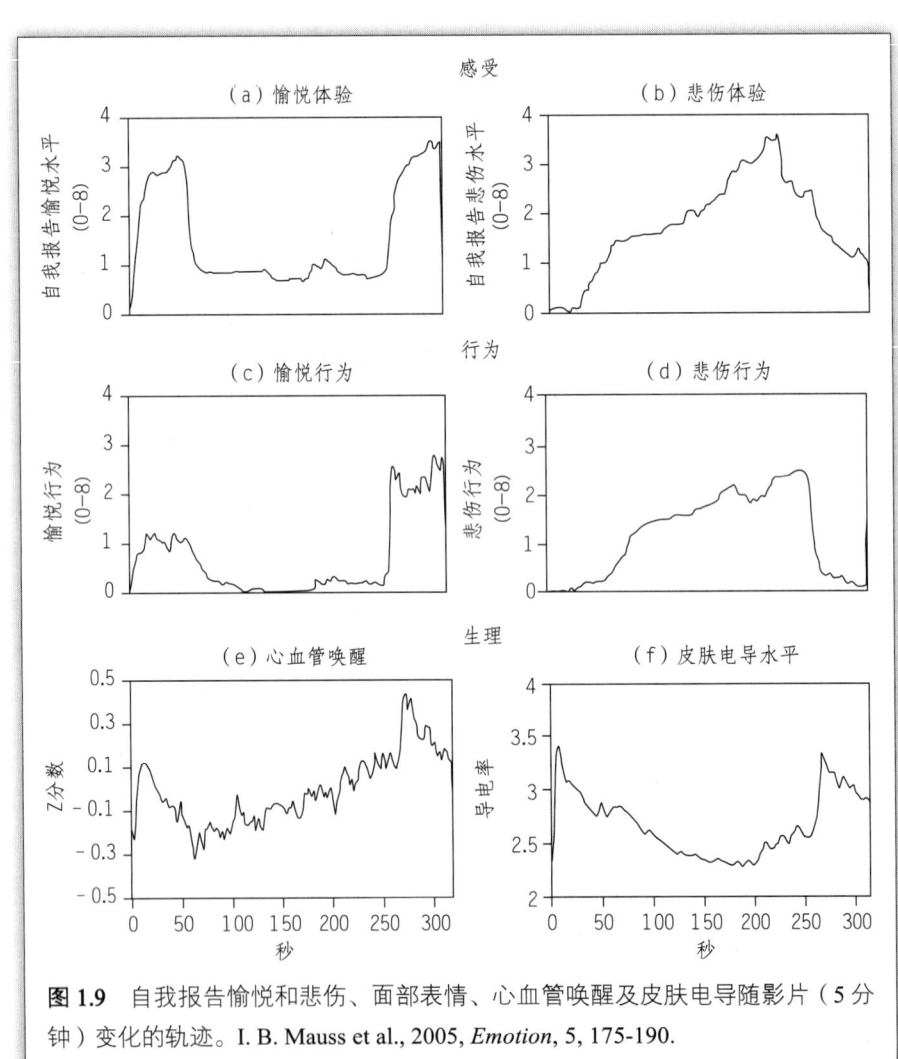

图 1.9 自我报告愉悦和悲伤、面部表情、心血管唤醒及皮肤电导随影片（5 分钟）变化的轨迹。I. B. Mauss et al., 2005, *Emotion*, 5, 175-190.

和悲哀表情之间也是如此（$r=0.74$）。自我报告愉悦水平和心血管唤醒之间正相关程度较小（$r=0.22$），而和皮肤电导之间正相关为中等（$r=0.51$），这表明参与者的主观愉悦体验稳定伴随着交感神经系统的激活。自我报告悲伤水平在整个视频观看过程中和心血管唤醒没有表现出相关关系，但是，它和皮肤电导之间存在负相关（$r=-0.39$），这表明悲伤体验和交感神经系统激活减弱联系在一起。面部表情和生理反应之间的相关模式与自我报告和生理反应之间的模式差不多。

这项研究运用参与者内设计所获得的有关情绪要素一致性的证据，比此前任何研究都要好得多。但这就足以宣布基本情绪理论胜利了吗？尽管相关关系在统计上达到了显著水平，但相关系数大小各异。要注意的是，两类面部表情和对应的主观体验之间的参与者内平均相关系数，都大于它们各自和生理指标之间的相关系数。虽说心理学家几乎从不期待完美或接近完美的相关关系，但不可否认的是，该项研究的结果仍有些模棱两可的地方。

Mauss 等人的这一实验显示出当代情绪研究的错综复杂，以及从不同理论模型中选取优胜者的困难之大。纵观本书，我们还将看到许许多多这样的研究案例。但好的科学研究往往促使我们用不同的方式提出新鲜的问题，而不是给出一个简单直白的答案。当然，我们仍有机会读到许多有关重要情绪机制和效应的扎实证据，获得清晰的理论和实践指导。

总　　结

迄今为止我们学到了哪些知识呢？情绪是复杂的、难以捉摸的，甚至是难以界定的。很多心理学家从 4 个方面去描述它：认知/评价、感受、生理反应和行为。尽管人们认为这 4 部分大多数时候"团结一致"，但它们并不总是如此。这样一来，情绪的哪部分最重要，不同部分之间的关系是否证明存在若干基本情绪或文化特异性的心理概念，又或者，说明情绪是一个基于若干认知评价项目的复杂维度空间……人们围绕这些议题争论不休。

你可能已经注意到，我们在本章提出了很多宏大的问题，却没有给出多少答案。是的，欢迎进入情绪研究的大门！情绪是一个令人兴奋的研究领域——这些宏大的问题仍不断被提起，研究者们也积极地参与辩论。不同的视角很重要，因为不同的视角引导我们提出不同的研究问题，而所有问题都有助于我们更好地认识情绪。我们希望在你学习本书时对这些问题始终保持开放的心态，全面考虑已有证据。也许你能够想出办法来整合看上去彼此无关甚至对立的观点。我们期待着，在本书结尾时，你能用令自己满意的方式去回答：情绪是什么？

关键术语

评估（appraisal） 有关某个刺激或某个情境对自身目标、关切或福祉的意义的认识判断。

基本/离散情绪（basic/discrete emotions） 情绪体验的类别，例如恐惧、愤怒、悲伤等。通常被认为基于人类祖先面对特定类型的威胁和机遇时的反应演化而来。

坎农—巴德理论（Cannon-Bard theory） 认为情绪中的认知评价、主观感受、生理和行为等方面彼此无关，只是可以由同一事件引发而已。

环形模型（circumplex model） 根据这一模型，情绪构成一个圆环。在圆环上位置接近的情绪比较容易同时体验到。

成分加工模型（component process model） 在这一模型中，若干认知评价维度可以以不同的方式组合起来，而情绪是它们交汇的结果。

核心情感（core affect） 一种描述情绪感受方面的理论模型，强调愉悦维度和唤醒维度。

生态效度（ecological validity） 研究中的发现反映日常生活现实的程度。

脑电图（electroencephalography，EEG） 研究者把电极黏贴在参与者头皮上测量每个电极下电活动瞬间变化的程序。

情绪反应一致性（emotional response coherence） 情绪的自我报告、生理变化和简单行为（例如面部表情）之间彼此相关的程度。

评价空间模型（evaluative space model） 一种态度模型，认为对某些目标的好或坏评价相互独立，而不是非此即彼的。

功能性磁共振成像（functional magnetic resonance imaging，fMRI） 基于所耗费的血氧变化测量脑活动的程序。

詹姆斯—兰格理论（James-Lange theory） 认为情绪（尤其是感受方面）只是我们给身体对特定情境做出反应的方式贴上的标签。

心理建构（psychological construction） 一种心理过程，指的是人们创设概念，让情绪的不同方面彼此联系，并诱发情境；同时它也是基本/离散情绪理论中对情绪类别的另一种解释。

信度（reliability） 具体测量结果的可重复性，可表示为一个分数和另一个分数的相关系数。

沙赫特—辛格理论（Schachter-Singer theory） 认为生理唤醒对于确定情绪感受的强度至关重要，但无法凭借生理唤醒识别情绪；人们根据自己所掌握的有关情境的全部信息来分辨自己感受到了哪种情绪。

效度（validity） 对测量方法能否测量它声称要测量的东西的评价指标。

思考与讨论

本书每一章都会设计一定量的问题让你去思考或者用于小组讨论。我们不相信现成的标准答案。对于任何问题，都需要你用一种能够推进研究深度的方式去组织和分析你在那一章里所获得的信息。我们希望你不仅想一想这些问题的答案，也想一想什么样的研究能帮助我们提高回答这些问题的能力。

1. 你认为情绪天然存在具备客观标准和清晰界限的类别吗？是什么使得某些心理状态成为一种情绪？什么属性可以将情绪状态和非情绪状态区分开？饥饿是一种情绪吗？如果是，为什么？如果不是，为什么？无聊、好奇、轻松、疲倦和性兴奋算是情绪吗？在情绪分类并不清晰的前提下，使用情绪这个概念是否能带给心理学研究者一些便利？
2. 情绪具备哪些功能？情绪如何引导我们的思考、判断和行为，从而让我们获益？在回答这个问题时，想一想情绪可能以怎样的方式帮助我们的祖先生存繁衍，帮助我们适应社会文化，以及影响我们的意识。在哪些情况下，情绪可能会导致我们做出适应不良的判断和行为？
3. 在实验室里，研究者常常运用影片、图片、回忆和想象引导来诱发参与者的情绪。用这些方式诱发的情绪和在现实生活中体验到的情绪有哪些不同之处？
4. 你认为研究者会选择哪一种或哪几种情绪测量手段分别去代表当代主要的情绪理论？你认为是否存在情绪测量的"黄金标准"？如果存在，是哪一种测量手段？为什么？
5. 3种当代情绪理论的共同点是什么？它们具体又有哪些区别？
6. 不少电影脚本都围绕"如果某天机器人或计算机能够体验到情绪"展开。假设程序计算能力无限大，你认为这有可能成真吗？机器人或计算机需要具备哪些能力才能产生情绪？你认为 William James、Paul Ekman、James Russell 和 Klaus Scherer 会如何回答这个问题？

延伸阅读

Damasio（2003）. *Looking for Spinoza*. Orlando，FL:Harcourt.
著名神经学者阐述情绪中生理、感受、认知、行为之间的关系。

Fox，Lapate，Shackman，& Davidson（2018）. *The Nature of Emotion: Fundamental Questions*（2nd ed）. New York，NY：Oxford University Press
重要的情绪研究者贡献自己对情绪理论核心问题的思考。

James（1884）. What is an emotion? *Mind*，9，188-205.
William James 有关情绪理论的原文。

第 2 章

情绪的演化

在第 1 章中,我们提出了一个问题,家蝇有情绪吗?我们不知道你当时是如何回答的。你或许会说"没有",大部分情绪研究者可能也和你站在一边。但是,让我们往食物链上面看一看:蛇有情绪吗?那鸽子呢?老鼠呢?家猫?宠物狗?大猩猩?

你如何回答这个问题取决于你如何定义"情绪"。鉴于在第 1 章中我们没能给你提供一个公认的定义,那么当你得知心理学家们对于非人类动物是否也有情绪这个问题没有达成一致,自然不会感到奇怪——如果动物有情绪,哪些动物有,哪些动物又没有呢?你可能会斩钉截铁地说"蛇绝对没有情绪",但你也会倾向于同意那些比蛇聪明且毛茸茸的动物是有情绪的。你这样的反应很典型。

采取演化视角的研究者认为它对情绪的本质、情绪的由来以及我们如何研究情绪等都提供了重大线索。查尔斯·达尔文(Charles Darwin,1872/1998)在刚刚开始钻研他的进化论时,便留意到很多动物和小孩在情绪环境下的表情与成年人是相似的,并据此认为表情是物种演化的一部分遗产(见图 2.1)。从达尔文时代开始,心理学家一直在争论生物演化进程在现代人类情绪体验中的作用。很多心理学家认为,将情绪看作演化的产物有助于解答很多研究课题。从演化的角度看,情绪具备自己的功能——远古时代,比起没有情绪的个体,那些有情绪的个体更容易把自己的基因传给下一代,而随着时

图 2.1 查尔斯·达尔文在创设进化论的过程中,注意到不同物种之间存在相似的"情绪"表情。他据此提出,情绪表情可能是人类的遗传天性之一,而不依赖于后天教化。

间的推移，情绪的基因就逐渐遍布全体人类。如果从情绪具备适应性功能的角度去考虑，我们可以在很多方面对情绪的效用做出细致的预测。

在本书第 11 章和第 12 章中，我们将讨论几种具体情绪的潜在适应功能，并且考察若干从功能角度出发的研究。在这一章中，我们将介绍用进化论视角研究情绪的基本原则，并思考用这种方法来界定和研究情绪给我们带来的启示。我们还会解释在进化论意义上认为情绪具备功能意味着什么，并且对比情绪发挥适应性的两种不同方式——帮助个体生存和繁衍，促进人类（以及其他一些物种）与其所依赖的对象之间的关系。我们还会探讨各种当代情绪理论与进化论视角的匹配性。

什么是进化论视角？

当我们谈到"进化论视角"的时候，它的确切含义是什么？尽管科学家们认为支持进化论的证据不可撼动，但是进化论的原理和内涵常常被人们误解。首先，让我们梳理一下基础知识，然后再转向有关情绪的具体话题。

进化论的基本原理

我们的故事要从基因开始讲起。基因是 DNA（deoxyribonucleic acid，脱氧核糖核酸）的片段，是个体从父母那里遗传下来的（见图 2.2）。每个基因都像一份菜谱，描述着我们身体里用到的各种蛋白质的具体成分和制作方法。你可以把你整个基因组想象成为一本菜谱，里面介绍了如何构成我们的机体，或者，如果你的思维更倾向于自动化式的，那么可以想象它是一本指导消费者亲手组装家具的操作说明。

有趣的是，当达尔文提出进化论时，他并不知道什么是基因。达尔文知道必然存在某种方式将父母的特质遗传给下一代，但是他不清楚这一切是怎么发生的。直到二十世纪二三十年代，生物学家们将达尔文的自然选择理论和格里格·孟德尔（Gregor Mendel）关于遗传特质的研究结合起来，开始探索可以解释这两者的物质基础。到了 20 世纪 50 年代，DNA 的化学结构和它的遗传效用终于为世人所知。就这样，关于 DNA 的研究很好地将达尔文和孟德尔的学说结合起来，形成了现在的进化理论。

染色体——包含许许多多基因的 DNA 长链——是配对呈现的。在有性生殖中，新的染色体来源于对父母染色体的复制，然后通过受精过程重组，所以每个个体都得到了父亲的一半基因拷贝和母亲的一半基因拷贝。每个具体的基因往往拥有若干不同的版本，也就是若干等位基因，它们出现在同一染色体的相同位置上，负责为服务于同一功能的蛋白质提供菜谱，但效用略有不同（就好比一份曲奇配方中有时用牛奶巧克力豆，有时用黑巧克力豆）。就每一个基因而言，由于你从父母那里各得到一份拷贝，因此你有可能得到两个一模一样的等位基因，也有可能得到两个不一样的等位基因。

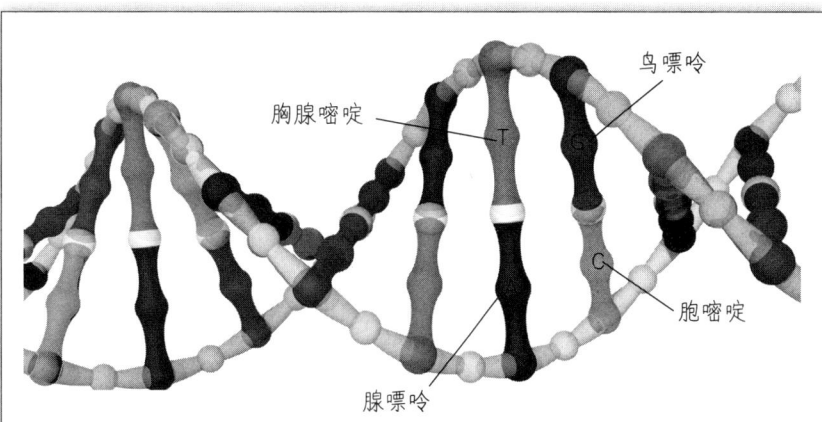

图 2.2　基因是 DNA 的片段，为如何制造构成你身体的蛋白质提供指导。1953 年，James Watson、Francis Crick、Rosalind Franklin 和 Raymond Gosling 发现了 DNA 的双螺旋结构。

一个经典的遗传效应例子就是眼睛的颜色。得到两个蓝色基因的个体，眼睛就是蓝色的；得到两个棕色基因的个体，眼睛就是棕色的；而得到一个棕色基因一个蓝色基因的个体，眼睛也是棕色的。因此，我们将棕色基因称作显性基因。这个例子很简单，但是却容易被人们误解，因为心理学家们关心的大部分特征——如人格、智力、精神疾病易感性等——依赖于众多基因以及环境因素。即便眼睛的颜色这样简单的问题，也受到多个基因的协同影响。而且，环境中的很多方面——如长时间暴露在压力情境下、长期吸烟等——会改变基因的激活状态，启动某些性状的表达而抑制另一些性状的表达（Launayl et al., 2009; Tsankova, Renthal, Kumar, & Nestler, 2007）。哪怕只是感觉被人孤立，也会改变许多基因的激活状态（Slavich & Cole, 2013）。总之，遗传学远比我们预想中的更加复杂。

有时，基因的复制过程会出现差错，这叫作基因突变。有些基因突变会带来很严重的问题——它们会使某些很重要的制造过程发生混乱，进而影响个体的存活或繁殖。这就好比厨师在做巧克力豆曲奇的时候忘记加入小苏打，因此面团无法变得膨松，最终烤出来的曲奇叫人难以下咽。而另一些基因突变则无关紧要，就好像做巧克力豆曲奇时忘了加核桃碎，虽然曲奇尝起来和平时有些不一样，但味道仍是不错的。

基因突变偶尔还会带来进步，就好像不小心撒了点香草精在面团里，结果曲奇更好吃了。基因突变可能使肌肉更有力，让个体在面对捕食者的时候可以跑得更快，更有机会活下来。基因突变也可能使神经元之间的联结更有效，那么个体就会比其他同类更聪明，就能找到更多的食物、吸引更优秀的伴侣。这样一来，这个个体拥有较多后代的概率就变大了，因此这个新的基因（通过遗传给自己的孩子）在物种的下一代中就变得相对普遍了。如果继续这样发展下去，这个基因就会在越来越多的个体身上出现，直到某一天，几乎每个个体都具备了这个基因。

这就是基因的故事。让我们简要概括一下：**自然选择**（natural selection）是指在随机出现的基因突变中导致问题的那些从种群里被剔除（因为这些基因突变引起个体死亡或者未能繁衍），而带来益处的那些则散播至整个种群（因为这些基因突变使个体拥有更多的后代，或是能更好地照护亲戚，而个体和亲戚的基因总是相似的）。有益特征通过自然选择散播开来就叫作**适应**（adaptation）。一旦具有适应性的基因在种群中散播开来，这样的适应就会长久保存下去。物种的演化往往比较保守——在大多数情况下，每次只会有一个恰好能够提供益处的新基因去替换已有版本，而且它扩散的过程也极度缓慢。当然，如果环境发生了改变，一项原本有效的适应也会变成有害的，那么自然选择会再一次启动来剔除这个等位基因。

在第1章中我们已经提到，很多心理学家给情绪下定义时强调情绪的功能性。从进化论的角度看，"功能性"的含义十分具体。一个可以遗传的特征（无论是生理上的还是行为上的）只有在符合以下一条或多条标准时才能说具有功能性：

1. 这个特征增加了让你的寿命长到足以成功繁殖的可能性。
2. 这个特征增加了你相对身边的同类拥有更多后代的可能性，并且让你的后代也能生存下去并继续繁殖。
3. 这个特征增加了你的亲戚存活并拥有更多后代的可能性。例如，如果你的某些基因能让你更好地照护自己的亲戚，那么你就有助于传递他们的基因，而他们的基因与你的基因是非常相似的。通过帮助亲戚生存和繁殖，你也间接地传播了你自己的基因。

这是"功能性"一词的严格定义。一个可以遗传的特征不会仅仅因为它能让你感到高兴，或者让你觉得自己很棒，或者使你变得更优秀而被算作具有功能性。能起到这些作用固然很好，但是从进化论的视角看，只有那些能够提高你的基因在未来人类种群中的表现率的特征，才是具有功能性的。

大众的许多困惑由此而来。当科学家们指出某些特征具有功能性的时候，并不等于他们宣称这些特征是令人艳羡的或引人敬仰的。如果一个基因能让你快乐、富裕但无法生育，从进化论的角度讲，它就是一个极为严重的缺陷；只要一个基因能让你生育许多孩子（而且他们都能健康存活），它就具备进化论意义上的适应性，即使它在其他角度上令人讨厌。在这种情况下，弄清某些特征发挥其适应性的具体机制将很有帮助。理解那些不受欢迎特征的适应性，还能帮助研究者想办法改变相应基因的表达，以防止它们干扰个体实现其他重要目标。

同样的，如果我们认为一些特征具有适应性，并不意味着这些特征目前就是具有功能性的。这些特征在它们对应的**演化适应型环境**（Environment of Evolutionary Adaptedness）中才能发挥其功能。演化适应型环境指的是，从前在自然选择作用下，具体特征散播至整个种群的时段和地域。在对应的演化适应型环境中，某个特征的功能性就能够解释为什么它可以散播到整个种群，即便现在看来它无功无过，甚至有害无益。

比如，人类非常非常喜欢富含脂肪和糖类的食物（没错，我们说的就是甜甜圈那种东西）。我们知道有一种喜欢吃油腻食物的基因，而且这个基因具有非常重要的适应性。毕竟，在整个人类生存的历史中，富有营养的食物是稀缺的。你永远不会知道你何时将会挨饿，因此，以脂肪的形式储存能量就是一种非常好的策略。在那种环境下，油腻食物——每一克都含有很多能量——就成为珍贵资源，可以在你处于极端环境的时候供你消耗。在人类历史上，只有在最近一段时间，我们喜爱的高脂肪和快餐才成为了健康问题。喜欢脂肪的特征在它对应的演化适应型环境中是有适应性的，但是在资源丰富的现代社会，这个特征却成为有害的了。

关于进化论的基础知识就介绍到这里了。接下来让我们看看这些理论如何运用到情绪中。

情绪的适应性

回到我们最初的问题,"情绪是演化来的"到底是什么意思?研究者们这样说意味着他们认为情绪具有适应性。其具体含义包括:

- 遗传基因为我们提供了情绪体验的基础。
- 体验情绪所需的基因源自很久以前随机发生的突变。
- 通常,能够体验情绪的个体比不能体验情绪的个体拥有更多的后代,或是能更好地照顾与他们基因相似的亲戚,使得这些亲戚也有更多的后代。
- 自然选择的过程将体验情绪所需的基因逐代扩散,直到它们成为全人类都具备的基因。

情绪具有适应性这种观点,对我们定义和研究情绪有很大的影响。情绪是人类天性的一部分——至少情绪的某些方面在世界各地的人中是相通的。事实上,有一些特质只对一部分人类来说具有适应性。比如,在非洲和亚洲的一些热带地区,人们演化出镰刀形红细胞,因为这样的红细胞可以抵抗疟疾。不幸的是,镰刀形红细胞也很容易破裂,因此,如果你居住的地方并没有疟疾疫情,那它们就有害无益了。即使在疟疾流行的地区,有一个镰刀形基因是好事,但有两个仍然会带来致命风险。也就是说,镰刀形红细胞贫血症只对于一小部分人类来说是具有适应性的。然而,采取进化论视角的研究者一般认为,情绪功能和每个人都在一定程度上有关联,因此情绪的这些方面具有普遍性。

如果说情绪是自然选择的产物,那么我们就必须考虑其他动物也有情绪的可能性了。前面我们已经提到,演化的过程是相当保守的。如果人类和其他动物的共同祖先已经演化出情绪反应,那其他动物就很有可能也拥有那些反应。我们与其他动物有许多相同的特征,因为我们有相同的演化历史。例如,和所有的雌性哺乳动物一样,人类女性也泌乳喂养后代;和其他大部分灵长类动物一样,人类的拇指也与四指相对,可以轻松地捏住物品。有些情绪对于其他动物和人类来说功能差不多,那么这些情绪可能就拥有古老的起源。比方说,如果恐惧的功能是帮助你逃避捕食者（Öhman & Mineka，2003），那么恐惧对于可能沦为午餐的动物——换言之，几乎所有的动物——就都是有适应性的。如果骄傲的功能是在特定群体中显示自己地位高（Shariff & Tracy，2009），那么我们就会在有社会等级的群居动物里看到骄傲这种情绪，在独居的动物中就不会看到。如果我们身上遗传着和其他动物相同的情绪机制，这就意味着对研究者来说，动物与人是平等的（姑且这么说）。后续我们将会看到，这一点引出了很多有趣的研究。

情绪具有适应性的说法并不意味着每种情绪在任何场合下都有用。你或许会问，"如果情绪是有适应性的，那为什么人们常在愤怒的时候做蠢事呢？"问得非常好！从进化论的角度，说某些特征具有适应性的意思是指，在演化适应型环境中，该特征能提高对应个体的基因在下一代中的分布比例。研究者们认为愤怒的功能是夺回失去的东西，无论那个东西有形或无形，例如权力或者尊重（Lazarus，1991）。愤怒常促使我们去威胁那个侵犯我们的人。在现代社会，侵犯一般是轻微的，但是人们也有拥有足以严重伤害他人的工具（枪支、汽车等）。我们能够造成与自己所受侵犯程度不相匹配的巨大伤害，结果是要么和对方同归于尽，要么把自己送进监牢。这两种后果显然都不利于我们的身心健康。但话说回来，愤怒可能演化自某些特殊的历史时期，比方说在当时的环境中，食物被偷或社会地位不被尊重会降低个体存活和繁衍概率等。在这种情况下，表达愤怒有助于个体拿回财物和恢复名誉，这样别人会明白不应冒犯你。

说情绪具有适应性也并不意味着情绪在世界上的任何一个地方都是完全相同的。某种全人类普遍具备的适应特征在不同文化中可以有不同表现。比如，尽管演化过程让人类都喜欢吃高脂肪的食物，但是不同文化下的人们满足这一需求的方式却是不同的，这取决于当地容易获得什么样的食物。在某些文化中，比如美国，红肉提供了大量的脂肪；而在其他文化中，则是通过奶制品来满足需要；还有一些其他的文化环境中人们依赖高脂肪含量的蔬菜，如牛油果、橄榄和坚果。不同文化中饮食偏好的差异如此之大，以致我们很容易认为人类并没有演化出什么特定的摄食取向。不过，一旦识别出这个课题，科学家就可以针对脂肪的化学结构以及人们对各种脂肪的反应进行更多研究了。有关情绪的文化差异的证据，和有关情绪的跨文化一致性的证据同样丰富，因此，这一领域里可能也存在类似脂肪课题的情况。

此外，情绪中的某些方面尽管没有明确的适应性，但也可能是全人类普遍具备的。单个突变通常会带来几种不同的效果。这些效果中的一部分可能是有益的，也有可能是有害的，或者既无害也无益。一个无所谓好坏的特征，如果正好与某个有益的基因突变有关，也会一代代传下去，就好像它本身具有适应性似的。例如，让你的肝脏有效运转的基因也会导致肝脏呈现棕色，而就内脏器官而言，什么颜色都没关系。像这样的特征被称为自然选择的**副产品**（by-product）（Buss，Haselton，Shackleford，Bleske，& Wakefield，1998）。

比如，所有哺乳动物的幼崽都具备一套相通的物理特征——大脑袋、粗短的四肢、鼓鼓的脸颊和小鼻子——这些特征会激发成年哺乳动物的温柔反应和看护行为（见图 2.3; Lorenz，1971）。描述这套特征的专业术语就是两个字：可爱（毫无疑问，这可不是我们胡编乱造）。哺乳动物，包括人类，已经演化出了对可爱的情绪反应，因为这些反应能帮助我们更好地照顾自己的后代（Hildebrandt & Fitzgerald，1979）。而且对于人类而言，其他物种幼崽的可爱也能轻易激发人类的抚育式反应。我们对小猫、小狗的情绪反应，表现在每年卖出数以百万计它们的海报和日历，以及庞大的宠物产业上。这并不意味着人类有喜欢小猫的基因，也不意味着喜欢小猫在人类的演化上具有适应性。这些情绪反应更有可能是促使我们照顾自己的后代和幼年亲戚的基因的副产品，因为人类婴幼儿和小猫具有共同的"可爱"特征。当你从演化的视角讨论情绪的各个方面时，千万不能忘记考虑这个方面可能本身不具有适应性，而只是副产品。

图 2.3 尽管许多人都会对小动物产生强烈的情绪反应，但是这种反应很可能只是自然选择的副产品，其本身不具有适应性。

情绪的功能

如果情绪是人类对环境的一种适应,那么它们究竟承担了什么功能呢?在这一节,我们将区分情绪的两大功能。

情绪的内部功能

在许多吸纳了进化论视角的情绪理论中,心理学家都强调情绪的**内部功能**(intrapersonal functions of emotion)。英文单词"intrapersonal"的意思是"个体内部的",因此,内部功能就是指个体从情绪体验中直接获益。在之前我们提到的例子中,恐惧是功能性的,因为它能够促使感到恐惧的人逃离捕食者或其他的生理威胁,从而保存他们的性命。恐惧的这些功能是通过改变个体内部的某些方面实现的,包括认知偏向、生理条件和行为反应等(图2.4)。

如果某种情绪的功能是内部的,当个体面临引发不适的问题情境时,情绪的内部功能就会启动,来增加个体解决问题的可能性。问题可能是某个室友偷了你的零食。当你为此感到愤怒并且要回了零食,问题就解决了。问题也有可能是食物开始变质了,吃了会让你生病。当你闻到变质气味感到恶心决定把这个食物扔进垃圾桶,那么问题也就解决了。当然,实际的过程远比这个更复杂。从觉察问题到解决问题,之间还需要很多具体的心理加工过程,包括知觉转换、相关记忆的激活、认知加工偏向以及生理变化等,

图 2.4 恐惧带来促使个体远离生理威胁的多方面变化。因为逃离危险直接有利于感到害怕的个体的身心健康,因此这是一个情绪具有内部功能的恰当例子。

所有的过程都会促进个体做出合适的行为反应（Levenson，1999）。但我们在这里主要想说的是，由情绪引发的行为反应能直接解决问题，或者至少能让解决问题的概率变大。

很多负面情绪都可以用内部功能很好地解释。最被大家接受的是厌恶具有内部功能，这一点与恐惧非常相似。但是，研究者们逐渐意识到还有许多情绪是内部功能难以解释的，主要包括积极情绪（如爱和骄傲）以及自我意识情绪（如尴尬和害羞）等。这些发现促使研究者考虑情绪的另一种功能。

情绪的社会功能

前面我们强调了人和动物的相似之处，但是，人类也有不少区别于动物的特点。其中一点就是为了满足最基本的生存需求而在很大程度上彼此依赖。就像蚂蚁和蜜蜂一样，人也是极端社会性的，生活中绝大部分事务都通过群体合作来进行（D. T. Campbell，1983）。来自古人类学的证据，以及对现代狩猎采集部落的研究都发现，直到现在，人们生活中获取食物、抚养和教育孩子、抵抗捕食者及其他威胁等活动，都借助了几十人或更多人的精心协作（Eibl-Eibesfeldt，1989；Sober & Wilson，1998）。即使是现在，在大的工业城市中，人们可以好几天不与其他人交谈，但如果撇开成百上千人的劳动，将一天都活不下去。人类天生就不能独自生存。

对于其他一些具有极端社会性物种，合作的群体通常是近亲。比如，在一个蜂群中，几乎所有的蜜蜂都是同一个蜂后的后代。它们血缘相近，继承了相同的基因，合作比它们单独行动能带来更大的收获。但对于人类而言，合作群体成员之间通常没有那么亲的血缘关系。可是在人类历史中的大部分时间，个体都是与上百人一起生活的。这种长时间与众多非近亲者合作的需求，对人类个体提出了有趣的挑战。很多研究者认为，情绪有助于解决这些问题。有些情绪具有内部功能，直接帮助个体解决他们自身的适应问题，而**情绪的社会功能**（social functions of emotion）则负责支撑包含承诺和互相依赖的复杂人际关系，进而也帮助我们更好地生存和传递我们的基因（Keltner & Haidt，1999；Keltner，Haidt，& Shiota，2006）。

比如说，爱。人们会对自己所依赖的以及依赖自己的人产生强烈的情绪，例如家人、伴侣、孩子以及挚友等。那么爱有什么功能呢？这个问题曾经在很长一段时间里难倒了情绪理论家。爱有时确实让人感觉挺不错，但是正如我们前面提到的，"感觉不错"从进化论的视角看并不是一个有效的功能。研究者 Beverly Fehr 和 Jim Russell（1991）在一系列的研究中让参与者描述自己所爱的人，并且说明"爱"对他们意味着什么。结果发现，人们在谈论自己所爱之人的时候，通常他们的意思是说自己一定要让对方过得好。通过这套分析，我们可以认为爱的功能就是帮助人们在重要的人际关系中确立承诺感，这样我们就会在下一次需要群体贡献力量的时候积极帮助彼此。

即使是负面情绪，也可能具有非常重要的社会功能。回想一下最近一次你感到尴尬的情境。除了使你感到难受以外，尴尬还具有什么功能呢？我们不知道什么使你尴尬，但是你可能违背了某种社会惯例（图2.5）。你可能在众人面前滑倒了，你可能不小心撞上了什么东西，你也可能在公共场所大声打嗝了。你通过尴尬的表现，让别人知道你明白自己犯了错，而且你不是故意的，你自己已经为刚刚发生的事情感到糟糕了（Keltner & Buswell，1997）。这样的表现可以使别人更倾向于喜欢并且信任你，保证你不会因为做了奇怪的举动而被群体嫌弃。

在这些例子中，爱和尴尬在某些方面具有相似之处。这两种情绪都能帮助人们建立和稳定人际关系。这些情绪不会因为你身处险境而出现（不过适时表现尴尬能保护你不挨揍），也不会直接给你带来食物和住处等物质资源。但是，在未来的某些时刻，你的生存就很有可能得仰仗这些情绪所支持的关系，而且你对伴侣和后代的情感承诺将帮助扩大你的基因在下一代人类中的分布比例。

我们已经从概念上区分了情绪的内部功能和社会功能，但是某种特定的情绪可

图 2.5　尴尬让人感觉很糟糕，但可以传递给周围人一个重要信号：我重视大家的看法并且明白自己做了蠢事。

以同时具有这两种功能。前面我们讲到了愤怒的内部功能——保护自己掌握的资源不被偷走或故意损坏。然而，愤怒也具有帮助建立人际关系的功能。并不是所有的愤怒都会导致暴力攻击。假如与你很亲近的某个人做了一些伤害你或冒犯你的事情，使你感到愤怒。此时你向那个人表现出愤怒的情绪，对方就会意识到他做错了。如果对方看重你们之间的关系，自然就会向你道歉或者想办法弥补——至少对方绝对不会再犯同样的错误了。这样建设性地表达愤怒有益于维护人际关系（Tafrate，Kassinove，& Dundin，2002）。

总而言之，情绪具有多种功能（从进化论的视角来看）。通过促生那些有利于解决问题的行为，它们能给人类带来直接的好处。通过支持人与人之间的关系，它们也能给人类带来间接的好处。在不少人的印象中，情绪意味着非理性的、破坏性的力量，而这两种功能恰好与此相对，解释了为什么情绪在人类的生活中扮演着如此重要的角色。

进化论在当代情绪理论中的位置

值得注意的是，所有当代情绪理论都同意：情绪中至少有若干方面具备功能上的适应性，它们是人类与生俱来的一部分。换句话说，所有当代情绪理论都包含了进化论的视角，而它们之间的分歧则围绕着究竟情绪中的哪些方面才是人类从漫长演化中继承的遗产以及这些方面如何发挥适应性来展开。

在这一节，我们将探讨情绪可能以哪些方式提升人类个体的身心健康，并由此涉及不同的情绪理论。千万不要忘了，这些理论之间并不完全互斥。就像第 1 章叙述的那样，每一种解释都只是侧重了情绪中的一个不同方面，所以它们是有可能彼此兼容的。我们会介绍每一种理论取向的相关证据，由你来评判它们的可靠性。

情绪感受的信号价值

当你心情好的时候，你对自己所处的情境感觉如何？当你心情不好的时候，你对同一情境的评价会有所不同吗？根据**情感渗透模型**（affect infusion model），情绪的主观感受以多种方式影响着我们的判断和决策（Forgas，

1995）。这种对情绪功能的解释强调主观感受的效价，以及主观感受作为与当前环境有关的信号的价值。正面、愉快的心境告诉我们，现在我们是安全的，诸事顺利，我们应当积极寻找周围情境中的潜在机遇。而负面、痛苦的心境告诉我们，某些事情出了岔子，我们需要放慢节奏，找到让我们难受的问题在哪里，然后要么绕过它要么解决它。在每一种情况下，主观感受都促使我们去思考自己为什么会这样觉得（Russell，2003），从而将我们的注意力引向当前环境中那些与我们心境相一致的某些特征，并且激发与心境相匹配的想法和记忆（Forgas，1995）。一旦我们找到了此时心境的缘由，我们就可以朝着这个方向做出恰当的行动。

有关这一心理加工过程的证据相当多。不少研究都发现，当人们心情好的时候，他们看待身边的人和事物往往戴上一层玫瑰色的滤镜（Pham，2007）。当人们心情不好的时候，则容易透过黯淡的灯光去观察世界。即便引发当前心境的原因客观上和被评价的事物之间没有任何关联，这种现象依然存在。例如，一项产品研究发现，在评价立体声音响时，相比播放哀伤乐曲的情形，从中听到欢快乐曲的参与者会喜欢这套音响多一些（Gorn, Goldberg, & Basu, 1993）。在另一项研究中，写了几分钟有关自己负面经历的参与者，比那些写了几分钟自己正面经历的参与者，知觉到的同一个山坡陡峭程度要高一些（这项研究是在户外进行的，参与者眼前有真实的山坡）（图 2.6；Riener, Stefanucci, Proffitt, & Clore, 2011）。

情感的效价不仅影响着认知评价的方向，还可以转变人们加工身边环境信息的方式（Forgas，1995）。心情好的时候，人们的认知容易进入"自动导航"模式，严重依赖那些可以节省脑力的捷径，比如刻板印象（Bodenhausen, Kramer, & Süsser, 1994）、事件脚本（Bless et al., 1996）以及诸如此类的启发式。近期有研究显示，在特定情形下，一个不同的"默认设定"可以占据比个体平时使用的认知设定更优先的位置（Hunsinger, Isbell, & Clore, 2012），但无论是哪种情况，积极心境都会促使个体更加依赖目前的认知设定。而当人们心情不好的时候，他们会比较审慎地加工外界信息。例如，许多研究都一致指出，经实验诱发悲伤心境的参与者在面对劝说时比较小心，他们会相信强有力的论调，但软绵绵的则不够说服他们；与此同时，那些处于愉快心境中的参与者对强有力和软绵绵的说服都照单全收（Bless, Bohner, Schwarz, & Strack, 1990）。

图 2.6　Riener 等人的两项研究（2011）表明，当人们处在负面心境中时，他们会比处在正面心境中时，觉得一座山更陡峭、更难爬。

总之，有关情绪适应功能的这种理论认为主观感受非常重要，因为它提供的是对周围环境好坏如何的整体评价。它引导我们关注当前情境中可以解释我们心境的那些方面，并且促发与心境相匹配的记忆回溯和有利于做出恰当反应的念头、想法。对主观感受的重视与当代情绪理论中的核心情感 / 心理建构模型有关，而强调从环境中搜寻对当前心境的解释，则可以联系到经典情绪理论中的沙赫特—辛格理论。

趋近动机与回避动机

有关情绪适应功能的第二种解释与第一种相近，但更侧重于动机和行为方面，而不是意识方面的主观感觉。这一解释的兴起源于神经科学专家 Jeffrey Gray（1982）所提出的观点，即大脑可能天生预备好做出两类行为：趋近与回避。人类祖先所处的演化适应型环境中包含的各种机会极为丰富，人类必须趋近它们加以利用以有助于自己的身心健康，例如食物及其他物质资源、潜在的配偶、孩子及其他亲属等。同时我们的演化适应型环境中也存在许多威胁：天敌、有毒害的食物、自然灾害、危险的同伴等。如果不能适时远离各种威胁，个体就很难将自己的基因传递到下一代当中。按照 Gray 的说法，哺乳动物的大脑天生就包含着两套行为系统：促进个体趋近各种机会的**行为激活系统**（behavioral activation system）和促进个体查探和回避各种威胁的**行为抑制系统**（behavioral inhibition system）。

有关这两套系统的证据情况相当复杂。有些研究识别出了分别负责追逐奖赏和回避威胁的两套神经结构，但当科学家们试图进一步找出针对这个或那个动机方向的整套神经回路时却遇到了很大困难。无论如何，行为学证据和脑电图证据都很有说服力地表明趋近和回避这一动机对比在哺乳动物当中十分重要。例如，问卷测量研究显示，回避行为和抑制行为大体来说并不存在相关关系（Carver & White，1994）。这说明，至少在个体差异的层面上，这两类特质是彼此独立的，而非同一维度的两端。一些脑电图研究结果稳定地显示，当人们处于积极心境中时，其左侧的额叶皮层比右侧要活跃，而当他们处于消极心境中时情况则相反（R. J. Davidson，2004）。

简单动作实验的证据显示，趋近动机本能地与个体对刺激的正面评价相联系，而回避动机则与负面评价相联系。例如，在一项研究中，每一个试次都会在电脑屏幕上为参与者呈现一个单词，单词的上方或下方有一个小人的图案。在一半试次当中，参与者如果认为单词具备正面效价，则可以按动键盘把小人往上移，如果认为单词具备的是负面效价，则应当按动键盘把小人往下移；在另一半试次当中，参与者需要进行的操作恰好相反（正面效价小人往下，负面效价小人往上）。与此同时，由于小人图案有时出现在单词上方，而有时又出现在单词下方，所以参与者的移动有可能导致小人离单词变近，也有可能导致小人离单词变远（图 2.7）。结果发现，当需要让小人靠近正面单词或远离负面单词时，无论具体方向是往上移还是往下移，参与者的反应都较快。这说明，趋近积极事物（以及回避消极事物）的冲动是自动产生的，难以驾驭，并且这种冲动的强度要比后天所获得的积极效价与方向往上之间的语义联系强度要更大

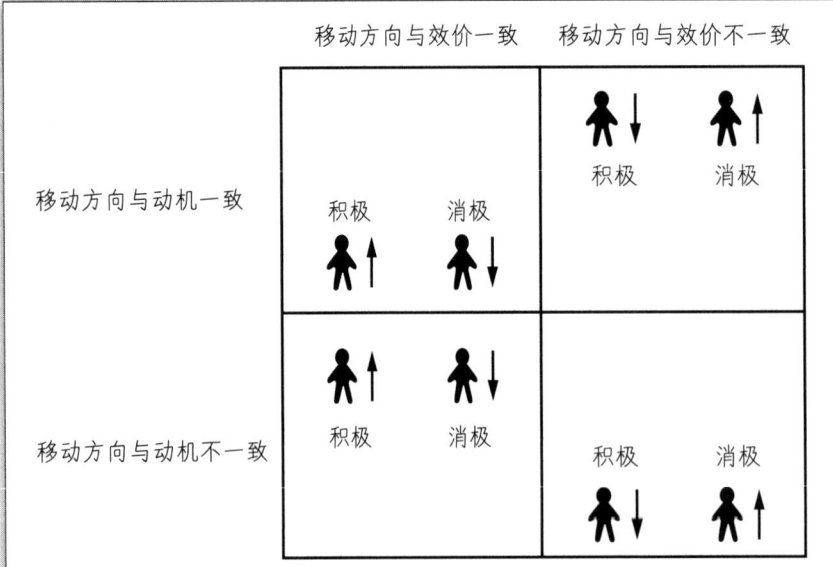

图 2.7　Krieglmeyer 研究团队有关趋近、回避动机的 4 类实验试次（Krieglmeyer, Deutsch, De Houwer, & De Raedt, 2010）。

侧重趋避动机和侧重情绪信号价值的两种理论之间存在重合，你也许会好奇为什么我们还要将二者分开介绍。这样做的原因有两个。第一，信号价值理论强调情绪中的主观感受具有适应意义，而动机理论强调本能的行为。第二，积极主观感受效价和消极主观感受效价这一对比，与趋近动机和回避动机这一对比之间的重合，还远远说不上确凿。Eddie Harmon-Jones 进行了许多有关愤怒的研究，发现愤怒虽然在主观感受上是负面效价，但却和趋近动机联系密切（Carver & Harmon-Jones, 2009）。例如，人们在生气的时候，左侧的额叶皮层比右侧更活跃——这种脑电模式出现在大多数积极情绪而不是消极情绪当中（Harmon-Jones & Allen, 1998）。问卷调查将人们自我报告的整体愤怒特质和采取躯体攻击的倾向，与趋近的行为特征而非回避的行为特征联系在一起（Harmon-Jones, 2003）。研究还表明，伴随着弱趋近动机的积极情绪，比如说收到一份奖赏后的满足感，和伴随着强趋近动机的积极情绪相比，二者对认知的影响类型不同。

总之，这一理论视角认为情绪之所以具备适应功能，其原因在于趋近某些类型的刺激并且回避某些类型的刺激的动机是情绪反应的功能核心。因为这一视角强调对刺激的评价和行为的动机，但不重视主观感受，而且它将趋近动机和回避动机作为两个彼此独立的系统（并非同一维度的两端）来建构理论，所以它与本书第 1 章中的评价空间模型兼容程度最高（Cacioppo, Berntson, Norris, & Golla, 2011）。

上位神经程序

对情绪适应功能的第三种解释平等地考虑情绪中的各个方面，并将重点放在它们如何经由大脑神经网络来彼此联系上。在 3 种解释当中，这一种解释受到来自进化心理学前沿理论的影响最大（Tooby & Cosmides，2008），但同时它也与那些强调特定情绪具有适应功能的理论渊源颇深（e.g., Levenson，1999; Tomkins，1962）。

这一解释侧重于大脑的信息加工过程，因为大脑是专门负责接收外部世界信息、处理这些信息，进而决定做出什么反应的器官。从这个角度来说，大脑和电脑有不少共通之处。就像电脑一样，大脑的存在就是为了收集数据并按照既定规则对它们进行各种操作以供输出结果——对人类来说，结果就是我们的行为。换句话说，人类之所以拥有大脑，是为了帮助我们理解自己所处的情境并决定自己如何行动。对于这一论断，人们普遍接受，鲜有争议。

但是，对于信息加工的规则来源于哪里，却存在很多的争论。进化心理学家认为，很多这类规则（虽然并不是全部）都是人类天性的一部分——它们被编码到我们的基因当中，通过这种方式，几乎所有的个体都发展出了这类规则。我们在一生中会学习很多种信息加工的方法。比如，刚出生的时候我们并不知道"绿色表示通行"。人们从很小的时候就学到了这些文化习俗，以至于绝不会去考虑其前因后果。但是，越来越多的证据表明，包括语言的某些方面在内、对人类个体的知觉、对因果关系的归纳和对亲属关系的查探等许许多多信息加工方式，都是先天具备的（Pinker，1997）。

这些对情绪意味着什么呢？进化心理学家认为，大脑由很多小的信息加工程序打包而成，每一个小程序都服务于特定的目的。我们似乎有专门查探人脸的小程序（Kanwisher，2000）、留意自己何时犯了错误的小程序（Hajcak & Foti，2008）、评估风险的小程序（Tooby & Cosmides，2006）以及找出别人心里正在想什么的小程序（Baron-Cohen，1995）等。

在特定类型的情境下，协调所有小程序来又快又好地完成主要目标非常重要，而情绪正是为此服务的。研究者 John Tooby 和 Leda Cosmides（2008）将情绪定义为在对身心健康有重大影响的具体情境中被激活的**上位神经程序**（superordinate neural programs）。这一上位程序的职责就是激活任何有助于解决当前情境问题的小程序（从现在起，我们将它们称为"子流程"），同时抑制任何可能干扰情境应对的子流程。

到了这个时候，将大脑类比电脑的好处就体现出来了。假设你正在用你的电脑写论文，那么你可能会用到文字处理软件。由于文字处理软件的功能是帮助人们写文档，比如信件、论文、书稿等，所以对它们来说，保证你能正确拼写词语很重要。当你打开文字处理软件，它就会激活你电脑操作系统中的拼写检查程序（这当然取决于你用什么样的电脑，但是现在先沿着我们说的思路听下去吧）。拼写检查程序也会被其他软件激活，比如网页浏览器和幻灯片演示软件。不过，当你在运行会计软件时，激活拼写检查程序就会浪费资源了，因为你只需要处理数据。按照这个类比，拼写检查程序就是子流程，可以由文字处理软件激活，但不会由会计软件激活。

现在将这一类比搬到情绪领域，让我们想一想人的大脑中可能包含多少这样的子流程：计算回家的路径、计算前往你最近一次用餐地点的路径、将自我保护的目标置于优先地位、将照料他人的目标置于优先地位、查探亲属的算法、查探动物的算法、测量距离的算法、择偶的算法、眼神交流探测器、生理唤醒机制（负责为我们的肌肉提供能量）以及生理平静机制等。当然还可以继续举例，但是我们相信你已经领会精神了。

让我们想象一个对生存和繁衍有重大影响的典型情境：你正独自徒步穿越森林，此时听到后面有脚步声跟着你。这是一个激活名为"恐惧"的上位神经程序的绝佳时机。首先，你得弄清楚自己是否真的处于危险中。此时，查探动物的算法有助于你。与身处给你安全感的环境相比来说，现在你更容易将一些微妙的迹象看作威胁的证据（Maner et al., 2005）。接着，如果你清楚地看到了猛兽，你得知道它离你有多远，于是测量距离的算法将被激活。相对的，择偶算法这时毫无用处，因而被抑制了。你的男神或女神可能突然从天而降对你微笑，但是除非此人带来了一件称手的武器，否则现在的你是不会对其多加青睐的。

某些记忆会被激活，而另一些则会被抑制。你可能会突然发现自己正在想家，或想着怎么回家，又或想起了从前照料你的人（Mikulincer, Gillath, & Shaver, 2002）。你不会去想自己今天在哪里吃的午饭——因为对于目前情境而言这类记忆一点用也没有。你自我保护的目标会变得非常突出。你的查探算法会被激活，帮助你确定自己应该去帮助哪些亲戚，而哪些亲戚有能力保护好他们自己（Burnstein，Crandall，& Kitayama，1994）。

如果你非常确定你正面临一头猛兽，你应该做什么？你可以选择找个地方藏起来并期待不要被它找到，或者拔腿就跑，或者跟它搏斗，又或者原地装死。哪个选项最好取决于具体的情境，而上位恐惧程序会帮助你做出抉择。眼神交流探测器可能会被激活，来帮助你确定那头猛兽是否看见了你（J. Carter，Lyons，Cole，& Goldsmith，2008）。如果它没看见你，那么一动不如一静，你可以把自己"冻住"。如果它看见了你，并且正在往你这里来（此时会激活测量距离的算法），你最好拼命逃跑。在这种情况下，生理唤醒机制会被激活，传输额外的糖和氧到达你的肌肉（Sapolsky，1998）。如果那头猛兽不仅看见了你，还把你逼上了绝路，那你就需要做好战斗准备，此时你会感觉到一股强烈的攻击欲。但如果你不幸恰好遇上了一头护崽的母熊，你最好马上装死不动，心中默默祈祷熊妈妈感到你没有任何威胁而不再试图攻击你。

用这种方式解释情绪会带来一些很有趣的观点。首先，为了解释什么是"上位神经程序"，我们必须聚焦于特定的基本情绪——例如恐惧。Tooby 和 Cosmides 的模型（2008）十分偏重基本/离散情绪的理论取向，而非情绪的维度模型。实际上，这个模型中并不存在通常所说的"情绪"，而是只有一个个独立的上位情绪程序，而且每一个程序都拥有自己的特性。上位程序模型与第 1 章中介绍的成分加工模型并不完全矛盾，因为不同的上位程序可以"调用"相同的子流程。但是，在成分加工模型中，所有的情绪都是由同一个系列的评价的结果定义的，这些结果可以任意组合。而在上位程序模型中，不同情绪程序所调用的子流程之间会有一些重合，但也都拥有自己独特的子流程，而且上位程序的数量总体来说较少。

上位程序模型引出的另一个推论是，情绪的任何一个方面都不能成为测量时的"黄金标准"。Tooby 和 Cosmides（2008）认为，情绪不可以简化成某一方面，比如感受、生理或行为等。相反，情绪由特定情境诱发的完整综合效应来定义，并且在对应情境中发挥其适应功能。

最后，上位程序模型强调，适应功能是每一种情绪定义中的关键部分。识别某种情绪的潜在功能，有助于研究者预测某种情绪在何种情境下会产生，以及这种情绪在多个不同领域的效应（就像我们前面分析上位恐惧程序那样）。

情绪的系统发生学

我们现在要讨论的最后一种解释,和前面3种同样受到了当代演化学说的影响,并且也承认存在独立信息加工模块的可能性。但是,对于各个模块如何组织在一起创造出情绪体验,这一解释提供了新的看法。研究者 Randolph Nesse 和 Phoebe Ellsworth (2009) 提出,我们不应将情绪仅仅理解为人类祖先应对外界环境时不断演变的各种反应,还应注意到,情绪具备自己的一套**系统发生学**(phylogeny),或者说演化树。根据演化树,当相对比较古老的情绪面临新出现的自然选择压力时,就会演化成新的情绪。

图 2.8 的演化树呈现出了这一观点。从系统发生学视角出发,最早出现的情绪(鱼类、爬行类等距离我们最为遥远的老祖宗们所拥有的那些情绪)只是对最基本的生存繁衍刺激做出的反应,这些刺激包括食物、天敌等。这些古老的动物具备初级神经系统,以应对一些至关重要的环境特征,也就是

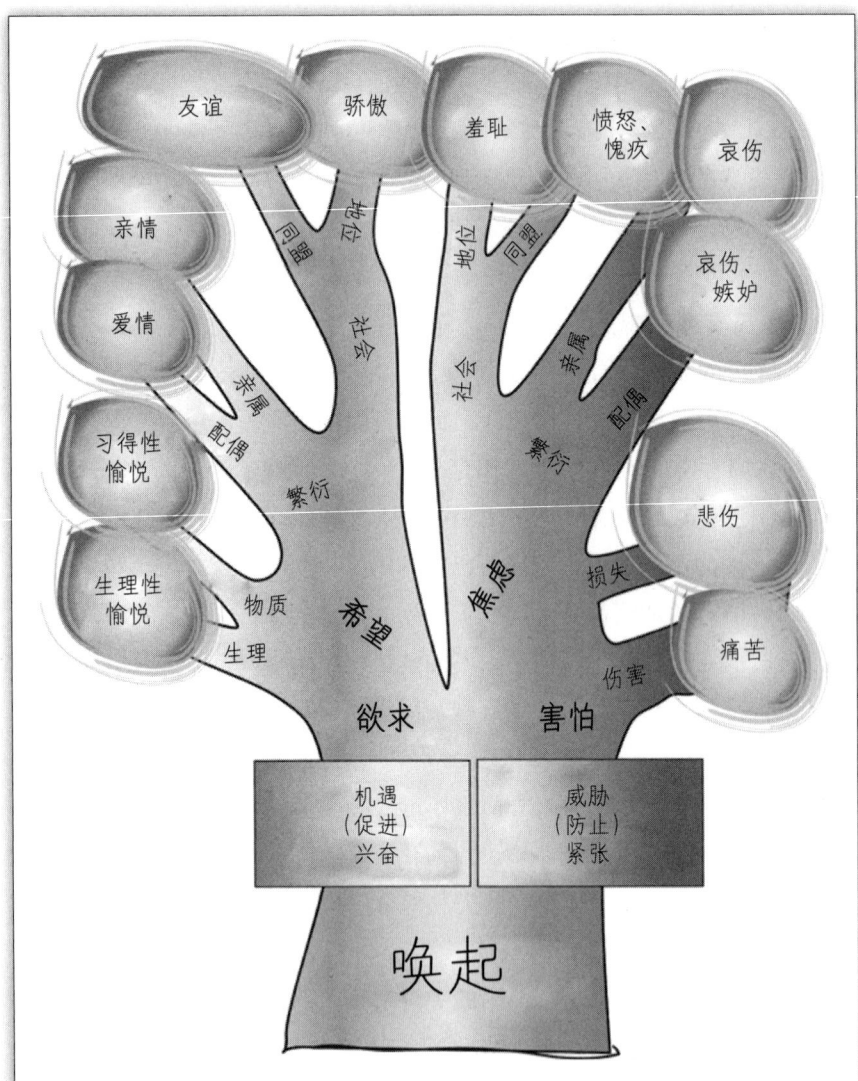

图 2.8 这棵树想要呈现的是,现代人类的情绪可能由初级生物状态经过漫长演化过程而来。这一解释比基本情绪理论更强调不同情绪之间的相通之处,但又保留了"情绪原型"的理念(Nesse & Ellsworth, 2009)。

区分好（"吃掉！"）和坏（"快跑！"）。

距离我们比较近的老祖宗们逐渐发展出了新的能力，可以用相对细致多样的方式去处理和应对环境。于是，初级情绪兴奋和紧张各自分化成了针对不同类型机遇和威胁的不同反应。当历史来到了鸟类和哺乳类的演化时期，这种分化进一步升级。因为鸟类和哺乳类动物的繁殖过程和社会交往创造出了新的机遇（求偶、结盟等行为）和新的威胁（亲属死亡、被同伴排斥、食物被窃占等现象）。动物想要趋近各种类型的机会，回避各种类型的威胁，但处理方式得做出调整。演化树顶端的一片片叶子，代表了经由这个过程发展出来的现代人类所拥有的各种情绪。

你可能已经发现，这套理论包含了前面3种理论所涉及的全部要素。它划清了正面刺激和负面刺激、趋近反应和回避反应之间的基本界限，同时又给具体的积极情绪和消极情绪在应对不同机遇和威胁的过程中不断演化留出了空间。这一视角中最关键的在于，同一效价的情绪之间的分化是不完全的——各种负面情绪相互之间有很多共同点，说明他们有着共同的演化起源，就像大鼠和人类在生理和心理上都有许多相似之处一样。Nesse 和 Ellsworth（2009）指出，上位神经程序意味着各种情绪演化出来是为了应对各种截然不同的环境问题，但人类情绪反映出的情况并非如此，而更像是获得对多个环境因素同时进行评价的新能力之后，在古老的情绪反应上进行的渐进式微调。这样一来，情绪的系统发生学理论与第1章提到的成分加工模型最为接近。

理论的价值在于引导实证研究。一个好的理论，应当为我们的研究兴趣搭建结构，告诉我们如何操纵和测量哪些变量，并能够推导出具体的、可证伪的实验假设。有关情绪的进化论视角解释可以引出各种具体的研究课题，也可以让特定的研究手段变得合用，但与此同时，它们也有自己的局限性。

方法论的难题

用进化论视角来理解情绪存在一个问题：难以检验。如果研究者声称一种情绪反应是具备特定功能的适应性，他们要如何证明这个观点呢？研究者不可能回到过去，通过操纵环境条件来看看能不能让恐惧演化，也没法仅仅展示恐惧包含了他们预期中的效应，因为大学生（心理学研究中最常出现的参与者）

可能已经在很小的时候就习得了恐惧的文化定义（Russell，1991）。

支持演化思路的一类证据是情绪在某些方面具有普遍性——即它们在世界各地的表现方式是相似的。达尔文曾引用不同岛屿上雀类的相似性，来证明它们拥有相同的祖先。与此同理，世界各地的人们在心理加工上的相似性，也意味着这些加工过程是人类天性的一部分。

这些加工过程在世界的不同角落未必会以同样的方式出现。情绪的先天演化机制和后天习得机制往往会交织在一起，在不同文化的地区制造出重大差异。不过，只要情绪中的某一方面确为天生本性，研究者就应该能够解释并预测这一具有普遍性的心理加工机制以这样或那样的方式出现在不同的文化环境下。这意味着研究者得从千奇百怪的文化差异中抽取出具有跨文化普遍性的情绪属性，其过程就好比对饮食偏好感兴趣的研究者从世界各地五花八门的食材来源中识别出全人类都爱吃富含油脂的食物。

同样的道理，如果说情绪反应中的某些方面是演化过程留给我们的遗产，那么这些方面应当也存在于我们的动物亲戚身上。美食、配偶、孩子、天敌、强盗以及其他近乎原型的情绪刺激，都可以在我们的系统发生学历史中追溯到。它们并不是当人类与其他灵长类动物的演化路径发生分歧的那一刻突然出现在人类生活当中的。比方说，研究者可以在动物身上进行许多不适宜在人类身上进行的实验，尤其是那些包含神经外科手段和精神类麻醉类药物的研究。但这些研究除了面临复杂的伦理问题，也要解决一些实践操作问题。研究者如何得知一只大鼠此刻感受到什么情绪？或者这只大鼠此刻的感受与人类有哪些相似和不同？大鼠不会说人话，我们无法探测到它的主观体验，只能观察它的行为表现，而动物（特别是实验室里的动物）的行为表现远远没有人类这样复杂。我们在试图理解他人情绪的时候都必须依靠推断，而这个问题放在动物身上则更为棘手。

进化论视角的研究十分艰难。几乎没有哪位研究者有能力收集到多于一个人类文化群体的数据，更不要提收集全球十几个国家的数据了（所以说现有的此类研究极端珍贵）。有关动物的这类研究也高度特异化，普遍受限于各自涉及的情绪中的具体神经和行为要素。

采纳进化论视角的情绪研究者各有各的理论取向，他们所使用的有关情绪适应功能的多样化的假设导致我们很难从文化习得的角度去总结这些研究结果。在这种情况下，即便参与者全部来自同一文化背景，一项研究也可能为进化论视角提供激动人心的强大支持。例如，假设厌恶的适应功能是帮助人类避免疾病，那么当人们感受到厌恶的时候，他们身上就应该会出现为对抗病原体做准备的生理信号。与这个假设一致，一些研究人员发现，面对极度令人生厌的刺激时，参与者体温升高、免疫系统活跃度增加，而这些情况并未出现在对照组的参与者当中（Stevenson et al., 2012）。这些生理反应不太可能是人们后天习得的厌恶脚本（"天哪不要！这里有块发霉的比萨，肯定会让我生病的！"）有意识引发的。这么一来，进化论视角的情绪解释就变得更加诱人了。

然而，在运用这类理论假设时，我们应当谨慎从事，对特定情绪可能针对的特定演化问题以及处理这个演化问题的最佳方案应该是什么样子的，做出逻辑严密的分析（Tooby & Cosmides, 2008）。例如，假设厌恶是作为一种对疾病威胁的反应演化而来，那么厌恶应当包含哪些特性（在生理、认知和行为等方面）呢？什么样的刺激应当或不应当引发厌恶呢？从一个社会到另一个社会，这些刺激在保持主旨不变的同时，变化范围有多大？我们能够解释这样的不变和变化吗？某些社会与另一些社会相比，人们会更容易或更不容易产生厌恶吗？研究者务必要深思熟虑地安排对照组实验条件，才能把厌恶的具体效应和愤怒、恐惧或悲伤的效应区分清楚。

在采取进化论视角的时候，一定要注意避免**事后理论化**（post hoc theorizing），也就是说，不要在已经观察到某一现象之后再对它振振有词地进行解释。理想情况下，我们应当先形成一个新的假设，然后收集数据来检验这个假设的对错。科学的意义在于运用理论去预测研究结果，如果你的理论是正确的，预测就会成功，反之则会失败，而成功和失败的概率是差不多的。然而，如果你已经知道了结果，再将进化论视角的解释套用上去，那你得到的或许是一个不错的故事，但并非真正的科学。因为你并没有给你的理论预测成功或失败提供同等机会，可真正的科学本该如此。（类比一下，经济学家解释股票市场昨天的涨跌，总是不如能够预言今天或明天的涨跌来得让人信服。）

进化心理学家常常因为事后理论化而遭到诟病。比方说，如果一位研究者提出，愤怒是针对被冒犯而演化出来的反应，并且收集了一些数据，显示参与者在实验中被冒犯的时候总是会生气，那么这项研究最终多半无人问津。因为我们早已知道人们在被冒犯时会感到愤怒，所以宣称自己可以预测到这个结果会让人感觉不怎么诚实。如果说这位研究者提出了一套有关被冒犯时涉及适应功能的具体威胁分类的新理论，例如人们会在被某些人而不是另一些人冒犯时感到愤怒，或者会由于在某些方面而不是另一些方面被冒犯时感到愤怒，又或者会在某些场合而不是另一些场合中被冒犯时感到愤怒，那么这样的研究就变得很有意义了，同时也更好地应用了进化论视角。

示例：情绪中的生理方面具有普遍性吗？

采取进化论视角的情绪研究应该是什么样子的？这里有一个很好的例子：如果情绪是一种演化而来的适应性，情绪中的生理方面是演化出来以帮助我们的身体为相应的情境挑战做好准备的，那么我们应该期待情绪对身体的影响具有普遍性。在体验相同情绪时，世界各地的人类会有相同的生理反应吗？这是一个非常棘手的问题，但已有一些研究者努力进行了探索。

在一项大型研究中，Robert Levenson、Paul Ekman、Karl Heider 和 Wallace Friesen（1992）考察了来自印度尼西亚的人和美国年轻人在情绪条件下的生理反应。他们来到印度尼西亚与米南卡保人一起工作，这一群体主要居住在苏门答腊岛。传统的米南卡保文化与美国文化差异很大。居民们住在山里，当地的经济以自给自足的社区农业为主。居民们的性别角色清晰鲜明。但是，米南卡保人也是世界上最大的母系社会群体，财产通常由女性掌管和传承。尽管在进行这项研究时，已经有很多西方学者拜访过这里，但当地人与西方社会仍然基本隔绝。尽管遇到了暴雨、断电和其他一些问题，研究者们还是收集到了 46 名米南卡保男性（当地文化不允许女性与男研究人员一起工作）的生理数据，可以与 62 名美国年轻人的生理数据进行比较。

对于这两个文化样本，研究者都采用了一种不同寻常的方法来诱发情绪。还记得第 1 章中提到的，调动脸部肌肉去模拟特定表情时，有可能会诱发相应的情绪。在这项研究中，研究者指导每位参与者摆出愤怒、恐惧、悲伤、厌恶和愉悦的表情，同时记录他们的生理反应。值得一提的是，研究者并没有提到确切的情绪词，而是用"皱起你的鼻子"这种指导语，或者"将你的舌头伸出来一点"（当然，指导语是翻译成当地语言的）。尽管在美国和苏门答腊岛，都有不少人不能很好地控制自己的面部肌肉来展现正确的表情，但是用于这次数据分析的个体是能做到的。

研究的结果参见图 2.9。上面一行是米南卡保参与者在做出各种表情时的平均生理变化情况，下面一行则属于美国参与者。

两个样本总体来说显示出了相似性。比如，当摆出愤怒、恐惧和悲伤的表情时，两组参与者的心率都上升了，但是摆出厌恶和愉悦表情时则没有。在摆出愤怒的表情时，两组的手指温度上升幅度都最大。经过多因素方差分析（用于比较两组或多组样本在多个变量上的差异的统计方法），没有发现两组参与者在这5种情绪和3项生理指标的整体生理反应模式上存在显著差异。

但是，这里也存在文化差异。你可能已经注意到，图2.9中上面一行的直

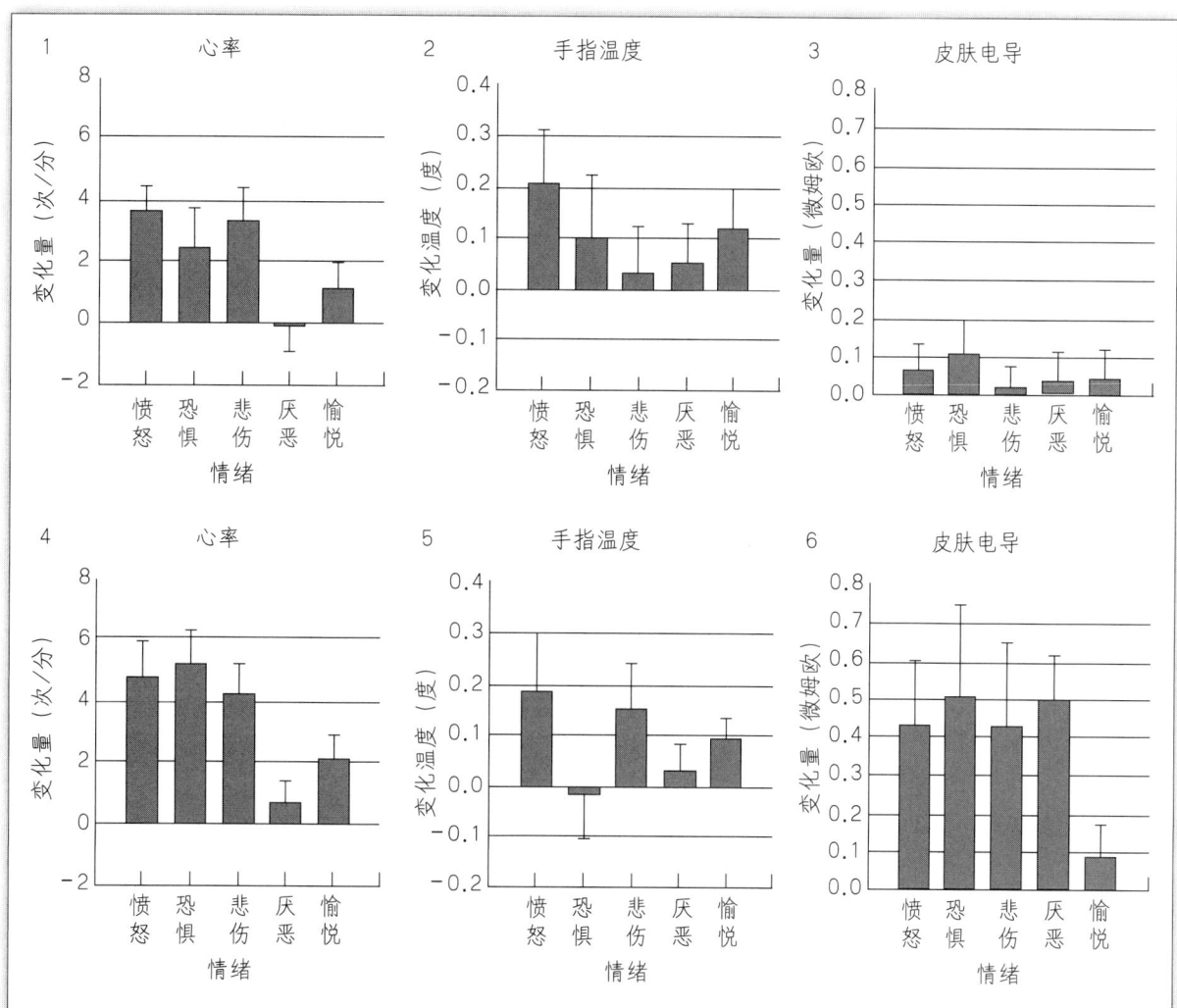

图2.9 米南卡保参与者（上）和美国参与者（下）在做出5种表情时的生理变化情况。R. W. Levenson, P. Ekman, K. Heider, & W. V. Friesen, 1992, *Journal of Personality and Social Psychology*, 62, 972-988.

方条大多小于下面一行。统计结果显示，在摆出某种面部表情时，米南卡保参与者的生理反应强度要小于美国参与者。这可能是因为米南卡保人情绪的生理反应强度较小，或者是因为面部表情任务对于诱发他们相应情绪的效力较弱——我们无从得知。

另一个有趣的差异是，当研究者要求参与者描述他们在每种表情下的感受时，美国参与者报告大约在 1/3 试次（虽然相关系数不大，但是也高于概率水平）中明显体验到了目标情绪。而米南卡保参与者却只报告在 15% 的试次中明显体验到目标情绪，少了一半。研究者因此认为生理感受和面部表情足以让美国人认为自己体验到了目标情绪，但是米南卡保人却很少将此解释为情绪，因为缺少一个合理的情绪诱发情境。

这些结果是令人兴奋的，但此研究也存在一些局限性。研究者不得不翻译他们的指导语，但是这种方法仍存在问题。米南卡保人依然比美国人更难遵循指导语，并且报告这项任务很难。更重要的是，让人们摆出某种表情以诱发情绪是件很搞笑的事情。这些研究者尝试使用最普通的方法来诱发情绪，比如让人们回想情绪体验，或者观看情绪视频，但是文化和语言障碍却使这些方法行不通。因此，尽管这些结果很有前景，但是离确定的结论还有很大的差距。

总 结

情绪是一种复杂且私人的现象，但情绪中的有些方面又人人皆知。如果你曾经去其他文化地区旅游，或者阅读其他文化的书，或者看其他文化的电影，你可能会发现人们的思维和行为居然如此不同。但有些时候，情绪反应也展现出人类有多么相似，对危险、丧失、侮辱、团聚、儿童欢笑等情境的种种反应都告诉我们作为人类意味着什么。

在那些好奇情绪的演化起源的研究者眼里，不同文化中人类情绪相同的部分，甚至人类与动物之间共通的部分，都是非常重要的。情绪的普遍性很可能反映着情绪帮助人类的祖先生存和繁衍的方式。挖掘情绪的这些功能，有助于研究者预测和理解情绪的具体效用——如果不采取进化论的观点，这些效用可能很难找出来。进化论的视角也启发我们通过研究动物的情绪来理解人类自身。

情绪在演化角度上具备适应功能并不意味着情绪总是好的、愉快的，总能让我们做出正确的事，或者在某些情境下我们不应该限制它们的效应。这也并不意味着世界各地的人们情绪都一模一样。在下一章中我们会看到，文化对于情绪的体验和表达都有很大影响。不过，进化论视角已经帮助研究者将大量有关情绪的信息整合成了有用且稳定的原则，并且通过这些原则催生了不少重要的研究。

关键术语

适应（adaptation） 通过自然选择而在种群内广泛传播的有益的遗传特征。

情感渗透模型（affect infusion model） 一种理论模型，解释了情绪效价以哪些方式影响着人类的判断和决策。

行为激活系统（behavioral activation system） 假定存在的一套神经结构，负责支持趋近外界机遇和资源的动机与行为。

行为抑制系统（behavioral inhibition system） 假定存在的一套神经结构，负责支持回避环境威胁的动机与行为。

副产品（by-product） 一个无所谓好坏的特征，但是正好与某个有益的基因突变有关，因此伴随着这一基因突变在种群内广泛传播。

演化适应型环境（Environment of Evolutionary Adaptedness） 某个适应特征经过自然选择后散播到整个种群中的时段和地域。

情绪的内部功能（intrapersonal functions of emotion） 体验到情绪的个体直接获得生存繁衍益处的方式。

自然选择（natural selection） 由于基因突变影响繁衍后代，导致有问题的基因突变从种群中消失，而对此有益的基因突变则逐步扩散到整个种群的过程。

系统发生学（phylogeny） 用来自同一祖先的演化历程来描述不同物种（在本章中是不同情绪）之间关系的理论方法。

事后理论化（post hoc theorizing） 为已知情况创造理论解释，而不是事前用既有理论推导出新的研究假设。

情绪的社会功能（social functions of emotion） 情绪通过支持承诺、互助和应对人与人之间复杂的关系，从而间接帮助我们生存和繁衍的方式。

上位神经程序（superordinate neural program） 一种假定的神经程序，负责协调众多小程序的活动，激活那些有益于本上位程序功能的，并抑制那些干扰本上位程序功能的。

思考与讨论

1. 你认为情绪的哪些方面最具有普遍性？哪些方面受文化影响较大？
2. 我们已经提到，人类对高脂高糖食物的偏好可能源于我们祖先对当时环境的适应，而到了食品供应丰富的现代社会，这一特征变得不再具有适应性。人类身上还有什么普遍特征是如今不再具有适应性的吗？现代环境中的什么情形造成了这种错配呢？
3. 在介绍情绪的上位神经程序模型时，我们以恐惧为例。如果恐惧是一种针对猛兽跟踪的解决方案，那它应当具备哪些特征呢？换一种情绪，比如厌恶，来进行一次类似的功能分析。厌恶可能是演化出来应对什么适应问题的？你预测这一情绪处理方案在认知、生理和行为上具有什么特点？
4. 我们已经提供了几个有关情绪的社会功能的例子。你还能想到情绪反应通过哪些方式强化我们的人际联系？
5. 你能想到哪种情绪或情绪中的哪个方面可能不具备适应功能，而是演化的副产品？你认为这一副产品伴随着哪项适应呢？

延伸阅读

Carroll, S. B. (2005). *Endless forms most beautiful: The new science of Evo Devo and the making of the animal kingdom*. New York, NY: Norton.

Ehrlich, Paul R. (2000). *Human Natures: Genes, Culture, and the Human Prospect*. Washington, D.C.: Island Press.

Pinker, Steven (1997). *How the Mind Works*. New York, NY: Norton.

这几本书都为进化心理学提供了容易理解并且引人入胜的介绍，探讨了自然选择如何塑造人类的语言、认知、社会行为、情绪，甚至文化本身。

第 3 章

文化与情绪

根据进化论的视角，人类拥有情绪，是因为情绪能够帮助我们的祖先有效处理与生存、繁育有关的重要问题。情绪中那些沿着这一原则演化而来的方面，应当是人类天性中的一部分。因此，侧重进化论视角的研究者通常会围绕情绪中具有普遍性的那些方面做出预测——情绪在不同地方的人类群体之间有某些相似点，或许在动物身上也能找到。

然而，人类学家发现，来自不同社会的人们在情绪的体验、表达和交流方式上存在很大差异。这些差异导致许多研究者强调**情绪的社会建构**（social construction of emotion），它是文化对情绪概念进行发展和沟通的一套加工过程。强调社会建构视角的研究者认为，人类情绪中的许多重要方面都取决于所处的文化，而非先天的或普遍的。从这个角度来看，情绪可以被视为我们的文化用来理顺我们的体验而讲述的故事。不同的文化会有不同的故事，因而人们体验情绪的方式也会不同。

在某种程度上，进化与文化的观点可以说是恰好对立的，要么这个对，要么那个对。不过，有一种方法可以解决这个矛盾：情绪中的某些方面是演化带来的，具有先天性和普遍性，同时另一些方面则是由不同文化以不同方式进行社会建构而来的。即便一些潜在的情绪机制在全世界都一样，但这些机制的表现方式仍有可能千差万别。回想一下人类对食物的偏好，全世界的人都喜欢油脂的味道，但是不同的文化偏好不同的油脂来源以及将油脂与其他食材搭配的方式，因此，不同的文化诞生了不同的美味。

在本章中，我们将讨论文化到底指什么，文化如何对人们认识世界产生重大影响，并思考这一切对人类情绪产生的效应。

什么是文化?

如果你去英文字典里查询"文化"(culture)一词,你可能会找到 5 至 10 种不同的解释。Clifford Geertz(1973)曾抱怨有一篇长达 27 页的文章提供了关于人类文化的 11 种定义!公平地说,这 11 种定义里包含许多共同的成分。尽管如此,只关注某一个定义对我们来说更合适些。

定义及其言外之意

人类学家 Richard Shweder(1993,p. 417)曾提出一个著名的定义:**文化(Culture)**是"通过参加规范性的社会组织和社会实践(包括语言实践)而触发、构建或者'即时'传达的意思、概念和可以解读的图式……它塑造了社会中个体的心理加工过程"。好吧,我们知道这句话很拗口,但其实它的内容没有看上去那么复杂。让我们将它分解成几个关键点来看看。

第一,文化是意思的系统——是用于说明、理解和解释发生在我们身边事情的方式。意义的单元常常以词语来表示——我们用这些标签把特定类别的经历一一符号化。某些类别反映着现实世界里天然的界限,也就是说,人们会预期几乎所有文化都以同样的方式来定义它们。例如,词语"猫"是指一类动物,哪怕具体的某只猫在某些方面比较特殊,但世界上任何一样事物都要么是猫,要么不是猫。另一些分类则较为随意,定义不够清晰,因而具备文化特异性。例如,在英语单词中,区分了瓶子(bottle)、罐子(jar)、水壶(jug)、细颈瓶(flask)、小罐子(canister)等种种容器,而其他语言中对容器的分类则有多有少,或者截然不同(Malt, Sloman, Gennari, Shi, & Wang, 1999)。

语言的区别只是说明文化如何表达意思的例子之一。你可以想一想自己文化中的节假日、毕业典礼、葬礼和婚礼之类的。再想一想,国旗、名人的题词或重大历史事件的纪念碑。你会发现,以上的每一个例子都包含着文化历史和社会结构下的特定意思或意义。

第二,文化通过社会实践来触发或建构意思。例如,在一门学科的课堂上,你可能从头到尾都安静地坐着,而在另一门学科的课堂上你可能会积极发言并和同学辩论。你是如何知道自己会在两个课堂上有不同行为表现的?在听交响乐的时候，你静静地欣赏，而在听摇滚乐的时候，你全程蹦蹦跳跳，这又是为什么呢？在很大程度上，你通过模仿别人来学习。你观察到周围人怎么做，你就跟着怎么做。但是根据 Shweder（1993）的定义，行为本身也表达出社会文化期望我们如何看待相应的事件。

第三，文化塑造了个体的心理加工过程。Shweder（1993）这样说的意思是，人们如何看待世界、如何在世界上行动，取决于人们习得了怎样的概念，以及这些概念之间有着怎样的联系。例如，很多美国人把猫看作宠物，而在其他许多地区却完全不是这样。当地的人们把动物看作食物、畜力、危险，而非朋友或家庭成员。因此，他们对"猫粮"这个概念感到不可思议。轻则，他们会认为这种行为没有道理；重则，这种给猫而不给饿肚子的人提供食物的行为会被认为不道德。与此同时，还有一些文化把特定品种的猫视为神物，人们崇拜它，为它精心准备食物和住所。对许多美国人而言，这样照料猫太过浪费，甚至会亵渎自己所信仰的神明。总而言之，不同文化中概念和意思的不同可以转化成截然不同的行为表现。

情绪概念里的文化差异

人们考虑、区分以及发现情绪意思的方式，在不同文化间差异巨大。如果你或者你的同学试图给"情绪"一词下定义，或者列出一些有代表性的情绪体验，那么你可能会发现自己在很大程度上赞同相应词语的意思。但如果我们让一个来自其他文化的人去完成这些任务，他可能会给出一个不同的答案。在某些文化中，甚至无法提出这些问题，因为不是每一种语言都有对应"情绪"的词语（Russell，1991）。

即使某一种语言中有一个词语与"情绪"对应，但是它的含义可能与英语中"emotion"的概念不尽相同。例如，在日语中"jodo"一词包含了愤怒、高兴、悲伤和羞耻等多种含义，在美国心理学家看来这些都属于情绪（Matsuyama, Hama, Kawamura, & Mine, 1978）。但是，"jodo"还包括深思熟虑、冲动和幸运的意思，这些在英语环境下不算是情绪。更加需要注意的是，上述翻译并不精确。在日语中"幸运"的意思可能与英语里"幸运"的意思不同，因此也说不准日语里的"幸运"放到英语里算不算情绪。

其他语言中有词语看似与英语中的"情绪"或同某种特定情绪相对应，但是这些词语所指的是情境，而不是由情境引起的内部感觉。例如，富拉尼语（一种来自西非的语言）中"semteende"一词表示一种社会情境，在这种情境下，美国人可能会感到尴尬或者羞耻。因此这一词语在英文中常常被译为"尴尬"，但是确切地说，这个词所指的是那种情境，而不是个体的感受（Riesman，1977）。因此更恰当的翻译应该是"令人尴尬的"。位于南太平洋的伊法鲁克岛（Ifaluk）上，人们的情绪词汇也更倾向于强调社会情境而不是内部的体验（Lutz，1982）。

还有一个例子。你去一个朋友家里拜访，因为已经有两天没有人看到他，你也想知道他过得怎么样。他无精打采，昏昏欲睡，唉声叹气。他说他实在不想做任何事情。他还告诉你他的妻子最近有事离开本地，接下来好一段时间里他都看不到她。你会用哪个单词形容这个人的状态？

一名人类学家在研究塔希提人的生活时发现自己正处在上文所说的情境中（允许有一点文学化的描写），并且得出了一个大多数美国人都会得出的结论——这位朋友因为思念伴侣而感到悲伤（Levy，1973）。然而，这位朋友并没有把自己的状态表述成一种情绪。事实上，在塔希提语中，没有一个词语与英语中的"悲伤"（sadness）相对应。取而代之的是，他用当地语言"pe'a pe'a"来描述自己的状态。这一塔希提词语有不舒服、疲劳和烦恼的意思。简而言之，他把他自己的状态描述为一种疾病，而不是一种情绪。在这里，我们看到了塔希提语中"疾病"一词与英语中"悲伤"一词在概念上的异同点。它们十分相似，但属于不同的类别。从图3.1中可以看出这两个词的关系。同样，在中

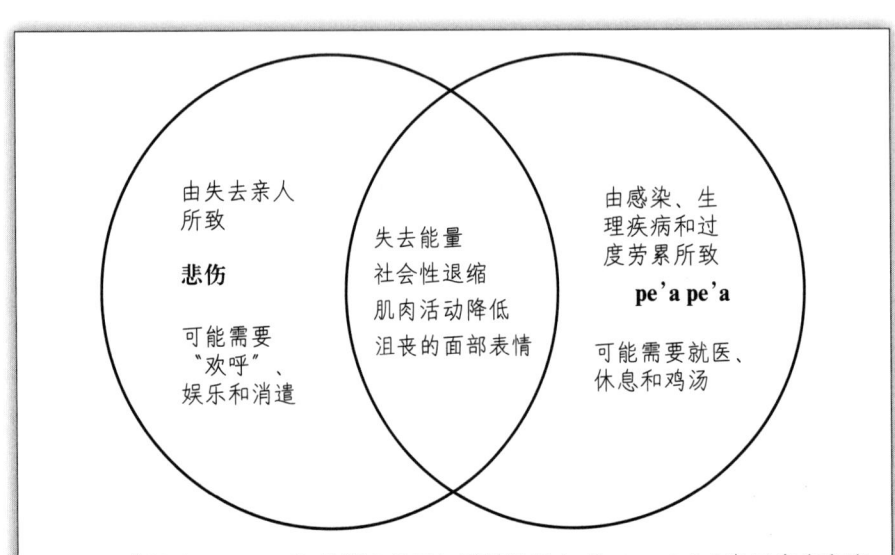

图 3.1 英语中"sadness"的概念范围与塔希提语中"pe'a pe'a"（表示疾病和疲劳）的概念范围几乎是一致的，但也有区别。

国，人们常常用身体方面的词汇，如"难受"来表述情绪状态，而很少用情绪词汇，如"悲伤"（Tsai，Simeonova，& Watanabe，2004）。换句话说，尽管情绪的生理和行为方面几乎对全人类都是高度相似的，但是我们如何描述它却受到文化的影响。

我们很容易将文化看作其他人身上具备的，由其他社会所定义的东西。然而，我们自己的情绪概念也是由文化塑造出来的。当你想到"爱情"时，你想到了什么画面？想到了什么故事？你对它有什么样的回忆？Ann Swidler（2001）指出，人们的回答反映了他们所处的文化中一张围绕着亲密关系的含义、观点和信念的网络。她在研究中访问了88位来自美国加利福尼亚州的不同年龄的中产阶层男性和女性。Swidler给出的问题是：真爱是什么意思？他们曾有哪些爱情经历？他们关于"爱"的想法从何而来？什么因素决定了爱情的好坏？诸如此类。

Swidler（2001）发现，美国文化中爱情有两个截然不同的概念，而作为个体的美国人常常要费力调和它们。一个概念认为爱情是好莱坞式的（例如王子与灰姑娘，或者公主与阿拉丁）天雷地火，爱情会在一瞬间颠覆你的世界并且就此持续一生。Swidler将此总结为："他们相遇，一见钟情。他们是彼此的唯一。没有人能够拆散他们。他们克服了一切困难，从此幸福快乐地生活在一起。"（Swidler，2001，p. 114）在这样的爱情中，爱人是唯一，相爱是宿命，彼此是完全不可替代的。

另外一种观点认为爱情是平淡的。此类爱情的支持者往往对好莱坞式的爱情持怀疑态度，他们认为爱情应该细水长流逐渐滋生（例如罗恩与赫敏），而不是瞬间出现的。一对伴侣的故事应该以性格、社会交往和活动方面的适配为中心，而不是去克服种种困难。这一类型的爱情不需要找到你所谓的完美对象，只要机会合适，很多人都有潜力逐渐发展出这样的爱情。支持这种爱情概念的人们认为，尽管这样的爱情来得慢，但是深刻、稳定。反之，好莱坞式的爱情只是肤浅的昙花一现。

在Swidler看来，不管哪一种版本的爱情，客观上讲都不会比另一种更加现实或更加可行。这两种爱情都是社会建构出来的故事，是我们对于爱情如何产生以及其中包含哪些体验等议题的阐述。许多美国电影偏好表现一见钟情的爱情，但是在某些以包办婚姻为常规的社会中，以及在一起生活多年的西方情侣中，人们谈论最多的还是发展缓慢、深刻和稳定的爱情。Swidler指出，许多美国人的世界观里同时包含这两种爱情概念，并且根据需要在二者之间摇摆以便解释自身的经历。关键在于，每一个爱情概念都是社会建构的产物。

所有的文化都拥有相同的"基本"情绪吗？

回想第1章，基本情绪的标准之一是人人都具备。至少有一小部分情绪是符合这一标准的，包括悲伤、恐惧、愤怒、厌恶等，但研究者们认为应该还有其他的基本情绪。然而，社会建构视角促使研究者提出一个新问题，是否有一些情绪只存在于特定的文化中，而其他文化中没有呢？

确实有一些特定的情绪词只出现在某些语言中，而另一些语言中没有。英语中包含了2000多个关于情绪的词语，尽管它们中的大部分很少用到（Wallace & Carson，1973）。中国台湾地区的土语中包含了750个关于情绪的词语（J. D. Boucher，1979）。马来西亚的Chewong语中仅有7个词语能够翻译成对应的英语情绪词（Howell，1981）。然而，一种语言中情绪词的数量并不等于它的使用者能够体验到的情绪的数量。英语中就有许多与情绪有关的同义词或者近义词。但词汇量较少的文化也可以识别和讨论某种情绪，而不是非得使用专门的词语。例如，某一种语言中没有"尴尬"这个词，但它仍然可以表述为"当你犯了错而其他人都在盯着你时的那种感觉"。不过，在研究文化差异时，考察一种语言对情绪的命名是一个切入点。

James Russell（1991）对十几项描述不同文化情绪生活的民族学研究进行了总结，整理出了英语中有而其他语言没有的情绪词（见表3.1）。我们在前面提到过，塔希提语中没有"悲伤"这个词，所以塔希提岛的居民常常用生病或疲倦来形容家人离开时自己的感受。

其他许多语言中也包含着英语里没有的情绪词。例如著名作家昆德拉在《笑忘书》中提到的"litost"（pp.121-122；edited version from Russell，1991）：

"litost"是一个捷克语单词，在其他语言中没有与之精确匹配的译法。它意味着无边无际的感觉，就像一台完全敞开的手风琴，它综合了许许多多其他东西：哀伤、同情、愧悔和一种无法言明的期望……然而，在特定情况下，它的意思又急剧收窄，确切、精准、犀

表 3.1 "没有"对应英语情绪词的各种语言

悲伤	惊奇	内疚	爱	焦虑	抑郁
Chewong（马来西亚）	Chewong（马来西亚）	Chewong（马来西亚）	Nyinba（尼泊尔）	Eskimo Machiguenga（秘鲁）	Chewang（马来西亚）
Tahitian	Ifaluk（密克罗尼西亚）	Ifaluk（密克罗尼西亚）		Yoruba（尼日利亚）	Eskimo
		Ilongot（菲律宾）			Fulani（西非）
		Pintupi（澳大利亚）			Kaluli（新几内亚）
		Ouichua（厄瓜多尔）			Malay
		Samoan			Mandarin
		Sinhalese（斯里兰卡）			Xhosa（南非）
		Tahitian			Yoruba（尼日利亚）

根据 J. A. Russell, 1991, *Psychological Bulletin*, 110, 426-450 制表。

利得如同认真磨过的刀锋。尽管以这个角度我也没能从别的语言里找到一个词来比拟它，但是我看不出不懂这个词的人还能怎样理解人类的灵魂……litost 是一种痛苦的状态，当一个人突然醒悟到自己的可悲而感到折磨……litost 运作起来像一台二冲程的发动机。首先降临的是痛苦，而后燃起复仇的欲念。

"litost"当然不是唯一的例子。德语中的"Schadenfreude"一词在英语中也没有对应的翻译，其意思大致为幸灾乐祸（Leach，Spears，Branscombe，& Doosje，2003）。菲律宾 Ilongot 语中的"liget"一词与英语中的愤怒意思相近，指对侮辱或伤害的反应，但同时它也可以表示由大型庆典、成功狩猎或亲人死亡而引发的反应（Rosaldo，1980）。除此之外，"liget"还可以理解为一种对社会有贡献的积极力量。

另一个常被研究者用来说明文化特异性的情绪概念是日语中的"amae"。它指的是一种由依赖他人而产生的愉快体验，就像婴儿对妈妈那样（Doi, 1973）。在日本，当一个人收到礼物、被关心、被允许依靠他人，或是可以孩子气（甚至是个熊孩子），而无须负责回报对方时，就会感到"amae"。这种情绪是日本的夫妻、家庭成员和亲密朋友之间关系的核心特征。

Doi（1973）在有关"amae"的描述中指出，它是日本社会建构的基础，每个日本人都希望从亲密或潜在亲密关系中得到无条件的滋养。它体现在许多情境中。日本人依靠社会支持渡过难关的情形多于美国人（Morling, Kitayama, & Miyamoto, 2003）。日本母亲比美国母亲更多地和自己的婴儿提及人际关联（Dennis, Cole, Zahn-Waxler, & Mizuta, 2002）。日本人将幸福和成功定义为良好的人际关系，而不是个体的成就。也就是说，幸福与亲密的联系更紧，而不是与骄傲或自尊（Kitayama, Markus, & Kurokawa, 2000；Uchida, Norasakkunkit, & Kitayama, 2004）。

对于美国人而言，享受对他人的依赖看起来十分荒唐。美国文化期待成年人不依靠别人就能管好自己。例如，想象你去一户美国人家庭里做客，主人会告诉你冰箱里有点心，你可以自己去拿。一个美国客人或许喜欢这样的方式，这意味自己可以把主人的家当成自己家。而一个日本客人会感到这样有些失礼：居然没人来关照我。

"amae"是一种具有文化特异性的情绪吗？或许，它是日本文化为愉快、被关爱的感受而规定的情境？都未必。事实上，根据 Doi 的观点，"amae"是一种基本情绪，在人类中普遍存在，只是美国人拒绝承认它，而日本人则积极鼓励它罢了。

萨皮尔—沃夫假说

如果存在的话，语言的差异对情绪体验的影响是什么呢？一种极端的设想是，如果没有用具体词语去代表某种情绪，那人们根本就感受不到它。然而这似乎是不可能的。例如，英语中没有"幸灾乐祸"这个词，但你作为英语国家的居民就从来不曾在别人倒霉时感到高兴吗？哪怕某个声名狼藉的富豪因为商业欺诈被抓，或一个不受欢迎的政客陷入丑闻，也不会让你感到快活吗？或许你是一个真正的圣人，从未有过这种感觉。但是大多数人都有这一概念，明白这种高兴的感觉和其他的愉快不同，并且乐于认识一个新词语用来指称这种情绪。一些研究者考察了母语分别为英语和德语的参与者所体验到的幸灾乐祸情绪（Combs，Powell，Schurtz，& Smith，2009）。类似的，Russell（1991）也提到过一位乐于学习"沮丧"（frustration）这个英语单词的阿拉伯妇女。因为阿拉伯语中没有与此精确对应的词，所以她之前一直未能给这种情绪感受贴上一个方便的标签。

那么，情绪词库在多大程度上反映或者限制着人们对情绪的体验？Edward Sapir（1921）和 Benjamin Whorf（1956）分别提出了如今广为人知的**萨皮尔—沃夫假说**（Sapir-Whorf hypothesis）：人类需要语言才能进行思考，因此人类只拥有能用语言表述的那些体验、想法和知觉。这一假设带来的推论是，在情绪领域里，人们可能感受不到缺乏对应语言表述的情绪。或者，根据弱化版的萨皮尔—沃夫假说，人们比较容易体验或者表达那些能够用言语描述的情绪，但难以体验或者表达那些缺乏对应语言标签的情绪。换句话说，人们对于事物的语言描述方式，反过来影响着我们认知和看待它的方式。例如，过去，英语习惯上将尚不清楚性别的某个人表述为男性，就像"医生应该照顾好他的病人"这句话中所体现的这样。但现在，人们会说"医生应该照顾好他或她的病人"，而这样表述的结果是人们意识到医生有男也有女。

50 多年来，研究者用许多方法来验证萨皮尔—沃夫假说，但始终没发现什么能够支持强化版的证据。例如，依据这一假说的强化版，如果某种语言中没有"绿色"这个词，以这一语言作为母语的人们就看不见绿色，或者说没法区分绿色和蓝色。这一观点显然是完全错误的。即使没有词语来表述颜色之间的不同，人们也能够辨别这种差异（Ludwig，Goetz，Balgemann，& Roschke，1972）。同样，即便人们不知如何指称各种气味，但这并不妨碍他们辨识出气味与气味不一样。语言的作用可能比较微妙：一种语言中有关颜色的词语影响着我们记住各种颜色的难易程度，或影响着我们在整个色谱表上如何划分不同颜色之间的界限（Özgen，2004）。然而，这一研究使得方法论方面的问题变得更复杂了，并且研究者们也不赞同语言与思维、知觉之间的关系是这样的（Heider，1972；Roberson，Davies，& Davidoff，2000）。

语言对知觉、记忆或推理的微妙影响与 Shweder（1993）对文化的定义是一致的。正如本章前面提到的，文化（包括语言）帮助人们对自己用来理解周围世界的经历和体验进行分类。它影响着个体与他人交流自身体验的方式，但并不会限制一个人对世界的知觉，因而即便在自己的语言中没有准确的对应描述，人们仍可以在概念上将特定的体验区分开。

Jonathan Haidt 和 Dacher Keltner（1999）的一项研究为这一观点提供了证据。他们向来自美国和印度东部（当地语言为奥里雅语）的参与者呈现了若干不同情绪的面部表情照片。呈现的照片中包含尴尬（抿嘴笑、转移目光、触碰脸颊）和害羞（用一只手遮住脸）两种情绪。之后，研究者要求参与者针对照片中的面部表情讲一个故事，说明什么事情引起了照片中人物的表情。

正如研究者事先预料的一样，美国参与者为一种面部表情贴上了尴尬的标签，而另一种则贴上了害羞的标签，并为两种表情讲述了相应的故事情境。但来自印度东部的参与者仅用了一个词语"lajya"来指称两类表情照片——因为这个词包括了尴尬和害羞两层意思。然而，他们指出照片上用手遮住脸的人（美国参与者将其标记为害羞）可能是犯了什么错误或者某件事没做好，并指出照片上抿嘴笑、转移目光的人（美国参与者将其标记为尴尬）并没有做错事，只是突然间成为社会关注的焦点，比如说被公开赞扬或者得到了奖励。这两种情境描述与英语中害羞和尴尬的不同含义是一致的（Tangney，Miller，Flicker，& Barlow，1996）。这一结果意味着讲奥里雅语的参与者虽然没有词语可以分别对应尴尬和害羞的情绪状态，但是他们仍然能够理解由于不同情境引发的不同情绪。虽然没有现成的单词可以使用，但不妨碍他们识别这一差异，而且他们还能够将其表述出来。

高认知情绪与低认知情绪

如果情绪词汇不能定义或者限制情绪体验，那么情绪词汇起到了什么作用？Levy（1984）引用他对塔希提岛居民生活和语言的研究对这一问题进行了说明。在塔希提语中有 46 个单词形容"愤怒"，但是却没有一个单词可以对应英语中的"悲伤"（sadness）（Levy，1973）。但在了解当地文化之后，Levy 得出结论，塔希提人毫无疑问能够体验到悲伤。

Levy（1984）提出，特定文化对于在当地社会生活中比较重要的情绪具有**高认知**（hypercognize），因而建立起情绪间联系和区别的详尽网络，促进新的情绪词出现。例如，塔希提语中有 46 个词语形容"愤怒"，从而区分出各种不同的愤怒：有特定的愤怒，也有一般意义上的愤怒；当你试图抓住一条鱼时，由于自己的失误使鱼从手中溜走时感到了愤怒，而当一个冒失鬼突然撞到你，使鱼从你手中溜走时，引起的又是另外一种愤怒；当你闷声不响空手而归时感受到一种愤怒，而当你冲着撞到你的家伙大喊大叫时，所感受到的又是另外一种愤怒。现在，你明白什么是高认知情绪了吧。

特定文化对另一些情绪则只有**低认知**（hypocognize），也就是缺少精细化的认识或细节。在塔希提文化中，"悲伤"是一种由丧失或分离引发的真实存在的情绪，但是由于缺乏社会意义，在语言表述上与生病和无精打采混为一谈。不过，尚未识别的情绪和其他状态之间并非人们想怎么混淆就能怎么混淆的。例如，塔希提人把悲伤和生病联系在一起是因为悲伤的表现与生病有不少相似之处。

情绪词汇的文化差异确实导致了棘手的方法学问题。如果一种语言中的情绪词不能准确地翻译形成另一种语言，研究者如何对不同文化中的情绪进行研究呢？一种办法是努力理解词语的潜在含义。例如，Usha Menon 和 Richard Shweder（1994）对印度奥里雅语（Oriya）的情绪词"lajya"（害羞和尴尬的复合概念）进行研究，要求参与者描述伽梨女神（当地文化中的核心符号）面部表情的意义，而这一形象是参与者十分熟悉的。这种研究方法能够考察奥里雅语中的"lajya"和英语中的害羞在概念上有何异同。

如果一种语言中没有描述某种特定的基本情绪的词语，研究者如何考察它呢？在这种情况下，可以抛开情绪词库，去考察假设中的情绪的方方面面（就像第 2 章中介绍的那样）是否能在相应的文化环境下观察到。例如，我们想研究塔希提文化中的悲伤，需要问这样一些问题：什么时候一个塔希提人会感到 pe'a pe'a？此人会做出怎样的行为？此人的表情会是什么样子？pe'a pe'a 所表现出来的各方面特征与悲伤越相似，我们就越有信心认为这两个词语所指称的是同一状态；如果我们找到的两个词语间的差异越多，则越会怀疑 pe'a pe'a 的意思与悲伤无关。

即便 pe'a pe'a 和悲伤显示出诸多不同，但是只要我们发现塔希提人在失去亲人后看起来悲伤，听起来悲伤，生理上悲伤，行为上也悲伤，各方面的表现都和英语国家居民的悲伤差不多，我们就能够断定塔希提人体验到了一种跨文化的、具有普遍性的悲伤，无论他们有没有一个现成的词语能够用来指称这种状态。换个角度说，如果我们发现英语文化中所说的悲伤在各个方面都和塔希提文化中的不一样，那么这说明英语中的悲伤情绪和塔希提语中的对应状态在很大程度上都基于后天的社会建构。同理，捷克语所说的"litost"情绪状态也可能包含着独属于此种语言和文化的若干特征的搭配组合。这类研究有助于我们理解情绪中哪些部分具有普遍性，而哪些部分更多地受到文化影响。

可预测情绪差异的文化维度

研究者已经识别出了情绪领域的许多文化差异，但它们很难被追踪，而且更难以解释。大部分针对情绪和文化的早期研究只是简单地考察了美国文化和其他文化之间的差异，而且就此止步不前。这些含糊的结论不能令研究者满意，因此他们建议采用新的研究方法。尽管每一种文化都是独一无二的，但是借助社会行为和情绪体验方面的一些维度，研究者可以有效地将一种文化与另一种文化做比较。现在，我们就来讨论3项对于情绪研究者而言最重要的文化维度。

个人主义与集体主义

首先，各个文化在由个人主义向集体主义过渡的连续光谱上都有着自己的位置（Markus & Kitayama，1991）。许多文化心理学家都认为，生活在西方文化环境下的人们（特别是美国人）倾向于强调**个人主义**（individualism）。他们非常重视个体的独特性和私人的权利，要做绝对真实的自己，并独立于其他人（图3.2）。个人主义较强的人一般认同以下观点：

☐ 能够完成别人无法完成的事情让我感到骄傲。
☐ 我是独一无二的——在很多方面都与他人不同。

与此相对的是，其他许多文化，包括南亚和东亚地区的大部分文化都强调**集体主义**（collectivism），或者说强调集体利益高于个人利益，重视集体身份、集体意志、社会和谐以及人际之间的相互依赖（图3.2）。每个个体都拥有自己的社会责任，并且了解自己的社会责任，人们会尽力去履行这一责任而不是与他人竞争。集体主义较强的人通常认同以下观点：

图 3.2　个人主义倾向较强的文化强调个体的独特性和私人权利，而集体主义倾向较强的文化重视集体身份和社会和谐。

□ 想了解我，需要先看到我所属的集体。
□ 在做出决定之前，我总会先和他人商量。

中国文化就是集体主义的一个好例子。中国人常常和别人谈起他们的朋友和家人，但美国人谈论的对象往往限于自己。问题在于，这一现象反映的是人们思维方式的差异，或者仅仅只是中文和英语的语言差异？在一项研究中，调查者对美籍华裔年轻人（生活在美国的中国人）进行了研究，他们的父母来自包括香港和台湾在内的中国各地。所有的参与者英语都十分流利，但其中的一些参与者在活动、态度、食物和社会生活方面比其他参与者更加贴近新的文化习俗（也就是更美国化）。研究者用英语对每一个参与者进行系统的面谈后发现，相对不那么美国化的华裔比起更加美国化的参与者，谈论自己朋友和家人显著较多，较容易接受他人的意见，参与社会活动或者集体活动也较多（Tsai et al., 2004）。

在另一项研究中，工作人员要求参与者讲述自己经历过的一件事。来自北美的人主要讲述他们自身的感受，而来自亚洲的人讲述的却是自己眼中周围人的感受（Cohen & Gunz, 2002）。在一项经典的研究中，中国和美国的参与者须以"我是……"开头写完 20 个句子，内容随意（Triandis, McCusker, & Hui, 1990）。研究结果显示，中国参与者提到集体身份的句子达美国参与者的 3 倍之多。美国参与者所写的句子更多地显现出自己与别人的不同，而中国参与者更多描述相似性。显而易见，这种差异普遍存在于大多数人当中。当然，美国参与者也有描写自己集体身份的句子，而中国参与者也会写出自身不同寻常的一面，但二者的比例大相径庭。

在另一项研究中，工作人员要求参与者描述图3.3中鱼的行为。大多数美国参与者都认为右边的那条鱼引领着左边的鱼群。但是在中国参与者中，普遍的看法却是左边的鱼群在追赶右边的那条鱼（Hong, Morris, Chiu, & Benet-Martinez, 2000）。也就是说，中国人在模棱两可的情境下会更重视集体的影响和氛围。就像我们先前讨论过的，评价的差异最终会导致情绪表达的差异。认为右边那条鱼是领导的人会猜想它很高兴，而认为右边那条鱼被追赶的人则会推测它很害怕。

图 3.3　与美国参与者相比，中国参与者更倾向于认为是左边的鱼群在追赶右边的那条鱼；大多数美国参与者则认为是右边的那条鱼引导着左边的鱼群。

然而，如果将西方文化等同于个人主义，将东方文化等同于集体主义，则过于简单化了。即使在同一种文化环境里，个人主义和集体主义倾向也会因地区不同、个体不同而千差万别（Fiske, 2002; Yamawaki, 2012），甚至同一个人在不同情境中的个人主义或集体主义表现也是不一样的（Bond, 2002）。在许多方面，北京、东京、伦敦和纽约这些大都市彼此之间的共同点，比它们和各自国家里农村地区的共同点还要多一些。

除此之外，东方文化中的集体主义倾向也并非一模一样。研究者发现，如今的日本人在个人竞争方面与美国人不相上下，甚至在某些方面有过之而无不及（Bond, 2002; Oyserman, Coon, & Kemmelmeier, 2002; Takano & Osaka, 1999）。日本曾在第二次世界大战战败后迅速表现出了极强的集体主义。事实上，几乎所有国家在面对大危机或者大灾难时，都会增强其集体主义倾向（Takano & Osaka, 1999）。例如，美国人在经历了2001年的"9·11"恐怖袭击事件后，也马上表现得非常团结。但随着伤痛过去，美国人又逐渐恢复了原有的个人主义（Grossman & Varnum, 2015; Hamamura, 2012）。今天的日本与第二次世界大战之后相比，在社会习俗和社会态度上都已发生了很大的变化，与当今的中国也相去甚远。

什么因素导致一个国家发展出集体主义倾向还是个人主义倾向？有一种理论假设将集体主义和种植稻米的历史联系起来（图3.4）。稻米种植需要长期不断的集体努力来开发和维护耕地。稻米种植需要付出大量劳动力才能有所收获，特别是在拖拉机等农用机械出现以前，农民们需要错开时间种植作物，以便到了收获季节邻里之间能够互相帮助。心理学家发现，比起以小麦种植（相对不那么需要协作劳动）为主的中国北方，稻米种植历史悠久的中国南方集体主义要更强一些（Talhelm et al., 2014）。

个人主义和集体主义这一维度上的文化差异如何影响人们的情绪生活？这些差异或许可以解释人们在情绪表达和面部表情理解上的不同。例如，在集体主义社会中，为了维护集体和谐，人们可能会抑制自己消极的情绪表达。

一些研究者提出，集体主义和个人主义会促进不同的情绪体验。一个著名的例子是，什么情境会唤醒"自我意识"情绪（与评价自己的好坏联系在一起的情绪，如骄傲、羞耻和内疚等）。北美地区的研究发现，当人们完成了某

图3.4 集体主义更容易出现在以劳动力密切协作为经济基础的社会，例如稻米种植历史悠久的亚洲地区。

件事使得他们的社会地位得到提升时，他们会感到骄傲（Seidner, Stipek, & Feshbach, 1988; Tiedens, Ellsworth, & Mesquita, 2000）；当人们做错了某件事而别人有可能谴责他们时，他们会感到羞耻或者内疚（Tangney, Miller et al., 1996）。因此，骄傲、羞耻和内疚的出现，都需要人们先评价自己好或者不好。然而，对于来自不同文化的人而言，"自己"代表着不同的含义。在个人主义文化中，"自己"排除了周围的所有人；而在集体主义文化中，"自己"与集体身份、朋友和家庭关系密切相连（Triandis et al., 1990）。因此，我们推断集体主义文化中的人们可能不仅会因为自己的行为，也会因为朋友或家人的行为而感到骄傲或羞耻。

Deborah Stipek（1998）以美国和中国大学生为参与者对这一假设进行了验证。她要求来自两种文化的参与者阅读几个情境故事，然后对自己在故事中所感受到的骄傲、羞耻和内疚程度打分。其中有个故事讲述某人被一所著名的大学录取了。不同的是，在一个故事中，被录取的人是参与者自己；而在另一个故事中，被录取的人是参与者的孩子。另外还有两个内容相同的故事：某人考试作弊被当场抓到。不同的是作弊的人是参与者自己或者参与者的兄弟。来自美国的参与者报告，不管是自己或者自己的孩子被著名大学录取，他们都同样感到自豪；而来自中国的参与者报告，当他们的孩子被著名大学录取时感到更加自豪。在作弊被抓的故事中，不管是谁实施的，中国参与者比美国参与者报告的内疚和羞耻都更强烈。虽然两国的参与者都报告，与自己的兄弟考试作弊相比，自己作弊会感到更深的内疚和羞耻。但同时，中国参与者在"兄弟作弊"的情境中比美国参与者体验到更多的内疚和羞耻。

值得注意的是，这一研究同时呈现了中美文化的相似之处和不同之处。在两种文化中，人们都在成功完成某件事时感到骄傲，而在做错了某件事时感到内疚或羞耻。不同的是，如果这件事情是自己做的，美国人会产生更加强烈的情绪体验；反之，在中国，家庭成员的行为也能引起个体强烈的自我情绪体验。事实上，中国的参与者报告说，为别人的成功而骄傲比为自己更加恰当（Stipek, 1998）。

有一点很重要，个人主义和集体主义维度对情绪的影响是和其他因素交织在一起的，也就是说在不同文化中其效应也各不相同。例如，东亚地区和拉丁美洲地区的集体主义倾向都比美国的主流文化要高一些。然而，这些地区的集体主义却赋予不同积极情绪不同的价值。东亚文化比较重视低唤起水平的积极情绪状态，比如平和、安定，同时为了维护人际关系的和谐而适度控制那些高唤起水平的积极情绪，比如兴奋。拉丁美洲文化虽然也十分强调人际关系的和谐，但它主要通过鼓励表达高唤起水平的积极情绪来实现，相对不怎么重视低唤起水平的积极情绪（Ruby，Falk，Heine，Villa，& Silberstein，2012）。换句话说，这两类文化中的**理想情绪**（ideal affect）（也就是文化规范中最值得人们追求的情绪）虽然都受到了维护社会和谐的集体主义目标的影响，但影响的具体方式却不一样。

权力距离：纵向社会与横向社会

文化之间的另一个主要差异在于人们对权力距离和社会等级的重视程度。David Matsumoto（1996）将**纵向社会**（vertical society）一词定义为强调等级之分的社会，它对有助于宣传和增强地位差异的情绪和行为给予鼓励。相反，**横向社会**（horizontal society）则是一种不注重社会地位的差异，很少公开承认这种差异存在的社会。例如，在各种动物群体中，许多猴群都有着森严的纵向结构，一只猴子（通常是体力处于鼎盛期的公猴）领导整个猴群；而鹿群和牛群中横向结构较多，各个成员的地位基本相等。

Nancy Much（1997）对印度的社会结构和典型的美国社会结构进行了对比。传统的印度社会是典型的纵向社会，有着稳固的等级结构以及同阶层或跨阶层人际交往的详细规则。即便在家庭内部，也要遵守这些等级制度，多用称谓（如，哥哥嫂嫂）而不是名字来称呼他人。年轻的家庭成员面对地位较高或年长的家庭成员时要以跪拜叩头作为标准礼仪以示恭敬。如果不能正确地使用称谓或者肢体语言，将被视为违背传统礼仪，这样对双方都不是好事。例如，你父亲的朋友不会提议你用他的名字称呼他，你自己也不会赞成这样做。

尽管没有哪个人类社会是绝对的横向社会，但美国文化相对来说更倾向于这种模式。美国人认识到社会地位存在差异，也承认父母、上司和当选的领导人属于权威人物，但是他们的权威只能局限在某些方面。员工认同上司在办公室里有发号施令的权力，但是上司不能命令员工在饭馆吃饭时点什么菜，也不能干涉员工与自己的伴侣如何相处。在美国，没有可世袭的爵位或身份，并且美国人普遍相信：一个出身贫寒的人最终也有可能变得有权有势。加拿大文化在这方面与美国差不多。

纵向和横向维度从几个方面影响着情绪体验。与个人主义或集体主义一样，权力距离能够促进或者抑制特定的情绪体验。例如，有的纵向社会鼓励一种英语不能准确翻译的情绪，虽说有时候会勉强译为羞耻之类的。例如，在印度的奥里雅语中，这种情绪被称为"lajya"，在贝都因语（阿拉伯语的一种）中被称为"hasham"。这种情绪大致混合了尴尬、羞耻、崇敬、不好意思和感激（e.g., Abu-Lughod, 1986; Menon & Shweder, 1994; Russell, 1991）。地位较低的人们在比自己地位高的人面前会体验到这种情绪，并且这种情绪的表达也能体现他们的尊敬。想象一下你遇到一个著名演员、音乐家、政治家，或者一个你非常崇拜的人，你对那个人的感觉可能就近似于"lajya"或"hasham"。

权力距离会影响到特定的情绪表达是否足够恰当。Hyisung Hwang 和 David Matsumoto（2014）考察了奥林匹克运动会上各国柔道选手在获知自己是否能够得到奖牌那个瞬间的表现。研究发现，来自等级制度较明显的社会，也就是权力距离较大的国家的选手，庆祝胜利的表现相对比较夸张；而权力距离因素与各国选手失败后的表现没有相关关系（图3.5）。这说明，在等级差异较突出的社会文化当中，成功占据掌控地位后的炫耀受到了较多鼓励。

在一个社会中，对权力距离的强调能够预测什么人表达什么样的情绪。例如，在日本，地位较高的人（如，运动队的教练）对运动员表现出愤怒是恰当的，但如果运动员对教练表现出愤怒的情绪则会非常失礼（Matsumoto, 1996）。表现出愤怒意味着这个人的地位较高，因此如果运动员对教练表现出愤怒就是对彼此等级差异的直接威胁（Matsumoto, 1990）。相对应的，作为一个集体的领导，不太适合表现出悲伤或者恐惧，因为这会传递出软弱的信号。值得注意的是这只是针对情绪表达的规定，未必会影响到情绪体验。运动员总有些时候会对教练感到不满，而教练也会有感到悲伤或恐惧的时候。然而，他们会抑制住这种情绪的表达以维护集体的和谐。

同样，研究者以尼泊尔儿童为参与者，也发现地位因素

图3.5 研究发现，来自权力距离较大的文化的柔道选手，比那些来自权力距离较小的文化的选手，获胜后炫耀的强度更大。

影响愤怒情绪表达。在尼泊尔农村，印度教的婆罗门儿童比佛教的塔芒儿童地位高。当心理学家向这些儿童了解他们在不同困难情境中的感受和行为时，婆罗门儿童报告他们在很多情形下都会体验和表现出愤怒的情绪，而塔芒儿童却报告他们从来没有体验过愤怒的情绪，感到羞耻或者"还凑合"的次数则多得多。这些差异一部分与地位有关，一部分也与宗教有关——佛教非常推崇冷静、平和的态度（Cole，Bruschi，& Tamang，2002；Cole & Tamang，1998）。

值得注意的是，文化中的这些差异是相对的，而不是绝对的。美国不是绝对的横向社会。在美国中，更多的也是教练怒吼运动员，而不是运动员怒吼教练；同样，老板和教授可以对员工和学生大发雷霆，反之则很罕见。只是说，与其他许多文化相比，社会地位对情绪表达的影响不那么明显罢了。

一元认识论与辩证认识论

不同文化在个人主义、集体主义和权力距离方面的差异导致个体以不同方式考虑人们之间的关系。文化在认识论，或者说如何认识与理解事物的理论方面，当然也存在差异。彭凯平和 Richard Nisbett（1999）认为，西方文化（如美国）与东方文化（如中国和日本）拥有不同的认识论。西方文化的认识论深深受到亚里士多德理论的影响。在这种**一元认识论**（linear epistemology）中，认识事物即是认识其中永恒的、不变的东西，它如何与其他事物相区分，什么是绝对正确的，什么是绝对错误的等。相反，东方文化的认识论受到儒家、道家和佛教的深远影响。这种**辩证认识论**（dialectical epistemology）强调真理之中必然蕴含着不断变化的现实，没有什么是一成不变的，万事万物相互关联而非彼此独立，同一个观点从不同的角度分析，可以是正确的也可以是错误的。尽管在两种文化中都很少有人亲自去阅读亚里士多德或孔子的著作，但是心理学家认为他们的理念已经广泛融汇到文化当中。

那么认识论对情绪有什么影响呢？记得第 1 章中有关情绪维度模型的研究存在一个争论：人们是否能够同时体验积极和消极情绪。美国人体验到混合情绪的可能性非同寻常的低，虽然偶尔也有此类报告。研究者好奇，混合情绪体验少见一事是否源于一元认识论的鼓励。而所属文化强调辩证认识论的人们，倾向于不以对立的方式看待高兴与悲伤、爱与恨等情绪，因此可能较多地体验到混合情绪。

许多研究表明，这种解释可能是对的。例如，在一项研究中，研究者要求参与者持续报告他们在日常生活中体验到的情绪。结果发现，与美国人相比，来自东亚的参与者报告同时体验到积极和消极情绪的情形显著较多（Scollon, Diener, Oishi, & Biswas-Diener, 2004）。特别是在积极方面占主导的情境中，日本人报告混合情绪的比例高于美国人（Miyamoto, Uchida, & Ellsworth, 2010）。另一项研究发现，当鼓励双重文化背景的亚裔美国人想着自己的亚洲人身份生活两周，与想着自己的美国人身份生活两周相比，前者在日记中报告了较多混合情绪（Perunovic, Heller, & Rafaelli, 2007）。

在这类研究中，很难确定不同文化的参与者对混合情绪的体验差异究竟是因为他们看待世界的方式不同，还是因为他们拥有的经历不同。在一项研究中，研究者考察了在完成同一项任务时，东亚裔美国人是否会比欧洲裔美国人体验到更多混合情绪（Shiota, Campos, Gonzaga, Keltner, & Peng, 2010）。他们邀请了东亚裔情侣和欧洲裔情侣来到实验室，进行了一系列的结构性谈话，同时录像。在每次谈话结束后，情侣中的每一方都要对谈话中自己的情绪进行评分。

在第一轮谈话中，情侣之间要互相戏弄，给对方起外号，并讲一个故事来解释这个外号。在第二轮谈话中，每人要讲述一个与两人恋情无关的担忧的事情。在第三轮谈话中，每人讲述一个自己以往的恋人。在第四轮谈话中，两人聊他们的初次约会。在这些谈话中，参与者自然会感到对恋人的爱意，但是也能够体验到特定的负性情绪——被对方戏弄时感到羞辱，听恋人谈论前男友或前女友时感到生气，当听到对方担忧的其他事情或者谈论初次约会时感到自己不受重视等。而研究者关注的是：在这些谈话中，亚裔情侣是否会比欧裔情侣更多地报告同时体验到爱意和负面情绪？

这些谈话十分相似。例如，来自相同文化背景的情侣，在戏弄任务中以相似的方式指责和称赞对方，在担忧任务中以相似的方式承担责任、表达无助等。然而，两组参与者报告了非常不同的情绪体验模式。几乎在每次谈话中，欧裔情侣要么报告爱意，要么报告意料中的负面情绪，但不会同时报告两类情绪——爱意和负面情绪之间呈现负相关。相反，亚裔情侣比较容易同时报告两种情绪。甚至在某些谈话中，更多的爱意可以用来预测更多的负面情绪。尽管很难确切地说这种差异是由认识论差异而非文化中的其他因素导致，但是这种差异与一元认识论和辩证认识论差异所能预测的区别一致。

方法论的难题

在本章中，我们以语言、情绪表达和情绪体验为主，讨论了文化怎样塑造我们的情绪。大多数情绪与文化的研究都是考察两个或更多国家人们的不同之处（或相似之处）。这是文化心理学的典型策略，有利于研究项目的开展。然而，这一研究方法以及它目前的应用情况存在一些局限。

首先，大多数心理学和人类学的研究者都来自发达国家，尤其是美国。他们常常去其他国家进行文化研究，将对方与自己国家的情况进行比较。他们可能会选择一些具有理论显著性的文化进行研究，比如集体主义文化就是个很好的例子。但是，他们也需要考虑如何挑选容易开展研究的地方等现实问题。大多数跨文化研究比较的都是日本与美国、加拿大、澳大利亚等国家，其原因就在于日本也属于发达国家，拥有大量心理学研究者。到目前为止，日本是最容易开展研究的"非西方"文化国家（中国现在排第二）。当然，将日本或中国与美国相比较并没有错，但是其他大多数文化却被忽略了。这一趋势导致我们很难分辨研究结果到底是"文化差异"，或仅仅是"东亚与北美差异"。

其次，文化没有明确的国界。在美国这样的移民国家里，不同种族、宗教和地区的人们之间文化差异相当大（A. B. Cohen，2009）。从一个地区迁移到另一个地区的美国人常常会感到"文化冲击"，就好像他们来到了另外一个国家一样。出生的年代也决定着人们的信念、态度和行为。如今的美国儿童与50年前的美国儿童就有很大的差异，而且这种差异大到看起来就好像他们成长在不同国家一样（Twenge，2002）。甚至在同一时期、同一城市——明尼苏达州的明尼阿波利斯市——研究者仍发现斯堪的纳维亚血统的年轻成年人比爱尔兰血统的年轻成年人更加克制自己的情绪表达（Tsai & Chentsova-Dutton，2003）。在许多交通和交流都存在困难的国家，文化或者亚文化的差异可能更加突出。例如，印度各邦承认的官方语言加起来有20多种。

尽管听起来很奇怪，但是文化本身算是理解两个国家之间差异的第三大障碍。就像其他情绪研究者常做的那样，文化研究者收集自我报告的测量数据。例如，他们要求来自不同国家的人用七点量表对自己进行评价，评价的内容包括多幸福、多焦虑或者表达情绪的开放程度。利用这个量表进行自我评价意味着将参与者的幸福感与他人做比较。因此，如果你给自己的幸福感评分为"4"

（平均分）的话，这就意味着在所属文化环境中，你所体验到的幸福感与他人无异。假设在某一文化中人们对幸福感的平均评价为 4 分（理论值），而在其他文化中的平均评价同样是 4 分，是否可以推论生活在这两种文化中的人们体验到同等的幸福感？

答案是否定的。假设在一种文化中人们对幸福感的评分高于另一文化，那么此时我们就没法将二者进行比较。或是两种文化中的人们在幸福感上并不存在差异，但他们仍有可能在使用量表评分方面出现差异。例如，研究者请美国学生和日本学生回答，如果自己在多个方面取得巨大成功，他们会做何反应。美国学生总是说自己会感到十分骄傲，而日本学生大多表示感到自己很幸运（Imada & Ellsworth，2011）。在日本文化中，即便个体感到骄傲，也需要抑制这种表现。骄傲的表现在日本容易被看作自我吹嘘，是社会所忌讳的。简而言之，基于自我评分的文化比较结果比较难于解释（Heine，Lehman，Peng，& Greenholtz，2002）。

抛开上述实践问题，比较不同文化的研究中还存在一个重要的概念问题。回看本章开头对文化的定义，研究两个文化群体之间的差异是否等同于研究文化对情绪的影响呢？并不尽然。当我们比较中国和美国的差异时，我们只是收集了来自两个国家的数据结果，试图推测可以解释这些差异的文化加工。但实际上我们甚至不能确定是不是文化因素导致了这些差异，因为我们不能随机地挑选参与者，然后安排他们去习得这种或那种文化。

或者我们可以换一种方式。文化心理学中有一种非常灵巧的技术，**文化启动**（cultural priming），用来研究具有**双重文化**（bicultural）背景的人。这是一种实验操作，能够使双重文化背景者的另一种文化身份在一段时间内保持抑制。例如，研究者挑选亚裔美国人当参与者，要求一部分人回想他们感觉自己"非常亚洲化"的时候，同时要求另一部分人回想他们感觉自己"非常美国化"的时候。这种方法也可以用来研究特定文化因素对各个心理过程的影响，包括情绪。例如，研究者告诉一些参与者花点时间想象自己独自实现了某个目标，以启动个人主义；告诉另一些参与者花点时间想象自己作为成员之一实现了某个目标，以启动集体主义。这种方法能够帮助我们把对某一心理过程比较重要的具体文化因素独立出来。作为实验操作，它能够帮助研究者获得因果关系的结论，而这在相关性的研究中是不可能达到的。

还有一种复杂的研究方法。研究者不再将两个或更多文化放在一起比较，而是努力证明文化中的某些要素（例如个人主义与集体主义、权力距离等）能够在较大的文化组群范围内有效预测情绪中的某些方面。例如，在一项涉及46个国家共8500名参与者的研究中，Peter Kuppens及其同事（Kuppens，Realo，& Diener，2008）发现，体验负面情绪的频率较低，在高度个人主义的文化中可以成为人们生活满意度的重要预测指标，而在低度个人主义的文化中则不能。经常体验到负面情绪，会影响个体对于"目前生活令人满意"的信念，但只有在非常强调个人需求、私人权利和感受的文化环境中才如此。这一研究范式背后的理念是，不仅要呈现出两个或更多文化在情绪领域的差异，还要呈现差异的原因。

研究者仍在继续探索更好的方法去定义和测量文化。在理想状态下，研究文化和情绪的研究者，可以直接着眼于不同文化建构情绪概念、表达规则等的过程，但那样非常困难。解决这些问题的正确方式并不是绝望地放弃它们，而是采取多种方法，谨慎地向前推进。

示例：荣誉文化及其对愤怒的影响

有一个研究项目很好地反映了理解情绪的文化视角。Dov Cohen、Richard Nisbett、Brian Bowdle以及Norbett Schwarz（1996）想知道为何美国南部地区发生人际间暴力行为的比例长期稳定地远远高于美国北部地区。他们提出一个假设，即美国南方**荣誉文化**（culture of honor）氛围较强，也就是说，一个人强悍、独立、骄傲、正直并且坚忍不拔等名声对其非常重要，是他们立足于当地社会的基础。根据Cohen等人的假设，较强的荣誉文化通常出现在个人财物频繁丢失而且法治力量难以弥补的地方。在历史上，美国南部和西部地区以畜牧业为主，类似牛马之类的财产，相比于坚固的工厂或储存在银行里的钱财来说，十分容易损失。而且，在美国南部和西部广阔的农村地区，法治力量难以覆盖，同时也比较腐败。在这样的环境下，一旦某人有了好欺负的名声，其后果不堪设想。你必须让大家都知道你非常不好惹，这样才能避免自己成为匪帮的目标。尽管如今美国南方的经济形态和法治力量都变得更为现代化，但Cohen等人认为，这种荣誉文化仍在持续发挥着它的影响。

Cohen及其研究团队（1996）提出，如果荣誉文化是美国南方暴力水平较高的根源，那么在遭遇微小的冒犯时，比起北方人，南方人会认为其对自己名声的威胁更严重，并表现出更大的怒意和攻击性。他们开展了一系列研究，比较分别在美国南方和北方长大的年轻男子。所有参与者都是密歇根州某所大学的学生。其中，被分配到实验组的参与者会在走廊上被一位陌生男子偶然撞到，并被对方骂粗话。而被分配到对照组的参与者只会在走廊上与这位陌生男子擦身而过，不会被撞到，也不会被骂粗话。而这位陌生男子，当然是研究项目中的工作人员，或者说**同谋**（confederate）。

借助这项研究，Cohen 等人（1996）发现，比起北方来的男生，南方来的男生受到这一冒犯情境的影响要大得多。实验组的南方男生大部分都感到，在旁观者的注视下，对方的行为损害了自己的男子气概；而且在事后调查中，旁观者也大多将这些男生的表现评价为"更加愤怒"。与此同时，实验组的北方男生面对这一情境更多表现为感到滑稽，而不是被冒犯。而且，仅有南方男生在这一冒犯情境后，皮质醇和睾酮水平都呈现急剧上升，符合应激骤增、争强好胜、预备攻击的变化模式。

实验组的男生没有机会对对方进行肢体报复，因为实验同谋会迅速走进旁边的房间并关上门。但是实验组里南方男生后续的行为，仍然表现出了想要夺回支配权或者说挽回脸面的愿望。另一位扮演成其他参与者的实验同谋会和他们打招呼，并给他们的行为打分。而这些南方男生获得的评估是：行为更具支配性、握手力度更大。除此之外，研究团队还安排了第三位同谋，在冒犯情境结束后立即出现。这位同谋会在狭窄的走廊里笔直地迎着参与者走去，直到可能发生碰撞前的最后一刻才主动避让（你可以试试看，这样会让人非常不舒服）。结果显示，实验组的南方男生比北方男生最终距离这位同谋要近得多——仅 3 英尺（约合 0.9 米）。重要的是，第二位和第三位同谋并不知道自己面对的参与者刚才是否经受了冒犯情境，因此他们的评分和表现都不会受到影响。

有一半参与者被分配到对照组，不经受冒犯，只是有一人与他们在走廊上交错而已。在这种条件下，南方男生和北方男生也呈现出有趣的差异。在前文介绍的各个测量指标上，南方男生此时表现出的攻击水平都低于北方男生：和第二位同谋打招呼时支配性比较低，握手力度也比较弱；和第三位同谋相向而行时，从很远的地方就主动避让。这些结果非常重要，它们表明南方人并不总是比北方人更具支配性、更独断，而只在被冒犯的时候才如此。一种可能的解释是，荣誉文化不仅会鼓励人们捍卫自己的名声，也会督促人们小心行事，避免侵扰他人。各项结果整合在一起，支持了美国南部地区暴力行为高发与当地的荣誉文化有关的假设。

整合演化范式与文化范式

一方面，情绪的某些方面似乎具有演化带来的普遍性，但是另一方面，文化也强有力地影响着我们的情绪生活。尽管这两方面都有研究的支持，但是有些人强调普遍性，另一些人则侧重文化差异。有没有可能将二者整合在同一理论中呢？针对这一问题，我们将介绍 3 条潜力路径。

情绪的神经文化理论

Paul Ekman（1972）提出了神经文化理论，首次尝试对文化如何影响普遍的情绪机制进行清晰的说明。在这一模型中，环境中的事件（和幻想、记忆一样）可能引发特定的评价或解释，从而导致情绪的产生（图 3.6）。而情绪中含有多种生物学特征，包括自主神经系统改变、认知偏好以及由天生具备且普遍存在的面部动作程序所启动的自动化的面部表情等。如果条件适当，那么这些生物学特征以及出现在意识层面的动机就会共同作用，触发情绪行为的原型。

神经文化理论的主旨是同时解释面部表情的普遍性和文化差异。根据 Ekman（1972）的说法，人们通过努力可

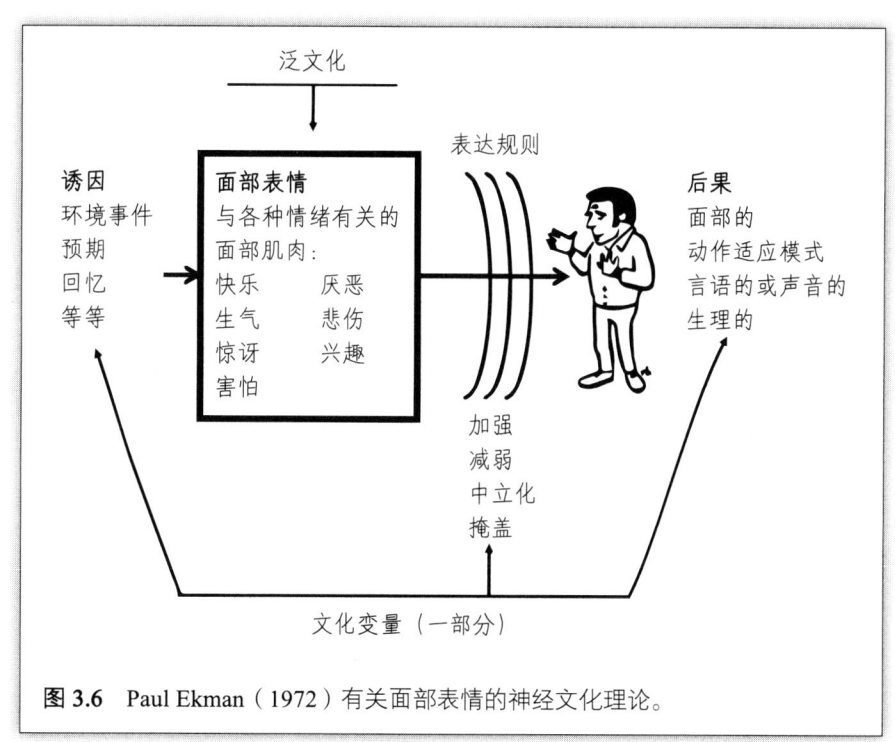

图 3.6　Paul Ekman（1972）有关面部表情的神经文化理论。

以克服由面部动作程序引发的表情。久而久之，当人们在同类情境下反复否定"自然的"情绪表达，这种克制就会成为习惯。Ekman 表示，不同的文化群体有着不同的表达规则，用于管理每种情绪在各类情境或场合中应当怎样表达。**情绪表达规则**（display rules）是文化系统中非常重要的部分，引导人们如何以一套稳定的模式进行社交互动。但有时，特定的家庭或团体有特定的情绪表达规则。例如，虽然表达规则通常会阻止人们在别人说了蠢话或做了蠢事时大笑，但本书作者之一（Michelle Shiota）和她的大学同学们在一起时却可以彼此尽情捉弄。

图 3.6 还表明，文化既提供了情绪表达规则，也提供了情绪体验规则。文化影响着人们对不同情境的解读，以至于不同文化中的不同情境可以引发同一种情绪。我们在 Deborah Stipek（1998）有关自我意识情绪的研究中就看到了这样的情况。这项研究对中国和美国的参与者进行自我意识情绪的诱发，如骄傲和羞耻等。而前文中美国南部地区荣誉文化和愤怒之间关系的研究也是这方面的一个好例子。在面对同样的轻度冒犯情境时，南方男生将其看作对自己名誉和男子气概的威胁，并据此做出相应的行动，而北方男生对此只感到有些好笑而已。

这个荣誉文化研究示例中包含很重要的一点，它将特定的文化因素与生理和社会生态学特征——畜牧业传统及法治力量——明确联系在一起。也就是说，这一理论不仅可以解释居住于两个地理区域的群体之间在文化上的不同，还可以将文化因素和影响生存繁衍的重要生态特征（例如，保护食物和财产不被他人侵占的能力）联系起来。在这一理论的基础上，我们可以用生态学因素去预测世界上有哪些社会具备荣誉文化，进而预测在具备荣誉文化的这些社会中，人们可能会由于轻度的冒犯或冲突而频繁发生暴力行为。运用生态学因素来预测文化特征，是一条将进化论视角和文化视角整合为一体的上佳道路。

情绪遵循社会建构的脚本

James Russell（1991）提出了整合情绪的普遍性和文化特异性的另一种方法。为了弄懂他的理论，回想一下我们在第 1 章中探讨的情绪的定义。这一定义包含了一系列环节：某人 X 察觉到环境中的一些事件，并以某种方式解释该事件；X 在生理方面发生了改变，可能伴随着心率增加和血压增高；X 报告产生了某种主观感受；X 表现出了某种面部表情；X 想在情境中实现某种结果，并为此采取了某些行动。像许多研究者一样，我们将这一序列统称为情绪。

情绪是演化而来的人类对环境的反应。许多研究者从这一假设出发，认为上述序列是天生的和普遍的。Russell（1991）则提出了一种不同的解释：这一序列遵循社会建构的脚本或者说文化信念，即哪些事件、想法、感受和行为会"相伴而行"。我们在第 1 章中介绍的心理建构机制（Barrett，2006）就跟这差不多。如此一来，情绪概念或情绪脚本反映的不仅是个体特有的记忆，还包括同一文化背景中人们共享的意义系统。其中一部分组合方式天然比其他方式更常见，因此形成了一种"自然的"模式，从而得到普遍的承认。另一方面，从文化的角度，这里留下了足够的空间，可以用个人的脚本成分去对文化进行补充，包括定义和鼓励不那么常见的组合方式。根据 Russell 的观点，情绪脚本可以是宽泛的或者精确的，还可以只强调一部分成分，并且任何特定的成分或者成分的组合都可能具有文化的特异性或普遍性。

基于这种框架，Russell（1991）指出，情绪脚本中的某些方面可能更具普遍性，而另一些方面更具有文化特异性。前者包含了诸如先天存在的情绪原型或者现实中的诱发情境、面部表情、生理变化和行为倾向等成分。但个体察觉到的情绪诱因，可能在不同文化之间存在极大差异。在一些社会中，诱因可能是人际关系事件；而在另一些社会中，则可能是生理疾病；还有可能的是，在其他社会中是超自然事件，如诅咒、着魔和幽灵等巫术。需要注意的是，先天存在的情绪原型——或者说真实的诱发情境——与根植于某种文化中的个人意义系统的人们所觉知到的诱因，未必相同。Russell 认为，二者可能很不一样。

同样，情绪脚本中的预期结果也可能多种多样。这种看法借鉴了 Ekman（1972）的情绪表达规则，并且认为这些规则已经纳入当地社会认可的相应情绪概念当中。前文介绍《笑忘书》中提到的捷克语情绪词 litost 就是这方面差异的一个例子。litost 是由于个体突然醒悟了自身的痛苦悲惨而引发的一种情绪。这一诱因是彻头彻尾的内部事件，可能反映也可能不反映环境中某些被普遍承认的或者客观存在的事件。litost 的后果是报复欲。在具备其他情绪体验规则和表达规则的社会里，这一后果的呈现方式可能会截然不同。

分析层面

这一理论是 Dacher Keltner 和 Jonathan Haidt（1999）在 Ekman 的神经文化理论和 Russell 的情绪脚本理论的基础上提出来的，它对情绪的普遍性与文化差异在不同分析层面进行了细化。所谓"分析层面"，指的是人们究竟着眼于"整体图景"、组成图景的细节或组成细节的细节等。例如，人们可能通过研究运动时呼吸的频率，或肺部的结构，又或血红蛋白分子怎样吸附氧来研究人类的呼吸行为。以上每一项研究内容都是合理且重要的，但只研究其中一项的人可能对其他内容不是十分了解，而且每个人对"什么是呼吸"的理解都可能不一样，这取决于他们各自所属的分析层面。

按照 Keltner 和 Haidt（1999）的观点，任何演化视角和社会建构视角的冲突都反映了分析层面的混淆不清。许多这样的争论集中在不同情绪"真正的"功能上，有些研究者强调有利于生存繁衍的演化功能，而另一些研究者重视社会和文化生活中情绪的作用。Keltner 和 Haidt 指出，情绪不会只有一种功能，如果从 4 个不同的分析层面一一去考虑的话，许多情绪研究方面的论述就会更为合理。

第一层是个体内部层面：情绪如何帮助个体生存及繁殖？恐惧就是一个很好的例子，它让你躲避并远离天敌，使你能够保护好自己。第二层是双人层面：情绪如何帮助两个人结成并维持关系，且令双方都受益？慈爱就是一个不错的例子，它促使父母关怀自己的子女，从而存续后者的生命，并传承前者的基因。第三层是情绪在小群体中的功能。在这里，情绪可以协调各人的社会角色。这方面的例子在前面已经讲过。比如在纵向社会中，情绪被用来表示和加强社会等级。第四层主要是情绪在文化层面上的功能。在这一层面，我们利用故事、传说、流言和其他叙事方式来诱发情绪，借以传播社会中的价值观。

Keltner 和 Haidt（1999）提出，在前两个层面——个体和双人——情绪的功能大多是天生的和普遍的，而群体和文化层面则为情绪的多样化提供了足够的空间。依据这套理论，在所有的文化中，认知评价、生理变化和行为冲动之间的关系都应该是相似的。然而，群体和文化鼓励符合社会整体结构（包括个人主义/集体主义和权力距离等）的那些情绪，同时抑制干扰社会结构的那些情绪体验和表达。这样一来，人们对具体情境的解读会受到其所属文化中意义系统的强烈影响，从而导致情绪体验上的显著改变。在一种文化内，情绪可能只会被特定的人或者在特定情境中以符合社会结构的方式体验和表达出来。

总　结

情绪的某些方面具有普遍性，或者基本上是这样的。但文化规定了什么人在什么情境下应该怎样表达情绪，以及情绪的具体诱因和影响；不同文化根据不同情况鼓励某些情绪，而克制另一些情绪，而且它们在这方面的差异非常大。此外，文化在人们如何谈论情绪方面也存在差异，它们以最符合社会需要的方式来划分情绪空间，并用情绪词给每一个空间贴上标签。根据本章介绍的 3 个试图整合情绪的生物演化范式和社会建构范式的假说，文化塑造着情绪。因为情绪天然具有社会性，而不同的文化会为不同的社交互动模式背书。

这 3 种假说中哪一种才是正确的呢？我们还需要做大量的研究才能回答这个问题，现在不妨先来看看这 3 种假说的共同点。每一种假说都认为，一旦产生可以诱发情绪的认知评价，不管你生活于哪种文化，紧接着都会有相应的情绪体验和神经系统变化发生（但这些假说对于这些变化所具备的普遍程度和特异程度看法不同），并且这些主观体验和生理变化会促发特定的行为倾向。但是，每一种假说也都指出，不同文化背景下出现各种情绪评价的频率相差甚远，也就是说特定的情绪在这种文化中经常出现，而在另一种文化中却极少产生。同一类情境可能获得不同的认知评价，这取决于所处文化的意义系统如何解读它，进而对个体是否产生情绪或产生哪种情绪带来重大影响。同样，行为也处于意识控制之下，而每种文化都会根据具体情境制定行为规则，指引人们在体验到特定情绪时，应该做何反应。

我们希望，本章已经说服你相信情绪研究能够兼容生物演化范式和社会建构范式。演化和文化对情绪的影响机制还有待进一步的研究，但是毫无疑问，二者都对人类的情绪生活做出巨大贡献。

关键术语

双重文化（bicultural）　指个体可以作为两种不同文化的社会成员交替生活。

集体主义（collectivism）　强调集体利益高于个人利益，重视集体身份、集体意志、社会和谐以及人际之间的相互依赖。

同谋（confederate） 研究团队中负责假扮其他参与者或无关路人的工作人员。

文化启动（cultural priming） 一种实验操作，能够使双重文化背景者的另一种文化身份在一段时间内保持抑制。

文化（culture） 通过参与社会实践（包括语言实践）而激活的种种意思、概念和可以解读的图式。

荣誉文化（culture of honor） 重视个体的强悍、独立、骄傲、正直并且坚忍不拔等名声，将这些名声作为个体立足于当地社会的基础的一种文化。

辩证认识论（dialectical epistemology） 强调真理之中必然蕴含着不断变化的现实，没有什么是一成不变的，万事万物相互关联而非彼此独立，同一个观点从不同的角度分析，可以是正确的也可以是错误的。

情绪表达规则（display rules） 关于何时、向何人表现出什么样的情绪才算合适的文化规则。

横向社会（horizontal society） 一种不太注重社会等级差异，较少公开承认这种差异存在的社会。

高认知（hypercognize） 建立情绪间联系和区别的详尽网络的认知情形，能促进新的情绪词的出现。

低认知（hypocognize） 指对情绪缺乏精细化的认识和细节的情形。

理想情绪（ideal affect） 文化规范中最值得人们追求的情绪，但因人而异，因文化而异。

个人主义（individualism） 重视个体的独特性和私人的权利，要做绝对真实的自己，并独立于其他人。

一元认识论（linear epistemology） 一种信念，指认识事物即是认识其中永恒不变的东西，它如何与其他事物相区分的，及什么是绝对正确的，什么是绝对错误的等。

萨皮尔—沃夫假说（Sapir-Whorf hypothesis） 一种理论假说，认为人类需要语言才能进行思考，因此人类只拥有能用语言表述的那些体验、想法和知觉。

情绪的社会建构（social construction of emotion） 通过社会创设的每种文化特有的方式来看待、体验和表达情绪的过程。

纵向社会（vertical society） 一种强调等级差异的社会，其中会鼓励符合地位差异的情绪和行为。

思考与讨论

1. 在你平时使用的语言中，哪些情绪概念是高认知或低认知的？你怎样从词汇表里或者人们谈论情绪的方式里看出这一点？
2. 流行歌曲中包含大量有关爱情的文化概念。从近期的热门歌曲里找出哪些歌词反映的是"一见钟情"，而哪些反映的是"日久生情"。有没有什么歌的歌词体现了这两种爱情概念之间的冲突？
3. 在你所属的各种亚文化群体（例如兴趣社团）中，哪些结构比较接近纵向社会？哪些结构比较接近横向社会？这些结构是否影响了相应群体内部的情绪表达方式？
4. 与来自其他国家的朋友交流，其语言中是否存在你的语言中没有的情绪词？你的语言中有没有什么情绪词在对方的语言中找不到对应翻译？
5. 你所在的社会主流文化中有哪些情绪表达规则？你所在的社区、家庭和朋友圈子等小群体呢？人们是否明确意识到了这些规则？

延伸阅读

Abu-Lughod, L.（2000）. *Veiled Sentiments: Honor and Poetry in a Bedouin Society*. Berkeley, CA: University of California Press.

一本关于贝都因文化中社会结构和情绪关系的详尽著作，来自巴勒斯坦裔美国人类学家的亲历观察。

Markus, H. R., & Kitayama, S.（1991）Culture and the self: Implications for cognition, emotion, and motivation. *Psychological Review*, 98（2），224-253.

这篇文献综述提出，文化塑造着自我概念的方方面面，进而对情绪产生影响。这篇论文对文化心理学和情绪心理学都有深远影响。

Shweder, R. A.（2003）. *Why Do Men Barbecue? Recipes for Culture Psychology*. Cambridge, MA: Harvard University Press.

一本既犀利又亲切的探讨文化差异的著作，书中结合了心理学和人类学的观点。

Swilder, A.（2001）. *Talk of Love: How culture matters*. Chicago, IL：University of Chicago.

系统介绍了 Swilder 对美国中产阶层文化中爱情概念的研究，引人入胜又通俗易懂。

第 4 章

什么诱发了情绪？

想一想你最近一次感受到强烈情绪的时候。是什么引发了那样的感受呢？表面看来，答案显而易见。在许多情况下，我们很容易识别出触发自身情绪或他人情绪的对象或事件——蜘蛛引起恐惧，邋遢的卫生间让人恶心，朋友搬家至外地让我们感到悲伤，考试得了优等让我们觉得骄傲，一杯热咖啡令我们心满意足，诸如此类。然而，只要细想一下，其中的复杂性就会浮现出来。以邋遢的卫生间为例：卫生间有一阵子没打扫了，之前的使用者没尽到让它保持整洁的责任。你为什么在意这一点？为什么这种情形会诱发你的情绪？你对此产生了哪些情绪反应？

脏兮兮的卫生间会使我们产生一些情绪反应，对于这一点大多数人都会表示同意。但在许多情况下，他人的情绪让我们不知所措。想一想，某人对你感到愤怒，而你并不知道为什么。或许你无意间说了些冒犯的话，或许你一心想着自己手头的事没有关注对方，于是你的朋友或恋人突然间冲你大吼，转身不搭理你了。而你只会一脸茫然地想"我做错了什么？"。与此类似的是，在某个时刻你的朋友受到惊吓或陷入沮丧，而你认为对方那样子看起来有些傻乎乎的——侧面说明此时你朋友的情绪类型或强弱程度与所处的情境并不相称。

有时候，连我们自己的情绪也是个谜。想象一下，某天早上你睁开眼，没来由地想发火。去学校的路上车流缓慢，虽然平时的交通状况也差不多，但今天你感到格外烦躁。而且，今天很热，车上的空调又恰好坏了，这让你更加难受。后来你总算没有迟到，但你忽然发现自己对同学说话的时候气冲冲的。意识到自己做了什么之后，你开始反省"我今天这是怎么了？"。

情绪研究者一直以来面临的挑战之一，就是解释人们为何以及怎样对相同的情境产生不同的情绪反应，另一方面又为何以及怎样对不同的情境产生相同的情绪反应。大多数研究者推论说，在感知诱发刺激和产生情绪反应之间，必定存在某些心理过程。在第 1 章里，我们介绍了"评估"这一术语，将其定义为有关某个刺激或情境对我们自身有何意义的认知评价。在本章中，我们将进一步深入挖掘这一概念，既对其一般性含义加以解释，也对不同的理论家如何使用这一术语加以解释。我们还将呈现少数理论家所做的研究，这些研究表明，至少在某些情况下，无须评估也会产生情绪反应。

评估是什么？

回忆一下第 1 章中 William James 在解释他的情绪理论时所用的熊的例子。James（1884）在自己的原文中提出，当你看到一头熊，你的身体本能地就会准备逃跑，然后你跑开了。而当时你害怕的感受就是你对自身生理变化和逃跑行为的有意识知觉。文章发表没多久，批评者就对这种解释提出质疑：人们并不总是会从熊身边跑开。当你在动物园的围栏里看到一头熊，你很可能就不会跑开。当你身处山中的度假小屋，看到一头熊从窗外走过，你甚至可能激动地跑到窗边看个仔细而不是离它远远的。因此，并不是熊本身诱发了你的情绪反应。于是，James（1894）在后来的著作中修改了他的理论，提出让人们跑开的不是熊，而是"熊很危险"的解释。

这就是评估的核心观点，诱发情绪反应的不是客观的刺激，而是人们就刺激对于自身目标、关注点和福祉（自身的目标和关注点可能涉及他人或世界，因此诱发情绪的评估并不一定是完全利己的）来说有何意义做出的主观解释。James 的观点在 20 世纪中期的大部分时间里都被忽视了，因为当时行为主义运动不鼓励对内部心理机制的"黑箱"加以研究，但 Magda Arnold（1960）和 Richard Lazarus（1977）后来复兴了评估理论，并对其发展做出了重要贡献（见图 4.1）。但是，这两位理论家的观点也不完全相同。James 最初提出本能的身体反应是情绪感受的基础，而 Arnold 偏离了这一看法，而把认知评估置于优先地位，将其看作情绪体验的定义性特征以及情绪行为的原因。她的观点对情绪哲学理论产生了极大的影响，这类理论时常认为认知评估就是情绪本身（Nussbaum，2003）。Lazarus 在这一点上与 James 比较接近，他认为评估引起了情绪，但评估不等于情绪，情绪还要包括生理、动机和行为等方面的反应

图 4.1　Magda Arnold 和 Richard Lazarus 对情绪的评估理论分别做出了重要贡献。

（Lazarus，1991b）。然而，这两种理论在许多关键论点上是一致的，我们将在本章中着重介绍。

评估理论有一个重要推论，即情绪针对的并不是独立存在于外界的事物，而是我们"与环境之间正在发生的联系"（Lazarus，1991a）。换句话说，情绪针对的是我们对一个给定的刺激有潜在益处还是潜在害处的估计。假设你正在北极圈内进行野外探险，看到远处有一头小北极熊，你会推断自己没什么危险（图 4.2）。这个时候，你就没理由感到害怕。但如果那是一头成年北极熊，而且，它正要向你们团队的方向冲过来，那么你就可能（但愿如此）感到紧张焦虑，你的身体也会预备做出反应。熊仍然是熊，但对你来说，它有了截然不同的意义。

这种解释对于本章开头讨论的一些事例提供了启示。为什么脏兮兮的卫生间会诱发厌恶？根据 Paul Rozen 和 April Fallon（1987）的观点，厌恶是针对任何被我们知觉为可能致病的潜在污染源做出的反应。如果你对某个卫生间感到恶心，很可能是因为它看起来（或闻起来）仿佛充斥着各种疾病。评估也有助于解释某人对你发脾气而你却一头雾水的情况。从对方的角度看，你很可能说了或做了某些不礼貌、不妥当，甚至粗鲁的话或事。虽然你并不是故意的，但对方对你的行为的理解决定了他或她的情绪。

关键在于，从公正与否的意义上说，某个既定的情绪反应究竟是对还是错，答案并不总是清晰。一方面，你和你那位发脾气的朋友可能各自都有一套对情境的合理看法：你并非故意不礼貌，但是对方认为你的言辞和行为看起来没有充分考虑他们的感受（这种情况在任何亲密关系中都经常发生）。另一方面，某些临床障碍的诊断标准包含了情绪反应，这些情绪反应不属于对情境的合理反应，比如没有遭遇重大损失却持续悲伤（抑郁），或对一个威胁很小或没有客观威胁的情境产生极大恐惧（恐怖症和其他焦虑障碍）。在这些情形中，评估的偏向可能构成了问题的一部分。

图 4.2 根据评估理论，只有在人们认为熊是眼前的危险来源时，它才能诱发恐惧。没有什么人会被远处的北极熊宝宝吓着。

情绪评估的速度

当你经历一个事件时，你会多快对其加以评估？根据第 1 章介绍的詹姆斯—兰格理论，你会从对整体情境的评估开始，将其分类为需要采取某些行动（进攻或逃跑）或不需要任何行动。这种分类会启动生理变化和行为。此处在宽泛意义上使用评估这一术语。你没有必要对情境进行充分的有意识分析将其全部转换成文字。必要的是，你的头脑能立即识别对象的某些含义，比方说正在威胁或正在冒犯，或最起码的，是好还是坏。从演化视角来说，我们预期这种评估是迅速发生的。因为当危险出现时，你反应越快，生存的机会就越大。然而，根据沙赫特—辛格理论，除非感受到了无法解释的唤起，否则我们根本不会费心去评估情境。出于这一原因，研究者一直以来都对评估发生得多快十分感兴趣。

就像修订后的詹姆斯—兰格理论所推断的那样，大脑在极短的时间里就显示出了识别针对某一刺激的情绪性质的信号。曾有一名男子因严重的癫痫而接受脑外科手术。此类手术通常是在头部局部麻醉的条件下进行的，因此患者在整个手术过程中保持着清醒和警觉。（手术期间使患者保持清醒很有帮助，因为主刀医生会一个脑区一个脑区进行探测，直到患者表示"我现在的感觉就像癫痫发作之前那样"，这样医生才能知道引发癫痫的部位大致在哪里。）在这个案例中，医生打开患者的头盖骨，把电极插入患者的前额叶皮层。这是一个对情绪和记忆中的某些方面来说非常重要的脑区。随后，他们请这位患者看一些愉快和不愉快的场景图片，以及高兴和吓人的面孔。前额叶皮层的神经细胞在120毫秒内就对图片做出了反应，并且针对高兴面孔和愉快场景的神经细胞活动模式与针对吓人面孔和不愉快场景的不一样（Kawasaki et al., 2001）。这样的快速反应符合了认知评估先于身体反应的理论观点。

在另一项研究中，工作人员让大学生参与者观看一些高兴、愤怒和中性的面孔照片，并记录他们的脑电图。观看愤怒、吓人的面孔在照片呈现200~300毫秒时诱发了强烈的脑电活动反应，而观看高兴和中性面孔则没有诱发这种反应（Schupp et al., 2004）。证据再一次表明，大脑能够快速地对场景中蕴含的情绪性质进行归类，至少对某些种类的情绪来说是这样的（Robinson, 1998）。

还有研究记录了参与者观看各种表情照片时自身的面部肌肉运动。微笑的面孔略微激活了负责微笑的肌肉，愤怒的面孔激活了负责皱眉的肌肉。照片呈现后不到半秒的时间里肌肉就产生了上述变化，即使参与者当时把注意力放在其他东西上也是如此（P. R. Canon, Hayes, & Tipper, 2009; Dimberg, & Thunberg, 1998）。另一个实验发现，恐惧面孔的照片会引起轻微的出汗和颤抖反应，即使照片闪现得非常快，观看者压根意识不到自己看见过照片时仍是如此（Kubota et al., 2000; Vuilleumier, Armony, Driver, & Dolan, 2001）。这些结果表明，大脑能够对照片中的情绪性质迅速归类，以至于个体无须觉察到这种认知评估就能表现出适当的行为和生理变化。仔细想一想，这些结果是令人震撼的。它们表明，在你意识到自己具体看见了什么之前，甚至在你还来不及察觉自己看见了任何东西时，你的脑已经把这些图像按照好的、坏的、有威胁的、无害的等完成分类了。

上述研究表明，有关情绪好坏的分类进行得非常迅速，以便提前指导情绪行为和感受。但我们不能说情绪评估总是这么飞快，也不能说它一定会引发情绪感受和行为。设想一下，因为刚刚发生的某件事，你的情绪很糟糕。接着某人占了你想坐的位置，你生气地叫嚷起来。你的愤怒程度与对方行为的冒犯程度不相匹配，你想知道自己为什么会气成这样。在这种情形中，认知评估显然发生在行动和感受之后，或者说是从一个情境迁移到了另一个情境。这套机制符合沙赫特和辛格的理论。许多研究发现，同先前情绪有关的评估能够影响人们对完全无关的新情境的解释（Keltner，Ellsworth，& Edwards，1993；Lerner & Keltner，2001），从而为这套机制提供了实证证据。换句话说，认知评估可能会引导行为和感受，但有的时候，感受也会影响后续的评估。

评估的内容是什么？

多数研究者都赞同上述有关评估的一般性介绍，认为这样的说法完全符合评估的概念（Moors，Ellsworth，Scherer，& Frijda，2013）。但对于评估的内容——我们评估情绪刺激时所含的成分及其对于我们的意义，研究者的看法则各式各样。尽管许多研究者都对评估进行了研究，但每个人的取向却是不同的。依据不同的理论取向，研究者可以分成两大阵营：偏向分类取向的一派，重视与每一种情绪有关的原型主题；偏向多维取向的一派，强调在几个常见维度上对每一个刺激加以评估。这些取向曾经在第1章中提到过，接下来我们会介绍得更详细些。

核心关系主题

实际上，我们已经在本章前面部分几次提到了第一种取向。被熊吓到的人显然把熊知觉为一种危险；如果你对脏兮兮的卫生间感到恶心，是因为你将其知觉为潜在的疾病来源；你的朋友和伴侣对你发脾气，说明对方很可能认为你不够尊重或不够体谅他们。在上述每一种情形当中，评估都针对人们与环境相互作用时面临的是问题还是收益，按照基本的原型分类进行了划分。Richard Lazarus（1991a）将此称之为**核心关系主题**（core relational themes）。

描述评估内容的这一取向和基本/离散情绪理论之间存在密切关系。根据Lazarus（1991a）的观点，核心关系主题反映的是人类生活在这个世界上所遭遇到的事件的基本种类，以及这些事件对于个体幸福的意义（表4.1）。他认为，这些主题的重要性以及我们察觉到这些主题并用适当的情绪加以反应的能力，在全人类中具有普遍性，不依赖于语言。思考一下，我们在第3章所描述的案例，一名妻子离家的塔希提男人看起来很悲伤，但当地语言中没有与"悲伤"

准确对应的词，这名男子只是说自己"pe'a pe'a"，也就是生病的意思。Lazarus（1991a）认为，尽管这个男人意识中没有悲伤这个概念，但他还是能够体验到妻子的离开是一个重大损失，而且，这一事件的结果是他在认知、生物和动机上都表现出悲伤的反应。

表 4.1　Richard Lazarus（1991）提出的有关 15 种情绪的核心关系主题

情绪	核心关系主题
愤怒	贬损冒犯我和我的所有物
焦虑	不确定的、与存在有关的威胁
恐惧	即刻、切实、巨大的生理危险
内疚	违反了道德准则
羞耻	未能符合理想中的自我
悲伤	体验到无法挽回的失去
羡慕	想要别人拥有的东西
嫉妒	由于失去他人的感情或来自他人的感情受到威胁而怨恨第三人
厌恶	难以接受的事物或想法
愉快	接近想达成的目标
骄傲	对价值较高的事物或成就有功劳
宽慰	令人担忧的情形缓解了或消失了
希望	害怕发生最坏的情形，同时向往着较好的情形
爱	渴求从另一个人那里得到回馈式的感情
同情	被另一个人所受的痛苦打动，想要提供帮助

评估维度

另一种描述评估内容的主要取向是，我们使用了一套通用的标准对刺激的意义加以评估，而不是把每一次体验拿来套上每一种类型的意义模版，看其是否匹配。我们在第 1 章讲解成分加工模型时介绍了**评估维度**（appraisal dimensions）的观点，因为评估在成分加工模型中起到核心作用。评估维度反映的是一系列问题，这些问题是人们遇到任何事物或体验时可能要问的。诸如：我期待这个吗？我以前经历过这种情境吗？它同我的目标一致吗？谁引发了这种情境？我对它的后果有多确定？我有多大的控制力？……针对这些问题的每一个答案都会带来它自己的一套认知、生理、动机以及（潜在的）行为后果。这些后果组合在一起，就解释了个体体验到怎样的情绪。不同研究者提出了不同系列的评估维度（事实上，有时候同一个研究者也曾在不同的研究论文中用到不同系列的维度），但重合之处不少，大家的基本观点还是一样的（见表 4.2）。

根据这一理论取向，恐惧、悲伤、希望以及其他情绪并不与单一的主题相联系，而是与多个评估维度组合而成的整体印象相联系。以脏兮兮的卫生间为例。用维度取向来描述你的评估时，你大概会把这个卫生间评估为：不太新奇（取决于你之前看到过多少邋遢的卫生间）；有点出乎意料（取决于你所在的地点——加油站还是高档餐馆？）；很不愉快；由他人引起的；目标导向性差（默认避免生病是你的目标之一）；不大公平；与自我概念没什么关联（除非是你把卫生间弄脏的）。在这一情境中，人们对控制力可能会有不同的评估，进而会带来不同的情绪反应。你还可能会想起道德性，并且思考这一情境中什么东西与道德有关。对于西方文化中的人而言，这一情境与道德没什么关系。但是正如我们将要看到的，各种文化对什么与道德有关、什么与道德无关，有着不同的规则。

维度取向在多个方面具有重要的理论意义，包括体验情

表 4.2　情绪研究中经常使用的一些评估维度

评估维度	问题
新异性	我之前遇到过这个吗？
预期性	我曾料到发生这个吗？
愉悦度	这事对我而言多愉快？多不愉快？
责任人	谁引发了这一情境——我自己还是其他人？
目标导向性	这对我的目标是好还是不好？
公平性	这一情境是公平公正的吗？
控制力	我能在多大程度上控制这一情境？
确定性	我对出现哪种结果有多大把握？
道德性	这一情境符合我的道德观吗？
自我概念关联性	这一情境影响我对自己的看法吗？

绪的方式，比较基本/离散情绪理论和成分加工模型的关键差异等。如果情绪是由核心关系主题所诱发的，那么人们基于对当前情境中相关主题的评估，要么体验到，要么体验不到某个既定的情绪。而且，人们也只能体验到那些与核心关系主题相联系的情绪。一个人可能同时体验到多重情绪，也就是**混合情绪**（emotion blend），它源于同时对多个核心关系主题进行评估。可另一方面，情绪之间却不存在灰色地带。与此相对，评估维度取向在理论上说明，人们的情绪体验可能反映在 X 维度空间里的任何位置上（此处 X 是维度的数量）。尽管我们也可以在维度空间里找出诸如恐惧、悲伤等情绪原型的特定评估轮廓，但在一个原型和另一个原型之间仍存在很大的情绪反应空间。

哪一种理论取向是对的？

有关评估内容的描述哪一种理论取向是对的？是分类式核心关系主题，还

是连续维度？很可能二者都正确。有些研究者把维度取向看作"分子式的"评估内容，而它可以聚集成"摩尔式的"核心关系主题内容（Lazarus，1991b；Smith & Lazarus，1993）。换句话说，核心关系主题也许就是若干维度评估聚集而成的。Lazarus（1991a）把核心关系主题描述为接连发生的两个阶段评估的混合物。**初级评估**（primary appraisal）包含对诱发情境的目标相关性（这对我来说重要吗？）、目标一致性（这对我是好还是坏？）以及自我卷入（情境影响个体目标和福祉的具体方式）的评估。紧接着是**次级评估**（secondary appraisal），即个体评估自己应对该情境的能力。次级评估包含3个要素：什么人或什么事物引发了这一情境（责备或赞赏）？个体对该情境能施加多少控制（应对潜力）？个体期待情境发生多大变化（未来预期）？

初级评估和次级评估之间的关系大概可以理解为，初级评估决定了一个人的情绪反应，而次级评估对于应对和调节情绪更重要——它们决定了情绪体验的强弱以及个体会对情境做出怎样的行为。然而，你可能已经注意到，Lazarus情绪模型中的各项评估看起来很像另一种理论取向中的几个评估维度——尤其是目标导向性、责任人、控制力和确定性。从这个意义上说，这两种取向差异并不大，只是它们侧重描述的层面不同。

不过，依然存在一个重要的差异。评估维度取向里有一个维度是目标导向性，但针对哪一个目标却难以说清。并不存在一个心理机制，可以让你对影响回避病菌目标的情境产生一套情绪反应，而又让你对影响受人尊敬目标的情境产生另一套情绪反应。在Lazarus的理论模型中，初级评估中的自我卷入在这方面非常具体，因而赋予每一个核心关系主题独一无二的性质。问题在于，这种独特性是否会影响到个体情绪反应的具体性质。迄今为止，还没有一项研究令人信服地表明一种取向比另一种取向更好。

尽管认识到两种取向的差异很重要，但是也要懂得欣赏二者的共性。这两种理论取向都认为，尽管不能把情绪简化为评估，但评估是体验情绪、引起情绪反应的必要条件。而且，这两种取向都允许不同的个体以不同的方式对同样的事件加以评估，而具体的评估方式显然会受到文化习得的强烈影响。但是，评估和最终产生的情绪之间的联系并不依赖于语言和文化——它们是天生且普遍的。现在，我们要讨论有关这些假设的实证证据了。

连接评估与情绪的证据

William James 修订后的理论认为，评估是情绪体验的必要条件，许多当代研究者也赞同这一说法。从直觉上说，这种想法讲得通，但直觉不等于科学的数据。让我们来看看把评估与情绪关联起来的证据吧。

评估导致了情绪吗？

评估在多大程度上影响着人们体验到的情绪？针对所提出的这个问题，Craig Smith 及其同事（Smith, Haynes, Lazarus, & Pope, 1993）在一项研究中，随机安排参与者记住和描述一项个人体验，这一体验来自 8 个积极和消极情境之一：获得一项重要荣誉；在一次考试中得到高分；和父母就他们关心的话题进行了一次有意义的讨论；发现自己喜欢的那个人也暗恋着自己；质疑自己的职业生涯规划是否适合自己；在一门课程上得了低分；父母不让他们做自己喜欢的事；约会对象批评自己在意的东西。每一种情境都可以诱发各种各样的情绪反应。

参与者需要就自己的体验回答一套问题。这些问题包括对一系列陈述进行评分，这些陈述包含着理论上对应愤怒、内疚、恐惧兼焦虑、悲伤、希望、愉悦等情绪的核心关系主题，除此以外，还有许多用来测量每种情绪主观体验的项目。研究结果正如评估理论所预测的，核心关系主题的分数解释了各个诱发情境中情绪分数的大部分变异，其解释力在较低的 34%（希望）到较高的 60%（愉悦）之间。也就是说，核心关系主题确实能够预测人们的情绪，只是预测的效力在某些情绪上较好，在另一些情绪上略逊。而且，与其他情绪相比，每一种核心关系主题的分数都同预期中的那种情绪分数相关性更强一些，这表明核心关系主题和情绪之间的关系应该是具有特异性的。

另一批研究者比较纯粹地采纳维度取向考察了类似问题（Siemer, Mauss, & Gross, 2007）。在这项研究中，参与者对同一情境中自己的评估和情绪打分。该情境是完成一种带有应激性的心算任务，例如从较大的数字如 1783 开始，每次减去 13，或是其他类似难度的心算任务。参与者要大声报出答数，一旦算错就会被指出纠正，而且工作人员会频繁批评参与者，抱怨他们声音太小或动来动去，导致采集到的生理数据没法用（实际上这些数据并不会被用来分析）。参与者在任务期间报告了各种负面情绪，但有一部分参与者同时也报告说觉得有乐趣甚至愉快。

预期性的分数显著有效地预测了研究中全部4种负性情绪的强烈程度，包括愤怒、内疚、羞耻和悲伤，但不能预测研究中的2种正性情绪。控制力的分数同内疚、羞耻和悲伤呈负相关，同愉快呈正相关，同愤怒和乐趣没有相关。他人责任的分数显著地预测了愤怒，但没能预测其他情绪。相比而言，自身责任的分数同悲伤呈正相关，同有趣呈负相关。自我重要性（这个维度和自我概念关联性差不多）同内疚、羞耻呈正相关，但与其他情绪不存在相关。没有任何一个评估维度能够单独区分出参与者在任务中可能感受到的所有情绪，但不同的多维度轮廓却是和不同情绪有关的。

这两项研究都有一个重大局限，只是测量了评估和情绪感受，但没有进行实验操纵。因此，我们不能确定是评估导致了情绪，只能说从数据上可以用评估预测人们感受到了哪种情绪。不过，有些研究已经表明，通过让同一情境产生某些细微变化来操纵人们的评估能够诱发不同的情绪反应（Roseman & Evdokas, 2004）。不仅如此，大量研究已经证实，指导人们以不同方式评估同一情境能够帮助他们调节情绪的强度甚至方向（e.g., J. J. Gross, 2002; Shiota, Levenson, 2012）。

一系列特别有趣的研究表明，仅凭评估中的一个方面就能强烈影响人们的生理反应、任务表现和主观情绪体验（Tomaka, Blascovich, Kibler & Ernst, 1997）。想象一下，你是下面这项研究的一名参与者。在实验室里，若干传感器被安置在你的前胸后背，用来测量你的生理反应。工作人员要求你做前面提到的心算任务，即从一个较大的数开始，每次减13或17。工作人员反复强调，做这个任务要尽可能又快又准，而你的心算速度和正确次数都会由工作人员打分。此时你可能会想："天哪，为什么是算术题？！我为啥不去参加人格问卷研究？！"在你正式开始做这个任务之前，需要先根据你预计这个任务有多可怕以及你认为自己应对这个任务能有多好来打分。也就是说，你要事先评估这一情境。

在这种条件下，参与者给威胁的分数要高于给自身应对的分数，平均分大约高出50%。在生理方面，参与者表现出了"战或逃"交感神经系统反应的一致信号：他们的心跳更快、每搏收缩更快、泵出的血液更多，他们的血管出现收缩，给血液的通过提供更大的阻力（类似于增加血压）。这些都可以比拟我们在有关恐惧的实验室研究中所观察到的各方面情形（Kreibig，2010），因此研究者推论说，这是对**威胁**（threat）的反应。

然而，研究者也把一部分参与者随机分派到另一种实验条件中接受不同的指导语。虽然要求他们做同样的心算任务，但不用带有威胁性的指导语，而是鼓励他们把心算任务看作一项挑战，并相信自己是有能力应对这一挑战的人。这一实验条件被称为**挑战**（challenge）条件，但如果你仔细想想就会发现，它其实是对照评估的一种操纵。这种条件下的参与者仍然把任务评估为具有威胁性，但是他们也认为自己的应对能力可以匹配眼下这项困难任务。

这些参与者的生理反应也表现出了明显的变化。他们心脏活动的增强幅度比威胁组的参与者更大。但是，他们的动脉总体上表现出某种程度的舒张而不是收缩，使血流更容易通过。这表明，身体正处在动员状态以应对即将到来的任务，但并没有为危险做准备（图 4.3）。其他研究也表明，这些生理指标和威

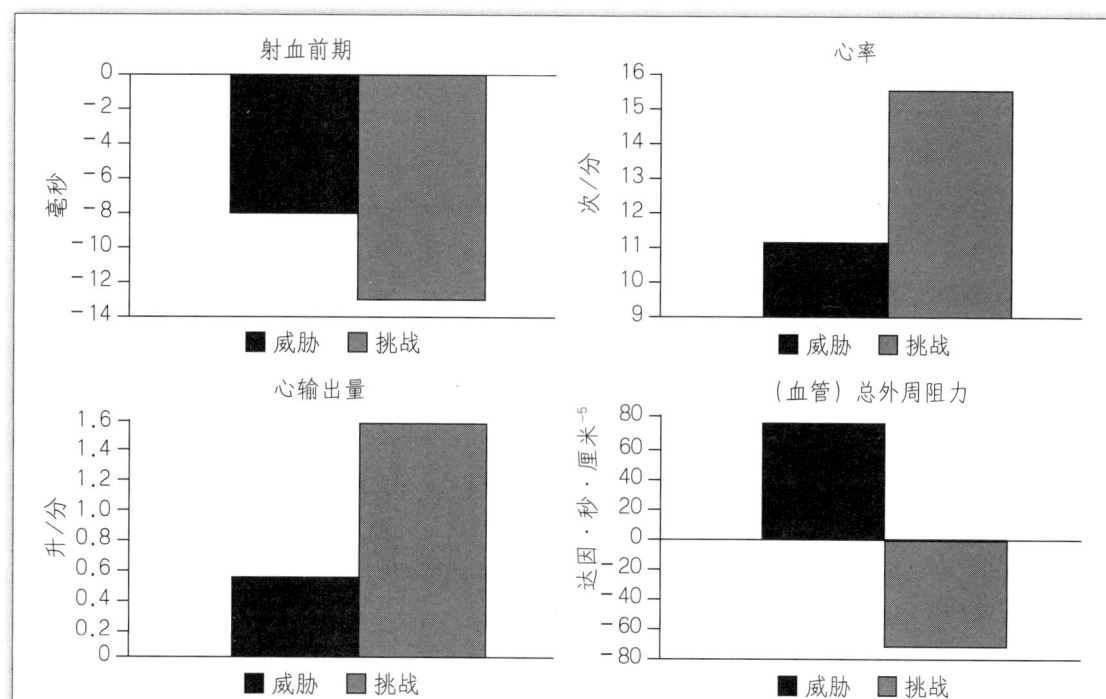

图 4.3　参与者在侧重威胁和侧重挑战两种指导语下进行心算任务期间的心血管反应。尽管两种条件中的心搏活动都增强了，但是威胁条件下血管收缩，挑战条件下血管舒张。J. Tomaka, J. Blascovitch, J. Kibler, & J. M. Ernst, 1997, *Journal of Personality and Social Psychology*, 73, p. 63-73.

胁、挑战两种评估都有关联（e.g., Tomaka, Blascovich, Kelsey, & Leitten, 1993）。后续的研究发现，挑战评估及其生理状况能够预测较高的考试成绩（N.Skinner & Brewer, 2002）、较好的学业成果（Seery, Weisbuch, Hetenyi, & Blascovich, 2010）以及动作任务方面的较好表现（L. J. Moore, Vine, Wilson, & Freeman, 2012）。研究还表明，被随机分配了高权力角色的参与者表现出挑战式的生理状况，而被分配了低权力角色的参与者表现出危险式的生理状况（Scheepers, de Wit, Ellemers, & Sassenberg, 2012），而且，美国中产阶层的白人参与者在和非裔美国人或经济地位弱势的搭档交谈时，容易表现出威胁式的生理状况，而在和自己阶层相似的搭档互动时则表现出挑战式的生理状况（W. B. Mendes, Blascovich, Lickel, & Hunter, 2012）。控制力维度的评估或许对于我们面对挑战时如何反应具有特别重要的意义。

情绪评估中的普遍性和文化差异

从演化视角看，评估在功能上应该与情绪的感受、生理和随后的行为都有关。也就是说，尽管不同文化的人们会以不同的方式来解释同一事件，但评估及其所导致的情绪之间的联系应该是在全人类当中具有普遍性的。对情绪评估进行跨文化研究的研究者通常会问两个问题。第一，在不同文化之间，特定情绪跟随着同样的评估还是不同的评估？第二，不同文化的人们评估同一类事件的方式相同还是不同？换言之，不同文化中对同一事件的情绪差异主要源于人们对事件的解释存在差异吗？

借助世界各地几十名同行的帮助，Klaus Scherer（1997）回答了第一个问题。在 Scherer 的研究中，来自 5 大洲 37 个国家的参与者回想了自己分别产生高兴、愤怒、恐惧、悲伤、厌恶、羞耻和内疚等每一种情绪的时刻。（这些情绪词被翻译成各种语言，再另找人译回英语，以便在每一种语言中尽可能找到最恰当的表述。）然后，研究者要求参与者描述他们感受到上述情绪的情境，并在 7 个评估维度上评估这一情境。Scherer 考察了世界各地参与者的特定评估轮廓与特定情绪之间的对应关系是否相同。图 4.4 显示了来自北部/中部欧洲、新世界（美国、澳大利亚和新西兰）、亚洲（包括印度）、地中海国家和非洲这 6 个文化区域的参与者给予每种情绪的平均评估分数。每一个地区都用一条线来表示。当数据点彼此重合时，表示不同地区的参与者——平均而言——对特定情绪的对应情境给出了相近的评估分数。

总的来讲，这项研究表明，特定的评估模式与特定情绪之间的联系在全世界范围内是稳定的。就评估模式与特定情绪的对应关系而言，各大文化地区之

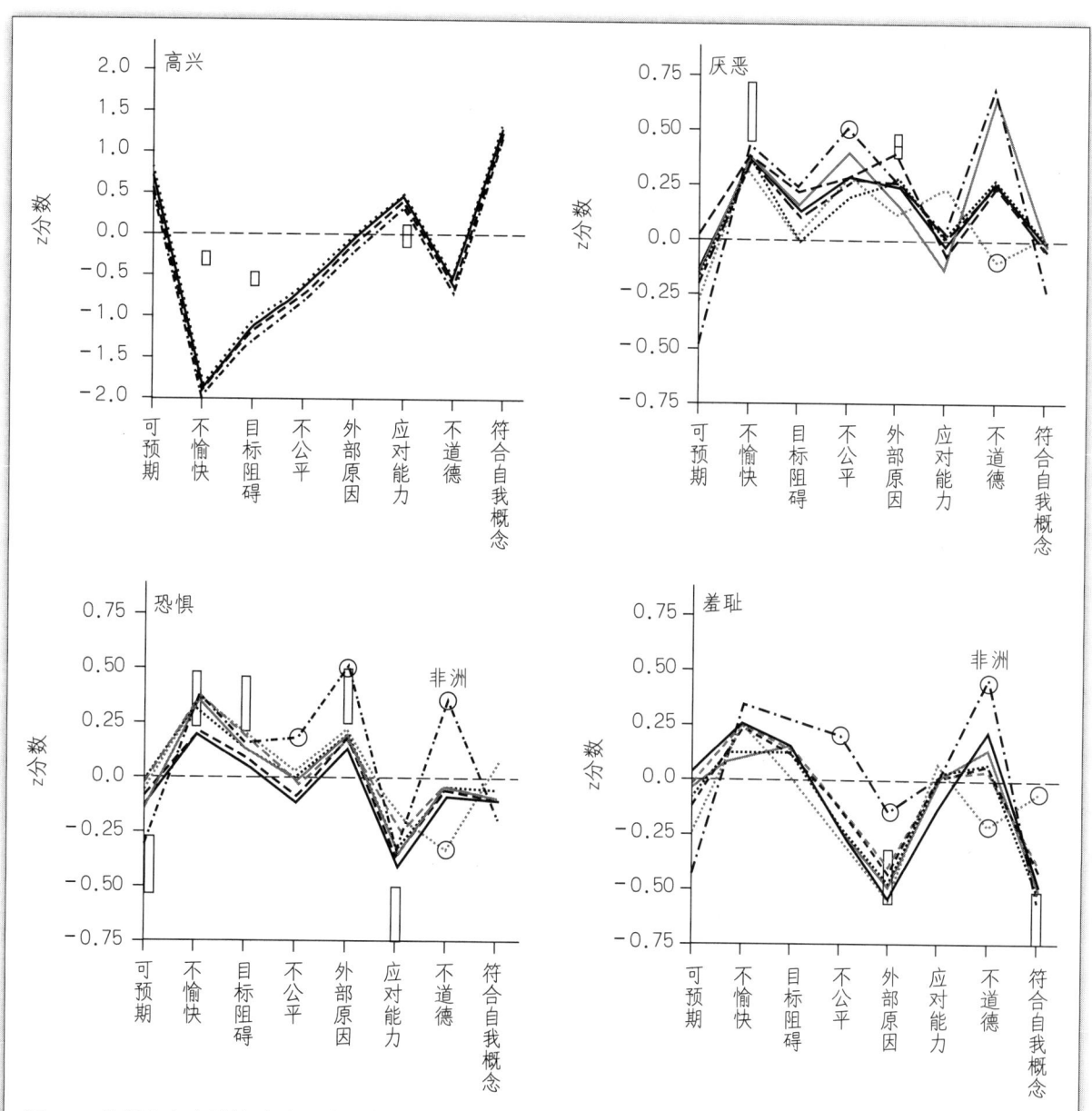

图4.4 世界上各大地缘政治区域的参与者对7种情绪情境的平均评估模式。K. R. Scherer, 1997, *Journal of Personality and Social Psychology*, 73（5），902-922.

间的相似性大于差异性。例如,当某一事件在意料之中、令人愉快、符合目标、公平并且使人感觉自己很棒时,人们就会对它产生高兴的情绪反应。

留意一下,那些呈现文化差异的数据点也十分有趣。一个主要差异与情绪评估中的公平维度和道德维度有关。非洲参与者最有可能把诱发悲伤的事件描

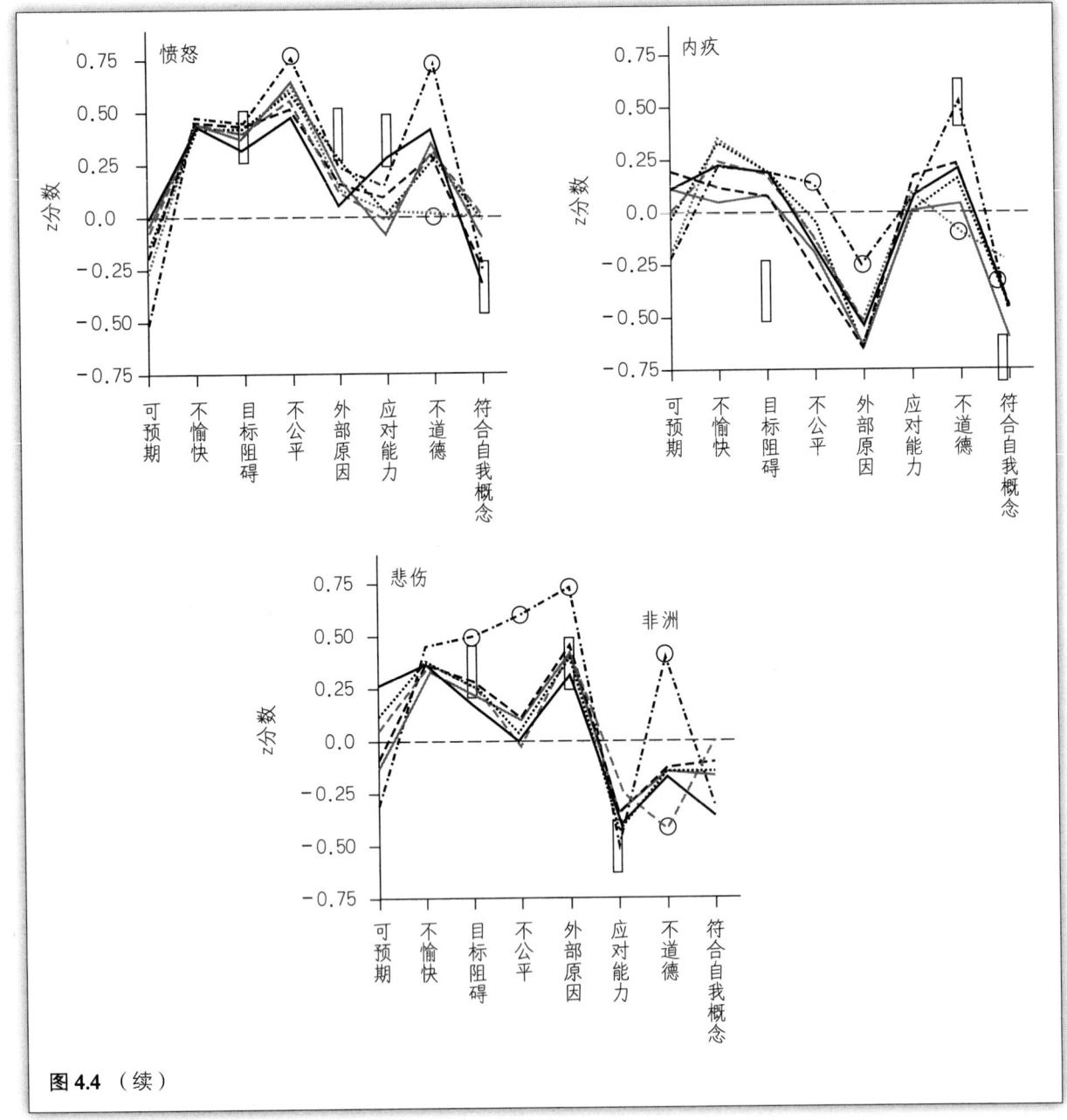

图 4.4(续)

述为不公平和不道德的,但这种想法对美洲、欧洲和亚洲的参与者来说很奇怪。试着这样想一下:你养的宠物狗死了,你感到悲伤,但这跟公平有什么关系呢?这件事在道德上犯了什么错误呢?总体来说,非洲参与者更容易把诱发较多负性情绪的事件评估为不道德的、外部原因导致的以及不公平的。而另一方面,拉丁美洲的参与者相比来自其他地区的参与者而言,较少把诱发负性情绪的事件评估为不道德的。

理解文化之间的这些差异相当困难,但我们可以设想几种可能的解释。Scherer(1997)注意到,在研究涉及的各个地区当中,属于非洲的这部分国家城市化水平最低,也最传统。乡村社区都是比邻而居、相互依赖的,日常生活遵循严格的本地习俗。而在都市社区,具有多样化经历与哲学观的人们互动很多,但也比较表面,共同的道德规则在这里无足轻重。也就是说,乡村居民的生存更需要依赖共同道德,所以,公平和道德的问题在乡村社区比在都市社区更重要。

而且,非洲是研究涉及的6大文化区域中力量最弱、政治最不稳定的。尽管来自所有区域的参与者都是大学生,在其所属社会中地位相对较高,但是负性事件超出他们自身掌控的这种感受,很可能反映了当地普遍性的无力感和意外感。由于Scherer没有测量人们对非情绪情境的评估,所以这些文化差异可能并不只存在有关情绪的评估中。或许,非洲的文化在所有情境中都更强调不公平和不道德的问题,无论这些情境是否会诱发情绪。而拉丁美洲的文化则倾向于认为这个世界是道德的。

还有一点很重要,Scherer(1997)没有检查参与者在情绪体验的描述中所评估的具体事件。文化对情绪的一大影响就源于我们赋予各种事件的意义,来自不同文化的人们会依据每种文化蕴含的意思以不同的方式系统评估同一事件。回想一下我们在第3章提到的例子,客人受邀去某人家里做客,主人让客人自己打开冰箱随便吃。美国人很可能会将其解读为愉快的(感觉像在自己家里一样)、公平的(自己拿东西自己吃没毛病)、目标导向的(允许你吃东西)和可控的(想吃什么可以自己选)。因此,美国人在这种情境中会感到很高兴。

相对而言,日本人会把这种情境解读为不愉快的(主人明摆着不会照顾你)、不公平的(你做错了什么要受到这种失礼的对待?)、不可控的(冰箱里总会有些主人不希望你吃的东西,可你怎么知道哪些该吃哪些不该吃?)和目标阻碍的（这下你什么也吃不到了！）。因此，虽然可以用同样的公式把评估转换为情绪，但评估方式本身却截然不同了，所以日本人此时很可能会体验到悲伤和愤怒。

最近，有些研究者提出，情绪领域里受到文化鼓励的那些评估偏向可以用于解释人格中情绪方面的差异——人们体验各种情绪的频率是有差异的，在同一文化背景下或不同文化背景之间都存在这种差异（Scherer & Brosch, 2009）。在个体水平上，有很好的证据支持这一观点。例如，大量研究表明，偏向于将同伴的行为评估成出于敌意的儿童，往往表现得更具有攻击性（De Castro, Veerman, Koops, Bosch, & Monshouwer, 2002）。虽然攻击性行为是这些研究所关注的结果，但我们可以合理推断孩子的这种攻击性是由愤怒驱动的。同样，高焦虑水平的人常常显示出把无害的事件看作威胁的偏向（Britton, Lissek, Grillon, Norcross, & Pine, 2010）。不过，很少有研究提出假设说情绪中的文化差异可以这样来解释。但有一项研究例外，Ira Roseman 及其同事（Roseman, Dhawan, Rettek, Naidu, & Thapa, 1995）报告说，比起美国的参与者，印度参与者不太容易将事件评估为阻碍目标的，而且这一不同解释了两国的参与者在悲伤和愤怒方面的差异（印度参与者报告的这两种情绪都相对较弱）。把这套理论取向扩展至更多评估维度和更多文化群体，可能是未来一个有趣的研究方向。

评估是情绪的必要条件吗？

迄今为止，我们讨论的所有理论都假设，必须先产生相当数量的认知解释，人们才能体验到情绪。但是，有些研究对这一假设发起了挑战，并且提供了令人着迷的研究结果来支持自己的立场。在一篇经典的论文中，Robert Zajonc（1980）提出"偏好无须理由"（preferences need no inferences）——至少，某些种类的情绪反应根本不需要评估。让我们来看看他的观点和证据。

单纯呈现效应

想象一下这里有另一项研究。你按照工作人员给你安排好的时间来到了实验室，观看一系列显示日本字符的幻灯片，如图 4.5 所示。日语书面语采用这些来自中文书面语的字符形式来表示完整单词——它们通常被称作表意文字，但是在日语里，它们被称作"汉字"。而你要做的就是看着这些图片一张张闪过。这听起来可比心算任务轻松多了，对吧？

你之前几乎没见过这些汉字，这次观看时你认不出它们来，所以它们对你来说没有什么自带的意义。观看这些汉字可能令人相当愉快，但你不具备专门的知识去分清它们谁是谁。看完 9~81 张幻灯片后，你要根据自己的第一印象打分，评估自己对每一份表意文字的喜爱程度，切忌反复思考。

在 Zajonc 和他的学生 Richard Moreland 进行的这项研究中（Moreland & Zajonc，1976），参与者被随机分配看不同数量的幻灯片，幻灯片上显示的是不同的表意文字。研究结果发现，参与者看到特定表意文字的次数越多，他们在问卷测量时就会报告对这份文字越喜欢。这种效应不能用参与者看到的幻灯片总数或不同表意文字的份数来解释，他们的喜欢只与该份表意文字的呈现次数有关。而参与者自己似乎没有意识到这种效应。当工作人员请他们猜猜研究目的时，只有两人提到表意文字的呈现频次与喜欢之间存在某种联系。

Zajonc 将这一现象命名为**单纯呈现效应**（mere exposure effect）。它在多种新异刺激范围内都反复得到了证明，包括土耳其语单词、随机顺序的音调和几何图形等（Zajonc，1980）。在一项实验中，研究者假装进行一项味觉研究。实验过程是这样的：每一名参与者都有 1 次、2 次、5 次或 10 次机会与其他若干

图 4.5 单纯呈现效应的研究表明，仅仅反复观看像日本汉字这样简单、新鲜的刺激就足以让人对它们产生喜爱。

参与者站得很近，也可以完全不接近其他参与者，但所有参与者彼此不交谈、不互动（Saegert，Swap，& Zajonc，1973）。结果发现，参与者在实验过程中见到某人的次数越多，他们就越喜欢这个人。在追踪研究中，研究者证实，即使刺激只在阈下呈现，单纯呈现效应仍然存在。这表明该效应并不依赖意识层面的觉察或记忆（Bornstein，Leone，& Galley，1987；Monahan，Murphy，& Zajonc，2000）。

那么这些研究对情绪的评估理论带来的威胁有多大？答案取决于你所说的"情绪"和"评估"到底是什么意思。单纯呈现效应预测了有关喜爱的简单反应，它被看作核心情感中的意义方面（假设人们会喜欢让自己感觉愉悦的东西），但没有被看作基本情绪理论或成分加工模型中针对某个人的情绪。而且，"偏好无须理由"暗含的意思是，认知评估仅限于意识层面的那些想法。然而，正如我们已经看到的，评估无须有意识地进行。我们在事实发生之后能够报告评估，但评估过程本身却不需要觉察，它在我们感知到刺激后的一瞬间就开始了。不过也要看到，前文中的两种评估内容理论都不能很好地解释单纯呈现效应，因此还需要做进一步的调整。

按照一些研究者的说法，喜爱并非唯一不需要评估的情绪反应，愤怒也不需要。下面我们回顾有关的证据。

示例：什么诱发了愤怒？

愤怒向研究者提出了一个有趣的问题，尤其是那些想在实验室或其他控制环境中研究情绪的人。诱发愤怒很容易，一个突然的大噪声就能诱发愤怒，一部恐怖片或一个电击威胁也可以。但是，想象一下在实验室里怎样不突破伦理限制来诱发愤怒。研究者经常让人们观看电影片段来诱发悲伤、恐惧、搞笑、厌恶等情绪，却很难找到一个电影片段能够可靠地让大多数人只感到愤怒而不诱发许多其他的情绪。如果你是研究者，你会怎么做？

正如在第3章有关荣誉文化的研究中看到的，冒犯会令许多人愤怒，但不是所有人。它也可能会诱发悲伤、尴尬，甚至是好笑。你可以先承诺一个不错的奖赏，但随后又拒绝兑现。同样地，一部分参与者会因此感到愤怒，但不会是全部。人类的恐惧是对特定情境的普遍反应，而愤怒则具有特异性——人们会因为不同类型的事件生气，而且有些人比另一些人更容易生气。

对于研究者来说，这不只是一个概念上的问题。许多研究者都同意，在确定情绪时，人们对一个事件的评估或解读比事件本身的客观属性更重要。然而，如果情绪的客观诱因像愤怒这样变化范围如此之大，识别出其中的共同主题就会更加困难。尽管对愤怒情境的原型加以界定并不困难，但是我们必须也要承认，人们也会在与原型不怎么符合的情境中表现出愤怒。鉴于这一点，研究者对什么诱发了愤怒还存在很大争议。让我们从不同方面来看看这场论战。

核心关系主题取向

Richard Lazarus（1991）把诱发愤怒的核心关系主题的原型界定为"贬损冒犯我或我的所有物"（见表 4.1）。与这一观点一致，许多研究都已表明，愤怒针对冒犯或伤害你的人而产生，无论对方是有意的还是无心的。如果有人走到你跟前碰到你，导致你失去平衡，那么你的愤怒程度取决于你认为这个人为什么要走到你跟前。如果对方是幼儿或盲人，你可能不会生气。你也许会对那些粗心撞到你但又没表达歉意的人生气，但却不会关注对方接下来去哪儿。如果你认为某人故意挡你的路，你会感到格外愤怒。在一项研究中，美国、欧洲和亚洲的学生都报告说，在受到他人的不公平对待时最为愤怒（Ohbuchi et al., 2004）。在另一项研究中，参与者报告了近期对自己来说变糟了的一些事情，但只有当别人因为他们的不幸而加以责备时，他们才感到愤怒（Kuppens, Ven Mechelen, Smits, & De Boeck, 2003）。

许多研究都指出了责备在愤怒中的重要性。但是，这种联系的实质人们还没有弄清楚。想一想这个研究：高中生阅读对若干情境的描述，并对这些情境的不同方面加以评估，然后陈述自己在这些情境中会感受到的愤怒程度。此外他们也报告了自己平时感到愤怒的频率。整体来说，当高中生参与者把一个情境知觉为值得责备时，他们报告自己会感到愤怒。日常生活中生气最频繁的那部分参与者，也是最容易把不愉快的情境解读为应当责备某个人的情境（Kuppens, Ven Mechelen, & Rijmen, 2008）。另一项研究指出，在同一研究流程中越早感受到愤怒的学生，越有可能把模糊的词语解读为威胁（Barazzone & Davey, 2009）。所以，是需要责备某人导致了愤怒吗？还是愤怒导致你去寻找应当责备的人呢？研究者认为，此处的因果箭头很可能是双向的。

评估维度取向

以成分加工模型视角进行的评估研究产出了彼此兼容的结果。在之前介绍过的 Scherer（1997）关于评估的跨文化研究中，参与者表示自己常常对干扰他们目标的意外、不愉快、不公平并且由其他人引发的情境感到愤怒。参与者还把诱发愤怒的情境描述为有可能改变的，自己至少能在一定程度上加以控制的。完全不可控的负面情境更容易诱发悲伤或恐惧，而不是愤怒。这项研究没有涉及意图方面的因素，所以如果能弄明白这类因素对于诱发愤怒的情境是否重要，将会很有意思。

在美国，愤怒时常产生于人们开车的时候，此时人们可能变得富有攻击性（图 4.6）。为什么？一个显而易见的理由是，驾驶过程不愉快，不管我们打算去哪里都会受到干扰，而且此时总有些人可以怪罪。你想尽快赶到某地，但有人在你前面慢吞吞地开、来回变道、绿灯亮了半天不起步，等等。但是，令人受挫并不是愤怒的全部解释。另一个因素是坐在自己车里带来的安全感，你可以狂按喇叭、大吼大叫甚至挥拳头，但很少会害怕被对方报复。如果你和对方并没有被彼此的车身以及马路上的车流分隔开，你很难像现在这样拥有控制感。

Scherer（1997）

图 4.6 人们在开车时经常表现出愤怒和攻击性，这很可能是因为我们觉得自己受到保护，能够避免任何后果。

的发现表明，我们一般是对另一个人的行为感到愤怒。但如果你做了某些粗心的、愚蠢的事情随后给自己找了麻烦——比方说忘带钥匙把自己锁在门外——你会对你自己感到愤怒吗？许多人说他们会。对自己的愤怒与对他人的愤怒在许多方面都不一样。当你对他人感到愤怒时，你可能会寻求某种方式的报复。但你不会攻击你自己。对自己的愤怒常与悲伤、内疚或尴尬混在一起（Ellsworth, & Tong, 2006）。核心关系主题不能很好地解释对自己生气这一现象，而评估维度可以容纳比较模糊、不那么符合原型的情绪体验，从而有可能提供较好的解释。

非认知的取向：认知新联结模型

无评估的理论取向怎么看待愤怒呢？如果没有任何人可以怪罪，你能感受到愤怒吗？比方说，你曾经发现自己对一台坏掉的复印机狂怒不已吗？复印机无意惹恼你，但你还是会克制不住地想要用脚踹它，除非它能好好工作。把这个问题再往前往前推进一步：你会无缘无故地发脾气吗？

根据 Leonard Berkowitz（1990）的**愤怒的认知新联结模型**（cognitive-neoassociationistic model of anger），任何不愉快的事件或感觉都会促发愤怒和攻击行为。不愉快的事情可以是挫折，也可以是疼痛、恶心的气味或者其他任何事情。例如，天气炎热（Preti, Miotto, De Coppi, Petretto & Carmelo, 2002）或人们自己感到热得不舒服时（C. A. Anderson, 2001），攻击性就会增强。如果把两只大鼠关在一起并且都给予足部电击，那它们就会开始打架。它们当真在怪罪对方吗？还是它们仅仅因为电击不舒服就变得好斗？当一只大鼠遭受足部电击，接着看见什么不寻常的东西，比如一只塑料刺猬，它也会攻击这个扎眼的入侵者（Keith-Lucas & Guttman, 1975）。

我们可以在人类婴儿身上观察到类似的情况。在一项研究中，工作人员把一名 7 个月大的婴儿放在大桌上，并限制住婴儿的双臂使其不得动弹（Sternberg, Campos, & Emde, 1983）。结果，这些婴儿脸上的表情很接近愤怒表情的原型。在另一项研究中，婴儿学会了通过挥动胳膊召唤一张充满笑容的婴儿图片。当研究者关闭设备，使得婴儿无法再召唤图片出现时，大部分婴儿的面孔都表现出愤怒（Lewis, 1993）。许多心理学家怀疑，婴儿这么小，并没有能力对情境进行很好的分析，进而找出什么人去怪罪。换句话说，愤怒源于不舒服或挫折本身。

值得注意的是，这种观点同愤怒需要归因的观点是相冲突的。Berkowitz（1990）认为，炎热、拥挤、疼痛、饥饿、难闻的气味或任何其他让人不舒服的事物都可以诱发愤怒，即使你没把它归咎于任何人或对它进行解读。实际上，归咎也可能是我们在事实发生之后虚构的。你感到愤怒，你冲某人大吼，随即将这一切合理化："我生那个人的气是因为……"和单纯呈现效应一样，Berkowitz的观点迫使我们审视情绪这个概念到底意味着什么。请记住第1章所提供的定义：情绪是针对某个刺激的复杂反应序列（Plutchik，1982）。Berkowitz认为，情绪可以不需要任何外部刺激，直接从躯体感觉当中产生，哪怕是饥饿、疲劳（Berkowitz & Harmon-Jones，2004）。既然没有刺激，那么就不需要评估。

支持Berkowitz这套理论（1990）的证据是什么？来看几个例子。一年中气温最高的夏季，其暴力犯罪率要高于冬季，而发生骚乱的可能性也随着气温升高而增加（Carlsmith & Anderson，1979；图4.7）。但这些是相关研究，意味着我们无法确定因果关系。或许天气炎热时骚乱和暴力犯罪较多仅仅是因为此时人们在室外活动较多。然而，在实验室条件下，那些身体疼痛（Berkowitz，Cochran & Embree，1981）、被刺耳的噪声所环绕（Geen，

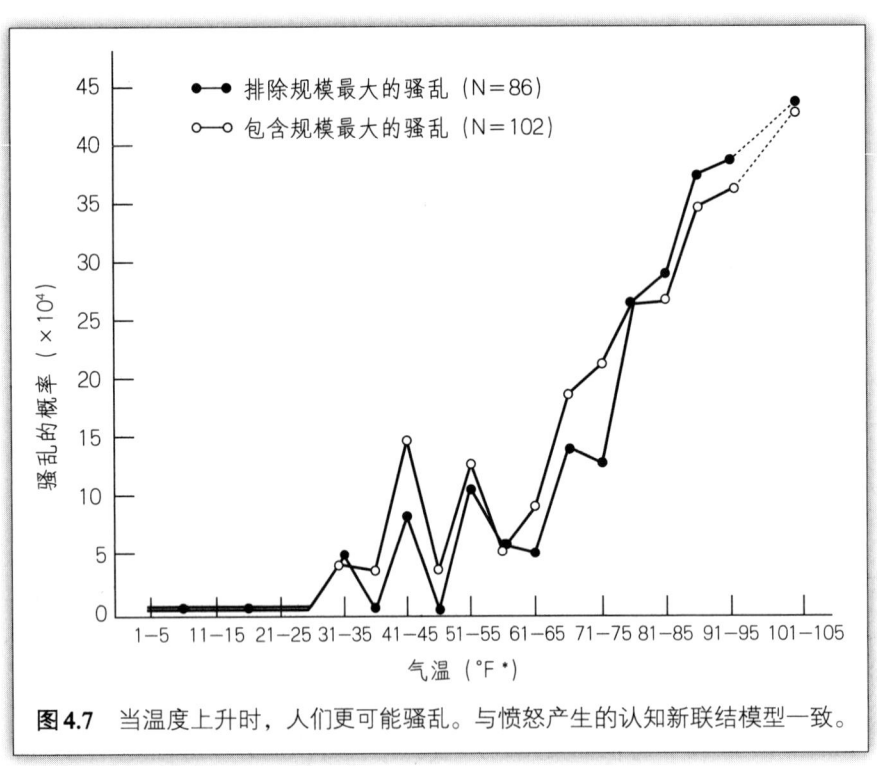

图4.7 当温度上升时，人们更可能骚乱。与愤怒产生的认知新联结模型一致。

---

* 摄氏度（℃）= $\dfrac{\text{华氏度}（°F）-32}{1.8}$。——译者注

1978）或被动吸入二手烟（Zillmann，Baron & Tamborini，1981）的各类参与者，对身边人的行为都变得更具攻击性，尽管上述令人不适的环境并不是由身边这些人造成的。每项研究都包含了一个刺激，但并不是大多数有关愤怒的理论中所包含的那类刺激。这些研究结果符合认知新联结模型。

不过，即使在认知新联结模型之内，评估也影响着情绪体验，尤其是控制力方面的评估。挫折、疼痛或其他类型的不适时常导致愤怒和攻击，但也不总是这样。按照 Berkowitz 的观点，如果你认为你处于危险之中，而且无法控制局面，那么恐惧将压倒愤怒。如果你认为你不能确定一旦表达了愤怒将会带来什么后果，你就会在进攻和逃跑之间摇摆。你曾观察过猫如何接近老鼠吗？如果这只猫有捕鼠经验，并且这只老鼠较小，那么猫就会迅速出击捕杀对方。如果这只猫缺少捕鼠经验，而这只老鼠又较大，一边发出嘶嘶的叫声，一边露出它的牙齿，那么猫就会退却。在介于二者之间的情形下，猫会谨慎地接近老鼠。它会用爪子一遍一遍拍打老鼠直到对方无力还击，然后才安全地咬住老鼠。观察者有时候认为猫这样做是在和老鼠玩，但实际上猫的这些行为是极其认真的。有研究者先给猫打一针镇静剂来降低它的恐惧，然后这些原本会和老鼠"玩"的猫就迅速出击了（Adamec，Stark-Ademec & Livingston，1980；Biben，1979；Pullis et al.，1988）。在人类身上也是如此。喝了酒的人或打了镇静剂的人有时候会打架，因为这些物质压抑了他们的恐惧。需要大得多的药物剂量，才能够让他们安静下来，不再打架（Valzelli，1979）。这些例子表明，即使是在"不怎么认知"的认知新联结模型中，评估也指引着我们的情绪反应。

总　　结

大多数情绪研究者都同意，要对某种情境做出情绪反应，你必须首先评估或解释该情境对你的目标或福祉的含义。不同的研究者侧重不同的评估内容，有些依据分类取向关注目标的具体类型，另一些则采纳维度取向，特定目标在这里相对不那么重要。但是，不同观点之间并非不可兼容。即使是非认知取向的有关愤怒的认知新联结模型也承认，不愉快和高控制力的评估是愤怒产生的必要条件。

尽管本章介绍的 3 种取向有些细微的差异，但是思考一下这些细微的差异以及它们带来的意义促使我们审视情绪和认知的定义。喜欢是情绪吗？如果是的话，单纯呈现效应却明显缺乏基于评估的解释，那么它对于情绪的评估理论来说就是一道毁灭的咒语。

或者，我们有办法来调和这两套不同的发现吗？不同的理论取向也会导致不同的研究假设。在悲伤、愤怒、恐惧等原型之外，我们的情绪到底是什么样子的呢？实践已经证明，评估理论对于临床心理学非常重要，它在我们对情绪障碍以及情绪调节技术的理解中起着非常重要的作用。评估为更好地理解我们自己和他人的情绪生活提供了工具。

关键术语

评估维度（appraisal dimensions） 一套通用的问题，用来评估我们遇到的每一个刺激或情境的意义。评估的总体情况，而非各个单独的主题，与具体的情绪相联系。

挑战（challenge） 当个体认为自己的应对资源足够处理情境带来的威胁时的一种状态，伴随着心脏活动的增强和血管阻力的降低。

愤怒的认知新联结模型（cognitive-neoassociationistic model of anger） 任何不愉快的事件或令人厌恶的环境都可以增强愤怒和攻击性的理论。

核心关系主题（core relational theme） 人们在与环境相互作用时可能遇到的一系列基本的、原型式的难题或收益。

混合情绪（emotion blend） 在基本/离散情绪理论中，同一时间体验到不止一种情绪的情形。

单纯呈现效应（mere exposure effect） 人们仅仅因为目标反复多次呈现而对其产生喜爱的一种效应。

初级评估（primary appraisal） 在 Richard Lazarus 的理论中，特定事件与个体的需求和福祉发生联系的方式。

次级评估（secondary appraisal） 在 Richard Lazarus 的理论中，个体对自身应对情境能力的评估，包括谁引发了这个情境，自己能在多大程度上控制这个情境以及预期这个情境发生多大变化等。

威胁（threat） 与挑战相对，当个体把情境带来的威胁评估为超过了自身应对能力的一种状态，伴随着心脏活动的增强和全身血管的收缩。

思考与讨论

1. 回想一下你的某个朋友正面临分手的那个时候，他或她非常伤心（如果正面临分手的是你本人，我们希望这道题能帮到你）。当事人如何评估这次分手——这对他或她来说意味着什么？你能给出一些评估方面的建议，可以帮助当事人感觉好受些吗？
2. 我们注意到，很难将某个人的评估和情绪反应定性为对的或错的，可是心理障碍的症状中常常包含了情绪的紊乱。你会用什么标准来判断一个人对某一情境的评估（及其所导致的情绪）是否合理？
3. 评估可以很快，也可以很慢。你能想到一个你对某一情境的评估在几小时、几天或更长时间里发生了变化的例子吗？你的评估是怎样变化的？你的情绪呢？
4. 根据表 4.2，对骄傲这种情绪，你预计它对应的评估轮廓是什么样的？
5. 设计一个实验用以检验某些评估维度，比如预期性、确定性等，看看它们与情绪体验的性质之间是否存在因果关系。
6. 有没有一种评估可以解释单纯呈现效应？只是反复见到某些事物或人而已，我们获得了什么？

延伸阅读

Beck，A. T.（2000）. *Prisoners of hate: The cognitive basis of anger, hostility, and violence.* New York，NY：Harper Perennial.

Aaron Beck 因其有关抑郁中的认知因素的研究而享有盛誉。他在这本书里把认知评估原理应用到了愤怒与暴力的研究上。

Glassner，B.（2000）. *The culture of fear: Why Americans are afraid of the wrong things.* New York，NY：Basic Books.

有理有据地批判了大众媒体在建构恐惧对象方面扮演的角色。

Lazarus，R. S.（1991）. *Emotion and adaptation.* New York，NY：Oxford University Press.

Richard Lazarus 的经典著作，阐述了评估在情绪中的作用。

第 5 章

面部、姿势和声音的情绪表达

在本书的第一部分里，我们提出了两个问题：情绪是什么以及人们为什么会体验到情绪。在回答第二个问题时，我们考虑了遥远的演化视角和宽阔的文化视角，发现情绪在支持人类演化适应和社会建构方面可能发挥着自己的作用。在第一部分的最后一章，我们将探讨人们如何通过面部、姿势和声音等非言语方式来表达情绪。

评估理论侧重于个体内部的情绪加工机制。在评估时，我们会思考特定情境对我们的目标和福祉有何意义。虽然评估围绕着人与环境之间的关系，但是从评估到情绪这一过程发生在个体内部。与此相反，情绪的表达天然具有社会性。查尔斯·达尔文（1872/1998）认为，情绪表达中的某些方面可能反映着自我保护的行为策略。例如，厌恶表情中的伸舌头动作可以帮助你把一些不小心放进嘴里的讨嫌东西吐出去。恐惧表情中睁大眼睛的动作，可以提高你找到或看清危险来源的能力（D. H. Lee, Mirza, Flanagan, & Anderson, 2014）。不过，情绪表达的主要功能还是向他人传达我们内心的状态和意图。

情绪表达的天然社会性创造出有趣而又复杂的局面。我们必须把情绪的表达和人们理解这些表达的能力区分开。此外，为了某些社交目的，人们会控制自己的情绪表达，隐藏一些情绪，假装另一些情绪。这些过程本身十分有趣，在解释任何有关情绪表达的研究时都必须纳入考虑。

对面部表情的研究也为情绪科学提供了丰富的课题。情绪科学领域里许多早早提出，并且至今仍然争论不休的重大争议，都与面部表情有关。人们的面部表情在多大程度上属于人类天性，又在多大程度上由文化塑造呢？跨文化的共通之处必须达到多少，才能说情绪中的特定方面具有普遍性？应该用什么方法去判断情绪是以数量有限的离散类别存在，还是以一系列连续的交叉维度存在？如果它们可以归入数量有限的离散类别，那么一共有几类？情绪表达与情绪感受之间的关系如何？

第 1 章中介绍的 3 种当代情绪理论衍生出对情绪表达的不同假设。根据基本情绪理论，人类的天性已经为每一种情绪的表达准备好模板。虽然文化可以对模板修修补补或创设新的姿势和文化特有的表达，而且个体也可能故意隐藏或假做表情，但在世界各地，每种情绪的自动化表达方式在呈现与识别上都应该是相似的（Ekman，1992）。根据成分加工模型，人类天性中的情绪表达提供了一个"代码"，但它并不是情绪类别的代码，而是代表着更具体的情绪评估，例如新异性、预期性、愉悦度和控制力等（Scherer，1992；请参见图 1.7 来回顾这一理论）。根据心理建构理论，面部表情可以跨越文化可靠地传达情绪的效价，甚至还能传达情绪的唤醒或激活程度。然而，情绪表达的其他方面更有可能是从社会环境中习得的，而且可能因人而异，因情境而异（Barrett，2006）。面部表情是这些理论争夺证据的第一个战场，迄今为止战况仍不明朗。

情绪表达的早期研究是如今情绪在心理学领域里占据重要地位的原因，而且这些研究发现对后继研究的发展方向影响深远。我们甚至可以说，没有这些研究，你就不会来阅读这本书了。这些论断背后的历史值得我们认真了解。

面部表情研究的历史意义

对情绪表达的研究始于达尔文（1872/1998），他在提出进化论之后不久，就开始了面部和姿态表达的研究。虽然达尔文的观察被心理学忽视了几十年，但仍然极大地影响了情绪研究的先驱者提出的问题和假设。

在乘坐贝格尔号的旅行和在英国的日常生活中，达尔文注意到许多种类的动物在受到威胁、愤怒、悲伤或兴奋时的躯体行为表现有相似之处。例如，许多物种对威胁做出的反应是改变自己的姿态，好让体型显得大一些。鸟类竖起羽毛、张开翅膀，猫拱起背、毛发竖立，灵长类动物用后腿站立、举起双臂。达尔文还指出，人类最常见的一些情绪表达方式和猴子、黑猩猩及类人猿相似（图 5.1）。

在《人类与动物的情绪表达》（*The Expression of the Emotions in Man and Animals*）一书中，达尔文（1872/1998）就这些相似点提供了详细的证据，并且

图 5.1 非人类的灵长类动物有一些明显类似于人类的面部表情，并且它们做出这些表情的情境也与人类相似。

认为这些情绪表达很可能是逐步演化出来的，因为它们给展示情绪的个体带来了生存或繁衍上的优势。例如，在面对威胁时，能让自己的体型看起来变大了的动物生存的机会增加，因为外表的这一变化可能会吓跑攻击者。达尔文在这本书中花费大量笔墨来论证人类的情绪表达也源于演化过程，而且正是这段演化过程将我们与我们最亲近的灵长类亲戚联系在一起。

达尔文认识到，如果面部表情是从灵长类祖先那里遗传来的，那么它们在所有人类文化中都应该相同。达尔文生活在19世纪中期，那时摄影器材既粗糙又昂贵，因此为了验证他的假设，他只能从传教士及其他洲际旅行者的文字记录中得知信息。达尔文给所有他知道的居住在世界其他地方的人去信，描述了特定情绪的"典型"表情，并询问对方当地人表达每种情绪的方式是否与此相同。

这些联系人的回信表明，世界各地的人们确实显示出许多相似的情绪表达。这些联系人都同意达尔文的描述：感到惊奇或吃惊时，人们睁大了眼睛，有时还张开嘴巴；感到困惑或不知所措时，人们皱起眉头；一旦下定决心，人们皱眉并且紧闭嘴唇；感到无助时，人们会耸肩，甚至有些先天失聪或失明的人也显示出同样的表达；感到尴尬的时候，人们用手遮住自己的脸；世界各地的人们也都会噘嘴，不过大部分是在童年时期。

就这样，达尔文记录了世界各地的人们在身体语言和面部表情上有趣的相似之处。他的想法影响了一些早期心理学家，包括威廉·詹姆斯在内，后者的情绪理论也反映了这样一种假设，即情绪是我们遗传自祖先的先天反应。然而，没过多久，有人就注意到了达尔文研究策略中的一些问题。首先，想一想他发给联系人的那些问题。达尔文的提问不是"你能描述本地人惊讶时脸上的模样吗？"他的典型问法更接近于"本地人用睁大眼睛、张开嘴巴、抬起眉毛来表达惊讶吗？"而对方只是简单地答复"是"或"否"。人们通常会倾向于同意一个描述，哪怕它并不准确或他们没有把握，在清楚地知道研究假设的情况下尤其如此。今天，训练有素的研究人员通常会避免此类诱导性的提问，让参与者用他们自己的语言来描述。或者，研究人员会提供一系列选项，并且不含任何有关正确答案的暗示。除这个问题以外，达尔文还请联系人用面部表情以外的方式去推测当地人的情绪，而他们具体是如何做的，也不清楚。

到19世纪末和20世纪初，社会科学家们周游世界，研究不同文化中人们的生活和习俗。他们的观察包括了对当地人在情绪情境中行为表现的评论，时常强调与西方典型行为的不同之处。例如，Lafcadio Hearn（1894/2011）描述了一位日本妇女，她在给自己的雇主看她刚刚去世的丈夫的骨灰时笑了起来。Otto Klineberg（1938）分析了中国文学作品里描述的情绪表达，注意到令人困惑的不同点和相似点。人物生气时会拍手，而在西方，人们认为这是一种快乐或兴奋的表现。另外，人物高兴的时候会挠自己的耳朵和脸颊。正如在第3章中所讨论的，关于情绪语言、行为以及表达方面的文化差异的民族志报道，也从世界各地源源不断地涌入西方国家。到了20世纪中叶，社会科学界普遍认为情绪及其表达主要是文化学习的产物（Birdwhistell，1970；Klineberg，1940）。

然而，在20世纪60年代，心理学家Silvan Tomkins开始怀疑达尔文也许是对的，尽管其方法存在缺陷。Tomkins研究了数千张人们情绪表达的照片，有些是在自然情境下拍摄的，另一些则是由演员们摆拍的。他发现对于某些情绪来说，许多表达都包含一些共同的元素，这些元素为每一种情绪定义了一套表达的原型。当美国的参与者看到与这些原型非常相似的照片时，对于其中所描绘的情绪，他们往往有强烈的共鸣（Tomkins，1962）。然而，Tomkins知道，这还不能很好地证明情绪表达属于普遍的人类天性——他的参与者可能只是学到和照片中的演员一样的情绪展示编码系统，就像他们从小就学会了英语一样。

于是，Tomkins玩了一个小花招（Ekman，1999）。当时他正在指导Paul

Ekman 和 Carroll Izard 两位年轻的研究员，他们两人都对情绪研究感兴趣。Tomkins 分别告诉他们，要想弄清楚情绪表达是由人类天性决定的还是由文化学习决定的，最好的方法就是接触各种文化中的人——最好是很少或从没接触过西方人的人——并请他们解释这些原型表达的意思。巧妙之处在于，Tomkins 并没有告诉 Paul Ekman 和 Carroll Izard，他也给了另一个人同样的建议。结果，这两位研究员都去做了这项研究，而且不知道对方也在做同样的事情。

从科学的角度来看，Tomkins 的小花招是有意义的。他知道，如果研究结果支持他关于情绪表达具有普遍性的假设，这些假设将引起高度争议。而两个独立的研究人员分头进行同样的研究，然后报告相同的发现，比单独一项研究提供的证据说服力要强得多。我们不建议你用这种策略去赢得朋友，但 Tomkins 的小花招确实得到了回报。Izard 在他的研究中选择了那些被美国人一致认为表达了目标情绪的照片，在其他各种西方和非西方社会中，这些表达被识别出来的比例也很高（Izard，1971）。Ekman 则更进一步，他与同事 Richard Sorenson 和 Wallace Friesen 以及一名翻译一起前往新几内亚，从而接触到了那些以前很少或根本没有与西方人接触过的、生活在孤立的小村庄里的居民（Sorenson，1975）。

在这项研究中，Ekman 从 Tomkins 的文件中选择了非常接近原型表达的照片，并且用一套新的面部肌肉运动编码系统来描述它们，这个系统叫作**面部动作编码系统**（Facial Action Coding System）（Ekman & Friesen，1978）。图 5.2 显示了面部皮肤下面的许多肌肉，而面部动作编码系统为移动每块面部肌肉所产生的外观变化分配了一个**动作单元**（action unit）。因为语言差异很大，并且参与者对于诸如"这个人表达了什么情绪？"这样直接的问题感到非常不舒服（Sorenson，1975），所以 Ekman 和

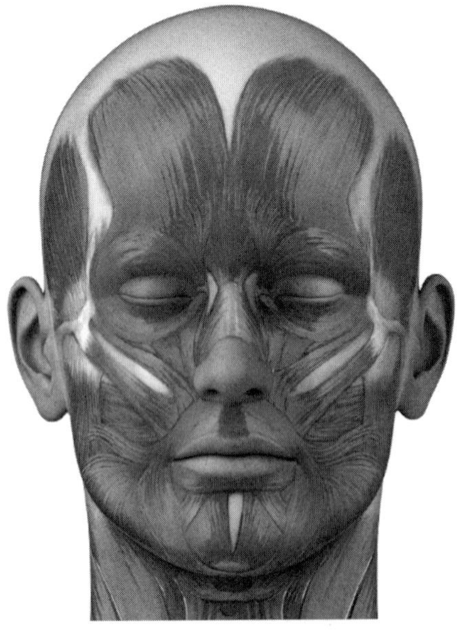

图 5.2　面部动作编码系统为面部每一块肌肉的移动所引起的外观变化分配了一个数字。

他的同事开发了一种将面部表情和情绪联系起来的替代方法——他们讲述了一些可能引发相应情绪的情境小故事（例如，村里有人偷了你的猪），并询问参与者在每一种情况下，给出的 2~3 张面部表情照片中哪一张最适合。这样一来，所有参与者要做的就是指出所选的照片。

这项研究的许多局限性已经过了全面分析（Russell，1994）。首先，这些故事是由一位翻译人员讲述的，研究人员根本不知道翻译在说什么。翻译可能会说："嘿，这些家伙想让你指着左边的照片，照做就行了。"然而，据研究人员所知，翻译只是忠实地传达了这些故事，并且没有做出什么明显的举动来告知预期的答案。其次，这种实验情境与参与者的典型社会互动没有任何关系（新几内亚的村民们没有参加过正式测验，也没有练习过接受直接的提问，更不用说作为心理学实验的被试了），所以参与者在研究过程中显得极度紧张（Sorenson，1975）。另外，对于每个小故事，参与者只有两三张照片可供选择。在每一次做选择时，如果其中没有真正表达了相应情绪的照片，他们可能会选一个最接近的。

尽管存在这些局限，但结果还是引人瞩目。成人选择正确图片的比例非常高：快乐 92%，愤怒 84%，厌恶 81%，恐惧 80%，悲伤 79%（Sorenson，1975）。在一系列研究中，Ekman 和同事（Ekman, Sorenson, & Friesen, 1969）报告说，高达 70% 的美国、巴西和日本人为上述同样的情绪选择了预料之中的标签来表达，包括惊奇在内（在该系列研究中的比例为 1/6，约合 17%）。加里曼丹岛的居民对此准确率也不错。面部表情具有跨文化一致性的观点还得到了 Irenus Eibl-Eibesfeldt 研究的进一步证实，因为他拍摄了许多文化中人们的表情。他还有一项令人惊讶的发现：世界各地的人们都把抬起眉毛作为友好的问候（有时还微微张嘴），而且在每一种文化中，这种问候从放松到提起再到放松，都持续了 1/3 秒之久（Eibl-Eibesfeldt, 1973）。

回想一下，心理学家和人类学家从前认为情绪和情绪表达纯粹源于文化习得，但 Ekman、Izard 和 Eibl-Eibesfeldt 的发现改变了这一切。尽管伴随着激烈的争论，但这些发现使许多心理学工作者相信，情绪表达中的某些内容必定是天生的和普遍的，至少对于某些情绪而言是这样。这使得情绪成为心理学研究中一大合情合理的主题，情绪科学由此诞生。

情绪的面部表情具有普遍性吗?

Ekman 和 Izard 最初的研究过去近 50 年之后的今天,存在 6 种基本情绪,其面部表情具有普遍性,这种说法已经成为大多数心理学入门教科书中的定论,在学术出版物和杂志文章中引用的频率也相当高。那么,支撑这一说法的证据有多强呢?

让我们先剔除一个常见的误解。做面部表情研究的人从没有声称存在不多不少 6 种基本情绪,甚至连 Ekman(1992)也没有说过这种话。Ekman 的研究中包含这些情绪是因为它们在 Tomkins 的原始照片群中表现出较强的规律性。(Izard 还把兴趣作为一种情绪,但大多数权威人士并不这样认为。)原本正确的解读是"这 6 种情绪的表达方式原型在世界范围内识别比例很高",结果却随着传播变成了一个宽泛得多的论断:"6 种基本的、普遍的情绪是快乐、恐惧、愤怒、悲伤、厌恶和惊讶。"正如我们在第 1 章中看到的,认定某些情绪是基本情绪的标准包括,但不限于,它们拥有普遍的面部表情。Ekman(1992)认为,其他几种情绪的表达最终也可能被证明是普遍的,我们将在后面的章节中看到一些这方面的例子。

然而,对于强调这 6 种情绪的第一种解读,保持批判的眼光也很重要。让我们看看证据到底站在哪边。

Ekman 的跨文化研究

在最初的研究之后,Carroll Izard 将后续研究重点放在婴幼儿情绪表达的发展上(Izard & Malatesta,1987)。而 Ekman 继续专注于收集证据,去证明人们对他的 6 种原型情绪表达的理解具有跨文化一致性。在世界各地同事的帮助下,他从爱沙尼亚、德国、希腊、意大利、日本、苏格兰、苏门答腊岛、土耳其以及美国等十几个国家和地区收集了数据。基本测试流程与他在新几内亚使用的不同。想象一下你是研究参与者之一,工作人员给您展示了图 5.3 中 7 张照片中的一张(一桩小趣闻:图 5.3 中 f 是 Paul Ekman 本人),并请您判断其中所显示的情绪是愤怒、厌恶、恐惧、快乐、悲伤、惊讶还是中性(Ekman & Friesen,1984)。如果你平常不使用英语,研究人员会预先让人把这 6 个词翻译成你的母语。

图 5.4 显示了将多项研究共计近 2000 名参与者平均后的结果（Russell，1994）。浅色直条表示非西方参与者为面部表情选对相应情绪的平均百分比。深色直条则表示西方参与者的对应数据。随机猜测的正确率应为 1/6，约合 17%，但结果明显比这个高。虽然这些照片是欧洲人的面孔，但来自世界其他社会的参与者也正确识别出了大部分情绪。这些结果有力地证明了世界各地大多数人对特定面部表情有类似的解读。不过，人们识别自己种族的情绪表达方式比识别其他种族的要好，我们将在本章后面详细讨论这一问题（Elfenbein & Ambady，2002）。

与达尔文的初始研究一样，图 5.4 涉及的这些研究也有一些局限性。一是这些照片是精心挑选出来的 6 种表情的典型例子。凭借这样的照片，识别准确率容易很高（Tracy & Robins，2008）。然而，在日常生活中，我们很少会遇到如此完美、强烈的情绪表达。大多数的表情都相对温和，或混合了多种

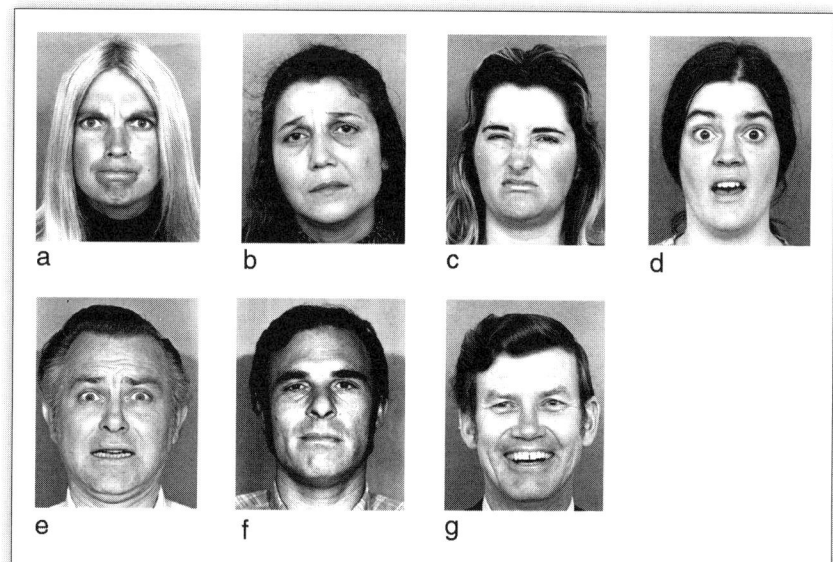

图 5.3 来自各种文化的人们要判断哪一张脸符合哪一种情绪：愤怒、厌恶、恐惧、快乐、悲伤或惊讶。（其中还有一种表达是中性的。）

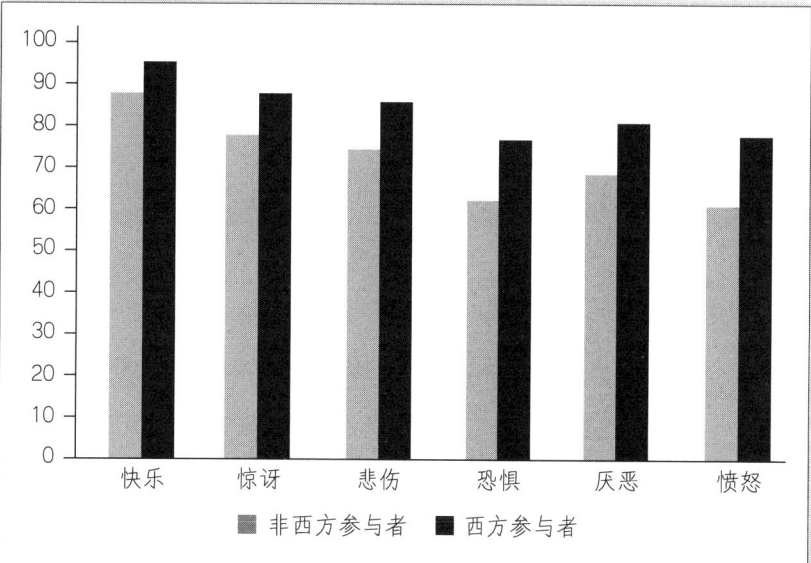

图 5.4 将图 5.3 中的面部表情与其情绪标签配对的平均准确率。J. A. Russell，1994，*Psychological Bulletin*，115，102-141.

情绪，而且有时人们还会故意隐藏自己的情绪。对于日常生活中的表达，我们识别情绪的准确率要低得多（Kayval & Russell, 2013; Naab & Russell, 2007）。例如，在一项研究中，工作人员要求第一组参与者观看旨在激发恐惧、悲伤、厌恶或愤怒的图像，并在他们观看时录下他们的表情，另外参与者还要报告自己对每一幅图像最强烈的感受。然后，研究人员将录制的视频展示给第二组参与者，让他们猜猜视频中的人感受到了什么情绪。结果很糟糕，随机猜对的概率为25%，但准确率最高的厌恶也只有40%，而最低的恐惧才17.5%（Wagner, MacDonald, & Manstead, 1986）。被录影的第一组参与者可能克制或隐藏了自己的表情，或者他们对照片的反应可能比单一情绪更复杂。这两种因素中的任何一种都可以解释准确率较低的原因。尽管如此，这一比例远不及使用Ekman方法产生的结果那么明显。

另一个问题是，匹配的程序可能高估了人们的准确性（Russell, 1994）。当你看图5.3时，几乎每个人都一定会发现照片g是快乐的。剩下的5张表情，对应着5个情绪词语。假设你不确定照片d代表的是惊讶还是恐惧，但如果你认为照片e表达的是恐惧，你自然会选择照片d来表示惊讶。假设你不知道照片c表达的是什么情绪，但如果你认为照片a是愤怒，照片b是悲伤，那么你只要用排除法就能将照片c标记为厌恶了。

克服这一局限的方法是每次只呈现一张照片，并询问每一张面孔所表达的情绪（如果有的话）。这种方法叫作**自由标记**（free labeling）。这种方法的难点在于人们有时给出的答案并不是研究者所期望的（Ekman, 1994a）。比方说，对于图5.3中的照片e，预期的答案是"恐惧"，但很多参与者管这种表情叫"吓人""毛骨悚然"或"跟见了鬼似的"。我们一般把所有这些答案都算作正确的，因为它们都是恐惧的近义词。但如果有人管这种表情叫"担心"呢？担心和恐惧之间的差距是否小到我们可以将它算作正确答案了呢？

愤怒的表情也存在一个类似问题：回答"沮丧"算对还是错？虽说有这些困难，但研究者发现人们在自由标记面部表情时相当准确，即使是来自其他文化的面孔。不过在提供具体标签时，人们可以更准确和更自信地匹配（M. G. Frank & Stennett, 2001）。图5.5是一组大学生对6张面孔中的情绪进行自由标记时的准确率（Ekman, 1994b）。

显然，Ekman的研究程序在许多方面低估了人们解读情绪表达的能力。在日常生活中，我们不会仅仅根据一幅静态的面部表情来解读某人的情绪。我们还会注意到面部的运动、对方的姿态、眨眼、颤抖、耸肩、转头、步行速度、手势和注视的方向（Ambadar, Schooler, & Cohn, 2005; Bold, Morris, & Wink, 2008; K. Edwards, 1998; Van den Stock, Righart, & de Gelder, 2007）。人们在一定程度上也可以通过听某人的语调来评估其情绪（Adolphs, Damasio, & Tranel, 2002）。与仅仅看到或仅仅听到相比，如果人们同时看到和听到，他们就能更快、更准确地识别对方的情绪（de Gelder, 2000）。有些人甚至能从别人散发的气味中察觉到恐惧（de Groot, Semin, Smeets, 2014; Leppänen & Hietanen, 2003; Zhou & Chen, 2009）。

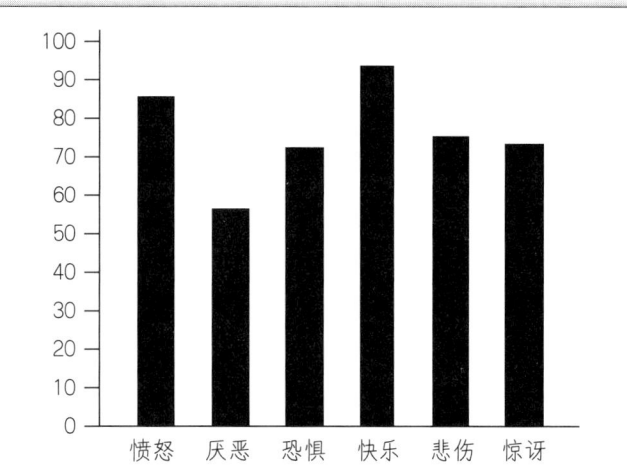

图 5.5　一组大学生自由标注 6 种情绪表达的准确性。学生们没有可供选择的情绪词汇，也没有任何其他有关答案的建议。P. Ekman, 1994, in P .Ekman and R. J. Davidson, editors, *The Nature of Emotion: Fundamental Questions*（pp. 15-19）, New York, NY: Oxford University Press.

图 5.3 中的任务从另一角度来说也受到了人为的影响。研究人员展示的所有面孔都是直视观察者的。在现实生活中，快乐的人直视你，愤怒的人也是如此，尤其是当他们冲你发火的时候。然而，悲伤的人几乎总是低着头，或者往一边看（更加强调了悲观的意味），因而你会从脑袋的位置识别出一定程度的悲伤表达。恐惧的人往哪个方向看呢？他们往往看向让他们感到害怕的东西。你很少会看到一个人面带恐惧表情直视你，除非他们害怕的就是你（或者，也有可能他们害怕的东西在你身后，在这种情况下，你应该立即检查一下自己背后的情况）。虽然无论是看向他们或看向其他地方的表情，人们都能很好地识别出愤怒，但大多数人在看向侧方的表情中识别出恐惧会容易一些（图 5.6）（Adams & Kleck, 2003）。

这样一来，解释 Ekman 的发现变得更加困难。一方面，在世界各地，人们识别某些情绪表达方式的准确率很高，如果信息更完整一些（包括姿势、语调等），他们的准确率可能会更高。另一方面，这个任务受到了人为的干扰。因为 Ekman 所用的表情图片比我们在现实生活中看到的更强烈、更"纯粹"，而且参与者只可以从几个给定的情绪词中为表情选择标签。

有关普遍性的证据说服力够强吗？这取决于人们试图发表怎样的论断。即使考虑到这些研究的诸多局限性，但是如果不承认人类情绪表达中的某些方面与生俱来，就很难解释 Ekman 的结果。如果情绪表达完全出自后天的文化习得，那么我们尝试识别另一种文化中的某个人的情绪表达，就应该像是在对阿拉伯语一窍不通的情况下落入了阿拉伯世界一样，为弄懂周围人在说什么而使出浑身解数。可是人们识别特定情绪表达显然比这好得多。这表明，人类确实拥有某种通用的解码器用来解读面部表情，而如果说情绪表达本身不曾受到演化过程的影响，那么我们就很难看出解码器从何而来了——至少在一定程度上是这样。

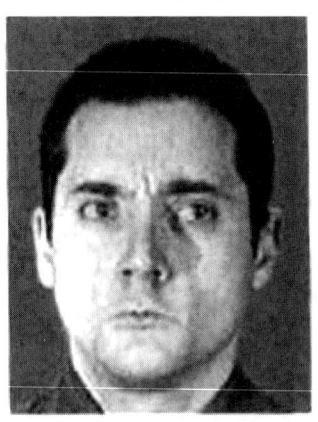

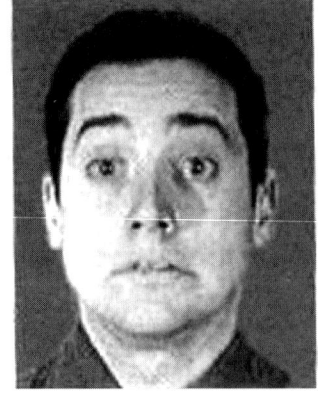 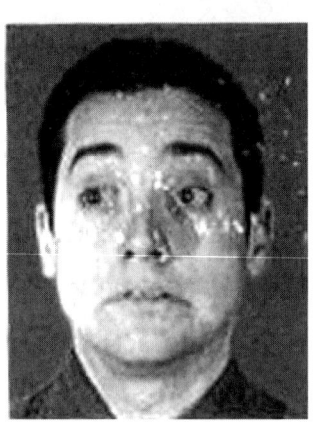

图 5.6 你能多快识别出这些表情（Adams & Kleck，2003）？相对于注视观察者的面孔，大多数人更容易识别注视其他方向的面孔中的恐惧。但无论面孔的注视方向如何，人们都能很好地识别出愤怒。

但是，我们必须从几个方面约束我们的解释。我们无法知道解码器说了什么——我们不能仅仅因为恐惧、愤怒等情绪在 Ekman 的研究中得到了考察就假设解码器给了恐惧、愤怒对应的编码。诸如 Scherer 的成分加工模型也可能带来相同的表达方式和识别率。我们也不能认为每个感受到这些情绪的人都会出现这样的表情——他们显然没有。虽然在理想情况下，全世界的人们都可以识别出这 6 个情绪表达原型，但是现实生活中的情绪表达远比这些原型更模糊也更难解读。这种多变性必然是文化学习和个人表现差异相结合造成的。因此，我们只能说在这一心理过程中，有某些东西具有普遍性，而且很可能是人类演化过程的遗产，但目前仍然很难确定它究竟是什么。

一共有多少种情绪表达？

即便我们一致同意有些情绪表达方式具有普遍性，但有多少种呢？一方面，许多不同的研究者都已提供了扎实的证据，证明在某些跨文化的条件下，除了 Ekman 最初研究的 6 种基本情绪外，其他情绪表达的识别率也很高。其中包括鄙夷（Matsumoto，1992）、尴尬和搞笑（Keltner，1995）、骄傲（Tracy, Shariff, Zhao, & Henrich, 2013）、羞耻（Haidt & Keltner, 1999）和性欲（Gonzaga, Turner, Keltner, Campos, & Altemus, 2006）。人们也很容易识别出困倦的表达，尽管我们并不把困倦看作一种情绪。

另一方面，有些人认为表达方式可能少于 6 种。Rachel Jack 及其同事（Jack, Garrod, & Schyns, 2014）开发了一项复杂的计算机程序，基于面部动作编码系统中的动作单元生成动态的、模拟的面部表情。例如，图 5.7 显示了一个由计算机生成的表情模型，其中包括动作单元 4（眉毛垂下，皱起眉头）、5（抬起眼睑，让眼

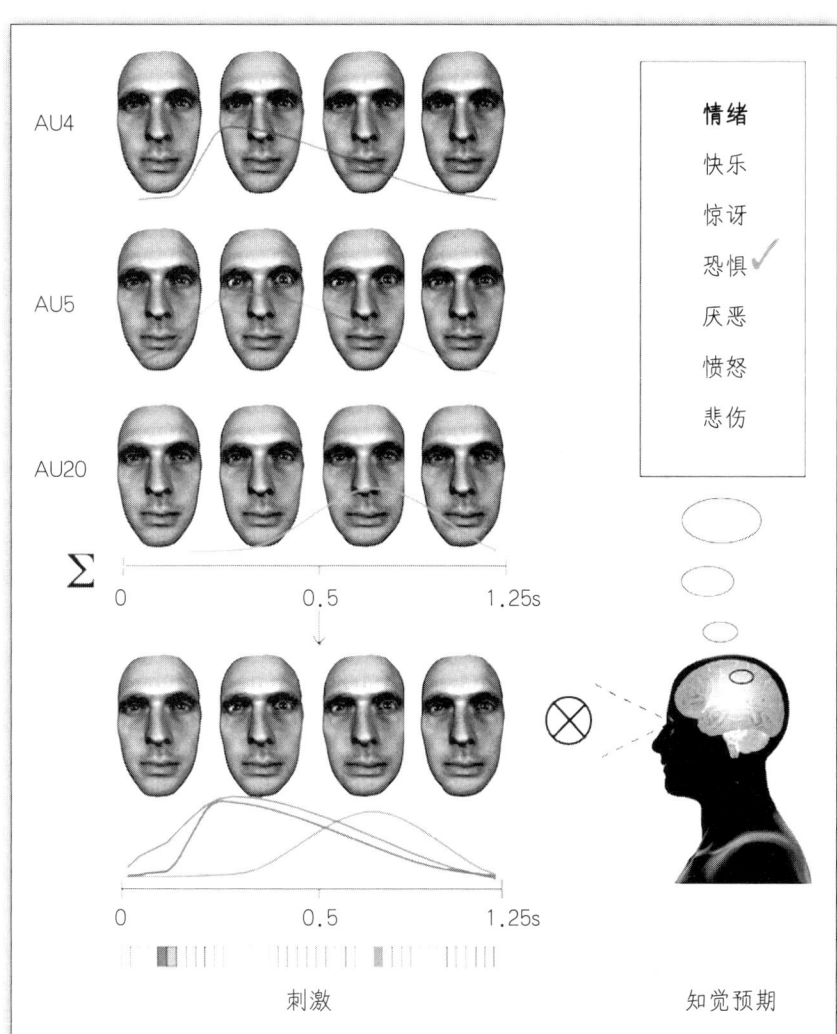

图 5.7　计算机生成的动态面部表情，由从面部动作编码系统中随机选择的 3 个动作单元在 1.25 秒内组合而成。R. E. Jack, O. G. Garrod & P. G. Schyns, 2014, *Current Biology*, 24（2），187-192.

睛睁得更大）和20（下巴两侧的肌肉收缩，使下嘴唇向下方和两侧伸展），并且这个表情在长达1.25秒的时间里动态展开。假设你是这项研究的参与者。在每一个试次中，计算机都会显示一段面部表情的短视频，其中包含的是随机组合起来的动作单元，每个动作单元都依据6个时间函数中的一个出现（例如，其中一个动作单元在300毫秒时达到峰值，而另一个在650毫秒时启动）。你要做的就是确定Ekman的6个情绪标签——快乐、恐惧、愤怒、悲伤、厌恶或惊讶——哪一个最符合你看到的表情。

研究者用这些数据为参与者的反应建立统计模型，从而估计参与者得出结论的过程。除了探讨哪些动作单元与每一种情绪有关联外，Jack和同事（2014）还考察了每个动作单元何时出现才最重要——在面部表情播放的早期还是相对较晚的时候对参与者做表情分类影响更大呢？他们发现，4个动作单元在早期出现时最为重要：动作单元5（抬起上眼睑）、9（鼻子皱缩）、22（嘴唇微张）、27（嘴角伸展）。这些动作单元组合起来似乎帮助参与者区分出了4个大类：快乐、悲伤、恐惧/惊讶、愤怒/厌恶。而帮助人们做出细微区别的动作单元在表情的后期比较重要。

这是否意味着只存在4种基本的情绪表达呢？尽管方法十分创新，结果也很有趣，但还是有几点需要慎重。首先，参与者评价的表情是由计算机程序随机生成的。因此，这项研究没有提供关于自然产生的表情的信息。而且我们无法知道对于现实中的表情，参与者是否用同样的线索去解读。在表情早期出现的那些似乎很重要的动作单元中，抬起眼睑在情绪情境和非情绪情境中都很常见，鼻子皱缩只出现在一种情绪里，嘴唇微张和嘴角伸展无论人们是否正感受到情绪都很少见。因此，很难理解为什么人们会强烈依赖这些出现频率不高的动作单元去做情绪归类，即使是在情绪背景下。此外，尽管参与者在给这些表情选择标签时有一个选项是"不属于以上任何一种"，但情绪标签仍然局限于Ekman研究中使用的6个词。如果允许参与者用其他情绪词来描述这些表情，结果可能会有所不同。

相比从一项研究中得出确切的结论，我们更推荐以批判的目光审视所有关于面部表情的研究，弄懂每一项研究究竟告诉我们什么和没告诉我们什么，从而看清我们还有多少知识需要了解。我们对人们如何解读情绪表情已有一些了解，但还没有什么研究分析过情绪情境中的表达。绝大部分研究考察的都是少数几类夸张的原型，这些原型可能代表也可能没法代表典型的情绪表达方式，而且我们很难知道这些研究发现是否能推广到大多数现实情境中。此外，这项研究只对一个地区（苏格兰）的参与者进行了调查，来自其他文化背景的参与者可能会带来不同的结果。总之，有充分的证据表明，情绪的表达和解读中有些方面受人类天性的引导，但目前还不清楚这些方面具体是什么，也不清楚多少种情绪表达方式具有普遍性。因此文化与学习还有很大的空间可以影响情绪表达——这正是我们接下来要谈的话题。

文化与情绪表达

尽管研究表明，世界各地的人们以类似的方式来解读少数几种面部表情，但其他一些表情显然是不同文化特有的。印度奥里萨人有一种情绪 lajya 结合了尴尬和羞耻，其原型表达包括咬住自己的舌头，而这种表达在美国并不常见（Menon & Shweder，1994）。在许多文化中，人们用来回摇头表示"不"，用上下点头表示"是"。然而，在希腊和土耳其，人们往往用头向后仰来表示"是"。在斯里兰卡，人们用来回摇头表示"我明白"。（你可以想象一下，当斯里兰卡人摇头表示自己理解，而外地人却认为对方在表示"不同意"时，会闹出什么样的误会。）在美国，人们常会做一个手势，用拇指尖对上食指尖圈出一个圆，以表明"我们意见一致"或"OK"。然而，在其他许多文化中，这个手势毫无意义。甚至在某些文化中，这是一种粗俗的性爱邀请。

一些研究人员将**姿势**（gesture），或者说经常用来传达言语信息的头部和手部的有意动作，与面部表情区分开来。与口语中的词汇一样，手势在不同文化间也会有很大差异。但不同的文化在面部表情上也存在差异。对于造成这些多样性的因素，我们将考虑两个方面：关于何时表达情绪合适与否的文化表达规则，以及不同文化中的人们强调特定表达的情绪"方言"。

情绪表达规则

人们会从自己的文化中学会适当放大或隐藏某些情绪表达。正如你并不会把自己心中所想毫无保留地宣之于口，你有时也会感受到情绪而不想表现出来。在不同文化中，关于哪些情绪在什么情况下应该表现出来，哪些情绪在什么情况下应该隐藏起来的规则，各不相同。这些情绪表达规则对任何一个社会来说都是重要的工具。我们在很小的时候就学会了何时何地可以自由地发泄我们的情绪，而什么时候最好把情绪隐藏起来。例如，在求职面试中，你尽量不要表现得太紧张；如果一位客人在地毯上洒了饮料，你尽量不要表现得很生气；如果好朋友说了些蠢话，你不应该嘲笑。还有一些展示规则要求我们表达某些情绪，即使当时我们没有感受到。你是否曾经为一个不那么有趣的笑话客套地笑笑，或者为别人的某些损失夸大地悲伤？

我们从周围人那里学到这些规则，但不同文化里的规则和预期各不相同。例如，欧洲和美国的文化不鼓励成年人——尤其是男性——公开地哭泣，而在中国文化中，这一规则更加严格。那么公开地笑呢？本书作者之一（James Kalat）记得自己在西班牙的一家餐馆吃饭时，邻桌的食客们忽然爆发出一阵大笑。这时一位西班牙人评论说："他们一定是美国人。没有一个西班牙人会在公共场合笑得这么大声。"有些文化总体来说不鼓励情绪表达。一项对来自东南亚的 Hmong 人移民的研究发现，那些比较顺应美国文化的 Hmong 人在表达许多情绪时都比那些比较传统的 Hmong 人要外显一些（Tsai, Chentsova-Dutton, Freire-Bebeau, & Przymus, 2002）。

Wallace Friesen（1972）开展了一项经典的关于表达规则的研究，他比较了日本人和美国人观看叫人恶心的外科手术视频时的行为。这些大学生参与者首先单独观看这些视频，然后在一名工作人员陪同下再次观看。这名工作人员自我介绍说是研究生，并且穿着一件实验用的白大褂。虽然两国的参与者在单独观看视频时都表现得相当厌恶，但和"研究生"一起观看时，日本参与者以礼貌的微笑掩饰了这一厌恶（Friesen, 1972）。日本比美国更重视社会等级，日本人认为在地位高的人面前表现出负面情绪是不妥当的。美国参与者显然对"研究生"没有那么敬畏，因此没有理由隐瞒自己的感受。

一项研究表明，美国人表达情绪比日本人或俄罗斯人更外显。与美国人相比，日本人和俄罗斯人比较容易调整负面情绪的表达，以使其符合规则。当日本人和俄罗斯人表达恐惧、愤怒或悲伤时，他们常常加上一点笑容来缓和这些表达给人的印象，以显示"尽管我很难过，但其实并没有那么糟糕"（Matsumoto, Yoo, Hirayama, & Petrova, 2005）。在美国，中等程度的愤怒表现十分常见。但在日本，地位较高的人可以向地位较低的人表达愤怒，除此以外几乎所有的愤怒表现都非常不妥，严重到令人震惊（Matsumoto, 1996）。

还有一种表达规则：美国人可能会请求朋友或熟人帮忙。例如，美国人会说："我有点不舒服，得吃药，可我自己又去不了药店，你能帮我买药回来吗？"亚洲人和亚裔美国人则不太可能提出这样的请求。因为在亚洲文化中，收到此类请求的人会觉得自己有义务应承，即使他们当时没法做到这事。所以，亚洲人不寻求这样的帮助，因为自己的请求可能会迫使对方说"好的"。而美国人并不认为对方会自动答应，因此提出请求时也就不会感到勉强了（H. S. Kim，Sherman，& Taylor，2008）。

当我们学习一条表达规则时，我们可能是在把它叠加到人类先天的生物倾向上。在2004年奥运会和残疾人奥运会上，研究者拍摄了选手们在柔道比赛中获胜或落败后面部表情的录像。观察结果是，人们在胜利后露出笑容，失败后皱起眉头。无论是来自哪种文化的选手，也无论是视力正常的选手或盲人选手，比赛结束那一刻的瞬时表情都一模一样。但是，那一瞬间过后，来自特定文化的选手——大多数是亚洲人——便很快克制了自己的情绪表达（Matsumoto & Willingham，2009；Matsumoto，Willingham，& Olide，2009）。

为什么有些文化中的人比另一些文化中的人情绪表达强烈些——尤其是负面情绪？David Matsumoto及其同事（Matsumoto，Takeuchi，Andayani，Kouznetsova，& Krupp，1998）分析了一项关于情绪和态度的大型国际化研究的数据来寻找答案。他们的分析表明，无论是在个人层面还是文化层面，较强的集体主义与较强的控制负面情绪表达的规则相关。该发现后来在一项跨越32个国家的新数据研究中得到了重复（Matsumoto，Yoo，& Fontaine，2008）。然而，表达规则在某种程度上也取决于正在与之互动的人。在日本，在熟人面前显示消极情绪比在亲密的朋友和家人面前要恰当一些，而美国人则正好相反（Matsumoto，1990；Matsumoto et al.，2008）。在每个国家，情绪的文化价值以及它们在人际关系中的作用都是有意义的。在东亚，人们强调让亲密的关系保持和谐融洽（Kwan，Bound，& Singelis，1997），所以在其他地方向那些不太重要的人表达消极情绪会比较安全。在美国，人们期望在自己的亲密关系中保有情绪的真实性（H. S. Kim & Sherman，2007），因此，人们认为诚实地向所爱之人表达负面情绪是合适的，对熟人表达则不太合适。

表达规则给具有双重文化背景的人造成了麻烦（A. O. Harrison，Wilson，Pine，Chan，& Buriel，1990；LaFramboise，Coleman，& Gerton，1993）。移民及其子女都具有双重文化背景，除非他们生活在一个完全由本国移民组成的社区里。在一项研究中，移民到加拿大的东亚人每10天填写一次同样的问卷，共填写3次。每一次，参与者都要记录自己是和其他亚洲人在一起，说亚洲的语言，还是和欧洲血统的加拿大人在一起，说英语。参与者还回答了自己关于情绪的信念和态度的问题。当他们沉浸在亚洲文化中时，他们以典型的亚洲人的方式回答有关情绪的问题；当他们沉浸在加拿大文化中时，他们回答问题的方式属于典型的欧洲裔加拿大人。

你可能会从上述例子中得到这样的印象：所有文化都有自己的情绪表达规则，只有美国人有什么感觉就显示什么感觉。美国人通常认为他们应该诚实地表达自己的情绪，而情绪的真实性被认为是一种值得追求的特质（H. S. Kim & Sherman，2007）。但是，Arlie Hochschild（2002）在她的著作《管理心灵》（*The Managed Heart*）中提供了对美国一部分情绪表达规则的详细描述。她在对美国航空业的研究中发现，航空公司对员工的情绪行为，尤其是空中乘务人员的情绪表达提出了明确的要求。作为客户服务的第一线，人们期待空乘人员把传达愉快、温暖、关心和热情作为自己日常工作的一部分。那些申请空乘职位的人需要通过社交能力和活力的测试，或者需要与其他应聘者闲聊，以便招聘人员评估其社交风格。任何未能在工作中表达适当情绪的行为都会引发主管的批评。

更糟糕的是，2001年"9·11"事件以来美国航空业内部的变化，导致对于空乘人员应该如何表达情绪产生了不同看法。空乘人员应该友好，但不要虚伪，情绪表达应当自然。他们应该与乘客交谈，但不要因此减缓他们履行岗位职责的速度。他们应当向乘客传递温暖，但同时要清楚地表明自己随时准备约束一个不守规矩的乘客，或者控制紧急情况。在这里，我们看到的是有关感受以及情绪表达规则的一套复杂网络。

职业化的表达规则与追求情绪真实性的结合让美国的空乘人员（以及其他从事类似服务行业的人）陷入了困境。许多文化鼓励做出适当的情绪表达，但不要求个体感受到自己所表达的情绪。可是在美国，人们高度重视情绪的真实性。在一项研究中，研究人员让欧裔美国女性和亚裔美国女性配成对，一起观看一部关于第二次世界大战的令人沮丧的电影，然后讨论这部电影（Butler，Lee，& Gross，2009）。每一组都有一位参与者依据工作人员的要求，对搭档隐藏自己有关这部电影的情绪反应。在欧裔美国女性中，隐藏情绪表达的人血压上升幅度更大，表明隐藏情绪的人的压力更大。相比之下，隐藏情绪表达的亚裔美国女性并没有表现出血压升高，这一结果符合亚洲文化鼓励克制情绪表达的假设。

面部表情的方言

到目前为止，我们已经强调了在情绪表达强度上的文化差异，但情绪表达的内容也因文化而异。在 Ekman、Izard 以及其他人的情绪研究中也体现出这一点。在一篇著名的论文中，Hilary Elfenbein 和 Nalini Ambady（2002）对现有的表情识别研究进行了**元分析**（meta-analysis）。这种统计技术汇集了许多不同研究的结果，就好像是一个统一的超大规模研究。研究人员发现，当参与者对和自己同一民族、种族或地区的人们的表情照片进行判断时，准确率始终高于对那些来自不同群体的人们的表情照片。当照片中的表情是摆拍（"现在请做出厌恶的表情"）或自然发生，而不是由特定肌肉运动定义时，这一差异特别明显。这一研究结果表明，来自不同文化的人的面部表情多少有些不同，即使在愤怒、恐惧、悲伤和厌恶等基本情绪上也是这样。

你可能对此感到困惑。如果说人类演化出了面部表情的先天模板，虽然只有少数情绪有这类模板，但难道这些表情不应该在全世界都是一样的吗？我们可以用语言来类比，一个国家的不同地区的居民说同一个词的发音有些不同，甚至可能使用不同的词指称同一个事物。例如，美国一些地区的人称碳酸饮料为气泡水（pop），而另一些地区的人称之为苏打水（soda）。这两个词都是对的，而且事实上，苏打气泡水（soda pop）这个称呼是前面两个词的共同词源。不同地区总会有不同的方言和口音。不同地区的人能够互相理解，但来自同一地区的人能更好地互相理解。

Elfenbein 提出，生活在不同文化中的人也有不同的面部表情**方言**（dialects）。为了检验这个假设，Elfenbein 及其同事招募了来自加拿大魁北克和撒哈拉以南非洲加蓬这两个法语地区的参与者，请他们演示愤怒、恐惧、悲伤、厌恶、快乐、惊奇、鄙夷、羞耻、尴尬和平静等情绪（Elfenbein, Beaupré, Lévesque, & Hess, 2007）。研究人员没有让参与者移动特定的面部肌肉来演示情绪，而是给参与者各个情绪词语，并请他们摆出朋友们容易理解的相应表情。为了避免翻译问题，所有情绪词都使用法语。

正如研究者预料的那样，来自两种文化的人的表情显示出细微但稳定的差异。例如，魁北克人的快乐表情比较容易包括眼轮匝肌的收缩（对着镜子试一下，如果眼睛周围出现鱼尾纹就说明你做对了），而加蓬人表现出同样的情绪时比较容易张嘴。在表达愤怒时，魁北克人比较容易绷紧嘴唇和眯起眼睛，而加蓬人则更有可能睁大眼睛。重要的是，两种文化中每一副表情所含的元素都符合 Ekman 研究中使用的那些原型表情的特征，只是有些肌肉运动在一种文化中比在另一种文化中更明显。在一项后续研究中，研究人员向来自这两种文化的新参与者展示了这些摆拍表情，同时匹配以在形态学意义上相同的另一副表情。结果发现，在识别自由摆拍的表情时存在群体内偏好，而识别匹配的表情时则没有这样的偏好。这两个发现都符合面部表情中存在方言的观点。

就像你会比外地人更能理解本地方言一样，相比其他文化中的人，人们也能更好地识别自己文化中人们的面部表情。在一项研究中，大多数日本人都识别出了日本人的愤怒和厌恶的表情，但只有 34% 的美国人识别出日本人的愤怒表情，只有 18% 的美国人识别出日本人的厌恶表情（Dailey et al., 2010）。纳米比亚的辛巴人准确地识别了非裔美国人摆出的快乐和恐惧表情，但他们没能识别出这些人的其他表情（Gendron, Roberson, van der Vyver, & Barrett, 2014）。

姿势和声音中的情绪

我们先前已经提到，面部表情不是人们交流情感的唯一渠道。实际上，如果提供关于姿势和声音的信息，人们对面部表情的识别率会升高（Van den Stock et al., 2007）。那么姿势和声音本身又如何呢？它们能有效地传达情绪吗？不同文化背景下的人们对这套编码的认识一致吗？

姿势与情绪

Ekman 和 Izard 有关面部表情的早期研究从很多方面影响了后来的研究。比如，在之后的研究中，有很大一部分是对这些早期研究涉及的情绪进行检验。一个更微妙的影响是研究高度集中于面部，将其作为情绪表达的主要渠道，而轻视其他情绪表达方式，如姿势（Aviezer, Trope, & Todorov, 2012）、声音（Laukka & Elfenbein, 2012; Sauter, Eisner, Ekman, & Scott, 2010; Simon-Thomas et al., 2009）以及触碰（Hertenstein, Keltner, App, Bulleit, & Jaskolka, 2006）。

一系列巧妙的研究证明，就强烈的情绪体验而言，在传递情绪效价方面——不论感觉好或坏——姿势可能比面部表情更重要（Aviezer et al., 2012）。看看图 5.8 中的面孔，这些照片呈现的是真人打网球时得分或失分的瞬间。你能分辨哪个是得分，哪个是失分吗？结果表明大多数人都没把握，而且他们在猜测的时候也经常猜错。为什么会这样呢？在 Ekman 的研究中，对来自世界各地的参与者来说，快乐始终是最容易识别的情绪，这可能是因为它明显不同于所有的消极情绪。此外，在情绪的维度模型中，效价是将不同情绪相互区别开来的最重要的方面。当一个人需要对他人情绪进行判断时，分辨积极情绪和消极情绪，或者说愉悦和痛苦，应该是最简单的。

事实证明，人们能够可靠地做出区分，但不是基于面部。Hillel Aviezer 及其同事（2012）要求参与者仅仅基于面孔（如图 5.8B）猜测网球运动员是赢了球还是输了球，或仅仅基于肢体（如图 5.8A）去猜，又或基于面孔与肢体的结

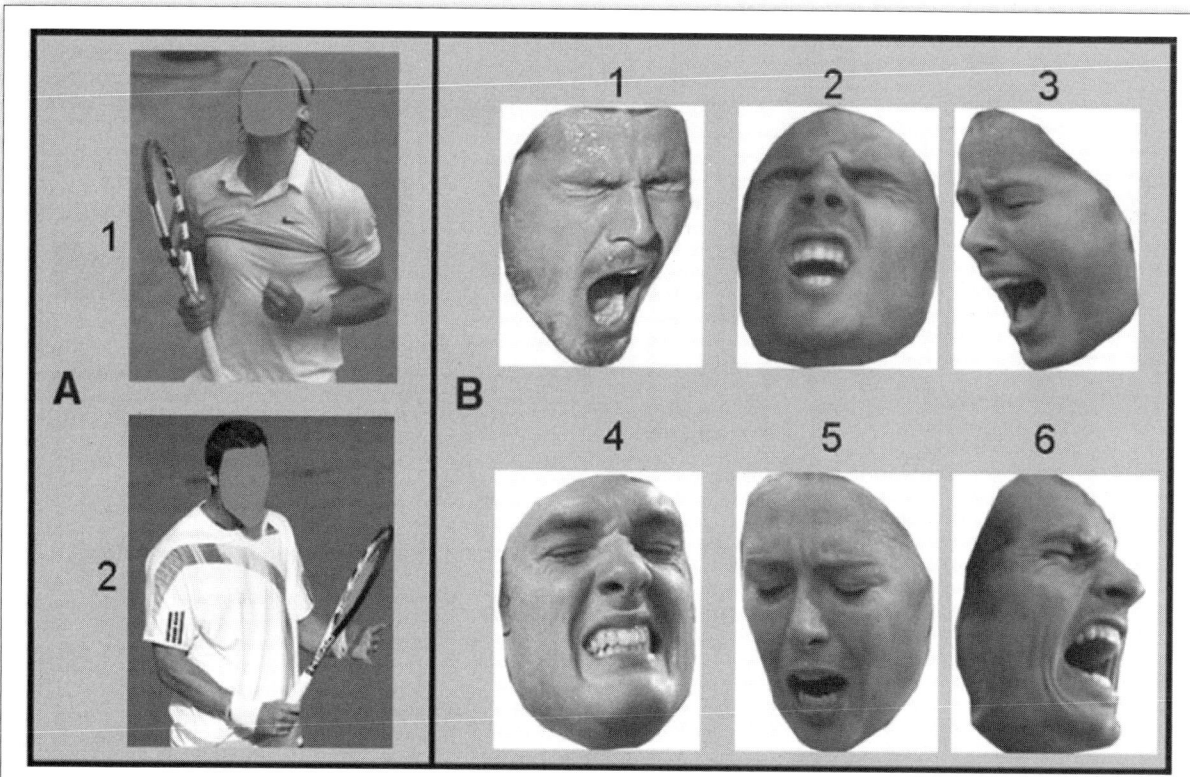

图 5.8 这些表情都是网球运动员在发生计分的一瞬间显示出来的。你能分辨出谁得了分，谁失了分吗？H. Aviezer, Y. Trope, & A. Todorov, 2012, *Science*, 338（6111），1225-1229.

合去猜。结果显示，当参与者可以看见肢体时，不论是否看见了面孔，他们都回答正确，但是当参与者只看见面孔时，他们就没法区分了。在后续研究中，这些研究者又提出：如果将面孔与肢体错误匹配，也就是将胜者的面孔与败者的肢体放在一起，或反过来将败者的面孔与胜者的肢体放在一起（见图5.9），将会怎样？尽管工作人员在实验中指示参与者根据面部表情给运动员的情绪效价打分（分数越高意味着情绪越积极），但这些分数表明参与者下意识地使用了姿势线索，抓住了肢体方面的情绪表达，正确地识别了胜者。

这些研究凸显了姿势在交流强烈情绪时的重要性。其他研究表明，姿势对某些情绪比对另一些情绪来说是更重要的线索。具体而言，Belinda Campos 等人的一项研究（B. Campos et al., 2013）表明，姿势在区分各种积极情绪时可能尤为重要。你或许已经注意到了，在 Ekman 研究的 6 种情绪中，只有快乐明显属于积极情绪。快乐的表情原型，如图 5.3g 所示，包括嘴角上扬和眼轮匝肌收缩。它也被称为**杜彻尼微笑**（Duchenne smile），以纪念法国的神经学家 Guillaume-

图 5.9 这些照片中有一部分调换了面部和身体的配对，因而传达出赢球和输球混合的信息。照片 1 和 3 显示败者的面孔，照片 2 和 4 显示胜者的面孔。但照片 3 将败者的面孔与胜者的肢体相结合，照片 4 则相反。尽管研究者要求参与者关注面部表情，但参与者对运动员情绪效价的猜测结果清晰地表明他们使用了肢体线索。H. Aviezer, Y. Trope, & A. Todorov, 2012, *Science*, 338（6111），1225-1229.

Benjamin-Amand Duchenne，因为他曾在 18 世纪详细地描绘了这种表情。Campos 及其同事想要确定具体的积极情绪是否会有相对独特的表达。他们要求美国的大学生参与者讲述自己体验到一些积极情绪时——搞笑、爱、骄傲、满足、敬畏等——的经历，然后，如果要用非语言的方式将那种情绪传达给别人，请做出相应的模样。

虽然许多积极情绪的姿势都包含了杜彻尼微笑，但头部和身体的动作更容易区分（见图 5.10）。比如，在表达搞笑的姿势中，参与者的脑袋通常向后方或一侧倾斜，或者绕圈，就好像正在大笑一样。在表达爱的姿势中，参与者往往拥抱自己，并且容易身体前倾。在表达骄傲的姿势中，参与者会坐直，挺起胸膛，并抬头。

上述两项研究均在美国进行，所以我们还不清楚这些姿势在其他文化中是否也有相同的含义。然而，姿势对于表达骄傲的重要性跨越不同文化，这一点得到了公认（Tracy & Robins，2004；Tracy & Robins，2008b；Tracy et al.，2013）。Jessica Tracy 和同事先收集了参与者摆出的表达骄傲的姿势，发现它们都包括了前面提到的体态扩张和头部抬起，以及胳膊举向空中或两手撑住臀部，占据更多空间，让自己看起来体型更大。这种表现看起来很像灵长类动物展现优势地位的姿势，这说明我们可能从共同的祖先那里继承了这种宣告地位的方式。Tracy 发现，西部非洲一个与世隔绝的部落居民也很容易识别出这种表达骄傲的姿势，不管做出动作的人来自哪个种族（Tracy & Robins，2008b）。在后续研究中，Tracy 和同事（Tracy et al.，2013）发现，斐济人不仅同样可以轻松识

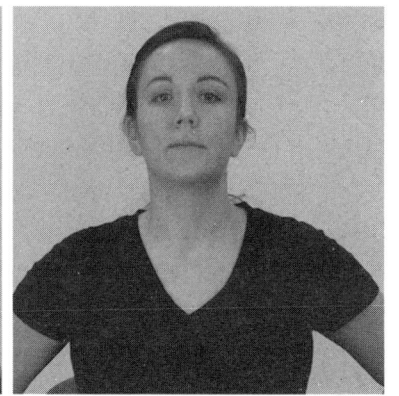

图 5.10 表示搞笑、爱和骄傲的姿势都包括了微笑，用头部和身体的姿态比较容易区分。

别骄傲的表现，而且和北美人一样，斐济人也默认那些表现出骄傲的人社会地位较高。尽管我们还需要大量的跨文化情绪表达研究，但上述研究表明，姿势的其他含义可能具有普遍性。

情绪的声音表达

试着满怀热情地说"是的，我看见了"，再换成听起来恐惧或悲伤的声音说一遍。你会发现，通过声音的语调，你可以传达大量的情绪。如果你听不懂任何一个词，你能从声音的语调中察觉别人的情绪吗？日常经验表明，我们很容易理解声音的语调。在写这一段的时候，本书作者之一（Michelle Shiota）突然听到办公室附近的走廊里传来一声独特的尖叫，她跟自己打赌外面一定发生了令人惊喜的事，接着出去查看。果然，走廊里有几个同事围绕着一只非常可爱的小狗。但是，道听途说不能成为发表科学声明的依据——人们在观察世界的时候总是倾向于关注那些有利于证明自己原有偏好的表现，甚至根本意识不到这一点。那么研究者该如何收集关于情绪表达中非语言声音信息的确凿证据呢？

首先，他们需要获得广泛的、旨在交流情绪状态的声音表达素材。在一些研究中，研究者邀请演员或研究的参与者制造**声音爆点**（vocal bursts），即"ah""mmm"之类旨在表达特定情绪但不包含语言内容的声音，将这些声音录制下来进行分析，并在后续研究中播放给参与者听。Emiliana Simon-Thomas 及其同事（2009）使用这一方法，录制了一套大学生的声音爆点，其中 9 种表达消极情绪，13 种表达积极情绪。依据类似于 Ekman 表情识别研究的那套流程，这些研究者给一批新的参与者播放这些声音爆点，并让他们从词语列表中选出单个声音爆点表达的情绪（或"不是以上任何一种"）。为了优化流程，同时保证实验任务具有一定挑战性，研究者分不同研究去考察消极/中性情绪和积极情绪。

Simon-Thomas 及其同事（2009）发现，表达厌恶、愤怒、悲伤和惊讶的声音爆点识别比例很高，平均准确率为 60%~83%。对于表达害怕的声音爆点来说，平均 37% 的参与者选择了正确的答案，但同时有 46% 的人选择了惊讶，反映出参与者分不清这两种情绪，但这种情况在面部表情研究中也很常见。对于鄙夷、尴尬、内疚和羞耻，较多的人选择了"不是以上任何一种"而非正确答案。在积极情绪中，搞笑、兴趣和宽慰的识别率分别为 66%~81%。对于表达热情（42%）、愉快（35%）、敬畏（30%）和怜悯（24%）的声音爆点，识别率相对较低，但选择正确答案的人仍然是最多的。不出所料的是，对于表达性欲的声音爆点，选择愉快选项的人数最多，正确答案则紧随其后。对于爱、感激、满意和骄傲的声音爆点，选择"不是以上任何一种"的人数与选择正确答案的人数相等或多一些。

这些结果表明，有些情绪，比起另一些情绪，能够比较清晰地借助声音传达与识别。为什么会这样？此处存在一个明显的模式：那些针对外界环境事物的情绪，人们的识别率往往比较高，而针对人际关系的情绪，人们则没那么容易通过声音识别出来。声音表达的一个优点是它可以传播得很远——当然，在你和另一个人近距离互动时这一点就不是很有必要。值得注意的是，在关于触碰的情绪研究中，情况似乎恰恰相反：亲密关系中经常表达的情绪比较容易通过触碰去交流，但关于外部事件的情绪则较不容易（Hertenstein et al.，2006）。

在上述研究中，录制和解读声音爆点的参与者都来自美国。那么世界其他地方的人是否能识别这些声音呢？Disa Sauter 和同事（2010）研究了这个问题。他们从英国伦敦以英语为母语的人群和纳米比亚几乎从未接触过西方语音的与世隔绝小村落里的居民那里获取了若干表达情绪的声音爆点。在每一个试次里，研究人员描述一个情绪情境，然后播放两段声音爆点，询问参与者哪一段比较接近这一情境（图 5.11）。这一研究方法与 Ekman 对新几内亚居民使用的研究方法十分相似。重要的是，让英国和纳米比亚的参与者对来自这两种文化背景的人发出的声音爆点进行评分，来确定是否存在系统性的群体内优势。

英国参与者能够轻松地理解英国人录制的声音爆点，在识别 9 种情绪（恐惧、愤怒、厌恶、悲伤、惊奇、成就、搞笑、愉悦和宽慰）上几乎都达到了满分。而纳米比亚参与者解读纳米比亚人录制的声音爆点的能力较差（可能是因为对这种任务很不熟悉），但是对除了宽慰以外其他情绪的识别率仍然比随机概

图 5.11 Sauter 及其同事（Sauter, Eisner, Ekman, & Scott, 2010）的研究中，一位纳米比亚参与者聆听两段声音爆点，然后选出最适合某一情绪情境的一段。

率高出许多。来自两种文化背景的参与者都表现出中等程度的群体内优势。比起录制声音爆点的人和解码的参与者来自同一文化的情况，当双方来自不同文化时，后者为每一种情绪情境选择正确声音爆点的比例较低。尽管如此，英国参与者在识别纳米比亚人录制的所有情绪类别的声音爆点时，得分仍然高于随机概率；纳米比亚参与者在识别所有消极情绪和惊奇时，得分高于随机概率，但在识别积极情绪时，只有愉悦这一种情绪高于随机概率。

在一项范围更大的研究中，Daniel Cordaro 及其同事（Cordaro et al.，2016）请 6 个美国人录制了 16 种不同情绪的典型声音爆点。表 5.1 简要介绍了每种情绪的典型声音。同样地，在每一个试次中，参与者先听到一个句子，描述一个可能引起某种情绪的情境，接着听到 3 段声音爆点（效价相同），然后参与者选择其中最符合该情境的一段或者"不是以上任何一种"。参与者为来自 10 个不同国家的大学生，他们代表着东亚、南亚、中东和西方国家。

表 5.1 一些情绪的非语言发声包含的声音

对 Simon-Thomas 等人（Simon-Thomas, Keltner, Sauter, Sinicropi-Yao, & Abramson, 2009）以及 Cordaro 等人（Cordaro et al., 2016）的研究中识别率较高的声音爆点的介绍。

情绪	声音爆点
搞笑	笑
愤怒	咆哮
敬畏	"Wow"
鄙夷	"Thuh"，吐口水的声音
满意	"Ahhh"，长叹
渴望	"Mmm"，品味某些事物的声音
厌恶	"Ughh"，干呕
尴尬	自觉的笑声，呻吟
害怕	尖叫
感兴趣	"Mmhmm"
痛苦	"Ouch"
宽慰	"Whew"，短叹
悲伤	哭泣
惊奇	喘气
同情	"Aww"
欢欣	"Woo-hoo"

D. T. Cordaro, D. Keltner, S. Tshering, D. Wangchuk, & L. M. Flynn, 2016, *Emotion*, 16（1）, 117-128.

除了韩国参与者对"渴望（食物）"和"同情"、印度参与者对"惊奇"以外，每一个国家的参与者对其他每一种声音爆点的识别率都高于随机水平（25%），整体的平均准确率为80%。国别对整体准确率有主要影响，韩国参与者比起其他国家的参与者表现要差很多，特别是在识别消极情绪方面，但从整体来看，识别率还是很高的。Cordaro及其同事（2016）后来在不丹的一个偏远村庄里重复了这项研究。由于村庄没有通电，当地的参与者从未接触过西方媒体。尽管参与者为每一个情绪情境选择正确声音爆点的比例比来自发达国家的大学生的要低得多，但仍然显著高于随机概率，只有鄙夷和宽慰这两种情绪除外。

这些声音表达研究有一个共同的特点，就像大多数关于面部表情的研究一样，它们全都是从基本/离散情绪理论的视角出发来探究这一问题的。声音爆点刺激旨在表达特定类型的情绪，而与之相匹配的故事或情绪词也代表着离散的情绪分类。成分加工模型则指出了另一种方法。Petri Laukka 和 Hillary Elfenbein（2012）研究了声调的声学特性是否与成分加工模型中的评估维度之间存在系统性的关联。于是，研究者利用了美国演员的录音数据库，其中每个人都要表达15种情绪，同时描述一段相关情境的个人经历（实际上是一项重新体验情绪的任务）。为了保留声调并且避免把情境透露给参与者，研究者只使用了内容为中性的小片段，比如"事情就是这样发生的"。

然后，研究者给参与者播放声音片段。不过，参与者无须判断声音所表达的情绪，而是要推断引发这段声音的情境的新异度、愉悦度、目标导向、紧迫程度、力量感以及符合规范的程度，并据此打分。在每个维度上，参与者间信度都很高（大于0.80），这说明不同参与者的评分很接近。总体而言，声音片段的各维度评估情况符合它所表达的每种情绪的各维度评估情况，后者源于早前的研究结果。

尽管大部分情绪表达研究都关注面部表情，但这一节介绍的各项研究清楚地表明，人类还拥有几种非言语渠道可以表达自己的感受。令人震惊的是，那些用面部表情能清晰传达的情绪，通过声音语调或者姿势渠道传递的就不那么清晰了，反过来也是一样。随着研究者不断深入考察其他交流方式，有关情绪及其传递的全新复杂情形将逐渐浮现。

情绪表达会影响情绪感受吗？

William James 提出，我们的情绪感受是由针对情绪情境的本能行为和生理响应造成的。他的经典例子是先逃离熊，接着因此感到恐惧。那么情绪行为，例如非言语的情绪表达，是感受到情绪的必要条件吗？如果不是，那么这些行为是否至少能够增强情绪感受呢？

一个基于 James 情绪理论的极端假设是，如果你不能做出面部表情，那么你将无法体验到情绪感受。但现有的数据不支持这一假设。面部肌肉永久性瘫痪的病人能够随着时间的推移而适应这种状况，并报告能感觉到正常的情绪（Keillor, Barrett, Crusian, Kortenkamp, & Helman, 2002）。**莫比乌斯综合征**（Möbius syndrome；一种罕见的先天性疾病）患者无法微笑，但他们报告说能感觉到高兴或搞笑。这种病症确实会带来严重的后果，无法微笑会让患者的人际关系变得尴尬，但这主要是出于社会因素的影响，而不是因为这种病症直接影响情绪体验。曾有一个患莫比乌斯综合征的小女孩通过手术获得了人造的笑容（G. Miller, 2007），但她在接受手术之前就能感受到快乐，也具有幽默感。这一证据表明，面部表情对于感受情绪来说并不是必需品。

让我们换一个不那么极端的假设：人们仍会感受到情绪，但不那么强烈。在一项研究中，研究人员用肉毒杆菌毒素暂时麻痹了参与者的皱眉肌。在毒素作用消失之前，参与者观看他人愤怒表情时的脑活动比正常情况下要弱，这显然是因为他们不能对向自己怒目而视的人皱眉还击（Hennenlotter et al., 2009）。然而，脑活动不一定能反映愤怒的感受。

面部表情和其他非言语行为对于感受情绪来说可能不是必需的，但它们有助于创造出情绪感受。这一观点叫作**面部反馈假说**（facial feedback hypothesis）。比如，微笑是否会让你感到快乐或搞笑，而皱眉是否会让你感到心烦？为了检验这些假设，研究者不能简单地要求参与者微笑或皱眉然后询问他们感觉如何（研究者当然可以这样做，但这不是一个好方法）。如果你是这项研究的参与者，你很容易猜到实验者在检验什么假设，然后你报告自己的感受时就可能偏向你认为研究者期待的那个答案。心理学研究者将这一问题称为一种**需求特征**（demand characteristics），指那些会使参与者意识到实验者希望看到什么的线索。

为了避免需求特征，研究人员采用了掩饰研究目的的方法。这儿有一个好主意，你可以自己试一试，也可以让朋友试一试：先用牙齿咬住一支笔，稍后用嘴唇夹住一支笔（图 5.12）。参与者在两种情况下都要看一篇漫画，随后给予非常好笑（+）、有些好笑（√）或不好笑（-）的评分。当你用牙齿咬住笔时，你实际上是被迫微笑了；当你用嘴唇夹住笔时，嘴唇压在一起的状态就像人们生气时那样。在一项研究中，用微笑姿势咬着笔的参与者比那些用生气姿势夹着笔的参与者对漫画评价要好笑一点（Stack，Martin，& Stepper，1988），也就是说，微笑的面部似乎提升了好笑的程度。

自 Strack 等人（1988）的研究以来，面部反馈假说的基本原理得到了数十项研究的支持，它们使用的方法相似但不相同（Dimberg & Söderkvist，2011；Duclos & Laird，2001；Hess，Kappas，McHugo，Lanzetta，& Kleck，1992；McIntosh，1996；Mori & Mori，2009）。一项研究用电影替代了漫画，参与者的评分也与此相似（Soussignan，2002）。在另一项研究中，研究者推测，如果微笑增加了好笑程度，那么皱眉应该会减少好笑程度。为了检验这一假设，工作人员告诉参与者这是一项关于注意分配的研究，因而要求参与者同时进行两项活动。其中一项是评价各种照片令人愉快或不愉快，另一项是运动任务：工作人员在参与者的眉毛上方放置高尔夫球座，要求参与者保持两个高尔夫球座的顶端彼此接触，而唯一能实现这一要求的办法就是皱眉，所以这些指令虽然没有明说，却悄悄地让参与者皱起了眉头。当参与者皱起眉头，比起不要求他们保持高尔夫球座顶端相触时，他们对大多数照片的愉悦程度评价低一些（R. J. Larsen，Kasimatis，& Frey，1992）。有研究显示，将肉毒杆菌毒素注射到面部肌肉中可以改变参与者对情绪的主观体验（J. I. Davis，Senghas，Brandt，& Ochsner，2010），甚至会降低他们识别他人情绪的能力，这也许是因为它抑制了个体模仿他人表情的能力（Neal & Chartrand，2011）。

图 5.12 用牙齿咬住一支笔会迫使你微笑，用嘴唇夹住它则可以阻止你微笑。而用牙齿咬着笔看漫画的人感觉漫画更好笑一些。

在一项研究中,研究者要求 54 名大学生采取特定的姿势和面部动作参与实验。工作人员把实验目的描述为研究人们的动作对他们思维的影响,从而掩盖真实的实验目的。工作人员接着说,有时情绪会影响动作和思维之间的关系,所以他们还要询问情绪感受和想法。然后,工作人员给出了关于运动哪块肌肉、采用什么姿势的详细指令(Fack, Laird, & Cavallaro, 1999)。

具体指令见下文,你可以试试看自己是否随之感受到了某种情绪。但不幸的是,与参与者不同,你已经知道实验假设,所以你的结果被你的预期污染了。不过,你可以尝试在不告诉朋友实验假设的情况下,在他们身上进行这个实验。

1. 眉毛聚拢并向下。咬紧牙关并紧闭嘴唇。把你的脚平放在地板上,使其位于膝盖的正下方。把你的前臂和肘部放在椅子的扶手上。现在,握紧你的拳头,并使你的上身微微前倾。

2. 让眉毛朝着你的脸颊向下移动。合上嘴巴,用你的下唇轻轻地向上推。坐着时,把背部舒舒服服地靠在椅子上,把你的脚松松地耷拉在椅子下面,使你的腿和脚没有紧张感。现在把你的手叠放在膝盖上,只需轻轻地把一只手搭在另一只手上。低下你的头,让你的胸腔下沉,让身体的其他部分变得绵软无力。你应该感觉到,只有脖子后部和肩胛骨上有轻微的张力。

3. 扬起眉毛,睁大眼睛。让你的整个头向后移动,这样你的下巴就会收起来一点,放松你的嘴部,微微张开。身体滑到椅子的前缘,双脚并拢,放在椅子下方。现在把你的上半身向右转,腰部稍微扭一下,但要保持头朝前。现在将你的右肩微微下沉,上身微微后倾。把你的手举到和嘴巴差不多的高度,手臂于肘部弯曲,手掌朝前。

4. 把你的嘴角向上、向后推,让你的嘴张开一点。在椅子上坐得越直越好。把你的手放在两侧扶手的前端,确保你的腿在身体正前方,膝盖弯曲,脚位于膝盖的正下方。

指令 1 的目的是引发愤怒。平均而言,参与者报告的愤怒程度高于平常,厌恶程度也有所上升。指令 2 的目的是引发悲伤,它也的确做到了,并且没有增强其他情绪。指令 3 的目的是引发恐惧,但这方面的结果与前两者相比不太清晰。人们报告说恐惧程度上升了,但惊讶的程度却增加得更多。这个结果是合理的，因为与恐惧、惊讶相联系的面部表情和姿势十分相似。最后，指令 4 的目的是引发快乐，而平均而言，遵循这一指令的人的确报告出较高的愉悦度。

图 5.13 显示了 4 种指令带来的结果，从左到右是愤怒指令、悲伤指令、恐惧指令和快乐指令。在每一项指令下，人们都要报告自己 6 种情绪感受的强度：愤怒、悲伤、恐惧、快乐、厌恶和惊讶。请注意，每一项指令都激发了预期的情绪，有时还激发了相关的情绪。不幸的是，研究人员并没有报告基线水平，即没有关于面部表情或姿势的指令时，人们感受到每种情绪的程度。

这些研究被称为**概念复制**（conceptual replications），它们的理论原理与最初的研究相同，只是使用的方法不同。虽

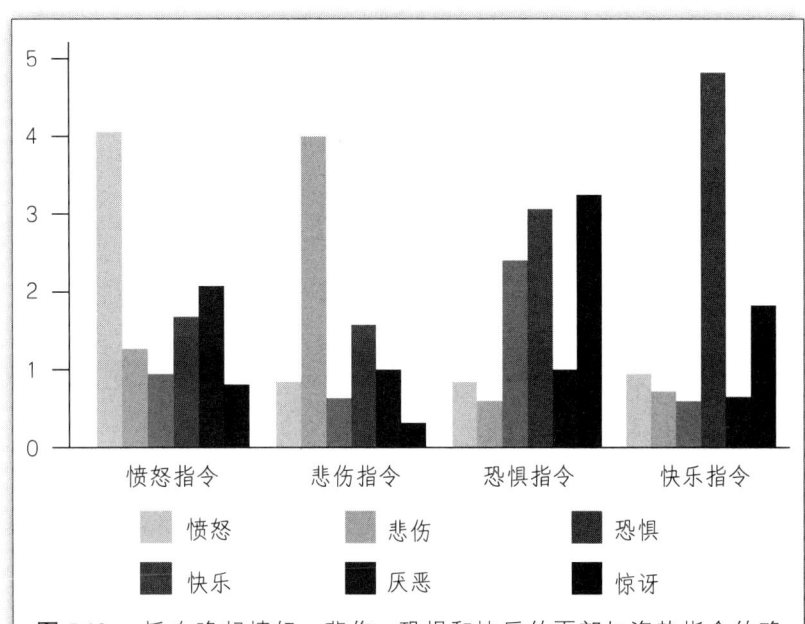

图 5.13　旨在唤起愤怒、悲伤、恐惧和快乐的面部与姿势指令的确诱发了相应情绪，但是在一些情况下，它们也诱发了其他相关的情绪（Flack, Laird, & Cavallaro, 1999）。

然面部反馈假说的版本略有差异（如，面部肌肉运动可以触发情绪感受吗？或是只能调节你已有的情绪感受？），但其基本观点得到了一些已发表的概念重复研究的支持，并已经被广泛接受许多年了。基于这种局面，Strack 认为，这是一个针对大规模重复研究的很好的检验。大规模重复研究是指若干研究人员一致同意彼此独立地进行同样的研究——这叫作**直接复制**（direct replication）——并评估新的结果与初始研究是否一致。近年来，其他一些研究未能通过这样的重复检验，其中的初始研究往往提供了许多令人难以置信的发现，以致无人着手去复制。相反，一个有大量证据支撑的、可靠的发现，复制它应该毫无问题，对吗？另一名心理学家 E. J. Wagenmakers 接受了这一挑战，撰写指导手册，以使复制研究与初始研究尽可能相似，并邀请其他实验室的研究人员参加。最终，进行了 17 项相同的研究，涵盖近 2000 名参与者。那么他们发现了什么？

什么都没有。跨越多项研究，"嘴含笔"这一实验操纵压根没有影响到参与

者对漫画好笑程度的评分（Wagenmakers，Beek，Dijkhoff，& Gronau，2016）。这对于面部反馈假说意味着什么呢？我们还不能肯定。研究者并不准备仅仅因为这一系列复制实验的失败而抛弃这一假设。关于这些新的研究为什么没有成功，有很多可能的原因。新研究中的漫画与初始研究中的不同，尽管经过了严谨的前测，但也可能是有关它们的一些细节使得实验没能复制成功。此外，新的研究在初始研究 30 年之后才进行，虽说人们的面部反馈机制不大可能在这短短的时间内发生了改变，但是作为参与者的大学生却发生了很大的改变，研究方法中的一些内容在几十年后的今天可能具有了不同的含义。另外，复制研究中的大量参与者可能在实验之前就听说过这一效应，因而对它有所防御。总之，我们不清楚。以上任何原因都可以解释一些复制研究为何失败同时众多复制研究得以成功并发表。面部反馈很可能只在某些时间、某些情境下才能调节情绪体验。未来的研究应该致力于解决这一谜团——这种效应什么时候可靠，而什么时候会消失。

一般来说，解释任何一项研究结果时保持审慎都很重要。尽管大众杂志、网站以及其他媒体都可能怀着巨大的热情报道某些新的研究结果，但任何一项研究都无可避免地有其局限性，而且可能只考察了少量的人。这里还有一个例子：某个初始研究结果只有一部分得到了后续复制研究的支持。此前我们描述了骄傲的姿态表达——即扩张体形以占据较多空间——是其他哺乳动物在显示支配地位时的典型行为。在这项研究中，研究者随机分配参与者，使一部分参与者采取"权力"姿势，也就是四肢打开、扩张，并使另一部分参与者采取一种相对收缩的姿势，也就是四肢紧贴躯干。在采取上述姿势两分钟之后，参与者完成一项金钱赌博任务，并给自己的主观力量感打分。与面部（姿势）反馈假说一致，那些采取了"权力"姿势的参与者比采取收缩姿势的参与者报告自己感觉更有力量。在赌博任务中，前者也做出了比较冒险的决定，并且赌博任务结束后其体内激素的变化也符合支配地位上升（睾酮增加）和应激程度下降（皮质醇减少）的情形（Carney，Cuddy，& Yap，2010）。这真是一个了不起的发现！

不过，这项初始研究只涉及两种姿势条件下共 42 名参与者。对于任何一项单独的研究，科学家都会担心其结果可能出于偶然，只反映了少数正好出现在这一样本中而可能不会出现在较大总体中的人的特征。当一个样本如此小的时候，总会受到特别的关注。另一组研究者试图重复这一研究，这次包括了 200

名参与者。虽然他们重复出了权力姿势对主观力量感的影响，但它对冒险行为和激素的影响则消失了（Ranehill et al., 2015）。这种权力姿势是否增强了支配地位？好的心理学研究者在给出全有或全无这样的简单答案时都会很小心。权力姿势可能会产生一些影响，但还需要更多的研究来确定哪些效应是可以持续观察到的，以及会在什么条件下出现。

总　　结

在本章的开头，我们曾提到现代情绪科学的存在很大程度上源于对面部表情的研究。我们希望你现在能够理解这一说法的由来。达尔文关于情绪表达的思想为后来的发展奠定了基础，将情绪看作演化而来的人类天性的一部分。而 Ekman 和 Izard 对面部表情识别的早期研究则彻底改变了情绪在心理学中的地位。事实上，这些结果显示了对情绪进行有意义研究的可能性。无论是好是坏，Ekman 研究中包含的 6 种情绪是几十年来被研究的唯一一批情绪，许多人甚至认为这就是 6 种基本情绪。你现在应该意识到，这种说法超出了数据的原意。对于是从基本情绪视角还是从连续维度视角来分析情绪最好，研究者还没有达成共识，即使我们谈论基本情绪，这批情绪的数量也存在争议。

从本章中我们还学到了什么？一是情绪可以通过面部以外的渠道传达，包括姿势、声音和触碰。即便抛开语言，我们交流情绪的能力也非常复杂，而且许多非言语表达可以实现跨文化的理解。这表明情绪表达和情绪感知中的某些方面根植于人类天性。不过，文化也扮演着重要的角色。对情绪表达的研究表明，这并不是一场先天与后天的战争，而是演化和文化的力量交织互动，制造出我们的表达。表达的规则和表达中的方言就是两个例子。这一先天与后天相互作用的原则适用于情绪的其他多个方面，也适用于整个心理学。

我们还介绍了在解释研究结果时需要谨慎讨论，特别是当结果来自某个单独的研究时。在本书中，我们会好几次遇到这样的情况：一项研究得出一个结论，而另一项研究得出相反的结论。对此，我们的反应不是举手投降，完全放弃科学，而是仔细观察不同研究中使用的方法，并询问它们是否可以解释这种差异。我们不知道我们提出的每一个问题的答案，但是我们会诚实地告诉你存在的争议，以及研究者是如何向前推进的。

关键术语

动作单元（action unit） 在面部动作编码系统中，分配给具体面部肌肉收缩后带来的可见效应的数字和名称。

概念复制（conceptual replication） 试图支持先前研究结果的理论意义的研究，但使用的方法略有不同。

需求特征（demand characteristics） 研究中有关实验者具体期待的线索，参与者可能有意地或不自觉地遵从这些期待。

方言（dialect） 同一种语言中，口音和词汇的群体差异（在本章中指情绪的面部表达），这些不同群体的人可以相互理解，但群体内成员比群体外成员更容易相互理解。

直接复制（direct replication） 一项新的研究，使用与先前的研究相同的方法，以确定原来的结果是否会重复出现。

杜彻尼微笑（Duchenne smile） 包含眼轮匝肌收缩和嘴角上扬的微笑。

面部动作编码系统（Facial Action Coding System） 一套对于人类面部表情中收缩的具体肌肉进行编码的系统。

面部反馈假说（facial feedback hypothesis） 关于摆出某种情绪的面部表情有助于产生相应情绪感受的假设。

自由标记（free labeling） 一种研究方法，参与者看到一个面部表情后为这种表情想出自己的标记，而不是从一组给定的选项中选择一个。

姿势（gesture） 用来传达语义内容的头部和手部的有意动作，通常具有文化特异性。

元分析（meta-analysis） 一种统计技术，将许多不同研究的结果合并成一套分析。

莫比乌斯综合征（Möbius syndrome） 一种罕见的先天性疾病，患者生理上无法微笑。

声音爆点（vocal bursts） 不包含语言内容的发声，如 ah 或 mmm，旨在表达某种特定的情绪。

思考与讨论

1. 大多数面部表情研究都是研究人们如何解读表情。如果你想研究人们在感受到各种情绪时如何做出表达，你会用什么实验任务呢？不同方法的优势和局限分别是什么？
2. 人们把皱眉（收缩肌肉以使眉毛聚拢，向下趋近鼻尖）作为表达许多负面情绪时的一部分。但不是所有的负面情绪的表达都包括皱眉，而且人们在没有感觉到负面情绪时也经常皱眉。人们皱眉的其他情境有哪些？Klaus Scherer 的成分加工模型可能为这一肌肉运动提供什么样的解释？

3. 想一想用音乐表达情绪的方式。什么声学特性分别传达了欢欣、悲伤、害怕、生气等情绪？它们是否反映了这些情绪在人类声音方面的相应特性？

4. 我们在这一章中注意到，不同的情绪似乎可以通过不同的表达渠道得到最好的传递。哪些情绪通过面部表情、姿势、声音或触碰来交流最为有效？给出你的理由。

延伸阅读

Ekman, P. (2009). *Telling lies: Clues to deceit in the marketplace, politics, and marriage.* New York, NY: W. W. Norton.

有关从非言语表达方式中提取撒谎线索的一本研究总结。

Ekman, P. & Rosenberg, E. L. (2005). *What the face reveals: Basic and applied studies of spontaneous expression using the Facial Action Coding System (FACS)* (2nd ed.). New York, NY: Oxford University Press.

该书涉及有关情绪表达的各方面问题，包括表达与感受的关系、发展轨迹、在临床与健康心理学中的应用等。

Levitin, D. J. (2007). *This is your brain on music: The science of a human obsession.* New York, NY: Plume.

作者既是音乐家又是神经科学家，在书中介绍了人类情绪响应音乐的心理机制。

第二部分
情绪如何影响我们的生活?

第 6 章　情绪与中枢神经系统

第 7 章　自主神经系统与激素

第 8 章　情绪的发展

第 9 章　关系与社会中的情绪

第 10 章　情绪与认知

第 6 章

情绪与中枢神经系统

现在我们进入了本书的第二部分,来了解情绪如何影响我们的生活。情绪是清晰鲜活、令人印象深刻的体验,研究它们本身是很有趣的。但是,情绪同时也影响着人类经验中的其他许多方面,包括生物、发展、人际关系和认知等。我们会花一章的篇幅来讨论经常伴随着强烈情绪或应激的生理改变,涉及这些反应的神经系统机制以及它们对生理健康的影响。在另一章里,我们会考察情绪在人们一生中的变化,侧重于情绪的发展在人生中的不同阶段如何与生理、认知和社会方面交互作用。在其他几章里,我们会介绍情绪怎样强有力地塑造我们与他人的关系、我们的认知与决策。在每一章里,你都会读到情绪与心理学其他分支领域之间的联系。

第二部分将从情绪与**中枢神经系统**(central nervous system)开始。中枢神经系统包含脑和脊髓两大部分。从脑研究中我们可以获得什么有关情绪的知识呢?我们将学到很多,潜力无限。比如,不同的情绪理论对于情绪如何反映在脑活动当中做出了不同推测。如果研究者发现愉快依赖于某一脑区、某一神经递质或某一神经通路的活动,而愤怒依赖于另一脑区、递质或通路,恐惧则又不同,诸如此类,那么我们也许可以认为这些情绪确实是基本情绪。或者,研究者可能发现情绪过程中的脑活动与动机过程中的脑活动密切相连。还有可能,情绪的主要神经活动发生在那些负责语言和意识觉察的脑区,这样一来,就符合了情绪的心理建构模型。

情绪的脑研究还具有实践意义。如果研究者把情绪中的某些方面和特定的神经递质或突触受体联系在一起,他们就能设计出药物来帮助调节某些情绪问题。这一点在针对焦虑、抑郁和创伤后应激障碍等情绪障碍的药物开发中已被证明相当重要。理解情绪的脑机制及其调节过程还具有法律意义。在某些案件中，律师会以脑损伤、脑发育不全、基因异常影响脑功能等情形为由提出被告不能为自己的暴力行为负完全责任。而要评估这种辩护是否成立，我们就必须弄清脑活动与情绪过程的联系。

是否存在通常所说的"情绪脑区"呢？在早期尝试对情绪脑进行定义时，Paul MacLean（1952）提出，一个被他叫作**边缘系统**（limbic system）的神经结构是情绪的来源。在他的三重脑模型中，MacLean把大脑分成3个脑区。位于中央的脑区控制"爬行动物"的感觉、生存和反射行为。第二个脑区——也就是他所说的边缘系统——包绕着爬行脑区，负责控制"哺乳动物"的情绪。第三个脑区是覆盖在外面的新皮层，负责控制人类和其他灵长类动物的复杂认知和推理（见图6.1）。后来的研究表明三重脑模型过分简化了实际情况，这3个脑区都参与了感知、情绪和高级的认知加工，并且互相之间联系密切。不过，正如我们很快将看到的，边缘系统中的一些结构对于情绪加工确实非常重要，这个术语因而沿用了下来。

本章的目的是介绍情绪神经科学的主要技术和证据。我们首先介绍研究情绪神经机制的方法，探讨每种方法的优点和不足。接着，我们将讨论一个特别的脑结构（杏仁核）的研究历史，把它作为情绪神

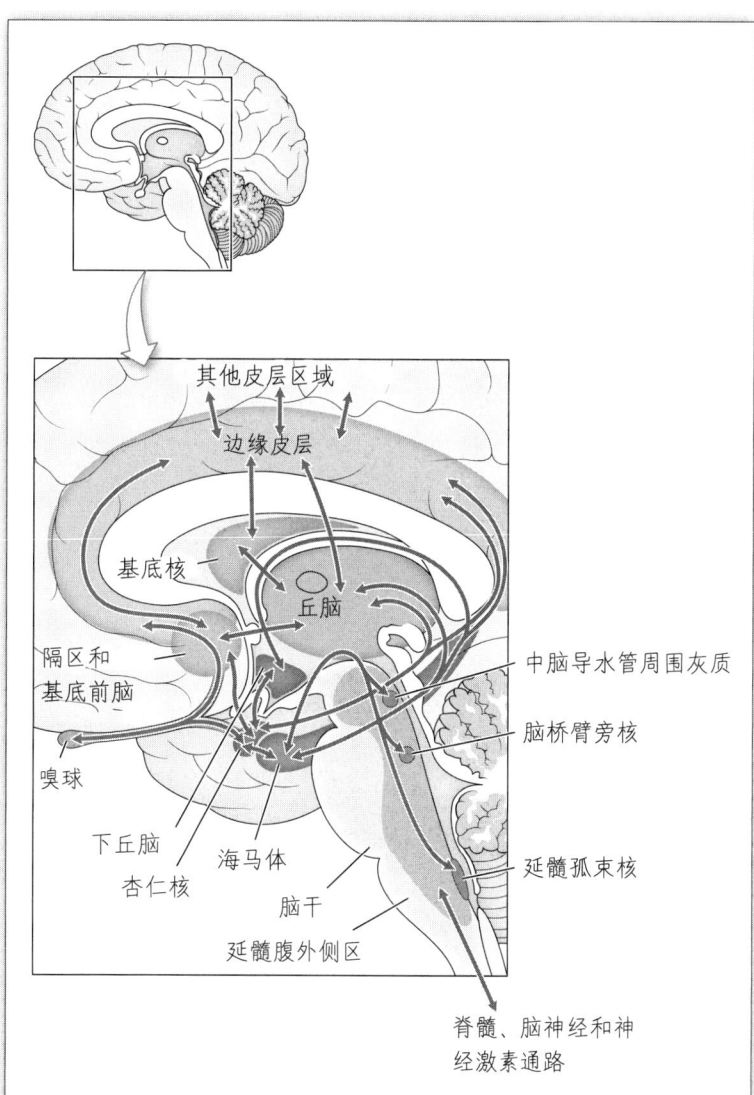

图6.1 20世纪50年代，Paul MacLean提出了"边缘系统"这个概念，意指从我们的哺乳动物祖先那里继承而来的脑结构。他认为这部分脑区是人类情绪的来源。尽管这一观点如今的支持者已经寥寥无几，但这部分脑区中的某些结构确实在情绪过程中发挥着重要作用。

经科学面对挑战和机遇的一个例子。然后，我们将回顾一些对情绪十分重要的具体脑结构和神经递质，最后，对情绪神经机制进行总结。

研究情绪和脑的方法

脑研究非常难做。作为一个高度复杂的器官，脑充满了微观结构，它们对微量的特定生化物质做出反应，而我们的测量手段却依赖于覆盖广泛的脑活动模式。在过去很长的一段时间，研究任何人类行为脑机制的唯一方式是寻找发生脑损伤的人，观察他们的行为如何变化，等他们死后进行解剖，检查损伤的精确部位。研究者也会进行动物实验，但我们得推测实验动物当时感受到哪种情绪，才好把脑活动和情绪联系起来。测量人类的情绪已经够困难了，测量动物的情绪更是难于登天……有些人干脆说，这压根就行不通。

最近的技术进步让我们有能力获得脑活动的图像了。不过，每种技术都有其局限性。如果许多研究用不同的方法得到了一致的证据，那么我们对情绪神经机制的理解才能真正有所进步。现在让我们看一看这些方法。

脑损伤研究

人类脑损伤研究的一个难点在于，此类损伤（通常源于中风或事故）的部位因人而异，往往涉及多个脑区，几乎不会出现只损伤研究者感兴趣的单个脑区的情形。因此，基于多个目的，研究者将目光转向了实验动物（基本上是大鼠），精确损伤其目标脑区。这种实验损毁可以通过手术或化学方法实现。不过，解读此类研究结果仍然不容易，太过急切的研究者很可能仓促推出错误的结论。想象一下，一个对人类毫无了解的外星人损伤了你的舌头，发现你回避跟其他人聊天（这是当然的，因为你没法说话了），便据此推断舌头是人类身上负责社会化的器官。或者，这个外星人损伤了你所有的手指，只留下完好的中指，于是只要你抬起手（等于只是竖起了中指）就会有人揍你一拳。这个外星人据此结论：其他手指具有消除攻击性的作用。你还可以想象出许多类似的外星人荒谬结论，而研究者在做脑损伤研究时，也冒着犯下同样错误的风险。

面对人类脑损伤时，研究者也会遇到问题，因为脑损伤并不是随机发生在人们身上。比如说，损伤了腹内侧前额叶（图6.2）的病人与没有损伤的病人或者损伤了另一个脑区的病人相比，在赌博任务中的风险寻求行为更强烈（L. Clark et al., 2008）。这一脑区损伤往往源于头部外伤。那么，哪类人特别容易发生头部外伤呢？从事风险运动的人，比如摩托车骑手或者极限运动者，对不对？那么风险寻求行为是脑损伤的结果，还是原因呢？

抛开这些局限性，多种方法彼此抵消不足之处可以让我们收获知识。在这个例子当中，无脑损伤参与者的神经成像研究也支持了腹内侧前额叶在面对赌博等风险情境时活动水平上升（Eshel, Nelson, Blair, Pine, & Ernst, 2007）。这些研究给了人们更多信心，腹内侧前额叶皮层参与风险评估或风险抑制的结论是有效的。

脑电图

脑电图（electroencephalography）测量的原理是：在一个神经元和另一个神经元的交流过程中，神经元在去极化的瞬间会产生一个电位（或者说"充电"）。一个神经元产生的电位是十分微弱的，但是如果许多位置接近的神经元同时去极化，而且它们朝向同一个方向，那么放置在头皮处的电极就能够探测到这种电活动。研究者利用这个原理，通过在参与者的头上放置许多电极来比较每个电极与放在其他位置的参考电极的反应（见图6.3）。它们可以测量自发的电活动模式，或者对图像、声音及其他刺激的反应。脑电图对各种刺激的反应叫作**诱发电位**（evoked potentials），或者**事件相关电位**（event-related potentials，简称ERP）。与此十分近似的一种方法是脑磁图，它记录的是脑细胞磁活动的瞬时变化（因为电流通过时会产生磁场）。

脑电图或脑磁图研究的参与者都必须在一段相当长

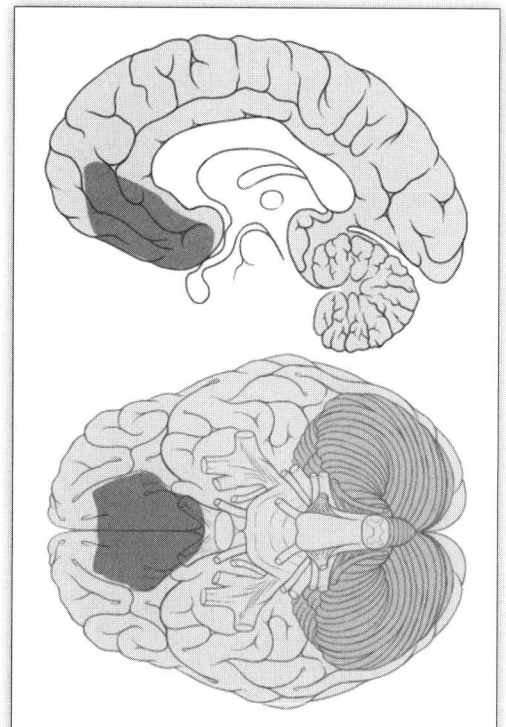

图6.2 腹内侧前额叶皮层是一个容易受到头部外伤损害的脑区。

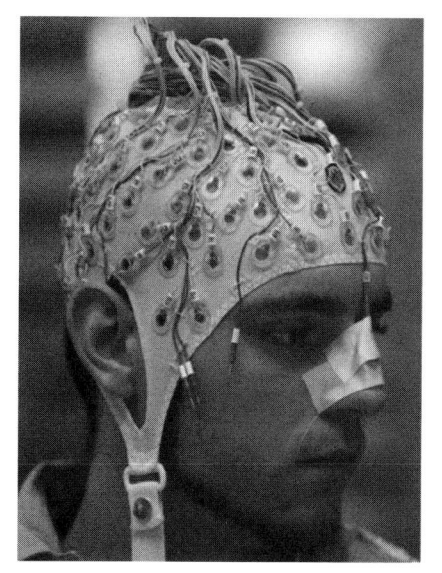

图6.3 脑电图的运用使得研究者能够测量电极下方脑区内神经元的平均活动情况。

的时间里保持一动不动，这可不是件容易事。脑电图研究中的刺激和任务必须足够简单（甚至乏味），以防止参与者做出动作，同时方便分离出具体的心理过程。哪怕是简单的眼动也会干扰结果。除此以外，研究者还要克服其他困难。由于单个试次的结果包含着相当多的噪声，研究者要进行许多试次，然后取其平均值。因为脑电图和脑磁图汇集了一个区域的活动，所以无法从中提取出活动位置的精确信息。不过很多时候我们也不需要那么精确。这类方法的优势在于它们可以测量毫米级的快速变化。例如，它们可以显示脑多快开始对一个情绪刺激做出反应，这个反应持续多久，以及哪个脑区最早做出反应等。有时我们可能想要检验一个脑区的活动是否抑制了另一个脑区的活动，此时两个脑区活动的具体时间就有助于回答这类问题。

这里有一个关于情绪的脑电图研究例子。研究者发现：在一些任务中，参与者做出一个错误反应后大约100毫秒时，额叶处电极的电位发生了显著改变。这一现象被称为"错误相关负波"（error-related negativity）。而且，与其他人相比，焦虑障碍患者的错误相关负波的负性偏向更大（Hajcak，McDonald，& Simons，2003；见图6.4）。也就是说，焦虑障碍患者犯错后比一般人反应更强烈。

功能性磁共振成像

脑电图和脑磁图研究通常只能记录接近颅骨处的脑活动——来自脑深部结构的电活动信号往往会被浅层结构的电活动覆盖掉。一种可以精确定位脑区活动，并且能够测量到深部结构活动情况的方法是正电子发射断层扫描（positron emission tomography，简称PET）技术。为了进行正电子发射断层扫描，实验员要给参与者注射一定的化学物质，例如带有放射性标记的葡萄糖，然后通过设备测量各个脑区的放射剂量，以了解其活动情况。由于葡萄糖是脑的主要能量来源，最活跃的脑区自然会消耗最多的葡萄糖，从而显示出最大的放射剂量。

如今，更常用的做法（无须任何注射）是功能性磁共振成像（functional magnetic resonance imaging，简称fMRI）。这种技术的物理原理很复杂，其基本理念如下：负责运送氧气的血红蛋白分子，在其含氧和脱氧的情况下对磁场会有不同反应；而最活跃的脑区耗氧量最大。因此，如果一套设备能够测量出血红蛋白分子对磁场的反应，它就能够在几秒钟内识别出活跃程度不同的脑区。

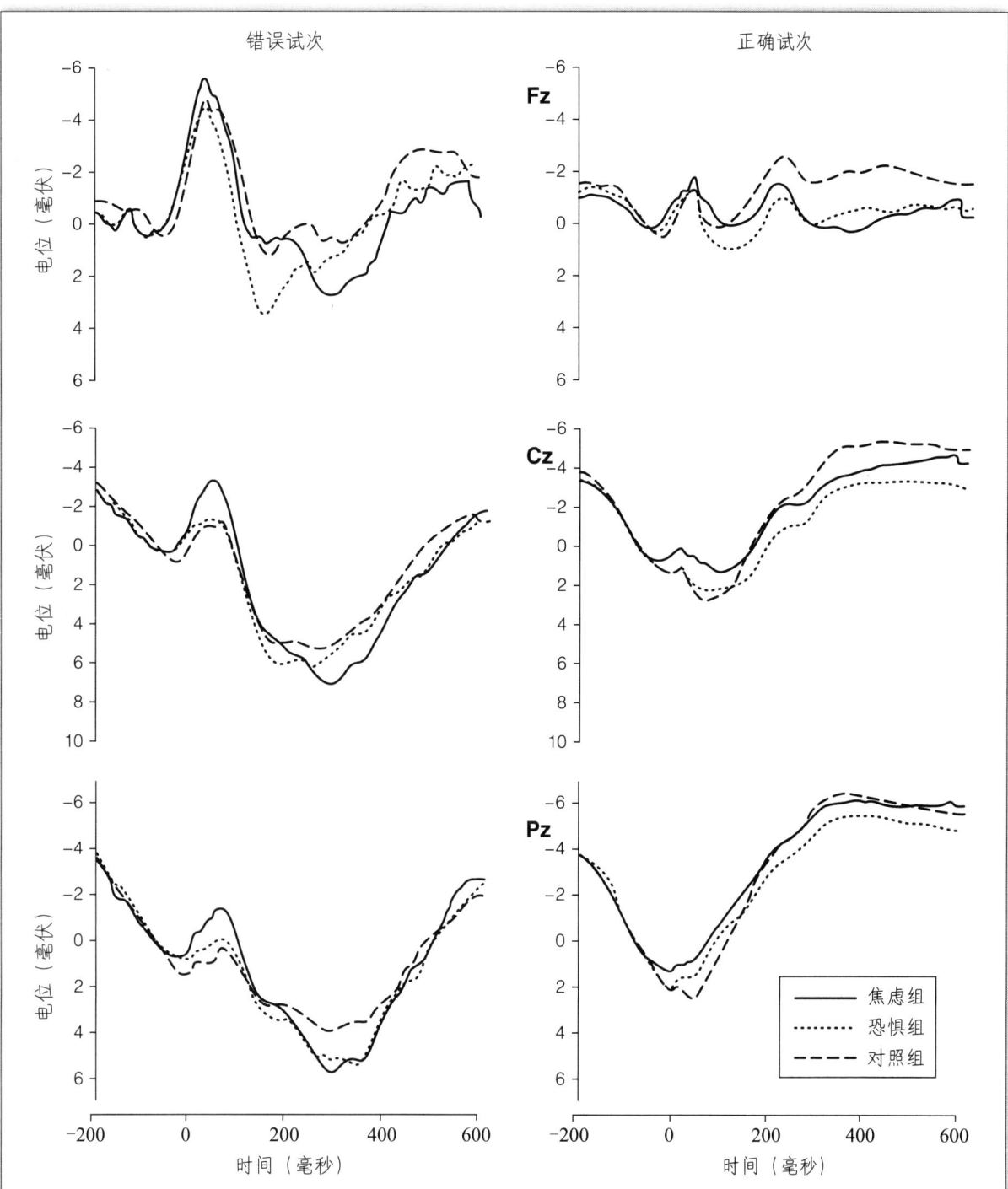

图 6.4 报告自己有强烈焦虑症状的参与者（即焦虑组）做出一个错误反应之后大约 100 毫秒时，其错误相关负波的负性偏向更大（注意：负性是向上，而不是向下）。G. Hajcak, N. McDonald, & R. F. Simons, 2003, *Psychophysiology*, 40（6），895-903.

这套设备提供空间精度为1~3毫米，时间精度为1秒的脑活动测量。其输出结果是一系列显示脑"切片"活动的图像。每幅图像都由大量"体素"（类似于屏幕像素，但像素是二维的，体素是三维的）组成。一般来说，输出结果按照一定颜色编码来呈现脑活动的区别。例如，红色的体素意味活跃程度最高，其次是黄色体素和无色的体素（无色意为该区域活动程度不高于脑平均活跃程度）。fMRI技术也能显示出面对刺激或任务时活跃程度下降的脑区。

当前fMRI技术可以用来考察活着的健康人类的脑活动、情绪感受和简单行为之间的关系，这是一个了不起的进步。不过，该方法也有一些严重的局限性。参与者必须躺在一台巨大的金属设备里，很长时间头部不能有任何动作。因此，幽闭恐怖症（害怕狭小密闭空间）患者很难参与这类研究。儿童也不适合，因为他们很难保持静止。而且这台设备会发出相当大的噪声，本身就可能引发情绪反应。大部分此类研究记录的是参与者对他人面部表情照片的反应，但也有一些研究考察的是对可以诱发情绪的照片或影片的反应。不少研究者都质疑，一个普通人是否能在这种情况下产生正常的情绪体验。

fMRI技术能够带来宝贵的结果，但是人们（包括心理学家在内）有时会被漂亮的扫描图像所迷惑而草率结论。比方说，杏仁核对于个体理解他人的情绪表达很重要。我们可以用fMRI测量杏仁核对表情照片做何反应。如果杏仁核反应微弱，意味着什么？杏仁核没有从这副表情中探测到任何情绪吗？还是因为它可以毫不费力地解读表情，所以才反应微弱呢？与此类似，前额叶皮层的一部分似乎对抑制冒险冲动很重要。如果一个人在执行某些任务期间这一脑区不活跃，是因为它没能成功抑制其冲动，还是因为没有产生需要被抑制的冲动呢？fMRI的结果常常模棱两可，需要我们结合其他类型的研究来理解。

除此以外还有一个问题：任何一个借助fMRI技术来探查活跃度上升或下降的脑区的研究者，实际上在同一时间里检验了众多假设——每个脑区一个。在一些研究中，一次只分析一个体素的数据，这意味着研究者同时提出了成千上万个问题。这样是很不适合进行统计推理的。一些脑区可能会因为碰巧或因为实验中的一些无关因素而呈现出活跃度上升的结果，而且你考察的脑区越多，就越有可能发生这种情况。

为了指出这一问题的严重性，一群研究者先让一条死掉的大西洋鲑鱼"完成"实验任务，随后用fMRI技术扫描这条鱼，发现图像显示其脑和脊柱中有几个小地方在实验任务期间比较活跃（Bennett, Baird, Miller, & Wolford,

2010）。这一证据当然无法证明这几个小地方曾对这条鱼"完成"实验任务有任何贡献——即便它还活着也没有能力完成任务。因此这些图像结果纯粹源于测量中的噪声。如今研究者普遍使用统计技术来避免这种错误，但这样的错误在过去的论文中屡见不鲜。

请不要以为我们做上述介绍是为了让你放弃科学研究或者 fMRI 技术。我们的重点是提醒你保持谨慎，不要忘了用其他的样本或程序来重复研究。正如我们在第 5 章结尾所说，一定要避免根据单个研究或同一类研究草率结论。

神经化学技术

上面讨论的三项技术侧重神经解剖学——不同的脑区在各种心理加工中的作用。另外一种方法则强调特定的**神经递质**（neurotransmitters），即神经元释放出来用于与其他神经元交流的化学物质。人脑分布着几十种不同类型的神经递质。含量最大的神经递质可以与负责不同功能的多种突触受体相结合。例如，神经递质 5- 羟色胺至少拥有 7 大类受体，其中一种负责恶心反胃的感觉。有一种防止恶心反胃的药物阻断了该受体，却不影响 5- 羟色胺涉及的其他神经过程，因而成了接受化疗的癌症病人的福音。

神经化学研究主要是测量特定突触的活动，或者是通过技术手段增强或减弱某种突触的活动。例如，研究者可以借助药物使某种神经递质的含量上升或下降，从而直接刺激特定受体、阻断其刺激或通过阻碍突触前神经元的重吸收来延长该神经递质与突触后受体结合的时间。另外还有一种思路是考察基因突变对改变突触受体的影响。

现在还有一种更为精细的技术叫作光遗传学（optogenetics）。研究者把一段经过特别操纵的病毒插入特定神经元细胞膜上的光敏蛋白之中，然后把一根细细的光纤植入脑部，通过光纤发光来控制某一脑区中某一类型神经元的活动。你可以想到，这种技术主要用于实验动物。

反向推断问题

我们已经介绍了几种在解释神经科学研究数据时容易犯的错误，但还有一种特别普遍的错误。这种错误属于普通逻辑学上的问题，但在研究者试图把心理过程与生理机制联系起来的时候尤其常见。为了讲清楚这种错误的一般形式，我们先来看一个问题：

已知：如果 A，则 B。（在心理学中这通常意味着如果你操纵 A，就会导致 B。）

提问：如果 B，是否 A？（如果出现了 B，你是否可以推定 A 出现了？）

给你一分钟时间思考，等你有答案了再往下读。

准备好了？那我们开始吧。正确答案是"不可以"。A 导致 B，并不意味着如果 B 出现就说明 A 必然也出现了。B 可能由 A 以外的众多原因导致。你无从知晓 A 是否出现，除非你排除了导致 B 的其他所有可能原因，但那是非常困难的。这一逻辑错误叫作肯定后件（affirming the consequent），是一种经典谬误。

举例来说，如果你下雨的时候站在室外，你的头发会被淋湿。这是否意味着如果你的头发湿了，你就一定去过室外？当然不是这样。你可能刚刚冲过澡，洗了头；你可能在室内游泳池玩了一会；你还有可能被室友用新买的水枪打中了。你不能基于后果而对原因下结论，因为总是存在其他的可能性。更精确地说，你不能认为去室外是导致头发湿的原因，因为并不是你每次去室外头发都会湿——去室外不是问题，下雨才是。

现在我们来看看这类谬误在神经科学领域里的样子。一名研究者让参与者在接受 fMRI 扫描期间观看吓人的图片，发现杏仁核活跃度上升。另一名研究者给参与者看气球的图片，发现杏仁核活跃度也上升了。于是这些研究者下结论说这批参与者害怕气球。

乍看之下很合理，对不对？但这样的推理与前面那些简单、抽象的谬误示例一样靠不住。杏仁核在惊吓任务期间变得活跃并不等同于杏仁核导致了恐惧，也不等同于杏仁核活跃是人们感觉害怕的必要条件，更不等同于如果杏仁核变活跃，人们就会感到恐惧。在心理学研究中，这种错误叫作**反向推断**（reverse inference）：由于出现了某个原因的已知后果，则结论说该原因（而不是其他可能的原因）必然也出现了。当研究者因为某个脑区在心理过程 X 期间变得活跃就把该脑区命名为"X 区"的时候，他们就很可能犯了这种错误。在阅读本章以及将来你遇到的神经科学文献时，都要注意这个逻辑问题。

杏仁核与情绪

前面我们已经提到了几个有关**杏仁核**（amygdala）的例子，它是一个位于颞叶里面的小结构（图6.5）。在所有脑区当中，情绪研究者对杏仁核的兴趣最大。杏仁核为双侧结构，每个脑半球包含一个杏仁核，但我们一般不分开讨论。如果你用一点想象力的话，杏仁核的形状像一个杏仁，因而得名。杏仁核接受表征视觉、听觉、其他感觉和痛觉的输入。因此，它处在一个将各种刺激以及这些刺激造成的结果联系起来的位置上。它发送信息到脑桥和其他控制惊跳反射的脑区，并且与丘脑及若干大脑皮层区域来回交换信息。对杏仁核的研究历史为情绪神经科学的复杂性和广阔前景提供了丰富的例证，接下来我们就仔细了解一下。

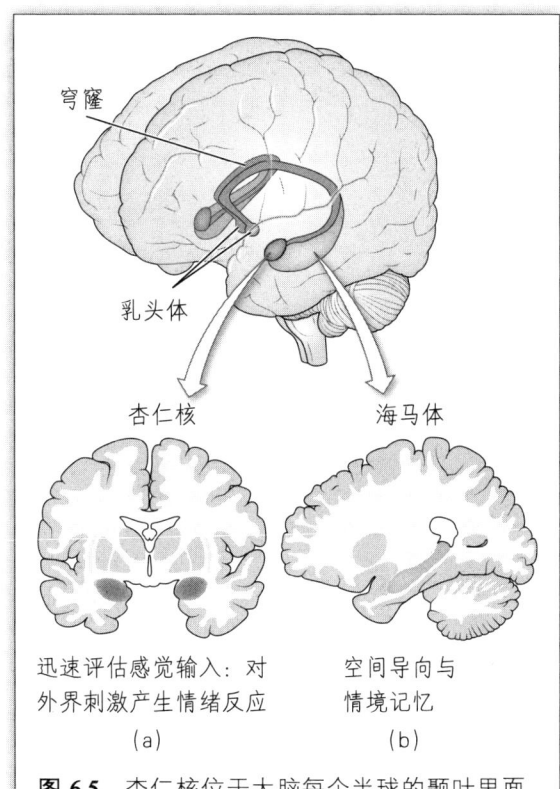

图6.5 杏仁核位于大脑每个半球的颞叶里面，左右各一个。它与海马体相连，而后者是保存情境记忆信息的重要脑区。

杏仁核受损的后果

杏仁核最初引起研究者的兴趣是因为杏仁核受损的个体所表现出的言谈举止。这方面的动物研究与人类联系紧密，因为杏仁核本身的结构以及它与其他脑区的联结在不同物种之间高度相似。

20世纪30年代，研究猴子的两位研究者定义了 Klüver-Bucy **综合征**（Klüver-Bucy syndrome）。这是一种随着双侧前颞叶皮层（包括杏仁核）切除而产生的情绪变化模式。经受了这种损伤的动物看起来不能辨认对象的情绪内涵。例如，它们会靠近蛇，试着去捡点燃了的火柴，还把粪便放进嘴里（Klüver & Bucy，1939）。这些切除了杏仁核的猴子也不再害怕接近有攻击性的猴子和不熟悉的人类（Kalin，Shelton，& Davidson，2004），导致自己有时候受到伤害（Rosvold，Mirsky，& Pribram，1954）。让这些猴子在实验室里学习避免电击或其他疼痛刺激的话，它们也会受伤（Kazama，Heuer，Davis，& Bachevaliet，

2012）。

在其他动物身上进行的研究也呈现出类似的情形。正常的大鼠和小鼠天生怕猫，它们在闻到猫的气味时，会停止正在做的任何事情。但其杏仁核受损后，它们不仅不再表现出这种恐惧，甚至还会好奇地接近猫（Berdoy, Webster, & Macdonald, 2000; McGregor, Hargreaves, Apfelbach, & Hunt, 2004）。而且，和猴子一样，这些老鼠也很难学会避免电击或其他危险（Hitchcock & Davis, 1991）。

仅杏仁核受损的人类十分罕见。不过，我们可以看看包含与不包含杏仁核受损的脑损伤病人的表现有何不同。包含杏仁核受损的脑损伤病人能够将照片分为愉快和不愉快两类，也就是说，他们表现出了情绪中的认知成分，但他们在观看不愉快照片时几乎没有什么生理唤醒（主观感受成分）（Berntson, Bechara, Damasio, Tranel, & Cacioppo, 2007）。这样的病人在他们需要帮助的时候，完全随意地接近陌生人，而不是尝试着选择一些看起来友好或者信任的人。事实上，如果被要求观察面孔，然后评定哪个看起来最友好和最可信，他们给所有面孔打几乎相同的分数（Adolphs, Tranel, & Damasio, 1998）。在越南战争中遭受脑损伤但杏仁核未受损的美国士兵，有40%后来发展出了创伤后应激障碍。而那些杏仁核也受损的士兵中，无一例患上创伤后应激障碍（Koenigs et al., 2008）。这一证据提示我们，杏仁核的激活可能与焦虑有关，甚至有研究者据此认为杏仁核可能是"恐惧脑区"。

有一种罕见的疾病叫Urbach-Wiethe症*，因为钙质沉积在杏仁核中而致其受损，但通常不损害杏仁核周围的组织。许多有趣的研究围绕着仅有的这些罕见病患者，尤其是一名在文献中代号为SM的女性患者。SM女士报告自己没有恐惧感，而且她的行为看起来也确实无所畏惧，因此常常受伤。她总是毫无警觉地进入那种别人都主动回避的危险情境，因而反复经受了攻击和侵害。当她讲述这些经历时，她只记得自己感到愤怒，但并没有感到恐惧。SM女士说自己害怕蛇和蜘蛛。然而，当研究者带她去销售蛇和蜘蛛的宠物店，她每个都试图摸一摸。观看电影里的恐怖片段时，她报告自己只觉得兴奋，一点也不害怕。在游乐场的"鬼屋"里，她率先穿过黑暗的走廊。当打扮成怪物的人突然出现，

---

* 类脂质蛋白沉淀症（lipoid proteinosis）的别称，又称皮肤黏膜透明蛋白变性（hyalinosis cutis et mucosae），是一种罕见的遗传性疾病。1929年由Urbach和Wiethe报告本病而得名，中文译名"乌尔巴赫—维赛症。"——译者注

她反而哈哈大笑（Feinstein，Adolphs，Damasio，& Tranel，2011）。

根据这些观察记录，SM女士似乎不具备感受到恐惧的能力，这符合杏仁核是恐惧脑区的观点。不过，一项新近研究发现SM女士和另外两位Urbach-Wiethe症患者在二氧化碳浓度35%的条件下呼吸时有恐惧反应（高浓度的二氧化碳会令人产生窒息感）。虽然这3名参与者都报告自己吓坏了，但他们也都同意一周之后再次参与这一实验，而且在等待的这几天里他们完全没有在意这件事（Feinstein et al.，2013）。如果你感到某些经历很可怕，面对再次重复它的邀请，不会退缩迟疑吗？

恐惧性条件反射的实验室研究

另一种有关杏仁核的研究采用的是**恐惧性条件反射**（fear conditioning）的范式，其基本流程是这样的：把一只大鼠单独放在笼子里，过一两个小时就给大鼠听一个独特的音调，紧接着通过笼子的地板给它一次电击。在音调和电击配对几次后，大鼠听到这个音调就会紧张僵硬，好像它们正等着电击的到来。它们也显示出血压上升等生理反应，看起来与人类感到恐惧时的生理表现一致。在对照组，大鼠也会听到相同的音调，遭受相同的电击，但音调和电击分别出现，因此大鼠不会将二者联系在一起。

Joseph LeDoux及其同事（LeDoux，Cicchetti，Xagoraris，& Romanski，1990）比较了杏仁核受损和未受损的两组大鼠，结果如图6.6。经过相同的训练阶段以后，相比于杏仁核完好的大鼠，杏仁核损伤的大鼠在听到危险音调后表现出较弱的紧张反应和较小的血压上升。与此类似，如果一只大鼠已经学会了某个音调可以预测电击而另一个音调可以预测一段安全的时间，那么它在听到前者时，惊跳反射会变强——恐惧的表现——而在听到后者时，惊跳反射会变弱（Schmid，Koch，& Schnitzler，1995）。不过，如果研究者将大鼠双侧杏仁核损毁，危险音调和安全音调就没有带来任何影响，惊跳反射也没有变化（Hitchcock & Davis，1991）。杏仁核受损的大鼠不仅难以习得新的危险信号，它们之前已经习得的条件化的恐惧也会消失（Gale et al.，2004）。采取化学注射方法使杏仁核暂时失能也会带来类似的结果（Schafe et al.，2000）。新近研究表明，杏仁核内部存在具体的神经通路负责恐惧性条件反射（Likhtik，Stujenske，Topiwala，Harris，& Gordon，2014）。

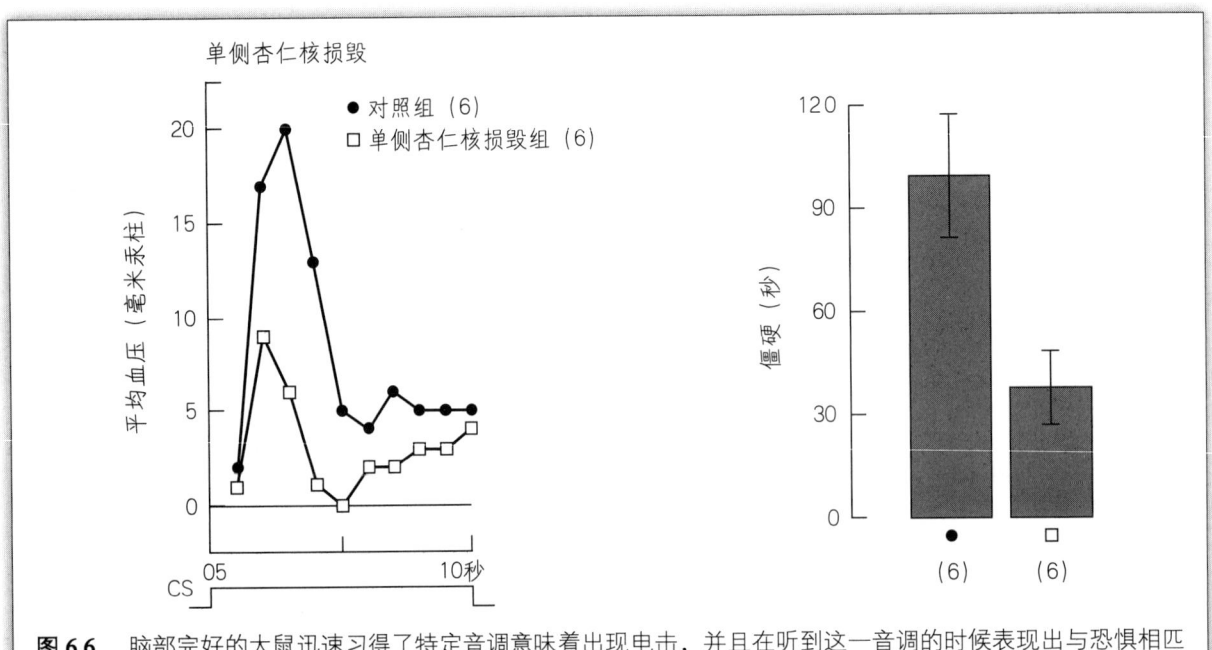

图 6.6 脑部完好的大鼠迅速习得了特定音调意味着出现电击,并且在听到这一音调的时候表现出与恐惧相匹配的生理和行为反应。而杏仁核受损的大鼠对这一音调的反应很弱。J. E. LeDoux, P. Cicchetti, A. Xagoraris, & L. M. Romanski, 1990, *Journal of Neuroscience*, 10, 1062-1069.

杏仁核受损病人的恐惧性条件反射研究结果也很有趣。包括心率等项目在内的生理指标毫无波澜,看起来就好像病人什么也没有学到。但是,病人报告自己知道条件刺激(在该研究中是一个色块)预示着不愉快的后果即将出现(Bechara, Traniel, & Adolphs, 1995)。这说明杏仁核不是人类意识到条件联系的必要脑区,但它可能是相对内隐的情绪反应所必需的。

激活人类杏仁核的事件

fMRI 记录的脑活动显示,人们在观看各种情绪刺激(例如面部表情)时杏仁核都会变得活跃。即便刺激呈现时间短到参与者来不及有意识地识别内容,杏仁核仍会做出反应(Kubota et al., 2000; Vuilleumeier et al., 2001)。如果表情不容易理解,杏仁核的反应也会增强。例如,杏仁核对某一表情的反应起初很强烈,重复呈现后反应就减弱了(Breiter et al., 1996; Büchel, Morris, Dolan, & Friston, 1998)。如果恐惧的原因不明确,那么恐惧的表情会诱发杏仁核较强烈的反应（Adams & Kleck，2005）。作为最容易识别的表情，笑容通常会诱发轻度的反应。

有些人的杏仁核反应比其他人强烈，而且这一差异与日常生活中的焦虑有关。一项研究请大学生参与者记录了自己 28 天的情绪。一年后，研究者测量了这些参与者对恐怖图片的杏仁核反应。杏仁核反应最强烈的那些参与者过去报告的负面情绪体验也最多（Barrett，Bliss-Moreau，Duncan，Rauch，& Wright，2007）。另一项研究测量了新近入伍的以色列士兵面对短时间闪现的不愉快照片时的杏仁核反应。反应最强烈的那些士兵也最有可能报告自己对军队生活感到非常焦虑（Admon et al.，2009）。

就像第 4 章讨论的，你的焦虑水平取决于你对情境的评估。比方说，如果有人瞪你，你可能会想"他今天心情好糟糕啊"或者"她真的很讨厌我吧"。如果你有逾期未还的信用卡账单，你可能会积极筹钱解决，或者忍不住想象天要塌了（征信记录要坏掉了！催债的要上门了！要坐牢了！）。而杏仁核的活动受到了其他与评估有关的脑区的调节（图 6.7）。例如，当人们有意识地以较为中立的方式去重新评估情境时，前额叶皮层中有些部位变得活跃。此时，来自前额叶皮层的神经投射似乎会约束杏仁核的活动（Marek，Strobel，Bredy，& Sah，2013；Moscarello & LeDoux，2013）。而那些前额叶皮层活跃度低于一般水平的人，包括大部分抑郁症患者在内，则容易做出引发焦虑的解读，对杏仁核活动的抑制也较弱（A. J. Holmes et al.，2012）。

另一个与此有关的脑区是**扣带回皮层**（cingulate cortex）（图 6.7）。这个结构包裹着胼胝体，与记忆、认知和情绪方面的多个心理过程有关。比方说，假如你在玩一个游戏，按照规则你必须在攻击对手和保护自己之间二选一，当你在评估防守动作时，扣带回皮层前部比较活跃，当你在评估进攻动作时，扣带回皮层后部比较活跃（Wan，Cheng，& Tanaka，2015）。扣带回皮层前面部

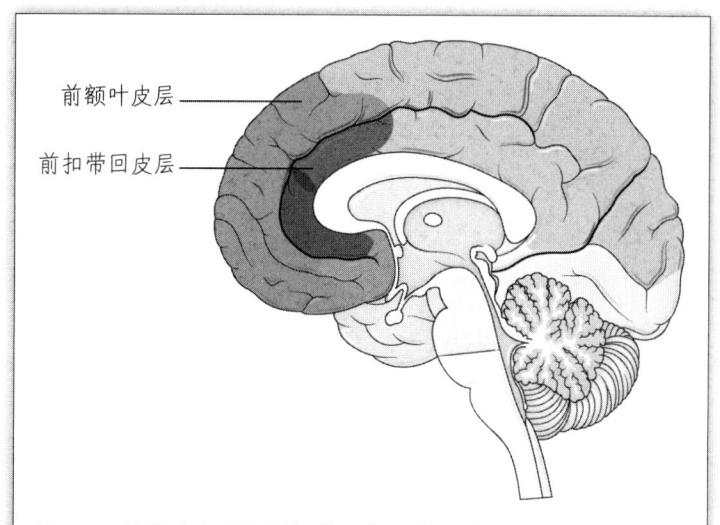

图 6.7 前额叶皮层和前扣带回皮层的活动与评估过程有联系，这两个脑区都调节着杏仁核的活动。

分对疼痛刺激反应强烈（Gu et al., 2015）。当人们把情境评估为威胁时，这些部位也会变得活跃（与前额叶皮层的模式恰好相反）。在实验中告诉参与者可能会经受电击，则前扣带回皮层活跃度上升，杏仁核也是（Kalisch & Gerlicher, 2014）。那些前扣带回和杏仁核之间联系更紧密的人往往比一般人更关注威胁性的刺激（Carlson, Cha, & Mujica-Parodi, 2013）。

杏仁核对诱发其他情绪的刺激也有反应。杏仁核里有一些细胞对愉快的刺激有反应（Namburi et al., 2015; Wang et al., 2014），不过杏仁核作为整体来说反应不强烈。如果实验任务需要你关注愉快面孔，或者你人格外向，那么你的杏仁核对愉快面孔会反应强烈。但尽管如此，相比之下杏仁核对不愉快刺激的反应总是更强烈一些（Canli, Sivers, Whitfield, Gotlib, & Gabrieli, 2002; Stillman, Van Bavel, & Cunningham, 2015）。在一项 fMRI 研究中，杏仁核只对恐惧和愤怒的表情有明显反应（Mattavelli et al., 2014）。我们应该怎么理解这个研究结果呢？当你看到愤怒面孔时，你自己也会感到愤怒吗？可能性更大的解释是，你的反应会如同某人正对你生气时那样。也就是说，你的反应是恐惧。总结而言，杏仁核通常会在面对情绪刺激的反应过程中变得活跃，但是在危险刺激或诱发恐惧的刺激面前，它的反应稳定出现，并且最为强烈。

这是否意味着杏仁核导致了恐惧，或杏仁核活跃时个体必然感受到恐惧？回想一下我们前面提过的反向推断问题。上述证据只能表明诱发恐惧的任务可以导致杏仁核活跃，但不支持反过来说。杏仁核活跃是否标志着恐惧感，取决于我们是否能够排除其他所有导致杏仁核活跃的潜在原因。杏仁核对其他情绪刺激有反应，以及 SM 女士杏仁核完全失能但在吸入高浓度二氧化碳时感到强烈的恐惧，都表明杏仁核的活动与恐惧感之间的联系既非专属也非必要。那么，对于目前这些证据，我们还能提出怎样的解释呢？

杏仁核与情绪记忆

假设你听到一个故事，其中包含了许多司空见惯、不含情绪的细节和一个孩子受伤的可怕描述，几乎可以肯定，你会记住这个可怕的部分而不是其余的部分。与此类似，如果你阅读一份长长的词语表，其中包含一个具有强烈情绪意味的词，比方说"谋杀"，你也肯定会更容易记得这个词而不是其他那些。然而，杏仁核受损的病人没有表现出情绪对记忆的这种促进作用，他们记忆日常内容和情绪内容的成绩是一样的（Cahill, Prins, Weber, & McGaugh, 1994; LaBar & Phelps, 1998）。此外，fMRI研究发现，在一个人观看情绪刺激时，杏仁核激活的程度能够预测对这些刺激的记忆成绩（Canli, Zhao, Brewer, Gabrieli, & Cahill, 2000; Canli, Zhao, Desmond, Glover, & Gabrieli, 1999）。

Elizabeth Phelps（2004, 2005）认为，杏仁核提供了两项有关记忆的功能。第一，它将注意力导向具有情绪意味的刺激，比如眼神。第二，它的活动与强烈的情绪体验相联系，从而促进了海马体的活跃——目前已知海马体是储存有关个人体验的生动记忆的重要脑区。这样一来，杏仁核的活跃给含有强烈情绪的具体记忆贴上了标签，并且推进了有利于将来提取这些回忆的加工过程。这一解释符合之前的种种发现，包括人们感到恐惧时杏仁核变得活跃，杏仁核受损会干扰恐惧性条件反射和情绪对记忆的促进作用，SM女士反复让自己陷入相同的危机等，而且也能解释杏仁核在恐惧之外的其他情绪情境中也变得活跃的现象。

那么我们现在能够确定地说，杏仁核调节对情绪刺激的注意并增强情绪记忆吗？要是轻轻松松就能这么说的话，那研究人员得高兴坏了。比起说杏仁核是恐惧脑区，这的确是一个更好的解释，但仍然存在很多其他的可能性。而且，像杏仁核这么小的结构很可能参与了若干彼此联系的心理过程，而不是仅仅只负责一个。例如，研究表明杏仁核里的一个部位对于动物学会避开某个危险地区（曾经让动物遭受电击或其他痛苦刺激的地方）非常重要，而另一个部位则对于动物记住另一个地区是安全的非常重要，还有一个部位会引发动物进入危险地区后的喘气动作（S.-Y. Kim et al., 2013）。当动物记住了某些灯光或声音信号意味着可能发生电击，杏仁核中的一个部位就会活跃起来，触发心率的变化，而另一个部位负责触发动物害怕时的僵硬反应（Vivian et al., 2001）。研究者才刚刚开始认识脑的复杂性，就脑部工作——特别是人类的脑——的微小尺度而言，我们的测量工具仍然十分原始。

情绪的神经解剖学：一些重要结构

在很大程度上，对情绪神经科学家而言，杏仁核是研究得最多的脑结构。

但是许多其他的脑区对情绪也很重要,现在我们就来介绍几个。

下丘脑

下丘脑(hypothalamus)是一个小结构,位于脑干上方,较大的丘脑下方(图 6.8)。这样一个小结构(人类的下丘脑大约是一个杏仁大小,跟杏仁核差不多)却对许多攸关生死的神经过程非常重要。下丘脑常常被描述为身体的温控器,它确实也是这样起作用的,但它不仅仅调节温度。哺乳动物的身体是非常挑剔的——仅仅当我们的体温、水分、血氧、血糖和盐分等多重因素处于一个特定的狭小范围之内的时候,我们才能正常运转。下丘脑的工作就是持续地监控所有这些因素,并在某个因素超出范围时启动纠正措施,从而维持**内稳态**(homeostasis)。下丘脑还负责收集身体以外的感知信息(比如,空气中的信息素)和身体以内的信息输入(比如,胃部胀满的感觉),从而帮助我们做出适应情境的行为。

这听起来可能"不那么情绪"。下丘脑会因为多种非情绪原因而启动身体调节:温度太高时,它激活汗腺,在温度过低时,它使血管收缩,以便存储热量;

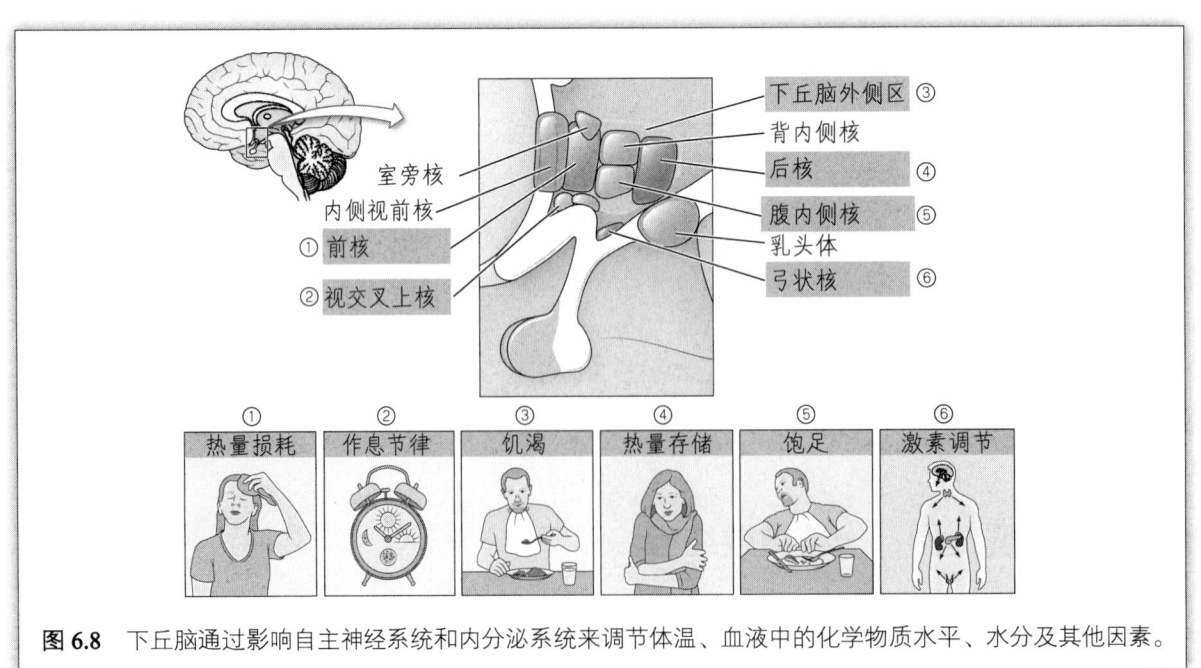

图 6.8 下丘脑通过影响自主神经系统和内分泌系统来调节体温、血液中的化学物质水平、水分及其他因素。

在你锻炼时，它指示呼吸加快好吸进更多的氧气，释放更多葡萄糖进入血液，还让心脏跳动变快变强以运输这些东西。当下丘脑探测到体内失衡时，它就会启动这些改变。不过，下丘脑也接收内稳态可能会被即将到来的活动损害的线索，从而预先帮身体做好相应的准备。例如，当你看到吓人的场景时，下丘脑会提升心脏和汗腺的工作效率，以做好"战或逃"的准备。

下丘脑对内分泌系统的控制也很灵活。当下丘脑探测到你的血压过低时，它指导脑下垂体释放一种抑制尿液生成的激素，即血管加压素。这种激素促使肾脏重新吸收液体，而不是将它们排至膀胱。当你长期处于心理应激之中，下丘脑将引导垂体释放皮质醇，从而提升血糖水平，加速新陈代谢。因此，在我们体验到强烈负面情绪和压力期间，下丘脑管理着身体的多方面改变。

下丘脑对于某些积极情绪来说也有重要作用。下丘脑一方面控制着与性唤起和性高潮相联系的自主神经系统激活，另一方面引导脑下垂体释放性激素进入血液。下丘脑中一个特别的亚结构似乎对性行为很重要，并且存在性别差异。在许多物种身上，由于胎儿期较高的睾酮暴露（Pei, Matsuda, Sakamoto, & Kawata, 2006），雄性的性二型核（是的，它就叫这个名）几乎是雌性的2倍大（Swaab & Fliers, 1985）。在大鼠和小鼠身上开展的损伤研究显示，这个区域对雄鼠的性行为十分重要（Balthazart & Ball, 2007）。就人类而言，下丘脑中有一个核团可能与啮齿类动物的性二型核相对应，而且它在异性恋男性和同性恋男性中的平均大小不太一样（Byne et al., 2001；LeVay, 1991），在异性恋男性和从男性转为女性的变性群体中也不一样（Garcia-Falgueras & Swaab, 2008）。

伏隔核与腹侧被盖区

大鼠会努力向几个脑区传递电击。研究者发现，这些脑区直接或间接地增加了**伏隔核**（nucleus accumbens；图6.9）内神经递质多巴胺的释放。后来的研究显示，许多成瘾药物也会导致伏隔核释放多巴胺（Wise, 1996）。性兴奋可以激活伏隔核，愉快的音乐、甜蜜的味道，甚至想象一些美好的画面都能激活伏隔核（V. D. Costa, Lang, Sabatinelli, Versace, & Bradley, 2010；Damsma, Pfaus, Wenkstern, Philips, & Fibiger, 1992；Lorrain, Riolo, Matuszewich, & Hull, 1999；Mueller et al., 2015）。对于经常赌博的人来说，赌博能够激活这一脑区，对于经常打电子游戏的人来说，电子游戏能够激活这一脑区（Breiter,

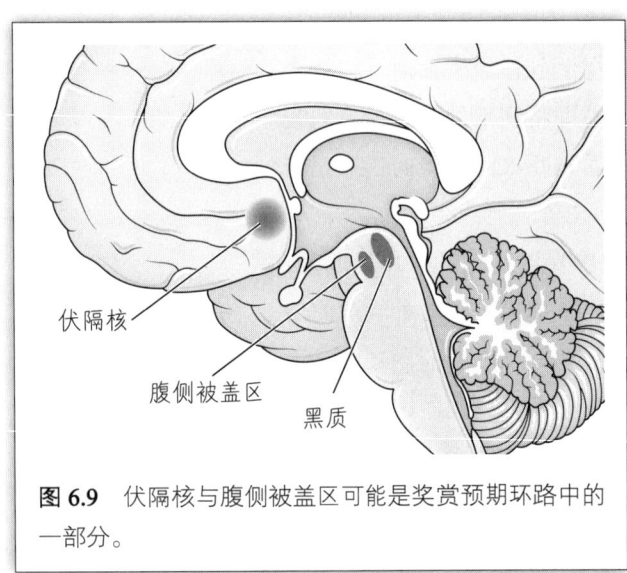

图 6.9 伏隔核与腹侧被盖区可能是奖赏预期环路中的一部分。

Aharon，Kahneman，Dale，& Shizgal，2001；Ko et al.，2009；Koepp et al.，1998）。基于这些发现，人们一般认为伏隔核，连同它的主要输入脑区之一**腹侧被盖区**（ventral tegmental area），是脑的奖赏中心。

不过，就像杏仁核与恐惧一样，伏隔核与奖赏之间的关系也很复杂。伏隔核中有一部分细胞在个体期待奖赏时放电，奖赏越大放电越强烈，而且期待中的奖赏没有实现时放电就会抑制下来（Day，Jones，& Carelli，2011；Schultz，Dayan，& Montague，1997；Sugam，Day，Wightman，& Carelli，2012）。当动物向预示着奖赏来临的刺激——比方说代表着即将投食的灯光亮起——靠近时，伏隔核内的多巴胺似乎必然活跃起来。向伏隔核注射多巴胺会增强此类行为，而损毁伏隔核，或阻断其中的多巴胺受体，则会抑制此类行为（Blaiss & Janak，2009；J. Hoffmann & Nicola，2014；Saunders & Robinson，2012）。但伏隔核的激活并非对奖赏的各个方面来说都具有必要性。伏隔核受损不会妨碍进食，也不影响动物学会自主取用可卡因等类似毒品（Ito，Robbins，& Everitt，2004）。阻断多巴胺输入不会妨碍啮齿类动物学会如何得到较大的奖赏而不是较小的奖赏（Floresco，Ghods-Sharifi，Vexelman，& Magyar，2006）。除此之外，伏隔核里的一部分细胞既对奖赏有反应，也对惩罚有反应，它们支撑恐惧性条件反射的方式与杏仁核类似（Wendler et al.，2014）。

那么，伏隔核的功能究竟是什么呢？尽管体积微小，但研究证据显示伏隔核内包含的独特结构——或者说微环路——至少负责了3项心理过程（Berridge & Kringelbach，2013；Floresco，2015）。一项是激发需求，促进趋向潜在奖赏标志的行动（Floresco，2015；J. Hoffman & Nicola，2014）。此处的"潜在"一词十分重要。伏隔核中的这一微环路在个体期待奖赏时比在消费奖赏时要更活跃。例如，假设你买了一张彩票，那么在你等待开出中奖号码的时候伏隔核的反应会很强烈（Knutson，Taylor，Kaufman，Peterson，& Glover，2005）。

第二项心理过程是享受正在消费的奖赏（Berridge & Kringelbach，2013）。需求产生（即想要某个奖赏）和享受快乐（即喜爱某个奖赏）是截然不同的。

想象一下你面前有一堆巧克力。在你打算吃头几块的时候，你对其中每一块都兴奋地盼望着——这就是想要。一旦把巧克力放进嘴里，你品尝着它的美味——这就是喜爱。这两种体验是彼此独立的。吃完头几块巧克力以后，你可能不再那么兴奋地盼望着下一块，但当你把下一块扔进嘴里的时候，它仍然让你感到很好吃。根据 Kent Berridge 及其同事的研究（2013），伏隔核中的若干位点调节着喜爱这种主观体验。但这些区域之间主要通过阿片类神经递质来交流，而不是借助多巴胺。这解释了为什么有些研究会发现奖赏反应中的这一方面没有受到多巴胺操纵技术的影响。

伏隔核中微环路涉及的最后一项心理过程是学习预测未来的奖赏和惩罚（S. M. Cox et al., 2015; Lammel, Lim, & Malenka, 2014）。这些微环路中的细胞会对意料之外的后果做出反应，也就是探查预测的偏差并更新对未来的预期。即便在这一微环路内部，也可能有不同的多巴胺受体调节着如何学会预测积极后果和消极后果（S. M. Cox et al., 2015）。

在伏隔核这个小结构里进行着许许多多活动。其中有不少和我们早前从杏仁核那里了解的情况类似。和杏仁核一样，伏隔核也含有多种亚结构或微环路，它们调节着各式各样的心理过程。这些结构如此微小，有时还彼此纠缠，fMRI 扫描都不足以将它们分清。最近的研究运用前沿科技手段向啮齿类实验动物（它们的伏隔核和人类足够相似）脑中注射神经递质或受体阻断剂。对于杏仁核与伏隔核各自涉及的心理过程，人们已经争论了许多年，等待研究证据一点一点呈现。但我们对这些脑区的疑问仍然远比答案要多。这两个脑区的研究都教会我们，研究者不能草率论断特定脑结构的功能，而必须耐心地检验各种可能性，并且考虑到或许好几种可能性都是对的。

脑岛皮层

脑岛皮层（insular cortex），或称**脑岛**（insula），是一个位于颞叶和顶叶皮层之间褶皱里的区域（图 6.10）。在研究者只能依靠观察脑损伤后果的年代，我们没法了解脑岛。许多中风病例都包含脑岛受损（因为有一根大血管经过此处），但没有什么病例只限于脑岛受损。早期人们一致认为脑岛应该是皮层中味觉感受的主要位置。

于是，当 fMRI 研究发现观看厌恶表情令脑岛特别活跃（M. L. Phillips et

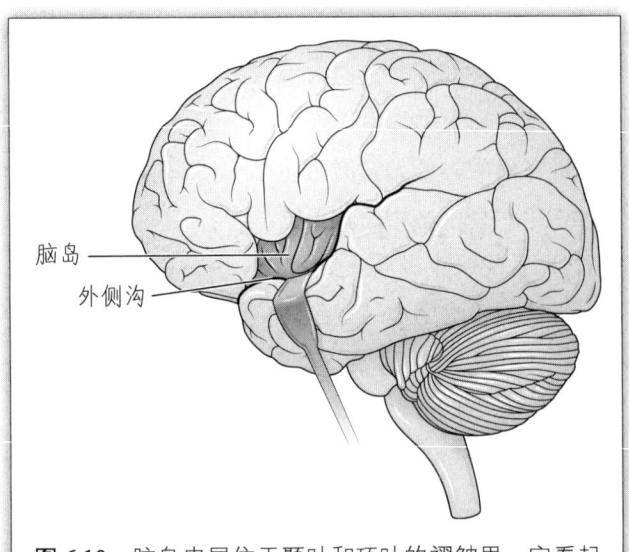

图6.10 脑岛皮层位于颞叶和顶叶的褶皱里。它看起来能够调节个体对内部生理状态的觉察,并且在个体体验到厌恶和恐惧时非常活跃。

al., 1997)时,心理学家们感到兴奋不已。有报告显示,脑岛受损的病人对那些通常会引发厌恶的图像(呕吐物、蛆虫、肮脏的厕所等)没什么反应。如果脑岛只负责味觉,那么脑岛受损导致厌恶感受损就说得通了。

但是,后来的研究运用其他方法,其结果并不支持这种诱人的解释(Gasquoine, 2014)。一项研究发现,那些切除了一侧脑岛的病人识别多种情绪的能力都受到损害,但是识别厌恶的能力没有受到明显影响(O. Boucher et al., 2015)。人们有时发现脑岛受损对识别厌恶有影响,有时却又没有。甚至,脑岛并不专门负责味觉。脑岛中只有不足10%的神经元对味道有反应。

脑岛对情绪相当重要,但其影响方式与众不同。脑岛活跃主要反映的是**内感受**(interoception)——对躯体本身的感知,尤其是对心脏、消化系统、膀胱、肌肉和皮肤等器官的感觉。詹姆斯—兰格理论认为,情绪中的主观感受方面依赖于这种对全身状态改变的知觉。与这一思路的假设相符,内感受任务(例如数自己的心率)表现越好的人,以及在内感受任务期间脑岛越活跃的人,越容易报告自己体验到强烈的负面情绪(Critchley, Wiens, Rotshtein, Öhman, & Dolan, 2004)。而脑岛受损的病人报告的情绪体验强度往往较低,而且在看到其他人陷入痛苦时,他们报告的同情水平也较低(O. Boucher et al., 2015)。

前额叶皮层

前额叶皮层(prefrontal cortex),位于额叶皮层中运动和前运动区域的前面,常常与计划、工作记忆和冲动抑制等高级认知功能相联系。当人们需要以不那么情绪化的方式重新解释或重新评价某些刺激时,前额叶皮层会活跃起来,并且它的活跃会抑制杏仁核的活动,因而最终的效果是降低情绪强度(Goldin, McRae, Ramel, & Gross, 2008; Ochsner, Bunge, Gross, & Gabrieli, 2002)。

杏仁核也会向前额叶皮层传递信息，告知后者某一决定的潜在情绪含义，从而促进对美好结果的选择（Shenhav & Greene，2014）。前额叶皮层受损，或前额叶皮层与杏仁核之间的联结通路受损，会带来众多不明智的决策。

有一个著名的早期研究案例，病人名叫 Phineas Gage。1848 年，他从一次爆炸中幸存下来，但一根铁管穿进他的左脸颊，从他的右前额穿出，造成了无法修复的伤害。约 150 多年后，研究者考察了 Gage 的颅骨（现在展示在波士顿博物馆里），确定那根铁管穿过了他的前额叶皮层，令该脑区严重受损（Ratiu & Talos，2004）。虽然 Gage 在这个事故中幸存下来，身体也十分健康，但是他的人格却完全改变了。例如，他开始经常说脏话和诅咒的话。不幸的是，当时的观察者只留下了一些简略、肤浅的记录，而且这些有关 Gage 的描述后期越来越戏剧化，越来越脱离实际。很明显，Gage 的康复程度令他能够恢复正常的生活，但我们需要了解的远比这更多（Kotowicz，2007）。

在 20 世纪 90 年代，研究者报告了另一名因肿瘤切除手术而致前额叶皮层受损病人的全面测试结果（A. Damasio，1994；H. Damasio，2002），这位病人在文献中被称为"Elliot"。手术以后虽然他在许多方面看起来仍然正常，但是在做决策时却始终有困难。他无休止地思考不重要的细节，但又总是随意地做出有害的选择。他既不能为未来做计划，也不能遵循别人已经给他做好的计划。他常常中止一个重要的任务而先去做其他琐碎的事情，或者在他即将完成的时候，持续做一些不重要的事情。例如，在工作中，他本应对文档归类，但他会中途停下来花一下午的时间读其中一个文档。人人都会偶然分心，但 Elliot 总是在分心。结果，他丢了工作，和第一任妻子离婚，又和另一个妇女结婚（对方明显不是一个好的结婚对象），然后再次离婚。他用全部积蓄投资一个必然会失败的项目，血本无归。

Elliot 手术之前和手术之后的巨大变化引起了周围人的警觉，于是他们把他带到心理学家那里做测试（A. R. Damasio，1994）。Elliot 在视觉、记忆、语言和智力测试中的绝大部分结果都正常，他唯一的主要异常是缺少情绪反应。他在讲述自己生活中的可怕事件时，冷静且放松。甚至在他看一桩事故中伤者血淋淋的照片时，他也没有表现出丝毫大多数人都会表现出的嫌恶或难过。

研究者努力确认 Elliot 的决策加工过程问题出在哪儿。他们呈现给他各种假设情境，例如"想象你去银行，柜员给你的钱太多了"或"假设你打碎了某人的花盆"又或"假设你拥有一个公司的股票，而且你了解到这个公司正在走下坡路"之类的。在每一种假设情境中，Elliot 都要回答自己将会如何行动，并且预测行动的结果。对于所有的问题，他都给出了标准答案：他看起来像任何人一样，完全理解可能的行动路径及其相应后果。Elliot 能够轻松地推理出各种场景，只要它们此刻没发生在现实当中。然而，在描述了他可能采取的所有行动和所有可能的结果后，他总结道："可我还是不知道要做什么！"（A. R. Damasio, 1994, p. 49）。

假设你必须在两堆纸牌之间进行选择，每堆都会赢钱或输钱。起初你两堆都尝试，发现牌堆 A 赢钱比牌堆 B 多。不久，规则变得更加清楚：选择牌堆 A 输钱也会更多。因此，长期而言，你最好选择赢钱慢但比较稳定的牌堆 B。大多数人都逐渐转换成偏好牌堆 B，但是，前额叶受损的病人继续偏好牌堆 A（Bechara, 2004; Bechara, Damasio, Damasio, & Lee, 1999）。

正如我们从 Elliot 身上看到的，这类决策问题与了解行动带来的相应奖赏和惩罚并无关系。像 Elliot 一样，大多数前额叶皮层受损的病人能够告诉你他们行为的潜在后果，但仍会做出糟糕的选择。一个可行的解释是，这类病人无法预料在这样或那样的结果出现之后，自己会有什么感受。根据这个解释，Elliot 做出糟糕的决策是因为他想象不出特定后果会让自己感觉好还是感觉不好。从这个角度设想一下：假如在银行得到了额外的钱，你可以选择把多余的钱还给银行，银行感谢你，或者你可以带走这些钱，然后被抓住，名声扫地。如果你没有想象将来感觉的能力，那么两个结果看起来就差不多。简而言之，想象自己的情绪后果是做出正确决策的重要基础。

还有许多（但不是全部）前额叶皮层受损，特别是腹内侧区域受损的病人，不仅经常做出冲动、糟糕的决策，还有情绪淡漠的症状。他们对受苦之人表现出的同情低于平均水平（Shamay-Tsoory et al., 2004），解读他人面部表情的能力也较弱（Jenkins et al., 2014）。如果你认为杀死一人能够救另外 5 人的性命，你愿意杀死那个人吗？这类病人说他们愿意。虽然其他许多人也表示愿意，但这类病人和大多数人不一样的是，他们作答时毫不迟疑，而且看起来一点也不纠结（Ciaramelli, Muccioli, Làdavas, & diPellegrino, 2007）。甚至当要杀的那个人是自己的女儿时，有些病人仍然十分平静地表示没问题（Thomas, Croft, & Tranel, 2011）。还有些病人说，如果遇到一个非常烦人的上司，为了清净些可以杀死对方（Taber-Thomas et al., 2014）。这样看来，感受情绪的能力和想象未来情绪的能力对道德抉择和实践判断一样非常重要。

有研究者用 fMRI 考察了脑部完好者做决策时前额叶皮层的情况。在一项研究中，参与者要考虑一个真实的金融决策，而在决策过程中该区域比较活跃的个体对潜在损失的大小反应尤为强烈（Tom，Fox，Trepel，& Poldrack，2007）。在另一些研究中，前额叶区域的活跃程度随着潜在奖赏的主观价值而变化，其中涉及奖赏大小和获胜概率两个因素（Peters & Büchel，2009；Pine et al., 2009）。总之，前额叶皮层中的诸多部位似乎会对决策的潜在后果做出反应。

有一种疾病叫作**额颞叶变性**（frontotemporal lobar degeneration），也称作**额颞叶痴呆**（frontotemporal dementia），指的是额叶皮层和颞叶皮层逐渐萎缩退行的情况。你可能已经想到，这一疾病的后果会因皮层受损的具体部位和程度不同而不同。在某些案例中，病人发病不久，其社会行为就严重受损。这些病人很难理解其他人的情绪表达，包括面部表情、身体姿态和言语声调（Van den Stock et al., 2015）。由于无法识别情绪，这些病人也缺乏对他人的同情与关切（Oliver et al., 2015）。

此外，这些病人也不会尴尬。假设研究者请你在一间 K 歌房里独自唱歌。工作人员在没有告知你的情况下录制了你唱歌的情形，稍后将这段视频播放给你和其他人一同观看。如果你的歌唱水平和大部分人一样，达不到电视选秀节目的水平，你难免会感到有些尴尬，对吗？但无论额颞叶变性病人唱得多难听，他们看视频时都没有丝毫尴尬的表现（Sturm，Ascher，Miller，& Levenson，2008）。他们不能理解其他人的反馈，所以也就察觉不到在这一情境中恰当的社会反应是什么。

上述研究结果告诉我们前额叶皮层在情绪中发挥了怎样的作用呢？总体来说，这些研究表明该脑区参与了情绪和决策之间的联系。但这样的说法还相当模糊，目前的数据还不足以让我们说得更具体。前额叶皮层会运用情绪去评估决策的潜在后果吗？它协助抑制冒险的选项和行为吗？它帮助我们调节那些可能诱发情绪的事件评价吗？前额叶皮层是一片相当大的脑区，比杏仁核和伏隔核都要大得多，因此它很有可能参与了各式各样的心理过程，也许负责着以上每一项功能。我们对它的疑问同样比答案多得多，研究者将带着浓厚的兴趣一一探索。

情绪的神经化学：一些重要的神经递质

说杏仁核对威胁性信息有反应或伏隔核对奖赏有反应，就和说艾奥瓦州产玉米差不多。这话没错，但并不是每个艾奥瓦州人都种玉米。同理，杏仁核或伏隔核里的每一个突触，其功能也不一样。想要了解得更细致，我们需要认识神经递质及其受体。现在，我们将介绍几种与情绪体验关系密切的神经递质。

多巴胺

有些神经递质，特别是谷氨酸和 γ-氨基丁酸，在不足 1 毫秒的时间内启动兴奋或抑制，但也只持续几毫秒而已。这样的效用对于视觉、听觉或动作控制等有精确时间需求的心理过程来说非常重要。其他神经递质的效用在 30 毫秒之后才逐渐显现，并且可以持续数秒。这样的效用对于味觉和嗅觉等不那么需要时机精确的心理过程来说就比较合适，并且对于动机或心境变化等持续较长时间的心理过程来说很重要。**多巴胺**（dopamine）就属于后一类见效晚但持续时间长的神经递质。

脑中有若干神经通路释放多巴胺，其中一条是我们前面提到过的，从腹侧被盖区指向伏隔核。你对伏隔核的那些了解也适用于这条神经通路：这条多巴胺通路在遇到意外奖赏时会高度兴奋，在预期中的奖赏未出现时会变得不活跃（Pignatelli & Bonci，2015）。这条神经通路的活动负责提升注意力，促进个体学习如何争取奖赏。

整套多巴胺能神经轴由一个叫作黑质的脑区引领，参与着与积极靠近有关的一切行为（Ikemoto，Yang，& Tan，2015）。在帕金森症患者身上，这条通路会退化，而帕金森症的标志正是难以发起动作、大部分动作缺乏活力以及心境低落。重性抑郁症患者的多巴胺轴活跃程度也低于一般人。而任何对抑郁有效的疗法都会增加多巴胺的释放。

多巴胺对于在额叶处进行的一些认知操作也很重要，并且通常抗精神病药物（也就是用来缓解精神分裂症的药物）也是通过阻断多巴胺突触来起效。这样看来，精神分裂症或许与额叶的某些多巴胺突触过分活跃有关系。不过，阻断此处多巴胺突触的药物，同时也会阻断其他脑区的多巴胺突触，所以这类药物有一个常见的副作用是患者情绪平抑（Arana，2000）。

吸食像可卡因和安非他命之类的毒品会导致伏隔核内的多巴胺受体活跃度大大增强。可卡因与转运蛋白结合，而这些转运蛋白原本是促进突触前神经元的轴突重新摄取多巴胺的（对 5-羟色胺也是），因此导致多巴胺在突触里停留时间变长，其效应也就变久了。安非他命也阻断多巴胺的重新摄取，增加多巴胺的释放。其他大部分毒品也会提升多巴胺的活跃水平，这一点有时通过阻断抑制多巴胺释放的化学物质来间接实现。除毒品之外，赌博和电子游戏成瘾也会导致多巴胺活动增强。根据这些观察所得，心理学家和神经科学家提出了一种假设：成瘾行为依赖多巴胺。

不过，当我们对脑功能中的某些方面做出简单论断的时候，结果往往是错的。海洛因和尼古丁成瘾性都非常高，但是吸食它们只会带来多巴胺活动的少量增强，有时甚至压根不增强。用来治疗注意缺陷障碍的哌甲酯（俗称利他林），在严格遵循医嘱剂量服用时，会导致多巴胺变得非常活跃，但成瘾性却没那么高。简而言之，由特定物质导致的多巴胺活动的强弱，与该物质的成瘾性之间相关关系不明显，很难确定多巴胺是成瘾的原因（Nutt，Lingford-Hughes，Erritzoe，& Stokes，2015）。研究者曾经花费大量心力，试图通过控制多巴胺活动水平来解决成瘾问题，但收效甚微。与此同时，研究者否决了许多针对抑郁的潜在药物选项，因为它们会触发多巴胺的释放，因而可能具有成瘾性。好消息是研究者仍在努力弄清多巴胺和成瘾之间关系的各种细节，以期找到更有效的疗法。

β-内啡肽和阿片样肽

阿片样肽是对情绪有明确作用的第三类神经递质，它与愉快及强化有关。在这一类神经递质当中，作为天然止痛剂的 β-内啡肽（β-endorphin）知名度最高。内啡肽是内源性吗啡（endogenous morphine）的合成词，因为它就像身体自产的吗啡。疼痛并不总是导致身体释放内啡肽，但是如果释放的话，它就像刹车一样能迅速止痛。许多令人愉快的活动也能让身体释放内啡肽，包括性行为、俗称的"跑者亢奋"或聆听动人心弦的音乐等（Goldstein，1980）。内啡肽受体参与了愉悦感以及酒精、可卡因、尼古丁和其他毒品的成瘾过程（Roth-Deri，Green-Sadan，& Yadid，2008；Tseng et al.，2013）。

能够缓解生理性疼痛的神经递质是否也能缓解社会性疼痛？当人们说自己"感觉很受伤"，是否等同于字面意义上受伤的感觉？在一项研究中，豚鼠幼崽在和它的母亲分离时哭喊（由此推测它们感到悲伤），但是如果给予它们微量的吗啡注射（可以激活内啡肽受体），它们就停止哭喊。如果注射纳洛酮（一种阻止内啡肽活动的药物），它们就比往常哭喊得更厉害（Herman & Panksepp, 1978）。这一效应在多种哺乳动物身上都成功重复，这说明社会性损失和拒绝带来痛苦可以借由控制身体疼痛的相同机制来缓解（MacDonald & Leary, 2005）。在人类身上，研究者已经发现，一种内啡肽受体的基因变异可以预测在社会拒绝敏感性方面的个体差异，以及疼痛相关脑区（前扣带回皮层）对拒绝的反应强弱（Way, Taylor, & Eisenberger, 2009）。

5-羟色胺

神经递质 **5-羟色胺**（serotonin，也称作血清素）对情绪的作用尚不清楚。5-羟色胺影响着中枢神经系统中负责不同功能的大量突触。例如，有一种 5-羟色胺受体负责恶心的感觉，还有许多受体负责记忆、食欲控制、睡眠以及其他行为。

5-羟色胺因为它和抗抑郁药物之间的关联而受到情绪研究者的关注。三环类抗抑郁药物会阻断突触前神经元重新摄取多巴胺、5-羟色胺和去甲肾上腺素，从而延长这些神经递质的效用时间。选择性 5-羟色胺再摄取抑制剂（selective serotonin reuptake inhibitors）也能产生同样的作用，只是这类药物仅影响 5-羟色胺的重新吸收，而不影响其他神经递质。从这些药物的效果来看（虽然它们并不总是有用），研究者很自然地推测抑郁可能与 5-羟色胺活动不足有关。

不过，也有些研究者质疑这样的假设。首先，抗抑郁剂增强脑部 5-羟色胺活动的效应启动非常迅速，通常只需一两个小时。但是，患者情绪和行为上的改善一般要等到两三个星期以后才出现。而且，大部分抑郁症患者的 5-羟色胺水平与正常人差不多（Barton et al., 2008；Leonard, 2000）。当我们运用一些手段迅速耗尽脑部存储的 5-羟色胺，大部分参与者却并没有报告任何抑郁的感觉（Neumeister et al., 2004, 2006）。研究者虽然还不能肯定抗抑郁剂如何缓解症状，但显然不是简单地因为提升了 5-羟色胺水平。5-羟色胺也许跟抑郁并无关联。

研究者还将 5- 羟色胺与攻击性行为和愤怒联系起来。自 20 世纪 70 年代以来的实验室研究已证明，5- 羟色胺释放水平较低（通过测量血液或者脑脊液的 5- 羟色胺代谢物的浓度可知）的雄性大鼠和小鼠更容易打架（Saudou et al., 1994; Valzelli, 1973; Valzelli & Bernasconi, 1979）。一项对年轻雄性猴子的长期观察研究也发现，5- 羟色胺代谢物水平较低的猴子最容易先动手打架，包括对体形较大的猴子先动手。许多 5- 羟色胺水平较低的猴子因此频繁受伤，最终早早死去（Higley et al., 1996）。

一些研究发现人类身上也存在类似效果，即 5- 羟色胺释放水平较低与暴力行为（包括暴力自杀）比例较高有关（Kruesi et al., 1992; Roy, DeJong, & Linnoila, 1989; Virkkunen, DeJong, Bartko, Goodwin, & Linnoila, 1989; Virkkunen, Eggert, Rawlings, & Linnoila, 1996; Virkkunen, Nuutila, Goodwin, & Linnoila, 1987）。但是，后来的许多研究没有成功重复出 5- 羟色胺与愤怒或敌意之间的这种相关性，并且文献综述表明这一相关程度较小（Duke, Bègue, Bell, & Eisenlour-Moul, 2013）。许多因素都可以解释早期研究结果和后来研究结果之间的分歧。其中一种可能性是研究者测量攻击性的方法不同。早期对实验动物和人类的研究中测量的是真实的暴力行为，而大部分后期的研究依赖参与者对愤怒和敌意的主观报告。

现在我们可以总结 5- 羟色胺对情绪的作用了吗？暂时还不行。5- 羟色胺对遍布于整个脑部的众多类型的受体产生着不同的效果。对于任何草率论断 5- 羟色胺情绪效用的人，我们都要谨慎怀疑。

催产素

脑下垂体释放的激素**催产素**（oxytocin）在全身发挥着多种作用。在女性身上，它引发分娩时的子宫收缩，并且促进哺育行为。在男性和女性身上，在性唤起和性高潮期间，催产素水平都会上升。在人类和许多其他动物身上，催产素以及类似的激素血管加压素（vasopressin）都有助于加强雌雄伴侣之间的配对关系，以及父母和后代之间的关系（Avinun, Ebstein, & Knafo, 2012; McCall & Singer, 2012; Walum et al., 2012）。有研究显示，血管加压素受体不够活跃的男性不太容易结婚，不太表达爱情，比较容易想到离婚（Walum et al.,

2008）。

但是，催产素在脑内是一种神经递质。（不少化学物质既是激素又是神经递质。）由于具有上一段介绍的那些效用，一些研究者将催产素叫作"爱情激素"或"爱的神经递质"。但这样的叫法属于夸大和误导了。让我们来实事求是地看看研究结果。

有些研究者使用鼻喷剂的形式给予参与者催产素，然后比较他们和安慰剂组的差异。从鼻腔吸入的催产素可以直接到达脑部，并在30~45分钟后作为神经递质开始起效。在一项研究中，正在恋爱中的男性要在吸入喷剂之前和之后给自己的女友和其他女性进行魅力评分。催产素显著提高了这些男性对自己女友的魅力评分，对其他女性的魅力分数则没有影响（Scheele et al., 2013）。换句话说，催产素在爱情已经存在的前提下放大爱意。（你没法拿它当痴情仙丹让不爱你的人爱上你。）在一项与此有关的研究中，工作人员给予男性参与者催产素或安慰剂，然后立即让他们与一位富有魅力的女性会面。那些已有稳定女友的参与者吸入催产素后，比起吸入安慰剂后，距离那位漂亮姑娘要站得远一些（Scheele et al., 2012）。显然，催产素让这些男性对自己的女友更加忠诚了。

你认为催产素可以增强信任吗？确实有可能。有一些研究表明它具有这种效用，至少对于那些你原本就信任的对象来说是的（Olff et al., 2013; Poulin, Holman, & Buffone, 2012; van Ijzendoorn & Bakermans-Kranenburg, 2012）。研究者据此提出假设：催产素增强了对社交线索的注意，从而放大既有的感觉倾向。但是，人类催产素研究中还存在严重的方法论问题（Nave, Camerer, & McCullough, 2015）。对于实验动物，研究者通常直接向其脑部注射催产素，或测量其脑部的催产素水平，而对于人类，研究者主要依赖鼻喷剂，因而难以掌握催产素到达脑部的真实剂量和速度。其他一些研究者会测量参与者血液或唾液中的催产素水平，以此来代表脑部的催产素水平，但这种方法的前提本身就不确定。另外，有关信任和其他社会行为的结果在不同研究之间差异较大，说明这一效应要么很小，要么取决于具体条件。目前来说，我们还不能对催产素在人类情绪与社会行为中的具体作用下结论。

情绪理论：来自神经科学的证据

在本章开头我们已经提到，每一种主要的情绪理论都会推导出有关情绪与脑功能的具体假设。有许多研究者探讨了这些假设。大部分人都尝试检验不同情绪是否与不同脑区或不同神经网络的活跃相联系。根据基本/离散情绪理论，应当可以找到这样的区别；根据心理建构理论，不存在这样的区别，所有情绪都涉及负责调解意识体验、概念化和语言的同一组脑区的活动（Barrett，2006）。那么，证据偏向哪一种理论呢？

你也许以为研究者现在已经就这个问题的答案达成了一致，但事实并非如此。在第5章中我们介绍过元分析这种将众多不同研究的数据整合起来的统计方法，它可以帮助我们看清证据的全貌，是否显示出了某些效应。两组研究者各自选取了一些有可比性的研究结果进行了一次元分析，相隔两年公开发表，就上述问题得出了截然相反的结论。Katherine Vytal 和 Stephen Hamann（2010）借助元分析发现，证据支持基本情绪理论。Kristen Lindquist 及其同事（Lindquist et al.，2012）的元分析结果却完全不支持基本情绪理论，说明心理建构理论更可靠。怎么会这样呢？

结论的分歧源于两组研究者提出的问题不一样。元分析技术可以从若干研究中抽取出对某一具体问题的答案，但前提是研究者对这一问题有精确的理解。Lindquist 及其同事（2012）指出，那篇早两年发表的元分析论文声称4种基本情绪分别定位于不同脑区：杏仁核负责恐惧，脑岛负责厌恶，前扣带回皮层负责悲伤，前额叶皮层中间下部（因恰好在眼眶上方，常叫作眶额叶皮层）负责愤怒。其中每个结构我们在本章都已经讨论过，如果你认真阅读的话，相信你会对这些对应关系打个问号。Lindquist 等人提出的元分析问题是：其中每个脑区在所谓对应情绪体验期间，是否都比在其他所有情绪体验期间更活跃呢？结果不仅没有找出这样的证据，反而发现各种情绪都与联系着语言、注意调控和视觉的脑区活动有关。

然而，其他研究者提出，这一元分析问题不恰当（Buck，2012；Hamann，2012；Pessoa，2012）。回想一下第1章和第2章中有关基本情绪理论的内容：情绪协调着众多感觉、认知、生理和行为加工过程，这些方面并非各行其是（Ekman，1992；Levenson，1999；Tooby & Cosmides，2008）。这些研究者提出，基本情绪涉及涵盖负责这些加工过程的若干脑结构甚至亚结构的不同活动模式，而不是它的所有方面都发生在单一的脑区内部。通常来说，神经科学家会小心避免将任何复杂的心理现象锚定在单一脑结构上，比较重视联系着多个脑结构的神经网络如何支持特定功能。因此，即便基本情绪是对的，情绪也应当从多个脑区的协作活动中体现出来，而不是限于某一个大脑区的活动中（Pessoa，2012）。

另一套元分析的研究者当时提出的问题比较符合这一提议。Vytal 和 Hamann（2010）整合各种各样的研究，以比对特定情绪条件和中性参照条件下脑部每一个体素的活跃情况（脑部大小和形态经过了标准化处理，邻近的体素会适度平均，这两种操作在研究分析中都是很常见的）。随后，他们提出了两个问题：①对每一种情绪来说，是否可以识别出稳定的激活区域？②对每两种情绪来说，是否可以识别出在一种情绪下比在另一种情绪下激活更大的区域？两个问题的答案都是肯定的。这些发现表明，不同的情绪与脑部的不同活动模式相联系。

Vytal 和 Hamann（2010）的元分析虽有优势，但也有其局限性。第一，人们并不清楚分析中涵盖的所有研究是否真的激起了情绪反应，这一项研究中声称是悲伤的东西和另一项研究中声称的悲伤是否一样。多数研究者用人类面部表情照片作为刺激。但正如我们在第 5 章中提到的，观看他人的表情也许可以激发参与者相同的情绪，也许不可以——比方说，你见到一张某人面孔愤怒的照片，你比较容易感觉到愤怒还是恐惧，抑或什么感觉都没有？第二，Vytal 和 Hamann（2010）警告说，分析结果显示某些脑区在某一情绪期间兴奋，不等同于该脑区的兴奋是体验该情绪的必要条件。例如，他们的分析表明，前额叶皮层有一个区域经常在愤怒时激活，但考虑到有关前额叶皮层功能的知识，该区域的兴奋更有可能反映了个体试图调控愤怒，而不是它导致了愤怒。

第三，在这项元分析中与每一种情绪相联系的具体区域不是十分合乎推测。人们看着这套兴奋模式，很难说出"当然，这正如我们对情绪 X 的预料"。鉴于元分析纯属数据处理，而非假设检验，有这样的结果并不意外，但它确实令这些发现变得更难解释了。

第四，虽说研究者针对每一种情绪检验了多个脑结构，但他们没有检验神经网络。如要检验神经网络，Vytal 和 Hamann（2010）需要运用统计手段找出那些同时激活的脑结构，但他们手边的数据不足以做到这一点。最后，影像技术和分析策略相结合产出的空间信息，相对于脑功能来说还相当粗略。我们已经在有关杏仁核与伏隔核的讨论中看到，即便是体积微小的脑结构，也能够支持若干彼此独立的加工过程，但在数据分析中却可能很难分辨它们。因此，尽管 Vytal 和 Hamann 的分析很有前景，但在神经科学技术变得足够精确以判定理论正误之前，研究者还有很长的路要走。也许，每一种情绪理论在其相应的角度上都是对的。

总　结

二十世纪八九十年代 fMRI 技术的大规模普及令情绪科学家们兴奋不已。当时人们认为它就是解答有关情绪的本质与结构等难题的终极技术手段，从此可以一劳永逸。但事实证明，这事没有这么简单。即便是最前沿的人类神经科学研究方法，比起脑活动的真实精度来说，仍然十分粗糙。研究者就如何检验各种情绪理论提出了许许多多问题，但由于不同研究者以不同方法诱发情绪，因此很难整合这些研究结果。现有的数据明显驳斥了每一种情绪可以定位于单一脑结构的观点，不过也没有哪种情绪理论坚持这一观点。

如果你只能从本章中提取一项核心信息的话，我们希望它是：基于神经科学而产生的论断需要批判性地看待，这方面必须和基于其他任何一类证据而产生的论断一样，甚至更严格一些。神经科学只是众多方法中的一种而已。也许它看起来比其他心理学常见方法更具威力，但那在很大程度上只是因为它比较新鲜，同时我们对脑功能的了解又实在太少。脑是极其复杂的——远比十几年前研究者所知道的更加深不可测。即便最渊博的专家也对神经元如何制造出心理体验和行为一无所知。

不要被神经科学方法唬住，也不要因之走入歧途，我们希望你能够将批判性的思考平等地运用到你遇到的任何新研究方法或新发现上去。研究问题是什么？提问符合情理吗？操纵情绪的手法有效吗？根据结果推导出来的结论合乎逻辑的基本原则吗？或者说，研究者是否犯下了逻辑谬误？这项研究除了告诉我们某个心理加工发生时某些脑区"亮了"之外，增加了人们对这一心理过程的认识吗？对该结果的其他潜在解释全都考虑了吗？当前结论符合其他研究方法带来的发现吗？情绪科学蕴藏着巨大的宝藏，但研究者需要耗费耐心、不断试错，才能实现遥远的目标。

关键术语

杏仁核（amygdala） 位于大脑颞叶下的一个结构，对于强化情绪记忆和评估情绪信息很重要，特别是威胁性的信息。

β-内啡肽（β-endorphin） 一种神经递质，也是机体的天然止痛剂。

中枢神经系统（central nervous system） 包括脑和脊髓两大部分。

扣带回皮层（cingulate cortex） 围绕着胼胝体的一个脑区，对于多种认知、记忆和情绪功能都很重要。

多巴胺（dopamine） 脑部的一种神经递质，对于需求行为和积极心境很重要，也涉及其他功能。

诱发电位/事件相关电位（evoked potentials / event-related potentials） 对特定刺激做出反应时脑电图信号的快速改变。

恐惧性条件反射（fear conditioning） 一种程序，个体在其中会学到一个新的刺激（比如某种声调或颜色）预示着电击或者其他厌恶事件。

额颞叶变性/额颞叶痴呆（frontotemporal lobar degeneration / frontotemporal dementia） 指额叶和颞叶皮层的逐渐退化，会导致多重影响，其中往往包括社会行为严重受损。

内稳态（homeostasis） 机体对温度、血液生化、水分和其他因素的调节，使其维持在健康运转的范围之内。

下丘脑（hypothalamus） 位于脑干上方、丘脑下方的一个结构，指导脑下垂体的活动，并且调节着体温、饥渴等多个因素。

脑岛皮层/脑岛（insular cortex / insula） 位于颞叶和顶叶之间的褶皱里，对于觉察内脏感受很重要。

内感受（interoception） 对机体本身，特别是机体内部情况的知觉。

Klüver-Bucy综合征（Klüver-Bucy syndrome） 一种伴随着双侧前颞叶皮层（包括杏仁核）切除而产生的情绪改变模式。

边缘系统（limbic system） Paul MacLean（1952）提出的一套神经结构，是脑部的情绪网络。

神经递质（neurotransmitters） 神经元释放出来用于与其他神经元交流的化学物质。

伏隔核（nucleus accumbens） 一个神经结构，接收有关奖赏和注意的信息，促进可能获得奖赏的行为。

催产素（oxytocin） 既是激素也是神经递质，可以增强人际联结，提升对社交线索的注意。

前额叶皮层（prefrontal cortex） 位于额叶皮层的运动和前运动区域的前面的一个区域，通常与自我调节、记忆、有意认知和一些有关情绪的加工过程相联系。

反向推断（reverse inference） 由于出现了某个原因的已知后果，则结论说该原因（而不是其他可能的原因）必然也出现了的一项逻辑谬误。在心理学研究中经常出现。

5-羟色胺（serotonin） 涉及许多感觉、认知和情绪加工的一种神经递质。

腹侧被盖区（ventral tegmental area） 脑部奖赏环路的结构之一，是伏隔核的重要输入来源。

思考与讨论

1. 什么证据可以说服你某一脑区 Y 的活动导致了某一心理过程 X（或者说 Y 的活动是 X 的必要条件）？例如，当有研究者声称某个小小的脑结构负责探测面孔（Kanwisher，McDermott，& Chun，1997），什么样的证据能够让你相信他们是对的？
2. 许多神经科学研究者依据基本情绪理论提出研究假设，但很少有人检验过其他重要的情绪理论。你觉得用 fMRI 方法检验成分加工模型怎么样？
3. 一项 fMRI 研究显示，人们在阅读那些令人尴尬的句子时右侧颞叶皮层的激活程度比阅读中性句子的对照组要高。想一想，除了将这一区域总结为脑部的尴尬中心以外，对这一发现还有哪些可能的解释。

延伸阅读

Damasio，A. R.（1994）. *Descartes' error: emotion, reason, and the human brain.* New York，NY：Putnam.

包含大量 Damasio 有关前额叶皮层损伤患者的资料。

Kellogg，R. T.（2013）. *The making of the mind.* Amherst，NY：Prometheus.

围绕语言、情绪、意识及其他心理过程背后的脑机制而进行的非技术性讨论。

Lieberman，M. D.（2013）. *Social:Why our brains are wired to connect.* New York，NY：Crown.

有关日益发展的社会与情绪科学领域的一份引人入胜的综述。

第 7 章

自主神经系统与激素

想一想你生活中,某个让你真正对某件事感到紧张的时刻。有可能是你即将参加某个考试,或者你需要站在众人面前做一个演讲,还可能是你鼓起勇气邀请某人出去约会。回忆那些鲜活的体验,你的身体到底有怎样的感受?

人们在这类情境下普遍报告相似的躯体感觉:你心跳加速,双手变得冰冷和潮湿,胃里在翻滚并感到有点恶心,你的嘴唇发干、肌肉紧张、双手微微颤抖。这些听起来是不是很耳熟?

在《对发生事件的感受》(The Feeling of What Happens)一书中,Antonio Damasio(1999)写道,"情绪用身体作为它的剧场"(p.51)。正如我们在前面提到的,其他很多情绪理论家也强调身体在情绪感受中的核心作用,William James(1884)甚至说个体对自身生理和行为变化的知觉就是情绪感受。回想一下你生活中经历过的所有强烈的情绪体验。你的身体在这些体验下是如何感受的?你能想出哪种强烈的情绪体验是与身体感受无关的吗?

根据很多研究者的说法,情绪之所以存在,是为了让我们准备好做出可以适应环境的行动。许多有关情绪的生理变化由自主神经系统以及血流中的激素来控制。在这一章,我们会讲述这些系统如何从脑向身体各部发号施令。我们也会考察有关情绪的生理方面对情绪感受有多重要的证据。最后,我们会讨论压力的生理方面,并解释为什么长期的或严重的压力会威胁身体和情绪健康。

自主神经系统

回想刚刚描述的和精神紧张有关的身体感受。虽然这些多方面的感受遍布于我们的身体，但它们由单一的神经系统控制着。**自主神经系统**（autonomic nervous system）由从脊髓发出连接着各个器官（例如心、肺、胃、肠、生殖器，甚至动脉周围的平滑肌）的神经元链条构成（图 7.1）。

自主神经系统在调节心率、呼吸及其他维持机体生存和运转的功能上起重要作用。当你坐了一段时间后站立起来的时候，自主神经系统会调整你的血压防止你昏厥。当你爬了一段楼梯之后，自主神经系统让心率加速，以输送更多血糖和血氧到达肌肉，使你能继续爬到楼梯顶上。当你感到热的时候，自主神经系统会让出汗增多以降温。当你感到冷的时候，自主神经系统会减少流向皮肤的血液来帮助体内保温，你身体上的毛发会竖立起来好留住皮肤附近温暖的空气以形成隔温层。（这对人类来说没什么用处，因为我们的毛发太短，但它对我们毛茸茸的祖先以及猫猫狗狗等众多哺乳动物来说非常有效。）

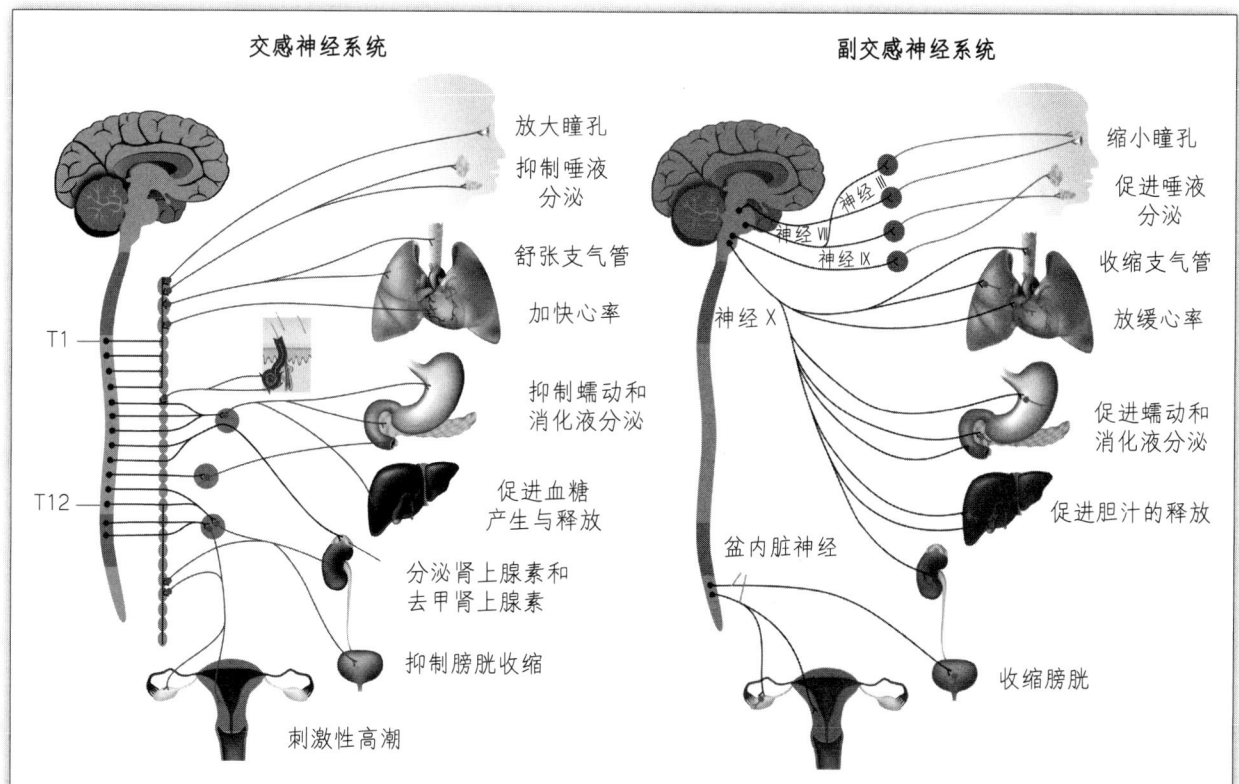

图 7.1 自主神经系统包含两个分支系统。其中交感神经系统帮助机体做好肌肉剧烈运动的准备，副交感神经系统帮助机体消化、生长和繁殖。

图 7.1 展示了自主神经系统的架构。自主神经系统有两大分支：交感神经系统和副交感神经系统。它们分别连接着许多相同的器官，但其中一部分器官只接受来自交感神经系统的信号输入。这两个分支系统经常起到相反的作用。现在就让我们来看看它们到底是怎么工作的。

战斗或逃跑：交感神经系统

与情绪紧张及其他类型唤起有关的感觉，大多反映着**交感神经系统**（sympathetic nervous system）的激活增强。这一系统负责加快心率和呼吸频率、舒张支气管、抑制消化功能、放大瞳孔、增加排汗、增加流向肌肉的血液、减少流向胃肠的血液等，还涉及其他许多功能。最初的研究者好奇这么多功能有何共通点。后来，著名生理学家 Walter Cannon（1915）灵光一闪：所有这些变化都是在让机体做好剧烈活动的准备！当你处于危险情境时，你需要选择对抗敌人或者逃跑，即准备好"战或逃"反应。你需要更多的心脏活动，供给肌肉更多血液和能量，流更多汗以防止身体过热。你暂停消化活动以节省能量，提供较少血流给胃肠，好让提供给肌肉的血流变多，而且在你准备战斗保命的时候，也不宜因为性活动分心。（因为任何事情感到紧张都可以让男性失去勃起状态，包括担忧自己在性行为中表现不佳。）

交感神经系统控制动脉血管周围平滑肌的收缩，让血流从体内的某些部位转移到另一些部位。通向胃肠和生殖器官的动脉缩窄，同时通向较大骨骼肌和脑部的动脉仍保持舒张状态。于是，流向肌肉和脑的血液增多了。如果你受伤，你会希望避免流失太多的血液。因此，交感神经系统也借由平滑肌将通向手、脚和皮肤的动脉缩窄，这就是为什么当你紧张或沮丧时手脚会又冷又湿。

虽然你手脚冰凉，但你紧张的时候也会手脚出汗。为什么呢？因为在紧急情况下，你很可能突然剧烈活动。而一旦你开始剧烈活动，身体就会产生许多热量。交感神经系统通过增加排汗来降低身体温度，提前预防机体由于接下来有可能发生的事情而过热。

消化是需要消耗生理资源的，而身体不能同时处理消化和强烈的肌肉运动。交感神经系统的某些活动旨在减缓消化过程，进而重新引导身体资源指向大肌肉的活动：唾液腺活动停止，导致嘴干；肠的平滑肌停止蠕动，它原本可以保证食物的流向正确；胃停止分泌消化酶。如果你极度紧张不安，交感神经系统甚至会让肌肉收缩好把食物从胃里挤出来（呕吐），以稍许减轻你身体的重量。

交感神经系统激活的另一个效应是**立毛**（piloerection），即毛发呈现竖立的状态，其原理是皮肤上毛囊周围的微小肌肉收缩。对许多哺乳动物来说，立毛产生的主要效果是让自己看起来更大、更吓人（图7.2）。人类在恐惧的时候也会起"鸡皮疙瘩"（毛发直立）。虽然我们的体毛太短，竖起来也没法让我们显得大一点或吓人一点，但我们仍然从古老的哺乳类祖先那里继承了这一反射。

图 7.2　毛发竖立可以让感到害怕的动物看起来体型大一些，进而富有威胁性一些。

交感神经系统激活后最细微的影响之一体现在眼睛，即扩大瞳孔好让更多的光到达视网膜。这种生理变化的作用类似于打开摄影机的光圈，增强整体亮度和视觉成像的细节。当你观察潜在威胁或寻觅猎物时，这一点很有用处。瞳孔变大也可以仅仅意味着兴趣。如果你心仪的对象看见你时瞳孔变大，约会就有希望了。

最后，交感神经系统激活的某些效果对长期活动很重要。分布在肝脏上的交感神经刺激它释放更多的葡萄糖到血液中，进而为勤勉的骨骼肌、脑和心脏供给更多能量。还有其他一些变化包括：增加脂肪的分解来提供更多能量，并促进总体上细胞层面的新陈代谢。最后，交感神经激活还改变血液中的化学物质来提升凝结效率，这也是提前做好受伤准备。

自主神经系统的这一分支之所以被命名为"交感"，是因为其中指向各个器官的神经元彼此平行地长长延伸出去，同时神经元和神经元之间的突触总是聚集在一起。这与副交感神经系统不同。副交感神经系统中的神经元彼此分开，虽然也联系着各个器官，却距离脊髓较近。因此，研究者推断交感神经系统里的神经元可能经常会在同一时间内兴奋起来，即相互之间的活动"志同道合"。

于是，交感神经系统激活会带来一套高度协同的反应，也就是说，前面几段里介绍的那些生理变化，要么一起出现，要么一项也不发生，就像心理学概论课程里提到的"全或无"原则那样。

当这套协同反应发生的时候，你的心脏怦怦跳，你浑身冒汗，你血压上升，你的胃则会不舒服。但是，后来的研究表明，交感神经系统激活中所包含的分化情形，远比早期研究者以为的要多——不同的内脏器官由不同的神经递质与受体组合来调控（Folkow, 2000; Jänig & Häbler, 2000; Kreibig, 2010）。也就是说，上述多方面的变化是有可能单独出现的，只是取决于具体情况。所以，交感神经系统所能产生的生理模式，比"全或无"准则更复杂，也更有趣。

休息和消化：副交感神经系统

如果说交感神经系统的激活是为了帮助身体对剧烈活动做好准备，那么**副交感神经系统**（parasympathetic nervous system）的作用在很大程度上恰好相反。想象一下你饱餐一顿之后放松下来的感觉。此时我们的大部分感受都反映出副交感神经系统的激活。由于这个原因，研究者经常形容副交感神经系统是休息和消化系统。

副交感神经激活的很多效应都指向促进消化。在用餐过程中，副交感神经激活促进唾液分泌，帮助我们加工正在咀嚼的食物。你有没有注意到很多猫和狗在放松的时候会流口水？分泌唾液表明副交感神经活动增强，它往往和满意感联系在一起。副交感神经激活也会刺激很多消化液分泌进入胃里，并且会加强蠕动帮助食物在肠道中顺利向前移动。此时分泌胰岛素有助于让能量储存在脂肪组织和肝脏里。另外，副交感神经激活会使心跳减速，从而节省能量，提供给消化系统使用。同理还有，交感神经激活增加呼吸速度，舒张肺部的支气管，而副交感神经激活则降低呼吸频率，并收缩肺部的支气管。

但有一个例外，副交感神经活动不会直接影响血管。不过，如果交感神经激活减弱的同时副交感神经激活在增强（比如刚刚吃完饭之后），血管周围的大量平滑肌会放松下来，大量血液流向消化系统，因而流向肌肉和脑的血液就变少了。你试过吃饱之后立即运动吗？那是个非常糟糕的主意。这时身体正在全力消化食物，没有足够的能量供给剧烈的肌肉运动。由于流向脑部的血液变少，很多人饱餐结束会犯困。所以，人们在大快朵颐之后常常会想要"眯一会"（图7.3）。

副交感神经激活也会让机体状态变得更适宜进行性活动。对于男性而言，副交感神经的激活使得阴茎内血管扩张，导致勃起。对于女性而言，对应组织的血管扩张，同样会增强性唤起。但千万不要认为饱餐一顿就会带来性唤起。副交感神经系统并不是一个按照"全或无"原则来运行的单元，能激活系统中这一部分的刺激不见得能激活系统中的那一部分。

图 7.3　副交感神经系统的激活与休息和消化联系在一起。人们常在饱餐之后经历强烈的副交感神经反应。

在历史上，情绪研究者对副交感神经系统的兴趣远远比不上对交感神经系统的兴趣，因为后者伴随着易于观察且十分活跃的情绪行为。不过，研究者对副交感神经系统在情绪中的作用也越来越好奇了。一定程度的冷静，对于社会交往和一些积极情绪来说都十分重要（Porges，1997）。副交感神经静息激活水平比较高的人，调节情绪的能力往往也高于平均水平（Butler, Wilhelm, & Gross, 2006; Eisenberg et al., 1989; Gyurak & Ayduk, 2008; Vasilev, Crowell, Beauchaine, Mead, & Gatzke-Kopp, 2009）。这类人报告自己日常生活中的积极情绪也比较多（Bhattacharyya, Whitehead, Rakhit, & Steptoe, 2008; Ovies et al., 2009）。

当你心跳加速，你可能会关心自己身上发生了什么，是不是出了什么问题。放缓你的心跳，有助于你关注其他的人和事物。有些研究表明，副交感神经对心脏的输入，可以用来预测当其他人受苦时个体感受到和表现出多少同情（Stellar, Cohen, Oveis, & Keltner, 2015）。不过，这一联系只在副交感神经活动的一定范围内才有效（Kogan et al., 2014）。心脏适度平静下来时，你对自己的麻烦不再那么忧心忡忡，可以和其他人交往得不错；当心脏过分平静时，你连其他人的麻烦也不再关心了。

交感神经系统和副交感神经系统怎样协同工作？

由于交感神经系统和副交感神经系统效应相反，人们很容易认为同一时间内要么只开这个系统，要么只开那个系统。但事实上，这两个系统都是持续运作着的，只是二者之间的相对平衡会随着不同时机而变化（S. Wolf, 1995）。例如，当你感到恶心的时候，交感神经激活增强，诱发胃产生呕吐的冲动，同时副交感神经系统刺激肠道和唾液腺，减缓心率。又例如，性唤起初期需要副交感神经激活，以使更多血液流向生殖器官。但是，交感神经激活程度也要上升，它可以促进阴道分泌润滑的体液，还可以增强性高潮和射精过程中的肌肉收缩。

即使对同一器官——比如说心脏——交感神经和副交感神经的影响截然相反时，它们联合作用可以带来更加精确的控制效果。对于这种情形，一个常见的类比是踩油门和踩刹车。你踩油门的力量可以控制汽车的速度，如果你想减速只需轻一些，对吗？但是，当你需要急停时，你会选择踩刹车。在某些情况下，你最好灵活轮换着踩油门和踩刹车。例如，本书作者之一（Michelle Shiota）在以坡道著称的旧金山驾车。有时，当她停在红绿灯处，车头朝着陡坡上方，而另一辆车就贴在她后头。习惯了旧金山这种特殊路况的人都知道这个小窍门：踩住刹车，当你准备起步的时候，快速松开刹车，同时踩住油门。这样操作，车才能立即启动，以免倒滑下去跟后面的车追尾（图7.4）。

这个类比有点长，但是它很好地模拟了我们的身体在面对预料之外的威胁时如何做出反应。想象一只在草地上优哉游哉的兔子突然听到了某个噪声。它僵在原地，四周看看，确认周围是否出现了捕食者。这个时候，两个系统中都有一部分神经元的兴奋会增强（Lang, 2014）。交感神经系统扩大瞳孔（提升视觉注意），轻微出汗（预备给机体降温，因为兔子随时可能激烈跑动）。与此同时，副交感神经系统让心跳变慢。如果兔子开始跑动，它需要心率上升，但此刻它需要的只是集中注意力。事实上，贸然移动可能会吸引捕食者，让自己更危险。片刻之后，当捕食者开始靠近，兔子的副交感神经"松刹车"并且交感神经"踩油门"，立即加速。这段过程中的关键点在于，交感神经系统和副交感神经系统总是活跃的，只是它们各自的活跃程度会针对当下需求而进行微调。

对人来说也一样。当你面对危险的景象或不愉快的情境时，你的心率可能会降低。想象一下你正在阅读一份物品清单，一边读一遍评估其中每件物品在生死关头的有用程度。考虑威胁（但还没有采取任何行动）会导致交感神经系统扩大你的瞳孔，同时导致副交感神经系统降低你的心率，就像兔子身上发生的那样。二者效应的结合提升了注意力，让你更容易记住这份清单（Fiacconi, Dekraker, & Koehler, 2015）。

假设你正在进行这样一项实验：你在玩电脑游戏，在游戏中你有机会赢钱，但是也可能会输钱。当你看到一幅枪支图像，这意味着你有可能会输，除非你在信号出现后迅速反应。枪支图像变大（相当于威胁临近），你会认识到行动的需求很迫切。你密切关注着这把枪。而当它变小（相当于威胁远去）时，你的心率会下降。当这把枪又变大了（威胁近在眼前），你的交感神经系统马上变得高度活跃，为激烈反应做好准备（Löw, Lang, Smith, & Bradley, 2008）。

图 7.4　交感神经系统类似于汽车油门，副交感神经系统类似于刹车。当你停在坡道上，需要快速起步才能防止事故，此时两套系统结合使用会很有帮助。

这一节的中心思想在于，自主神经系统十分精密，可以调控出准确又复杂的生理模式。虽然许多生物学和心理学课堂上仍在讲授交感神经系统的"全或无"准则，给学生一种交感和副交感神经系统的活动非此即彼的印象，但它并不正确。交感和副交感神经系统活动的效应大体上相反，但是自主神经系统包含着许多不同的通路，可以有选择地调节体内的各个器官，就好像一支乐队在录音室里演奏时，调音师控制着众多乐器的音量一样（图 7.5）。

图 7.5 交感神经系统和副交感神经系统的合作机制就像用调音台控制录音效果一样。不同器官分别控制，最终形成丰富多样的生理模式。

激素和内分泌系统

除了自主神经系统之外，身体的内部状态同时也受到**激素**（hormone）的控制，这些由自身腺体分泌的化学物质借助血流和其他部位的细胞进行联系。所谓**内分泌系统**（endocrine system），包含着腺体和激素两部分，它影响着许多生理功能。例如，由胰腺产生和释放的胰岛素使得全身的细胞都可以获得更多作为能量来源的血糖；由脑下垂体分泌的生长激素，可以促进体内细胞再生。

在第 6 章我们提到了既是激素又是神经递质的催产素。情绪研究者对肾上腺激素和皮质醇特别感兴趣，因为它们在个体的压力反应中起到至关重要的作用，这一点我们很快会谈到。**肾上腺素**（epinephrine）具有和交感神经系统激活类似的效果，但持续时间要长一些，因为激素释放后会在血液里停留一段时间。**皮质醇**（cortisol）会导致血糖水平上升，促使肝脏向血液里释放葡萄糖。皮质醇会加速肌肉和脂肪的分解，以制造更多血糖。（但在长期压力下，皮质醇也会刺激脂肪的存储，特别是腰部脂肪的存储。）皮质醇会使血压升高，一部分原因是留存了钠和液体，令循环系统内血浆总量变多，另一部分原因是增大了动脉血管的阻力。我们将在本章后段详细介绍皮质醇的其他影响。

尽管人们常形容皮质醇是一种应激激素，但它并非一无是处。对大多数人来说，皮质醇水平在早上起床时为最高点，在下午和傍晚缓慢下降（S. Edwards, Evans, Hucklebridge, & Clow, 2001）。早上的这种皮质醇反应一般认为有助于形成能量爆发，让人们可以活力满满地开始新的一天。有些研究将正常作息节律受到扰乱与严重压力和精神健康问题联系起来。患有抑郁症的女性（Stetler & Miller, 2005）、严重贫困的女性（Ranjit, Young, & Kaplan, 2005）以及曾经在童年时期经受严重压力或长期压力的成年人（Gunnar & Vazquez, 2001）晨间起床时皮质醇反应较小。

除此以外，在一天中晚些时候遭遇压力时，适度的皮质醇反应有益健康。在经受虐待或严重霸凌的儿童身上（Ouellet-Morin et al., 2001），或经受长期压力的儿童身上（Gunnar & Vazquez, 2001），以及童年时经受过较大压力的成年人身上（Lovallo, Farag, Sorocco, Cohoon, & Vincent, 2012），这一反应不明显。研究者仍在努力理解这些现象的意义，但在严重、持续的压力面前——特别是童年时期——反应性下降，可能反映出人们的身体逐渐放弃应对艰难的局面。

其他和情绪有关的激素包括雌激素、孕酮（即黄体酮）和睾酮。虽然这些性激素有一些性别差异，女性的雌激素和孕酮较多，男性的睾酮较多，但男女两性都拥有这3种性激素。任何一个经历过青春期、妊娠期或更年期的女性都明白雌激素对情绪的影响有多大。高水平的雌激素似乎对情绪有改善效应（Walf & Frye, 2006），而雌激素迅速下降与女性的抑郁症状有关（Payne, 2003）。平均来说，服用避孕药（提供额外的雌激素）的年轻女性相比其他女性比较不容易抑郁，不过对此现象我们也可以想到其他一些解释（Keyes et al., 2013）。重点在于，雌激素水平的变化，而不是其绝对水平，似乎会引发情绪方面的反应。青春期和更年期的心境摇摆之所以会与雌激素的急速波动联系在一起，原因就在这里。

睾酮也同样对情绪有广泛影响。对男性和女性而言，睾酮在增强性冲动方面都有重要作用。此外，对于有轻度抑郁症状的男性而言，睾酮具有心境改善效应，尤其是对那些治疗开始前睾酮水平较低的男性（Amanatkar, Chibnall, Seo, Manepalli, & Grossberg, 2014）。而对那些原本睾酮水平正常的男性来说，给予额外的睾酮则没有什么效果。

鉴于人类的大部分攻击行为都是成年男子实施的，其他物种中的情况也差不多，有些人预料睾酮水平和所有类型的愤怒与攻击行为之间存在高度相关关系。经过细致检验，研究人员确实发现二者之间有一些联系。例如，某些儿童在面对苛待时睾酮水平会飙升，同时出现违抗行为或暴力行为。训练这些孩子学会控制自己的情绪，能降低他们的睾酮反应，减少他们的行为爆发（Carré, Iselin, Welker, Hariri, & Dodge, 2014）。

但是，大部分研究都只显示出睾酮和愤怒与攻击低度相关，有时候甚至达不到统计显著。其原因在于行为还取决于很多其他方面的影响，包括一些具体的生物因素在内。虽然睾酮会提升攻击性，但皮质醇却降低攻击性。在男女两性身上，睾酮对皮质醇的相对比例较高，与攻击行为增多有关（Platje et al., 2015），也与冒险行为增多有关（Mehta, Welker, Zilioli, & Carré, 2015）。另一项影响因素是交感神经系统的兴奋。对大部分人来说，伤害他人的念头会唤起一些和交感神经系统兴奋相联系的强烈情绪——内疚、恐惧，诸如此类。自主神经系统反应较弱的人感觉到的内疚和恐惧也较弱，因此内心对反社会举动的约束克制也较弱（Herpetz et al., 2007）。

测量情绪的生理方面

我们已经大致介绍了自主神经系统和激素的功能。要研究它们与情绪的关系，我们需要一些切实可行的办法好用来测量生理反应。我们所关心的那些生理反应都发生在身体内部，因此，大部分测量都借助安装在皮肤上的传感器来记录各种能量变化。

常用的测量方式

情绪最为著名且常用的生理测量指标是心率。当你测量自己的心率（将食指按在手腕处靠近大拇指一侧，计数 1 分钟内的心跳）时，你是借助压力的变化来了解每一次心搏的发生。但在实验室条件下，研究者检测的是心脏收缩时产生的电信号，而不是血压的变化。

在这里我们就不过多地介绍细节了，但大致原理是：在心房（心脏上部的两个腔室）和心室（心脏下部的两个腔室）开始收缩时，心脏会产生微小但可以测量到的电信号。这些电信号可以通过在个体胸部放置传感器来检测。这种测量方式叫作心电图，简称 ECG（有时也叫作 EKG）。图 7.6 展示了一幅典型的心电图。

心脏病专家能够细致讲述心电图信号的细节，但是根据我们的研究目的，我们只关注几个点。注意，在每一次心搏中，有一个大的尖波，接着是一个小的波谷，最后回归为水平线。这个序列叫作 QRS 复合波，它代表着心室的收缩和舒张。Q 点是收缩的开始，R 点是电活动达到了峰值，而 S 点表明心室在舒张。

情绪研究者可以从两种方法中选一种来分析这些信号。其中一个选择是只测量心率，也就是每分钟心脏跳动的次数。研究者可以数出一定时间内 R 波的个数，再平均至每分钟。但是，情绪引发的心率变化也许只是每分钟多了或少了两次心跳而已，而且持续时间很短，用这样粗糙的测量方式难以捕捉到。因此，情绪研究者常常使用的是平均**心搏间期**（interbeat interval）这个指标。他们需要以毫秒作为单位，在感兴趣的时间窗口内，计算出心电图信号中 R 波之间的平均间隔时间。这种测量方式可以帮助研究者捕捉到比较细微的情绪变化。

另外一个常用的生理测量指标是血压，它会受到每次心搏的血量以及动脉周围肌肉收缩的影响。也许你已经多次测量过自己的血压。不幸的是，研究者不能每隔几秒钟就像医生那样用水银血压计测量一次血压。这显然会干扰任何研究者想要进行的情绪操控。但是，计算机控制的血压监测仪可以将传感器连接到手腕或手指上，这样就可以每隔几秒钟测量一次血压。就像你在医生那里进行的程序一样，这些检测仪器也会对你的脉搏施加和撤除压力，以考察血流

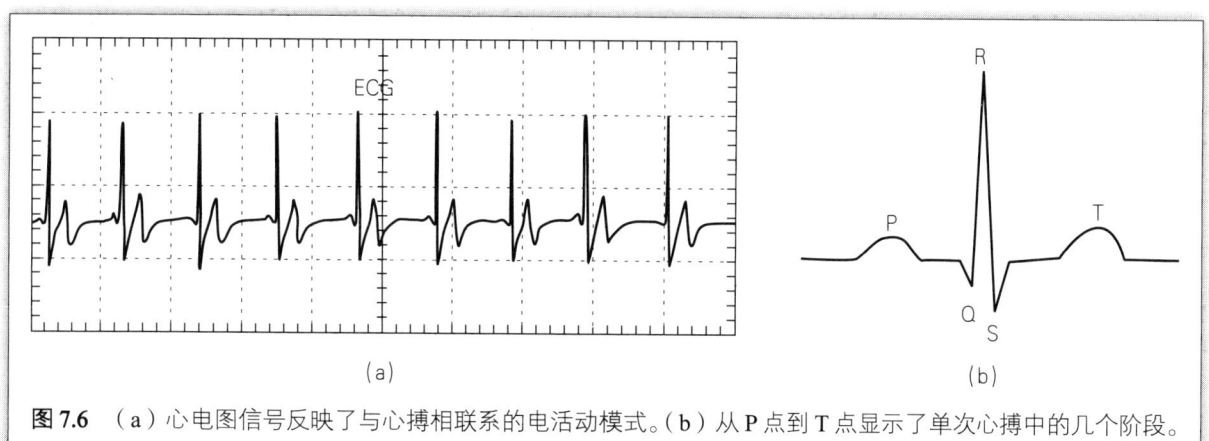

图 7.6 （a）心电图信号反映了与心搏相联系的电活动模式。（b）从 P 点到 T 点显示了单次心搏中的几个阶段。

的效果。研究者经常会区分心脏收缩压,即心脏将血液泵入动脉时的压力,以及心脏舒张压,即两次心跳之间血流的压力。

血管收缩的模式也可以通过测量手指温度来获得。正如我们前面所说的,交感神经系统激活会减少流向皮肤的血液,让较多血液流向心脏和脑。因为流至双手的血液较少,所以此处的温度会变低,而这一效应可以借助温度传感器记录到。

呼吸频率也是典型的利用对压力敏感的器械来测量的生理指标。研究者用一条弹力带绑在参与者的隔膜位置,以测量呼吸相关的压力变化。这不但可以测量呼吸频率,而且可以测量呼吸的深度,或者说每次呼吸的容量。

你可能会认为测量瞳孔直径很简单,因为它是为数不多的可以从身体表面观测到的自主神经系统反应。但事实上它的测量十分具有挑战性。常规摄像机检测不到瞳孔尺寸的微小变化,特别是头部正在运动的时候。不过,那些对参与者目光落点和瞳孔尺寸感兴趣的研究者可以利用有腮托的眼动仪,以及紧密拍摄眼睛的摄像机来进行研究(图 7.7)。

上述几种测量方式体现出了交感神经系统和副交感系统之间相对平衡的重要性——每一项测量指标都受到两个系统的影响,很难将两种影响分开。**皮肤电活性**(electrodermal activity;即皮肤导电水平的变化)可以反映仅由交感神经激活导致的汗腺活动增强。(副交感神经系统和汗腺没有任何联系。)研究者将两个传感器放在参与者的皮肤上,然后让两者之间通上电流。不用担心,这种电流十分微弱,参与者几乎感觉不到它。你的皮肤总是在出汗,只是程度轻微,你没有察觉到。当你的身体被唤起——哪怕只有一点点——皮肤排汗都会立即增多,从而可以让较大的电流经过你的皮肤。测得的电流强度是排汗情况的间接反映,因而可以作为交感

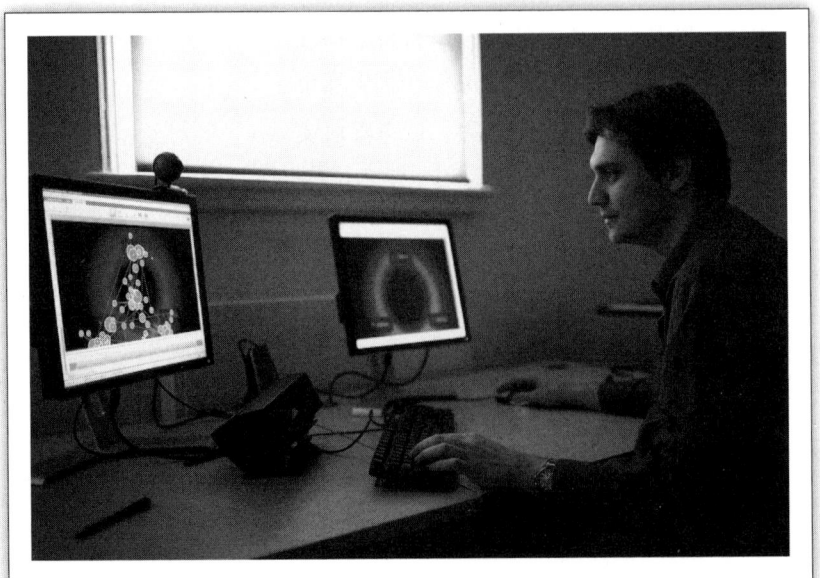

图 7.7　研究者可以利用仪器在测量瞳孔直径变化的同时测量注视方向。

神经系统激活程度的指标。

心脏射血前期（cardiac pre-ejection period）是另一个相对纯净地测量交感神经激活的指标。回想一下，交感神经系统激活不但会引起每分钟内心跳次数的增加，也会让心脏的搏动更有力，让更多血液进入血管。它之所以能这样，一部分是由于它加速了心室的每一次收缩，就像迅速踢一块木板比慢慢踢更容易将木板弄碎。再回看一下图 7.6（b），展示的是单次心搏中的心电图信号。Q 点表示心室开始收缩。但是，心室需要积累足够的压力才能让血液冲过瓣膜流向身体各部，这得花费几毫秒。通过测量电信号（此时传感器要安装在躯干前面和后面），研究者可以知道血液何时经由主动脉瓣流出。从 Q 点到血液流入主动脉瓣的毫秒数就是射血前期，它会由于交感神经激活而缩短。

一种测量副交感神经系统激活的常用方法是**呼吸性窦性心律不齐**（respiratory sinus arrhythmia）。你安静而舒适地坐着，用一只手的食指和中指去测量另外一只手腕处的脉搏，如图 7.8（a）所示。然后，慢慢深呼吸几次。你注意到什么了吗？很多人发现，当他们吸气时，他们的心率有些许加快，而呼气时则会变慢，如图 7.8（b）所示。静息时，副交感神经系统总是在一定程度上放缓你的心率——相对于心脏自然的节奏（由一套独立于神经系统影响的"节拍器"决定）而言。当"节拍器"的节奏是每分钟心跳 90 次时，大多数人

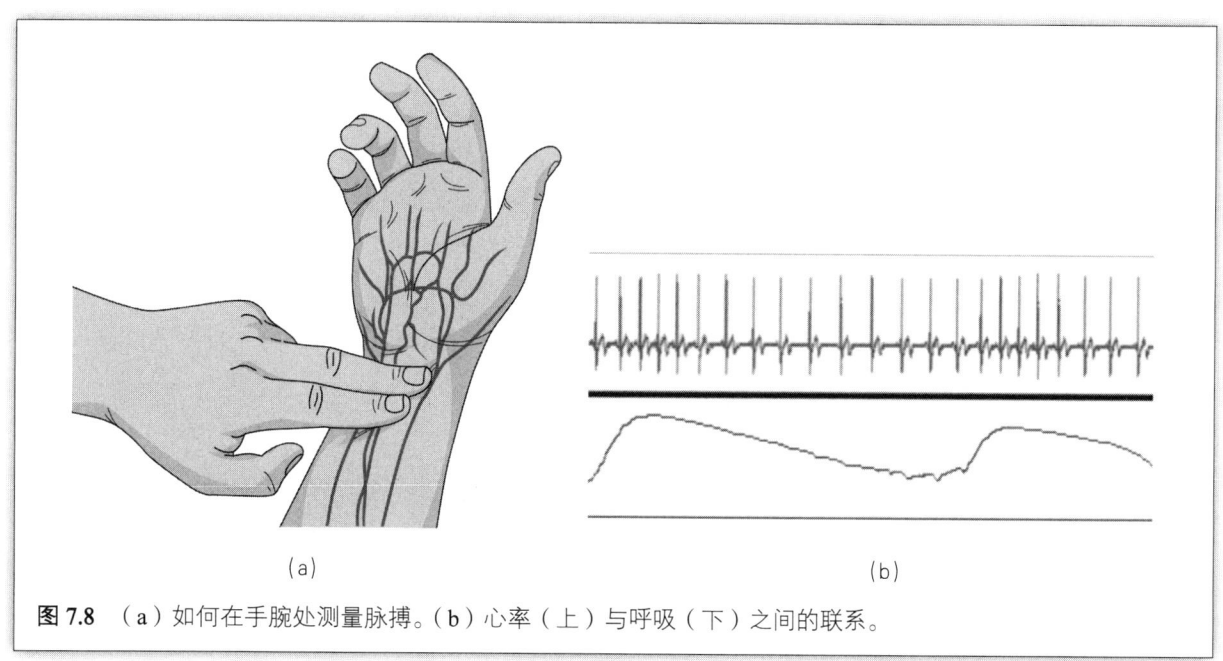

图 7.8 （a）如何在手腕处测量脉搏。（b）心率（上）与呼吸（下）之间的联系。

的静息心率是每分钟 70~80 次。而肺的扩张会干扰副交感神经系统对心率的影响，也就是说心率会暂时提高。心率在呼气和吸气之间变化的幅度反映了副交感神经系统在某一时刻减缓心跳的程度有多强。

可以这样思考一下。你是否曾经用过有开关和变阻器的灯？开关控制灯亮还是灭，而变阻器是控制灯亮时候的明暗。如果变阻器效率很低的话，那么拨动开关不会有显著的明暗分别；如果变阻器效率较高的话，那么拨动开关可能就会有非常显著的明暗变化，不是吗？在这个比喻中，变阻器是副交感神经激活的程度，而肺就是信号的开关，决定信号通过与否。

由于激素存在于血液中，因此最准确的激素测量方法是采集血样。不那么麻烦的做法是采集唾液样本进行测量。对于皮质醇、雌激素和睾酮等唾液内含量与血液内含量相当的激素来说，这个办法很好用，但对于其他激素来说，就不那么可靠了。

测量的挑战

和其他心理学测量一样，生理测量同样面对着很多挑战。一是静息状态下心率、血压、皮质醇及其他生理指标的个体差异非常显著。这意味着如果你想测量和情绪有关的生理变化，你就必须先测得一段情绪任务之前的生理数据好加以对比，我们称之为"基线"（baseline）。由此，我们测量出目标时间段与基线之间的差异，就可以得知情绪产生的效应。因为基线本身也会随着时间而变化，所以我们最好在每轮情绪任务开始之前重新记录当前基线水平。

这就引出了下一个问题。正如我们前面提到的，自主神经系统在持续调整，以对来自体内和体外的各种事件做出适当反应。在人们起身站立、抖腿、移动期间，尤其是在人们交谈过程中，上述几乎所有的测量指标都会改变。研究者必须剔除参与者打喷嚏时的数据，因为打喷嚏会让有关自主神经系统的生理指标发生戏剧性的变化。而且，将传感器安装在参与者身上会让他们感到焦虑。当然，不同参与者对此的焦虑程度不一，不同实验试次中同一参与者的焦虑程度也不一。传感器安装好之后也有可能脱离或逐渐滑落，在时间较长的实验任务中尤其容易发生这种情况。传感器接触不良会扭曲信号。所以，研究者在开始分析数据之前，务必要小心探查并剔除各种明显的信号误差，至少也应该对问题可能来源于其他方面保持清醒。

最后，生理测量的流程相对较慢。自主神经系统需要 1~2 秒才能针对特定刺激做出可以测量到的反应，而且这还取决于刺激类型和测量方式。唾液中的激素变化需要 15 分钟甚至更长时间才能被检测到。因此，在设计实验时，研究者必须考虑清楚哪些指标是能够快速准确测量到的，而哪些指标不行。

排除这些局限性，生理测量在客观性上具有优势。你无需依赖参与者的自我报告，也不用担心行为观察可能带上了工作人员的主观倾向。生理指标不能直接告诉我们答案，但它们可以提供当事人自己难以描摹的各项机体变化，精确又可靠。

自主神经系统与情绪

回想一下第 1 章我们提出的情绪定义，以及詹姆斯—兰格和沙赫特—辛格情绪理论的关键点。其中包含了一项假设，即生理变化是所有情绪中的关键组成部分。再回想一下情绪旨在帮助我们为行动做准备的论断。基本／离散情绪理论甚至预测不同的情绪应该有不同的生理标志，并且这些生理标志源于演化而来的人类天性，因此在不同文化之间应当是类似的。与此相对的是，沙赫特—辛格理论和维度理论认为所有的强烈情绪都包括一定程度的生理唤醒。

生理和感受之间的关系在情绪理论中占据重要地位。在此有 3 个问题需要回答：①生理变化是主观感受的必要条件吗？②不同情绪的生理指标是否存在质的不同？③情绪中的生理变化在不同文化之间相似吗？

躯体感知对情绪体验的必要性

如果你对自身脏器毫无感知，你还能体验到情绪吗？根据詹姆斯—兰格理论和沙赫特—辛格理论，你仍然可以对情境进行认知评估（例如，当前情境引人发怒），但你不会体验到任何情绪。而且，如果生理感知对情绪感受很重要的话，那么自身脏器反馈较弱的人只能体验到较弱的情绪，而自身脏器反馈较明显的人可以体验到强烈的情绪。我们可以通过比较不同类型的人来考察这一问题。

在一项研究中，研究者一边测量参与者的真实心率情况，一边要求参与者报告他们觉得自己的心率是在加快还是减慢。参与者还要报告总体上他们对自身脏器有多敏锐，以及当他们感到恐惧和悲伤的时候，其体验有多强烈。结果显示，那些判断自身心率最准确的人，一般也声称对自身脏器情况最敏感，而且不愉快情绪的体验也很强烈（Critchley et al., 2004）。换句话说，你越能察觉到自己身体的唤醒水平，你的情绪体验就越强烈，尤其是负面情绪。

与这类人恰好相反，有些人的反应微不可察。有一种医学问题叫作**单纯性自主神经衰竭**（pure autonomic failure），它指的是自主神经系统失去了对机体的影响力。这种罕见但无法治愈的疾病起因尚不清楚。通常来说，它在人们进入中年时开始发作。一个具有标志意义的症状是，当人们起身站立时，血液从头部迅速下沉到躯干，导致患者昏厥。（这一症状的医学名称是直立性低血压。）如果交感神经系统不发挥作用，这种症状就会发生在每个人身上。当你站立起身，体内的反射性机制会加快心率、收缩从头部回流向心脏的血管。而单纯性自主神经衰竭的患者失去了这一反射，因此必须缓慢起身，以防止血液迅速下沉脱离头部。生理或心理压力也无法影响到这类患者的心率、呼吸频率、排汗以及其他自主神经反应。

那么情绪呢？在情绪情境中，这类患者与其他人报告了同样的情绪，但是他们体验情绪的强度较低（Critchley, Mathias, & Dolan, 2001）。他们情绪中的评估部分完好无损，只是主观感受变弱了。即便是那些压根没体验到情绪的患者也报告说："我认为这是一个会引发愤怒（或其他情绪）的情境。"但失去了自主神经带来的变化，他们感受不到多少东西。

闭锁综合征（locked-in syndrome）的病情更加极端，其患者几乎完全丧失了脑对肌肉的信号输出，以及整个自主神经系统的信号输出。不过他们仍然可以接收到自身脏器的感觉反馈。其病因一般是中风或其他原因导致的脑干局部受损。大多数脊髓受损的病人仍然保留了对肌肉的一部分控制能力，具体情况取决于受损的位置。即便那些脖子以下瘫痪的病人，依然可以向心脏和其他器官进行信号输出，因为副交感神经系统中的神经自脑桥和延髓向外发出，而不是从脊髓。但是，闭锁综合征患者是脑桥和延髓这样的关键部位受损。来自脑部的轴突要经过这里伸向脊髓。而在这一受损位置上方，有少量神经元集群负责控制眼部肌肉。因此这类患者仍然可以转动眼睛。除此之外，闭锁综合征患者躯体完全瘫痪，只是他们神志清醒，并且可以存活多年。

那么他们的情绪有何改变吗？他们可以自己告诉我们，虽然得费点事。首先，需要由专家教会这类患者用一套代表着不同字母的眼球转动和眨眼动作来拼写词语。一旦患者开始用这套编码传递信息，研究者就可以安心等待他们表达情绪了。鉴于这类患者除了眼部能动以外全身永久瘫痪，在大多数人的设想中，他们面对黯淡的前景只会感到难以承受的痛苦。但是，詹姆斯—兰格理论预测，由于缺乏来自机体内部的反馈，闭锁综合征患者的情绪会变得十分微弱。

和这类患者的沟通缓慢而吃力。他们所表达的大部分内容都不具有情绪性，没有传递任何恐慌或绝望的信号。一名女性患者学会那套动作编码后拼出的第一条信息是："为什么给我穿这么难看的上衣？"（Kübler, Kotchoubey, Kaiser, Wolpaw, & Birbaumer, 2001）。闭锁综合征患者报告的许多内容都是平和、冷静的（A. R. Damasio, 1999）。在这样的结果面前，患者感知不到自己机体的任何状态就成了一种相当诱人的解释。

然而，一位闭锁综合征患者的自传（没错，全部由眼睛写成）切切实实地用到了悲伤、失望、沮丧以及其他近似的情绪名词（Bauby, 1997）。我们还想了解的是：他们能体验到情绪吗？他们体验到的情绪强度和从前一样吗？还是说他们只不过是在谈论情绪中的认知评估部分呢？其中的区别对情绪研究者来说至关重要。但目前仅有的少量研究尚不足以回答这些问题。

情绪中的自主神经特异性

基本/离散情绪理论认为，不同的情绪对应着不同的机体活动模式，也就是具备**自主神经特异性**（autonomic specificity）。根据这一观点，我们可以推论出不同情绪之间存在稳定的生理差异（Ekman, 1992）。从演化视角来看，具体的情绪服务于不同的适应功能，进而也应当匹配不同的生理效应（Tooby & Cosmides, 2008）。与此相反，核心情感理论认为情绪之间的差异源于它们在效价和唤醒水平这两个维度上的不同。由此我们可以推论出各种情绪之间虽有一些差异，但相似之处更多。按照沙赫特—辛格理论，生理唤醒水平决定着情绪感受的强度，但区分不同情绪（比如区分恐惧和愤怒）依赖于当事人对情境的认知评估。

许多研究都发现，各种情绪之间有少许区别，但大体上十分相似（Quigley & Barrett, 2014）。例如，恐惧的生理反应在诸多方面都接近愤怒。就连搞笑和厌恶（Kreibig, Samson, & Gross, 2015）、疼痛和惊讶（Jang, Park, Park, Kim, &

Sohn, 2015）引发的生理反应也很相似。

在众多最为谨慎和全面的研究中，有一项（Ekman, Levenson, & Friesen, 1983）探讨了愤怒、恐惧、悲伤、快乐、惊讶和厌恶是否可以通过它们对应的自主神经反应来进行区分。你也许已经认出来，这里的情绪列表与 Ekman 及其同事（1969）面部表情研究中所用的一样。在这个研究中，研究者招募参与者分组参加两个情绪诱发任务：①根据肌肉运动的指导语，摆出每一种情绪的面部表情；②回想那些情绪激烈的记忆。这样的程序设计非常重要，它以不同方式呈现同一内容，从而增加了结论的可靠性。有趣的是，研究者邀请专业的演员或那些学习过面部运动的研究人员来当参与者，以确保他们可以准确地跟随面部运动的指导语。实验结束后，研究者只采用那些参与者体验到中等情绪感受的试次的数据。该研究所用的生理指标包括心率、指温、皮肤导电性和肌肉紧张度。

结果显示，在两类情绪诱发任务中，6 种情绪都稳定地表现出不同的心率和指温反应。图 7.9 呈现了每种情绪从基线到试验任务的生理指标变化。在愤怒、恐惧和悲伤的情绪下，心率是缓慢从基线开始增强的；在快乐和惊讶当中，没有表现出这样的趋势。除此之外，在愤怒和某种程度的快乐情绪下，指温出现戏剧性的升高；在恐惧和厌恶中，则轻微下降。这两个指标的变化模式表明：至少愤怒、恐惧和厌恶这 3 种情绪可以通过它们的自主神经效应来区分，但对于悲伤、快乐和惊奇来说，还不能确定。

同一批研究者在后来的研究中成功复制了上述结果，这一次他们仍然使用面部表情指导语来诱发情绪（Levenson, Ekman, & Friesen, 1990）。但是，使用其他情绪任务的其他研究者则发现了不同的生理反应模式。

为了解决这个争议，研究者对已有的关于自主神经特异性效应的研究进行了一项元分析（Cacioppo, Berntson, Larsen, Poehlmann, & Ito, 2000）。我们已经介绍过，元分析借助大规模统计分析手段，帮助我们将不同研究者进行的很多研究整合成一个研究。这一元分析的结果肯定了 Levenson（1992）有关具体情绪之间生理差异的部分论断，但不支持其余论断，并且显示出了一些新的差异。这项元分析确认的几个新差异是：①与愤怒、恐惧、悲伤和厌恶相比，快乐引发的生理唤醒水平较低；②与厌恶相比，心率在愤怒、恐惧和悲伤等情绪中提升较多；③与恐惧相比，愤怒会引起血压升高，心率和射血量轻微上升，手指脉搏血量和指温也升高。这些模式很好地区分了负性情绪和快乐、厌恶和

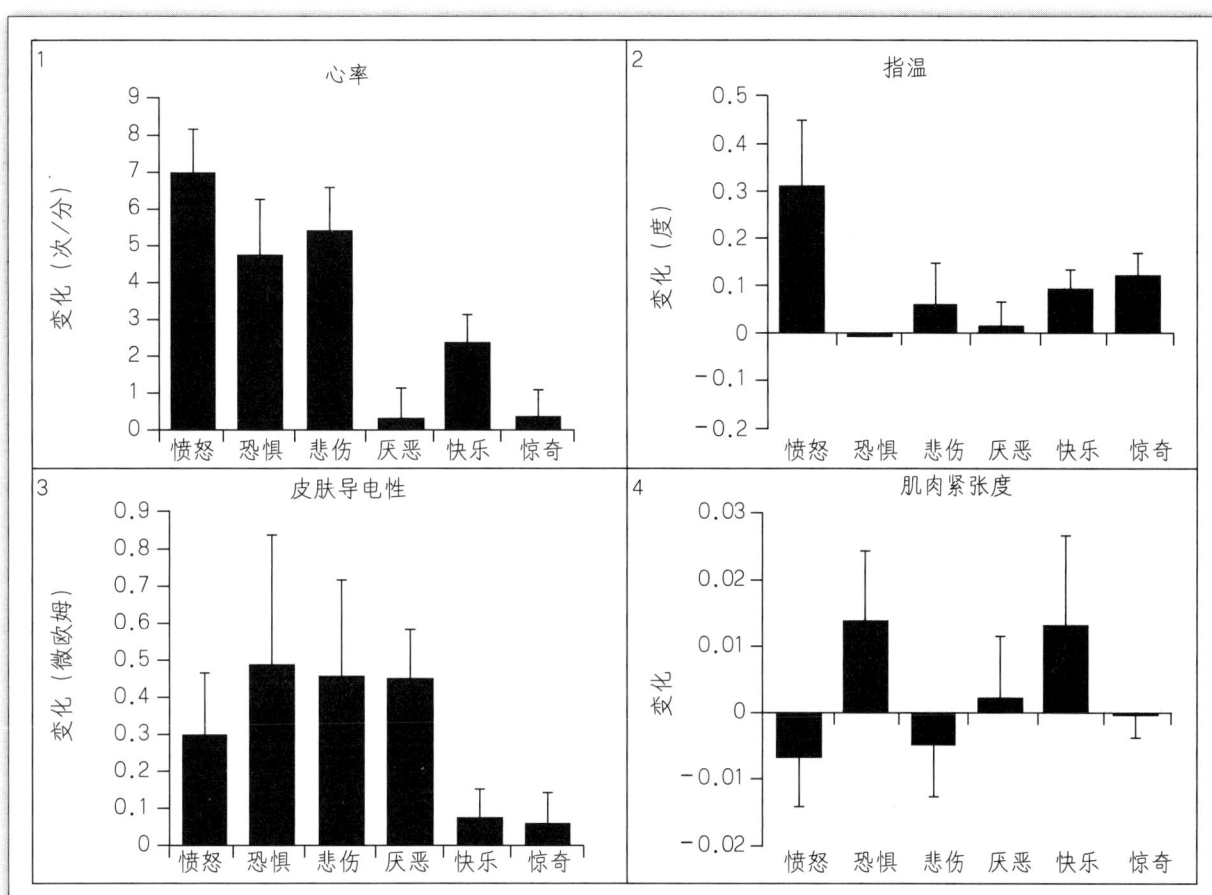

图 7.9 心率、指温、皮肤导电性和肌肉紧张度等指标从基线到试次之间的变化,提示人们不同情绪可能具有不同的生理模式。

其他负性情绪,还分开了愤怒和恐惧,但对于悲伤我们还不清楚。

这一项元分析的研究者一次只考察情绪中的一个方面。回想一下第 6 章里介绍的,考察各种情绪的脑功能,用来检验基本情绪理论的那项元分析。它真正想问的是不同情绪是否与包含多个区域在内的不同脑活动模式相联系,而不是仅仅想知道不同情绪条件下单个脑区的活动是否相同。而此处的元分析情况类似,我们真正想弄明白的是:不同情绪是否会引发包含多个脏器及其神经系统机制在内的不同生理唤醒模式呢?

一些研究者采取比较外显的方式去测量不同情绪的自主神经活动,其中往往涉及十分复杂的统计技术。例如,有的研究运用一种叫作多变量分析(multivariate analysis)的技术同时对比愤怒和恐惧在 24 项生理指标上的差异

（Stemmler、Aue, & Wacker, 2007）。另一项研究（Christie & Friedman, 2003）则运用了一种叫作模式分类分析（pattern classification analysis）的技术，即从一般的分析方法开始逐步倒推来得到结果。这种统计技术探讨的并非不同情绪是否具备不同的生理剖面，而是这套程序是否能根据整个研究得到的数据，用生理模式来识别出每个试次中对应的情绪。结果发现，这一分析对超过 1/3 的试次做出了正确归类（研究数据共涉及 7 种情绪，其中包含中性情绪）。虽然谈不上完美，但已显著高于随机水平。

总之，关于我们究竟应该重视不同情绪之间自主神经活动的区别，还是应该重视它们的相通，仍难定论。比方说，如果某种情绪条件下心率或指温比另一种情绪升高得多一些，我们应该把它看作二者的重要差异吗？我们应该更重视别人可以在超过 1/3 的时间里通过你的自主神经反应来识别你的情绪这一事实，还是应该更重视这种识别方法在约 2/3 的时间里都失败了这一事实呢？

Robert Levenson（2014）指出，目前有关这一问题的研究数量太少，不足以做出任何结论（参见 Norman, Berntson, & Cacioppo, 2014; Quigley & Barrett, 2014）。既有研究中所用的方法存在相当大的局限性。首当其冲的是，我们应当只期待强烈的恐惧、强烈的愤怒以及其他程度强烈的情绪显示出可以用来区分的自主神经反应。因为伦理上的限制，大部分实验操纵都相当温和，有时简直可以说微弱了。研究者请参与者回想自己最近一次感觉愤怒、恐惧、悲伤及其他情绪的时候。这样的指导语也许会诱发强烈的情绪，但也可能什么也诱发不出来，这取决于参与者体验情绪的时间远近和强度大小，以及回忆时的生动程度。另一种常见操作是请参与者观看照片或视频。如果让你观看一段某人进食活虫或打扫脏兮兮的卫生间的影片，你会觉得恶心吗？或许你会，但也有一些人的反应是哈哈大笑。如果众多参与者都只感觉到微弱的情绪，或没有感觉到这种情绪而是那种情绪，我们就不能期望实验结果会呈现出清晰且独特的生理模式。

第二个问题是，许多研究者只考察了寥寥几项生理反应。最常用到的指标是心率和皮肤电活性，因为它们最容易测量。当人们描述自己的情绪感受时，他们常常会提到一种胃肠翻腾的感觉——却从没有人提到自己的皮肤导电性变了。然而，没有什么研究者测量过胃肠的活动情况。你可能已经注意到，我们在本章前半段介绍的一些测量指标，比如心脏射血前期和呼吸性窦性心律不齐，在有关自主神经特异性的研究中完全没有提到。这是因为它们相对比较新，早期研究中还没有启用。现在，使用这些指标的研究者变多了，并且由此获得了一些有关生理差异的新线索（Kreibig, 2010），不过还不足以为自主神经特异性问题提供确定的答案。

第三个问题，大部分强烈的情绪反应只持续几秒钟。对反应进行实时测量非常重要，最好不要在半分钟或更长时间里去取平均数。新技术的运用使得研究者可以借助穿戴设备监测到人们在一整天内每个瞬间的自主神经反应，而不影响他们的正常生活（Wac & Tsiourti, 2014）。或许，我们很快就能看到更完善、更精确的研究了。

文化与情绪中的生理

如果说情绪是演化而来的一种适应性，那么我们应该期待成长于不同文化环境的人们在生理方面具有一定程度的相似性。世界各地的人们在体验同一种情绪时显示出相近的生理反应了吗？这是个非常困难的课题，不过已有一些研究者尝试回答它。

在第 2 章介绍过的一项大型研究中，Robert Levenson，Paul Ekman，Karl Heider 和 Wallace Friesen（1992）考察了来自印度尼西亚的人和美国年轻人在情绪情境中的生理反应是否相似。他们来到印度尼西亚与米南卡保人一起工作，这一群体主要居住在苏门答腊岛，与西方社会基本隔绝。传统的米南卡保文化与美国文化在许多方面都差异很大，包括社区的规模和人口密度、经济形态、主流宗教和性别角色等。研究团队最终收集到了 46 名米南卡保男性（当地文化不允许女性与男研究人员一起工作）的生理数据，用以与 62 名美国年轻人的生理数据进行比较。对于这两组参与者，研究者都采用指导语，让每位参与者摆出愤怒、恐惧、悲伤、厌恶和愉悦的表情，同时记录他们的生理反应。总体来说，两个样本显示出了相似性（详情见图 2.9）。研究团队运用多变量分析发现，两组参与者在 5 种情绪和 3 项生理指标的整体生理反应模式上并不存在显著差异。但是，他们之间仍然存在文化差异。统计结果显示，在摆出某种面部表情时，米南卡保参与者的生理反应强度要小于美国参与者。这有可能是因为米南卡保人情绪的生理反应强度较小，也有可能是因为面部表情任务对于诱发他们相应情绪的效力较弱。

为了继续对这一课题的探索，Jeanne Tsai 及其同事（2002）考察了两组文化群体在多个方面的情绪反应，其中包括生理反应。一组样本是欧洲裔美国大学生，另一组是 Hmong 人美国大学生——其家族来自东南亚。这些 Hmong 人参与者出生在老挝、泰国或美国境内，本人可以流利使用英语和 Hmong 语，而他们的父母全都出生和成长于老挝。

每一位参与者都要讲述并且再次体验过往生活中快乐、骄傲、喜爱、愤怒、厌恶和悲伤的经历。对事件的讲述相对简短，但对情绪的体验必须尽可能鲜活如初。在整个过程中，Tsai 及其同事（2002）测量了参与者的皮肤导电性。结果发现，在体验 6 种情绪时，皮肤导电能力都有少许上升，而且欧洲裔和 Hmong 人两组参与者的上升情况相似。

上述两项研究仅仅是这条漫长而艰难的求索路上最初的几个脚印。二者都呈现出情绪中的生理反应具备一些跨文化相似性，但还远远不够支持"普遍性"结论。未来仍然有大量工作等待着研究者。

积极情绪的生理

大部分情绪生理研究关注的都是负面情绪。在前述 Cacioppo 等人（2000）的元分析中，快乐由于生理效应不明显而很容易地同恐惧、愤怒和厌恶等情绪区分开了。如果积极情绪确实是情绪的话，难道我们不应该期待它带来一些生理反应吗？当人们进一步细致观察时，会发现积极情绪的效应并不平淡。

确实有一些研究发现积极情绪对自主神经反应不起什么作用。但是，所有的自主神经反应都只是程度问题，而许多有关快乐的研究采用的刺激又比较弱。你或许会说观看小狗小猫的照片让你感觉"快乐"，但那不太可能是一种强烈的情绪体验。一项采用幽默视频作为诱发刺激的研究显示，人们在观看最好笑的视频时心率加快，而在观看其他幽默视频时没有什么变化（Lackner, Weiss, Hinghofer-Szalkay, & Papousek, 2014）。

大部分情绪研究者已经将恐惧、愤怒、厌恶和悲伤区分开，但仍然把快乐和其他所有积极的情绪状态混在一起。在生理方面，有几种积极情绪状态并不相同。有一项研究比较了 5 种状态：热切（想要食物或其他奖赏）、依恋（喜欢并信任父母、朋友或伴侣）、慈爱（倾向于关怀年幼者或其他需要帮助者）、搞笑（玩闹与幽默）、崇敬（面对新鲜且令人惊叹的事物时的反应）。表 7.1 列出了参与者观看旨在诱发上述体验时的自主神经反应情况。表中的"0"指的是参与者的自主神经反应和他们观看中性、非情绪性照片时的情形比起来，没有变化。表中的"+"指的是比起中性条件下有所增加，"-"指的是有所减少。比起提供具体数字，这样一来，各种积极情绪之间的生理反应模式差异一目了然（Shiota, Neufeld, Yeung, Moser, & Perea, 2011）。另一项研究发现，道德评估（对别人利他行为的反应）引发了心率上升（反映出交感神经系统兴奋）同时呼吸性窦性心率不齐（副交感神经系统兴奋的表现之一）这样不寻常的生理效应组合（Piper, Saslow, & Saturn, 2015）。简而言之，对于不同类型的积极情绪体验，人们拥有不同的自主神经反应。

表 7.1　5 种积极情绪的生理变化

参与者观看旨在诱发 5 种积极情绪时的生理改变（Shiota, Neufeld, Yeung, Moser, & Perea, 2011）。

	心搏间期	心脏射血前期	皮肤导电性	呼吸性窦性心律不齐	平均动脉压力
热切	-	0	+	-	+
依恋	-	0	0	-	0
慈爱	-	0	0	-	0
搞笑	0	0	0	0	0
崇敬	0	+	0	-	0

另一些研究者发现，积极情绪可以帮助人们从强烈的消极情绪中恢复正常，在生理上和心理上都是这样。这种现象叫作**积极情绪撤销效应**（undoing effect of positive emotion）。在有关的研究中，参与者先观看一段吓人或悲伤的视频，之后再观看一段中性的视频，或者是能引发满足或快乐感受的视频。前一段视频会提升人们的心率、血压和排汗等，并且这些效应会持续一段时间。但是，与那些接下去观看中性视频的参与者相比，那些接下来观看积极视频的参与者会迅速恢复，较快回归到自己的生理基线水平（Fredrickson, Mancuso, Branigan, & Tugade, 2000）。总之，积极情绪可以诱发多种生理反应，但取决于情绪的具体性质和强度。即便是相当冷静的反应，也可能具备高度适应性。

应激及其对健康的影响

你可能会疑惑，在一本关于情绪的书中，为什么会讨论应激？应激并不算是一种情绪。但是，它对人类情绪有非常大的影响。应激是一种会引发情绪的体验，尤其容易引发恐惧、愤怒和哀伤。毕竟，Walter Cannon 首次提出"战或逃"这个概念，就是为了描述应激情境下的典型生理反应。

你是否留意过人们说自己"有压力"的频率有多高？正如 Robert Sapolsky（1998）所指出的，当今人类的主要应激源和我们的祖先完全不同。远古的祖先们面对着许多有关生死存亡的危机，需要他们做出快速反应。当狐狸追逐兔子时，这只兔子能不能活下去以及这只狐狸今天有没有吃的，几秒钟内就得见分晓。这是一个严重的危机，但是当它结束的时候，应激就会消失。只要你活下来（或者吃到东西），你就可以放松了。

但对现代发达社会里的人类（本书的读者就是典型例子）来说，大多数的应激源既不能即刻解决，也不会威胁生命，而是会一直持续，比方说按月还信用卡，处理感情纠葛，或是照管一位有慢性病的亲人。这些问题可能过了数月、数年也得不到什么改善。哪怕只是观看报道大灾难的电视节目，许多人也会出现应激反应（Silver et al., 2013）。由于人类原本是针对类似"狐狸追逐兔子"而非信用卡还款这样的情境逐渐演化出"战或逃"反应的，因此我们的机体对那些长期持续的日常问题进行反应时，也像是在为"战或逃"的紧急情况做准备一样。而当我们没能做出恰当反应时，我们的健康就会受到影响。

汉斯·塞利与应激研究

与情绪的概念不同，生物学和心理学相对近期才提出应激这个概念。这个故事十分精彩，而且就观察和巧思在科学中的重要性给我们上了一堂很好的课——当然，这也是一堂有关应激的课（Sapolsky, 1998）。

数百年前，医生用同样的方式对待大多数疾病。当一个人生病的时候，医生们总是建议他们卧床休息，有时也会用水蛭将病人"多余的"血放掉，或是开草药以及"包治百病"的补药。而现代医学的一大进步在于区分了不同病症，由此，今天医生可以根据病人罹患的疾病类型来推荐的治疗方式。

虽然疾病之间千差万别，但 Hans Selye 在读医学院期间发现，几乎所有的病人都有很多相同的症状。不管其特异性症状是什么，几乎每个病人都会发烧、食欲减退、终日困倦、有气无力、性欲降低，他们的免疫系统也都会变得活跃。数年后，Selye 用大鼠进行实验研究，探讨是否存在某种容易引发癌症的物质。

他对一半的大鼠定期注射某种物质，而对另外一半的大鼠注射生理盐水以作为对照组。他期待着，几个月后进行检查时，这组有实验处理的大鼠患上癌症的比例应该远高于对照组大鼠。实验结果符合他的这一预期，但同时他很惊奇地发现，对照组的大鼠患癌的比例也不低。

事实上，Selye 虽然是一位绝顶聪明的科学家，但并不擅长给大鼠打针。他给实验组和对照组大鼠打针的时候，常常弄错进针位置、被大鼠咬、让大鼠溜掉进而不得不满屋子抓大鼠……实际上他每次都把这些可怜的小家伙折磨了一番（但绝不是有意的）。Selye 对比了那些由他亲自注射的大鼠和能干的实验助手注射的大鼠，发现自己注射的那些大鼠患癌比例更高。从这一线索出发，在接下来的研究中，Selye 发现长时间的炎热或寒冷会引起大鼠的心率和呼吸频率上升、肾上腺变大、免疫系统功能弱化、罹患胃溃疡和其他疾病的风险增大。在大鼠经历疼痛、中毒、高强度活动（例如被关在一个自动运行的电轮上）以及恐惧刺激（例如猫、好斗的大鼠，或者工作人员满屋子追着它们跑）的条件下，他也发现了相似的现象。

Selye 总结说，对机体的任何一项挑战都会带来特异性的影响，但是同时也会造成一般性的影响，后者是由机体努力应对挑战导致的。他将机体面对各种威胁的反应叫作**一般适应综合征**（General Adaptation Syndrome），并进一步将它区分为 3 个阶段，即警觉、抵抗和耗竭。最终，Selye 引入了应激这个词来指代一般适应综合征。Selye 并不是第一个使用这个词的人，但他大大地普及了这个词，并且改变了人们原本赋予这个词的含义。根据 Selye 的定义，**应激**（stress）是指机体对各种需求所做出的非特异性反应。这就好比对待金属，每一次你弯曲它，你就是在削弱它。在你弯曲它之后，将它再次掰回去也是对它的削弱。同理，根据 Selye 的观点，你生活中的任何重大变化都需要你改变自己，就像弄弯金属一样。任何方向的改变——变得快乐或不快乐——都会使你产生应激，变回原来的状态也一样。

应激的第一个阶段**警觉**（alarm），是交感神经系统唤醒增强的一段短暂时期。肾上腺在此时分泌肾上腺素和皮质醇，其中肾上腺素让机体为剧烈活动做好准备，皮质醇提升血糖水平增加能量供应。在某些情况下，短期压力不会威胁健康，甚至有可能有益于健康。短暂且温和的压力会激发个体的注意、记忆和免疫系统活动（Sapolsky，2015）。因此，即便有可能，人们也不应该试图消除生活中的所有应激源。不过，严重或长期的压力会带来麻烦。进入**抵抗**

（resistance）阶段，机体会保持较长时间中等程度的唤醒。此时交感神经系统的激活程度会下降，因为它无法保持长时间的兴奋。但肾上腺皮质会继续分泌皮质醇，保证机体有能力随时做出反应。如果挑战持续的时间再长一些，或者挑战再严峻一些，机体就会进入**耗竭**（exhaustion）阶段，其主要特征是虚弱、疲劳、缺乏食欲和动力。机体与威胁的持久斗争会减弱其进行其他活动的能力。免疫系统会越来越不活跃，个体因此变得容易生病。个体的反应从一个阶段转入另一个阶段的确切时间难以预料，因为不同阶段间相互衔接，但根据现有的数据可以肯定：短期应激反应和长期应激反应是不同的。

界定和测量应激

如果 Selye 关于应激的定义有效，那么测量应激最好的方式是测量某人生活中发生的所有改变。基于这个假设，研究者开发了一系列的问卷，问卷有自己的优缺点。我们选取其中一套量表作为例子，来详细了解一下。

一项先驱性研究设计了一份清单来测量人们的应激，即让人们标出那些改变他们生活的项目（T. H. Holmes & Rahe，1977）。研究者通过搜集生活中的重大改变来组建这份清单，其中包括糟糕的事件（如所爱之人去世、离婚或失业），也包括美好的事件（如结婚、孩子出生或度假）。问卷中也包括一些改变财务状况的项目，同样有好有坏。我们要再强调一次，制订这份量表的理论假设是改变个人的生活就像是将金属弄弯，无论怎么动都会引起应激。

不同的生活变化带来的应激不一样，所以各个项目的权重也不相同。根据研究者要求，超过 300 名参与者按照事件引发的应激大小给各个项目赋分。然后研究者计算均值，开发出这套《社会再适应评估量表》（*Social Readjustment Rating Scale*）。表 7.2 呈现了该量表的修订版（Hobson et al., 1998）。其施测方法是让参与者从表中选出最近 12 个月来发生的事件，之后将相应的项目得分加在一起。该量表有代表性的美国成年人大样本的得分中位数是 145（Hobson & Delunas, 2001）。也就是说，如果你的总分超过了 145，你生活中的应激就超过了大部分美国成年人；反之亦然。但是，该量表的分数并不符合正态曲线分布。约 1/4 的人分数为 0，并且有 5% 的人分数超过 1000。虽然中位数是 145，但平均分为 278。

该量表并没有涵盖我们可以想象到的每一个应激源——没有任何一个长度

合理的量表能涵盖那么多——但是它已经包括了那些在大多数人生活中会出现的应激源。不过，它也存在一些问题。首先，这个测量工具在修订过程中提高了很多应激源的赋分，包括一些相当小的应激源。假设你大学毕业（26分），得

表 7.2　修订版社会再适应评估量表

生活事件	得分	生活事件	得分
1. 配偶/伴侣死亡		27. 经历工作歧视或性骚扰	
2. 亲密的家庭成员死亡		28. 尝试改变自己的成瘾行为	
3. 自己经历重大伤害或疾病		29. 发觉/尝试改变亲密家庭成员的成瘾行为	
4. 关押在监狱或其他机构		30. 所在机构重组或裁员	
5. 亲密的家庭成员经历重大伤害或疾病		31. 应对不孕或流产	
6. 银行执行抵押权		32. 结婚或再婚	
7. 离婚		33. 换工作单位或职业	
8. 成为犯罪暴行的受害者		34. 未获得或没资格得到抵押贷款	
9. 成为警察暴行的受害者		35. 自己/配偶/伴侣怀孕	
10. 私通		36. 在工作场所之外遭到歧视或骚扰	
11. 遭到家暴或性虐待		37. 从监狱中释放出来	
12. 跟配偶/伴侣分开或和好		38. 配偶/伴侣开始或停止工作	
13. 被解雇或辞职或找不到工作		39. 跟上司或同事出现重大意见分歧	
14. 遭遇财务问题或困难		40. 居住地点改变	
15. 亲密朋友死亡		41. 为孩子找合适的托儿所	
16. 从灾难中幸存下来		42. 得到一大笔预期之外的金钱收益	
17. 成为单亲父母		43. 工作岗位变化（调岗、升职）	
18. 对生病或年老的亲人承担责任		44. 新的家庭成员加入	
19. 医疗保险金急剧减少或失去		45. 工作职责变化	
20. 自己或亲密的家庭成员由于违法而被逮捕		46. 子女离家	
21. 在子女赡养费、监护和探望问题上有重大分歧		47. 获得房屋抵押贷款	
22. 经历或卷入车祸事件		48. 获得房屋抵押贷款之外的其他重要贷款	
23. 工作受制或降职		49. 退休	
24. 应对意外怀孕		50. 开始或结束正规教育	
25. 成年子女或父母搬来同住		51. 因违法收到罚单	
26. 子女出现行为或学习问题			

Hobson et al., 1998, *International Journal of Stress Management*, 5, 1-23.

到了一笔意外之财（33分），搬了新家（35分），并且开始了一份新的工作（43分）。那么你总共得到137分，大大超过了离婚（71分）或者丧夫丧妻（87分）给你带来的应激。这样合理吗？

另一个问题是部分项目含义模糊。例如"跟上司或同事出现重大意见分歧"，你怎样判断这个分歧是否"重大"？事件产生的应激还要取决于个体的处境。例如，对于一个年届50热爱工作，而且很难再找其他工作的人来说，裁员是重大灾难；但是，对一个18岁，打算下周离职去读大学的人来说，这根本不算什么。正如我们前面讨论过的，事件对个体造成的应激取决于个体对事件的评估，以及他们认为自己可以做哪些应对。测量事件对于个体的应激影响很重要，但仅用一份简短的问卷得到结果是不可能的。

最严重的问题或许在于，按照这份量表，各种类型的应激源会导致相似的健康问题。对生理和心理健康最大的威胁源于被他人排斥的感觉，例如在离婚或分手时体验到的那样（Murphy, Slavich, Chen, & Miller, 2015）。

在测量应激上出现的这些问题属于概念性问题，如今一些研究者已经从Selye对应激的界定中走了出来。根据Bruce McEwen（2000, p.173）的观点，**应激**（stress）最好定义为"那些会被当事人解读为威胁并诱发生理和行为反应的事件"。需要指出的是，这个定义包含3个关键点。第一，Selye定义应激是人们针对生活改变做出的机体反应，McEwen定义应激是事件本身。第二，Selye的定义包括个体生活中的所有改变，包括那些令人愉快的改变，McEwen的定义限于那些让人感到威胁的事件。第三，McEwen的定义强调应激取决于个体如何解读事件，并不只取决于事件本身。例如，假设你没有获得升职，按照Selye的定义这就不是一个应激事件，因为你的生活没有改变。但在McEwen看来，你升职不成可能带来高度应激。或许你曾经告诉亲朋好友你很有希望升职，那么你现在的处境就会很尴尬；或许你有好几位同事升了职，那么没能升职让你感觉自己被领导针对了；又或许你以为自己会升职加薪，而提前花掉了一大笔钱……

应激如何影响健康

无论采取哪种应激定义，找出那些让人们产生应激的事件都不算困难，接下来就可以检验这些事件如何影响生理和健康了。例如，人们很久之前就发现，如果相伴多年的夫妇中有一人去世，另一位会变得比平时更容易罹患各种各样的疾病，其范围涵盖了牙疼（Hugoson, Ljungquist, & Breivik, 2002）、中风和心脏病发作（Carey ct al., 2014）、抑郁症（Sasson & Umberson, 2014）等。夫妇中一人死亡，另一人比起其他同龄人来说，有较高概率在接下来的 6 个月内去世（Manor & Eisenbach, 2003; Moon, Glymour, Vable, Lliu, & Subramanian, 2014）。为什么会这样呢？

有一种解释与应激无关。夫妇双方可能经历了同一场交通事故，或因同一顿饭而食物中毒，或患有同一种疾病。因此，二人会接连去世。另一种解释是，夫妇中一人离世后，另一人在居丧期内饮食和锻炼情况都不如以往，也不再按时接受医生检查，更不能很好地照料自己，因此有较大可能发生疾病或意外。

还有一种解释直接指向应激的生理效应。严重或长期的应激会损害健康，特别是在应激事件难以预料或难以控制的情况下（Kubzansky, Koenen, Jones, & Eaton, 2009）。此时由下丘脑、垂体和肾上腺构成的**下丘脑—垂体—肾上腺轴**（hypothalamus-pituitary-adrenal axis，简称 HPA 轴）活动水平会上升。和交感神经系统类似，HPA 轴帮助机体做好剧烈活动的准备，但和交感神经系统不同的是，HPA 轴由于通过肾上腺素、皮质醇以及其他激素来发挥作用，所以反应较慢而持续时间较长。HPA 轴帮助机体与那些持续时间较长的挑战做斗争，比如一份让人不开心的工作，一段无法回避的人际关系，一个缺乏安全感的居住环境，或只是终日操心这样那样的事情怕出差错。虽然 HPA 轴帮助机体进行长时间的抗争，但是人们在长久抗争的过程中，并不是时时都精神饱满。他们经常会退缩或抑郁，他们的成效也不稳定，并且他们会抱怨生活质量下降（G. W. Evans, Bullinger, & Hygge, 1998）。

HPA 轴如图 7.10 所示。下丘脑面临应激事件时，会向垂体前叶输送释放因子，接着，垂体前叶会分泌促肾上腺皮质激素。促肾上腺皮质激素经由血液到达肾上腺（位于肾脏旁边），让它分泌皮质醇，而皮质醇会增强新陈代谢并增加可用的能量。机体以糖类、脂肪和蛋白质的形式储存能量，皮质醇则调动这三种类

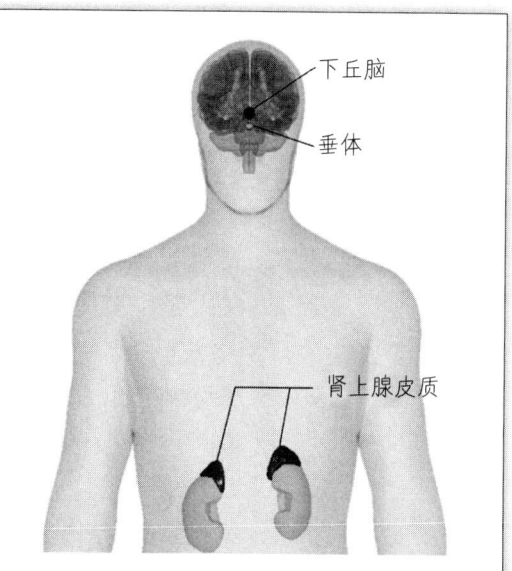

图 7.10 HPA 轴，即下丘脑—垂体—肾上腺轴。应激会诱发肾上腺分泌皮质醇，皮质醇会使血液中糖分含量增加并且增强新陈代谢。

型的能量让它们释放到血液中。在某种意义上，这种活动是有益的。但肌肉是蛋白质的来源，当皮质醇提供额外的蛋白质时，它其实是在分解你的肌肉。你不会想让这样的过程持续太久。

短暂或适量的皮质醇增多不仅会使血糖水平升高，而且也会调动免疫系统的某些部分，帮助机体去对抗疾病。你应该能看出，这一效应具有适应功能，因为许多可以提升皮质醇水平的应激事件都有可能令机体受伤，引发感染和疾病等。不过，即便面对一些没什么受伤风险的应激事件，我们也会增加皮质醇的释放。例如，很多大学生在期末考试这个惯常的压力时期会出现免疫系统活动增强（Liu et al., 2002）。

免疫系统含有天然杀伤细胞、清道夫白细胞以及一些叫作细胞因子（cytokines）的小分子蛋白质（Segerstrom & Miller, 2004）。我们体内含有多种类型的细胞因子，其中有一些会引起炎症反应，就像在皮肤创口周围发生的那样。虽然炎症反应有助于伤口愈合，但是严重或长期的炎症会增加抑郁、暴食及其他心理障碍的风险（Hodes, Kana, Menard, Merad, & Russo, 2015）。

尽管免疫应答会直接对抗感染，但是细胞因子也会刺激脑部去启动特定的适应性反应，比如发烧、困倦、活动性降低以及食欲和性欲减退。许多人都认为发烧是感染带给我们的，但实际上，是我们的脑命令机体发烧，通过提高新陈代谢水平等去对抗感染。轻微发烧是具有适应意义的，因为许多种类的细菌在较高的温度下繁殖速度会变低。不超过39℃的发烧可以提升人们从感染中存活下来的可能性（Kluger, 1991）。困倦、活动性降低和动力减退也具有适应性，因为这样可以为机体节省能量。你对这一系列症状——发烧、困倦、活动性降低和动力减退——的认识，与Selye读医学院时对它们的认识一样。但现在，我们理解了为什么众多疾病都表现出这些症状。因为几乎所有的疾病都会激活免疫系统，而免疫系统会制造出这些症状。严重的应激也会激活免疫系统，因而制造出不少和疾病一样的症状。如果你处在严重应激之下，并且无精打采、呵欠连天，还有点发烧，这也许并不是生病，而只是应激本身带给你的效应。

长期应激还会带来更严重的问题，即机体进入一般适应综合征的耗竭阶段。虽然短期压力可以激活你的免疫系统，但是严重或长期的压力反而会削弱它（Segerstrom & Miller, 2004）。例如，在那些照顾癌症晚期的丈夫的女性、近期刚成为寡妇的女性以及从大地震中幸存下来的女性身上，天然杀伤细胞的生成受到了抑制（Glaser, Rice, Speicher, Stout, & Kiecolt-Glaser, 1986; Inoue-

Sakurai，Maruyama，& Morimoto，2000；Irwin，Daniels，Risch，Bloom，& Weiner，1988）。免疫反应受损增加了个体罹患疾病的可能性。在一项研究中，志愿者先报告最近自己经历的应激事件，然后接受普通感冒病毒的注射。结果发现，那些与其他人相比应激经历更严重、时间更长的志愿者也更容易生病，这可能是因为持续的应激反应削弱了他们的免疫系统（S. Cohen et al., 1998）。

健康风险升高的一部分原因可能是皮质醇。由于皮质醇持续分解体内的蛋白质以便向机体供应随时可用的额外能量，导致免疫系统合成蛋白质所需的能量不够用。不过，随着应激事件的类型、强度和持续时间不同，皮质醇的水平和免疫系统的反应也存在很大变动空间。

持续释放皮质醇还会对脑功能产生直接影响。皮质醇提高新陈代谢水平，因此导致海马体内的细胞容易受到毒素或过度刺激的损害。（海马体细胞对血液需求量很大，因此血液中的任何毒素都会一并吸收过来。比起其他脑细胞来说，海马体的细胞也更容易因为过度刺激而受损。）在一项研究中，大鼠幼崽在出生后前两周内每天被迫跟母亲分离3个小时——这对哺乳动物幼崽而言是严重的应激事件。两周之后，它们的待遇完全恢复正常。这些幼崽成年以后，其海马体内新生神经元的数量低于正常水平（Mirescu，Peters，& Gould，2004）。这一结果十分有趣，因为研究中的应激事件造成的是社会性而非生理性的痛苦，而且效应持续终生。

皮质醇还直接作用于脑细胞中众多基因的表达，从而对各个脑区造成不同的影响。对于某些脑区，皮质醇会造成树突萎缩和突触减少，但对另一些脑区，它又带来树突扩展和突触增多（McEwen et al., 2015）。具体而言，应激会损害前额叶皮层的运作，同时增强杏仁核与纹状体（基地神经节的一部分）的活动（Arnsten, 2015）。前额叶皮层对计划、注意、工作记忆和抑制冒险冲动来说很重要。而在啮齿类动物、猴子和人类身上，严重应激都会损害注意、工作记忆和复杂任务成绩。杏仁核参与情绪信息加工，尤其是那些有关威胁的信息。纹状体本书没有详细介绍，它对习惯养成十分重要。

想象一下，如果应激一边强化你的杏仁核和纹状体，一边弱化你的前额叶皮层，会发生什么？你会对任何威胁信号做出强烈反应，你会顽固坚持你的习惯性反应模式，你怎么想事情也想不通，而且你还抑制不住自己的冲动。在众多紧急情况下，这样很有帮助。如果有人想要攻击你，你会迅速注意到危险并且及时采取行动，毫不犹豫地选定某个策略。但是，当危险并不紧急的时候，你的应激反应可能会妨碍你做出最明智的决定。

鉴于应激会导致你难以抑制自己的冲动,所以形成好的冲动也许是个不错的小建议。比方说,当你在休息的时候,可以提前思考你在危险情境中应该做些什么,这样当相应情境真正出现时,你会做出及时且明智的反应。

这一建议也适用于军人、警察、飞行员等时常面临存亡危机的工作人员。有时运动员也需要在压力下迅速抉择,而在高应激面前,人们可能没办法清晰地思考。因此,在类似的情境中练习实践好的反应策略非常有必要,这样一旦产生需求,就可以不假思索地行动。

总　结

当我们描绘或想象情绪感受的时候,我们不可避免地会提到身体的感觉。尽管身体对情绪的作用如此明显,但在生理变化和情绪体验之间关系的问题上,研究者长期以来进展艰难。多大程度上的生理变化可以预测主观感受的变化或情绪中某些方面的变化?不同情绪是否具有不同的生理情形?应激条件下的情绪会影响健康吗?如果是的话,怎样影响的?正如在本章中你所读到的——如果说在前几章你还没注意的话——没有什么情绪研究是确凿无疑的。出于伦理原因,研究者对人类施加的情绪操纵十分有限,而出于实践和技术原因,他们的行为和生理测量精度也不足。

不过,我们多少还是获得了一些知识。第一,关于自主神经特异性假说,我们可以排除两种极端可能性。每一种情绪(比如恐惧、愤怒或厌恶)并不具备独特的生理情形,不足以让我们通过测量生理指标来识别某人的情绪状态——至少就我们目前的测量方式而言是这样。即便我们能够精确测量每种情绪下的所有生理变化,其模式仍然不够清晰,而且我们可能还要面对反向推断谬误。但同时,说所有情绪只在唤醒水平上有区别也是错误的。总之,当我们比较两种情绪状态,都会发现一定程度的相似,也会有一定程度的区别。

第二,生理上与情绪相联系的众多变化,既不天然是坏的,也不天然是好的。"战或逃"式的交感神经系统兴奋,在积极和消极情绪中都存在。皮质醇水平上升一般是应激时的反应,但也出现在日常生活应激水平不高的健康者早上起床的时候,它可以促进我们精神抖擞地开启新的一天。情绪中的生理变化围绕着何时需要向何处调配能量。因此当这套系统发生紊乱时,问题就出现了。面对现代社会的种种应激源,那些曾经帮助远古祖先逃避生命和健康威胁的线索,转而燃向了我们自身。

最后，我们对应激研究的介绍呈现了短暂、适度的应激和长期、严重的应激之间的重大差异。适度的应激不仅无害，甚至有益，但严重的应激给生理和心理健康两方面都带来危险。随着研究者继续探索这方面的机制，我们也许会找到比较好的办法去控制应激反应。

关键术语

警觉（alarm） 交感神经系统唤醒水平较高的短暂阶段，让机体为激烈活动做好准备。

自主神经系统（autonomic nervous system） 中枢神经系统借助这批神经元对内脏器官施加影响。

自主神经特异性（autonomic specificity） 每种情绪在多大程度上拥有独特的、可以识别的自主神经反应。

心脏射血前期（cardiac pre-ejection period） 从心室收缩到血液流入主动脉之间几毫秒的时间。

皮质醇（cortisol） 肾上腺分泌的一种激素，用于提升新陈代谢水平并增加立即可用的能量。

皮肤电活性（electrodermal activity） 皮肤导电水平的变化。

内分泌系统（endocrine system） 腺体及其产生的激素。

耗竭（exhaustion） 面对持久应激源的最后反应阶段，其特征是衰弱、疲劳、缺乏食欲和兴趣减退。

一般适应综合征（General Adaptation Syndrome） 机体对任何改变做出的反应，由 Hans Selye 提出。

激素（hormone） 由内分泌腺体产生的化学物质，释放进入血液，对其他一个或多个器官产生影响。

下丘脑—垂体—肾上腺轴（hypothalamus-pituitary-adrenal axis，简称 HPA 轴）由下丘脑、垂体和肾上腺组成的应激反应系统。

心搏间期（interbeat interval） 两次心脏搏动之间的平均时间，以毫秒计。

副交感神经系统（parasympathetic nervous system） 自主神经系统的"休息和消化"分支，负责调动资源用于维持和生长活动。

立毛（piloerection） 毛发根部的平滑肌收缩造成毛发直立，这种现象因交感神经系统激活而发生。

单纯性自主神经衰竭（pure autonomic failure） 指自主神经系统失去了对机体的影响力。

抵抗（resistance） 对部分应激源保持较长时间中等强度唤醒的阶段。

呼吸性窦性心率不齐（respiratory sinus arrhythmia） 跟呼吸相关的心率变化，常作为副交感神经激活的测量指标。

应激（stress，McEwen） 被个体解读为威胁，并且引发生理和行为反应的事件。

应激（stress，Selye） 机体对所有施加于自身的需求做出的非特异性反应。

交感神经系统（sympathetic nervous system） 自主神经系统的"战或逃"分支，为机体进行激烈活动做好准备。

积极情绪撤销效应（undoing effect of positive emotion） 积极情绪可以促使个体从消极情绪诱发的交感神经激活中尽快恢复的效应。

思考与讨论

1. 回想你最近一次感受到强烈情绪的时候。伴随着当时的情绪，你有哪些身体感觉？想象一下你并未产生这些身体感觉，但其他的体验不变。剩下的部分是什么？你仍然感受到情绪吗？

2. 当某人紧张或沮丧时，我们常会劝他们做深呼吸，努力让自己平静下来。当人们做深呼吸的时候，身体的其余部分发生了什么？设计一项你可以在班级里或朋友们中间进行的简单研究，考察一下深呼吸对心率的影响。你也可以在网上发布问卷，收集伴随着深呼吸发生的其他生理变化和机制。为什么这些变化能够帮助人们调节情绪？

3. 在后面某一章中，我们将探讨运动锻炼对情绪调节的作用。根据你在这一章学到的有关应激反应的知识，解释一下为什么运动锻炼可以调节情绪。

延伸阅读

Damasio, A. (1999). *The Feeling of What Happens: Body and Emotion in the Making of Consciousness*. Fort Worth, TX: Harcourt College.

有关情绪中的生理方面和意识体验之间关系的深刻分析，由权威神经科学家所著。

Sapolsky, R. M. (2004). *Why Zebras Don't Get Ulcers*. New York, NY: Holt.

对应激条件下的生理变化以及为什么应激是现代生活一大问题的综合阐述，文风引人入胜。

第 8 章

情绪的发展

你最早的情绪记忆是什么样的？当时你多大？你因何产生情绪反应？现在回头看，用悲伤、愤怒、恐惧或快乐等标签去形容你当时的感受容易吗？当时你有能力命名自己的情绪感受吗？那时周围人对你的情绪做何反应？他们的反应是否让你觉得自己不应该产生这种感受？

你还记得自己是什么时候、如何开始学习情绪词的吗？你还记得自己第一次清楚意识到别人情绪的时候吗？当时你做何反应？从童年期、青春期到成年期，你的情绪发生了怎样的变化？你认为将来你的情绪还会如何变化？

发展心理学家对情绪的兴趣体现在上面这些研究课题当中。探讨情绪的发展有很多重要原因。在实践层面来说，和婴幼儿、青少年以及其他任何年龄段的人打交道时，理解其情绪反应都会很有帮助。父母经常担忧孩子各方面的成长是否"符合进度"，情绪自然也不例外。情绪发展研究可以帮助人们摸索出这方面的规律，从而尽早识别出将来可能发生问题的孩子。而且，好的研究还可以找出情绪发展随年龄阶段变化背后的机制。这些知识对于创设相应的干预策略十分重要。例如，公共卫生部门想要提升老年人的福祉，那么得知独自一人是晚年生活的痛苦来源之一，并且会影响生理和心理健康，对政策制定就很有用（Hawkley & Cacioppo, 2010）。

在理论层面来说，研究情绪的发展可以帮助我们理解情绪本身。如果某种情绪在生命早期就出现，那么这一现象就能有力地支持该情绪是基本情绪的观点（当然，首先得假设确实存在基本情绪）。通过观察情绪在生命历程中出现的节点，也有助于我们认识情绪的起因。正如我们接下来将要看到的，发展轨迹提供了有关特定情绪或情绪中特定方面的功能的信息，或者是有关产生情绪需要哪些心理能力的信息。另外，研究者还能借此找出一些社会化的模式，它们围绕着儿童如何习得有关情绪感受和表达的文化规则等课题。

然而，对成年人进行情绪研究已然相当困难，面对孩子们更是难上加难。在生命的第一年里，孩子们压根不懂得交谈，而接下来的一两年里，他们的话也不多。和成年人丰富多彩的表情相比，婴儿的表情十分有限。有些2周岁左右的幼儿能学会一些宝宝手语，可以用有趣的手势来表达情绪。比方说，食指从眼睛下滑到脸颊（就像眼泪流下来似的）可以表示悲伤（Vallotton, 2008）。不过，宝宝手语能传递的情绪信息仍然很少。

即便婴幼儿终于学会了说话，我们也不能指望他们谈论多少情绪，必须等到他们学会如何使用情绪词才行。孩子们主要是在爸爸妈妈或其他大人对他们说"我不知道你生气了呀""看到你这么伤心，我也很难过"之类的话语时学习情绪词汇。但是，当成年人这样说的时候，他们必须先推断处于前语言期的幼儿此刻有何感受，而这并不容易。你或许可以根据当时情境来猜测一个小朋友的感受，但这个办法并不是总能行得通。每一个花很多时间陪伴婴幼儿的人都想搞清楚"这小家伙又在哭什么哪？"即便你知晓了儿童情绪的具体指向，但仍然难以判断孩子如何评估它，可是为了理解一种强烈且出乎意料的情绪反应，我们又需要弄明白这一点。因此，成年人努力解读儿童情绪和儿童努力学习情绪词汇这两件事是同时进行的。发生一些混淆是难免的。

出于伦理和实践方面的考虑，许多使用在成年人和大孩子身上的研究方法不适合用来研究小孩子。我们不可能让婴幼儿戴上脑扫描设备一动不动地坐在那里观看悲伤的影片。因此，大部分研究者选择观察婴儿在简单情境中的自发行为或反应，以及这些反应如何随时间而变化。这样的研究方法自然留下了很大的争议空间，不过这也算是一种乐趣吧。

新生儿的情绪

我们将从探讨情绪的体验和表达在出生头几个月里如何发展开始，然后我们会继续讨论青春期、成年期直至年老后情绪的变化过程。

哭

一出生就拥有的情绪表现显然是哭（图 8.1）。新生儿会在他们饥饿、困倦、胀气或者感到任何不舒服的时候哭，在听到很大声音时也会哭。新生儿的哭表达的是**不安**（distress），即一种针对所有不愉快或威胁性的事物未分化的抗拒。哭泣会对新生儿身边的人产生即刻而有力的影响，特别是对父母。一瞬间所有人都想弄明白小家伙为什么闹腾，以及怎样才能让他停下来。哭带给婴儿的好处不言而喻：它是个体在生命初期获得关注和照顾的唯一方式。之后，随着微笑和大笑出现，婴儿会传达另外一种信息：就这样保持下去。那么，人类演化出哭和笑主要是为了方便婴儿和父母进行沟通吗？

新生儿在听到其他新生儿的哭声时也会哭，我们将之命名为**传染式哭泣**（contagious crying）。稍大一些的儿童、猴子或者新生儿自己的哭泣录音都没有引发什么反应，只有其他新生儿的哭声会产生这一效应（Dondi, Simion, & Caltran, 1999; Martin & Clark, 1982）。人们也许会猜想，这是因为新生儿对其他正在哭泣的新生儿产生了共情，由此推测可能周围正在发生什么对婴儿不利的事情。但是，这种解释并不能令人信服。几乎可以肯定，新生儿还不能理解周围存在其他与自己类似的新生儿这一事实。好几个月以后，他们才会渐渐增加与他人的社交互动，但与此同时传染式哭泣的发生概率却正在降低（Geangu, Benga, Stahl, & Striano, 2010）。直到 8 个月大的时候，婴儿才有可能首次表现出理解其他婴儿正处于不安之中的一些信号，但即便如此，他们的反应看起来也更像是感兴趣，而不是真正的关怀与担忧（Davidov, Zahn-Waxler, Roth-Hanania, & Knafo,

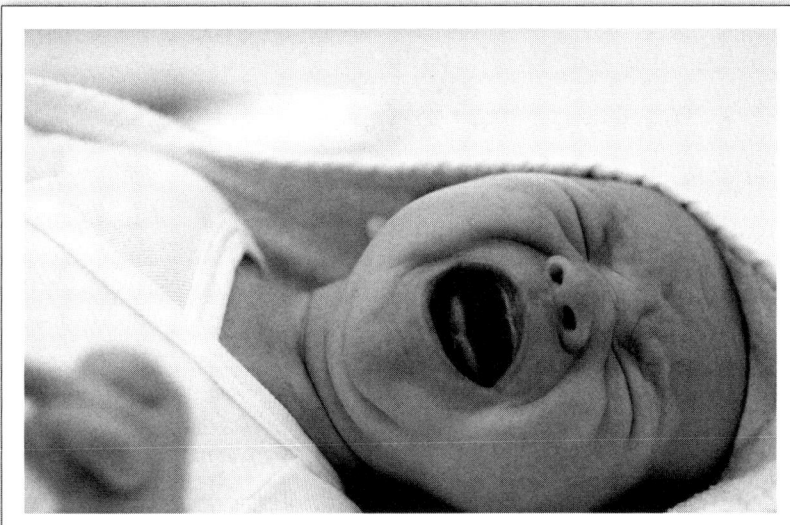

图 8.1 新生儿只要感到不适或不安就会哭。他们还不能表达出不同的负面情绪。

2013）。

另外，传染式哭泣并不会在听到其他婴儿哭声后立即开始，而一般都是在聆听哭声 2~3 分钟之后才出现。传染式哭泣也许仅仅意味着听见大声且持续的哭泣令婴儿感到不愉快，因此婴儿做出了哭泣的反应。有趣的是，在 18 个月或更大一点的婴儿当中，那些有哥哥或姐姐的孩子对其他婴儿的不安反应更强烈一些（Demetriou & Hay, 2004）。显然，一些婴儿从和哥哥姐姐的互动当中，学会了适当注意情绪表达。

虽然婴儿在多种情况下都会哭泣，但他们的哭泣并非一成不变。注射疫苗时，婴儿的哭泣毫无延迟，而且一开始就达到最大强度，同时伴随着双眼紧闭。与此相反，对情绪事件或其他婴儿的哭声做出反应时，婴儿的哭泣总会有一些延迟，而且强度缓慢攀升，同时双眼睁开或半睁。害怕（听到巨大噪声）时的哭泣，与愤怒（婴儿双手被握住不能动）时的哭泣差不多，因此我们没办法通过哭声来辨别孩子的这两种情绪（Chóliz, Fernández-Abascal, & Martínez-Sánchez, 2012）。

笑

新生儿在放松的时候，有时他们会嘴角上扬。出生后大约 3 个星期，新生儿开始眯起眼睛，并且可能会张开嘴呈现一个完整的笑容（Emde & Koenig, 1969; Wolff, 1987）。这种笑容在一天中只会偶然出现，但是在睡眠的快速眼动阶段却发生得很频繁（Dondi et al., 2007）。不过，这些表情虽然看起来像笑，但是跟社会情境几乎没有关系，除非我们假定孩子在快速眼动阶段做的都是美梦。因此，是否将上述表情看作微笑，得先解决界定问题。

在大约 2 月龄时，婴儿开始出现**社会性微笑**（social smiling），即在看到其他人微笑时报以微笑（图 8.2）。起初，婴儿主要对父母和其他熟悉的照料者显

图 8.2　社会性微笑大约在婴儿 2 月龄时出现，它让成年人感到自己对婴儿的陪伴更加值得。

露社会性微笑（D. M. L. F. Mendes, Seidl-de-Moura, & Siqueira, 2009）。社会性微笑在一部分母婴关系中出现得较多，但母亲在这方面对婴儿的影响有多大，以及反过来婴儿对母亲的影响有多大，我们都还不清楚（Bigelow & Power, 2014）。

为什么社会性微笑会在婴儿 2 个月大时出现呢？许多心理学家将这种转变和婴儿的视敏度变化以及婴儿如何注视人脸的变化联系起来。在生命的最初几周，婴儿只有模糊的视觉，所以他们倾向于看人脸的上部（即眼睛）而不是下部（Cassia, Turati, & Simion, 2004）。在 6 到 8 周时，婴儿开始近距离地观察人脸的特征，因而可以比较清晰地看到笑容。不过，婴儿并不需要学习如何微笑。那些先天失明的婴儿和视力正常的婴儿在同样的情境下笑容一样大（Matsumoto & Willingham, 2009）。他们并非以微笑去回应别人的微笑（因为他们看不见别人的笑容），但他们仍然在适当的情境中微笑。

虽说社会性微笑有助于增强亲子之间的关系，但它并不是必需的。先天失明的孩子对父母的依恋可以和其他任何孩子的一样强（Demir et al., 2014）。平均而言，盲童的父母与孩子玩肢体游戏（挠痒痒、弹弹跳之类的）比健康儿童的父母要多，而且盲童经常在这些游戏中展露笑容，他们对待有趣的声音也是这样（Fraiberg, 1974; Rogers & Puchalski, 1986）。触觉线索，尤其是皮肤接触，对所有人来说都是建立亲密联结的重要基础（Takeuchi et al., 2010）。

就像听到其他人哭声时婴儿就会哭一样，在某种程度上他们听到其他人的笑声时也会笑起来。这一点同样适用于成年人——许多情景喜剧因此而加入笑声声道，以提升观众愉悦度。传染式哭泣在听到他人哭声后要延迟一会才出现，但传染式欢笑则要么很快发生，要么完全不发生（Provine, 2005）。对于传染式欢笑在童年时期是怎样发展出来的，目前我们也所知甚少。

对危险的反应

除了哭和笑之外，婴儿还有一项行为常被我们视为情绪表现，即**拥抱反射**（moro reflex）——婴儿从伸展手臂、手指张开到迅速蜷缩四肢、手指弯曲的动作序列。拥抱反射曾经被说成是婴儿的惊跳反射，而它的后半部分和成年人的惊跳反射确实相似。婴儿会在跌落、听到巨大响声、看到巨大图像迅速靠近自己等危险情境下出现拥抱反射。婴儿大概并不理解这些信号意味着危险，就像鸟类不理解自己为什么孵蛋或者为什么每到冬天就迫切飞往南方一样。因为人类的神经系统已经在漫长的历史中演化出了在有潜在危险的情境下做出惊跳反射的能力。

拥抱反射的用途不言而喻。在一个可能有危险的情境中，婴儿会尽量伸展躯体以便抓握到任何可以抓握的东西。抓紧物品可以避免自己跌落，抓紧成人可以让他们带着自己远离险境。到了现代，这一反射已经很少能这样发挥效用，但对我们的哺乳类祖先而言，它可能很有帮助。

那么拥抱反射是否意味着婴儿感到了恐惧？未必。拥抱反射并不包含恐惧的典型面部表情。另外，成年人的恐惧在很多情况下基于他们对情境危险性的评估。如果突然有强音或亮光吓到我们，我们会退缩，但是如果我们检测到这个环境没有风险的话，惊吓就会被搞笑、生气或者漠不关心的表现所代替，而不产生恐惧。但在拥抱反射出现后，无论周围实际情况如何婴儿都会开始哭泣。例如，婴儿在听到鞭炮声后会哭，他们不会由于缺乏其他危险信号就不哭了。与此相对的是，在很多成年人感到危险的情境中，婴儿并不会表现出恐惧。在学会爬行之前，婴儿是不惧怕高处的（Adolph, 2000; J. J. Campos, Bertenthal, & Kermoian, 1992）。即使长到两三岁大，孩子们也会积极地靠近蛇或把手指头伸进电源插孔里。简而言之，新生儿的拥抱反射跟特定类型的危险情境有关，但他们的恐惧感则是逐渐形成的。

这些研究呈现出了一条稳定的线索。对于新生儿而言，例如哭、笑和拥抱反射等表现都是对简单的生物状态的反应。新生儿哭泣是由于他们感到饥饿或疼痛，而不是因为其他人伤害了他们的情感或者他们想念自己的毛绒玩具；新生儿欢笑是由于他们感觉舒适；新生儿只会在遭遇突然的巨响或强光，以及自己跌落时做出拥抱反射。至于对事件——尤其是社会性的事件——进行认知评估之后产生情绪反应，还得留待将来。

具体情绪何时开始出现？

每当你照料的婴儿表现出不安时，你就会想要弄清楚小家伙到底感觉哪里不对。他们是伤心吗？害怕吗？还是生气了？从实践的角度来说，你并不需要弄得那么清楚。如果你照料的婴儿哭了，可能是饿了、困了或者尿了。这是人生早期不愉快的三大理由。无论你是否能分辨其不安表现背后的具体感受，都不会改变你接下来要采取的措施。但对于理论研究来说，分清具体感受是件大事。

我们在第 1 章中已经讨论过，一大理论课题是情绪由恐惧、愤怒之类的若干基本情绪组成，还是应当根据冷静到兴奋、愉快到痛苦之类的若干连续维度去看待。对那些支持基本情绪理论的人来说，鉴别基本情绪的标准之一就是它们应当出现在生命早期。而我们从新生儿身上观察到的任何东西都可以说是人类与生俱来的天性，数年后才逐渐出现的东西则是后天学习的产物。不过，后一项假设在逻辑上并非必然。语言能力就是一个很好的例子，还有性欲也是。但是，如果人们在生命早期就显现出可辨别的具体情绪，确实是对基本情绪理论的有力支持。出于这个原因，不少研究者都试图从婴儿身上识别具体的面部表情——孩子越小越好。

那么婴儿在多大年龄的时候会展现出离散且可以识别的不同情绪表达呢？哭是新生儿唯一的情绪表现，所以在生命的最初几个星期里，我们只获得了有关不安的证据。除此之外，我们也可以侧重于在诱发不同情绪的各种情境条件下婴儿表现的细微差别——或大幅雷同。在某个系列研究中，研究者取得了十几名婴儿表情激烈时的照片，而且这些孩子大部分都还不满 7 个月（Oster, Hegley, & Nagel, 1992）。这些表情根据一个类似于成年人面部动作编码系统但专门针对婴儿面孔的新系统 Max 来进行编码（Izard, 1983）。按照 Max 系统，照片中的婴儿表情传达了欢乐、兴趣、惊讶、厌恶、恐惧、愤怒、悲伤或一般性的不安。

这些研究者首先想要知道，未经训练的成年人能否用正确的离散情绪标签来描述消极的面部表情，还是说他们倾向于将所有消极表情统统归为不安。成年参与者在识别积极和中性情绪上取得了不错的成绩：超过 70% 的人准确区分了欢乐和惊讶的表情，还有感兴趣的表情。但有关消极情绪的结果则没有这么漂亮。人们识别某些情绪的能力只比随机水平略好那么一丁点。对于大部分照片，人们都倾向于选择"不安"或"悲伤"的标签。人们在识别悲伤表情上做得很好，但这或许是因为悲伤是当他们看见一个婴儿不高兴时的默认选项。

其次，这些研究者想要知道，Max 系统和另一个基于成年人面部动作编码系统修订而成的宝贝面部动作编码系统对表情的分析结果是否相同。这两个系统在欢乐和惊讶的表情上达成了一致，对于消极情绪则没有。一个系统解码出了 19 种消极情绪的表情，而另一个系统解码出的表情只有 3 种与前者相同。即便在成年参与者观看婴儿表情时一道提供孩子们的肢体动作和咿呀语音,他们仍然不能稳定识别出任何像恐惧或愤怒这样的情绪,而且在识别悲伤方面也没多好。另外,那些所谓传达了恐惧、惊讶、愤怒或悲伤的表情,往往与其出现的情境并不匹配(Camras & Shutter, 2010)。

或许,如果研究者让所有婴儿对同样的诱发刺激做出反应,识别他们的表情会变得容易一些。研究者此时面临一个伦理上的难题:就在婴儿身上引发愤怒或恐惧而言,什么样的实验程序是可以接受的?一个常见的实验任务是由研究者轻轻地制住婴儿的手腕放在桌上不让动,任务时长最多不超过3分钟。另一种做法是,研究者启动一个玩具大猩猩的脑袋,令其发出咆哮,同时怒目而视,嘴唇也有所动作。虽然我们无法肯定前语言期的婴儿如何评估上述情境以及产生何种情绪感受,但研究者初步管婴儿对第一种情境的反应叫作愤怒,管他们对第二种情境的反应叫作恐惧。但即便是11个月大的婴儿,在这两种情境下的表情差异也并不显著,只是面对玩具大猩猩的孩子呼吸频率上升较多,而被制住手腕的孩子挣扎较多而已(Camras et al., 2007)。

很难确定具体情绪是什么时候出现的,以及它们出现在成年人教给孩子情绪词汇和情绪概念之前抑或之后。想象一下确定孩子首次体验到惊讶的时间该有多难吧。例如,有一个实验是这样的,给婴儿同时呈现两个物品,接着用挡板挡住,再从挡板后面拿出其中一个物品呈现在婴儿面前,如图8.3所示。之后又将挡板撤掉,揭晓一个(有可能的结果)或两个(不可能的结果)物品给婴儿。即使是几个月大的婴儿有时也会长时间地盯着不可能的结果看(Wakely, Rivera, & Langer, 2000; Wynn & Chiang, 1998)。当婴儿这样做时,心理学家推测婴儿是在对"不可能的结果"感到惊奇,说明这些孩子具备对数量的原始理解。然而,婴儿们看起来并不惊讶。没错,他们盯着物体看,但是脸上并没有惊奇的表情(包括上挑的眉毛和睁大的双眼)。这么大的婴儿是可以做出这种表情的,当他们看向高处的时候就会出现这种表情。正如我们之前了解的,研究者用照片捕捉到了这种表情,而且许多成年人也能正确识别出来(Oster et al., 1992)。可是,只有快到2周岁的孩子才会在惊讶情境中展现这一表情。

后续的研究考察了小婴儿和1周岁以上的孩子在听到实验人员的嗓音突然变得锐利、有金属音(实验人员通过一个连接着变声器的麦克风说话)时的反应。即使是14个月大的孩子,对此也几乎不会做出任何类似于成人惊奇情绪的声音或面部表达。但是,他们确实会停下手头的事情盯着实验人员看(Scherer,

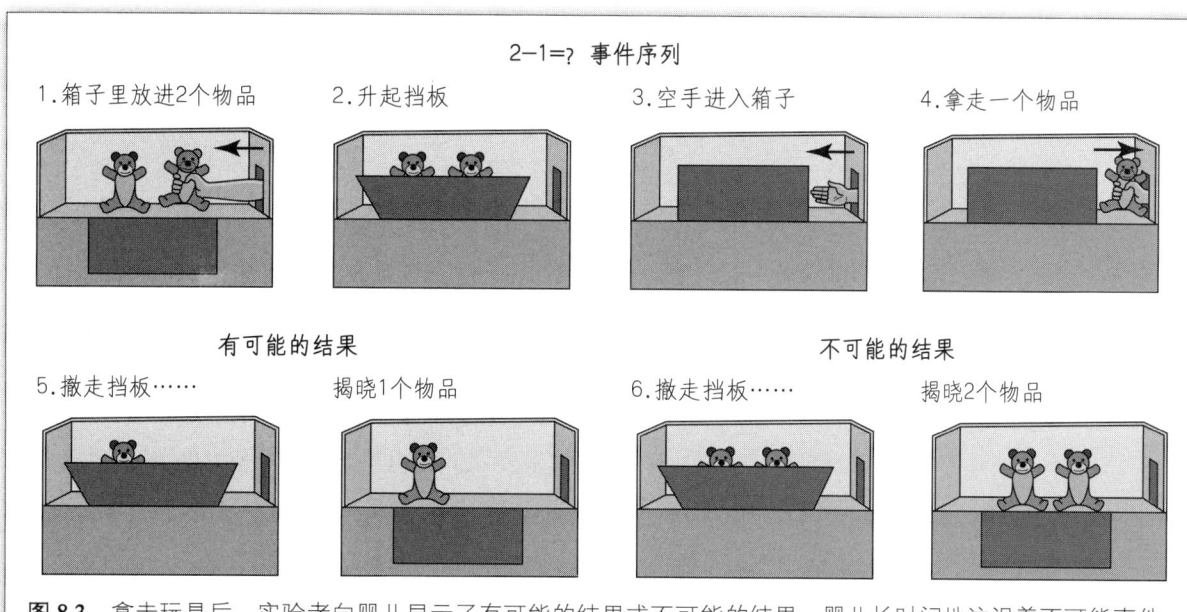

图 8.3 拿走玩具后,实验者向婴儿显示了有可能的结果或不可能的结果。婴儿长时间地注视着不可能事件,但这是否意味着他们感到惊讶?

Zentner,& Stern,2004)。那么这些婴儿是不是真的感到惊奇了呢?我们认为,可以说他们表现出了兴趣,但还算不上惊奇,而这样说显然又会引起兴趣是不是一种情绪的争论。总而言之,目前很难断言婴儿是否体验到了成人式的惊奇,或者婴儿的有关体验能否算是一种情绪。

另一项研究比较了 1、4 和 7 个月大的婴儿对约束手臂程序的反应,以考察愤怒出现的时间(Sternberg & Campos,1990)。1 个月大的婴儿没有显示出典型的愤怒表情,但他们眉毛降低、脸颊提升,这样的表情有别于一般性的不安。和典型的愤怒表情不同,这些婴儿闭着眼睛并且吐出舌头。4 个月大时,婴儿显现出愤怒表情的特征:眯眼、抿嘴、皱眉,并脸颊升高。这个月龄的时候,他们一边抗拒实验人员的约束,一边看着自己被约束的胳膊。到了 7 个月大的时候,婴儿会表现出典型的愤怒表情,并且会看着不让自己动的实验人员的脸,以及在同一房间内的自己妈妈的脸。概括起来,愤怒的表情是逐渐形成的,而不是在某一时间点突然出现。

根据 Sternberg 和 Campos(1990)提出的观点,这一发展序列反映出婴儿受挫时从模糊的烦躁到明确指向实验人员的典型愤怒的转变。在 1 个月大时,婴儿的胳膊没法动,但他们很可能不理解为什么;到 4 个月大时,婴儿可以将受挫定位于被约束的手臂，但还不能把这件事和眼前的实验人员联系在一起；长到 7 个月大时，婴儿为受挫情境而责怪实验人员。依据这种解释，婴儿在生命中的第一个月就可以开始感受到不同类型的不安。但是，随着认知能力的发展，只有当他们可以将挫折归因于特定的缘由，尤其是另一个人时，他们才会产生比较典型的愤怒。与此同时，他们也要发展出相应的肌肉运动能力，才可以表现出愤怒。

其他的研究者围绕这套程序进行了后续研究。你认为 6 个月大的婴儿在哪种条件下会表现出更多的不安，是被陌生人制住手臂还是被自己的妈妈制住手臂？我们通常会猜测由陌生人约束手臂将让婴儿更加不安，毕竟相对于陌生人，婴儿比较信任自己的妈妈。但结果表明，在由妈妈约束手臂的时候，婴儿表现得更为不安（Porter, Jones, Evans, & Robinson, 2009）。为什么呢？也许婴儿已经习惯了陌生人使用这种接触方式，特别是医生和护士；或者是妈妈的苛待让婴儿感到了背叛；还有可能是因为婴儿不怎么克制自己对妈妈表达愤怒，而他们不确定陌生人对此会做何反应。无论是哪种情况，都说明婴儿的反应受到多重因素的交互影响。

上述所有内容都提示我们，至少在 1 周岁以内，婴儿表达具体情绪的能力十分有限，特别是负面情绪（Camras & Shutter, 2010）。但 1 周岁过后，他们会逐渐发展出充分的情绪表达。为何会产生这样的变化？一种假设是，新生儿已经具备全部基本情绪，或至少是产生全部基本情绪的潜力。这样一来，举个例子，新生儿没有显示出愤怒，有一部分原因是他们缺乏责备外界的认知能力，还有一部分原因是他们缺乏做出愤怒表情的运动能力。第二种假设是，新生儿的不安混合了愤怒、恐惧、悲伤、厌恶等种种情绪。随着婴儿逐渐发育，这些情绪彼此分离开，就好像把一大堆东西归类到不同的小堆。第三种假设是，孩子出生时并不具有任何特定的情绪。也就是说，新生儿体验愤怒的能力就跟他们看见紫外线的能力差不多。产生愤怒、厌恶等各种情绪的能力是随着脑的成熟和后天的学习逐渐发展起来的。各种情绪因而会在个体需要用到它们的时候才形成，但这有可能缘于人类发展的自然进程，也有可能源于复杂的社会学习过程，抑或两者皆有。

情绪是怎样发展出来的？

到了 3 岁左右，儿童会表现出丰富多样的情绪。他们变得比较能够理解别人的情绪，比较能够谈论有关情绪的内容，调节情绪的能力也进步了许多。这些转变是如何发生的？研究提示我们，生理成熟、认知成熟和社会互动都在其中发挥着重要作用。

生理成熟

表现不同情绪需要生理成熟达到一定程度。例如，新生儿视力不好，特别是视网膜中央凹这一成年人视敏度最佳的区域发育不足（Abramov et al., 1982）。将视线从一个物体转向另一物体，对出生后 6 个月内的婴儿来说有些困难。移动的物体可以轻而易举地吸引婴儿的全部注意，导致婴儿无法将目光从该物体上移开（Clohessy, Posner, Rothbart, & Veccra, 1991; M. H. Johnson, Posner, & Rothbart, 1991）。视力发育不成熟并不直接影响情绪，但限制了婴儿对视觉刺激做出反应的能力。

同理，掌握爬行和走路等能力会将婴儿引向具有情绪意义的新情境。刚刚学会爬行的婴儿必然会要面对迷路或安全问题等新风险；刚刚学会站立和行走的婴儿也一定会面临摔跤的危险。这些运动能力的变化会引起新的情绪系统的发展，或者有可能会激发那些已存在但是处于休眠阶段的情绪系统。

更为重要的是，运动成熟度的增加可以帮助婴儿更好地表达自己的情绪。新生儿不会由于愤怒而握拳，不会由于害怕而逃跑，也不会发出笑声——在某种程度上他们就像是一台没有连接显示器或打印机的电脑。这意味着，也许内部发生着很多过程，但外界一无所知。在生命的头一两年里，肌肉控制能力逐渐发展，从而增强婴儿表现情绪和与外界交流的能力。

认知成熟

在前面几章里，我们已经反复强调了评估——个体对事件的认知解读——对于决定情绪体验十分重要。评估的基础是认知能力，而认知能力并非与生俱来，而是在生命早期逐步发展出来的。例如，在 Sternberg 和 Campos（1990）的手臂约束研究中，1 个月和 7 个月大的婴儿在很多方面的表现都不一样，其中有一项区别就是大一点的孩子看上去能够为自己的不安找到一个责任人，而小一点的孩子则没有显示出任何分析情境缘由的迹象。

人类的学习贯穿终生，但最显著、最戏剧性的改变出现在生命的最初几年里。孩子们会发展出一种从他人视角去看待问题的能力，觉察到其他人如何看待某个人，还会发展出其他一些在成年人看来理所当然的能力。对于骄傲、羞耻和内疚这些自我意识情绪而言，认知发展的重要性尤为明显，因为产生这些情绪需要把自己的表现和其他人的期待进行比较，换句话说，就是需要用别人的眼光来审视自己。大部分心理学家都认为，婴儿缺乏清晰的自我感，因而不会产生这些情绪。

Lewis 和 Brooks-Gunn（1979）设计了一项精妙的研究以考察儿童何时发展出自我感。他们请求各位妈妈假装帮婴儿擦掉脸上脏污，趁此机会给 9~24 月龄婴儿的鼻头涂上一些胭脂。接着，妈妈把婴儿抱到一面大镜子前。未满 16 个月的婴儿普遍伸手去摸镜子，就好像那是另外一个孩子一样。与此相对，18 到 24 个月大的孩子则总是做出大人会做的动作，即伸手将自己鼻子上的胭脂擦掉（图 8.4）。这意味着，他们认识到"我在镜子里看到的婴儿是我自己"。这一测试经过修订后，还证实一些动物也能够认出自己，例如黑猩猩、某些品种的猴子、海豚、大象和喜鹊（Heschl, & Burkhart, 2006; Plotnik, de Waal, & Reiss, 2006; Prior, Schwarz, & Gunturkun, 2008）。

当孩子可以认出镜子里的自己之后，他们就会逐渐表现出尴尬、羞耻或内疚了（Lewis, 1992; Lewis, Sullivan, Stanger, & Weiss, 1991）。这些情绪会在接下来的几年里继续发展。在大约 4 岁时，孩子会表现出具有**心理理论**（theory of mind）的能力，即明白他人也有自己的想法，并且有些人（包括孩子自己）知道的事情其他人可能不知道。随着

图 8.4 小于 16 月龄的婴儿见到自己鼻子上或额头上的红点时，其普遍反应是指向镜子，而较大的孩子则会指向自己的脸。

研究者所用测试方法的不同，孩子表现出心理理论能力的年龄低至1.5周岁，高至4.5~6周岁（Rubio-Fernández & Geurts, 2013; Senju, Southgate, Snape, Leonard, & Csibra, 2011; Wellman, Cross, & Watson, 2001; Wimmer & Perner, 1983）。心理理论对诸如尴尬、羞耻和内疚这样的情绪十分重要。因此，部分研究者将这些情绪叫作他人意识（other-conscious）情绪，而不是自我意识情绪（Witherington, Campos, & Hertenstein, 2001）。

社会互动

最后一点，正如社会建构理论所说，人类从其社会环境中学到了很多有关情绪的事。在半岁到1岁这段时间，婴儿开始参照着自己信任的照料者去摸索自己面对新异物品或事件时应该有何感受。从这时开始，社会互动深刻影响着个体的情绪生活（Keltner & Haidt, 1999）。不同的文化对于情绪有着不同的期待，对于展现情绪有着不同的规则。婴儿很早就开始从跟家人和其他人的日常交往中习得这些期待（Much, 1997）。他们从跟其他孩子的互动中学到的也很多。例如，那些倾向于分享玩具的孩子会发现其他孩子也愿意和自己分享玩具以作为回报（Fujisawa, Kutsukake, & Hasegawa, 2008）。

情绪沟通的发展：对情绪的感知、分享和谈论

人类的情绪是相通的。如果你关心某人，那么对方开心你也会开心，当对方恐惧、愤怒或悲伤，你也会陷入不安。你还可以通过观察那些比较有经验的人的情绪状态来了解你们所处的情境。比方说，如果你在森林中穿行时遇到一种从来没有见过的动物，你可以根据同伴们的反应来决定自己是继续冷静前行，还是立马拔腿就跑。

我们将这种倾向叫作**主体间性**（intersubjectivity），即彼此共享感受，或者叫作**社会参照**（social referencing），即观察他人的行为来指导自己的反应。主体间性和社会参照始于婴儿期。当婴儿伸手去够某个玩具，父亲或母亲会表现出愉快，当婴儿跌落受伤，父亲或母亲也会表现出悲伤。亲子之间比较容易达成对事物的注意和对事物情绪反应的同步，而且大多数情况下二者之间的匹配几乎是同

时发生的（Leclere et al., 2014）。不仅父母会复制孩子的反应，孩子也会复制父母的反应，婴儿由此习得了恰当的情绪反应。起初，婴儿只是回应父母的情绪（初级主体间性），后来他们逐渐留意到是什么导致了父母的反应，从而调整自己的反应指向相应的事物（次级主体间性）。主体间性和社会参考起步于婴儿时期，随着孩子的不断成长而越来越显著（Perez Burriel & Sadurni Brugue, 2014）。

儿童究竟在什么年纪显现出社会参照能力取决于不同情境。社会参照最早出现在大约9月龄时。以著名的视觉悬崖实验为例，研究者将婴儿放在桌面一侧，另一侧是透明的玻璃平台。在"浅"的这边，婴儿看到玻璃紧贴着桌布；而在"深"的那边，玻璃和桌布相距遥远。那些已经有了一些爬行经验，因而也经历过几次摔跤的婴儿，往往掉头返回"浅滩"。这表明他们已经具备了检测深度的能力（并且会主动避免受伤）。

有些研究者将婴儿放在安全的（浅滩）一侧，同时让他们的妈妈站在桌子的另一侧，即"深渊"的尽头。实验人员要求一部分妈妈面带恐惧，要求另一部分妈妈笑着鼓励宝宝爬向自己。从9个月大开始，大多数婴儿会利用母亲给出的线索来决定是否爬过去。当妈妈表情恐惧时，他们留在"浅滩"，而当妈妈看起来很开心的时候，他们会检查一下玻璃，然后爬过去找母亲（Sorce，Emde，Campos，& Klinnert，1985）。

再来看看其他情境。当一名家长朝着婴儿突然挥动一个由气球缠结而成的"树莓"时，如果5个月大的婴儿看见家长欢笑的表情，他们大多也会咯咯而笑（Mireault et al., 2015）。在另一项研究中，婴儿面对若干不熟悉的玩具，而妈妈表现得好像很害怕其中一个玩具似的。于是，11个月大的婴儿（尤其是女孩）也表现出害怕（Blackford & Walden, 1998）。还有一项研究，实验人员让婴儿观看一段视频，其内容是一名女演员对某样东西做出情绪反应。如果视频中女演员表现的是快乐或惊讶，那么接下来16~18个月大的婴儿会积极靠近这件物品，而如果女演员表现的是恐惧或愤怒，那么这些婴儿就会回避它。而12~14月龄的婴儿似乎不受演员表现的影响（N. G. Martin, Maza, McGrath, & Phelps, 2014）。总之，社会参照的发展是渐进且多样的。

解读面部表情

长到3岁左右，儿童不仅能够表达丰富多样的情绪，也能够理解他人的情绪。不过，理解的准确程度取决于研究者所采用的检测方法。如果要求幼儿观看照片，命名其中表达的情绪（不提供任何选项），回答的准确性随着参与者年龄的增长而上升，但即便到了 7 周岁时仍会出现不少错误（Wang, Lü, Zhang, & Surina, 2014）。但在比较自然的实验设置当中，小婴儿结合背景、姿态、声调及其他线索来识别情绪则容易得多也准确得多（Otte, Donkers, Braeken, & Van den Bergh, 2015）。即使是只有 7 个月大的婴儿，在你凶狠的注视下也会变得不自在（Hoehl & Striano, 2008）。如果家长在看到新玩具时露出害怕的表情，那么 2 岁以内的婴幼儿也会被吓到，即便选择靠近新玩具，其举止也会很谨慎（Vaish, Grossman, & Woodward, 2008）。假设孩子们不能理解父母表情的含义，那他们的这些反应就会显得很不合理了。

孩子是逐渐学会识别表情的，而非突然掌握这种技能。即使是刚学会说话的幼儿，也能够正确标记快乐的面孔。再过一段时间，他们将学会命名愤怒或悲伤的表情。恐惧和惊讶要再晚一些，而厌恶是最后一个——对于母语是英语和法语的两类儿童来说，都是如此（Maassarni, Gosselin, Montembeault, & Gagnon, 2014; Widen & Russell, 2003）。哪怕孩子已满 11 周岁，识别厌恶的表情对他们来说仍然有些困难。

孩子们是如何知道笑容意味着"开心"的呢？他们又是如何知道皱眉意味着什么的呢？答案只能靠推测。一种可能是婴儿借助某种遗传机制自动得知了微笑和皱眉的意思。从进化论视角来看，这一猜测似乎很有道理——因为这样的交流对婴儿太重要了。但是，后天习得的可能性也同样存在。婴儿和他们的父母往往会同时产生相似的情绪体验，并做出相似的表达（图 8.5）。原因之一是因为他们在同一时

图 8.5 孩子经常和父母在同一时间显露相同的表情，这是因为他们正在对同一事件做出反应。这种同步性给了儿童学习各种表情含义的机会。

间身处于同一情境（Kokkinaki，2003）；另外一个原因是他们有时会模仿彼此的情绪表达。一个笑呵呵的婴儿自己感到快乐，而且看到其他人也正在微笑，这样一来，孩子就会把看见笑脸和体验快乐联系起来。在这一点上，很难将遗传和环境的作用分离开。

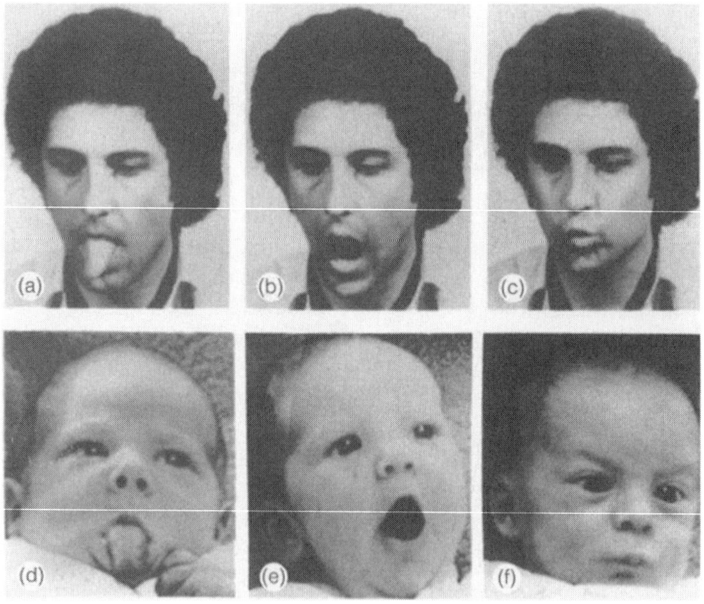

面孔模仿（facial mimicry），即模仿其他人的表情，这种能力在孩子刚出生几天内就可以观察到，但我们还不是很清楚它的重要性（Meltzoff & Moore，1977，2002）（图 8.6）。婴儿是怎么知道收缩哪些面部肌肉能做出对方表情的呢？为什么他们要模仿对方的表情？为什么面孔模仿出现在新生儿身上，随后几个月里却慢慢变得罕见？也许新生儿的模仿更接近一种自动化的反射而不是一种有驱动力的行为。尽管研究者了解这种行为只出现在早期特定的年龄段，但还不太了解它的意义。

图 8.6 未满月的婴儿有时候会模仿大人嘴部的表情。A. N. Meltzoff & M. K. Moore, 1977, *Science*, 198, 75-78.

情绪语言

另外一种研究情绪沟通发展的方式是分析儿童的语言。事实上，孩子使用诸如"生气"或"悲伤"之类的词并不能告诉我们他们在何种程度上理解这些词。为了弄清这些一两岁的幼儿是否真的将情绪理解为一种内部体验，Judy Dunn 及其同事（J. Dunn, Bretherton, & Munn, 1987）考察了学前儿童在什么情况下使用情绪词。研究者发现，即使 2 岁的孩子也能非常准确地运用情绪词。在玩游戏时，他们可以在恰当的情境中分配情绪词给布娃娃或毛绒玩具。1 岁多的孩子还会谈到自己或别人过去曾经有何感受以及未来想要有何感受，而不仅限于现在（Wellman, Harris, Banerjee, & Sinclair, 1995）。

这种情绪谈话对于儿童健康的社会性发展来说是很好的预测指标。在一项研究中，1.5岁到2岁使用情绪词较多的孩子，对其他孩子的共情与帮助行为也较多（R. L. Gross, 2015）。在另一项研究中，3岁时与家人谈论情绪感受较多的孩子，在他们上小学一年级的时候显示出较好的判断他人情绪的能力（J. Dunn, Brown, & Maguire, 1995）。但这些都只是相关研究而非因果实验，研究者并未随机地将参与者分配到这样或那样的条件中。因此，我们并不能肯定情绪语言技能是否导致了上述喜人的效果。也许，语言技能和社会技能一样，依赖着整体的认知成熟，总会有一部分孩子比另一部分发展得快些。

即使是2岁的孩子，也已经很清楚自己的情绪如何影响其他人，因此他们可能会为了得到想要的东西而伪装出某些情绪（Bretherton, Fritz, Zahn-Waxler, & Ridgeway, 1986）。例如，他们也许会假装伤心或害怕以获得注意。虽然他们还很小，但他们会运用情绪去"训练"自己的父母，就像父母运用情绪训练他们一样。

情绪表达的社会化

孩子是如何学会何时、何地、以何种程度去表达自己情绪的？对情绪表达的预期因不同文化而不同，这一点我们在第3章已探讨过。但总体上，各种文化对儿童的某些期望是相似的。一项涵盖48个国家的调查发现，所有地区的家长都想要他们的孩子开开心心，不感到害怕，并且能够控制自己的愤怒（M. L. Diener & Lucas, 2004）。大多数人都可以预料并包容2~3岁孩子偶尔表现出冲动和攻击行为，但是在那之后，人们期待儿童能克制自己，并且小伙伴会排斥那些不克制这些行为的孩子（Trentacosta & Shaw, 2009）。上述预期在不同文化之间大体相同（Eisenberg, Liew, & Pidada, 2001; Eisenberg, Pidada, & Liew, 2001; Hanish et al., 2004）。

对情绪表达的期待也存在性别差异，但起初差异不大。平均而言，男孩表达愤怒比女孩多，而女孩表达快乐、悲伤、焦虑和同情比男孩多。但两种情况下差异都不大，只是表达快乐的差异从童年早期到青少年期逐渐拉大（Chaplin & Aldao, 2013）。在各种文化中，大部分父母都特别重视控制儿子的愤怒（Chaplin, Cole, & Zahn-Waxler, 2005）。相比之下，或许父母不那么担心女儿的愤怒会失去控制。与此同时，父母积极强化女儿对快乐的表达（M. L. Diener

& Lucas, 2004)。根据对学前儿童的观察, 父母比较倾向于和女儿而不是儿子谈论情绪, 但这可能是因为女孩发起此类对话相对多一些(Fivush, Brotman, Buckner, & Goodman, 2000)。

在调节和隐藏情绪方面, 孩子们的能力差异非常大。在美国, 礼貌行为的规则之一是对任何赠礼都表达感谢, 绝不显露一点失望。研究者请学前儿童对 5 件小礼物进行排序, 从最喜欢到最不喜欢, 而且研究者承诺孩子在完成这个任务后, 会把其中一件小礼物送给他们。排序任务结束后, 研究者首先将孩子排序为最不想要的礼物拿给对方, 等上几秒钟, 再道歉说自己弄错了, 并把孩子最喜欢的礼物交给对方。在这几秒的延迟过程中, 实验人员录下了孩子们的反应。一些孩子哭了, 将不喜欢的礼物扔掉, 要求拿一个更好的。另一些孩子会很有礼貌地接受并隐藏他们的失望。你或许已经猜到, 那些表现出强烈不满的孩子也被他们的老师和其他成年人评价为"缺乏社交能力", 而那些掩饰了不满的孩子则被评价为擅长在各种情况下控制自己的情绪(Liew, Eisenberg, & Reiser, 2004)。在一项类似的研究中, 隐藏失望的那些孩子在理解他人情绪和理解情绪表达的文化规则两方面都取得了高分(A. Hudson & Jacques, 2014)。

那么孩子是如何学会情绪表达规则的呢? 一般来说, 那些大多数时间都表现出积极情绪的父母, 他们的孩子也会表达积极情绪, 而那些表现出很多消极情绪的父母, 他们的孩子也会放肆表达自己的恐惧和愤怒(Cole, Teti, & Zahn-Waxler, 2003; Denham et al., 2000; Valiente et al., 2004)。这自然吸引我们假设孩子回应父母的情绪表达并进行模仿。但是, 这些研究只是相关研究, 我们并不能得出这样的因果结论。这可能是父母针对孩子的情绪爆发做出反应, 也可能是由于基因的相似性, 使得父母和孩子有相似的情绪表现。一项有关领养儿童的研究显示, 上述 3 种解释在某种程度上都是对的(Rosen et al., 2015)。

父母的情绪表达因所处文化不同而千差万别, 他们的孩子自然向他们学习。在一项研究中, 研究者要求日本和美国的妈妈在她们 11 个月大的婴儿爬向一个玩具的过程中, 对婴儿愤怒地大喊(Miyake, Campos, Kagan, & Bradshaw, 1986)。美国的婴儿通常会短暂地停顿一会儿, 接着继续爬向那个玩具, 而日本的婴儿停顿的时间则长得多。研究者对此的看法是, 美国的婴儿经常听到母亲大喊, 所以他们并没有特别重视母亲的喊叫。("妈妈又吼我了。就么回事吧。")但对日本的婴儿来说, 妈妈愤怒的喊叫十分罕见, 值得他们好好关注。即使未满 1 岁, 许多美国的婴儿已经懂得了愤怒是可接受的, 而日本的婴儿则明白愤怒是很少见并且不妥当的。

儿童也会在父母和其他照料者强化或抑制他们的情绪表达时习得文化规则。有时候父母会在无意间教给孩子情绪表达规则。在一项研究中，实验者询问日本和美国 3~4 岁孩子的妈妈如何回应他们的各种不当行为，例如用彩笔在墙上涂鸦，或者是在超市里碰掉货架上的商品等（Conroy, Hess, Azuma, & Kashiwagi, 1980）。美国母亲通常回答她们会命令孩子停止这种行为，或者从肢体上强迫孩子停下来。这种策略会引发双方意愿冲突，进而导致孩子吵闹起来或变得愤怒。如果母亲因为孩子发脾气而让步的话，这种情绪行为就会被强化——如果得不到想要的东西，就要发怒、反抗，然后你会获得胜利。

相比之下，日本的妈妈会向孩子解释为什么这种不当的行为会伤害到别人，依靠孩子本身想要讨人喜欢、与人合作的需求（图 8.7）。通过训练孩子从别人的角度重新理解当前的情境，日本母亲促进了孩子积极社会情绪的发展，并且抑制了那些会引发愤怒的自我中心式评估。

图 8.7 儿童会在父母强化特定情绪表达的过程中学会文化规则。向孩子解释不当行为如何伤害到其他人，可以促进孩子的共情，阻遏孩子的愤怒。

青少年期的情绪

当我们谈论青少年期的时候，一般指的是从青春期（生物方面）的开端到个体开始承担成年人责任（社会和经济方面）之间的这个阶段。在你思考青少年情绪时，你会想到什么？许多人认为青春期是一段"如暴风雨般令人紧张"的日子。几乎没有人会说加勒比海是一片飓风之地——那里当然也会发生飓风，可并非总是这样。事实上，在十多岁的年纪，个体的情绪变化幅度有很大差异。

大多数青少年都会与父母有中等程度的冲突，特别是在青春期的早期，并且偶尔还会出现一段抑郁、焦虑或愤怒的时期（Laursen, Coy, & Collins, 1998）。有些青少年情绪问题比较严重，但也有一些青少年几乎没有经历什么变化。这样的差异一部分源于基因（McGue, Elkins, Walden, & Iacono, 2005），而另外一部分与青少年从父母那里得到的同情和理解的程度有关（R. A. Lee, Su, & Yoshida, 2005）。

情绪强度上升的一个原因是活动发生了变化。父母和其他成人几乎时时刻刻都细心监护着尚未进入青春期的儿童。但至少在西方文化中，青少年开始非常自由地和同龄人待在一起，自己决定自己的事，承担的风险也随之变大。父母自然而然对此感到担忧，经常试图限制青少年肆意的行为。情绪强度上升的另一个原因是青春期带来了生理上的全面变化。研究者发现，比起单纯的年龄，迈入青春期能更好地预测个体情绪强度上升（Forbes & Dahl, 2010）。

青少年期也是一段冒险行为骤增的时期。青少年容易尝试无保护的性行为、飙车、极限运动、饮酒、吸毒或其他能提供短暂刺激但事后却要付出代价的潜在危险活动（Steinberg, Cauffman, Woolard, Graham, & Banich, 2009）。为什么呢？我们不能把这种倾向简单地归因于活动机会增多。因为其他物种（包括啮齿类动物）在青少年时期，也表现出探索和冒险行为变多（Spear, 2000）。

那么我们能否通过教导青少年慎重考虑决策、仔细评估风险来减少其冒险行为呢？或许吧。但是很多情况下，青少年已经思考过他们的决定了。假设我们询问人们对几个选项的看法：

- 跟鲨鱼一起游泳，是好主意还是坏主意？
- 实行膳食均衡，是好主意还是坏主意？
- 将你的头发放在火上烤，是好主意还是坏主意？

在这项实验研究当中，青少年跟成人做出了同样的决策，但是他们平均花费的时间更长。成人即刻就能明白自己不愿和鲨鱼一起游泳，而青少年则会不紧不慢地权衡其中利弊（Reyna & Farley, 2006）。

一个广为人知的假设是前额叶皮层直至20岁前后才会发育完全，因此青少年热衷于冒险（Sowell, Thompson, Holmes, Jernigan, & Toga, 1999; Sowell, Thompson, Tessner, & Toga, 2001）。因为前额叶皮层对于抑制自动化行为十分重要，所以青少年面对自己的危险冲动缺少一个有效的"刹车"，特别是当那些危险活动看起来很刺激或很好玩的时候。这里就有一种测试青少年冲动倾向的简单办法：一束光线射向左边或右边，而参与者的任务是抑制自己去看这束光的倾向，而要去看相反的方向。这一任务对年幼的儿童来说相当困难，即便是成年人，看向光线也比看向相反方向反应更迅速一些。抑制看向光线倾向的能力在整个青少年期内会逐步增强，这一点与前额叶皮层的成熟是同步的（Luna, Padmanabhan, & O'Hearn, 2010）。你还可以试试更简便的检验方法：把双手放在某人头部两侧，并要求对方看向你没有摆动手指的那一侧。

前额叶皮层未发育完全是青少年爱冲动，有时甚至卷入犯罪活动的原因吗？这个问题不仅在实践上具有重大影响，在理论上也一样。2004年，美国联邦最高法院受理了Roper诉Simmons一案，考虑是否应对18岁以下犯谋杀罪的青少年适用死刑。在这一案件中，美国心理学会（American Psychological Association）的观点是：相对于成年人，青少年会做出幼稚、冲动的决定，所以不应当以成人的标准对其量刑。联邦最高法院采纳了美国心理学会的意见，其中一部分理由就是与前额叶皮层缓慢成熟有关的证据。

前额叶皮层受损的人确实容易做出危险又冲动的决策。但是，青少年的前额叶皮层只是有点不够成熟而已，并没有受损。大部分青少年在大部分时候都有能力抑制他们大部分惹麻烦的冲动。冒险且冲动的行为最有可能因为受到同伴压力而出现（Gardner & Steinberg, 2005）。

围绕着前额叶皮层不够成熟和青少年冒险行为之间关系的证据有些复杂。对这一假设进行最直截了当的检验，确实得出了显著的相关关系，但却和我们原本猜想的不一样。在一项纵向研究当中，那些在抑制冲动行为方面比较成功的青少年，在抑制这些冲动的时候，其前额叶皮层的激活水平却比较低（Qu, Galvan, Fuligni, Lieberman, & Telzer, 2015）。许多研究发现都将神经活动和外在行为联系起来，但这一项研究的结果却很难解释。这是否意味着在现实生活中较少冒险的参与者总体而言抑制自身冲动的能力也较弱？未必如此。一种比较有可能的解释是，这些参与者只需要较低水平的神经激活，因为对他们来说抑制冒险冲动比较容易——或许他们的冲动本就不像其他青少年那么强烈。

不过，如果说前额叶皮层不够成熟当真是青少年冲动行为的主要原因，那么我们可以预期冒险行为随着大脑的不断发育，在整个青少年阶段里呈现逐步减少的趋势。可事实上，从10岁到20岁，冒险行为却在增加（Shulman,

2014）。其原因并不是抑制能力减弱，而是追求兴奋和刺激的动机越来越强，尤其是当青少年和同伴们在一起的时候。在前额叶皮层持续发育的同时，与奖赏有关的各个脑区也在不断发展，从而导致个体活动性在整个青少年阶段里保持上升（Larsen & Luna, 2015）。

除此之外，脑功能成熟给一般健康的青少年带来的任何方面的影响，比起个体差异来说，都相当小。大部分情况下，那些做出高度危险或破坏性行为的青少年会终身携带缺陷，比方说品行障碍（conduct disorder）。许多这样的人在度过青少年阶段之后，仍会长期卷入冒险行为（Bjork & Pardini, 2015; Vassallo et al., 2014）。

成年期的情绪发展

目前为止，我们一直关注着情绪在人生早期阶段如何发展。那么之后呢？尽管大部分有关情绪发展的研究都围绕着孩子们，但是迈入成年期之后，情绪仍在不断变化着。随着西方发达国家人口老龄化的到来，研究者对伴随着衰老而产生的改变越来越感兴趣。我们先来看看情绪在整个成年期内的连续性，再考察一下情绪变化的方式和原因。

贯穿终生的个体一致性

出于众多原因，情绪特征在个体的一生当中趋于一致。例如，那些容易快乐的人会与其他人形成亲密的关系，而形成亲密关系又会帮助人们变得快乐或保持开心（Ramsey & Gentzler, 2015）。在一项研究中，研究者观察了几百例7岁儿童的情绪，并一直追踪到他们35岁时。童年期的不安倾向和成年期的愤怒之间相关系数为0.24，即存在中低程度的相关（Kubzhansky, Martin, & Buka, 2004）。在另外一项研究中，7岁时高度冲动的儿童长大后赌博成瘾的概率是其他孩子的3倍（Shenassa, Paradis, Dolan, Wilhelm, & Buka, 2012）。童年期的攻击行为和成年期的敌意与愤怒之间存在低度但显著的相关（Hakulinen et al., 2013）。

有一项研究对一些年轻女性在大学毕业年鉴照片上笑容的质量和强度进行

编码，想要探讨一下这种简单的情绪表现形式是否可以预测数十年之后这些女性生活中的某些方面（Harker & Keltner，2001）。结果发现，那些在年鉴上显示出较强的真挚微笑（即杜彻尼微笑）的女性结婚的比例高而离婚的比例低。与那些在照片中笑容幅度比较小或不那么真挚的女性相比，上述女性形容自己是比较能干、情绪比较稳定而且比较好相处的。另外一项相似的研究也发现，无论是男性还是女性，那些在学校毕业年鉴照片中笑得更开心的个体，在之后的人生中离婚的可能性低于平均水平（Hertenstein, Hansel, Butts, & Hile，2009）。简而言之，现在你所体验到的情绪，对贯穿你终生的情绪来说，是一个效力中等的良好预测指标。这在一定程度上，是因为你现在的情绪可以较好地预测你生活中具有情绪含义的重大事件。

情绪的年龄趋势

上面我们介绍的这些研究探讨的是，那些在某些方面高于或低于平均水平的人，多年以后是否仍然高于或低于同龄人的平均水平。这些研究没有考虑平均水平本身的变化。例如，如果你比同龄人的平均水平外向一些，随着岁月流逝，你可能会变得越来越不那么外向，但仍然高于平均水平——前提是同龄人的下降速度和你一样或比你更快。

一个与此对应的问题是，在由年轻走向年老的过程中，人们的情绪平均水平如何变化？总体来说，答案是好的。焦虑会减少。惊恐障碍、社交恐怖症以及其他焦虑障碍在年轻人中患病率最高。随着人们年纪渐长，这些障碍的患病率会下降，并且平均来说病情的强度也会减弱（Miloyan, Bulley, Pachana, & Burne, 2014; Rubio & López-Ibor, 2007; Swoboda, Amering, Windhaber, & Katschnig, 2003）。当人们的年龄越来越大，他们愤怒的频率和强度都会降低，在表达愤怒时也不会再那么激烈（Birditt & Fingerman, 2003; Blanchard-Fields & Coats, 2008; Zimprich & Mascherek, 2012）。考虑到愤怒所具有的功能，出现这样的趋势十分合理。年轻人和中年人会在婚恋、求职、晋升等各个方面和他人竞争。如果应对不力，会影响他们将来的成功。但是对上了年纪的人来说，争斗的代价或许会超过他们可能取得的收益。

焦虑和愤怒为何会减少？又是怎样减少的呢？首先，人们变得越来越擅长控制自己的情绪（J. J. Gross et al., 1997）。其次，他们的处境也与从前不同了。

大部分老年人要么已经功成名就，要么已经退休，因此他们很少卷入有关工作的冲突。与性有关的嫉恨在老年阶段也变少了，老年人大部分时间都和朋友、家人待在一起。还有一种经常被忽略的解释是，老年人的交感神经系统变弱了。随着年纪增长，人们面对情绪事件的心率反应在下降（Wrzus, Müller, Wagner, Lindenberger, & Riediger, 2014）。大多数老年人无法再像年轻时那样产生激烈的"战或逃"反应。如果 William James（1884）是对的，即人们情绪感受的强度在一定程度上取决于自己的生理反应，那么老年人的"战或逃"情绪变得相对温和也就不令人意外了。

再猜猜哪个年龄段的人最快乐，年轻人、中年人还是老年人？在一项横断研究中，参与者报告的快乐水平从 18 岁开始一直下降到 50 岁，过后转而上升（中年阶段，人们在生活和工作两方面要承担的责任都达到极值）。一般来说，70 岁以上身体健康的老年人报告的主观幸福感最高（Mroczek, 2004; Mroczek & Spiro, 2005; A. A. Stone, Schwartz, Broderick, & Deaton, 2010）。这一趋势与世代效应之间存在交互作用：近几十年里出生的人和几十年前出生的人处于同一年龄时，前者报告的快乐水平较高（Sutin et al., 2013；见图 8.8）。

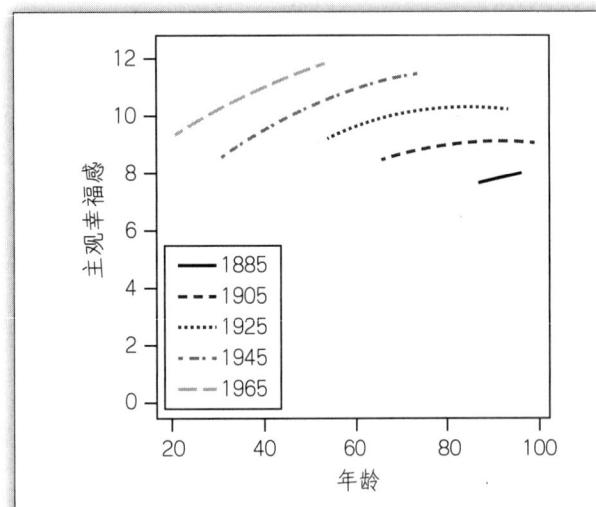

图 8.8　在一项持续多年的研究中，参与者每年都报告自己的主观幸福感。对每一个世代的参与者来说，平均主观幸福感都随着年龄变老而增加。此外，近几十年里出生的人在每个年龄点上报告的分数都较高。A. R. Sutin et al., 2013, *Psychological Science*, 24, 379-385.

造成这些趋势的原因是什么？一种可能性是测量误差。老年人理解的快乐或满意评分或许和年轻人理解的不一样。测量误差对于所有基于自我报告的研究来说都是一项重大威胁。不过，脑功能记录研究也显示出类似的趋势：当给人们呈现一系列照片时，年老的参与者对于愉快的图片会表现出较强的脑活动，但是年轻的参与者对悲伤或恐惧的图片反应较大（Mather et al., 2004）。

如果我们信任自我报告这种方法，那会是什么导致了老年人报告高满意度和高幸福感呢？和对焦虑、愤怒变少的解释一样，可能是境遇的改变造成的。退休的老年人不再承担着上班的义务，许多人既有钱又有闲，可以娱乐也可以旅游。老年人可以享受子女和孙辈的陪伴，却不用再从早到晚照料他们。Laura

Carstensen 和 Susan Turk Charles（1998）给各个年龄段的参与者发放传呼机，并且在一周时间内每天传呼参与者数次，询问他们当前的情绪体验。结果显示，年纪最大的群体报告的不愉快情境也最少。

此外，年纪增大会改变你生活中的优先级。年轻的时候，你的目标是向着未来去奋斗。有时候这意味着遇到困难，甚至不愉快的情境。年老之后，人们不再那么关注未来，而是更乐意享受现在。根据**社会情绪选择性理论**（socioemotional selectivity theory），进入中年会触发人们最大限度利用好余下时间的强烈动机（Carstensen, Isaacowitz, & Charles, 1999）。

例如，你会选择用这个周末去认识一些新的有趣的人，增强自己工作上的人脉，还是跟自己已经认识半辈子的亲朋好友聚一聚？年轻人比较愿意去建立新的关系，而老年人更愿意与自己的家人和老朋友在一起（Carstensen, 1992; Carstensen & Charles, 1998）。在与爱人互动时，老年人的表现也和年轻人不同。例如，在涉及婚姻中双方意见冲突的地方时，老年人不大会争吵（Levenson, Carstensen, & Gottman, 1994），而倾向于在讨论过程中表达自己的感情（Carstensen, Gottman, & Levenson, 1995）。

在某种程度上，老年人可能有意地持续关注人生中积极的一面。他们努力保持着自己想要的那些情绪（Riediger, Schmiedek, Wagner, & Lindenberger, 2009），而且不少研究都表明美国的老年人（日本老年人就不明显）有意让自己的注意力远离那些不愉快的事件，指向积极的事件（Grossman, Karasawa, Kan, & Kitayama, 2014）。前几章已经提到，情绪图片——特别是威胁性的——很容易吸引或占据我们的注意力。而老年人的这一偏好并不强烈，并且他们偏好较为积极的刺激。这一效应叫作**积极偏向**（positivity bias）。

一项十分复杂的研究支持了这一观点。参与者注视电脑屏幕中央的一个点，接着 2 张面孔分列中央点左右，出现 1 秒钟。其中一张面孔为中性情绪，另一张要么是愉快表情，要么是不愉快表情。2 张面孔消失后，屏幕左侧或右侧会显示一个小圆点，而参与者的任务是尽可能快地指出小圆点所在位置。无论小圆点出现在哪边，年轻参与者的反应都一样迅速，而老年参与者（平均年龄 74 岁）对出现在悲伤或愤怒面孔同侧的小圆点反应较慢，对出现在微笑面孔同侧的小圆点反应较快（Mather & Carstensen, 2003）。很明显，微笑面孔吸引了老年参与者较多的注意，以至于相对悲伤和愤怒面孔来说，他们可以较快发现与微笑面孔同侧的小圆点。

其他研究也显示出相似的效应。例如，一项研究发现，年老的参与者会选择性地回忆自传体记忆中那些积极的信息，而且比年轻人回忆得多得多（Kennedy, Mather, & Carstensen, 2004）。不过，大部分研究表明，老年人只在严格受限的实验当中才会把注意力向愉快刺激倾斜，因为此时参与者必须从两个刺激里选一个。在包括了范围广泛的积极、消极和中性刺激的复杂实验中，老年人和年轻人对不同类型刺激的注意力分配比例差不多（Isaacowitz, Livingstone, Harris, & Marcotte, 2015）。积极偏向在现实生活中的影响如何，人们尚不清楚。

最后一种可能性是老年人比年轻人更擅长调节自己的情绪，并且会以增强积极感受的方式来实现掌控。James Gross（1997）及其同事询问了美国和挪威参与者的情绪体验和行为。他们发现，比起年轻的参与者，老年参与者评价自己不怎么表达情绪，不那么冲动，并且能较好地控制自己的情绪。这些基于自我报告的结果表明，老年人认为自己在人生历程中增长了情绪智慧。

在一项研究中，工作人员让年轻、中年和老年的参与者观看令人极其悲伤或厌恶的视频。在最初的几段视频之后，研究者要求参与者从两种重评策略中选用一种，以便让自己感觉好受一些。一种是分离重评（想着视频中非情绪性的内容），另一种是积极重评（想着视频中积极的一面）。尽管相对于年轻人来说，老年参与者通过分离重评指导语得到的改善较少，也就是主观不安评分和生理反应的降低幅度较小，但他们从积极重评指导语中获益较多（Shiota & Levenson，2009）。因此，积极偏向可能是有助于老年人调节情绪的特定方式：总能找到一些好事的！

总　　结

从婴儿早期到成年晚期，在整个生命历程中，情绪发生了剧烈的变化。情绪理论家对婴儿期的情绪很感兴趣，因为它们可以回答某些关于基本情绪的问题。但是，就像你看到的那样，这方面的证据难以解读，而且我们也不清楚年龄多小才足够支持基本情绪理论。在生命的第一年里，婴儿表达特定情绪的能力在逐步发展，但他们识别情绪表情的能力则发展得比较慢。

即使人们已经通过漫长演化而先天具备产生不同情绪的能力，但是情绪发展的很多方面仍然依赖于环境。考虑到我们能在孩子们身上进行的实验操作十分有限，研究者很难将人类天性和后天学习的影响分离开。这两方面的影响很可能彼此交互。例如，你生来就具备掌握言语的能力，但你究竟是说英语、中文，还是斯瓦希里语则取决于社会和文化的影响。那么，语言到底算是先天的还是后天的呢？很显然，两者都有。

同理，你的生物特性赋予了你感受情绪的能力，而且你的基因会影响你感受情绪的强度，但无论如何，你都必须从自己的文化环境中学到表达情绪的恰当方式，以及在哪些情境下你需要抑制它们或修正它们。文化在多大程度上教给我们具体的感受以及对恐惧、愤怒等种种情绪的表达，目前仍不清楚。

情绪发展不会在童年早期就结束。虽说用"暴风骤雨"形容青春期有些夸张，但出于生物和社会等多方面的复杂原因，青少年的情绪体验确实比较激烈，而且他们容易冒较大风险。到了老年期，情绪也会改变。人们会随着年纪增长而性情越发醇厚的说法确实有一定道理。一般来说，老年人的焦虑和愤怒都会变得不那么激烈，而且他们也比较容易体验到积极情绪。和人生其他阶段一样，这些变化既反映着人们在生物方面的内在改变，也反映着在环境方面的外在改变。

关键术语

传染式哭泣（contagious crying） 新生儿在听到其他新生儿哭声时做出的哭泣反应。

不安（distress） 对任何引起不愉快和反感的事物未分化的抗拒。

面孔模仿（facial mimicry） 模仿其他人的表情。

主体间性（intersubjectivity） 两个或更多人共享注意或感受。

拥抱反射（moro reflex） 婴儿从伸展手臂、手指张开到迅速蜷缩四肢、手指弯曲的动作序列。

积极偏向（positivity bias） 将注意力指向积极刺激而非消极或中性刺激的倾向，在老年人当中较为常见。

社会参照（social referencing） 婴儿在对新的事物、人或情境做出反应之前，首先观察自己所信任的照料者的情绪表达。

社会性微笑（social smiling） 在看到别人对自己微笑时以微笑回应。

社会情绪选择性理论（Socioemotional Selectivity Theory） 该理论认为，进入中年会触发人们最大限度利用好余下时间的强烈动机，进而导致上了年纪的人优先重视自己的情绪生活质量。

心理理论（theory of mind） 明白他人有自己的想法，并且可以辨别他人知道什么或思考什么的能力。

思考与讨论

1. 在本章的开始，我们提到哭泣是婴儿从成人那里获得照料和注意的一种方式，那为什么婴儿不持续啼哭来获得更多的照料和关注呢？
2. 什么样的研究证据可以说服你 9 个月大的婴儿会感到厌恶？什么样的证据可以说服你他们还感觉不到？
3. 回想自己最近一次情绪强烈的经历，尽可能详细地把它写下来。然后回想自己最早一次情绪强烈的记忆，也尽可能详细地写下来。比较这两份记录，它们有何共同点？又有哪些区别？对于这些区别，你能找出哪些解释？
4. 你对自己童年时期的情绪社会化过程是否还保留着一些记忆？比方说你的照料者或其他人教导你什么样的情绪是恰当的，或值得追求的。这些指点可能是直白的，即某人告诉你应该有何感受、如何感受，也有可能是隐晦的，即某人对你的情绪做出积极或消极的反馈。尽可能多找出一些这方面的例子，然后试着分析这些情绪社会化策略中包含着哪些类别。
5. 衰老会导致血管硬化，弹性下降，从而引发高血压。在第 4 章中，我们介绍了威胁和挑战在评估方面和生理方面的区别，那么老年人血管硬化可能对他们的情绪体验带来什么影响呢？

延伸阅读

Erikson, E. H.（1963）. *Childhood and Society*（2nd ed.）. New York: Norton.

关于不同人生阶段中的社会与情绪危机的经典著作。

Gopnik, A.（2009）. *The philosophical baby: What children's minds tell us about truth, love, and the meaning of life*. New York, NY: Farrar, Straus & Giroux.

婴儿的意识世界是怎样的？这本书结合实证心理学与哲学，指出婴儿的理解力和情绪感受力远比人们以为的更加复杂。

第9章

关系与社会中的情绪

在之前的几章里，我们主要强调发生在个体内部的情绪过程：情绪如何与脑活动相联系，情绪如何影响我们的身体反应和内脏感觉，以及情绪在人的一生中如何发展变化等。然而，回想一下你最近几次情绪激烈的时候。当时你是独自一人，还是有其他人在场？是什么样的人际互动引发了你的情绪，当场发生的、预期会发生的或是想象出来的？那样的情形是影响了你和所爱之人的关系还是影响了你在社会中的地位和名誉？

虽然情绪研究者通常都强调情绪对于个体的影响，但是大多数的情绪体验都发生在社会情境中（Parkinson, Fischer, & Manstead, 2005）。我们在第2章讨论过，情绪在支持人际关系上所发挥的作用，可能正是人类拥有情绪的一大原因。情绪帮助我们识别珍贵的人际伙伴，让我们与那些关心我们需求的人保持亲密，致力于照顾那些依赖我们的人，并在地位等级和其他复杂群体动态中找准方向（Algoe, 2012; Bowlby, 1969; Cheng, Tracy, & Henrich, 2010; Keltner & Buswell, 1997; Shiota, Campos, Keltner, & Hertenstein, 2004）。

在本章中，我们要探讨社会科学家们围绕人际关系当中的情绪展开的研究。我们的介绍将始于人类最早体验到的人际关系——婴儿与父母和其他主要照料者之间的关系。之后我们会考察恋爱关系与婚姻，思考起初是什么让伴侣相互吸引，忠诚的伴侣关系如何形成，以及哪些因素能预测婚姻满意度和稳定性。此外，我们还会讨论我们如何对他人的情绪做出反应，尤其是面对所爱之人的痛苦时。最后，我们将总结在大型社会中情绪指导人际关系的几种方式。

早期情感联结：婴儿依恋

人们在人际关系中第一次体验到情绪几乎都是在和父母的相处当中——他们从我们生命的第一天就开始关心和抚育我们。人类似乎本能地想要搞清楚是谁照料我们，而且越快越好。仅仅在出生之后的几个小时，婴儿就能识别并且偏好自己母亲的嗓音（DeCasper & Fifer, 1980）。几天后，母亲的面孔他们也能识别了（Field, Cohen, Garcia, & Greenberg, 1984）。尽管如此，新生儿对与他们互动的人并不是非常挑剔。只要温暖、舒适并且营养充足，不论被谁抱着，他们都感到满意。（当然，在这一点上，他们本来也没有太多选择。）

在婴儿大约 6~9 个月大的时候，情况发生了变化。他们开始有能力与几个特殊的人形成比较强烈的、有选择性的情感联结。一个前几周还能安静地躺在陌生人怀里的婴儿，如今会在妈妈离开房间时突然变得歇斯底里。现在，婴儿不再漫无目的地与新物件和陌生人玩耍，而是经常确认与父母的联系，看看他们是否在自己身边，是否在关注自己。发展心理学家们将这一新的行为模式称作**依恋**（attachment）——个体和几位主要照料者之间持久的情感联结，它使得个体渴求靠近依恋对象，在受到威胁时第一反应是去寻求对方，它还让个体在探索新事物时感到安全和自信。与依恋相伴而生的是**陌生人焦虑**（stranger anxiety）——害怕陌生人。

依恋的概念最初由约翰·鲍尔比（John Bowlby）和玛丽·安斯沃思（Mary Ainsworth）在 20 世纪 50 年代提出（图 9.1）。当时，精神病学领域有关儿童发展的理论假设是：孩子只需要吃得饱、不生病、人身安全就能正常成长下去。并且，精神分析学家们迷信一句咒语：儿童的情绪困扰必然起源于对性驱力和攻击驱力的焦虑，而不可能与亲子关系的其他任何方面有联系。可是，在英国伦敦的医

图 9.1 约翰·鲍尔比和玛丽·安斯沃思是研究婴儿对父母的依恋的先驱，他们提出婴儿对于情感联结有着与生俱来的需求。

院和一家心理健康诊所作为精神病学家工作多年的鲍尔比对上述教条越来越怀疑（Bretherton, 1992）。与此同时，玛丽·安斯沃思正在加拿大的多伦多大学撰写论文，强调家庭赋予的安全感是成年人自信和独立的重要基石。1950年，她迁居伦敦，在那里开始了和鲍尔比的伟大合作（Bretherton, 1992）。

就在75年前，科学家们还坚信儿童和父母之间的联结完全建立在满足喂食等生理需求上，这在今天看来是不可思议的。由于那时人们认为传染病是儿童健康的首要威胁，所以医院和保育园都要求工作人员尽量少触摸他们所照顾的孩子，父母也因此被拒之门外。在20世纪40年代后期，鲍尔比聘用了一名叫作James Robertson的研究助手，对这些住院儿童的行为进行全面记录。Robertson用文字写下了这些孩子的抑郁和焦虑，以及无论医疗护理多么充足也无法让他们茁壮成长的奇怪现象。没过几年，他还制作了一部纪录片来呈现住院儿童的困境。这部纪录片和鲍尔比向世界卫生组织所做的有关幼儿与母亲分离后果的正式报告一道，逐渐说服学术界相信：儿童与父母分离这件事本身就足以摧毁孩子的情绪。

为了了解幼童对分离的反应强烈程度以及他们对父母情感联结中的选择性，鲍尔比转向了Konrad Lorenz等人的鸟类印刻研究（图9.2）。刚孵化的雏鸟会专注于它们看到的第一个移动的事物，并一直紧紧跟随对方直到成年。尽管鸟类会对任何移动的对象产生印刻——甚至包括Lorenz本人——但通常来说这一对象还是它们自己的母亲。鲍尔比推论人类儿童一定也会经历相似的过程，本能地识别父母，并且紧紧跟随他们，以获得照顾和保护。很快，鲍尔比的这一观点就说服了年轻的美国研究者Harry Harlow（1958）。Harlow最著名的幼猴研究也证实了母

图9.2 许多鸟类的雏鸟刚一孵化出来，就会对它们看到的第一个移动的物体产生印刻，无论去哪里都紧紧跟着对方。

婴分离会导致严重后果，并且温暖和舒适——而非食物——才是母婴联结的重要基础（图 9.3）。

图 9.3 在 Harry Harlow 的经典实验（1958）中，恒河猴幼崽不受限制地待在一个安放着"铁丝妈妈"和"绒布妈妈"两套装置的笼子里，两套装置中只有一套有奶瓶。结果显示，无论把奶瓶放在哪个装置上，恒河猴幼崽绝大部分时间都黏着"绒布妈妈"不放。

而安斯沃思一直在记录典型婴儿依恋的时间进程和特点，一开始的样本是乌干达的母亲和婴儿，后来她又去了美国。经过多年在家中或类似的非结构化环境中的观察，安斯沃思及其同事（Ainsworth, Blehar, Waters, & Wall, 1978）开发出了一套能够激发依恋行为的标准化实验室任务。这套叫作**陌生情境**（strange situation）的实验任务由以下一系列事件组成：①婴儿和一名家长进入一个放满了玩具的陌生房间，任由婴儿玩耍；②一名陌生人进入房间，与家长交谈，吸引几分钟婴儿的注意力；③家长离开 3 分钟，而陌生人一直留在房间里，之后家长返回房间待几分钟；④家长和陌生人都离开房间；⑤陌生人独自返回房间，努力安抚婴儿，陪婴儿玩耍；⑥家长返回。

从大约 6 月龄到 2 周岁，婴儿的典型反应是在第一阶段自由玩耍，探索房间，但会经常抬眼确认家长仍在附近，并且看着自己。家长一离开房间，大多数婴儿就会大声哭泣、抗拒，有时还会试图跟随家长。尽管陌生人可能会给他们一些安慰，但只有家长才能彻底缓解这种不安。一旦家长返回，婴儿很快并且很容易平静下来，能够继续玩耍。

依恋的功能是什么?

鲍尔比和安斯沃思采用行为学范式去理解依恋行为，强调依恋是一种本能，即演化而来的人类天性。鲍尔比（1969）提出，人类，也许还包括大多数哺乳动物，都具备一套神经上的依恋程序，它在特定的发展阶段启动，之后被特定的情境激活。这种本能会起到什么作用呢？

有关依恋功能的一个重要线索就是它出现的时间阶段。在大多数婴儿身上，依恋行为在 6 月龄时开始出现。为什么是 6 个月？研究者提出了多个理论试图回答这个问题，和往常一样，它们在某种程度上都有一些道理。第一，婴儿的视力在出生后的 6 个月里有了明显的改善，一些研究者认为此时婴儿终于能足够清楚地认出父母和其他照料者，因而可以知道他们何时来了或走了。第二种解释与认知成熟相关。著名发展心理学家皮亚杰认为，不足 9 个月大的婴儿缺乏**客体恒常性**（object permanence），即明白物体在我们看不见它或听不见它时也依然存在（Piaget, 1937/1954）。后来的研究者使用其他方法，发现客体恒常性可能很早就存在了。尽管如此，非常年幼的婴儿主要还是回应他们此刻看见的东西，这一倾向可能减少了他们对离开房间的人的反应。

但是，第三种解释才最广为接受。在 6 至 9 个月大的时候，大多数婴儿学会了如何爬行，他们开始急着探索世界。这项新技能为各种各样的新体验敞开大门，不幸的是，这其中也包括迷路、滚下楼梯、触碰锋利或滚烫的物品、把有毒的东西放进嘴里以及遭遇某些不那么温柔的动物等。此前，婴儿可以依靠照料者维持身边环境的安全。现在，它必须在探索世界的激动兴奋与迷失方向陷入麻烦的巨大风险之间取得平衡。根据鲍尔比（1969）的研究，生物依恋系统有助于刚刚开始自由行动的婴儿调节这两种相互竞争的需求。只要有一个值得信赖的照料者在附近并且保持频繁联络，孩子就能快乐地玩耍。一旦照料者不在视线之内，孩子就得做些什么来修补缺口。实现这种调节所必需的情感和行为构成了依恋。

这种解释意味着依恋行为——尤其是照料者离开时孩子发出抗议——具备特定的目的，那就是让照料者保持足够近的距离，以便在孩子需要时提供帮助，但同时也要保持足够远的距离，好让婴儿能够独立地进行探索。未满 6 个月时，这种警觉是不必要的，因为婴儿还不能自己四处移动。而等到孩子足够大，不需要持续监控也可以探索世界时，这种警觉也会逐渐变得没那么重要。在陌生情境实验中，孩子们持续抗议照料者离开，直到他们 2 岁左右，但是随着孩子们变得能力更强、更加自信，这种抗议的强度也在减弱（Izard & Abe, 2004）。

依恋的行为和生物机制

婴儿究竟是如何确定谁是他们的照料者的呢？也许孩子一出生就能识别妈妈的嗓音或气味，而爸爸可能是那个最常出现在身旁的男性，但是其他人呢？这个问题非常重要——如果研究者弄清了婴儿用什么线索来选择依恋对象，他们就能确定这些线索是否能预测其他亲密关系中的依恋。Ruth Feldman（2007）指出，两个个体之间的行为同步十分重要，依恋系统可能由此触发（图 9.4）。新生儿会交替经历警醒期和退缩期。母亲通常会在婴儿警醒时与他们互动，而其他时候则让他们休息。新生儿特别适应这种即时的回应，那些能够敏锐察觉他们"想玩"和"想睡"线索的母亲让他们非常感兴趣（Feldman & Eidelman, 2007）。等到婴儿 3 个月大的时候，他们自己也会促进行为的同步化，将面部表情和咿呀语音与状态转换匹配起来。一项研究发现，婴儿和父亲之间较好的行为同步能够预测较为安全的依恋（Feldman, 2003），但是在母婴之间则没有发现这一相关关系。

图 9.4 行为同步是儿童识别可靠的照料者，进而形成依恋关系的一种机制。

从生物学的角度来看，强有力的证据表明，垂体释放的激素**催产素**（oxytocin）是婴儿和照料者之间的联结机制。催产素在母亲分娩时刺激子宫收缩。它也刺激乳腺产生和释放乳汁，同时它在脑组织中是一种用于促进母性行为的神经递质。肌肤接触会导致机体释放催产素，而催产素又会反过来促进依恋和联结（Dunbar, 2010; Feldman, Weller, Zagoory-Sharon, & Levine, 2007; Keverne & Kendrick, 1992; Klaus & Kennell, 1976）。由于这种激素很容易就能进入乳汁并且由此进入婴儿体内，婴儿在母乳喂养期间可能会接收大量催产素。

在注射了一种干扰催产素的化学物质之后，大鼠幼崽没能对母鼠的气味产生偏好（E. E. Nelson & Panksepp, 1996），这表明催产素有助于调节幼崽对母兽的依恋。

催产素的作用并不局限于母婴联结。一项研究观察了两次父亲如何与5个月大的婴儿互动，其中一次是在喷了含有催产素的鼻喷剂后，另一次是在喷了安慰剂后。而父亲并不知道两次喷的分别是什么，因此这不会影响他们的行为。结果显示，相较于安慰剂，在催产素的影响下，父亲触碰婴儿的时间更长，并且表现出更多交换式的行为（与同步类似，即父亲针对婴儿的行为密切地做出行为回应）。此外，父亲喷了催产素之后，婴儿唾液中的催产素也变多了，而且他们还会花更多时间看着父亲的脸（Weisman, Zagoory-Sharon, & Feldman, 2012）。这表明催产素可能是与各类主要照料者建立依恋和情感联结的一种重要机制，而不仅仅与母亲有关。

一些研究表明，内啡肽和其他的阿片类神经递质（其效用类似于海洛因和吗啡）在婴儿的依恋行为中也发挥着重要作用。依恋的核心特征之一就是与依恋对象分离时会感到不安。幼鼠、鸡仔、幼猫、幼犬和幼猴在与母亲分离时都会以各自的方式哭泣，和人类的婴儿十分相像。研究者发现，这种**分离焦虑**（separation distress）导致的哭泣与内啡肽的突然减少存在联系（Nelson & Panksepp, 1998）。当年幼的恒河猴与母猴分离时，少量的吗啡能减轻它们的哭泣，而可以阻断阿片类受体的药物纳洛酮则会增加它们的哭泣（Kalin, Shelton, & Barksdale, 1988）。有研究考察了缺乏 μ 型内啡肽受体基因的幼鼠。研究团队假设，如果内啡肽对于依恋很重要，那么对内啡肽不敏感的动物应该只能建立起微弱的依恋。确实，这些幼鼠与母亲分离时，它们发出的哭声比正常幼鼠少得多（Moles, Kieffer, & D'Amato, 2004）。

另外一项研究考察了具有不同种类的 μ 型内啡肽受体基因的恒河猴的行为，其中一类基因增强了该受体的功能。结果发现，与受体基因正常的猴子相比，携带增强版受体等位基因的幼猴，不仅在与母猴分离时哭得更久，而且当其他猴子在场时，它们与母猴待在一起的时间也更长，这表明它们对母亲的陪伴有强烈的偏好（Barr et al., 2008）。

正如我们在第6章中提到的那样，内啡肽是人体天然的止痛药。内啡肽的这一作用可能有助于解释为什么与依恋对象分离会让人如此痛苦。在人类的fMRI研究中，研究者发现，与身体疼痛相联系的脑区，例如前扣带回，在明显的社会拒绝中也会变得更加活跃（Eisenberger & Lieberman, 2004）。一项后续研究甚至发现，大剂量的止痛药对乙酰氨基酚（即"泰诺"），可以减轻参与者在实验任务和现实生活中遭社会排斥后的受伤感觉，以及与疼痛有关的神经活动（DeWall et al., 2010）。但我们不推荐为了人际关系问题而服用止痛药——产生这种效果所需的剂量大到会损害你的肝脏。此外，对乙酰氨基酚还会削弱对愉快事件和不愉快事件的反应（Durso, Luttrell, & Way, 2015）。但是，上述研究都支持了同一个观点：在重要人际关系中经历分离和拒绝后产生的痛苦，可能是由负责调整身体疼痛的同一神经系统来调节的。

依恋的种类：安全型、焦虑—矛盾型和回避型

鲍尔比和安斯沃思认为，所有的婴儿都会对他们的首要照料者形成依恋，并且这种依恋本能是一种普遍存在的生物程序，到了发展中某个特定阶段就会浮现出来。置身于陌生情境中时，所有的婴儿都会展现出我们前面所描述的行为模式吗？那是最常见的模式，但它却不是唯一的一种。总结世界各地的研究，大约 65% 的婴儿表现出这种**安全型依恋**（secure attachment）模式（Van Ijzendoorn & Kroonenberg, 1988）。那么其他的婴儿呢？

大约 20% 的婴儿展现出的模式与此相似，但区别是，家长在场时他们比安全型依恋的婴儿更黏人，而当家长返回后，他们则没那么容易安抚（Ainsworth & Bell, 1970）。在陌生情境的第一阶段，家长离开房间之前，这些孩子不大愿意独自探索和玩耍。家长离开时，他们会惊慌失措、极度不安。等到家长回来后，他们却又难以平静下来，还会一边紧紧地抓着家长，一边又推开家长或转身背对大人。尽管不同的研究者对这一类别可能有不同的称呼，**焦虑—矛盾型依恋**（anxious-ambivalent attachment）是其中最常用的说法。

还有大约 15% 的婴儿呈现第三种模式，即**回避型依恋**（avoidant attachment），也称焦虑—回避型依恋。这些婴儿似乎不关心照料者的来来去去。当家长在场时，他们独自玩耍。当家长离开时，他们可能会看向门口、玩得少一点，但是他们不会哭泣或是抗议。当家长回来时，他们不会表现出明显的兴趣，也不会向家长寻求安抚。你可能会想，"那太棒了！这些婴儿比安全型的婴儿更成熟、更独立！"为了检验这一假设，研究者比较了婴儿在陌生情境实验的分离阶段时心率和皮质醇反应的改变，同时这些婴儿基于行为表现被分为了

安全型和回避型。如果回避型的婴儿确实较少因为父母的离开而感到不安，那么在生物测量方面，他们的应激反应应该较轻或者不变。然而数据显示，回避型婴儿心率和唾液皮质醇水平的上升和安全型婴儿一样多，这表明他们也同样不安，只是用了另一种方式来处理这种悲伤（Spangler & Grossman, 1993）。

这些不同的依恋模式预测了重要的长期结果。安全型依恋的婴儿倾向于发展成认知功能较好的儿童（Ranson & Urichuk, 2008）、社会成熟度较好的青少年（L. Murray, Halligan, Adams, Patterson, & Goodyer, 2006）以及维持良好人际关系的成年人（Salvatore, Kuo, Steele, Simpson, & Collins, 2011）。表现出回避型依恋的孩子在以后的生活中出现攻击性和反社会行为的风险较高（Burgess, Marshall, Rubin, & Fox, 2003）。被归类为不安全型依恋（焦虑—矛盾型和回避型）的婴儿成年之后比较容易受到精神问题的折磨（Sroufe, Egeland, Carlson, & Collins, 2005），甚至他们报告的身体疾病症状也较多（Puig, Englund, Simpson, & Collins, 2013）。

是依恋中的什么要素预测了上述差异？一种可能性是，不同依恋模式是与生俱来的——人们天生就具备了形成这种或那种依恋风格的倾向。许多研究表明，不安全型依恋与 5-羟色胺受体基因的多态性有关（Fraley et al., 2013; Gillath, Shaver, Baek, &Chun, 2008），但是研究结果显示的效应量并不大，并且不同研究结果也不完全一致。对于同一名照料者，依恋风格基本上在这一次观察和下一次观察之间保持一致，并且与几年后（Ding, Xu, Wang, Li, & Wang, 2014）甚至几十年后（E. Waters, Merrick, Treboux, Crowell, & Albersheim, 2000）亲子关系的温暖程度高度相关。但是，面对不同的照料者，婴儿可能会表现出不同的依恋风格（Steele, Steele, & Fonagy, 1996），这表明依恋类型部分取决于环境。

依恋的功能是调节距离，让婴儿获得一些独自探索的自由，但同时如果他们需要帮助，也很容易召唤到照料者。依恋行为则可以看作完成这一目标的一种策略。照料者是这一平衡的重要部分，婴儿似乎会依据照料者的典型行为调整自己，以最有效的方式达到独立和安全之间的平衡点（Isabella & Belsky, 1991; de Wolf & van IJzendoorn, 1997）。如果照料者响应婴儿信号的程度高，在婴儿想要探索时允许他们放手去做，在婴儿想要照料者参与进来或婴儿感到不安时又能马上出现，这些婴儿就比较容易被归入安全型（Isabella & Belsky, 1991）。如果照料者溺爱婴儿，忽视婴儿对独立的需求，婴儿可能会变得一边格外害怕分离，一边仍然需要推开照料者以获得一些自主的空间。在焦虑—矛盾型依恋中就可以看到这种模式。而如果面对疏远、冷淡的照料者，婴儿在玩耍时寻求他们的注意，或是在他们离开时哭喊要他们回来，都是没有意义的。那么这样的照料者比较容易拥有回避型依恋的婴儿。

文化差异也会影响婴儿的反应。例如，日本妈妈几乎总是和婴儿待在一起。在陌生情境实验中，日本母亲可能是第一次把婴儿单独留下或留在一个陌生人身边，于是这些婴儿的反应十分恐惧（Rothbaum, Weisz, Pott, Miyake, & Morelli, 2000）。这个在大多数国家可能意味着焦虑—矛盾型依恋的反应在日本也许有着不同的含义。

根据安斯沃思和鲍尔比的观点，考虑到父母的特点，每种依恋风格都可以看作一种合理的策略。尽管焦虑—矛盾型依恋和回避型依恋都"不安全"，并且与今后的一系列消极结果相关联，但研究者强调，婴儿依恋本身并不是问题，而是养育孩子的特定环境如何，以及个体在婴儿期所习得的行为（例如，一想到与所爱之人分离就恐慌不已，不寻求帮助，隐藏情绪而不是表达出来等）会在多大程度上延续到成年期，并成为今后人生道路上的绊脚石。按照安斯沃思和鲍尔比的解释，关键在于，无论展现出的是3种依恋风格中的哪一种，婴儿都依恋着照料者。

依恋还有第四种分类，不过非常少见。假如说，即使照料者在场，婴儿也表现出公开的、强烈的焦虑，比如原地僵住、紧张地拉扯自己的头发或是前后摇晃，那么这样的表现可能被归为**混乱型依恋**（disorganized attachment）。这些婴儿似乎被眼前的情境麻痹住了，吓坏了，但又不能向照料者寻求安慰。在这类情形中，照料者很有可能情绪不稳定、遭受抑郁或创伤折磨，甚至有可能虐待孩子。幸运的是，正如我们接下来将看到的那样，人们的依恋风格是可以改变的。

浪漫之爱与婚姻

对于年轻人来说，最突出的围绕着人际关系的情感就是爱情。对许多人来说，和伴侣的关系将成为他们一生中最亲密的人际关系。人们常常好奇，"我怎么知道自己是什么时候爱上的呢？"或者"我怎样才能找到那个对的人呢？"

这些问题没有简单的答案。事实上，在美国，约有一半的婚姻关系以离婚告终。这表明许多人要么不知道如何选择合适的伴侣，要么不知道如何在激情的火花熄灭后实现白头偕老，而且他们还得决定到底谁应该负责打扫车库。我们希望科学能就这一课题提供更多经过了检验的建议，而目前研究婚姻和其他恋爱关系中的情感的心理学家已经识别出了典型浪漫关系的一些特点，并且发现了一些伴侣关系幸福和稳定的预测指标。

接下来的讨论主要适用于西方文化，因为西方的年轻人可以在几乎没有任何监督的情况下与许多对象约会。而有相当一部分亚洲和拉丁美洲地区的文化会把一对没有结婚的男女在没有监护人的情况下待在一起视为禁忌，甚至在有些地方，父母会为互相不认识的年轻男女包办婚姻。因此，我们必须首先承认，"典型"的浪漫关系在不同文化中是不同的。实际上，爱情和婚姻之间的关系本身也因文化而异。爱情是一个广为人知的概念，但它并非全世界通用。一项涵盖了 166 种文化的研究发现，其中 89% 显示出了爱情的证据（Jankowiak & Fischer, 1992）。一方面，在现代西方文化中，爱情通常是结婚和生育的主要动机（Swidler, 2001）。而另一方面，在所有文化中，爱情都不是结婚和生育的先决条件，而且它甚至会被视为对大家庭关系的威胁，而不少文化的社会结构就建立在大家庭关系这一基础之上（Dion & Dion, 1993）。在许多社会中，父母忽略爱情，仅出于经济或其他实际考量为年轻人安排结婚对象，而这些社会里的人们也能成功结为夫妇并抚育后代（图 9.5）。

图 9.5 如今的西方文化强调爱情是婚姻的前提，但其他一些文化则重视夫妇双方条件匹配。

"好吧。但是那样的婚姻幸福吗？"有些是幸福的，而有些则不。哪怕在美国，人们基于爱情选择伴侣，同样也是有的婚姻幸福，有的不幸福。有研究发现，平均来说，印度的包办婚姻反而比美国基于爱情的婚姻要幸福一些（U. Gupta & Singh, 1982），而中国的包办婚姻一般不大幸福（Xu & Whyte, 1990）。而且，即使包办婚姻的夫妇在结婚时并不相爱，但他们一旦开始共同生活，也有可能逐步发展出浓郁的爱意。

我们的讨论集中于异性恋的约会和婚姻。对同性恋伴侣的研究相对比较贫乏。为数不多的研究表明，同性恋和异性恋关系中的许多重要问题都是相似的。比如，不论在哪一类关系中，人们都会寻求有着相似态度的伴侣，期待对方是诚实的、支持性的、值得信赖的（Bãccman, Folkesson, & Norlander, 1999）。此外，与关系满意度有关的变量在同性和异性伴侣中也差不多（Kurdek, 2005）。了解这些事项之后，我们就来看看美国人恋爱关系的典型发展轨迹吧。

浪漫吸引与坠入爱河

爱情故事始于两个人的相遇，他们发现对方很有吸引力，开始花大量时间待在一起。考察谁对谁有吸引力，会发现"来电"的构成要素因人而异（Morse & Gruzen, 1976）。但即使文化不同，大多数人仍然可以就富有吸引力的特征达成一致（Buss, 1989; Cunningham, Roberts, Barbee, Druen, & Wu, 1995）。其中最一致的特征之一就是健康。如果其他条件都一样，健康的人会比不健康的人性感。在女性中，有光泽的长发和干净、玫瑰色的皮肤等特征富于吸引力，这也许是因为头发和皮肤出问题通常都是营养不良或疾病的早期信号（Rushton, 2002）。在许多文化中，0.70左右的腰臀比，也就是腰围比臀围略小，也是女性最具吸引力的特征之一（Singh, 1993; Streeter & McBurney, 2003）。研究者提出，这种比例对怀孕和生育来说非常理想，它不仅意味着健康的营养状况，还表明臀部的宽度足够分娩，不会有极端风险。腰臀比和瘦并不是一回事。对于整体体重的偏好似乎不如对于特定比例的偏好那么普遍——有些文化认为女性苗条最有吸引力，但另一些文化则喜欢女性丰满些（Marlowe & Wetsman, 2001; Tassinary & Hansen, 1998; Yu & Shepard, 1998）。

统计学上的平均特征也是很有吸引力的。比方说，如果你从同一角度拍摄许多人的面孔照片，再用电脑将他们的面孔平均化，大多数观察者会认为平均后的脸非常有吸引力（Donohoe, von Hippel, & Brooks, 2009; Langlois & Roggman, 1990）。为什么呢？平均的特征是熟悉，因此它们可能会让我们感觉舒服。它们也有可能代表着过去几代人中取得了成功的基因。而那些明显大于或小于常规尺寸的鼻子、嘴巴或者其他特征则令人怀疑，负责它们的基因还没有经过时间的检验。

除了好看的外表，某些特定的人格特征也会吸引我们。人们追求那种快乐的性情和对他人的友善态度（Cunningham et al., 1995; K. Evans & Brase, 2007; A. E. Gross & Crofton, 1977; Langlois & Roggman, 1990）。我们也会被聪明（K. Evans & Brase, 2007; Shackelford, Schmitt, & Buss, 2005）和富于幽默感（N. P. Li, Bailey, Kenrick, & Linsenmeyer, 2002; Sprecher & Regan, 2002）吸引。幽默或许是高智商和好伴侣的标志，但幽默也会用来展现对另一个人的兴趣，所以它可能是调情的一个重要组成部分（N. P. Li et al., 2009）。男性和女性重视这些特质的程度都是相当的。

对于外表吸引力和人格特征的感知并非互不相干（Kniffin & Wilson, 2004; Lewandowski, Aron, & Gee, 2007）。当你逐渐喜欢和尊敬一个人，你可能会觉得这个人比之前好看。与此类似，你可能会发现自己讨厌不喜欢的人的外表。人格特征影响着男性对女性吸引力的知觉，但是在女性感知男性吸引力时影响力更大一点（Lewandowski et al., 2007）。

当人们被另一个人吸引时，他们有怎样的行为表现？你可能对此有些想法——如果你已经上了大学却不知道人们如何调情，那你一定是没有用心观察。研究者 Monica Moore（1985）选择了一个观察调情的理想地点——一间开在大学校园附近的酒吧——并细致地记录了女性的行为。女性似乎是通过快速一瞥来表现对一个男性的初步兴趣的，即看他两秒钟就迅速看向别处。比较大胆的方式是对那个男性多盯一会儿。有些女性还会甩头、用手拨弄头发、歪头、舔嘴唇以及抚摸身边的物品。

这个研究中有什么让你觉得奇怪的吗？ Moore（1985）详细描述了女性是如何调情的，却完全没有提到男性的行为。有些研究者提出，比起女性，男性较少展现出非言语的调情行为，因为当他们对一个女性感兴趣时，会直接靠近她并和她交谈（Grammer, Kruck, Jutte, & Fink, 2000）。女性可能比较喜欢用一种不那么直接的方式来表达自己的兴趣。这样做的一个理由是放慢求爱的速度，收集更多的信息。另一个理由是，即使女性用比较含蓄的方式调情，男性也容易高估女性的兴趣，所以女性采取比较直接的方式是有风险的（Abbey, 1982）。不幸的是，男性在两个方向上都会产生误解（Farris, Treat, Viken, & McFall, 2008）：许多男性认为女性在调情时，其实她们没有，而当女性真的在调情时，他们却又常常看不出来。

图 9.6　男性和女性都会通过匹配对方的姿势和动作来表达心动。

有关异性互动的研究表明，当两人彼此心动时，男性和女性都会微妙地匹配对方的非言语线索（Lakin & Chartrand, 2003）。也就是说，一个人发出信号，另一个人重复它，诸如此类（图 9.6）。不过，目前还不清楚究竟是男性、女性抑或双方共同控制这一信号往来的过程（Grammer, Kruck, & Magnusson, 1998）。关于男性和女性如何表达心动，我们仍然有很多需要了解。

在最初的火花之后，什么因素能够预测两个人是否会坠入爱河呢？你有没有尝试过撮合两个你认为般配的人？朋友和家人介绍那些他们认为会互相吸引的单身男女认识，婚恋中介也会帮助人们找到那个特别的人，并从中赚取可观的服务费。有时这些配对效果很好，而有时则不行。研究表明，几个简单的因素就可以解释其中很大一部分变异。除了决定最初心动的几个因素（如外表吸引力、聪明和友善等）之外，恋情长期稳定的一个最佳预测指标是相似性（Caspi & Herbener, 1990）。虽然磁铁是异性相吸，但恋爱关系在双方拥有相似价值观、教育、态度、生活习惯和兴趣爱好时最甜蜜。这一规则尤其适用于那些喜欢自己的人——如果你喜欢你自己，你也会喜欢一个和你相似的伴侣（Klohnen & Mendelsohn, 1998）。但是，性格的相似性就没那么重要了，即便它起作用的话（Montoya, Horton, & Kirchner, 2008）。许多幸福的伴侣都是一方比较外向，而另一方相对内向。

恋爱关系的早期阶段通常是**激情之爱**（passionate love），即情侣经常想到对方，强烈地渴望待在一起，并且在对方注意到自己时感到兴奋（Hatfield &

Rapson, 1993）。在这个阶段，每个人都可能将对方理想化——敏锐觉察对方的积极品质，而较少意识到其缺点和局限。即使上升到神经系统层面，激情之爱也可以带来高度奖赏。一项研究调查了 17 名自称正处于疯狂热恋当中的年轻人。研究者让每个参与者都观看朋友们和爱人的照片，同时用 fMRI 来测量其脑活动。结果显示，看到爱人激活了他们的多个脑区，包括多巴胺富集的奖赏中心，这些奖赏中心对类似可卡因的毒品非常敏感。在这一阶段，仅仅是看到爱人也会产生兴奋（Bartels & Zeki, 2000）。

许多人说他们坠入爱河之后发生了巨大改变。有些改变是我们刚刚描述的情感冲动，而有些则是行为上的。研究者 Art Aron 在一学期的大学课程里，5 次问学生们"你今天是谁？"这个问题（Aron, Paris, & Aron, 1995）。每一次，Aron 也会问每个学生，从上一次报告到现在，他或她有没有开始恋爱。那些说自己最近开始恋爱了的人，在人格特质、主观感受和社会角色方面描述自己的方式比之前要丰富多样一些。为什么会这样呢？Aron 认为，开始恋爱之后，人们会将对方的人格、活动和态度的各个方面融合到自己身上——他把这一过程叫作自我扩张（self-expansion）。

随着恋爱的持续，情侣双方会变得更加相似（C. Anderson, Keltner, & John, 2003; J. L. Davis & Rusbult, 2001）。但是，情侣往往高估了他们在态度和偏好上的相似程度，因为他们比较重视共同的感受而不是彼此的差异，并且每个人都会把自己的感受投射到对方身上（Murray, Holmes, Gellavia, Griffin, & Dolderman, 2002）。一项研究发现，恋爱时间越长，人们估计对方态度和行为时就越自信，但他们的估计却不一定变得更准确（Swann & Gill, 1997）。

成人爱情关系中的依恋

如果恋爱继续下去，情侣会加强彼此的承诺，更深地融入对方的生活。人们会介绍家人认识自己的爱人，恋爱双方可能会开始共享资源，住在一起，或进行长期规划。在这一过程中，恋爱关系向着**伴侣之爱**（companionate love）发展，它重视安全、相互关心和保护，也重视感情和共同的乐趣（Hatfield & Rapson, 1993）。强烈的伴侣之爱通常与较高的生活满意度相关，在这方面远远胜过激情之爱。但是，我们也不应夸大这一转变。一项研究考察了结婚超过 30 年的人后发现，多于 1/3 的人说自己的爱情仍然炽热、充满激情，并且他们的脑扫描结果也显示了与刚刚恋爱的情侣一样的奖赏区域的唤起（Acevedo, Aron, Fisher, & Brown, 2012; O'Leary, Acevedo, Aron, Huddy, & Mashek, 2012）。

如果上一段中提到的"安全"一词引起了你的注意，说明你很敏锐。研究者意识到，安全感是健康爱情关系中的一个重要部分，就像它在婴儿和父母的关系中一样。因此他们想知道，这两类关系中是否包含了某些相同的加工过程。和婴儿对照料者的依恋一样，成人依恋中的一方或双方希望与对方密切联系，与对方长期分离时会感到痛苦，遭遇压力或危险时会向对方求助，并且会从对方那里获得安全感和信心，进而能够以自信的态度面对世界（Fraley & Shaver, 2000）。在我们成年后的整个人生当中，依恋始终是亲密关系的一个重要方面（Ainsworth, 1989; Hazan & Shaver, 1987）。对儿童来说，父母是首要的依恋对象。随着孩子步入青少年期，他们会对几个亲密的朋友产生依恋，最终则是对爱人产生依恋。

已经有大量研究记录了依恋在长期爱情关系中的角色（Fraley & Shaver, 2000）。比如，婴儿依恋的一个关键特征是，孩子在感受到威胁或应激时会向依恋对象寻求保护和安慰。Mario Mikulincer 及其同事（Mikulincer, Birnbaum, Woddis, & Nachmias, 2000）想知道成人是否也会表现出同样的倾向。人们说自己有，但是我们可以测量到这种倾向吗？在陌生情境实验中，妈妈把孩子带到一个不熟悉的房间，离开又回来，研究者则衡量婴儿哭闹的程度以及妈妈回来后孩子恢复平静的难易。但这种方式在成年的伴侣身上是无效的。

Mikulincer 等人（2000）开发出了一种间接的测量方式，即考察人们在感觉到威胁时，对表示亲密和分离的词语哪一类检测得更快。在这项独创性的实验中，参与者要盯着电脑屏幕，当屏幕上快速闪现一个单词（这是"启动词"）约 1 秒钟后，他们需要判断接下来出现的一串字母是不是一个单词。有时启动词是"失败"，而有时是一个中性的单词。接下来的字母串可能是一个与接近有关的单词，例如"亲密"或"爱"，也可能是与远离有关的单词，例如"拒绝"或"抛弃"，还有可能是一个中性的单词，或者没有意义的一串字母。研究者的想法是：如果一个人已经有了某种念头，他应该能较快地识别出和这个念头有关的词语。Mikulincer 等人（2000）发现，总体来说，相较于中性启动词，参与者在看见"失败"这个启动词之后，识别与接近有关的单词快一些。仿佛想到失败这样的微小威胁会让人们想要亲近某人。在另一项研究中，研究者使用参与者具体依恋对象的名字代替了一般的表示接近的单词，也发现了相同的效应

（Mikulincer et al., 2002）。

和小朋友一样，成年人似乎也有不同的依恋风格。想想你在恋爱关系中的一般感受，然后读一读以下 3 段文字。哪一段最贴合你的情况？

- ☐ **安全型**（N=319，56%）：我感到和他人变亲近是件相当容易的事，我可以自在地依靠他们，也会让他们依靠我。我不怎么担心自己会被抛弃，也不怎么担心别人会跟我太过亲密。
- ☐ **回避型**（N=145，25%）：和他人亲近让我有些不舒服，我感到很难完全信任他们，也很难让自己全心依靠他们。当别人跟我太亲近的时候，我会紧张，而且我的爱人时常想跟我变得再亲密一些，但那样的话我会觉得不自在。
- ☐ **焦虑/矛盾型**（N=100，19%）：我发现我想要的亲近程度对其他人来说会有些勉强。我经常担心我的爱人并不是真心爱我，或是不想跟我在一起。我想要完全彻底地与其他人融为一体，但这样的愿望经常会把对方吓跑。

上述段落是 Cindy Hazan 和 Phil Shaver（1987）设计的，分别代表了安全型、回避型和焦虑型依恋在成人爱情关系中的典型体验。Hazan 和 Shaver 把这几段话刊登在当地报纸上，同时刊登的还有十几个自我报告项目，用于测量受访者对爱情关系的信念，对自己最重要的爱情关系对象的态度，及其与父母和爱人之间关系的特征。他们邀请报纸的读者完成这份问卷，剪下它，然后把它寄给研究者。

Hazan 和 Shaver（1987）发现，成年人对自身依恋风格的归类，与研究中观察到的婴儿依恋风格的比例基本相当：56% 的样本认为安全型最符合自身情况，25% 选择了回避型，还有 19% 的人自认是焦虑型。（当然，这些分类标签并没有在报纸问卷中刊登出来。）选择了不同依恋风格的人也有着不同的爱情关系历史和不同的爱情关系信念。认同安全型描述的成年人与其他依恋风格的成年人相比，恋爱时间较长，经历离婚的比例较低，而且普遍形容自己最重要的爱情经历是幸福、友好和充满信任的。他们比较支持这样的关系信念，即爱情中有起有伏是正常的——有时爱意会冷却，但是之后它会再次燃烧起来。他们不大会说自己容易坠入爱河，也不大会说自己经常坠入爱河。在一项后续的研究中，安全型依恋的参与者还形容自己是容易了解和惹人喜爱的，形容其他人是善良的和好心肠的。

与此相对，赞同焦虑型描述的人形容自己狂热地迷恋着对方，在爱情关系中体验到极端的情绪巅峰和低谷。比起安全型和回避型个体，他们比较容易报告自己的恋爱经历包含一见钟情，而且强烈地感受到与对方融为一体对他们来说很重要。在三组人中，他们最有可能说自己容易坠入爱河，并且经常坠入爱河。他们也最强烈地赞同自己体验到许多自我怀疑、被误解或不被欣赏，而且比起大多数人来说，他们更容易做出一生一世的承诺。

最后，选择回避型描述的人表示自己在最重要的爱情关系中害怕跟对方太亲密，也无法接受对方的不完美。相较于安全型和焦虑型成人，他们比较容易赞同浪漫的爱情不会永远持续下去，而不太可能认同浪漫的感觉会在一段爱情关系中反复消长。他们也最有可能支持"我是独立的，一个人也能过得不错"这样的表述。

这3种成人依恋风格与婴儿依恋类型有何联系呢？根据 Chris Fraley 和 Philip Shaver 的研究，成人依恋风格反映着同一类对照料者/伴侣关系的根深蒂固的预期，而这些预期也是婴儿依恋风格的基础（Fraley & Shaver, 2000）。安全型依恋的婴儿预期照料者积极回应、稳定且温暖。安全型依恋的成人认为自己可爱、值得被爱，认为自己的爱人善良、可信、可靠。焦虑型依恋的婴儿似乎预判照料者的回应会不稳定，他们高度依赖照料者并且非常害怕分离。焦虑型依恋的成人想要拥有一段刻骨铭心的爱情关系，并且认为这有可能实现，但他们又不会真正信任他人，也不认为自己惹人喜爱，还总是害怕会被抛弃。回避型婴儿似乎已经放弃了他们的照料者，独自玩耍，在照料者离开时几乎没有反应。回避型依恋的成人也以一种相似的方式放弃了互相承诺的亲密关系。

真的是这样吗？回避型依恋的人真的像他们自我报告和表面行为所暗示的那样，放弃了依恋需求吗？之前介绍的 Mikulincer 等人（2000）的单词识别研究发现，偏向焦虑型依恋风格的人检测与接近有关的单词十分迅速，不论启动词是"失败"还是中性词。他们似乎每时每刻都想着依恋需求，不管有没有经历应激。此外，焦虑型依恋的人在"失败"这个启动词后识别与远离有关的单词也较快，就好像应激会让他们担心自己被拒绝一样。

由于回避型依恋的人通常预判自己会遭到他人的拒绝，所以人们可能会期待他们表现出相似的行为模式，但情况并非如此。为了确定回避型的人是否在压抑自己的依恋焦虑，Mikulincer 等人（2000）重复了他们的研究，但是这一次参与者必须一边戴着耳机听吵闹、烦人的故事，一边完成单词检测任务。这一次，相较于焦虑型成人，压力启动词对于回避型成人识别远离类单词来说产生了更大的效应。就好像回避型参与者惯常花费心力抑制自己对拒绝的恐惧，但当他们过载时，这些恐惧就会被释放出来。

你可能会想，人们真的那么泾渭分明地落在这种或那种依恋风格中吗？成人在爱情关系中的感受那么容易划分类别吗？这是一个好问题。蹒跚学步的小娃娃无法详细诉说自己的感受，所以我们必须依靠他们在陌生情境实验中的行为表现来衡量他们对照料者的依恋。陌生情境实验中的行为很好归类，所以这 3 种依恋模式在研究儿童时最常用。但是，成人可能会形容自己"大体上是安全型，但也有点焦虑""有些回避"甚至是"既焦虑又回避"。你在阅读 Hazan 和 Shaver（1987）刊登在报纸上的三段描述时，你也可能会认同其中的两段或是更多。

根据 Kim Bartholomew（1990; Bartholomew & Horowitz, 1991）的研究，这是因为依恋风格代表着两套工作模式或者说内隐信念之间的互动——一套关乎自己的价值，另一套关乎他人的价值。所以，成人依恋最好用 2 个维度而不是 3 个类别来衡量（Fraley & Waller, 1998）。焦虑维度衡量的是一个人对于自我价值和作为伴侣时对他人的吸引力在总体上感觉积极还是消极。那些认为自己不配被爱、没人想要的人在依恋的焦虑维度上得分会很高。回避维度衡量的是一个人对他人的看法通常是积极的还是消极的。那些认为他人不可信、亲密关系没有用的人，在依恋的回避维度上得分会很高。研究已经证实，基于两维度模型开发出来的依恋问卷在测量成人依恋风格上可靠且有效（Brennan, Clark, & Shaver, 1998; Griffin & Bartholomew, 1994）。

问卷测量的关键在于它能否按照预先设计的思路正确预测人们的思想、感受和行为。在一项创造性的研究中，Fraley 和 Shaver（1998）去了当地机场，偷偷地记录了伴侣在登机口等待时的行为，直到双方都上了飞机，或是一方上了飞机，另一方离开机场。（这个研究是在人们可以无票前往登机口的年代做的，现在可不行。）如果一方留下了，研究者就请此人完成一份依恋风格问卷。对于刚刚与伴侣分开的女性来说，问卷的效用非常明显。在问卷的焦虑维度上得分较高的女性对于分离报告了较多的不快。而那些在回避维度上得分较高的女性，接触和关爱行为（比如亲吻、拥抱、温柔抚摸、对伴侣轻声耳语等）较少，并且回避行为（比如把目光从伴侣身上移开、中断肢体接触等）较多。

该研究的一个有趣之处在于，它展现了依恋中焦虑和回避作为不同维度的独立性，这一点符合 Bartholomew 之前的看法。依恋焦虑最为有效地预测了女性面对分离时的感受，即越焦虑的女性越痛苦。相比之下，依恋回避最好地预测了女性面对分离时的行为，即当分离迫近时，女性是回避接触还是亲近对方。因此，一名非常焦虑的女性可能一想到分离就感到非常痛苦，但她在回避维度上的分数可以预测她会用寻求接触还是回避接触来处理这种痛苦。反过来，一名回避分数高的女性对分离可能会也可能不会感到特别悲伤，但是无论如何，她很可能跟爱人保持距离。

然而，依恋问卷不能同样准确地预测男性的行为或感受，其中原因我们还不清楚。男性拥有和女性不同的依恋系统吗？男性在公共场合的亲昵行为与女性相比，是否受到不一样的制约？关于成年期依恋的作用，仍然有许多需要了解的地方，但是鲍尔比最初的理念已经被证实对我们理解恋爱关系非常有用。

成人爱情关系中依恋的生物机制和婴儿的相似吗？许多证据支持这一说法。一些比较了不同物种的有趣研究强调了催产素——前面讨论过的一种神经肽——和配偶依恋之间存在联系。对大多数哺乳动物来说，雄性与雌性交配之后就会忽略这个雌性及其幼崽，但是也有一些物种，雄性和雌性形成长期的配对联结，并且雄性会帮助雌性照料幼崽。一般而言，那些形成配对联结的物种在交配过程中特定脑区分泌的催产素和血管加压素（一种密切相关的激素）较多，而不形成配对联结的物种则分泌得少一些（C. S. Carter, 1998; L. J. Young, 2002）。这一结果表明，性活动可能会在拥有较高水平此类激素的哺乳动物身上引发依恋。

具体来说，有一种长得跟老鼠差不多的小型啮齿类动物田鼠就属于这种情况（图 9.7）。草原田鼠和草甸田鼠是非常相近的两个物种，但是草原田鼠在交配后会形成长期的雌雄配对联结，而草甸田鼠却没有。如果让一只雄性草甸田鼠在它刚刚交配过的雌性和其他雌性之间做选择的话，它选择二者的概率是 50% 对 50%。Sue Carter 和她的同事们发现，一方面，向雌性草原田鼠脑中直接注射催产素会使其对附近的雄性产生依恋，即便二者并没有交配过。另一方面，阻断催产素可以防止配对联结形成，即使这对田鼠确实交配过（Williams, Insel, Harbaugh, & Carter, 1994）。研究者对通常不会形成配对联结的雄性草甸田鼠实施了基因工程，使其体内具备较多的血管加压素受体，结果实验里的每一只雄鼠都对它所交配的雌鼠产生了强烈的依恋。它们会尽可能和雌鼠多待在一起，甚至会帮忙照料雌鼠的幼崽（Lim et al., 2004）。

研究人员认为，催产素和血管加压素在人类行为中也扮演了重要的角色。一项关于已婚夫妇的研究发现，具有较多血管加压素受体的男性和妻子的关系比较亲密，而且他们考虑离婚的可能性也较小（Walum et al., 2008）。在另一项研究里，研究者让参与者回忆一段深刻的恋爱经历，同时

图 9.7 研究者认为，催产素和血管加压素对田鼠等哺乳动物形成配对联结的倾向有关。

测量他们血液中的催产素水平。那些在口头描述恋爱经历期间，对于爱意和归属感表现出较多面部表情的参与者，在生动回忆这一经历的过程中催产素水平的涨幅也较大（Gonzaga et al., 2006）。还有一组研究者给参与者的鼻腔喷催产素或者安慰剂，45 分钟后，要求参与者谈论他们关系里的一次冲突。结果显示，接受了催产素鼻喷剂的伴侣在谈话期间展现出的积极行为（眼神接触、情绪表露、关心、肯定对方的角度等）与消极行为（例如指责、鄙夷、防御等）之比，要显著高于那些接受安慰剂的伴侣的这一比例（Ditzen et al., 2009）。

此刻你或许在想：如果亲子关系和恋爱关系涉及同一套依恋系统，那么最初形成了非安全型依恋的人注定情路黯淡吗？这个问题很复杂，但答案是：并非毫无希望。研究者 Chris Fraley（2002）测试了几个依恋模式随时间变化的理论模型，想看看其中哪一个最符合来自 27 个纵向研究的数据。结果表明，依恋模式从婴儿期到成人期具有相当程度的稳定性，其相关系数为 0.39。为了便于理解这个数据的实际意义，你可以将相关系数平方，然后估算出成人依恋模式的个体差异中可以被婴儿依恋模式所解释的比例——在此情形下，大约是 15%。成年期不同阶段之间的相关系数则会更高，大约为 0.70（Davila, Karney, & Bradbury, 1999），但是这依然说明早期阶段的依恋只能解释后期阶段一半的

变异。总之，尽管依恋风格存在连续性，但是依然有变化的空间。好消息是，至少在相对健康、令人满意的婚姻中，配偶之间的依恋模式倾向于随着时间流逝变得越来越安全（Davila et al., 1999）。

婚姻：预测满意度和稳定性

大多数爱情故事的结局是恋人步入婚姻。但是在那之后会发生些什么呢？尽管有一些夫妇白头偕老，但美国是全球离婚率最高的国家。一起度过的人生如此漫长，人们的婚姻满意度出现波动是很正常的：平均来说，婚姻满意度在第一个孩子出生不久后会大幅下降，之后一段时间保持低位，然后逐渐回升，并且在孩子们长大离开家之后再次到达高点（Feeney, Peterson, & Noller, 1994; Hirschberger, Srivastava, Marsh, Cowan, & Cowan, 2009）。（嗯……你能想出父母在你离开家之后变开心的原因吗？）什么变量能够预测婚姻是走向天长地久，还是分道扬镳？

首先，婚姻不是拯救或者改善一段糟糕爱情关系的办法。一项研究调查了刚刚结婚的夫妇，并追踪多年，以观察哪些配偶会以离婚告终。研究者发现，大多数在7年以内结束的婚姻，从一开始就摇摇欲坠。当一对情侣希望通过结婚来解决他们关系中的问题时，问题只会变得更严重（Huston, Niehuis, & Smith, 2001）。

其次，那些承诺动机较强以及愿意安心等待平淡期过去的人会得到回报。一项涵盖全美的调查结果显示，那些在第一轮调查中报告自己目前婚姻不幸福但没有离婚的人，5年后再次受访时，有86%仍旧处在同一段婚姻关系当中并且感觉幸福（Popenoe, 2002）。

婚姻稳定性的一些预测指标则涉及人口学特征（Harker & Keltner, 2001; Howard & Dawes, 1976; Karney & Bardbury, 1995; Myers, 2000b; Thornton, 1977; Tzeng, 1992）。就美国人而言，如果配偶双方符合以下条件，婚姻比较容易长久：

- 20岁以后结婚；
- 都在双亲家庭长大；
- 在结婚前约会了很长时间，但没有同居；

- 受教育水平相同，尤其是都受过高等教育；
- 有很好的收入；
- 有长期的乐天倾向；
- 住在小城镇或乡村地区；
- 大致同龄并且有相似的态度；
- 经常有性生活并且很少争吵。

但这是否说明一个美国人应该放弃和自己已经同居了一年的爱人？还是应该搬去农村来维持婚姻？当然不是。这些因素与一对夫妻是否会离婚之间仅仅是相关关系，而相关并不能反映因果。例如，同居怎么会导致离婚呢？在两个人约会较长时间，充分了解对方的小毛病之后再结婚确实会更好，但同居也是了解彼此的方式。有一些情侣约会不久就同居，接着又匆忙决定结婚而不经过深思熟虑。无论如何，同居本身并不会导致婚姻结束，但是与同居相联系的一些因素可能导致人们容易离婚。

有一个问题是，随着时间推移，夫妇双方可能会单纯地对彼此感到厌倦。伴侣之爱中依然存在身体吸引力，但双方对于另一半在场的兴奋程度会降低，并且也不再像以前一样非得总是待在一起（Bersheild, 1983）。但是，夫妇可以通过一起从事新奇或激动人心的活动来重燃爱情的火花。Art Aron 及其同事（Aron, Norman, McKenna, & Heyman, 2000）将一些处于长期爱情关系中的伴侣带进实验室，请双方共同完成一个无聊的任务或者一个能唤醒精神状态的任务，比如玩"两人三足"游戏穿过一个大厅等。进行第二类任务的参与者不仅报告他们当时获得了较多的乐趣，而且之后也报告双方关系有所改善。

另一个问题是，人们不可能连续多年都像在激情之爱阶段那样时刻拿出最佳的行为表现。每个人都会逐渐察觉对方的弱点、小怪癖和坏心情。结婚后，人们也会发现彼此有一些或大或小的不匹配，必须相互妥协才能携手走下去。总体来说，如果人们认为伴侣的缺点仅限于特定情境中，或认为它们和美德相联系，那么他们就会对这段关系比较满意（S. l. Murray & Holmes, 1999）。例如，一名女性可能会容忍丈夫不愿意尝试新的活动，如果她认为这与他的稳定性和一致性有关的话。

还有一个可以预测婚姻满意度的指标是平等性，尤其是夫妇双方为共同生活所贡献的技能、努力和资源等方面的平等。那些感到自己在婚姻当中的付出与收获大体相当的人比较开心，而那些感到自己承担了全部的人会比较不满意（Van Yperen & Buunk, 1990）。如果人们感知到对方愿意为自己做出一些牺牲，他们就会更加信任这段婚姻（Wieselquist, Rusbult, Foster, & Agnew, 1999）。也就是说，夫妇双方都应该感到彼此在公平交换。但这并不意味着家里应该挂个记分牌，写上谁为谁做了什么。事实上，无论在友谊还是婚姻当中，亲密的指标之一就是人们给予对方恩惠，但不期望对方立即回报，也不期望直白地用一项恩惠交换另一项恩惠（Buunk & Van Yperen, 1991）。

其他还有许多婚姻满意度预测指标关注的是配偶之间如何交流。幸福的两口子通常来说自我表露水平较高，或是分享个人的隐秘信息较多（Hendrick, Hendrick, & Adler, 1988; Sanderson & Cantor, 2001）。在坚实的婚姻中，这一过程会随着时间逐渐增强。就总体规律来看，人们会喜欢那些向他们表露自我的人（Aron, Melinat, Aron, Vallone & Bator, 1997），但如果对方在交往之初就揭开深藏的秘密也会让人们感到不自在。与此同时，我们也会比较喜欢那些我们进行自我表露的对象（Collins & Miller, 1994）。这并不意味着你需要把自己的事情巨细靡遗地告知伴侣。但是作为伴侣应该知道的跟你有关的任何信息，或不管怎样迟早都会知道的信息，你都应该主动告知对方。如果伴侣发现你曾经在重要信息上撒谎或有所保留，你会大大失去对方的信任。

John Gottman（1994; Gottman, Coan, Carrere, & Swanson, 1998）花了数十年研究夫妻之间的互动方式。为了确认哪种婚姻会成功，他选择在夫妻关系最糟糕的时候对他们进行观察，即两口子因生活中的某些分歧而争吵时。Gottman和他的同事们首先与夫妇合作找出他们生活中引发冲突的部分，例如金钱、育儿方法或谁做家务比较多等。之后他们给夫妇15分钟时间讨论该话题，并用摄像机记录全程。Gottman团队从这些对话中发现了若干情绪成分，可以用于预测这对夫妻未来的关系。

你或许会认为愤怒是婚姻中最大的风险因素。但是，Gottman等人的研究（1998）显示，愤怒并不总是主要问题。轻度的愤怒（当然不包括尖叫或摔东西）有时甚至有助于让对方知道你对这件事情的关切有多严肃，从而给对方一个改变的机会。Gottman提炼出4种情绪模式，它们可以预测婚姻关系中的严重问题：

1. **指责**：就行为改变提出意见对婚姻关系富于建设性，但抱怨对方身上的缺点则具有破坏性。最具破坏性的指责包括攻击配偶（或配偶的亲属）、列举配偶的缺点或将婚姻中的问题归咎于配偶。（例如，"你从不帮我做家务！你太懒了！"）

2. **防御**：这一般是对指责的回应，即通过否定对方的抱怨、给自己的行为找借口或反驳配偶来保护自己。（例如，"你要求那么高，我怎么做你都不满意，那我还做家务干嘛？"）。

3. **鄙夷**：包括任何暗示配偶无能或地位低于自己的表现，比如翻白眼、言语讥讽或侮辱配偶等。

4. **僵持**：忽视或排斥试图沟通的配偶，要么冷脸坐着，沉默不语，要么望向别处或干脆合上眼睛。

什么样的交流模式可以预测更幸福的婚姻呢？在幸福的婚姻中，双方的关系模式看起来更多是这样的：①妻子（一般是关系问题的提出者）提出议题，其情绪最多达到轻度愤怒的水平，传达她对问题缘由的看法和可能的解决方案。②丈夫显示出认真考虑妻子对于问题的看法的意愿，并且也愿意接纳妻子对于寻找解决方案的影响力。③丈夫保持平静，没有被激怒。④妻子开个玩笑。⑤丈夫表达爱意或快乐。而在不那么幸福的夫妻中，妻子比较容易带着强烈的愤怒一上来就追究责任，而丈夫往往会否定妻子在两人关系中的影响力，并使谈话中的负面情绪升级。

这些知识对你意味着什么呢？如果你正处于一段上面描述的异性恋情当中，那么你为改善双方关系而选择的策略取决于你的性别。女性可以考虑在提出议题时保持冷静，选一个自己感觉轻松的时候，并且试着不让自己的关切变成批评或指责。男性也可以给冲突解决提供一个建设性的框架，试着将女方的关切解读为双方关系进一步向前发展的机会，而不是一次攻击或威胁，并且对女方提出的解决方法保持开放的心态。如果你目前没有处在爱情关系当中，那么思考一下提出这些关切的人通常是你还是对方，并据此采取相应的行动可能会更有帮助。找到一种自然的方式将某些积极情绪引入谈话中，对伴侣双方来说都会很有帮助。不要拿对方的付出开玩笑，也不要说些言不由衷的话，去聊聊让人开心的事情，或者夫找到表达爱意和深情的办法吧。

关心他人的情绪

到目前为止，我们探讨的情绪主要与安全感和明白其他人在意我们的需求有关，还涉及了婚恋关系中的激情。除此之外，当我们关心其他人，特别是他们陷入痛苦不安的时候，我们也会体验到强烈的情绪。围绕这些情绪的研究正在快速发展，让我们具体地来看一下。

同情、怜悯和养育之爱

情绪研究者描述了3种与关心他人有关的情绪状态。**同情**（sympathy）指的是对正在遭受折磨的人的关切情绪（Eisenberg et al., 1989）。**怜悯**（compassion）的定义与之相似，是指回应他人所受痛苦时体验到的那种感觉，这种感觉会推动个体做出援助行为（Goetz, Keltner, & Simon-Thomas, 2010）。这两个词经常互换使用，并且这两种情绪状态的反面都是**个人痛苦**（personal distress），即面对其他人受苦时所产生的着眼于自身的焦虑。

同情和怜悯会促进援助行为吗？Nancy Eisenberg和她的同事对这个问题进行了考察，对比了同情和个人痛苦的影响。研究者将小学生和大学生带到实验室，并给他们看了一个当地的短新闻节目（Eisenberg et al., 1989）。研究者告诉学生们，自己受电视台所托来研究人们对新闻故事有何反应。节目展示了一个单身妈妈和她的两个孩子在医院病房里，然后交代了一场车祸令两个孩子受伤严重。单身妈妈谈到两个孩子担心自己跟不上学校的课程进度，以及她本人因为家庭开销和医药费而感到压力很大。在参与者观看节目的过程中，实验者录制了他们的面部表情并测量了心率。

新闻节目播完之后，实验者交给参与者一个信封，声称这是负责这项研究的教授给他们的。信封里有新闻片段中那位单身妈妈向参与者求助的一封信，还有一张来自教授的便签，上面写着是她鼓励单身妈妈写了这封信。大学生参与者收到的求助是花些时间帮助这位母亲做家务，小学生参与者收到的求助则是利用自己的休息时间，帮那两个受伤的孩子收作业。之后，参与者会拿到一张纸，并在实验室里单独待几分钟。大学生可以写下他们愿意帮助这位母亲做家务的时长，小学生可以在日历上标出他们能够帮忙收作业的时间。

就像你已经猜到的，这个新闻故事实际上是设计出来的，用于观察参与者在面对帮助他人的机会时会做何反应。研究者发现了什么？Eisenberg 团队（1989）将参与者分为低帮助组和高帮助组，来查看他们在心率、面部表情和自我报告的情绪上是否存在差异。两组都显示出悲伤的表情。但是，高帮助组在看到展现医院场景的新闻片段时心率下降，而低帮助组的心率则倾向于加快。这说明，尽管低帮助者也密切关注这个片段，但他们本人并不是那么沮丧。与此相一致的是，高帮助者对这段新闻的注意往往更加忧心（身体前倾，眉毛紧皱并下沉，仿佛在集中全力）。

面对他人的苦难，为什么有些人会回应以同情，而其他人则回应以个人痛苦呢？调节自身情绪的能力在这一点上可能十分重要。在刚才介绍的这项研究中，悲伤的表情与同情以及个人痛苦都有联系，这两种感受似乎都源于对悲伤的共情。在另一项针对 4~8 岁儿童的研究中，Eisenberg 团队发现，那些有意控制（effortful control）（即调节自己注意力和行为的能力）水平较高的孩子报告了比较多的同情和比较少的个人痛苦（Valiente, Eisenberg, Fabes et al., 2004）。在另一项研究中，Eisenberg 的团队还发现，较高的呼吸性窦性心律不齐可以预测高帮助行为（Fabes, Eienberg, & Eisenbud, 1993）。在第 7 章当中，我们已经介绍过，呼吸性窦性心律不齐这一副交感神经系统的激活指标与情绪调节能力有关（e.g., Butler et al., 2006; Vasilev et al., 2009）。所以情况大概是：当你能共情某人的悲伤，同时又能够调节情绪不被它压倒，你就最有可能向对方伸出援手。

Eisenberg 和她的同事（1989）记录了与同情/怜悯有关的一种面部表情，它是一套轻度悲伤加担忧关注的表情组合。不过这些情绪通过其他渠道去表达也同样有效，有时甚至更加有效。一批研究者给参与者随机分配了"触碰者"和"被触碰者"两种角色。触碰者要单纯通过接触对方的胳膊去表达若干情绪中的每一种（参与者之间用帘子隔开，所以无法看到彼此的表情）。触碰者通常用适度的拍打和抚摸来表达同情。在美国和西班牙，约 50% 的试次里，被触碰者将这种触碰准确地解读为同情，甚至在把爱和感激纳入选项的时候也是如此。此外，观看触碰视频的人们识别准确率也跟这差不多（Hertenstein et al ., 2006）。用简单的非言语人声表达怜悯，其识别比例也高于概率水平（Simon-Thomas et al., 2009）。这样看来，除了切实的帮助行为，人们对他人表达关怀的方式还有很多种。

产生同情和怜悯的感觉，需要推定这些情绪的对象（人或动物）正处于痛苦或不幸之中。在这种情况下，关怀他人的冲动难免会带上几缕悲伤。但是，我们也经常产生一种拥抱和关爱他人的愉快欲求，而对方并没有在遭受任何痛苦——恰好相反，他们真的非常非常可爱。**养育之爱**（nurturant love）指的是一种由年幼、弱小和无助所引发的情绪，它促使人们以提高对方的整体福祉为目的加以照料（Grisskevicius, Shiota, & Neufeld, 2010）。文献里经常用到母爱（maternal love）这个词，但使用不限身份的术语会更全面。回想一个你身旁有小婴儿的场景，想一想你当时的所感、所闻和所行。如果身边有一个小屁孩的想法触发了你的焦虑而不是让你感到愉悦，那就想象一下某位准妈妈正在拆开一套又一套可爱婴儿装的场景。实在不行，你还可以想象一下你和几只毛茸茸的熊猫宝宝待在一起（图9.8），它们爬来爬去、哼哼唧唧，怎么看怎么讨人喜欢。这就是养育之爱。

图 9.8 同情和怜悯是针对陷入痛苦的对象产生的感受，而养育之爱则是对那些幼小、无助、柔弱或可爱的对象做出的反应。

养育之爱在某些方面类似于对依恋对象和爱情伴侣的感受。当母亲看到婴儿的照片时，脑部的奖赏回路就会活跃起来，就像伴侣一方看爱人的照片时一样（Bartels & Zeki, 2004）。催产素在分娩、哺乳和肌肤接触过程中如潮水般释放，在母亲与婴儿的情感联结中发挥着重要作用（Feldman et al., 2007）。养育之爱不同于同情和怜悯。同情与心率下降相联系，一般认为这反映着对处于痛苦中的人的强烈关注，而养育之爱则与心率和呼吸频率升高联系在一起。

养育之爱如何影响我们的行为呢？在哺乳动物中，母亲和其他照料者普遍通过理毛、舔舐、摩擦、携带以及喂养和保护来抚育幼崽（Dunbar, 2010）——这也许可以解释为什么同情能够通过触碰来轻松传达。有一个令人惊讶的效应：人们面对可爱的反应之一似乎是变得比较慎重。在一系列研究中，参与者要么回想自己以往的养育之爱体验，要么阅读一篇旨在诱发这种感受的短文。接着，他们要阅读一篇新闻报道，该文章为一个他们不赞成的议案（研究人员假定大部分大学生都会反对全体本科生必须通过综合考试才会准许毕业的一条新规定）提出了几条支持的理由。如果文章论证有力，这些参与者比没有实施情绪操纵的对照组更容易被说服；而如果论证不力，他们对此议案就会更加怀疑（Griskevicius, Shiota, & Neufeld, 2010）。在另一项研究中，实验人员给一些女性呈现了小婴儿或1周岁左右幼儿的照片，然后要求她们用鼠标在电脑屏幕上追踪线条。半数女性所看的照片经过了特殊处理，好让孩子们看起来更加可爱，另外半数女性则观看原始照片。在这些具备强烈亲社会动机的女性中间，观看不那么可爱照片的女性在线条追踪任务中的正确率，显著低于观看超级可爱照片的女性（Sherman, Haidt, Iyer, & Coan, 2013）。

尽管已经获得了这些有趣的进展，我们对养育之爱仍有很多需要了解的地方。考察对他人痛苦和不幸的反应的研究已经有很多，但围绕人们对于可爱的反应的研究还相当少。幸运的是，这类研究会很好玩。

共情

当人们思考人际关系中的积极方面时，经常会想到共情。由于人们曾以各种方式用过它，这个词在心理学领域里的历史有些混乱，不过现在学术界终于就这个词的定义和歧义达成了一致。**共情准度**（empathic accuracy）是指明白他人想法和感受的能力，而非一种具体的情绪（Ickes, Stinson, Bissonnette, & Garcia, 1990; Levenson & Ruef, 1992）。**情绪性共情**（emotional empathy）是指感受到他人的感受，在理想情况下，它包括了相似的生理反应、表达方式和主观体验。

情绪性共情和共情准度涉及不同的心理过程。你可以仅仅通过逻辑思考，判断出别人可能的感受。如果你遇见一个熟人，你知道他非常怕狗，并且他正在瑟瑟发抖地盯着一只汪汪大叫的狗，你就可以推断出此人感到恐惧，而无须自己感到恐惧。但是，我们不置身于同一情境却能真切体会到他人的情绪，又是通过怎样的机制呢？

虽然仍有争议，但一些研究人员提出，情绪性共情是旨在匹配彼此的生理和行为状态的自然机制带来的结果。一项研究发现，如果参与者在观看整个视频期间和视频中的陌生人表现出相似的心率变化，那么他们就能够较好地追踪对方在视频中的情绪（Levenson & Ruef, 1992）。后来，研究人员提出共情可能涉及**镜像神经元**（mirror neurons）——当我们观察别人的动作和我们自己做这些动作时，这些运动神经元表现出相似的活动模式。一项研究显示，在测量共情的问卷上得分较高的参与者，在观看他人情绪表情的照片时，其镜像神经元丰富的脑区也显示出较大激活（Montgomery, Seeherman, & Haxby, 2009）。但是，我们还不能确定镜像神经元在共情中的作用。究竟是先有大批镜像神经元帮助你发展出共情能力，还是先有共情体验促成了镜像神经元的发育？

共情对于人际关系有好处吗？研究表明，回答这个问题至少取决于两件事：①我们是在讨论共情准度还是情绪性共情；②目标对象正在想什么或者感受到什么。当一方或双方都比较沮丧时，情绪性共情可能是危险的，这可能会导致冲突和痛苦升级（Levenson & Gottman, 1983）。一些研究发现，友情或者爱情关系中的一方很少表达对另一方的不快，而且当他们表达时，另一方往往也不会留意（S. L. Gable, Reis, & Downey, 2003; Simpson, Oriña, & Ickes, 2003）。

共情准度一般来说有好处，但同时它也有问题。在一项研究中，研究者将情侣们带到实验室，并告诉他们这是一项有关外形吸引力的实验。参与者会看到12张比较迷人和没那么迷人的男性和女性照片，并得知一项后续研究可能会邀请他们和自己打分最高的对象聊一会儿天。事后参与者会观看自己爱人完成任务的录像，而事实证明，最亲密的情侣在猜测爱人的想法和感受时共情准度反而最低，在爱人给那些很有魅力的异性打分的时候更是如此（Simpson, Ickes, & Blackstone, 1995）。另一项研究发现，当对方正在思考对爱情有威胁的事情时，情侣的共情准度和关系满意度的降低存在相关。然而，当对方的想法和感受没有威胁时，共情准度就与较高的关系满意度相联系（Simpson et al., 2003）。简而言之，如果你的爱人正在考虑对你们的关系有好处的事情时，你会乐意多关注一些。而如果他或她在想一些可能会惹你心烦的东西，你可能就不怎么想知道了。

社会中的情绪

情绪对亲密关系所起的作用显而易见，比方说在我们与父母、伴侣和孩子的关系中。情绪也指导着我们更广泛的社会关系，只是不那么明显。让我们来看看以下一些例子。

友谊和群体中的依恋过程

人们爱自己朋友的方式和他们爱父母、孩子和伴侣的方式一样吗？虽然并不是完全一样，但是研究表明，人们也会对纯粹的朋友产生依恋。人们从童年早期开始就形成友谊，随着儿童成长为青少年，朋友也逐渐变成更为重要的情感支持和现实支持来源（Furman & Buhrmester, 1992）。青春期时温暖、安全的友谊对于构建健康的成年生活至关重要。一项研究测量了青春期早期人们友谊的数量和质量，并且发现，此时拥有较多亲密朋友的人经过 12 年后，自尊水平较高并且精神障碍（比如抑郁和焦虑）症状较少（Bagwell, Newcomb, & Bukowski, 1998）。当然，正如你猜测的那样，这只是一项相关研究（研究者不能随机安排某些青少年有很多朋友而另一些没有朋友），所以我们很难知道究竟是年少时的友谊导致了成年期情绪状态蓬勃健康，还是那些步入健康生活轨道的成年人从年少时就偏好积极发展友谊。这两种解释也许都是对的。

不过，一些研究表明，健康的童年和青少年友谊确实有助于缓冲人们受到的其他负面影响。研究人员发现，童年早期处在虐待性家庭环境中的孩子，在小学三年级和四年级时比其他人更容易遭受校园欺凌，但是这一相关关系在那些报告自己有很多朋友的孩子身上变弱了（D. Schwartz, Dodge, Pettit, & Bates, 2000）。另一项研究考察了安全的同伴关系和安全的亲子关系，看看哪一个能较好地预测青少年的总体适应性（Laible, Carlo, & Raffaelli, 2000）。和预料的一样，报告拥有两种安全关系的青少年表现出最好的适应性，而二者都没有的适应性最差。但是，那些同伴关系安全而亲子关系不安全的青少年，比同伴关系不安全而亲子关系安全的青少年要适应得好一些。青春期友谊的缓冲效应在女孩身上最强，而且这一效应和亲近、温暖、支持性的友谊联系最紧密，和那些基于共同活动的点头之交则关系不大（K. H. Rubin et al., 2004）。这些发现表明，亲密的友谊本身就能带来独特的好处，而依恋可能是这一心理过程中的一个重要组成部分。

有证据表明，催产素——在依恋和母婴联结中发挥着重要作用的激素和神经肽——也可能改变人们在需要信任的非亲密关系中的行为。在一项研究中，参与者接受了含有催产素或者安慰剂的鼻腔喷雾，然后进行一项投资任务

（Kosfeld, Heinrichs, Zak, Fischbacher, & Fehr, 2005）。想象你正在参与这项研究：你手里有 12 个单元，每一个都价值 32 美分。你可以全部保留，也可以将其中一部分或全部交给其他参与者作为投资，后者即为你的受托人，而且你们素不相识。无论你给受托人多少单元，其价值都会立即变成 4 倍，然后由受托人决定返还给你多少。举个例子，如果你投资了全部 12 个单元，它们就会变成 48 个，而受托人可能还你 30 个单元，自己留 18 个单元作为佣金。如果是这样的话，你们俩都获利了。但是，游戏规则允许受托人保留任意数目，哪怕是全部 48 个单元。结果显示，接受催产素鼻喷剂的参与者投资给受托人的数目，比接受安慰剂的参与者要多，这说明前者更愿意相信陌生人。

虽然这一发现很有趣，但是回顾第 6 章，催产素在亲密关系之外的心理效应相当复杂。使用鼻喷剂的研究已经发现它具有广泛的效应，但是没有哪一个效应是稳定的，而且也不清楚这些效应作为整体而言意味着什么。目前来看，对这项研究保持好奇但怀疑的态度比较明智。

亲密关系中负责支持依恋的机制，可能也负责支持我们对较大群体的归属感。回想一下，母亲和婴儿之间行为的同步性，可以预测比较安全的依恋风格。一些研究也显示，这种行为同步也可以促进群体内部的合作（Wiltermuth & Heath, 2009）。一项研究要求各组参与者绕着校园走，要么彼此步调一致（左、右、左、右……），要么正常地走。随后参与者进行一项下注越大回报越高的游戏，而那些步调一致的小组在游戏里下注较大，不过，这只有在组内其他所有成员也下注很高的情况下才成立。在另一项研究中，参与者一边通过耳机听音乐，一边按照节拍移动杯子。有些小组听到的音乐节拍是相同的，因此会同步移动杯子，而另一些小组听的音乐节拍不同。在接下来的任务中，参与者要捐钱给一个公共账户，所获的利息会被分给全组成员，而那些进入了同步状态的参与者所捐金额较多。

感激：发现、提醒和绑定

想象一下，你病得难受极了，急需一些感冒药，但你实在是精疲力竭。你打电话给自己的恋人，请对方买些药给你送过来。当对方带着药到来的时候，你非常感激，十分开心。不过这并不是一件了不起的事——这就是情侣会为对方做的事，不是吗？现在想象同样的场景，只是把恋人换成你不怎么熟悉但看起来很和善的邻居。对方不仅跑去给你买了药，还送了你一束鲜花和一罐热汤。这次你的感受如何？

根据 Sara Algoe（2012）的理论，**感激**（gratitude）是当某人为我们做了意想不到的善举，并且看起来不期望我们回报时产生的体验。当我们认为施恩者的行为是出于我们的需求，而不是我们对未来回报的承诺时，我们就会体验到感激。也就是说，施恩者包含了一些条件：他或她关心我们，了解我们的需求，并且最重要的是，他们将双方的关系看作共享的而非以交换为导向。这有助于我们发现良好的人际关系伙伴，并加以投入。实验中诱发的感激会提升人们在经济游戏中合作的意愿，即使这样的合作需要以一定自身利益作为代价（DeSteno, Bartlett, Baumann, Williams, & Dickens, 2010）。即便在已经存在的关系中，表达感激之情也可以提醒人们伙伴的珍贵，并让人们更加紧密地绑定在一起。在一次5分钟的实验室谈话中，被研究者分配到表达感激之情的情侣6个月后报告的爱情质量，比被分配到谈论一件积极的事情的情侣要好（Algoe, Fredrickson, & Gable, 2013）。

感激的主观体验可能有助于绑定恩惠和施恩者，而收到感激的表达也能激励施恩者继续付出。在一项研究中，大学生参与者需要给一名高中三年级学生的大学申请书提供认真的反馈意见。一周后，他们会根据随机分配收到一封热情洋溢的感谢信，或者一封比较普通的感谢信。参与者随后要回答自己是否愿意多花些时间指导这名高中生，为对方介绍校园情况，回答对方用电子邮件提出的问题等。那些收到诚挚感谢信的人报告未来愿意多花些时间帮助对方的意愿较高（L. A. Williams & Bartlett, 2015）。

尴尬的安抚功能

尴尬（embarrassment）指的是当个人违反了某些社会规条，引起意料之外且不愿得到的社会关注时所感受到的情绪。尴尬可能起到什么作用？虽然尴尬的体验本身并不愉快，但是尴尬的外在表现会让其他人知道你在意他们的看法，并且希望他们能在你做了笨拙和不恰当的事情之后理解你（Keltner & Buswell, 1997）。

如果你感到尴尬，你要做的第一件事是什么？大多数人会避免和其他人眼神接触，并且掩盖自己的脸庞，他们要么用手遮住眼睛，要么低下头转向左边。

（为什么是左边？我们现在还不知道。这是一个好问题。）这样的表现传递出"我现在不想让你看到我"的信息（图9.9）。人们感到尴尬时经常会微笑，但同时嘴唇也紧张起来，就好像他们在试图压制自己的笑容。尴尬的表达在不同文化环境中相似性极高。研究者还发现尴尬的表现与小孩和地位较低者的羞涩表现十分相近（Keltner, 1995; R. S. Miller, 2001a）。

正如我们在第5章提到的，许多情绪研究者认为面部表情源于漫长的演化，是人类从灵长类祖先那里继承而来的行为，因为它们具备特定的功能。心理学家将尴尬的表现解读为一种安抚的姿态，类似于年幼弱小的动物阻止强者攻击自己的方式。这一姿势在说："我知道我犯了错误。我很抱歉。我感到自己地位不如你们。请不要生气。"

为了说明尴尬表现的作用，我们可以想象这样一个场景。你在超市里，正搬着一箱又大又沉的猫砂。你穿过一条拥挤的通道，脚下一绊，撞倒了放番茄酱的货架，打碎了瓶子，还把猫砂和

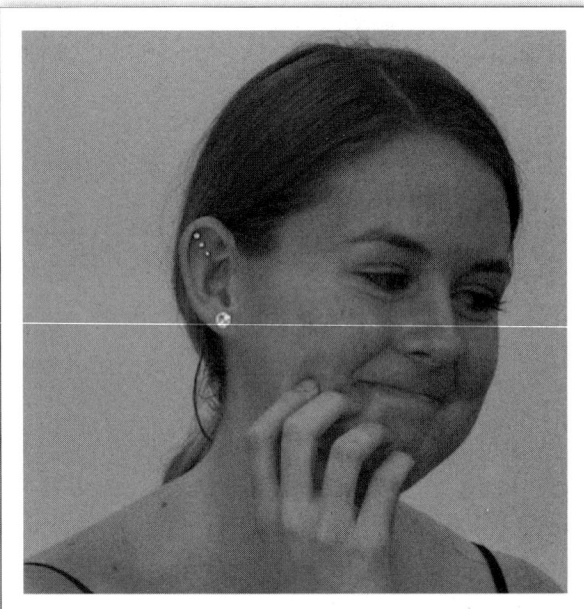

图9.9　尴尬的行为表达会让当事人看起来比较小、比较不显眼。这种微笑仿佛在说"请对我友善一些"，同时回避眼神和触碰面部则传达着"我现在不想让你看到我"的信息。

番茄酱溅到了周围的人身上。如果你若无其事地走开，其他人会如何反应？他们很有可能勃然大怒，认为你蠢笨无礼。但是，如果你赶紧道歉，并且看起来非常尴尬，他们或许会哈哈大笑，并且安慰你别担心——甚至可能会有一点点喜欢你（Semin & Manstead, 1982）。人们在你满脸通红的时候会明显改善对你的看法，这或许是因为脸红很难伪装（Dijk, de Jong, & Peters, 2009）。总体来说，你的尴尬表现会将一个潜在的紧张、有攻击性的情境转换为礼貌和友善的情境。

研究证实，尴尬的确通过这种方式来修复棘手的社交情境。人们表示，如果一个人打碎贵重物品后表现出尴尬，他们就比较愿意原谅对方（R. S. Miller, 2001b）。违反规则之后做出尴尬表现的儿童，也比没有这类表现的儿童受到的惩罚要轻（Semin & Papadopoulou, 1990）。人们也比较乐意帮助一个看起来尴尬的人，并且会比较喜欢这个人（Keltner, Young, & Buswell, 1997; Levin & Arluke, 1982）。

这一功能的局限性在于，只有当人们认为你的过错确实出于意外时，尴尬表现才能有效转移人们的愤怒（De Jong, Peters, De Cremer, & Vranken, 2002）。也就是说，即便对方说"抱歉，我不是故意的"，但如果你认为他确实是有意的，你就不会被安抚下来。如果人们认为别人的有害行为是有意为之，就很可能生气。尴尬要传递的信息就是你并非故意，但是如果对方不相信，他们就仍然会对你发火。

骄傲和社会地位

现在让我们来看看另一种比较愉快的情绪吧。**骄傲**（pride），Jessica Tracy 和 Rick Robins（2004）将其定义为，当你的行为获得了某些有利于你自我概念中积极成分的正面后果，你基于这些后果获得认可时会体验到的一种情绪。让我们把这条拗口的定义拆开来理解。当某些好事发生，你感到骄傲——这并不令人意外，因为积极情绪一般由积极事件引发。让骄傲变得特别的原因在于：①当你感到骄傲时，你觉得是你带来了这件好事，并且将它归功于自己；②这件好事确证了你积极的自我意象。

研究者已经开始关注令骄傲与其他积极情绪相区别的方面，其中一个方面就是表达。从很多角度来说，骄傲的表达都恰好是尴尬的反面：头部略微后倾，坐着或高高地站着，把双臂举到头上或把双手放在臀上（见图 9.10）。这种表达传递的信息是"现在我想让你清清楚楚地看到我"。骄傲的表达有时会包括笑容，但不总是这样，并且只是微笑而已。在目前已经测量过的若干不同国家中，大多数人都可以轻松地识别出这种表达意味着骄傲（e.g., Tracy & Robins, 2004; Tracy et al., 2013）。

图 9.10 骄傲通过表情和姿态的组合来表达（Tracy & Robins, 2004）。表达骄傲让你看起来体型更大、更有力量，会让他人更容易注意到你并赞赏你。

先前我们已经注意到，尴尬的表现和社会地位较低者的行为十分相似。相对的，骄傲的表达看起来则很像社会地位较高者的行为，而表现出骄傲的人也会被认为拥有较高的社会地位（Tiedens et al., 2000; Tracy et al., 2013）。没有人喜欢发展成自吹自擂的那种骄傲，但是总体而言骄傲有助于自信的感觉。有一项研究让参与者完成两项任务，第一项是个人完成，第二项结成团队完成。个人任务完成后，工作人员私下告诉一些参与者（随机挑选的）他们表现得异常出色。在接下来的团队活动中，那些以为自己在个人任务上成绩优异的参与者扮演了比较突出的角色，并且团队里的其他成员也形容他们非常讨人喜欢（L. A. Williams & DeSteno, 2009）。显然，基于实际（或感知到的）成就的自信会带来进一步的成功。旁观者似乎也意识到了这一点：有研究表明，相比那些表现出中立情绪或一般快乐情绪的人，人们更容易去模仿那些表现出骄傲的人的行为（Martens & Tracy, 2013）。

较高的地位会给良好的适应带来巨大优势，包括掌握较多物质资源，领地较大以及交配机会较多且较好（van Vugt & Tybur, 2016）。一项研究先诱导一部分参与者感到骄傲自满，对另一部分参与者则没有情绪诱导，然后询问他们在给定有限的资金的情况下，对于各种不同消费品的欲求高低。处于骄傲状态中的参与者表示更想买那些华丽的穿戴，比如昂贵的手表和鞋子，而不那么想买那些质量不错的家居用品，比如一张新床。这说明，骄傲情绪会推动个体去吸引其他人的注意。在后续研究中，参与者自我报告的"想让别人注意到你"的欲求强弱，确实对这一效应起到调节作用（Griskevicius, Shiota, & Nowlis, 2010）。因此，骄傲似乎是加油鼓劲，帮助我们向他人宣传自己的价值，同时获取高社会地位能够带来的所有好处。

总 结

鲍尔比曾经写道，"对他人的亲密依恋是人一生所围绕的中心，它不仅仅存在于婴儿期、幼儿期或小学生年代，而且将贯穿其青春期和成年后，直至暮年。"（Bowlby, 1980, p.422）。我们的亲密关系充斥着各种各样的情绪，它时而带来丰厚的奖赏，时而带来巨大的压力和痛苦，时而两者兼有。一方面，即使从脑部生物化学层面上看，社会交往也是有益的。另一方面，亲密无间之中也确实蕴含着风险。在某些事情上我们不大乐意知道对方的想法和感受，而且，如果双方关系亲近到我们会为对方的好心情而愉悦，那我们也就会为他们的坏心情而难受。

情绪似乎在支持各种各样的人际关系方面发挥着重要作用，而不仅限于家庭内部的关系。人类社会复杂异常，是情绪为我们在其中导航。从个人友谊到更大的群体，从新鲜结盟到阶层等级，情绪帮助我们识别出最有价值的伙伴，并让我们明白可以从彼此身上期待什么。这些不同背景之下的情绪机制可能有所重叠。比如，行为的同步和模仿会促进母婴关系，也可以帮助心动的男女双方进一步发展，还能让需要团队合作的群体更紧密。科学家对于情绪促进社会关系的复杂方式的认识才刚刚起步，但它的重要性是不言而喻的。

关键术语

焦虑—矛盾型依恋（anxious-ambivalent attachment） 一种依恋的图式，其中即使在依恋对象在场的情况下婴儿对于自由探索也是持犹豫态度，在依恋对象离开时表现出强烈的不安，并且在依恋对象返回后很难安抚。

依恋（attachment） 对于日常照料者长期持续的情感联结，会产生一种待在此人身边的渴望（以及分离焦虑），一种在受到威胁时向此人求助的倾向，以及一种在探索未知事物时得到支持保护的感受。

回避型依恋（avoidant attachment） 一种行为图式，其中婴儿对于照料者的在场或者离开表现的并不在意，在两种情境下都安静独立地玩耍。

伴侣之爱（companionate love） 一种强烈的依恋，它重视安全、相互关心和保护，也重视感情和共同的乐趣。

怜悯（compassion） 对他人痛苦的在意与关心。

混乱型依恋（disorganized attachment） 婴儿在照料者在场时也表现出强烈的焦虑；在恐惧时不能向照料者寻求安慰。

尴尬（embarrassment） 当个体违反了社会规条，引起意料之外且不愿得到的社会关注时所感受到的情绪。

共情准度（empathic accuracy） 找出他人想法和感受的能力。

情绪性共情（emotional empathy） 感受到他人的感受。

感激（gratitude） 当某人为我们做了意想不到的善举，并且看起来不期望我们回报时产生的体验。

镜像神经元（mirror neurons） 当我们观察别人的动作和我们自己做这些动作时，表现出相似活动模式的一类运动神经元。

养育之爱（nurturant love） 一种由年幼和柔弱引发的情绪，可以促进照料行为。

客体恒常性（object permanence） 明白物体在我们看不见它或听不见它时也依然存在。

催产素（oxytocin） 一种脑下垂体激素，雌性哺乳动物在分娩和哺乳时分泌，雌雄两性在性行为时都会分泌。

激情之爱（passionate love） 经常想到对方，强烈地渴望待在一起，并且在对方注意到自己时感到兴奋的一种体验。

个人痛苦（personal distress） 面对其他人受苦时所产生的着眼于自身的焦虑。

骄傲（pride） 当你的行为获得了某些有利于你自我概念中积极成分的正面后果，你基于这些后果获得认可时会体验到的一种情绪。

安全型依恋（secure attachment） 一种行为图式，包括依恋对象在场时婴儿能够自由探索，在依恋对象离开时哭泣和抗议，并且在依恋对象返回后很容易安抚。

分离焦虑（separation distress） 当个体和依恋对象分离时感受到的痛苦情绪。

陌生人焦虑（stranger anxiety） 害怕不熟悉的人。

陌生情境（strange situation） 在依恋研究中，儿童和依恋对象反复分离又团聚的一套研究程序。

同情（sympathy） 对正遭受痛苦的人产生的关切、注意以及共情性悲伤。

思考与讨论

1. 在恋爱初期的激情之爱阶段，每个人都更容易觉察对方的优点而不是缺点。为什么会这样？从感知者和被感知者两个角度想一想可能的解释。

2. 哪种成人依恋模式最符合你的情况，安全型、焦虑型还是回避型？按照本章介绍的内容，列出这种类型包含的哪些特征符合你。该依恋类型中有没有哪个特征不符合你的情况？你身上是否结合了两种依恋类型？想一想其他你很了解的人各符合哪种依恋类型，并且列出与他们有关的特征。

3. 在这一章中，我们区分了同情、怜悯、养育之爱和个人痛苦。它们有什么共同之处？它们的区别又是什么？在什么情况下你会只体验到其中一种？比方说，在不体验到同情或怜悯的时候，体验到养育之爱？

4. 一些研究发现，人们对于自己所属群体（例如种族群体、文化群体）的成员，会比对群体之外的成员体验到较多共情。这是为什么？设计一个研究以检验你的假设。

5. 回想一个你感到非常尴尬的时刻。记忆中最生动的是哪个部分？是发生的事件，你内在的感受，还是周围人的行为？你注意到人们对于你表现出来的尴尬如何反应了吗？

延伸阅读

Coontz, S.（2006）. *Marriage, a history: How love conquered marriage.* New York, NY: Penguin.

跨越人类历史和文化视角的一份围绕婚姻的绝佳概述，指出婚姻应当以爱情为基础是非常晚近的观念。

Hatfield, E. & Rapson, R. L.（1993）. *Love, sex, and intimacy.* New York, NY: HarperCollins.

对浪漫关系的跨学科分析，涉及生物学、人类学、历史学、文学和心理学。

Hrdy, S. B.（1999）. *Mother nature: Maternal instincts and how they shape the human species.* New York, NY: Ballantine.

由一位著名的灵长类动物学家撰写，从演化角度考察了母性行为的复杂性。

Parker-Pope, T.（2010）. *For better: The science of a good marriage.* Hialeah, FL: Dutton.

关于婚姻满意度和稳定性的一份新鲜又有趣的研究综述。

第 10 章

情绪与认知

某天你心情不错,决定不开车,而是步行去几个街区外的商场。一路上你注意到了明媚的阳光、葱郁的树木和愉快鸣叫的鸟儿,周围的许多路人也面带笑容。哎呀,多么美好的一天啊!

几天后,你走过同样的路,但是心情很糟糕:你只能走路,因为有人借了你的车还把它搞坏了。这一次你看不见阳光、树林和鸟儿,也注意不到面带微笑的人们了。不仅如此,你还发现了街边乱倒的垃圾,闻到了它们散发出的恶臭,马路上的车辆发出刺耳的噪声。这一天真是糟糕透了!

情绪影响着我们注意什么、记住什么,以及我们如何归因。当你面临一个重大决定时,人们往往会建议你平静理智地思考,不要让情绪阻碍你的逻辑推理。这个建议暗示着情绪会导致糟糕的决策。有时的确如此。例如,在2001年9月11日恐怖袭击之后的最初3个月里,许多美国人害怕坐飞机,而选择开车去目的地。在那3个月里,美国的交通事故死亡人数急剧上升,而且人数的增幅超过了恐怖袭击中的遇难人数(Gigerenzer,2004)。

另一方面,进化论视角认为情绪具有功能性。也就是说,人类之所以会演化出情绪,是因为它能引发更多有益的行动。正如数据所显示的,"9·11"事件后拒绝坐飞机是错误的决定,但是当时没人意识到。或许,"9·11"事件后3个月内机动车事故增加这一教训告诉人们的并不是我们应该放心大胆坐飞机,而是我们应该小心谨慎开汽车。那么整体看来,情绪到底是在帮助我们做出好决策,还是干扰我们做出好决策呢?

答案自然是"看情况"。但是怎么看情况呢?一个假设是,温和或适度的情绪有助于推理,但激烈的情绪会带来损害。正如前几章所述,情绪经常伴随着自主神经系统的唤醒。而根据心理学最古老的原则之一**耶基斯—多德森定律**

（Yerkes-Dodson law），当刺激或唤醒既不是太强也不是太弱的时候，学习效果最好（Yerkes & Dodson，1908）。之后，心理学家将这一原则拓展到各个领域，认为学习、记忆、执行和推理在中等级别的唤醒、动机或情绪条件下能得到最大增强（Teigen，1994）。这个观点对大多数人来说都是合理的："当我有些兴奋但不兴奋过头的时候，我的发挥最好。"如果兴奋水平太低，你可能昏昏欲睡，完不成任务，但如果兴奋得发抖，你也就不能想出一套好的解决办法来。但是，唤醒水平可能处在从完全无聊到彻底躁狂两极之间的任一位置，我们还不能根据一个既定的任务需求预先判断出最佳唤醒水平。简而言之，耶基斯—多德森定律虽然没错，但也没用。

另一种可能的解释是，情绪对不同认知过程有不同的影响。认知这一概念包含着注意、记忆、推理和决策。我们最好根据不同的认知分类来逐一考察情绪的作用。

情绪与注意

像愤怒这样的强烈情绪，可以提升唤醒和警觉水平，进而增强整体的注意力（Techer, Jallais, Fort, Corson, 2015）。但是，情绪刺激本身也会吸引注意，至少在那个瞬间，人们是无法注意到其他事物的。想象你参与了这样一项研究。在每个试次中，电脑屏幕都会呈现一对数字，数字中间用一个单词隔开，位置如下：

5   图表   8

你的任务是，如果两个数字都是奇数或者都是偶数（比如3和5，或者2和8），按某个按键，如果两个数字奇偶性不一样，就按另外一个按键。研究人员让你不要在意数字中间的单词。但是，如果这个单词是情绪性的，比如"杀死"，你就很难忽略它，因而不得不花较长时间才能按下正确的按键。虽然这个单词与你的任务无关，情绪单词还是比"图表"等中性单词更容易让你分心，并延缓你的反应（Harris & Pashler，2004）。其他一些使用多种情绪刺激的研究也发现了类似的效应。例如，有的研究让参与者迅速判断两幅图画是否相同，与此同时他们必须忽略第三幅图片。这幅图片是一张面孔，时而有情绪表情，时而没有。大部分这样的研究都显示，激烈的情绪表情对参与者执行任务有干扰效应（Carrieté, 2014）。预先和电击配对的图片，在正式任务中也会导致参与者分心（L. J. Schmidt, Belopolsky, & Theeuwes, 2015）。此外，对于那些习惯性情绪激烈的人，比方说有强烈社交焦虑的人，情绪刺激会带来更严重的分心（Yoon, Vidaurri, Joormann, & De Raedt, 2015）。

但是，与个人兴趣有关的刺激，例如参与者喜欢的某部电视剧里的角色图片，也能导致分心（Purkis, Lester, & Field, 2011）。因此，吸引注意并不是情绪刺激所独有的能力，除非我们把兴趣也算作一种情绪。另外，情绪刺激之所以能吸引注意也不仅仅因为其中含有情绪内容，还因为它们与众不同。任何不寻常的刺激都会吸引注意，而非常愤怒或非常恐惧的面孔之所以引人瞩目一部分原因也在于它们不寻常（Huang & Yeh, 2011; Savage, Lipp, Craig, Becker, & Horstmann, 2013）。

考察从这一瞬间到下一瞬间兴趣如何转换，也能让我们获得更多知识。在另一类研究中，人们坐在屏幕前面，屏幕上一次展现两张或多张图片，其中至少有一张包含情绪内容。一些研究者使用眼动追踪设备，记录下人们在哪个时刻看向哪张照片，另一些则用EEG或fMRI记录脑活动。结果显示，与其他面孔相比，生气的面孔吸引了较多眼动，并且激发了较大的皮层兴奋（Schupp et al., 2004）。威胁性或高应激性的图画，比方说一个营养不良的儿童或一具尸体的照片，以及预先和电击匹配起来的特定刺激，也都会迅速吸引人们的注意，即便它们出现在视野边缘（Koster, Crombez, Van Damme, Verschuere, & De Houwer, 2004）。

但是，这类研究结果的效应量很小。如果把图片并排放，大部分人会先看左边的图片。如果把图片上下放，大部分人会先看上面的图片。因此，眼动数据依赖于偶尔发生的例外情形，也就是看向右边或下面的人多于一般情况的时候，此时所用的图片得非常醒目才行。

而且，那些迅速吸引注意的图片不见得能够长时间保持吸引力。容易产生高度焦虑的人特别容易将自己的视觉迅速定向到那些让人困扰的图像上，但他们的目光停留仅仅半秒就移开了（Calvo & Avero, 2005; Holas, Krejtz, Cypryanska, & Nezlek, 2014）。由此推测，这些图片可以自动吸引注意力，但人们会马上转移注意力以减轻自己的痛苦。而延长观看研究则提供了与快速眼动不一样的信息（Waechter, Nelson, Wright, Hyatt, & Oakman, 2014），显示出人们会因为特定原因而觉察到图片有趣。不愉快的图片吸引重性抑郁症患者注意力的速度并不比吸引其他人注意力的速度快，但是前者注视不愉快图片的时间较长。也就是说，抑郁的人持续盯着不愉快图片的时间长于平均时间，他们不会像大多数人那样通过将注意力转向别处来让自己开心一点（Armstrong & Olatunji, 2012; Sanchez, Vazquez, Gomez, & Joormann, 2014）。

但是，这些研究的一个局限性是结果不稳定，甚至在同一人的不同任务或不同试次之间都会出现很大差异。换句话说，这类研究对注意力的测量信度较低，可重复性不佳（Waechter et al., 2014）。对任何一类研究来说，测量的信度不足都会影响研究者对结果的信心。

猜猜看，快乐会如何影响你的注意力？根据**拓展—建构假说**（broaden-and-build hypothesis），积极情绪会扩大我们的注意焦点，帮助我们感知范围更广泛的环境，从而捕获那些原本可能被忽略的机遇（Fredrickson, 2001）。研究已经发现，与一般情况相比，快乐的参与者更有创造力，并且更注意整体模式而不是集中在细节上（Bolte, Goschke, & Kuhl, 2003; Fredrickson & Joiner, 2002; Fredrickson & Losada, 2005）。俗话说"只见树木不见森林"，就体现了整体和部分之间争夺注意力的关系。

许多有关积极情绪和注意力的研究都采用相似的实验程序。在每一个试次中，参与者都要观看由一组较小的字母构成的某个较大的字母，并尽快答出呈现的是哪两个字母。例如，如果你看到 H 就要按左键，如果你看到 F 就要按右键。下面就是你的第一个试次（为了方便，你看到 H 就拍左手，看到 F 就拍右手）：

```
L L L L L
L
L L L
L
L
```

正确答案是 F，你应该拍右手。你花了多长时间识别答案？感觉困难还是容易？现在我们再来一个试次——记住，看到 H 就拍左手，看到 F 就拍右手：

```
            H H H H
                  H
                  H
                  H
                  H
```

这一次正确答案是 H，你应该拍左手。这个试次比上一个试次困难还是容易？哪一个试次用时较长？

最终的结果源于对大量这两类试次数据的平均。当正确答案出现在大字母中时（就像第一个试次那样）参与者反应较快，说明其注意偏广，因为他们观看的是整体图像。当正确答案出现在小字母中时（就像第二个试次那样）参与者反应较快，说明其注意偏窄，因为他们观看的是图像的细节。不少研究证据都显示，当人们情绪积极的时候，第一类试次比第二类试次容易做，也就是注意偏广。

然而，尚不清楚情绪的正负效价是否在这一效应中起决定作用。悲伤和快乐一样，也会导致注意偏广，而愤怒则令注意偏窄（P. Gable & Harmon-Jones, 2010; P. A. Gable, Poole, & Harmon-Jones, 2015）。除此以外，像图 10.1 那样激发高食欲积极情绪的刺激，会让注意偏窄（P. A. Gable & Harmon-Jones, 2008）。研究者指出，情绪在这一效应中的关键成分是它能在多大程度上引发强烈的接近冲动。根据这个解释，人们接近目标的动机越强烈，注意力就越趋向细节（P. Gable & Harmon-Jones, 2010）。

图 10.1 情绪的正负效价并不是注意广度的最佳预测指标。

情绪与记忆

假设你的历史课教授花 1 小时详细介绍了一个你从未到访过、也不打算去的地区。教授喋喋不休地重复着若干知识点，还运用了最先进的视听资料来促进学习效率，但你还是觉得没劲。到了快下课的时候，教授忽然宣布推迟几天再考试，以便大家充分复习，并警告你们不要从东门离开教学楼，因为东门外的小树林里发现了蛇窝。对于这堂历史课、考试推迟的消息和有关蛇窝的恐怖新闻，哪一个你会记得更好呢？

这个问题的答案取决于我们检验记忆的时机。刚下课的时候，这 3 样你都记得，包括大量你并不感兴趣的历史知识在内。过了一段时间之后，你会忘掉这些无趣的历史知识，但仍然记得那些激发情绪的好消息和坏消息（Yonelinas & Ritchey, 2015）。实际上，许多唤起你强烈情绪体验的信息，你会终生难忘。

一个简单的实验就能显示情绪对记忆的影响力。研究者只需呈现一连串复杂图片，然后测验参与者的记忆即可。一般来讲，人们对那些引发情绪反应的项目记得最好。例如，你对蛇的记忆总是比对鱼的记忆好——除非给你看的是狂暴食人鱼和温顺小花蛇的图片，在这种情况下人们对鱼比对蛇记忆好（Meyer, Bell, & Buchner, 2015）。而且，当人们叙述对情绪性照片的记忆时（例如图 10.2 那种照片），总能说出大量有关情绪内容的细节，却忘了其他背景的细节（Adolphs, Denburg, & Tranel, 2001）。

情绪对记忆的效应有一部分源于它对注意力的影响，但并非全部。假设你观看一组照片，过后必须凭记忆描述它们。其中大部分照片都是诸如帆船、五金商店、书架、篮球比赛等平平无奇的内容。但在大约看到一半的时候，忽然出现了一张裸体人像。那么当

图 10.2　复杂图片中的情绪内容最能吸引注意力，也最容易记住。

你回忆这些照片时，你几乎一定会提到这张裸体人像，而且能够很好地描述此人的外形（当然限于不让你自己感到尴尬的程度）。但你会记得这张照片的背景内容吗？大概不会。你也不会记得出现在裸体人像之后的两三张照片（S. R. Schmidt, 2002）。你的注意力完全被情绪内容所占据，而忽略了其他的一切。

情绪影响记忆的方式有很多，涉及编码、存储、提取各个阶段。现在让我们来逐一讨论。

情绪与记忆编码

在事件发生当时，你的情绪会大大增强记忆的最初形成，即记忆的**编码**（encoding）。虽然接近恐慌的极度唤起会干扰记忆存储，但中等水平的唤起会改善记忆。关于这一现象有一项经典研究，Margaret Bradley 等人（Bradley, Greenwald, Petry, & Lang, 1992）给参与者展现了 60 张不同种类的照片，从日常生活的吹风机和雨伞到具有强烈情绪性的可怕动物和极限运动等，然后让参与者去评定每张图片的愉悦度和唤醒度。在看完 60 张图片之后，参与者要说出或简单描述尽可能多的图片。结果，参与者容易回忆起之前自己评定为高唤醒的图片，不论他们评定图片是愉悦的还是不愉悦的。此前的研究也显示，高唤醒图片会引发较强的皮肤电导反应，因此这种唤醒并不仅仅是主观感受（Greenwald, Cook, & Lang, 1989）。简而言之，情绪唤醒促进图片的记忆编码。

一年之后，研究者联系这批参与者，让他们尽可能多地回忆图片，他们仍然比较容易回忆起引发强烈唤醒而不是那些普普通通的图片（Bradley et al., 1992）。甚至当图片快速闪现并且配有注意分散措施来防止人们通过复述去记住时，与中性图片相比，人们也能更好地记住情绪图片（Harris & Pashler, 2005）。

与此相对的是，降低生理唤醒水平会削弱记忆存储。有一项研究就检验了这个假设。工作人员让参与者服用两种药片中的一种，要么是 β 阻断剂（beta-blocker），使得一部分交感神经暂时丧失活动性，要么是安慰剂，没有任何生理影响。接着，参与者会观看一套幻灯片，展现了被撞烂的车、急诊室、脑部扫描仪和手术等。看幻灯片的时候，参与者会听到两个故事中的一个。在中性版的故事里，一个小男孩路过垃圾厂时看到了一些废旧汽车，他来到医院，因为他爸爸在那个医院上班，小男孩好奇地看着脑扫描仪，还观看了一个外科团队现场进行手术。在唤醒版的故事里，一个小男孩在去看他爸爸的路上被车撞了，被送到医院后，脑扫描发现他脑部出血，最后进行了手术（Cahill et al., 1994）。所有参与者看的都是相同的图片，实验只通过故事的内容以及之前吃下的药片来进行情绪操纵。

一周之后，参与者要完成80个关于这些幻灯片和故事的多选题。正如研究者所预料的，听中性故事的人们得到了中等的分数，平均来讲，他们答对了2/3的问题。而唤醒条件下的参与者，其记忆情况取决于他们吃了哪种药片。吃β阻断剂的参与者（他们不会感到心率加快等症状，但他们能意识到故事很悲伤）表现得并不比中性条件的参与者好。吃安慰剂的参与者记忆成绩则好得多，平均来讲他们答对了超过85%的题目（图10.3）。这表明情绪对记忆的影响至少有一部分依赖着强烈情绪所伴随的生理变化。

为什么我们会沿着情绪促进记忆形成的方向演化？一个合理的解释是，引发情绪的事件往往比其他事件更重要。毕竟，情绪总是伴随对我们人生有重要意义的事件而来——当我们面临危险的时候，当我们被理想中的大学录取的时候，当某人骗了我们一笔钱的时候，当我们陷入爱河的那天，诸如此类。有时想过上成功的人生就需要记住这些事件——什么原因引发了事件，它们是如何进展的，哪些人帮助了我们或伤害了我们，后来怎样了。这些记忆让我们可以预测重大事件并在下次面对相似情境的时候改善其结果。

想一想某次你听到某个令你非常痛苦的消息——关于国家大事或关于亲朋好友的都可以——当时你在哪里，正在做什么？你也可以回想一件特别愉快的事情，比如你的初吻时刻。不管你选择的是哪种记忆，它有多生动、多详细？你能想起你在哪里，周围有谁，你在做什么，有何感受以及你最初的想法吗？你还记得那一刻之前和之后发生了什么吗？你还记得那一天的天气怎样

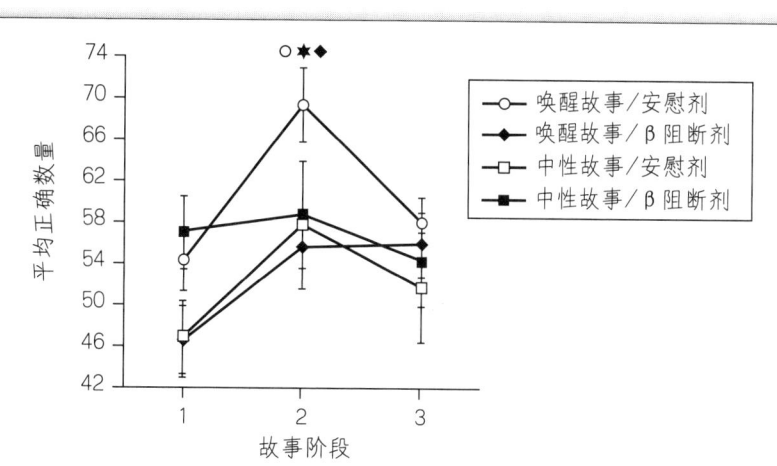

图 10.3 服用安慰剂的参与者对故事里情绪痛苦的部分（第2阶段）记得尤其牢。这一效应在服用β阻断剂的参与者身上没有表现出来——他们的交感神经系统功能受到了干扰。L. Cahill, B. Prins, M. Weber, & J. L. McGaugh, 1994, *Nature,* 371, 702-704.

吗？现在对比一下，试着去回忆一些非情绪性的事件，比如你最近一次去买牙膏。你花了多久想起来这件事，尤其是最近这一次——你是立即记起来还是努力回忆了一会？你是一个人去买的吗？还是和其他人一起？在那天的什么时候，天气怎么样？你还买了别的什么吗？收银员对你说了什么？

对于大部分人来讲，高情绪性记忆与日常事件的记忆截然不同。心理学家把充满情绪的、生动的，并且非常详细的记忆叫作**闪光灯记忆**（flashbulb memories），因为它们如此清晰，仿佛照片一般。虽然闪光灯记忆是生动的，但许多研究发现，它们并不总是很准确。"9·11"恐怖袭击之后，研究者让美国学生回忆自己听到这个消息的时候正在做什么。在之后几个不同的时间点，研究者再问学生同样的问题。一段时间之后，人们仍然报告当时的记忆鲜活清晰，但大部分人的记忆内容改变了（Talarico & Rubin，2007）。一名参与者最初报告自己从车载电台里听到这个消息，两年后，他报告自己是在登机口排队时听到的（Kvavilashvili, Mirani, Schlagman, Foley, & Kornbrot, 2009）。与此类似，研究者在以色列总理拉宾遭遇暗杀后2周和11个月时对以色列学生进行访谈。学生们两次都很自信地报告了他们的记忆，但是有超过1/3的人第一次和第二次说的不一致（Nachson & Zelig，2003）。

闪光灯记忆为什么会如此生动但不准确呢？如果说我们记忆中的众多细节都是假的，那它们又来自何方呢？大部分有关闪光灯记忆的研究都围绕公众高度关注的国际国内大事展开，比如暗杀和恐怖袭击等。这些都是我们会与身边人围坐议论的事件，或许我们会把自己的报告与他人的报告，自己的记忆与他人的记忆混杂在一起。而且，有时我们报告一件事，会在这里润色一点，在那里丢掉一点，渐渐地，我们自己也分不清自己的讲述和实际的情形。每一次我们提取记忆时，都会在加工过程中改变它，并把改变后的记忆存储回去留待将来再次提取（Inda, Muravieva, & Alberini, 2011）。事件发生当时的强烈唤醒体验可以让记忆鲜活深刻，但不能保证多年后它依然准确无误——那些经常提取并与他人回忆混杂的内容尤其如此。

这一效应带来一个重大影响：假设你是一桩罪案的目击者或受害人。你向警察讲述罪案经过，从一排嫌疑人中指认罪犯，并上法庭作证。你认为自己记得很清楚，事实确凿无疑，很有把握能辨认出罪犯。法庭可以仰仗你的自信心吗？多项研究都表明，如果你报告一件近期发生的事情时很有信心，那么你说的很有可能符合实情，特别是你第一次报告的内容。然而，你对久远记忆的信心，特别是那些你经常谈论的内容，则有可能发生了不幸的替换（Wixted, Mickes, Clark, Gronland, & Roediger, 2015）。

我们还可以用另一种方式来说明情绪与记忆的关系。想象一下你在读一份长长的物品清单，包括床单、箱子、望远镜、线、刀……等等。如果给你的指导语只是阅读并记住这些物品，那么读完后立即测试的话你会有不错的成绩，但过几分钟你就会忘掉其中大部分。如果给你的指导语是阅读清单并根据当你搬家去外地的时候每件物品的重要性来打分，你的记忆成绩就会好一些。因为这份指导语把物品和你的需求联系在了一起。不过，如果给你的指导语是阅读清单并根据当你孤身一人在野外生存时每件物品的重要性来打分，你的记忆成绩会达到最佳水平（Nairne, Pandeirada, & Thompson, 2008）。

这一效应可能取决于情绪反应的不同类型，而不是前文中 Bradley 等人（1992）的研究发现。根据野外生存需要来给物品打分意味着要想象自己遭遇各种危机。比方说你现在要给刀打分，你可能就要思考遇到猛兽时如何保护自己。那么给望远镜打分呢？提早发现远处的猛兽会很有用。像这样想象各种威胁不会激起交感神经系统的强烈反应，因为你并没有真正置身于战或逃情境中。此时你更像是觉察到了潜在的危险或远处的危险。根据前几章中有关自主神经系统的介绍，这样的情境会导致心率降低、肌肉活动水平降低、注意力集中。当你一边阅读清单一边思考如何打分的时候，清单上的物品名称让你心率下降，而且心率越是下降，你对这个物品名称就记得越牢（Fiacconi et al., 2015）。就像我们之前提过的，唤醒和认知之间的关系相当复杂，可能存在若干不同的渠道，发挥着截然相反的影响。

情绪与记忆巩固

许多已经形成的记忆很快就会被你忘掉，余下的部分会发展为长期记忆。我们说这样的记忆受到了**巩固**（consolidation）。睡眠有助于巩固记忆。在记忆形成的过程中，与之相关的突触会增强。在睡眠期间，脑会削弱与此无关的突触，从而让增强的突触变得更为突出（Maret, Faraguna, Nelson, Cirelli, & Tononi, 2011）。

情绪唤醒也有助于记忆巩固，它会延长情绪记忆保存的时间。这有一部分原因在于杏仁核的激活。当人们观看一组图片时，那些让杏仁核产生最大激活的图片，人们也记得最准确（Canli et al., 2000）。记忆巩固还与脑部一个叫作蓝斑核（locus coeruleus）的小结构有关。情绪事件激活蓝斑核，而蓝斑核通过它分布广泛的轴突传递信息，将去甲肾上腺素释放到整个皮层。去甲肾上腺素放大已经兴奋起来的神经元的反应，同时抑制那些不那么兴奋的神经元的反应，从而增强个体对重要信息的注意和记忆（Eldar, Cohen, & Niv, 2013）。

情绪激动也能让肾上腺分泌更多肾上腺素和皮质醇。对人类和动物的研究都表明，直接注射低剂量到中等剂量的肾上腺素或者皮质醇可以增强事件记忆，但大剂量则会干扰记忆（Colciago, Casati, Negri-Cesi, & Celotti, 2015）。重要的是，在事件刚刚结束时注射这些激素也同样有效（Cahill & McGaugh, 1998）。肾上腺素和皮质醇刺激迷走神经，进而让杏仁核兴奋起来。

为什么人类会沿着即便在事件之后体验到唤醒也能提升记忆的方向演化？一种可能的解释是**突触的标识—捕获假说**（synaptic tag-and-capture hypothesis）（Dunsmoor, Murty, Davachi, & Phelps, 2015）。根据这一假说，个体在形成记忆时，其脑部为记忆内容分配了一个标识以便后续巩固记忆时使用。接下来——当然不会等太久——事件会显示该标识，并且很重要的是，会保存它。例如，想象你在单位的假日派对上遇见一位年轻女士并聊了会儿天。你走开以后，另一个人问你："你知道刚才跟你聊天的那位是咱们大老板的女儿吗？"此时你心率上升，肾上腺素增加，你开始努力回忆对方到底叫什么名字以及她说过的每一句话。

为了说明这一过程，让我们来做个小实验。首先，人们观看60张图片并把它们归类为动物或工具，此时没有要求人们记住这些图片。第二步，人们观看新的一批动物或工具图片。对不同参与者来说，要么是动物图片伴随着电击，要么是工具图片伴随着电击。几小时以后，人们返回实验室进行第三步。这时他们吃惊地发现研究人员要求他们检查更多图片，并回忆其中哪一些是他们先前看过的。自然，他们对先前伴随着电击出现的那些图片记得好些。但重点在于，如果参与者在第二步时伴随着电击观看的是动物图片，那么他们对第一步中看过的动物图片也会记得比较好；同理，如果第二步伴随电击观看的是工具图片，那么参与者也能想起第一步中的工具图片（Dunsmoor et al., 2015）。也就是说，你标识了之前的记忆内容。如果你后来发现先前的记忆内容中有一些比较重要——即你后来体验到了情绪唤醒——你可以回溯记忆并巩固它们。

情绪对记忆编码和巩固的这些效应带来一个有趣的影响。总结你在一段较长时间内的情绪时，你的注意力主要集中在当时影响最强烈的具体事件上。比方说，你春假的时候出门旅游，随身携带一部会"哔哔"响的设备。这个设备每天会不定时地叫几次，提醒你记下自己这一刻的情绪。返校之后，你对自己整个旅行的喜爱程度打分。这个整体评分会比较接近你在各次情绪报告中的最高值，而不是平均值（Wirtz, Kruger, Scollon, & Diener, 2003）。换句话说，一两个精彩时刻足以点亮整个旅程。但是，如果你的旅伴在途中发生严重意外，那么这一个糟糕时刻也可以毁掉你的整个旅程。总之，无论好坏，情绪最强烈的事件，比记忆中无数平凡瞬间都更重要。

类似的道理也适用于为人父母的快乐。平均而言，父母报告当日每件事情的情绪状态时，他们对育儿活动的感受只比其他家务琐事略好一点，尤其是孩子年龄较小的时候（Kahneman, Krueger, Schkade, Schwarz, & Stone, 2004）。换尿布并不让人开心，整夜不睡照料生病的孩子也异常辛苦。但是，大多数父母都会说孩子是自己人生中最大的快乐之源和意义所在（S. N. Nelson, Kushlev, English, Dunn, & Lyubomirsky, 2013）。偶尔的情绪巅峰，比如孩子主动拥抱父母说"我爱妈妈""我爱爸爸"，便可胜过一切烦琐沉闷的时刻。

情绪与记忆提取

当前情绪也会影响我们最有可能从记忆存储中找出哪些内容，也就是记忆的**提取**（retrieval）。其基本原则是人们容易想起在某些方面与此刻自己正在进行或正在思考的事情相似的内容。比方说，如果你正在打篮球，你就容易想起其他篮球赛，而如果你正在讨论娱乐新闻，你就比较容易想起其他讨论娱乐新闻的场景。

同理，你心情好的时候，你比较容易想起原先你心情好的时候发生的一些事情；你感觉悲伤的时候，你就比平时更容易回忆起其他让你悲伤的事；恐惧的时候，你倾向于想起吓人的事情；生气的时候，你回忆起的东西也会与生气有关（Levine & Pizarro, 2004）。但是，这几句话之前必须加上关键词"一定程度上"。特定情绪的记忆提取效应并不稳定，对于诱发情绪较弱的实验室研究来说尤其如此。如果你刚刚做了某些事情而体验到强烈的情绪，它对记忆的影响会更大一些（Eich, 1995）。

情绪和信息加工过程

情绪不只是影响注意和记忆，而且还从多个方面影响我们的思考方式。举个例子，你当下的情绪影响着你如何解读现实情境。为了说明这一点，先想一想你此刻有何感受。如果必须做出选择，你会说自己是生气还是悲伤，或两者都不是？接下来，考虑下面的情况：

你和你的室友打算举办派对，大概有10个人参加。你刚在咖啡屋碰见了其中一个。此人很有吸引力，并且似乎对你有好感，对于你的邀请表现得十分兴奋。你真的很想能多了解对方，并且期望可以发展出一段浪漫恋情。

你把这件事告诉了你的室友们，希望大家能对此人表示欢迎。派对当天，你的这位新朋友最后一个到。但当你打开门，你看见对方带来了自己的约会对象。更糟的是，这个对象是你一个室友的好朋友。

房间突然安静了。你听到一个室友轻声笑着说："所以新恋情在这儿呢。"你的新朋友沉默了，那位对象也变得不开心。你试图让气氛变轻松一点，并且你的室友们也努力让每个人都高兴起来。但是，当你走进厨房，你听到你的新朋友和自己的对象低声谈论着他们的不自在。

真是一个相当可怕的情境。但是为什么它让人很不舒服？该归咎于你的室友吗？还是责怪这个情境本身？一般来说，预先设想自己处于一个愤怒情境中的人（在正式研究之前给参与者"热身"程序）比较容易去指责室友，而预先设想自己处在一个悲伤情境里的人更有可能感叹自己运气不佳。实际上，生气的人们把大部分坏事都归因给他人（比如出租车司机不行）而非环境（比如交通状况太差），但悲伤的人则恰好相反（Keltner et al., 1993）。

这里还有一个相似的实验：在"9·11"恐怖袭击发生两个月后，超过1700名美国人被随机分为3组写短文。第一组要写这次恐怖袭击令他们很生气，第二组要写袭击令他们很悲伤，第三组要写袭击令他们很恐惧。之后，所有人都要回答他们认为在接下来一年内自己的未来有多危险以及美国有多危险。刚刚写完恐惧主题短文的人评估自己和美国面临的危险都比较大（Lerner,

Gonzalez，Small，& Fischhoff，2003）。

上述研究以及其他许多研究都显示，愤怒会增强信心。就这方面而言，愤怒和快乐效果一样，虽然一个是负面情绪，一个是正面情绪。愤怒和快乐都意味着确定性，进而可以增强信心和对各种事情的乐观预期，其范围从国际形势涵盖到你获得一份好工作再到你打赢一局扑克牌。悲伤、恐惧或担忧意味着不确定性，进而会削弱信心，带来悲观预期，产生回避风险的倾向——因为你觉得那些事情都不会有好结果（Lerner & Kelter, 2001; Lerner, Li, Valdesolo, & Kassam, 2015; Raghunathan & Pham, 1999; Tiedens & Linton, 2001）。

系统式认知与启发式认知

想象一下有人试图就某事说服你，也许是购买产品，也许是让你减肥。你倾听对方论据，评估事实与逻辑时会多认真？你当时的情绪会影响你的判断吗？在我们正式开始讨论情绪的影响之前，先来认识两种认知。

心理学家区分了**系统式认知**（systematic cognition）和**启发式认知**（heuristic cognition）。系统式认知依靠的是收集有关信息，并尽可能细致地进行评估和推理。在做重要决策的时候，比方说考虑买房子或者买车，你会花时间考虑许多有关的特性并全方位权衡利弊。启发式认知依靠的是简单、表面化的考虑，比如赞同某个你喜欢的人的意见，或者选择一个在你心里与愉快的意象相联系的产品。例如，你购买某个品牌的啤酒或汽水，因为你喜欢的电影明星或者体育明星给它做了广告。对于不那么重要、没必要认真考虑的事情，或者事实细节无所谓的事情，你会采用启发式认知。（比方说，几乎没有人会根据营养成分表来选购啤酒或汽水。）在你疲劳、忙碌或需要费心做出其他重大决策的时候，你也会采用启发式认知。

许多决策结合了两种认知方式的影响。你填写大学志愿的时候是用哪种方式考虑的？你又是如何决定选哪些课程的？在美国，政客们通常会双管齐下。在某一场电视竞选节目中，某位议员笑眯眯地对大家挥手致意，表现出和蔼可亲的样子。这是试图影响人们的启发式认知。在另一场电视竞选节目中，这位议员说着"我赞同政府应对环境保护做出更大的努力，因为……"则是试图影响人们的系统式认知。

你也许会猜想启发式认知取决于情绪，而系统式认知取决于逻辑。但这种看法过于简化了。在决策涉及情绪时，系统式认知也会包含情绪一面。例如，假设你要买车，你不仅要考虑价格和安全性能，也要考虑你有多喜欢这辆车——这就是有关的情绪因素。可你不会仅仅因为4S店陈列好看或者销售员穿得体面就买这辆车——这些是无关的情绪因素。

情绪与两种认知

若干研究表明，人们开心的时候比平时更容易采用启发式认知，即不经过认真评估就接受某些说服。而悲伤的人们则比较谨慎，更加注意证据的质量。

在一项研究中，学生被随机分配到两组进行15分钟的写作。一组写自己身上发生过的最高兴的事情，另一组写发生过的最悲伤的事情，以此来引发高兴或者悲伤的心境。之后，学生们会听到关于本校应当提高学费问题的有力、有事实支撑的证据，或者是无力、薄弱的证据（大部分学生天然反对提高学费，所以如果此后他们同意提高学费，研究者即推定他们被证据说服了）。正如图10.4展示的，有力的证据对悲伤的人比对高兴的人说服力要强，而有力和薄弱的证据对高兴的人说服力差不多（Bless et al., 1990）。

刻板印象也为决策提供了一条捷径，即运用启发式而不去仔细分析证据。假设提供给你一串英文名字，让你指出哪些是有名的棒球运动员和政客，哪些是臭名昭著的犯罪分子。这些名字（实际上一点知名度也没有）中有一部分听起来像是白人，比如约翰·奥尔森（John Olson）或丹尼尔·斯图尔特（Daniel Stuart），而另一些名字你可能会猜是黑人，比如乐罗伊·华盛顿（Leroy Washington）或卡兰贾·杰克逊（Karanja Jackson）。如果你成功抗拒了刻板印象的影响，只基于你是否曾听说过这些人来回答，

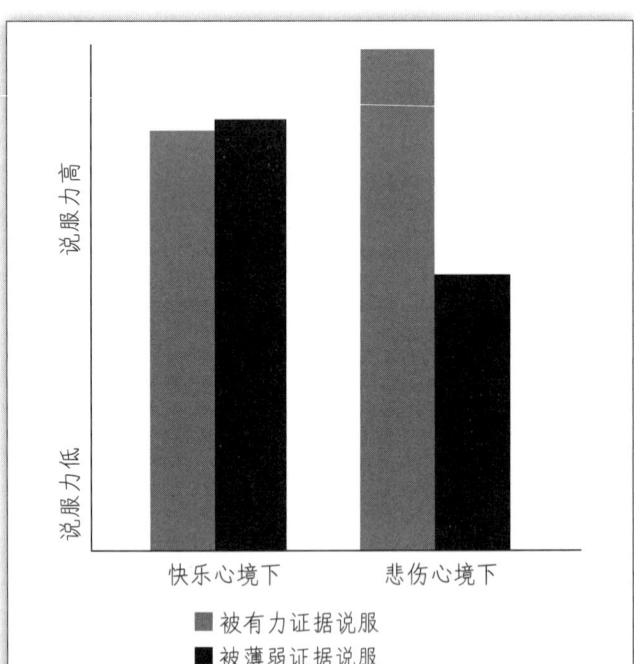

图10.4 有力和薄弱的证据对高兴的人说服力差不多，而悲伤的人比较重视证据的质量。H. Bless, G. Bohner, N. Schwarz, & F. Strack, 1990, *Personality and Social Psychology Bulletin*, 16, 331-345.

你会说你一个都不认识。事实上，刚看了悲伤或中性影片的人对此没有犯什么错误。但是，刚刚看了搞笑电影的人则把许多黑人的名字识别为棒球运动员或罪犯，并且把许多白人的名字认作政客（Park & Banaji，2000）。因此，至少在这方面，悲伤的人比较实事求是，而高兴的人基于刻板印象去猜。

还有一个现象与此相关。在一项类似的研究中，学生们先被随机分成两个组，一个写高兴的生活事件，另一组写悲伤的生活事件。接着，他们会听一个故事，题目是"出去吃饭"。最后，研究者给他们一份句子清单，让他们指出这些句子是否来自这个故事。而在那些不属于这个故事的句子中，有一些源于出去吃饭的典型情境（例如，"他打电话给一个朋友，对方推荐了几个餐馆"），另一些则不典型或者不相干（例如，"杰克洗了洗他的眼镜"）。比起心境悲伤的学生，心境积极的学生更容易把不属于这个故事的典型描述语句认成故事中原有的（Bless et al.，1996）。也就是说，积极情绪下的人比较依赖惯常发生的或者可能性较大的事件脚本，而依赖既有的脚本与依赖刻板印象十分相近。

如果说快乐把人们的脑子搅成了糨糊，而悲伤让我们头脑清醒——当然这么说有些夸张——但为什么会这样呢？一个假设是，伤心的人把他们的悲伤解读为一个信号，即自己处在一个危险的境地，这就需要小心谨慎，而幸福的人从他们的心情推断，眼前情况是安全的，可以放松一下。Larissa Tiedens 和 Susan Linton（2001）把这个观点修订得更有趣。根据新的解释，决定性的因素不是快乐或悲伤，而是确定性与不确定性。快乐的人会感到有信心，因此容易迅速接受自己最初的判断，而不会去挑战它。伤心的人对自己（和其他的一切）感到没有把握，因此会质疑现成的论断，并认真考察证据，延缓做出决定，直到有足够的事实支撑。

为了检验这个假设，Tiedens 和 Linton（2001）诱导参与者产生两种愉快的情绪和两种不愉快的情绪。每个参与者要先写一篇关于个人经历的短文，随机分配为以下几种主题：满意（积极且确定的情绪）、惊讶（积极但不确定的情绪）、愤怒（消极但确定的情绪）、担心（消极且不确定的情绪）的经历。然后，参与者要阅读一篇文章，并且报告是否同意文章的结论。其中一些人被告知，一名社区大学生（低声望）写了这篇文章，而其他人被告知，一名大学教授（高声望）写了这篇文章。但这两类参与者实际上读的是同一篇文章。

参与者在低确定性情绪（惊讶或担心）下，两种情况说服的效果基本一致，这表明他们评估的是逻辑本身，而不在意作者的声望。而在高确定性情绪下（满足或愤怒），当参与者认为文章是教授写的时，更容易被说服。显然，信心较强的人比其他人更容易基于薄弱的证据迅速做出决策。（快速决策并不总是坏事，有时也是必要之举。）总之，快乐的人和悲伤的人决策方式不同，主要是因为快乐的人比悲伤的人更有信心。

抑郁的人比较现实主义吗？

如果悲伤或轻度抑郁的人比较注重证据，而不会跟着一时的冲动跑，那么他们或许跟现实联结更紧密。这一令人惊讶的假设叫作**抑郁现实主义**（depressive realism）。心理学家一直认为，抑郁的人身上存在认知扭曲的情况，而且这影响到了他们的生活。而抑郁现实主义却告诉我们，当其他人都在犯错的时候，抑郁的人也许是对的，或是抑郁的人比其他人在推理时更合乎逻辑。不过，心理学家认真考察了有关抑郁现实主义的证据之后，发现这类研究的效应量很小，而且在解读数据时也存在若干问题（M. T. Moore & Fresco, 2012）。

一项研究比较了重性抑郁患者和精神健康的学生。每位参与者都要为一项乏味的 8 小时工作选择搭档。他们在做出选择之前可以随意提问。平均而言，抑郁患者提问的总数较多，提相关问题的数量也较多。这似乎是一种十分明智的解决办法。可是，抑郁患者对自己的最终选择并不比健康人更满意，并且大部分抑郁患者和健康的学生们一样，选择了自己一开始就倾向的人。也就是说，抑郁患者的大部分提问和努力没能让结果变得更好，而健康的学生也只是推迟了一会做出决定而已。因此，与其说抑郁的人"现实""理性"，不如说他们"优柔寡断"（Lewicka, 1997）。

抑郁现实主义假设的另一个版本是，悲伤或轻度抑郁的人不容易像其他人那样高估自己猜想和看法的准确性。为了说明这一点，请你回答表 10.1 中的题目，并在每一题旁边写下你对答案的确信度。例如，如果你确定自己的答案是正确的，就写 100%，如果你一点信心也没有，你可以在判断题旁边写 50%，可以在有 5 个选项的多选题旁边写 20%。大部分情况下，你可能会写一个折中的数字，比方说 70% 或 90% 之类的。（切忌写 0%，它意味着你能肯定自己的答案是错的，这样的话你应该直接换个答案。）

现在把你的所有的信心百分数加起来。举个例子，如果你写了 70%、60%、50%、50%、80%、70% 和 100%，你的总结果就是 480%。总结果的最

表 10.1　一份小测验

回答以下各题，并标出你对答案的确信程度。抑郁的人通常对自己的答案不那么有信心。

1. 演员约翰·韦恩出演了超过 100 部电影。（对 / 错）
2. 美国最大的巨型红杉树高度超过 150 米。（对 / 错）
3. 比萨斜塔有 400 多级台阶。（对 / 错）
4. 在生物学中，兔子被列为：
　（A）单孔目　　　　（B）啮齿类　　　　（C）兔形目
　（D）偶蹄类　　　　（E）鳍足类
5. "serendipity" 一词最初源于：
　（A）霍勒斯·沃波尔的著作　　　　　　（B）奥地利音乐作曲家协会
　（C）一个代表闪电的希腊单词　　　　　（D）美洲印第安语中的"宝藏"
　（E）单词 "serene" 和 "disparity" 的结合
6. "absinthe" 一词是指：
　（A）一种宝石　　　（B）一种酒　　　　（C）月亮轨道上的一点
　（D）一个加勒比海岛　（E）一个议会程序规则中的例外
7. 世界上消费量最大的水果是：
　（A）苹果　　　　（B）香蕉　　　　（C）葡萄　　　　（D）芒果　　　　（E）橙子

高值是 700%。现在翻到本章末尾，检查一下你的答案。你的成绩和你预测的一致吗？大多数人都不一样。当问题比较难时（就像现在这些问题那样），大部分人会高估他们回答正确的题数（Plous，1993）。

相比之下，轻度抑郁的人对他们的答案缺少信心，因此对自己的正确题数反而估计得准确一些。但是请注意，该低估不支持抑郁现实主义假设。假如一台坏掉的钟每天有两个时刻是准的，那它在其中一刻走准并不能告诉我们什么有用的信息。抑郁的人只有在题目较难，所有人准确率都不高的时候正确判断自己的答对题数。当题目比较简单，每个人都能答对大部分的时候，抑郁的人就错误地低估了自己的答对题数（E. R. Stone，Dodrill，& Johnson，2001）。简而言之，悲伤或抑郁的人总是对自己的观点缺乏信心，无论那些观点实际上是对是错（T. S. Fu, Koutstaal, Poon, & Cleare, 2012）。其他人则往往相反，无论自己的看法是对是错，都乐观又自信（Shepperd, Klein, Waters, & Weinstein, 2013）。

抑郁现实主义假设还有一个版本是，当人们感到悲伤或抑郁时，会比平时更容易认识到自己对情境的控制力不足。在一个经典的实验中，参与者需要找到一个最佳的方法，通过按键或不按键使绿灯尽可能频繁地亮起。而他们对亮灯的控制力可能很大、很小，或完全没有。经过一段时间的摸索之后，研究者问他们认为自己在多大程度上控制了灯光。当参与者确实控制了一部分灯光时，比如50%或75%，他们普遍能够准确察觉自己的控制力，这点在抑郁和非抑郁的人当中都一样。但是，当参与者完全控制不了灯光的时候，有趣的结果出现了。非抑郁大学生平均估计自己控制了大约40%的亮灯次数，而轻度抑郁的大学生估计自己只控制了大约15%（Alloy & Abramson，1979）。换句话说，心境恶劣的学生抗拒认为自己具备控制力。

然而，抑郁现实主义并不是上述结果的唯一可能解释。对这一现象的另一种解读是，悲伤或抑郁的人比较不活跃。开心、乐观的人频繁、积极地按键，因此他们按键后经常会碰巧发生亮灯的情况。而悲伤的人大部分时间待着不动，默默看着灯亮。如果研究者要求开心、乐观的人别频繁按键，那么他们也可以察觉到自己不具备控制力（Blanco, Matute, & Vadillo，2012）。因此，上述结果并不一定说明抑郁的人比较聪明或敏锐，他们只是没那么积极主动而已。

积极情绪与创造力

西方文化为大众提供了一幅艺术家颠沛流离的意象图，他们所经历的悲惨和痛苦总是能增进其创造力。可是，研究告诉我们事实恰好相反——快乐的心情让人们发现新的可能性，变得富于创意。在一项研究中，Alice Isen 团队给一组参与者播放中性影片，给另一组播放搞笑影片。然后，他们为参与者提供如图 10.5 所示的物品来测试创造性思维，要求参与者想出一个办法，把蜡烛固定在墙上的软木板上，并且不让燃烧产生的蜡油滴到桌上或地板上（Isen, Daubman, & Nowicki，1987）。

你能想出解决办法来吗？为了完成任务，你需要思考如何用不同寻常的方式去使用其中某些物品——这正是创造力的精髓。创造性地思考，然后在本章末尾看答案。

在这项研究中，看了搞笑影片的

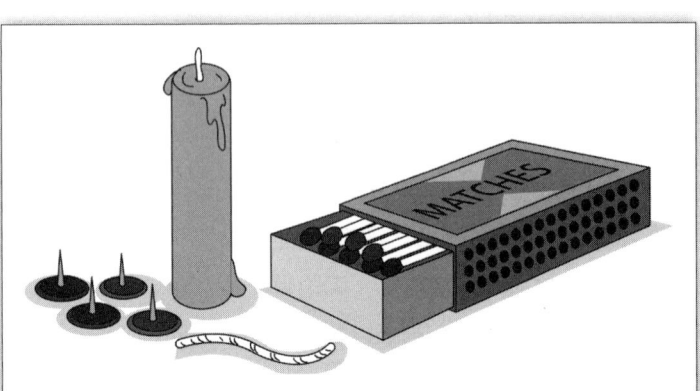

图 10.5　只用这些材料，你怎么做才能把蜡烛固定在墙上，让它燃烧而且不让蜡油滴到桌上或地板上？

人比看中性影片的人更容易解决问题（而且更快地解决了这个问题）。这一结果表明，积极情绪促进创造性思维（Isen，Daubman & Nowicki，1987）。

这一效应是普遍存在的吗？所有积极情绪都能促进创造力，还是只有搞笑可以？不同类型的创意任务都能因此获益吗？一项研究让日本大学生参与者一边聆听欢快的音乐，一边想着各种高兴的念头，持续该程序10分钟，以诱发积极心境。而对照组的大学生在同样的时间里聆听日本宪法的朗读音频，这不能诱发什么情绪，最多就是略微有些无聊。接下来，大学生们要完成一项任务，即给不同品种的大米取名字。结果显示，平均而言，开心的学生想出了更多富有创意、别具一格的点子（Yamada & Nagai, 2015）。

在另一项研究中，年轻人每天报告若干次自己的情绪状态以及自己当日整体的创意活动情况，比如织围巾、制订新菜谱、演奏音乐或想出一些新点子。这些参与者报告的创意活动情况与他们报告中的兴奋和热情相关性最强，与快乐和放松也存在正相关，只是弱一些（Conner & Silvia, 2015）。这些结果表明，积极情绪对创造力确实有所贡献，而精力充沛的活动贡献更大。

与大众的印象不同，大部分研究显示，悲伤和焦虑等消极情绪要么抑制创造力，要么没有明显影响。而愤怒则有两方面的效果。有些研究显示愤怒对创造力没有影响或影响很小，但在特定情况下，愤怒也可以增强创造力。例如，在群体环境中，对他人建议的敌意会促进你想出自己的点子（Yang & Hung, 2015）。

情绪与决策

情绪会影响你如何做出决断吗？看情况。人类活动对全球变暖有影响吗？你对这个问题的回答应当建立在事实证据之上，而不是你喜欢哪种说法或它激起了你的哪种情绪。可是一旦把问题换成人类应当采取哪些行动来延缓全球变暖，我们立刻就会把自己的价值观摆上台面。任何举动都伴随着代价，不同的举动各有利弊，而如果我们还没考虑清楚想要什么结果，就不可能做出决定。举个例子，6和7谁大？这个问题简单至极，和情绪一点关系也没有。那就让我们把问题换一下：6天的滑雪假期和7天的海滨假期，你更喜欢哪一个？现在你的答案取决于你有多喜欢去滑雪还是多喜欢去沙滩——你无法抛开自己的情绪来作答。事实上，大部分决策都在某种程度上取决于情绪。当你从若干选项之中挑出一个来的时候，它总是能让你的感觉变好一些。

我们在第 2 章介绍过情感渗透模型。根据这个模型，人们采用自己此刻的情绪作为决策的信息之一，即便决策的内容与情绪的源头无关（Forgas, 1995）。例如，总体而言，你对自己一直以来的生活方式有多满意？研究发现，一般来说，人们在晴天时比在阴天里给出的分数要高（Cunningham, 1979）。与此类似，股票价格在晴天时会略微呈现出上涨趋势，而在阴天里则下降（Goetzmann, Kim, Kumar, & Wang, 2015）。也就是说，此刻感到开心会导致人们在不相干的事务上也变得乐观一些。

有趣的是，如果你注意到天气情况，并且知晓它对你的潜在影响，那么这种阴天效应就会消失。假设某人先是问你，你对今天的天气怎么看，然后问你，你对自己的生活方式有多满意，那么这天的天气情况就不会再影响你的回答了。在一项与此有关的研究中，参与者先写下自己的一次悲伤经历，随后报告的整体生活满意度会低于平均水平，除非研究者事前告诉他们，他们所在的这个房间经常让人感觉不怎么舒服（Schwarz & Clore, 1983）。这些结果都表明：如果你感觉糟糕但又不确定其原因，你就会报告说总体上对自己的生活不满意。但如果你可以把糟糕的感觉归因于某些情境原因（天气、房间，诸如此类），你在报告整体生活满意度时就不会考虑自己当前的情绪（Clore, 1992）。

在另一项研究中，患了感冒的志愿者根据随机分配，要生动地回想一件让他们感到快乐、悲伤或中性情绪的事件。当研究者询问他们感冒症状如何时，与快乐和中性组相比，悲伤组的志愿者报告了比较严重的症状，并且不太确信自己是否能采取措施让身体好受些（Salovey & Birnbaum, 1989）。研究者据此提醒，情绪可能影响人们在生病期间是否寻求医护帮助。

还有许多研究者发现，厌恶，特别是嗅到或吃到令人厌恶的东西，会让人们对其他人不道德举动的愤怒更强烈（e.g., Eskine, Kacinik, & Prinz, 2011）。但是，另一些研究者未能成功复制出这一效应，看起来它的效应量并不大（Landy & Goodwin, 2015）。

关于购买和销售的决策也依赖于情绪。假设我们要求您估计某个物品的价格，如一套荧光笔，你可能估计为 10 美元。现在，我们把笔给你，然后询问你是否愿意以 10 美元的价格把它卖回给我们。大多数中性或愉快心情的人拒绝了，说他们更愿意留着这些笔。伤心的人则倾向于卖，他们比较愿意拿钱（Lerner, Small, & Loewenstein, 2004）。如果人们感觉不错，那么无论考虑哪件物品（比方说荧光笔）都会觉得它很有价值。如果人们感觉糟糕，那么他们看什么东西都觉得很差劲。

所以，情绪确实会影响你的选择。那么是否有人实际运用过这一点呢？当然有人这么做！商店布置让人高兴的装饰，播放引人开心的音乐，希望能让你心情愉快，这样你就更容易进行消费了。电视广告也总是努力把商品和高兴的场景联系起来，特别是可乐饮料之类的广告，因为不同牌子的产品事实上没有多大差别。这种影响是迅速且内隐的。只要你认真思考一下，就不会得出某种可乐或薯片比其他可乐或薯片更让你开心或更有吸引力的结论。美国的政客也经常使用类似的方法来做广告。由于电视广告时长有限，他们无法在其中解释任何复杂的问题，所以他们会尽可能把自己和笑容、欢快的音乐联系起来，同时把他们的竞争对手和威胁、不愉快联系起来。

躯体标记假设

上面讨论的一些例子意味着情绪会歪曲我们的决策，让我们走向不理智的决定。但是，Antonio Damasio（1999）指出，依靠情绪来指导我们的众多日常决策，不仅是有益的，也是必要的。在第 6 章中，我们介绍了由于脑损伤而导致情绪功能受损的病人难以做出恰当决策的例子。虽然他们能够说出各种行动的潜在后果，但要他们选择一个自己想要的后果时，他们总是不知所措。

Damasio 提出了**躯体标记假设**（somatic marker hypothesis），即当我们做决定时，我们会迅速评估每一个选项及其潜在结果，想到自己对这些结果的情绪反应，进而利用预想中的情绪反应指导决策（A. R. Damasio，1999）。你对每一种结果情境会感受到各种生理变化，而对这些生理变化的神经表征就叫作"躯体标记"。

考虑一下这个例子：你今天出门比平时晚，上班要迟到了，可你还没有找到停车位。你好不容易发现了一小块够停车的地方，但那里是消防通道。你左右为难，头脑里很快闪过一系列的后果：准时打卡，但吃罚单，车被拖走——天哪！根据躯体标记假说，最后这一项可能会激发强烈的情绪反应，也就是如果你的车真的被拖走了你会有的反应。当然，结果也可能有变数。也许你仅仅想到会吃罚单就不愿停在那里了，尤其在你手头比较紧的情况下。也许等会马上要开一个决定升职的会议，而你要在会上讲 PPT……好吧，迟到的结果可能比车被拖走更糟糕。总之，具体的决策和你的处境、偏好以及你认为各种结果的可能性大小有关。但关键的一点是，一旦你在设想任何这些结果的时候的确感觉到了情绪反应，它就会引导你的决策。如果你预想不出任何情绪反应，你就无从选择。

躯体标记假说延伸出一个推论，即情绪反应的强度会改变你的决定，哪怕事实结果不变。在一项研究中，研究者问参与者，如果他们想到有一定的可能性染上疯牛病，他们会减少多少牛肉的消费。研究者又问另一些参与者，如果他们想到有一定的可能性染上牛海绵状脑病，他们会减少多少牛肉的消费。前一组参与者表现出的回避更强烈，尽管这些受过良好教育的参与者很清楚这两种病是一回事（Sinaceur，Heath，& Cole，2005）。"疯牛病"这个名称听起来更可怕，因此导致了更多的回避。

同理，产品的受欢迎程度也与它们的名称有关。猕猴桃改称奇异果之后在美国销量暴涨。而如今美国人常说的红鱼和智利海鲈鱼，曾经分别被叫作黏头鱼和巴塔哥尼亚牙鱼。有时候，只是换一下包装，也能改变情绪反应，提升销量。

基于偏好和价值的选择

虽然计算机能帮助我们确定不同事件的概率，找出达到目标的最佳方法，但是它们不能确定目标。假设某计算机告诉我们，使用A治疗可以延长病人的寿命，但是用B治疗期间病人会比较清醒、有精力。计算机可以告诉我们哪种治疗更好吗？不太可能。"更好"需要基于情绪进行价值判断。Antonio Damasio（1999，p.55）曾说过："情绪与善恶观念密不可分。"

在某些情况下，听从你的直觉有利于做出决策。长期来看，比起经过反复思量后确定的选项，人们往往对自己第一反应看中的选项更满意。这里有一个典型的研究（Wilson，Lisle，Schooler，& Hodges，1993）。研究人员邀请大学生进入实验室，让他们坐在若干海报（如图10.6）前面。一半随机安排的大学生要写下他们为什么选择自己目前的专业，另一半随机安排的大学生要写下对每张海报他们喜欢和不喜欢的地方。写完后，研究人员让每个人都挑选一张海报带回家，作为给他们的小礼物。3周之后，研究人员联系每位参与者，询问他们有多喜欢自己选的那张海报。平均来说，那些详细分析过每张海报优缺点的大学生比那些不假思索就选择的大学生对海报的满意度要低一些。

图10.6　你会选哪张海报？当你基于直觉或基于深思熟虑做出选择后，哪种情况下你会对结果更满意？

为什么迅速决断会带来较高的满意度？首先，如果人们花费许多时间辨析选项，那么他们就会更了解每种可能性背后的利弊，因而之后会更容易担心自己没选好（Iyengar, Wells, & Schwartz, 2006; Shenhav & Buckner, 2014）。他们"买了就后悔"的心态远比平时人们迅速买下一个看上去不错的商品后严重得多。其次，如果你列出每个选项的优缺点，那么你自然会把关注焦点放在那些容易用语言描述的特征上（Dijkstra, van der Pligt, & van Kleef, 2013）。例如，你可能会发现一张海报比较适合贴在你房间的墙上，或者它的主色调跟你房间的墙纸颜色更般配，又或者其他什么方面，但总之都和你多喜欢这张海报关系不大。

这是否意味着我们应该立即做出选择而别想太多？若干研究都提供海报或类似的小奖励让参与者去选择，只是一部分参与者有充分的时间考虑选哪一个，而另一部分参与者要在同样的时间里完成分心任务。结果显示，长期来看，那些执行分心任务的参与者更喜欢自己的选择（Dijksterhuis & van Olden, 2006）。表面上，结论似乎应该是潜意识思考优于有意的思考。但是，这些结果在不同研究之间存在差异，而文献综述显示，反映潜意识思考优越性的研究样本都很小，而且大样本研究未能复制出这一结果（Nieuwenstein et al., 2015）。这说明该结果可能源于偶然，或者至少也是被高估了。与其建议大家任何时候都依赖潜意识思考，不如建议大家避免翻来覆去地在各个选项上纠结，最起码当你的决策需要看重喜好而不需要看重事实的时候应该这样做。考虑一下其他可能，但选你最喜欢的那个，而不要选你最容易列出一大堆优点的那个。

情绪和道德推理

情绪影响着选择海报之类不那么重要的决策，但对于严肃的道德推理，它们的作用也很关键。让我们从两个艰难的道德决策例子开始，心理学家和哲学家都对它们很有兴趣。

电车困境

一辆电车的刹车失灵了，它向 5 个来不及走开的人冲去。你正站在一个控制阀旁，这个控制阀可以决定电车往哪条轨道走。如果你离开，那 5 人会被撞死。如果你拉动控制阀，电车会驶入另一条轨道，其上只有一个人站着，那么这个人就会被撞死（图 10.7）。你应该拉控制阀吗？

天桥困境

这次还是失控的电车朝 5 个来不及逃走的人冲去。不过这次没有控制阀，只有一条轨道。你站在跨越轨道的一座人行天桥上。一瞬间你考虑跳向电车去阻止它，牺牲你的生命来拯救那 5 个人。不幸的是（或者幸运的是，这取决于你的观点），你的体重不足以使电车停止，所以你的牺牲不会带来任何成效。然而，站在你旁边的是一名重量级摔跤手，他的体重肯定可以阻止电车。如果你

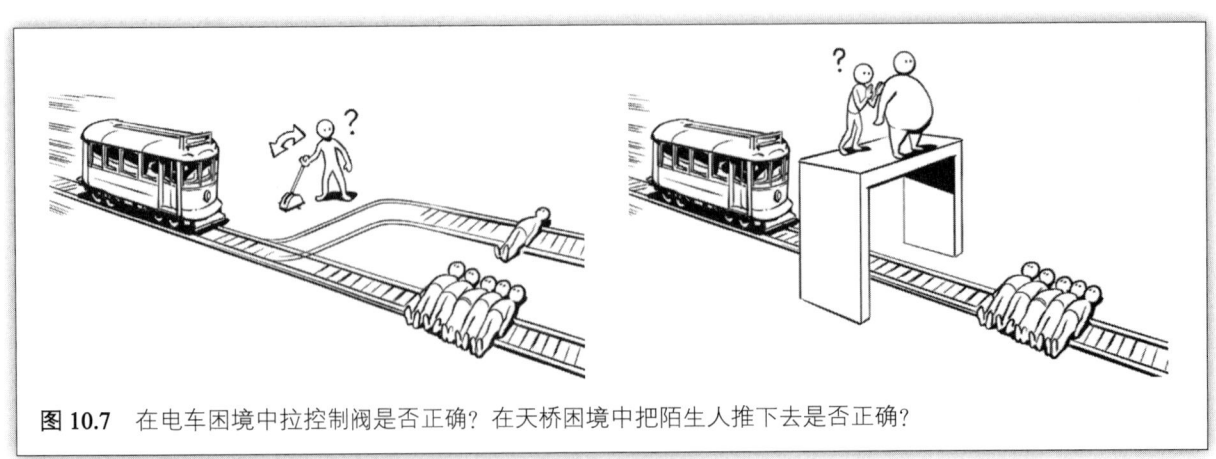

图 10.7　在电车困境中拉控制阀是否正确？在天桥困境中把陌生人推下去是否正确？

把这个人推到桥下去就可以拯救 5 个人的性命（图 10.7）。你应该推他下去吗？

从纯逻辑的角度来看，上面两段话描述了相同的困境：你杀一个人可以救 5 个人。但是，认为在电车困境里可以拉动控制阀的人远远多于认为在天桥困境里可以把摔跤手推下去的人。（背后有一个原因是人们怀疑推一个人下去被电车撞死是否能救下 5 个人，但为了下文讨论方便，我们姑且略过这种怀疑。）即便那些认为将陌生人推下天桥在道德上正确的人们，做出这个决定的时候也会比较犹豫，就好像他们正在与说"不"的冲动努力斗争着（Greene, Sommerville, Nystrom, Darley, & Cohen, 2001）。为什么人们觉得把一个陌生人推向电车是不可接受的呢？

一个主要的原因是人们预见了愧疚感。如果你推某人去死，你知道自己事后将会体验到极度的负罪感，即便故事设定你不会面临谋杀指控。如果你什么都不做，你也会面临没有挽救那 5 个人的愧疚感，但相比之下这种愧疚要轻得多。人们因蓄意犯错而产生的愧疚，远远大于因疏漏犯错而产生的愧疚（DeScioli, Christner, & Kurzban, 2011; R. M. Miller, Hannikainen, & Cushman, 2014）。例如，如果你参与公益捐献就可以救助不知何处的某个营养不良的儿童，但你不捐献会感觉到多少愧疚呢？大概没多少。但如果你把那个孩子面前的营养餐拿走，你又会感觉到多少愧疚呢？除非你这人出了什么大问题，否则你一定会觉得愧疚极了。换句话说，亲手推某人去死，会让你产生强烈的道德厌恶。

让我们考虑另一种道德决策。这一次，你不必选择你应该怎么做，只需判断其他人是否做出了一个可以接受的决定。麦克和朱莉是兄妹，目前他们都在读大学，暑假期间，两人一起旅行。这天晚上，他们住在一个海滨小屋，决定要与对方发生性关系。朱莉服用了避孕药，麦克也使用了安全套。他们都享受这次经历，不过他们也决定不会再这样做了。他们把这个晚上作为一个特殊的秘密，两人都没有因此而感到受伤。实际上，他们比从前更亲近了。你对此有何感想？麦克和朱莉可以有性行为吗？

大多数人读到这个故事的第二句话时就尖叫起来："天哪，不要！错了，错了，错了！"

为什么错了呢？当被问到原因时，人们才开始为自己的反应寻找理性的解释（Haidt, 2001, 2007）。例如，有人说："因为如果朱莉怀孕了，那种近亲繁殖可能会产生一个畸形儿，所以这是错的。"但故事明确指出麦克和朱莉使用了两种可靠的避孕方法，所以担心怀孕并非一个现实的理由。

例如，另一个人说："好吧，但这样的经历一定会给他们留下情感伤痕。"这一反对似乎也不公平。故事里明确指出，双方都享受这次经历，情感上也都没有受到伤害。你可能不相信这一点，但是如果你接受这个描述的话，你还会认为他们的行为是错的吗？

是的，即便如此，几乎所有人都仍然坚持认为它在道德上错了。如果你继续尝试，也许最终会找到比较好的理由来说明为什么麦克和朱莉错了。例如，你可以说："你说他们情感上没有受到伤害，但这种风险非常大。人们不应该冒这么大的风险去做一些可能伤害自己的蠢事。"西方世界以外的人们往往会直说兄弟姐妹之间乱伦是精神上的严重污点，无论这一举动是否造成了实际的损害（Haidt，2012）。所以，不管你最后找到了怎样的理由，你都应该承认，你认为麦克和朱莉做错了是因为你从情绪上就觉得这样不对。

众多人类学家都认为，排斥兄弟姐妹之间的性行为是一种演化出来的本能禁忌，以防止近亲繁殖。人类近乎自动式地把这一禁忌拓展为排斥和自己从童年早期开始一起长大的人发生性行为，无论双方有没有血缘关系。例如，在以色列的集体农庄里长大的男女，虽然并非亲戚，彼此却不结婚。他们说如果和农庄里的伙伴结婚，感觉就像是跟自己的兄弟姐妹结婚一样（A. Wolf & Durham，2005）。

情绪还影响着人们对社会议题的态度。考虑一下死刑，你是赞成还是反对？你对死刑了解多少？有死刑的地区谋杀率必然较低吗？某人被判处死刑后来发现其是无辜的，这种情况经常发生吗？罪行相似的前提下，穷人会比富人更容易被判死刑吗？对诸如此类的问题，大多数人都承认他们并不清楚，而即便有些人认为自己知道答案，但实际上他们答错和答对的比例差不多。其实，大部分人是先打定了主意，然后才去寻找事实支持他们的观点（Haidt，2001）。同样的模式也出现在其他社会议题上。

在这类决策中依赖情绪是错的吗？这是一个哲学问题，而非科学问题。如果你认为正确的道德决策是计算机能够算出来的（比方说即便要杀死一个人，用1条命换5条命也是合乎道德的），那么情绪的存在就碍事了。但要记住，像天桥困境这样的故事描述的是一个异乎寻常的情境，其设计的初衷就是为了对抗人们的直觉。把某人推下桥去似乎不太对劲，与你的兄弟姐妹发生性关系也是如此。那些感觉不对的选项，几乎每个都确实是坏主意。你的情绪并不总是对的，但是大多数时候，它们已经为你准备好了一个大体正确的快速反应。

依赖情绪的弊端

让我们换个方式重新说一遍上面那句话：大多数时候，情绪已经为你准备好了一个大体正确的快速反应，但它们并不总是对的。在我们不了解或不关注各种潜在结果的概率时，情绪很容易误导我们。

赌博就是个很好的例子。你会押 1 美元在有 50% 的概率赢得 2 美元的条件上吗？大部分人不会的。那么押 1 美元而有 1% 的概率得到 100 美元呢？从统计学上来讲，这和前面那种情形是一样的，如果长期赌下去最后应该会得到相同的结果。但是大多数人觉得第二个赌局更有吸引力，因为赢 100 美元听起来比赢 2 美元好玩多了。你会赌 1 美元押 0.0001% 的概率赢得 100 万美元吗？从统计的角度看，本质依然不变。但是，相比有 50% 的机会赢 2 美元，愿意玩这类赌局的人要多得多。如果你在美国买一张"大力球"彩票，中奖概率不足 1/175000000，但定期买这种彩票的人可不少（图 10.8）。

事实上，近一半的美国大学生说他们愿意用 10 美元押 1/1000000 的机会赢得 100 万美元（Rachlin，Siegel，& Cross，1994）。统计上这是一次糟糕的下注。你有 1/1000000 的概率赌赢，也就是大概赌 500000 次可以有 50% 的概率赢至少一次，但是到那时你已经输掉了将近 500 万美元。其他国家的人也表现出相同的倾向，愿意对一个概率非常小但回报非常高的赌局下注（Birnbaum，1999）。低概率、高回报似乎很有吸引力，因为我们预料可能的胜利会带来巨大的快乐，而胜利概率低并不会削弱我们的情绪。

你的情绪状态会如何影响你对风险选项的反应呢？这方面的结果有些复杂。许多研究显示快乐的人比较自信、乐观，因而比平时更愿意冒险。即便快乐的原因来自其他不相干的方面——例如你喜欢的那支球队赢了

图 10.8 彩票用高回报（虽然概率很低）引诱人们购买。人们的情绪反应与潜在回报的大小关系比较密切，而与获得回报的概率高低关系不大。

比赛——也可以让人们变得容易进行风险投资（Kaplansky, Levy, Veld, & Veld-Merkoulova, 2015）。这一效应符合前文介绍的情感渗透模型。但是，另一些研究只显示出微弱或混杂的效应（Nguyen & Noussair, 2014），或是发现快乐的人倾向于回避风险，尤其是可能带来较大损失的时候（Nygren，Isen，Taylor，& Dulin，1996）。研究还显示，悲伤的人要么能接受较大风险，以获得高回报，让自己快点高兴起来，要么更容易觉察风险，并因此变得更为谨慎（Lerner, Li, & Weber, 2013; Tixier, Hallowell, Albert, van Boven, & Kleiner, 2014）。我们在前面几章已经提到，在此类情境中，可能存在一个或多个变量调节着最终的效应。为了找出这些调节变量，我们还需要更多研究。

总　　结

这一章我们介绍了情绪影响认知的多种方式：情绪刺激会迅速吸引我们的注意力；情绪唤醒会增强记忆的形成与巩固；在提取记忆的时候，最深刻的情绪记忆会占据你的注意；特定的情绪状态如快乐和愤怒，有助于增强信心；在某些情境中，信心会削弱系统式认知，增强启发式认知。根据情感渗透模型，你当下所体验的情绪会影响你如何对其他事件做出反应，即便该事件与诱发你情绪的事件无关。根据躯体标记假说，你通过想象各个选项的情绪后果来帮助做出决策。道德决策必然依靠情绪，我们时常会冲动地做出道德判断，然后再去为它寻找理性的解释。此外，人们有时候会做出看上去不合逻辑的风险决策，因为我们更看重获胜后可能带来的快乐，而不那么在意即将发生的损失。

上述各个要点看似有效，但本章也强调了有一些发现只在一定程度上，或只在特定条件下才有效。快乐有助于你想起快乐的回忆，悲伤有助于你想起悲伤的回忆吗？有时候是的，但这一效应量往往较小。抑郁现实主义确实存在吗？悲伤的人真的比快乐的人思考起来更合乎逻辑吗？或许吧，但这要看具体情况，有时候抑郁的人显示出与此相反的偏差。依靠直觉能让我们做出更好的决策吗？有可能，但只有当决策质量取决于个人喜好和价值观，与事实无关的时候，这才是个好主意。感到快乐或悲伤会改变你的冒险意愿吗？这得看风险的类型，还要考虑其他很多条件。

无论如何，本章贯穿的主题可以这样概括：情绪是思考不可或缺的一部分，而不是独立于思考之外。你的想法影响你的情绪，你的情绪则影响你记住什么，你记得多牢固，你留意环境中的哪些方面，面对不利你责怪自己还是别人，未来你会考虑什么事件以及你会花多少精力去做出决策。

关键术语

β 阻断剂（beta-blocker） 使得促进情绪唤醒的神经递质受体暂时失灵的药物。

拓展—建构假说（broaden-and-build hypothesis） 一种理论假设，认为积极情绪会扩大注意焦点，帮助人们感知范围更广泛的环境，从而捕获那些原本可能被忽略的机遇。

巩固（consolidation） 在记忆形成之后一段较长时间内增强它。

抑郁现实主义（depressive realism） 比起其他人，悲伤或轻度抑郁的人会更合乎逻辑地权衡证据，正确估计自身观点的准确性，并认识到自己对某些情境缺乏控制力。

编码（encoding） 把新的记忆储存起来的过程。

闪光灯记忆（flashbulb memories） 对异常强烈的情绪经历的回忆，鲜活生动，充满细节。

启发式认知（heuristic cognition） 基于简单的思维捷径做决策，不考虑证据有力与否。

提取（retrieval） 从存储的记忆中提取内容为当下所用的过程。

躯体标记假设（somatic marker hypothesis） 想象出每一个选项的潜在情绪后果，并选择后果最佳者的决策过程。

突触的标识—捕获假说（synaptic tag-and-capture hypothesis） 脑部会为记忆内容分配新标识，如果接下来发生的事件表明该记忆十分重要的话，就会借助这一标识巩固相应的记忆内容。

系统式认知（systematic cognition） 通过审慎分析所获得的信息来做出决策。

耶基斯—多德森定律（Yerkes-Dodson law） 当唤醒为中等水平时，注意、学习以及其他认知功能效率最高。

思考与讨论

1. 在有关情绪与记忆的部分，我们介绍了一些研究显示较高的唤醒有助于记忆，但也有一项研究显示唤醒降低可以预测记忆成绩较好。为这些研究做一份综述，你会如何将两类发现调和起来呢？（提示：两种效应源自同一机制吗？）
2. 我们在本章提到了唤醒促进记忆的若干方式，但在第 7 章我们曾说过自主神经系统可以产生各种各样不同的唤醒。在第 4 章，我们区分了挑战和威胁的认知评估状况以及相应的生理情形。我们还在第 6 章讨论了杏仁核。将你学过的这些内容结合在一起，你认为挑战和威胁哪一个会更好地促进记忆？无论你的答案是什么，从现有的研究里找出证据。

3. 考察各种各样的广告。它们在多大程度上依靠系统式认知，在多大程度上依靠启发式认知？它们想要激发何种情绪，为什么？
4. 根据本章有关情绪与决策的内容，你认为哪种决策最好依靠情绪（直觉），哪种决策最好抛开情绪？各举几个例子，列出两份清单。每一张清单上的项目之间有什么共同点吗？

延伸阅读

Immordino-Yang, M. H.（2016）. *Emotions, learning, and the brain: Exploring the educational implications of affective neuroscience*. New York, NY: Norton.

McGaugh, J. L.（2003）. *Memory and emotion: The making of lasting memories*. New York. NY: Columbia University Press.

这两本了不起的著作都围绕着情绪与认知的研究，对现实生活很有启发。两位作者都是认知与学习方面的权威。

表 10.1　小测验的答案

1. 对。约翰·韦恩在 153 部电影中出现过。
2. 错。最高的红杉树只有 112 米高。
3. 错。比萨斜塔有 294 级台阶。
4. C。兔形目动物。
5. A。来自沃波尔的故事《锡兰三王子》（*The Three Princes of Serendip*）。
6. B。Absinthe 是苦艾酒。
7. D。芒果是世界上人们吃得最多的水果，这主要归功于印度和巴基斯坦人民。

图 10.5 的问题解决方案

把火柴从盒子里面全部拿出来，用图钉把火柴盒的一面固定到软木板上，点燃蜡烛，用融化的蜡油把蜡烛固定在盒子上方。

第三部分

如何增进情绪健康?

第 11 章　负面情绪的价值

第 12 章　幸福感和积极情绪

第 13 章　情绪的个体差异

第 14 章　临床心理学中的情绪

第 15 章　情绪调节

第 11 章

负面情绪的价值

我们在本书的第一部分探讨了什么是情绪，它们有哪些主要功能以及什么样的刺激会诱发情绪反应。在本书的第二部分，我们考察了情绪怎样影响我们的生活，它们与生理、发展、社会关系和认知等方面如何联系。在最后这一部分，我们将考虑一个对大部分人来说都很有吸引力的话题：如何改善自己的情绪生活质量？

为了回答这个大问题，我们必须先提一个小问题：理想的情绪生活是什么样子的？如果你可以像在餐厅里点菜一样，选择自己余生想要体验的那些情绪，你会选什么呢？许多人会说："我只想要快乐！"但这还不够清楚，不同的人说这句话可能具有不同的意思。我们在第 3 章曾提到理想情绪这个概念，研究者 Jeanne Tsai 用它来表示人们理想中乐意体验并且会尽力维持的特定情绪状态，它因人而异，因文化而异。跨越不同性别和不同文化，大部分人都表示他们想体会到较多正面情绪而不是负面情绪（Tsai, 2007）。美国人偏好高唤醒的积极情绪，例如兴奋、热情，而东亚地区的人们偏好低唤醒的积极情绪，例如满足和平静（Tsai, Knutson, & Fung, 2006）。理想情绪从若干重要的方面塑造着人们的行为。例如，欧洲裔美国人经常会说，度假及其他休闲活动应该包含令人激动的探索机会，而中国人觉得放松就好（Tsai, 2007）。我们会根据自己想要体验的情绪去选择与之匹配的活动类型。

就连"我只想要快乐"这句话本身也有其局限性。在全世界范围内，比起低落的消极情绪，高昂的积极情绪能够比较好地预测人们的生活满意度，但是，和个人主义文化不同，在集体主义文化中，人们觉得负面情绪没什么大问题（Kuppens, Realo et al., 2008）。此外，想想你自己的理想情绪——负面情绪彻底缺席吗？如果从今往后可以再也不体验到任何恐惧、愤怒或悲伤，你会这么做吗？

负面情绪并不愉快，它们通常意味着事情没有沿着我们想要的方式发展。不过，好些负面情绪在支持我们的健康与福祉方面发挥着自己的作用，有助于我们的人生蓬勃兴旺。我们期待着在本章结束时，你会乐意选几种负面情绪纳入你的理想情绪菜单。

恐惧

为什么从恐惧开始？一方面，我们对恐惧的了解比对其他任何情绪都要多一些。当我们谈论什么是情绪的时候，恐惧是一个很好的例子，因为它包含了清晰的感受、具体的评估、独特的面孔和声音表达、强烈的生理反应以及明显的行动倾向（僵硬、逃跑，或在走投无路时发起攻击）。而且从动物身上，我们也能找到恐惧行为的例子，这样我们就能用更多方法去考察恐惧的神经机制了。

恐惧和焦虑在不少方面很相似，但二者的区别对我们来说也很有用。**恐惧**（fear）是对感知到的具体危险的反应，这些危险要么针对自己，要么针对所爱之人，而一旦这些威胁消除，恐惧也会迅速消失。与此相对，**焦虑**（anxiety）指的是一种比较广泛的"可能会发生坏事"的预期（Lazarus，1991）。**社交焦虑**（social anxiety）仅发生在人际情境中，特别是那些包含了与新人会面或受到众人关注的场合。焦虑不与具体的物品或事件绑定在一起，而是对当下弥漫在各个方面的不确定感和威胁感产生的反应。如果你对待在公共场合、结识陌生人、达不到自己或他人的预期感到焦虑，你就很难长时间放松，因为这些情境会频繁出现。许多人对死亡感到焦虑，因为死亡只会延后，无法避免。

恐惧和焦虑的感受可以用问卷来测量。只问人们是否感到害怕、有多害怕，就足以开展简单的实验室研究了，那种每天让人们报告几次目前感受的体验采样研究就是这么做的。如果需要测量再复杂一些，《状态特质焦虑调查表》（State-Trait Anxiety Inventory）（Spielberger & Sydeman，1994）可以提供较多细节。该问卷的设计理念是：焦虑既是一种状态（与近期事件有关的临时情形），也是一种特质（长期人格中的一个侧面）。打个比方的话，状态就像某个地区当前的天气，而特质则是该地区的气候。

研究者也可以从行为方面来测量。恐惧表情的原型（图 11.1）包括内外侧

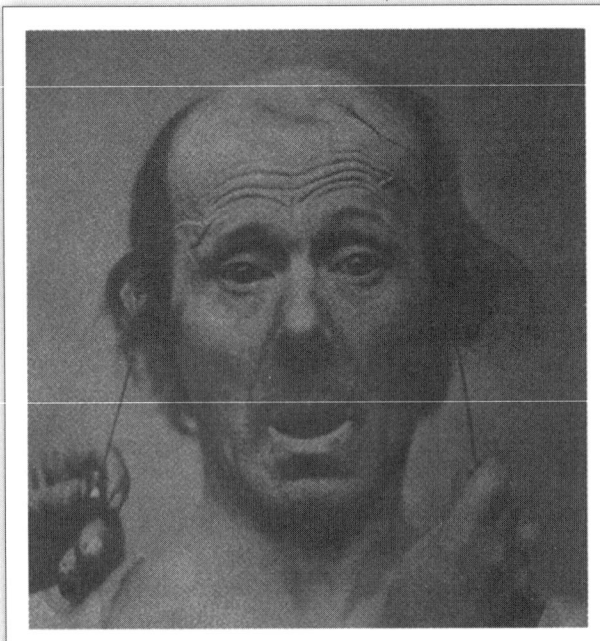 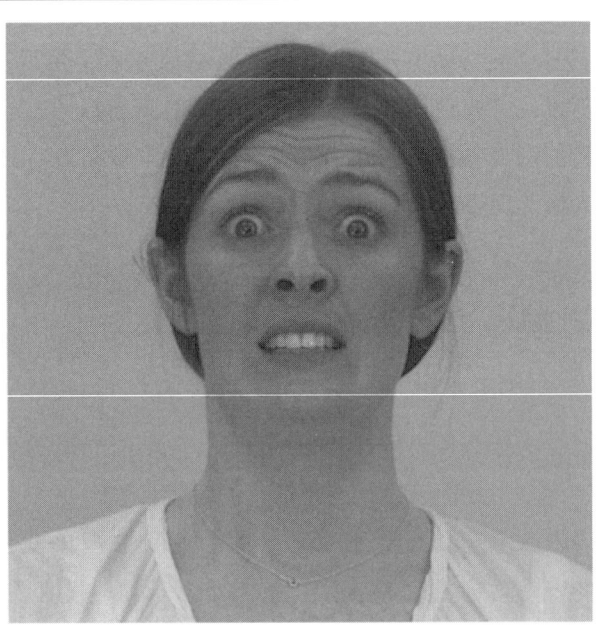

图 11.1 恐惧表情的原型。

眉毛上升，挤在一起，眼睛瞪大，嘴角下方的肌肉收缩，使面颊较低处皮肤拉得更低且更偏（Ekman et al., 1987）。嘴巴通常也会轻微张开。这一形态与吃惊的表情相似，要求参与者看照片猜测人们的感受时经常会发生混淆（Ekman et al., 1987）。当人们惊讶的时候，他们眉毛上扬并且眼睛睁大，这和恐惧是一样的。但是，只有恐惧的表情包括了两侧眉毛聚拢和面颊下部的活动。

很多动物，包括各个年龄段的人类，对突然出现的大噪声会表现出天生的惊跳反射。肌肉迅速收紧，尤其是颈部肌肉；眼睛紧闭；肩膀迅速向颈部收拢；胳膊抬起靠近头部。所有这些运动很明显都是为了准备保护躯干、颈部和头部等脆弱的地方。有关大噪声的信息在 10 毫秒内就从你的耳朵传递到叫作脑桥的脑区，然后从脑桥传递到延髓和脊髓中负责控制肌肉的神经元。一个完整的惊跳反射发生时间不足 1/5 秒（Yeomans & Frankland，1996）。

尽管惊跳反射本身是自动的，但来自神经系统其他部分的信号输入会改变它的强度（图 11.2）。在第 6 章中我们介绍过，大鼠习得了某个声音出现之后会发生电击，即建立了恐惧性条件反射。如果大鼠在听到那个声音后紧接着突然听到大噪声，就会产生比平常更大的惊跳反应。但是，如果它听到一个原本伴随着愉悦事件的声音，那么在这一"安全"刺激之后突然听到大噪声产生的惊跳反应则小于平时（Schmid et al., 1995）。同样，人类看着不愉悦刺激时听到大噪声会表现出强惊跳反射，看着愉悦刺激时则表现出弱惊跳反射（Lang，Bradley，& Cuthbert，2002）。想象一下夜里你独自走过一个危险的街区，突然你听到"砰"的一声。再想象一下，某天下午你和朋友们在家里聚会时听到同样的一声。在两种情形下你都会惊跳，但是在危险的环境中比在熟悉、安全的环境中反应要大得多。情绪研究者利用这一**惊跳增强**（startle potentiation）效应来测量动物和人类的恐惧。

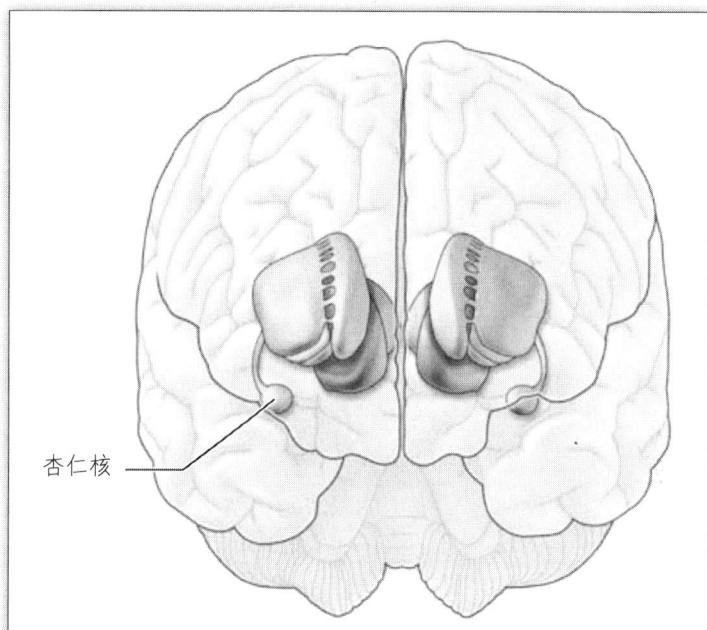

图 11.2 惊跳反射的神经基础是脑桥对突然出现的大噪声做出的反射性反应。但惊跳反射会根据来自杏仁核的神经信号增强或减弱，因为杏仁核参与了对环境信息的扫描，对周围情境是否安全做出评估。

另一种对恐惧的简单行为测量是行为抑制。这一测量在动物研究中尤为常见。如果出现危险的气味、声音或其他信号，大部分小动物会僵在原地（Bolles，1970）。当研究者把大鼠放进不熟悉的围栏内，有些大鼠能够自由探索而另一些会待在角落或面朝围栏一动不动。无力进行探索通常来说是恐惧或焦虑的标志。（静止是小动物的一种自我保护策略，因为捕食者容易觉察到任何会动的物体。）致力于人类情绪的研究者偶尔会用这种方式来测量儿童。天生具有抑制型气质的儿童容易恐惧和害羞，比较喜欢待在不起眼的地方而不是积极探索环境（Kagan，Reznick，& Snidman，1988）。

行为测量能够用于评价恐惧特质和当前的恐惧体验。前面我们已经介绍过，与中性图片相比，人们比较容易关注情绪图片，尤其是在最开始看见它们的几秒钟内（Calvo & Avero，2005）。恐惧/焦虑个体对威胁性刺激有特别强的注意偏向。在这一实验程序中，参与者阅读各种短文，其中一些包括威胁性信息，例如"孩子追着他的新球跑。但是当他穿过马路时，一辆货车突然出现，来不及刹车，马上急转弯绕开了孩子"。在人们阅读期间，一项装置监测着他们的眼动。结果显示，平均而言，那些恐惧水平高的个体对威胁性语句的目光回跳比较多。也就是说，他们比其他人更容易停下来，返回去重读那些诱发恐惧的句子（Calvo & Avero，2002）。这一结果说明，具有焦虑特质的个体特别容易被威胁性的内容吸引注意。

恐惧的价值

没有哪种情绪的功能比恐惧更明显了。恐惧把我们的注意力拉向潜在的危险，尤其是那些可能造成身体伤害的，进而帮助我们避开威胁。按照 Richard Lazarus（1991）的观点，即刻、具体、压倒性的躯体危险引发恐惧，而比较不确定的威胁则引发焦虑。有些恐惧似乎是天生具备的。例如，突然响起的大噪声可以吓到任何人，无论老幼。这一恐惧也出现在几乎所有具备听觉能力的动物身上。害怕黑暗的地方在人类当中也很普遍。害怕与所爱之人分离可能也属于天生的恐惧，尤其是对小孩子来说。

对人类恐怖症的因素分析显示，恐惧主要由 3 大类刺激引发：某些动物，如蛇、蜘蛛和狗等；某些社会威胁，如不熟悉的人和不想受到的他人关注；某些无生命的物理威胁，如怕高、怕打雷（Arrindell, Pickersgill, Merckelbach, Ardon, & Cornet, 1991）。这几类刺激引发的反应在某些方面相似，而在另一些方面不同。Arne Öhman（2009）提出，捕食者是动物的原始恐惧对象，特别是蛇。你可能会好奇，为什么是蛇呢？蛇又不吃人。虽说现在蛇不吃人，但我们从古老的小型哺乳类祖先那里继承了对捕食者的恐惧反应——蛇是小型哺乳类的天敌，因此我们身上保留了这种恐惧的遗迹（Isbell, 2006）。而且，一部分蛇有毒。当然，从人类的漫长演化历程来看，我们的祖先必须躲避的捕食者有很多，除了蛇，还有一些食肉的哺乳动物，比如豹和狼，甚至还包括其他人类。

幸运的是，人类似乎已经演化出一套灵活且易于条件化的恐惧反应系统，这有助于我们应对范围广大的潜在威胁，而不必因为焦虑成天动弹不得。美国心理学的先驱约翰·华生在历史上首次展示了人们如何基于经历学会恐惧，尽管以今天的标准来看他的研究在科学和伦理两方面都有缺陷。华生找来一个孤儿，叫作阿尔伯特。起初他并不害怕白鼠，但接下来，每次小阿尔伯特看见白鼠时，华生就在附近大声敲锣。只经过了几次这样的匹配，小阿尔伯特一见白鼠就开始大哭、发抖和逃走（J. B. Watson & Rayner，1920）。

但华生忽视了一个微妙的差别：人们学会某些恐惧比另一些容易。你是否被铁锤锤到过拇指？或许有过。你是否对铁锤感到恐惧？大概不会。你是否出过车祸或者目睹他人在车祸中受伤？很多人都有过。那你是否对汽车感到恐惧？几乎不会。与此相对的是，很少有人真的被蛇或蜘蛛咬过，但怕蛇或怕蜘蛛的人却很多。人们非常容易学会这种恐惧，因此研究者认为人类具有学会它们的先天倾向（Öhman, Eriksson, & Olofsson, 1975; Seligman, 1971）。有关这一**预备学习**（prepared learning）的证据主要来自猴子身上，它们可能与人类拥有近似的捕食者学习倾向。通常来说，实验室培育出来的猴子第一次见到蛇的时候就会表现出抑制和退缩。如果没有发生什么坏事的话，它们的恐惧会习惯化（衰退），但最初的防范足以表明存在先天的恐惧倾向（Nelson, Shelton, & Kalin, 2003）。而如果猴子看见另一只猴子对蛇表现出恐惧，它就会习得恐惧，哪怕这只猴子自己没有被蛇咬，也没有看见其他猴子被蛇咬（Mineka, 1987; Mineka, Davidson, Cook, & Keir, 1984）。这一效应仅出现在与蛇有关的时候——如果猴子看见影片中另一只猴子逃离蛇，它将形成对蛇的恐惧，但如果它看的是精心剪辑过的影片，其内容是一只猴子逃离花，那这只猴子并不会对花形成恐惧（Mineka, 1987）。

人类同样也能迅速形成对蛇的恐惧。与蛇的图片相匹配给参与者以电击刺激，他们会很快表现出条件化反应（心率和呼吸频率升高），但将电击与房子的图片相匹配时参与者形成的反应比较弱（Öhman et al., 1975）。人类甚至能在意识不到自己看见了蛇的图片时形成这种恐惧。这些结果表明，我们可能生来具有选择性地害怕某些捕食者动物的倾向，同时恐怖症患者们害怕的具体对象可能不一样。

但是，对于人类能够迅速学会怕蛇却很难学会怕花或其他东西这一现象，除了进化论视角以外，也可能有其他解释。首先，不可预知、不可控制的事情比那些我们认为能够控制的事情更容易让人害怕。蛇是不可预知的危险，而铁锤不会突然袭击你。其次，如果对某个事物有过安全经历，对它的恐惧就会减轻。你或许在车祸中受过伤，或者你见到过别人在车祸中受伤，但同时你驾驶汽车的安全经历多得不计其数。可是你有多少和蛇待在一起的安全经历呢？（你可以用这种解释说明一下为什么怕鲨鱼的美国人比怕枪的美国人多得多吗？虽然实际情况是死伤在枪口下的美国人比死伤在鲨鱼嘴里的美国人多得多。）

那么社交恐惧的原因呢？我们有理由防备其他人。人类和我们的近亲黑猩猩一样，比起被捕食者杀死，被其他同类杀死的概率要高得多（De Waal, 2005）。抛开致命的极端情况，灵长类和其他群居性的哺乳动物在竞争和确立领导地位的过程中都会显示出很强的攻击性（Sapolsky, 2005）。此外，从群体中被驱逐出去，在几乎整个人类历史中都会对个体造成致命后果，因为我们在食物、居所和安全方面都高度依赖自己的社会群体（D. T. Campbell, 1983）。因此，害怕被排斥，从满足生存需求的角度来说，也具有牢固的基础。

但是，人类也和其他动物一样，在见到若干陌生人或陌生黑猩猩、在一群观众面前讲话或让所有黑猩猩注视自己、和自己的导师或黑猩猩首领交流等容易引发焦虑的情境下，显示出非常大的个体差异。根据Öhman（2009）的研究，社交焦虑可能反映着一套古老的系统被激活，该系统负责在面对高地位社会成员的攻击性时促进个体的从属行为。简单点说，社交焦虑的功能就是防止我们被其他人或高等级的黑猩猩踢屁股。而这意味着，前面所说的那些社交情境对于那些实际上或者认为自己地位较低、控制力较弱的个体而言，压力更大。

大部分恐惧的形成不仅来自物体本身，如蛇或者枪，而且同样来自对具体情形的评价。基本情绪理论倾向于强调绝对的评价，在这种情况下会评价你的生理危险。例如，你对蛇的恐惧取决于蛇的类型和它与你的距离，你对枪的恐惧取决于枪是否上膛、谁拿着它、这个人是如何行动的。

成分加工理论强调评价的连续方面。回忆Klaus Scherer（1997）的研究，他要求五大洲的人们描述他们觉得悲伤、恐惧、愤怒或厌恶的时刻，然后对自己描述的情境进行多个维度的打分。文化间一致的是，人们将唤起恐惧的情境描述为不可预期的、不愉快的、外部引起的、不确定的和不可控的（Scherer, 1997）。大部分这些特征也适用于悲伤的情境，不过恐惧情境不确定性高而悲伤情境不会（Mauro, Sato, & Tucker, 1992）。当某件不好的事情可能会发生时，你会感到恐惧，但只有当那件事情已经发生或者肯定会发生，你才会感到悲伤。

这些特征与愤怒也相似。愤怒与恐惧最大的差异在于控制感。如果有人莫名其妙以一种特别粗鲁的方式侮辱你，你会怎么做？首先想象一下这一侵犯者是同龄人，然后想象一下同样的侮辱来自比你更强大的人，而且他还有枪。当你有权势的时候，侮辱会引起你的愤怒，但是如果你处于劣势，你会感到恐惧（Keltner, Gruenfeld, & Anderson, 2003）。

那些不知道害怕为何物的人会怎么样？不大好。如果你没听说过"达尔文奖"，可以了解一下。每年，人们会提名几十位候选人，其中每一位都在从事某些看起来很好玩很有趣，有时甚至挺聪明的危险活动时，以死亡告终。恐惧的条件化可以帮助我们不再犯曾经犯过的错误。不过另一方面，勇敢是生活健康和乐意冒险的标志。美国前第一夫人埃莉诺·罗斯福曾有名言："每天做一件令你害怕的事。"虽然检验自己心目中自身能力的极限总让人惴惴不安，但实现个人成长和发展仍然是很重要的。

恐惧和焦虑的生物学

人类和动物的恐惧相关行为十分相似，这使得我们能够在实验室哺乳动物和人类身上研究与恐惧有关的生理学。因此，与其他情绪相比，我们获得了更多关于恐惧和焦虑的生物学知识。这方面的研究工作揭开了恐惧背后的复杂性，显示它并非单一固定的状态，而是一套面对捕食者威胁时根据情境细节得出最佳反应策略的算法。

恐惧的复杂性体现在行为和生物以及这两者的关系上。先看行为方面，想象一下你深夜独自走在黑暗的小巷里，听见背后有脚步声。你回头一看，一个凶神恶煞的壮汉正在后面。你现在该怎么办？如果你很有信心——也许你的体格比对方更魁梧，或者你是世界级的格斗冠军，又或者前面就是一条繁华的大街——你可以继续走下去，加快点速度。如果你认为对方是个危险的家伙，而你发现对方好像还没有注意到你，你可能会僵在原地不知所措。如果对方开始朝你冲过来，你最好拔腿就跑。如果他抓到你，你可以还击、逃跑，或是哀求对方不要伤害你。有些研究者好奇，将所有这些反应都算作恐惧是否合理（Barrett, 2006）。

虽然行为方式多种多样，但它们都有可能让个体成功逃脱，最终结果取决于敌人当时距离的远近和敌人本身所具备的特性（Bracha, 2004; Fanselow, 1994）。当动物进入可能存在捕猎者的区域（比方说开放的田野或泉眼）时，虽然会做自己的事，但行动相对缓慢，而且始终保持高度的警觉。如果捕食者出现，但对方离得较远或是还没有注意到猎物，后者通常会僵在原地一动不动。在此期间，猎物的心率会大幅降低，但它的肌肉却保持紧绷，一旦被吓到，就会显示出强烈的惊跳反应（B. A. Campbell, Wood, & McBride, 1997）。如果捕食者开始靠近，交感神经反应就会立刻开足马力，心率急升、血压骤增，猎物将迅速跑动起来（Materson & Crawford, 1982）。

人类的恐惧模式与此类似。想象你参与了一项玩电子游戏的实验，游戏中有时会有赢钱的机会，有时也会面临输钱的风险。当你看到一张枪支图片盖过一系列其他图片，越变越大（相当于离你越来越近）时，除非你反应足够快，在枪支图片达到特定尺寸之前按下指定按键，否则你就会输钱。起初你密切关注着枪支图片，但它又小又远，你的心率就下降了。此时，你的惊跳增强效应达到了顶峰。随着枪支图片变大，你知道行动的时机即将来临，你进入高唤醒状态，负责"战或逃"的交感神经系统兴奋起来，为快速反应做好了准备（Löw et al., 2008）。综合多项研究发现，人类恐惧反应的这一变式包含了心率和呼吸频率的上升，流向肢体末端的血管收缩（导致手脚冰凉），以及出汗使得皮肤导电性增加（Kreibig, 2010）。

恐惧在脑部的表现如何？之前我们提到，恐惧感会增强对大噪声的惊跳反应，而这一惊跳增强效应似乎在一定程度上依赖于杏仁核的激活。我们在第6章详细介绍过，大脑两侧颞叶内部各有一个杏仁核。每个杏仁核接受视觉、听觉、其他感觉及痛觉的输入，还与记忆的重要结构海马体相连。所以杏仁核是将各种刺激与相应的危险后果联系起来的地方。而条件化恐惧——基于特定刺激与电击之间的联系而形成的恐惧——取决于杏仁核中的突触变化（Kwon & Choi, 2009）。

除了向海马体、前额叶（Garcia, Vouimba, Baudry, & Thompson, 1999）和其他脑区（Gifkins, Greba, & Kokkinidis, 2002）传递信息，杏仁核还将信息传递到脑桥及其他控制惊跳反射的脑区（Fendt, Koch, & Schnitzler, 1996）。因此，杏仁核可以基于目前的情绪状态适当调节惊跳反应的强度。把杏仁核看作"脑内的恐惧区域"过于简单了，因为杏仁核还参与了其他许多功能。不过，杏仁核的确是恐惧与惊跳增强效应这个综合系统中的一个重要部分。

有时候，看看影响脑功能的化学物质对情绪体验有何影响能够让我们获得不少有用的信息。减轻焦虑的药物一般称为抗焦虑剂（anxiolytics）或者镇静剂（tranquilizers）。其中最常见的一类生物化学物质叫作苯二氮䓬，包括地西泮、氯氮䓬、阿普唑仑。这些药物可通过注射使用，但通常是以药片的形式口服。它们的效果能持续几个小时，但持续时间不一。

抗焦虑剂主要通过促进神经递质γ-氨基丁酸（gamma-aminobutyric acid，简称GABA）的活动起效。γ-氨基丁酸是大脑中含量最多的抑制性神经递质。抗焦虑剂能产生一些类似于杏仁核受损后的情绪效应。例如，服用抗焦虑剂的人在识别他人面部表情时会出现困难（Zangara，Blair，& Curran，2002）。但是，不要把 γ-氨基丁酸理解成对抗恐惧的神经递质。因为 γ-氨基丁酸是整个脑部主要的抑制性神经递质，因此促进其活动的药物会抑制脑部的大部分活动，导致困倦、记忆损伤等多种效应。

其他化学物质也可以改变杏仁核活动。一种叫作胆囊收缩素的神经递质对杏仁核有刺激作用，与 γ-氨基丁酸的效果恰好相反（Becker et al., 2001; Frankland, Josselyn, Bradwejn, Vaccarino, & Yeomans, 1997; Strzelczuk & Romaniuk, 1996）。皮质醇和其他应激激素可增加杏仁核的反应性，而酒精会降低其反应性（Nie et al., 2004）。在这方面，酒精类似于镇静剂，可以降低焦虑水平，进而会减少社会抑制（如打消与陌生人接近的念头）。恐惧减少可能是人们饮酒后变得暴力的原因之一。正如我们所看到的，杏仁核活动不等同于恐惧，所以这些效应也不专属于恐惧。

个体差异：性别与遗传

有多少恐惧和焦虑最合适？视情况而定。你是住在一个邻里和睦、绿树成荫的街区还是生活在一个战火不断、朝不保夕的国家？你周围的人是亲爱友好，还是喜怒无常？即使你住在一个总体来说比较安全的环境中，有时候也会遭遇危险情境。当你深夜独自走在昏暗空旷的停车场里，或当你乘坐电梯时进来一个醉酒的陌生人，有点害怕是很恰当的。理想状态下，你有能力根据情况需要调整自己的恐惧水平。

在已知有关数据的所有国家中，女性都比男性报告了更多的恐惧和焦虑（Fischer, Rodriguez, Mosquera, van Vianen, & Manstead, 2004）。例如，女性对突然出现的大噪声表现出更大的惊跳反应，表明其基准焦虑水平更高（Grillon, 2008）。女性也更容易害怕各种动物，比方说蜘蛛（McLean & Anderson, 2009）。为什么会这样？潜在的解释不止一种。可能是因为女性相对男性体格较小，肌肉较不发达，相对比较容易受伤害，而且从整个人类演化历程来看也确实更容易受伤害。虽说男性更容易卷入公开的肢体争斗，但女性在其日常生活中则一直是众多微妙风险的威胁对象，而且比起男性，她们特别容易成为性暴力和家庭暴力的受害者。不过，焦虑的性别差异很早就出现了，未满 1 岁时就开始显露，那时个体还没有上述经历（McLean & Anderson, 2009）。动物中也存在类似的性别差异：在各种情境中，雌鼠都比雄鼠表现出更大的恐惧（Toufexis，2007）。（正如许多人害怕黑暗一样，大部分老鼠害怕光。）但是，男性和女性并非在所有情境中都表现出差异。例如，男性和女性对电击或者预示电击的线索有同等的恐惧反应。男性和女性形成社交恐怖症、幽闭恐怖症（对封闭空间的恐惧）以及害怕受伤的概率都差不多。

遗传差异也影响着形成焦虑问题的概率。个体之间在这方面的差异跨越几年甚至几十年仍然相当稳定（Durbin, Hayden, Klein, & Olino, 2007）。常常踢蹬或者哭闹的新生儿，在9~14月龄时相比其他小孩更容易被不熟悉的事物吓到（Kagan & Snidman, 1991）。长到7岁，他们在游乐场玩耍时也更容易害羞和紧张（Kagan, Reznick, & Snidman, 1988）。成年后，他们对任何其他人的图片都表现出强烈的杏仁核反应，尤其是陌生人的图片（Beaton et al., 2008; C. E. Schwartz, Wright, Shin, Kagan, & Rauch, 2003）。

上述纵向效果说明遗传起了作用，而其他研究则提供了更为直接的支持。惊恐障碍和恐怖症在与此类患者有亲属关系的人群里更常见，尤其是在近亲属（如同卵双胞胎）中（Hettema, Neale, & Kendler, 2001; Kendler, Myers, Prescott, & Neale, 2001; Skre, Onstad, Torgerson, Lygren, & Kringlen, 2000）。

另一类有趣的遗传研究围绕着焦虑和关节松弛综合征（joint laxity syndrome）之间的关系。患有关节松弛综合征的人比其他人更容易产生强烈的恐惧，以及形成惊恐障碍和其他焦虑障碍（Bulbena et al., 2004, 2011）。回顾第2章的内容，某一个基因突变可能产生广泛的效应。所以，焦虑特质和关节松弛可能受到了同一基因的影响。

我们将在第14章进一步考察恐惧和焦虑的个体差异，介绍极端的恐惧和焦虑如何破坏人们的正常生活。但是，并不存在理想的恐惧水平。尽管人们大体上向往勇敢无畏，但适度的恐惧可以避免我们陷入绝境，甚至可能是我们充分发挥自身潜力的标志。

愤怒

恐惧和愤怒有很多类似的地方。二者都是对意料之外的不愉快事件的反应，而且都涉及唤醒和强烈的生理反应。然而从研究者的观点来看，二者的差异也是惊人的。在实验室条件下诱发恐惧很容易，激起愤怒则很难。恐惧和愤怒的面孔和行为表达几乎没有重叠。与研究者将僵硬和惊跳易化当作恐惧的证据不同，尽管测量动物的攻击行为很容易，但那不太容易被视为"愤怒"。因此，与恐惧相比，有关愤怒的动物研究没那么丰富。对于英语母语者来说，**愤怒**（anger）指的是与受到伤害或冒犯的感觉有关的情绪状态，而且会引发个体去威胁或伤害冒犯者的欲求。Richard Lazarus（1991）曾提出，愤怒的核心关系主题是针对"我"或"我的所有物"的贬低性冒犯。

这一定义意味着，当我们感觉自己受到某种方式的攻击时，愤怒就产生了。研究者有时会借助3种不同类型的攻击来区分3种负面情绪。根据Paul Rozin和Jonathan Haidt团队的研究（Rozin, Lowery, Imada, & Haidt, 1999），愤怒是对侵犯自主权的反应。当某人拿走你的东西或者阻止你有权做的事情时，你会感到愤怒。厌恶是对破坏你的纯洁感或神圣感的反应。接触——甚至尝到——排泄物或蟑螂等，会把脏东西带进你体内。类似的，和某些品行不端的人来往也会威胁你对自身尊贵的感觉。鄙夷是对违背社会标准的反应。例如，你可能会鄙夷考试作弊的人，或者鄙夷行为配不上其社会身份的人。（某位明星醉酒后在一个重要的考古遗址脱下自己的裤子还试图翻过遗址的墙壁，结果被喝令马上离开。）

为了检验这一区分标准，研究者列出了一份侵犯自主权、破坏纯洁感或违背社会标准的行为清单。他们请美国和日本的大学生用愤怒、鄙夷或厌恶标记自己对这些行为的反应，并从图11.3中选择合适的表情。虽然参与者在给这些表情选择语言标签时经常搞混（Rozin, Taylor, Ross, Bennett, & Hejmadi, 2005），但他们通常针对侵犯自主权选择愤怒表情，针对破坏纯洁感选择厌恶表情，针对违背社会标准选择鄙夷表情（Rozin et al., 1999）。在这一节，我们将考察愤怒作为独立情绪类别的证据，而在下一节认识厌恶。

如何测量愤怒？我们可以使用可靠且有效的自我报告量表。情绪的标准定义包括认知、感受、生理变化和行动，因此一份好的愤怒自我报告应该测量引起愤怒的评估、愤怒的感受以及愤怒导致的行为（Martin, Watson, & Wan, 2000）。不少研究者使用《多维愤怒调查表》（*Multidimensional Anger Inventory*）（Siegel，1986）来测量这些要素。一类问题与你通常有多愤怒有关，另一类用于测量引起你愤怒的情境多样性。例如，毕业被延期、完成任务却得不到相应

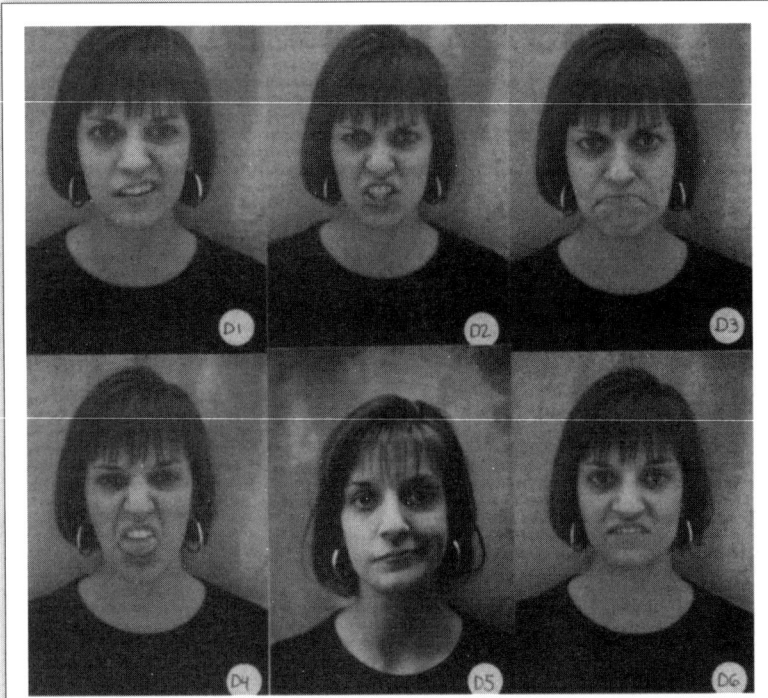

图 11.3 一组表情,作为面对各种类型攻击时的反应选项。D1 和 D5 表示鄙夷,D2 和 D3 表示愤怒,D4 和 D6 表示厌恶。一些参与者观看欧洲裔美国人面孔,而另一些参与者观看印度或者日本面孔。

的认可、不够资格的人对你发号施令等。第三类问题考察敌对态度,比方说一个人仅仅出现是否能够激怒你。最后一类问题则问你如何处理愤怒:你是否让对方知道你生气,或者你不动声色,只让愤怒烦扰自己?

使用最广的愤怒纸笔测量是《施皮尔伯格状态特质愤怒表达调查表》(*Spielberger State-Trati Anger Expression Inventory*)(Spielberger,1991;Spielberger,Jacobs,Russell,& Crane,1983)。和前面介绍的《状态特质焦虑调查表》一样,这一问卷可以用来区分当前的愤怒状态和长期的愤怒倾向。另一套测量工具则关注人们建设性地处理愤怒的能力。《建设性愤怒行为语言风格量表》(*Constructive Anger Behavior-Verbal Style scale*)可以由当事人自己填写,也可以由观察者或访谈者完成,因为他们一般不带主观偏见(K. Davidson,MacGregor,Stuhr,Dixon,& MacLean,2000)。通常,在这一问卷上得分高的人能够很好地处理应激情境,控制他们的愤怒。

Paul Ekman 等人发现,世界各地的人都能轻松识别原型的愤怒面孔(Ekman et al., 1987)。虽然愤怒表情可能在轻度到强烈之间变化,但其原型始终清晰。愤怒的人们睁大眼睛,眉毛下压并趋向额头中央,下眼睑提升并趋向内眼角,嘴唇绷紧。图 11.4 列出了几个例子。除了面孔的变化,身体姿势和嗓音的音调也会转变。在一项研究中,80% 的参与者识别出了提前录制好的来自愤怒的人的非言语声音爆点(比方说"啊"这样不含词汇的声音)(Simon-Thomas et al., 2009)。

研究愤怒的研究者还观察攻击行为。不过，不是所有的愤怒都会引起攻击，也不是所有的攻击都源于愤怒。在目前研究涉及的所有文化中，人们报告自己感到愤怒的时候，远远多于他们考虑使用暴力的时候（Ramirez, Santisteban, Fujihara, & Van Goozen, 2002）。心理学家区分了敌对攻击和工具性攻击。**敌对攻击**（hostile aggression）由愤怒产生，带有伤害他人的具体意图。**工具性攻击**（instrumental aggression）是为了获得某些东西或者达到某个目的而采取的有害或有威胁性的行为，比方说欺凌、盗窃、战争和捕猎等。人类的很多攻击行为都是工具性的。社会心理学家发现，正常、健康、善意的人们，有时如果权威人士要求他们去做，他们可以对自己从未谋面的人施加痛苦，甚至危及对方性命（Milgram, 1974）。攻击和愤怒当然有关联，但是把它们当作同义词则大错特错。

图 11.4　愤怒的表情。

研究攻击行为的一个难题在于，公开的争斗很少见，哪怕人们非常愤怒。就此而言，设置让参与者有可能真的伤害到他人的情境是不合伦理的。一种解决方法是，设置人们以为自己可以伤害他人的情境，但事实上不会发生任何损害。想象你参与了这样一个实验（Berman, Gladue, & Taylor, 1993）：你与一个从未见过以后应该也不会再见到的陌生人讨论事情，这个人多次轻视和侮辱你。然后你们分别进入两个房间，工作人员让你教对方学一些内容。你需要定时检查这个人的成绩，并在发现错误时按键给予对方电击来作为犯错的信号，但你可以通过按不同的按键来选择电击强度。

你以为自己给予了对方电击，事实上，那个人是研究者的同谋，所谓的电击并不存在。这个实验的关键是看你会选择多大强度的电击，好在不发生实际伤害的情况下测量人们采取攻击行为的倾向。与此类似的任务是，参与者可以通过按键拿走其他人的分数或钱（Moe，King，& Bailly，2004）。

心理学家开发出这类任务的许多变型，但是这类研究均带有以下缺陷：

- 规则允许人们进行攻击，甚至要求人们实施攻击。
- 参与者彼此陌生，过去没有关系，并且预期未来也不会有关系。
- 看不见攻击行为的对象。
- 在许多情况下，攻击对象没有报复的机会。
- 双方除了研究者设定好的攻击行为以外，无法相互交流。
- 我们不能确定攻击行为源于愤怒，其动机可能是竞争而不是敌对。

简而言之，传统实验室方法下产生的攻击行为并不像典型的攻击（Ritter & Eslea，2005）。但心理学家从看似远离现实事件的实验室程序中往往也能获得许多信息，所以我们也不能忽视这种类型的研究。当然，我们应该对它的缺陷保持清醒。

愤怒的价值

尽管大部分人认为愤怒是破坏性的，但它也具备自己的功能。展示愤怒就是其功能中的一个重要部分。你的短暂、温和、有建设性的愤怒表达可以告诉你的朋友、同事或另一半："嘿，这样伤人！别再这样做了。"感知力正常的人会察觉到你生气，接着道歉，更理解你的想法，并且将来会避免类似的行为。这样的交流能改善你的人际关系（Kassinove，Sudholdolsky，Tsytsarev，& Solovyova，1997；Tafrate et al.，2002）。人们会向表达中等程度愤怒的人让步权力和地位（Tiedens，2001），而在谈判中表达轻度愤怒的人更容易获得他们想要的（van Kleef，De Dreu，& Manstead，2004）。愤怒让人们了解你的底线和需求。对美国人而言，在合适的情形下，表达一点愤怒有时能够改善一次社会交往。但对日本人来说，在大多数情况下，表达同样程度的愤怒则是不恰当的，只会适得其反。

如果你预期将会和某人发生冲突，那么你是否想要变得愤怒呢？变得愤怒会有好处吗？在一项研究中，参与者被随机分配去玩攻击性的视频游戏（给贩毒集团当打手）或者非攻击性游戏（努力扩大世界和平）。在游戏开始之前，参与者可以选择听让人舒缓或者振奋的音乐，也可以选择回忆愤怒时的感受或者其他类型的感受。和玩非攻击性游戏的参与者相比，被分配到玩攻击性游戏的参与者在准备游戏时更倾向于选择回忆愤怒感受。而且，那些回想愤怒并且成功感受到了愤怒的参与者，在攻击性视频游戏中表现更好（在非攻击性游戏中则没有这样）（Tamir，Mitchell，& Gross，2008）。也就是说，当为对抗情境进行准备时，我们可能会选择感到愤怒，而且这有助于我们按照自己的意愿行事（van Kleef，De Dreu，& Manstead，2004）。

但是，与愤怒相连的收益也伴随着代价。对伴侣表示愤怒会损害爱情关系。而且，你表达愤怒的对象过后有可能找机会报复。在两项研究中，在谈判期间承受了研究者同谋怒火的参与者确实做出了较大让步，但当实验情境让他们为这一次的对手确定"下一次"的任务时，他们都选了不愉快的任务（L. Wang, Northcraft, & Van Kleef, 2012）。此外，如果你在谈判中发脾气，你的对手会更相信这是你的真实意图。如果对方认为你在假装发脾气以便达到目的，对方会变得更苛刻（Côté, Hideg, & Van Kleef, 2013）。

还要提醒人们的是，表达愤怒带来的好处对男性来说比较明显。如果男性显示愤怒并且别人感到其怒意是真实的，人们会认为是情境导致他生气，并且这是合理的。如果女性显示同样的情绪，人们容易进行特质归因，即"她这人脾气不好"或"她控制不住自己的脾气"等。幸运的是，当女性生气的情境原因直白地显示出来的时候，这种偏见就消失了（Brescoll & Uhlmann, 2008）。

愤怒和攻击的生物学

如果研究者发现过度愤怒和攻击的生理学基础足够简单就好了——比方说脑中某些突触过度活跃——然后我们只需找出一种药物抑制它，就可以关掉所有监狱，从此过上幸福的生活。难道不是这样吗？

可事实上，研究者没有发现负责愤怒或敌对攻击的单一生物机制。不过，他们发现某些人抑制攻击的机制有缺陷。攻击行为通常是冲动的，而冲动性的基础之一是前额叶皮层受损。前额叶特定部位损伤的人在类似"等会听到突然出现的声音时试着不要惊跳"指导语要求下，也不能抑制情绪表达。他们也更容易做出糟糕的赌博决策导致输钱，偏好即时的小额奖励而不是延迟的大额奖励。有爆发性愤怒史的人（包括冲动行凶的杀人犯）虽然没有脑损伤，但也表现出同样的行为模式（Best, Williams, & Coccaro, 2002; R. J. Davidson, Putnam, & Larson, 2000）。或许他们的前额叶皮层虽然完好，但不够活跃。

在躯体方面，愤怒会从受交感神经系统调制的多种生理唤醒上体现出来，比方说心率和呼吸频率的升高等。愤怒所伴随的生理状态在许多方面都和恐惧的情形类似，但也有一个稳定的区别。恐惧会导致流向肢体末端的血管收缩，让你手脚冰凉，而愤怒则会让血管舒张，让你双手发热（Cacioppo et al., 2000; Kreibig, 2010）。愤怒和交感神经兴奋之间的关系常用于解释人格特征中的高敌对倾向和心血管疾病之间的相关（R. J. Davidson et al., 2000）。但是，一些研究表明，是愤怒的表达方式而不是愤怒的体验本身能够预测健康问题。例如，Siegman（1994）推断，那些经常性且爆发性表达愤怒的有敌意的人，比较容易产生心血管问题，而经常感到愤怒却采取其他表达方式的人，出现心血管问题的风险较小。

在脑活动方面，特别是前额叶皮层的兴奋上，愤怒也和恐惧不同。在大部分负面情绪中，包括恐惧在内，右半脑的额叶都比左半脑的额叶要兴奋。而在积极情绪当中，通常的情形恰好与此相反（Wacker, Chavanon, Leue, & Stemmel, 2008）。虽然人们一直以来都认为这种对称性反映的是情绪效价，但现在研究者赞同它反映的是动机方向。我们在第 2 章介绍过趋近动机和回避动机，前者指的是朝向刺激移动的冲动，后者指的是从刺激附近撤退的冲动。一般来说，我们朝向积极的刺激移动，而远离讨厌的刺激。但是，愤怒在这方面似乎是个例外。不少研究表明，人们在愤怒的时候，左侧额叶皮层比右侧额叶皮层更兴奋，也就是呈现出了趋近模式（Harmon-Jones & Allen, 1998; Wacker, Heldmann, & Stemmler, 2003）。如果人们认为自己有机会就自己的怒气做点什么，比方说靠近那个激怒自己的家伙，那么这一脑活动模式就会愈加明显（Harmon-Jones, Sigelman, Bohling, & Harmon-Jones, 2003）。这一现象符合愤怒比恐惧更有可能包含主动感和控制感的观点。

个体差异：表达与管理

愤怒的个体差异大得惊人。在世界各地，男性报告的强烈愤怒感受和表达愤怒的频率都比女性要高（Fischer et al., 2004）。有权力的人表达的愤怒较多，而且人们通常认为表达愤怒的男性比表达悲伤的男性社会地位高（M. Sloan, 2004; Tiedens, 2001）。这些现象都符合一个观点，即愤怒部分取决于个体对自身控制力的评估。

在本节开头我们提到，通过与亲密关系或谈判关系中的对手沟通你的底线，愤怒可以是建设性的。但是，要使其有效，对愤怒的表达必须加以控制。过激的愤怒只能使别人暂时或永久远离你。所谓"一朝被蛇咬，十年怕井绳"，蕴藏着短暂的愤怒爆发会导致情绪创伤愈合缓慢这一观点。那些经常发脾气的人没有什么朋友，对自己的生活也不大满意（Robinson, Vargas, Tamir, & Solberg, 2004）。

愤怒管理训练指的是治疗师用来帮助人们控制自己不乱发脾气的方法。任何方法都是对那些真心想改变的人最有效，在愤怒控制方面尤其如此。所以，让人下定决心控制自己的愤怒是最关键的第一步。我们在下面列出了几种有效的训练程序，它们大体上都属于认知行为疗法（Dahlen & Deffenbacher, 2001; Ireland, 2004）。

认知重建

认知重建教会人们以不那么具有威胁或者敌对意味的方式重新解读事件，从而用比较冷静的想法替代容易激发怒意的想法。研究显示愤怒源于人们认为冒犯是故意的而不是意外，认知重建疗法的基础就在于此。

社会技能训练

与其他人的冲突是产生愤怒的一大原因，而冲突的原因之一则是糟糕的交流。治疗师将教人们识别他们什么时候开始愤怒，以及学会冷静下来再开口。他们也会教人们更清晰地把自己的要求传达给别人，以便他人满足这些需求而不是引发愤怒（Farmer, Compton, Burns, & Robertson, 2002）。

暴露疗法

有一种治疗恐怖症的常用疗法叫作系统脱敏：让害怕某个东西的人逐步接触这样东西，同时使其保持放松。这一程序同样适用于那些极其愤怒的人。教他们如何保持放松，然后逐渐呈现一些通常会诱发其愤怒的事件，让他练习在面对这些羞辱时保持冷静（Grodnitzky & Tafrate，2000）。

问题解决

问题解决的理念很简单：人们能找到办法解决问题的话就没什么理由愤怒了。例如，有愤怒问题的儿童可从学业辅导中受益。

以上每一种方法都试图通过改变情境或改变个体的评估来降低愤怒的强度。但要记住，愤怒并非一无是处，它究竟有害还是有益，取决于具体的环境以及人们的表达方式。

厌恶

英文中的"厌恶"一词"disgust"包含一个拉丁语前缀"dis"，意为"反面"，还包含词根"gustare"，意为"品尝"。厌恶指的是"因预期从口中摄入冒犯性的事物而感到的抵触"（Rozin & Fallon，1987）。厌恶意味着想要远离某些事物，尤其是让它们远离你的嘴，同时也排斥想到这些东西。厌恶的适应功能显而易见：排斥接触某人的排泄物或吃进肮脏、发霉、腐烂的食物——这就是所谓的**核心厌恶**（core disgust）——可以保护我们的健康。

和恐惧、愤怒一样，我们的许多厌恶反应来自后天习得，它们所反映的有关什么能吃什么不能吃的条件化联系和文化观念与直接的感官体验一样多。读一读这段话，"吐司底料上铺着上等的锹甲幼虫，其风味类似坚果，头部是略微松脆的口感，胸部和腹部则柔软而有嚼劲"（Boyle，1992，p.101）。现在你知道它们吃起来有多美味了，你是否想尝一尝？不想吗？为什么呢？你曾经吃过锹甲的幼虫吗？如果你从没吃过，那你是如何习得对它的厌恶的呢？对大部分西方人来说，昆虫及其幼虫意味着疾病。这样的文化习俗，再结合其他人想到吃这类美食时的反应，足以在缺乏直接体验的情况下引发强烈的厌恶。

人类在世界各个角落生活，这一点几乎任何动物都比不上，因此我们赖以为生的食物种类范围极其广泛。我们的祖先很难坚持一套固定的先天食谱模板，他们迁移到一个新地方之后必须灵活应对，尝试各种新的食物。但是，环境中也充斥着各种必须回避的毒物，它们和食物一样因地而异。大体上的指导原则似乎是天生具备的，比方说新生儿尝到甜味会微笑，尝到苦味会表现出不喜欢

（Steiner, Glaser, Hawilo, & Berridge, 2001）。还有，像我们在第 2 章提到的，油脂在全世界都受欢迎。但是人类也从生命早期就开始学习能吃和不能吃的食物种类（Turner & Thompson, 2013）。甚至在出生之前，胎儿就基于来自母亲食谱中的分子形成自己的食谱模板，而出生以后，婴儿也会从母乳中学习应该喜欢哪些味道（Mennella, Jagnow, & Beauchamp, 2001）。

从童年早期开始，大部分人就显示出所谓的"新食物恐怖症"，即对不熟悉的食物和味道的普遍性反感（Pliner & Slavy, 2006）。一方面，经历几次对新食物的安全暴露——哪怕是咖啡这种苦味饮料、蓝纹奶酪这种发酵食品或榴莲这种闻起来很可怕的东西——就能让新食物变得可口，甚至爱上它们。另一方面，人们吃了特定食物之后哪怕只发生一次呕吐也足以形成强烈的厌恶（Logue, 1985）。我们的身体有过一次污染的体验就会牢牢地给食物打上危险标记（Rozin & Kalat, 1971）。本书作者之一（Michelle Shiota）原本爱吃蜗牛，但是在一次痛苦的经历后连想都不愿意想起这种食物。

我们已经强调过认知评估在决定个体情绪反应中的重要作用，而它对厌恶的影响力尤其惊人。假设有人要求你闭上眼睛，闻一个装着"气味刺鼻的奶酪"的罐子。许多人将这一气味评为中等愉悦。接着你听见那人说："哎呀！这个罐子贴错标签了，这是呕吐物，不是奶酪。"你会立刻觉得这个气味很可怕！然后，那个人又说："哦，不好意思，我错了。我先前说的是对的，它确实是奶酪。"现在，你不知道应该相信哪个说法了，而且你也不知道你到底喜不喜欢那个味道（Rozin & Fallon, 1987）。

面对污染问题以及对厌恶的解决方案，人们会表现出某种"迷信思想"，并且其生理反应与此相符（Rozin, Millman, & Nemeroff, 1986）。例如，一块做成狗粪形状的巧克力和一块做成蛋糕形状的巧克力，即便人们明确知道二者所用材料都来自他们刚刚咬过并且很喜欢的一块巧克力，他们也不愿意品尝前者。假设研究者拿来一杯泡着蟑螂的苹果汁，问你是否愿意喝，你会怎么回答（图 11.5）？可能不会？为什么不会？如果研究者向你保证这只蟑螂经过了彻底消毒，绝对不含一丁点细菌呢？对大多数人来说，这样的保证毫无意义——只要想到蟑螂接触过自己的食物，人们就会拒绝吃。

Paul Rozin 及其同事指出，一个东西如果让我们想起我们的动物本性，就会变得令人厌恶（Rozin & Fallon, 1987; Rozin, Lowery et al., 1999）。也就是说，我们倾向于认为自己高贵、干净、纯洁，而粪便或血液会使我们想起自己的存

图 11.5 如果一只蟑螂经过彻底消毒后放进一杯苹果汁里，你愿意喝这杯苹果汁吗？

在中最不干净的一面。当动物在公共场合小便、大便、交配，或者做一些我们认为应该私底下做的事情时，一般也会让人觉得厌恶。

想到一些不能接受的食物就会发生的厌恶是初级厌恶，或者说核心厌恶（Haidt, McCauley, & Rozin, 1994）。但是，人们也会在比较宽泛的抽象意义上，有时是文化所特有的道德意义上使用厌恶这个词（Haidt, Rozin, McCauley, & Imada, 1997）。为了摸清这个词的全部意思，Haidt 及其同事（1997）请 20 个人描述了他们能够回想起来的所有强烈的厌恶体验，然后加以归类：

- 难吃的食物
- 身体的产物如粪、尿或鼻涕
- 不能接受的性行为，如乱伦
- 血污、手术和其他对于身体内部器官的暴露
- 违反社会道德，如纳粹、酒后驾车、伪君子、吃人血馒头的律师
- 昆虫、蜘蛛、蛇和其他令人抵触的动物
- 污垢和细菌
- 与死尸接触

那些对上述项目之一感到强烈厌恶的人也强烈厌恶其他项目，只有一种例外情形：针对酒后驾车、伪君子等"违反社会道德"的厌恶评分与对其他项目的厌恶评分相关程度不高（Haidt et al., 1994）。一种可能的解释是，当我们说我们对一些不道德行为感到厌恶时，实际上我们的意思是对它们感到愤怒或鄙夷（Marzillier & Davey, 2004）。

另一种选择是区分两种类型的厌恶：核心厌恶与生理污染的想法有关，**道**

德厌恶（moral disgust）与违背道德规条有关。研究显示这两种厌恶虽然有区别，但密切相关。例如，人们在尝到苦味食品，看到诸如粪便和虫子之类的照片以及在财务游戏里受到严重不公平的对待时，脸上出现的表情是相近的（Chapman, Kim, Susskind, & Anderson, 2009）。而且，与吃过甜味或中性味道的食物后相比，人们吃过苦味食物之后，对违背道德的举动会更加厌恶（Eskine et al., 2011）。因此，我们的道德厌恶反应可能是核心厌恶的延伸，以增强人们对社会和道德领域"不纯洁"的拒斥（Chapman & Anderson, 2013）。

厌恶的生物学

与厌恶相关的生理情况比恐惧或愤怒都要复杂一些（Kreibig, 2010）。一方面，由和污染有关的视频、照片或气味诱发的厌恶显示出稳定的交感神经活动增强：心率和血压上升、呼吸浅而快、出汗变多以致皮肤电导变大。另一方面，人们身上也体现出迷走副交感神经活动对心脏影响力的增强（比方说呼吸性窦性心律不齐增强）。胃部的电活动节律也受到干扰，由胃部肌肉收缩形成的电波变缓（Meissner, Muth, & Herbert, 2011）。意料之中的是，上述效应与反胃、呕吐以及厌恶联系在一起（Kreibig, 2010; Meissner et al., 2011）。

有趣之处在于，不同类型的厌恶刺激会引发不同的反应。留意一下，Haidt及其同事（1994）的厌恶刺激列表包含了血污、手术、尸体以及各种污染。血污的图像引发的生理变化和厌恶污染的情形有些相似，但心率会下降而不是上升（Shenhav & Mendes, 2014; Kreibig, 2010）。请注意，心率和血压骤降是血液恐怖症患者昏倒之前的特征（Öst, Sterner, & Lindahl, 1984）。Amitai Shenhav 和 Wendy Mendes（2014）提出，生理模式的这一区别反映出这是两种性质独特的情绪反应，哪怕研究者和外行人都习惯用厌恶来描述这两种情形。

目前为止研究者还没有找到一个堪称"脑中的厌恶区域"的地方。不过，在人们感到厌恶的时候，有一个脑结构会特别活跃。在 fMRI 研究中，研究者发现，闻到讨厌的气味和观看其他人的厌恶表情都激活了前脑岛皮层，或者简单些说就是脑岛（Phillips et al., 1997; Wicker et al., 2003）。这一效应在厌恶倾向比较强烈的人群中会更明显（Mataix-Cols et al., 2008）。

脑岛皮层与厌恶之间的联系十分有趣，因为脑岛皮层也是接受味觉输入的主要区域。但是，脑岛活跃并不只针对情绪（或味觉），而且在各种情绪中，脑岛活跃也不只针对厌恶。另一项 fMRI 研究发现，不仅在人们观看厌恶图片（呕吐物、蛆虫、脏兮兮的厕所、吃蚂蚱的男人）时脑岛激活会增加，而且在看恐惧图片（狮子、手枪、火灾、车祸）时也如此。杏仁核同样对这两类图片反应强烈（Schienle et al., 2002）。正如我们在第 6 章提到的，脑岛皮层在人们意识到自己的内脏感觉（如心跳以及胃部感觉）时会变得更活跃。所以脑岛皮层与厌恶有关，但也可能与任何涉及生理变化感知的情绪有关。

个体差异：发展与影响

厌恶是逐渐发展出来的，一些人的厌恶发展得比另一些人强。年纪不超过 1 岁，或最多 1 岁半的婴儿，几乎会把所有东西都放进嘴里，除非味道很糟糕，否则他们就会咀嚼并吞咽（Rozin, Hammer, Oster, Horowitz, & Marmora, 1986）。随着孩子不断长大，他们开始拒绝他们认为危险的食物，然后会拒绝他们认为脏了的食物。假设你倒了一杯苹果汁，在孩子喝之前先将狗的粪便放进去，孩子还会喝吗？即使是幼儿园的小孩一般也都会拒绝。拒绝粪便可能是人们最早学会的厌恶。（这一厌恶的形成过程是一个尚未解答的有趣问题。孩子是靠自己还是从家长那里学会了这种厌恶？）

如果说孩子拒绝喝含有狗粪的苹果汁，那么用勺把狗粪拿出来之后呢？7 岁以下的孩子通常会同意喝（不，研究者当然不会真的让他们喝）。稍稍大一点的儿童就不会喝了，但是他们可以接受你把这杯苹果汁倒掉，然后用这个杯子倒上新的苹果汁。再长大一点，孩子会强调在重新倒苹果汁之前要把杯子洗一下。而有些成年人则坚持要把玻璃杯扔掉（Rozin, Fallon, & Augustoni-Ziskind, 1985）。

成年以后，人们在厌恶方面会显示出非常明显的个体差异。研究者开发出了一套自我报告式的《厌恶量表》（*Disgust Scale*）用于测量人们对不同刺激的厌恶强度（Haidt et al., 1994）。还有一套工具是《知觉中的疾病易感性问卷》（*Perceived Vulnerability to Disease Questionnaire*），用来测量人们对周围各种潜在病菌源头的主观不适，以及对个体有多容易受到病菌感染的观念（Duncan, Schaller, & Parker, 2009）。厌恶表达的强度与人格特质中的神经质呈高相关（+0.45）（Druschel & Sherman, 1999）。神经质这个词容易被误解，但它不是指精神疾病，指的是更容易体验到不愉快情绪的倾向。换句话说，容易厌恶的人也容易悲伤和焦虑。厌恶同时还与人格特质中的开放性呈负相关（-0.28）。开放性指的是探索新机会的倾向，如尝试新的不常见的食物、艺术、音乐、文学类型等（Druschel & Sherman，1999）。研究显示，厌恶倾向和知觉中的疾病易感程度这两者都与群体内偏好密切相关，说明避免疾病可能是人类演化出针对群体外的负面偏差的原因之一（Navarrete & Fessler, 2006）。

个体差异还有一个有趣之处在于它反映出了核心厌恶与道德厌恶之间的联系。研究发现，在实验室条件下诱发厌恶会增强人们对多种行为的道德拒斥（Horberg, Oveis, Keltner, & Cohen, 2009）。那些政治态度比较保守的人对性和身体的纯洁性要求也比较严格（Graham, Haidt, & Nosek, 2009），而且大样本研究显示他们总体上的厌恶倾向也比较强（Inbar, Pizzaro, Iyer, & Haidt, 2012）。看起来，情绪以许多人们尚未察觉的方式塑造着我们的态度和观念，也被我们的态度和观念塑造着。

悲伤

在皮克斯动画电影《头脑特工队》（*Inside Out*）里，欢乐、恐惧、愤怒、厌恶和悲伤是5个生活在小女孩莱利头脑中的小人儿。莱利刚刚离开自己的朋友和过去的生活，搬家到了一个新的城市。欢乐是5个小人儿的首领，总是让莱利和其他几种情绪明确目标、鼓足干劲。恐惧、愤怒和厌恶也有自己的重要职责。恐惧负责维护莱利的安全，并帮助莱利找出她在新学校的第一天里任何可能出错的事情加以预防。愤怒负责让莱利坚定保护自己的权益。厌恶则确保莱利不会做出任何可能导致其他孩子瞧不起她或排斥她的事情。

唯有悲伤不同。悲伤小人儿总是垂头丧气，给大家泼冷水。即使是欢乐这样能干的领导者也不知道应该安排悲伤负责什么工作，只好用粉笔画了个圈，让悲伤待在里面不要出来搞砸莱利的重大日子。虽然这只是一部动画片，但在现实中，研究者也曾经为悲伤的功能而费解。按照 Richard Lazarus（1991）的看法，**悲伤**（sadness）是人们遭遇无法挽回的损失后做出的反应。

我们可以轻松识别出其他人的悲伤，而且悲伤在实验室条件下也很容易测量。人们可以报告自己的悲伤情况，也可以通过多种非言语的方式表达自己的悲伤。Ekman 及其同事（1987）发现，在世界范围内，有超过70%的人能够认

图 11.6 悲伤的面部和姿势表达很容易识别,当人们哭泣的时候更是如此。

出悲伤表情的原型。如果包含哭泣,识别率就更高了(Provine, Krosnowski, & Brocato, 2009;图 11.6)。哭泣常使得眼睛发红,因此红红的眼睛也属于悲伤的表现之一(Provine, Nave-Blodgett, & Cabrera, 2013)。悲伤和抑郁的人往往表现出垮塌的身体姿态,而且行动也比平时缓慢(Michalak et al., 2009)。人们对不包含语言内容的悲伤嗓音识别率也较高(Simon-Thomas et al., 2009)。

完全抛开心理病理学去理解悲伤会相当困难。事实上,用来测量悲伤个体差异的最常见问卷就是抑郁症状的测量工具《贝克抑郁量表》(*Beck Depression Inventory*)(Beck, Steer, & Carbin, 1988)。但不要忘了,人类之所以演化出情绪是因为它们能够增强我们远古祖先对环境的适应力,那么悲伤也必然具备某种效用。现在我们就来看看这个问题。

悲伤的价值

想要理解悲伤的价值,最好先考虑一下我们什么时候会体验到悲伤,以及这方面信息是否能够帮助我们解释目前为止我们对这种情绪的认识。引发强烈悲伤的常见情境包括与伴侣分手、所爱之人去世、孤身一人、重大目标未能实现以及承受超出自身应对能力的应激等(Keller & Nesse, 2006)。前 3 种情形都涉及失去或没有重要的人——即你曾经依赖其关爱与支持的人。人际联结的感觉对人类来说至关重要,对我们的灵长类近亲也是如此。这种感觉的根源是人类所具有的强烈社会性,以及人类祖先依靠家人和集体去完成各种基本生存任务的历史。如果我们的内部支持圈损失一名或多名成员,从演化角度来看,是十分严重的事件。

在实现重大目标时遭遇失败，则是另一类损失。如果你投入了大量的时间和精力，那就意味着这项努力的结果对你的福祉很重要。长期应激或许和这一威胁有关——如果你拼命投入了远远超出计划的时间和资源，那么你至少在某种程度上冒着失败的风险。失败不是什么好结果，而且根据你所做的投入，你可能面临新的博弈计划，不得不从头来过，好找出一些办法让自己能按时还房贷且不至于饿肚子。除了失败本身导致的资源或机遇损失，还可能出现社会损失。获得了成功的人比较受大家喜爱，而且会得到与此相配的较高的社会地位（Hogan & Hogan, 1991）。而失败会让我们在所爱之人和大众面前都丢脸。

遭遇重大损失的时候，我们需要做些什么？有人指出，此时联系那些支持性人际关系中的伙伴，让对方知道你需要帮助非常重要（Frijda, 1986; Keller & Nesse, 2006）。悲伤的行为——尤其是哭泣——可以让其他人来到我们身边，并引发他们的同情和关切（Hill & Martin, 1997; Sheeber, Hops, Andrews, Alpert, & Davis, 1998）。悲伤的这一用处可能在社会损失方面比在失败本身那方面要更显著（Keller & Nesse, 2006），但人们在遭遇失败、指责和躯体疼痛的时候也会哭（Vingerhoets, van Geleuken, Van Tilburg, & Van Heck, 1997）。因此，悲伤的一项功能可能是在个体需要的时候激发其他人的支持。

我们或许在某种程度上造成了自己的损失，所以我们必须努力判断自己哪一步出了错好避免将来再导致类似的灾祸（Keller & Nesse, 2006; P. J. Watson & Andrews, 2002）。但过分纠结于负面事件会带来麻烦，那些不断反刍自己的问题、损失和失败的人容易患上抑郁并持续抑郁下去（Nolen-Hoeksema, 1991）。不过，审慎分析情境的努力有助于我们下次做出更好的决策。悲伤的这一用处在我们遭遇失败或损失资源的时候会比较重要（Keller & Nesse, 2006），但这类行为在社会损失方面也有影响。（失恋之后，你不曾想过如果自己改掉哪个地方或许你们就不会分开了吗？）

大量研究显示，人们在伤心的时候，加工信息会比较认真、系统。例如，比起愤怒的人，悲伤的人较少依靠认知捷径，比方说感知新社交对象时使用刻板印象以及面对说服信息时采用启发式（Bodenhausen, Sheppard, & Kramer, 1994）。悲伤心境中的人也不大容易出现虚假记忆效应（Storbeck & Clore, 2005）。虚假记忆效应指的是参与者报告自己见过某个词，但实际上这个词只是和其他几个真正出现在记忆材料中的词在概念上有联系而已（例如"睡眠"就和"枕头""床铺""做梦"有关联)。悲伤还会让我们小心对待自己的人际关系。研究者发现,搞笑容易让参与者在资源分配游戏里变得比较自私,而悲伤的参与者通常比较公平地分配资源(Tan & Forgas, 2010)。虽然悲伤中的我们失去了一些东西,但悲伤也会推动我们更谨慎地对待那些留给我们的人和事。

悲伤的生物学

在生理上,悲伤与两种反应模式有关(Kreibig, 2010)。一种模式是,唤醒水平上升,并伴有交感神经兴奋的迹象,例如心率、血压和皮肤电导升高。这一模式往往出现在人们伤心哭泣以及所观看的影片中损失即将发生的时候(例如,角色和临终的家人交谈),而不大会出现在损失已经发生的时候。另一种模式则恰好相反,包含了心率和皮肤电导下降。该模式常见于参与者没有哭泣以及他们所观看的影片中损失已经发生的时候。

两种模式的区别能告诉我们什么?一种可能的解释是,悲伤包含一定的时间跨度,其性质会从即将受损的威胁性变为损失无法挽回的确定性(Kreibig, 2010)。损失尚未发生的时候,我们的身体可能会兴奋起来以便努力阻止它,而损失发生以后,最好的做法就是及时撤退,保存能量。另一种解释是,该生理差异与哭泣直接相联。或许在我们需要社会支持的时候——哭泣就是传达这个意思——我们的身体比较激动不安,而在我们想单独待会儿,考虑一下自己的损失的时候则不是这样。一种与此有关的可能性是,高唤醒的生理情形主要出现在遭受社会损失时,而低唤醒的生理情形则是对失败和物质损失的反应。不过,这几种观点尚未从研究中系统梳理出来,因此未来我们还需要明确找出每种生理情形的预测指标。

个体差异:衰老与丧失

目前研究对悲伤的个体差异了解比较少,比不上对其他负面情绪,但也获得了一些证据。在全世界范围内,女性比男性更容易报告自己抑郁,也更容易表达自己的悲伤,并且她们哭的也比男性多(Choti, Marston, Holston, & Hart, 1987; Fischer et al., 2004)。与悲伤有关的认知评估包含着控制力低这个特征(Scherer, 1997),而悲伤的表达传递出脆弱的意味,这一现象符合男性比较强势的典型性别角色分配。

悲伤的个体差异中有一个特别有趣的地方和衰老有关。虽然负面情绪（包括悲伤在内）的频率总体而言随着年龄增长而下降（Carstensen, Pasupathi, Mayr, & Nesselroade, 2000），但60岁以上人群对于某些刺激（例如描写某个角色遭受社会损失的影片）报告了较多的强烈悲伤（Kunzmann & Grühn, 2005; Seider, Shiota, Whalen, & Levenson, 2011）。另外，尽管情绪的生理反应似乎随着年龄增长逐渐变弱，但老年人在观看悲伤的影片时生理反应却比年轻人强烈（Seider et al., 2011）。这些年龄效应并没延伸到其他情绪中，比如厌恶。

为什么会这样呢？目前研究者提出了几种解释。一种解释是随着年龄增长，人们遭受失去的经历也变多，因此能够更深刻地理解它们的重要意义。这一解释意味着，年龄带来了评估损失方面的变化。另一种解释是，失去对老年人来说后果比较严重，因为老年人的社会网络通常会随着时间流逝越来越小，所以他们的悲伤感受会越来越强烈。无论哪种解释，悲伤的强度随着年龄增大而上升不一定是件坏事。老年人在实验室条件下的悲伤强度与较高的心理健康水平相关，而在中年人或年轻人当中则没有这种联系（Haase, Seider, Shiota, & Levenson, 2012）。在老年阶段，通过悲伤维系人际联结的能力可能是特别重要的。

我们不想透露《头脑特工队》的剧情，但我们可以告诉你，经过一番精彩的冒险之后，欢乐小人儿终于明白了悲伤在莱利情绪生活中的重要作用，特别是在莱利处理自己失去原来的朋友和熟悉的生活的时候。我们希望，你也会在自己心里给悲伤保留一个位置。

尴尬、羞耻和内疚

对于发生在自己身上或周围环境中的事情，人们会感到快乐、悲伤、害怕、愤怒、厌恶或者惊讶。引起这些情绪的事件都发生在外部世界。与此相反，我们在这一章里最后要讨论的这些情绪，反映着人们对自己的评估。如果你的实际表现低于自己或他人的预期，你会感到尴尬、羞耻或内疚。获得这些体验，依赖着你对自己的评价以及你在其他人眼中的形象，而无关外部事件和你之间的联系。鉴于此，这些情绪常常被叫作**自我意识情绪**（self-conscious emotions）。

尴尬、羞耻和内疚有很多共同点。它们都会使我们感觉很糟糕，它们都反映出我们认为自己做错了事，而且它们都会让我们想要以某种方式隐藏或逃避。在一项研究中，研究者使用 fMRI 监控参与者在阅读不同句子时的脑活动。这些句子有描述尴尬经历的（如"我的衣服在这个场合看起来不得体"），有描述内疚体验的（如"我没埋单就离开了餐厅"），此外还有描述非情绪事件的句子。结果显示，阅读尴尬句子时所激活的脑区与阅读内疚句子时所激活的脑区几乎完全一致（Takahashin et al., 2004）。

自我意识负面情绪的价值

研究者普遍认同尴尬、羞耻和内疚的功能彼此相关：它们帮助我们修复因犯错而损害的人际关系（Keltner et al., 1997; Tangney, Miller et al., 1996）。我们应该把它们视为三种不同的情绪吗？抑或它们只是同一种情绪的不同说法？研究者做了不少的努力，尝试梳理它们各自的成因和特性。其中一个方法就是单纯询问参与者什么时候会感受到这几种情绪，看他们所报告的情境是否属于不同类型。在一项研究中，调查员让美国大学生回想他们最近一次尴尬、羞耻或内疚的经历（Keltner, 1996）。调查结果发现，与尴尬体验联系最多的经历有：

- 糟糕的成绩或表现
- 身体笨拙（如：绊倒或把东西弄洒了）
- 认知错误（如：想不起某个熟人的名字）
- 不恰当的外形（如：当其他人都穿着正式的时候自己却穿着随意）
- 对隐私的无意侵犯（如：碰巧在别人脱衣服的时候开门）
- 被取笑
- 惹人注目（成为众人关注的焦点）

与此相对，与羞耻联系最多的经历如下：

- 糟糕的成绩或表现（与尴尬一样）
- 伤害了别人的感情
- 撒谎

- 未能达到他人的预期（如：绩点很低并因此让父母失望）
- 未能达到自己的预期

与内疚联系最多的经历有：

- 未能履行责任（如：承诺了的事情没有做到）
- 撒谎、作弊或偷窃
- 疏忽了朋友或所爱之人
- 伤害了别人的感情
- 对伴侣不忠
- 未能遵守减肥计划

正如你所看到的，引起尴尬、羞耻、内疚体验的经历在某种程度上有重叠。大学生参与者要么把糟糕的表现作为尴尬的原因，要么作为羞耻的原因，而伤害其他人可能会引发羞耻或内疚。对此，一个合理的结论是：尴尬、羞耻和内疚彼此之间重叠覆盖，就如红色、橙色和黄色这三者的关系一样。但是，我们也可以看出它们之间的不同点。尴尬并不一定意味着你做了不道德的事情。尴尬往往出现在某人因为一个可以理解的错误、一次意外甚至是一件积极的事情而导致公开场合发生某些不幸，由此突然成为众人关注焦点的时候。羞耻和内疚则出现在你辜负众望或你伤害了别人的时候。我们还能进一步区分内疚和后悔：如果你伤害了他人，你会感到内疚；如果你只是伤害了自己，你会感到后悔（Zeelenberg & Breugelmans，2008）。

但这些都只是研究者的主观印象，来自阅读对许多具体事件的描述后感受到的共同点。另一个区分这些情绪的方法是，考察和它们有关的表达方式，看看是比较相似还是比较相异。尴尬的面部表情（图11.7）明显区别于羞耻和内疚

图11.7 尴尬的典型表现。

的表情。当大学生观看人们表达尴尬和羞耻的照片时，他们正确归类的次数超过一半（Keltner, 1995）。正如我们在第 3 章所看到的，印度东部的奥里雅语中使用同一个词——lajya——来代表尴尬和害羞两种情绪。情绪词无法区分两种情绪，但只要表情与情境相匹配，当地人就能区分两者（Haidt & Keltner, 1999）。然而，人们并不能很好地区分羞耻和内疚的表情（Keltner, 1996）。羞耻或内疚的表情包括眼睛下垂和弯腰驼背，与尴尬表情相似。但是人们尴尬的时候可能会带有一点难为情的笑容，而感到羞耻的人不仅不笑，并且可能会嘴角下沉（图 11.8）。

如果说羞耻和内疚的诱发事件相差不大，而且它们的表达也相似，那如何区分它们呢？二者的区别似乎在于人们如何解读当前的负面事件（Tangney, Miller et al., 1996）。研究表明（Niedenthal, Tangney, & Gavanski, 1994），当你认为自己不好或不配时容易感到羞耻，此时你对负面事件的归因是向内、稳定且全方位的。当人们回想自己感到羞耻的经历时

图 11.8　羞耻或内疚的表情反映出个体犯的错比尴尬时更严重。

常常会说："要是我不那么愚蠢就好了。"而当人们回想自己感到内疚的经历时则会说："要是我没那么做就好了。"你对负面事件的归因仍然向内，但侧重于这件事和当时所采取的行动。用自我报告测量羞耻和内疚倾向时也发现了类似的区别：参与者阅读一份情境描述，然后评定在此情境下他们对自己的感觉有多糟糕，以及在多大程度上希望自己曾经做出不同的举动（Tangney, 1996）。结果显示，自己糟糕和举动糟糕的评分之间存在正相关，但相关系数并未达到足以将羞耻倾向和内疚倾向等同的程度（e.g., Covert, Tangney, Maddux, & Heleno, 2003）。

据此，我们可以给出初步定义：**羞耻**（shame）是当一个人做错了事，并在对此加以解释时侧重于自身整体、一贯的不足时感受到的情绪。与此相对的是，如果你认为某一行为很糟糕，但不涉及你是一个怎样的人，那么此时你

比较容易感到内疚（Tangney，Wagner，Hill-Barlow，Marschall，& Gramzow，1996）。**内疚**（guilt）是个体失败或犯了道德上的错误，但侧重于如何弥补以及如何避免再次犯错时的情绪体验。即使到了现代社会，内疚仍然发挥着它的作用：它针对错误施加惩罚，并且推动个体为弥补伤害而努力（Amodio, Devine, & Harmon-Jones, 2007）。你或许已经猜到，那些不容易感到内疚的人往往比较自私，不为其他人考虑（Krajbich, Adolphs, Tranel, Denburg, & Camerer, 2009）。尽管羞耻的表达可能帮助我们的祖先免受其损害对象的攻击，但如今看来它的这种作用已经不那么明显了。

尴尬的生物学

在各种负面情绪中，研究者对尴尬、羞耻和内疚的生理情形所知最少，不过也有一项生理反应很突出。尴尬的表现中最独特的一点就是脸红，即流向面部、颈部和上胸部的血液在短时间内大量增加。脸红是一种标志性的反应。即使狗和其他什么动物能够感到尴尬的话，也从没有人报告目睹了动物脸红。假设它们真的脸红了，但它们的面部被皮毛覆盖着，想必其他的狗或无论什么动物也没法看到这一反应。因此，脸红或许独属于人类的演化历程（Edelmann, 2001）。

如果我们承认人类演化出脸红的倾向以便向他人传达歉意信号，仍然存在一个问题：这种表达在我们的远古祖先身上有多显眼？虽然我们大体上推定情绪表达是为了帮助人类交流内心状态而演化出来的，但这种观点对脸红来说行不通。大部分人类学家都认为，原始人是皮肤黝黑的非洲人，即使脸红也很难看出来。

尽管上述问题尚未解答，但我们多少了解一点人们在什么时候以及为什么会脸红。在一项研究中，参与者要在工作人员面前完成一份令人压力很大的测验，接着进行一项自我表露任务，在该任务期间，工作人员要么一直戴着眼镜和参与者保持目光接触，要么离开房间。所有的参与者在测验期间都脸红了，这一现象符合焦虑诱发脸红的观点。但在自我表露任务期间，只有和工作人员保持目光接触的人脸红，即便他们报告的焦虑水平低于另一种实验条件下的参与者（Drummond & Bailey, 2013）。这说明仅仅成为其他人的关注焦点也可以引发脸红反应。

证据显示，脸红有助于拉拢其他人站到我们这边来，即使在我们犯了错以后。在一系列研究中，参与者阅读有关某人犯错的小故事，然后观看一张照片，照片中的人要么做出尴尬的表达，要么做出羞耻的表达。在一部分照片中，此人脸红了，在另一部分照片中则没有。虽然故事里的人犯的是同样的错，但参与者评价脸红的当事人比没脸红的当事人更讨人喜欢（Dijk et al., 2009）。

自我意识情绪的个体差异

有几种常用的尴尬自我报告量表，包括《尴尬能力量表》（*Embarrassability Scale*）（Modigliani，1968）和《尴尬易感性量表》（*Susceptibility to Embarrassment Scale*）（Kelly & Jones，1997）。这些量表简要描述各种情境，让参与者评定他们在这些情况下会感到多大程度的尴尬。但这样做有一个问题，"你会感到多大程度的尴尬"意味着会和其他人放在一起比较，但参与者并不知道他们该如何与其他人相比较。而且，只有当他们多次完成这些量表，他们的答案才能稳定下来（Maltby & Day，2000）。

和其他负面情绪的自我报告情况类似，尴尬量表的得分与人格量表中的神经质得分高度相关（Edelmann & McCusker，1986; Maltby & Day，2000）。尴尬的易感系数则与社交焦虑、羞怯和孤独都存在正相关（Neto，1996），与人格测验中的外倾性和自尊则存在负相关（Edelmann & McCusker，1986; Maltby & Day，2000）。在社会情境中比较自信的人不会经常感到尴尬，即使感到尴尬自己也能很好地处理。缺乏自信的人经常会觉得自己犯了社会性错误，哪怕他们并没有做错。这些发现符合尴尬帮助人们在犯错之后修复人际关系的观点。社交方面的小瑕疵对自信且外向的人来说没有什么威胁。

人格中的羞耻倾向和内疚倾向与人们的社会互动方式有着不同的联系。容易羞耻的人比起容易内疚的人有更多人际关系问题。他们体验到的愤怒和社交焦虑也更多，并且较少体验到共情（O'Connor, Berry, & Weiss, 1999; Tangney, Burggraf, & Wagner, 1995; Tangney, Wagner et al., 1996）。其中，与愤怒相关这一点非常有趣并且值得深究。为什么那些感觉自己不好的羞耻倾向的个体，会容易对他人感到愤怒？为什么内疚倾向的个体没有受到这种影响？前面已经提过，羞耻倾向的个体容易把负面后果归因于自身整体、持续的缺陷，也就是说对此他们无力控制。他们会强烈地感受到他人的不认可。与此同时，由于羞耻倾向的个体感觉自己无力控制事件的结果，所以他们可能会觉得这种不认可对自己是不公平的。因此，他们比较容易对来自他人的否定感到愤怒。相反，内疚倾向的个体认为责任主要归于自己所采取的行动，并且对于自己是否会重复那些举动感到有较多的控制力。与这种解读一致的是，面对假设中的人际关系问题，内疚倾向的人比羞耻倾向的人提供了较多建设性的解决办法（Covert et al., 2003）。

总　　结

在本章开头，我们询问过如果可以给自己的后半生下单一份理想情感的话，你会选择体验哪些情绪。读完这一章，你下单的内容有变化吗？几乎没有人想要一直悲悲戚戚，但我们希望你可以接纳一些负面情绪体验。生活中有起有伏，那些快乐的时刻才更激动人心。缺少负面情绪也意味着你一直生活在保险区之内。当你尝试新事物，拓展人生的疆界时，你就会感受到恐惧、厌恶，或许还有尴尬之类的情绪了。而且，如果你从来没有负面情绪，说明你对自己生活中邂逅的人、奖赏和机遇都不曾认真投入。只要去爱，就得冒着失去的风险；只要去尝试，就得冒着落败的风险。尽管有风险，但是对人、奖赏和机遇的投入，为人们提供了一生中的大部分意义感。最后，愤怒、尴尬、羞耻和内疚等负面情绪，给我们的人际关系导航，让我们和我们人际关系中的伙伴获得良好的待遇和尊重。

在我们逐一讨论具体情绪时，共同的议题浮现了出来。一个议题是，情绪——甚至是恐惧、厌恶、悲伤这样的"基本"情绪——也并非千篇一律或一成不变的。在每一类情绪中，研究者都识别出了不那么独立的亚型，其依据有的是诱发情境，有的是生理反应或行为表现。在某些情况下，这些亚型反映的是情境的自然进程，就好比一个捕食动物起初离得很远，然后越来越近。在另一些情况下，这些亚型反映的是一大类问题的不同版本，比方说社会损失和失败就是两种丧失。同理，由污染、血腥场景以及违背道德的举动所引发的情绪状态也既有相似，又有不同。这些亚型是否应被看作相同或不同的情绪，在某种程度上是未来研究的课题，也是一个语义学问题。无论如何，有关其相似性和不同点的假设可能会推动重要的研究。

另一个议题是，将情绪归结为仅仅源于人类天性或仅仅基于后天学习都是不合理的。不少证据都表明，演化历程为我们可能遭遇到的特定类型的威胁——捕食者、毒物、人际冒犯——提供了模板，但人们要根据自身经历或观察所得来对这些模板填充具体内容。例如，我们能够迅速学会什么刺激预示着身体受损以及什么食物会导致疾病，而且终生难忘。这意味着，与其考虑在先天和后天之间二选一来解释人类的情绪，不如努力去弄清这两股力量交互作用的复杂方式吧。

关键术语

愤怒（anger） 与受到伤害或冒犯的感觉有关的情绪状态，而且会引发个体去威胁或伤害冒犯者的欲求。

焦虑（anxiety） "可能会发生坏事"的宽泛预期，并且没有找到任何具体的危险。

核心厌恶（core disgust） 针对诸如粪便、腐烂的食物或不干净的动物等威胁你身体纯洁性的物品产生的情绪反应。

恐惧（fear） 对感知到的具体危险的反应，这些危险要么针对自己，要么针对所爱之人。

内疚（guilt） 个体失败或犯了道德上的错误，但侧重于如何弥补以及如何避免再次犯错时的情绪体验。

敌对攻击（hostile aggression） 由愤怒产生，带有伤害他人的具体意图。

工具性攻击（instrumental aggression） 为了获得某些东西或者达到某个目的而采取的有害或有威胁性的行为。

道德厌恶（moral disgust） 因违背道德规条而引发的厌恶反应，与身体纯洁性无关。

预备学习（prepared learning） 假设人和动物演化出了学习某些事情（包括恐惧）比其他事情更容易的先天倾向。

悲伤（sadness） 遭遇重大且无法挽回的损失后产生的情绪反应。

自我意识情绪（self-conscious emotions） 诸如尴尬、羞耻和内疚等依赖着个体对自己的评价以及个体在其他人眼中的形象的一类情绪。

羞耻（shame） 当一个人做错了事，并在对此加以解释时侧重于自身整体、一贯的不足时感受到的情绪。

社交焦虑（social anxiety） 仅针对社交互动情境产生的强烈焦虑。

惊跳增强（startle potentiation） 与安全情境相比，威胁情境使得惊跳反应变大的效应。

思考与讨论

1. 对于本章探讨的每一种情绪，回想你自己体验到它们并且其结果有益于你的一次经历。其益处符合还是不符合本章所介绍的功能？接下来，回想你自己体验到这些情绪并且其结果有害于你的一次经历。两种情境有何区别？

2. 面部表情把我们的感受、评估和行为倾向传达给其他人。传达我们的恐惧对我们有什么好处？什么时候最好隐藏我们的恐惧而不是表达出来？

3. 研究者发现，人们在家里比在工作中更常表现出愤怒（Bongard & al'Absi, 2003）。你能对此提出一种解释吗？这一现象有可能随文化而改变吗？如果可能的话，第3章中提到的哪些文化变量可以调节这种现象？

4. 众所周知，幼儿是挑剔的食客。用你在本章中厌恶一节了解到的内容来解释这一现象。基于这些信息，你会给为孩子挑食而烦恼的父母提供哪些建议？

5. 大多数对情绪与认知关系感兴趣的研究者并不区分由社会损失引发的悲伤和由失败引发的悲伤。根据在这两种情境中怎样反应最有效，就悲伤的两种变式如何产生相似的认知影响以及如何产生相异的认知影响，提出你自己的假设。

延伸阅读

Ekman, P.（2007）. *Emotions revealed: Recognizing faces and feelings to improve communication and emotional life*（2nd ed.）. New York, NY: Owl Books.

一篇对各种负面情绪的性质与功能的详尽分析，由基本情绪理论的代表人物撰写。

Kashdan, T. & Biswas-Diener, R.（2014）. *The upside of your dark side: Why being your whole self, not just your "good" self, drives success and fulfillment*. New York, NY: Plume.

一篇对负面情绪在人们心理健康方面所发挥的重要作用的深刻分析。

Miller, R. S.（1996）. *Embarrassment: Poise and peril in everyday life*. New York, NY: Guilford.

由专门研究尴尬的研究者撰写的一篇涵盖有关议题和研究的精彩综述。

Rozin, P., Lowery, L., Imada, S., & Haidt, J.（1999）. The CAD triad hypothesis: A mapping between three moral emotions（contempt, anger, disgust）and three moral codes（community, autonomy, divinity）. *Journal of Personality and Social Psychology*, 76, 574–586.

一篇阐述了愤怒、厌恶、鄙夷三者区别的重要论文。

第12章

幸福感和积极情绪

你人生的首要目标是什么？对于这一问题，许多美国人会回答："开开心心的。"西方的功利主义哲学认为，追求幸福和快乐的行动过程就意味着高尚的道德："所有利益相关者的最大幸福，是人类行为正确且恰当的目标，而且是其唯一正确、恰当并普遍欲求的目标。"（Bentham，1780/1970，p. 11）

是否有人不认同追求幸福是生活的首要目标呢？或许如此，但即便不考虑语言差异，"幸福/快乐/高兴"（happiness）一词在不同文化中也有着不同含义。亚洲的许多文化比较重视履行家庭和社会责任而产生的满足感和认可，北美地区则偏爱兴奋激动和获得成功（Tsai，2007; Uchida & Kitayama，2009）。

什么使人幸福？为什么有时幸福的感受持续很久但有时又很短暂？幸福的人是否比不幸福的人更高产也更成功？幸福感到底是什么？它能发挥怎样的作用？它是一种情绪还是更像一种态度或特质？如果幸福感是一种情绪，那么还有其他积极情绪吗？

由于人们对于如何快乐而满足地生活非常感兴趣，研究者花费了大量的努力来研究这些问题。但是这方面的研究才刚开始，比有关愤怒、恐惧和抑郁的研究迟了许多。出现这一延迟的原因之一在于，心理学家将大部分的时间和精力都用来帮助人们克服或控制他们的愤怒、恐惧和抑郁。大部分人都想要更加幸福，但一般来说他们只会在必须停止不幸福时才寻求心理学的帮助。而另一个原因在于，相比其他情绪，幸福感更难以界定和测量。

幸福感是一种情绪吗?

恐惧和愤怒是情绪的典型例子,但幸福感算不算情绪则不那么一目了然。让我们试着用第1章中提到的标准来界定幸福感:

1. 情绪是对刺激的反应。 幸福感可以是对一个事件的反应,比如赢了一场比赛或是获得一次称赞,但很多时候人们感到开心并没有什么明确来由。同时,幸福感或者说满足感比恐惧、愤怒等典型情绪持续时间要长,在某种程度上它更像是一种人格特质。如果你因为一些事件(比如获奖)而开心,这种情绪会随着时间而消退,但那些没有特定原因而感到开心的人往往一直快快乐乐的。研究者跨越数年多次调查了成千上万人对自己整体生活满意度的评价,发现大部分人的评分年复一年保持稳定(Cummins, Li, Wooden, & Stokes, 2014)。

2. 情绪是生理、行为和主观感受变化的复杂序列。 许多研究显示,伴随幸福感产生的生理变化不如愤怒或恐惧那么明显(Cacioppo et al., 2000)。恐惧会使个体僵硬或逃离,而愤怒使个体战斗或至少做好战斗准备。但幸福感会诱发个体怎样的行为呢?虽然Ekman等人的研究(1987)发现了与真实的幸福感相联系的一种独特的微笑,但情绪研究者仍未能找出其具体的功能性行为。

3. 情绪是一种对环境的功能性应答。"功能性"在这里的意思是适应环境。但幸福感如何帮助我们生存?幸福感所能为我们带来的身心健康效益并不像恐惧、愤怒和厌恶带来的那么立竿见影。

简单来说,幸福感——至少在生活总体满意度这个意义上——并不符合情绪的大部分标准定义。在第11章,我们区分了情绪特质,即心境和情感的长期倾向,以及在一个特定事件中体会到的短期的情绪状态。尽管"幸福"一词既可以描述特质也可以表述状态,但大多数外行人和研究者比较常用它来形容特质而不是形容状态。为了避免混淆,研究者在探讨这一特质时常常使用**主观幸福感**(subjective well-being)这个说法,它指的是个体对自身生活愉悦程度、有趣程度和满意程度的评价(E. Diener, 2000)。幸福特质较强的人也会有情绪糟糕的时候,但他们可以迅速恢复过来(E. Diener & Seligman, 2002)。人们往往描述拥有幸福人格的人是情绪稳定、认真、值得信赖的,并且他们要么能够控制情境，要么能够尽力控制自己（DeNeve, 1999; DeNeve & Cooper, 1998）。

主观幸福感的测量

如果说幸福感是一种特质而非一种情绪，那么我们在第 1 章中介绍的许多有关测量情绪的理论前提就不适用于它。不少研究者将幸福定义为生活满意度高，体验到各种积极情绪的倾向强，体验消极情绪的倾向弱（E. Dienern & Diener, 1996; E. Diener, Suh, Lucas, & Smith, 1999）。这些特点反映着情绪的认知和感受方面。虽说幸福感的生理反应和行为也与此关联，但很难从生理反应和行为表现去界定幸福感（它们甚至不一定是幸福感的必备要素）。因此，针对幸福感的研究主要依赖于自我报告。

最常用的幸福感测量问卷之一就是《生活满意度量表》（*Satisfaction With Life Scale*）（Pavot & Diener, 1993）。这一量表要求人们根据以下陈述符合自身情况的程度从 1（非常不同意）到 7（非常同意）给予评分：

- ☐ 在很多方面我的生活都接近我的理想状态。
- ☐ 我的生活状态极好。
- ☐ 我对我的生活很满意。
- ☐ 目前为止我从生活中得到了我想要的重要东西。
- ☐ 如果我可以重新活一次，我几乎不会改变任何东西。

《生活满意度量表》通常独立使用，但有时也会与《积极和消极情绪日程表》（*Positive and Negative Affect Schedule*）（D. Watson, Clark, & Tellegen, 1988）结合使用。《积极和消极情绪日程表》包括 20 个条目，每个条目都是一个单词。该问卷要求参与者对每个词语是否符合自己在某段时间内（可以是一天、一周、一个月、"一般来说"或任何其他时间单元）的感受从 1 到 5 给予评分。20 个条目中有 10 个条目是消极词语，比如"害怕""沮丧""痛苦"以及"羞耻"，构成了消极分量表；另外 10 个则是用来测量积极情绪的，如"热情""有兴趣""有决心""激动""受鼓舞""警醒""活跃""强大""骄傲"以及"专心"，构成了积极分量表。为了将这 3 个小量表结合起来，研究者对它们的分数取平均，将各个量表的评分转换为 Z 分数——原始分数减去平均分再除以标准差，令各个量表的分数都均值为 0 且标准差为 1——并把所有负面情绪的分数乘以 -1（这样一来分数越高就意味着情绪越好），然后再对 3 个 Z 分数取平均，从而使得 3 个小量表的得分在最终得分里所占权重相等。

与幸福感被描述为一种特质相符，这一问卷并不一定用来测量情绪，至少不是许多情绪研究者眼中的情绪。"热情"和"骄傲"似乎对应着某些情绪，但"强大""警醒"以及"有决心"又怎么说呢？这些是人们想要的品质，如果你感到强大、有决心和警醒，你很可能就会感觉很棒。许多研究者同意，积极分量表测量的是高能量水平和总体上的积极心境，因此它是测量特质性幸福感的理想选择。

另一种测量幸福感的办法是经历采样。比方说你随身携带一个设备，它会不定期发出声音提醒你记录此时此刻你正在做什么，你有多开心等。这一方法能够很好地测量你平均来说有多快乐。不过，这种方法会漏掉那些与人们生活意义感有关的内容。具体而言，父母——特别是那些孩子还比较小的家长，会报告许许多多给孩子换尿布、安抚哭闹的孩子或其他并不愉快的事件。然而，长期看来，大多数人都形容为人父母是自己人生意义感和目标感的最佳来源（Lyubomirsky & Boehm, 2010; S. K. Nelson, Kushlev, & Lyubomirsky, 2014）。愉悦的经历并不等同于有奖赏感的经历（White & Dolan, 2009）。

虽说所有针对幸福感的研究都依赖于自我报告，但自我报告存在严重的局限性。如果你昨天在 7 点量表上给自己的幸福感打 5 分，而今天打 6 分，那就意味着你今天比昨天更幸福。但如果你今天打 6 分的同时另一个人给自己打 5 分呢？那可不一定意味着你更幸福，因为每个人对量表的用法不一样（Bartoshuk, 2014）。举个例子，在美国，保守主义者给自己的幸福感评分高于自由主义者给自己的幸福感评分，可是自由主义者的笑容比较多，在言谈中使用积极情绪词的次数也比较多（Wojcik, Hovasapian, Graham, Motyl, & Ditto, 2015）。也就是说，自我报告并不总是与行为指标相匹配。

哪些因素可以预测幸福感？

一个令人惊讶的发现是，在相对繁荣的国家里，大部分人都报告自己总体上是幸福的——也就是在从非常不幸福到非常幸福的量表上的得分高于中间水平（Cummins et al., 2014; E. Diener & Diener, 1996）。一些心理学家提出，随着人类进化，幸福感已经成了我们的"默认设置"（Buss, 2000）。总的来说，幸福的人比不幸福的人更高产，并且更可能在竞争中获得成功从而获得繁衍后代的机会。比起一个不快乐的配偶，难道我们不会更希望选择一个快乐的配偶吗？根据这样的推理，幸福的人比较容易将自己的基因传递下去（Buss, 2000）。如果是这样，那我们中大多数人的遥远祖先生前都是成天乐乐呵呵的人，而且我们所继承的基因也让我们倾向于感到幸福。然而，即使在报告自己幸福的人当中，仍然有一部分人比其他人感到更加幸福。那么，什么因素可以预测这些差异？什么因素又不能预测这些差异呢？

如果我们想要知道什么使人幸福，最直接的方法就是去问他们。这种方法虽然远远谈不上完美，但却是我们唯一可用的办法。这个问题有两种问法，一是"什么使你幸福？"，二是"什么会使你更加幸福？"，不同的措辞会带来不同的结果。本书作者之一（James Kalat）在他的心理学导论课堂上用这两种问法非正式地对学生们进行了几次调查。在每一次调查中，一半的学生读到的问题是第一种措辞，而另一半的学生却是第二种措辞。对于那些读到"什么会使你更加幸福？"的学生，最常见的回答可归为以下几类：

- 更多的钱或财富
- 一份好工作和有保障的未来
- 一个新的男友或女友，或者跟现任感情变得更好
- 在学习上有更好的成绩
- 有更多的睡眠时间

与此相对，以下是针对"什么使你幸福？"这一问法的一些常见回答：

- 朋友和家人（目前为止最常见的回答）
- 男友或女友
- 成功或成就感
- 休息放松
- 参加运动，有活力
- 享受大自然

- 音乐和幽默
- 让他人幸福

注意两者的对比：人们说会让他们更加幸福的事情都是可能会发生在他们身上的事情，而大部分让他们感到过幸福的事情则是他们自己的行为或是对一些易于获得的事物（朋友、家人、自然）的欣赏感激。

针对美国中年人的一项系统调查则发现，大部分参与者认为他们生活满意感的主要来源就是与家人和朋友的关系。其他常见的答案还有身体健康、经济保障、自我成长、满意的工作以及单纯享受生活中的各种活动（Markus，Ryff，Curhan，& Palmersheim，2004）。人际关系对于幸福感的重要性不只出现在西方文化中。纵观世界各地，主观幸福感都可以用来自亲密关系的支持感和来自广泛社会的信任感有效预测（Oishi & Shimmack, 2010）。

人格：幸福感的自上而下理论

亚伯拉罕·林肯有一句名言："大部分人的幸福与他们追求幸福的决心相当。"这样说对吗？幸福感在多大程度上取决于我们自己，而在多大程度上又是生活中各种事件的产物呢？

这一区别有时可以表述为"自上而下"对"自下而上"，前者意味着你的人格决定了你的幸福感，而后者则意味着生活事件决定着幸福感（Heller，Watson，& Ilies，2004）。心理学家最初认可自下而上假说：美好的生活事件会使你幸福，而糟糕的生活事件则让你不幸福。在某种程度上，这一观点是正确的。一系列的愉快事件可以建立起一种总体上的积极态度，从而帮助你处理偶然的不愉快经历（Cohn, Fredrickson, Brown, Mikels, & Conway, 2009）。但是许多人在面对生活中的事件时要么总是比较开心，要么总是不怎么开心。

幸福感的一个重要决定因素是个体天生的倾向或人格。我们现在有多开心可以很好地预测我们在未来的许多年内会有多开心（Pavot & Diener，1993; D. Watson，2002）。一个涵盖了数百项双生子研究的元分析估算出主观幸福感的遗传性约为 0.40，也就是说幸福感的个体差异中有 40% 可以用人们的遗传基因来解释（Nes & Røysamb, 2015）。不过，研究者并不期待能找到决定幸福感的单个基因。毫无疑问，许多遗传因素在其中共同发挥着作用。

人格中的哪些方面可以预测幸福感？外向性是其中之一。外向性和特质性积极情绪之间的相关关系非常强，以至于有些研究者提出它们可能拥有共同的神经基础（Depue & Iacono, 1989; Gray, 1970）。一些研究者推测，多巴胺活动可能是二者的联系所在。但研究显示，人格外向性和影响多巴胺活动水平、多巴胺受体数量的基因以及其他类似变量之间的联系并不稳定。因此这一假设尚未得到证实（Wacker & Smillie, 2015）。

相比之下，社会关系在从人格特质到主观幸福感的转换过程中所发挥的重要作用则比较清晰。那些经历了较多社交互动的人和那些享受亲密、充实人际关系的人，报告的幸福感总是高一些（DeNeve, 1999; E. Diener, 2012）。目前已知，社交满意度可以解释外向性和特质性积极情绪之间正相关关系中的很大一部分。另外，一项实验研究要求参与者在和其他人互动时举止变得更加外向，或是不那么外向。结果发现，那些在人际交往中举止更加外向的参与者，无论其本来的人格特质如何，都更加享受实验中的人际互动，并且从中体验到了更多积极情绪（Smillie, Wilt, Kabbani, Garratt, & Revelle, 2015）（图 12.1）。也就是说，如果人们天生不那么外向的话，假装外向也是有用的。人际关系似乎也能解释其他人格变量对幸福感的效应。宜人性、尽责性和低神经质都与较高的主观幸福感有关（Soto, 2015）。这些人格变量同样也预示着较高的婚姻满意度（Malouff et al., 2010）。高外向性和低神经质则可以预测归属感（Malone, Pillow, & Osman, 2012）。

大部分围绕人格与主观幸福感之间联系的研究，都只进行单次问卷施测，因而无法确证人格因素是否导致了主观幸福感（反之亦然），也无法确证是否有其他原因导致了这两者。在一项样本量超过16000人的研究中，Christopher Soto（2015）在多个时间点测量了这两类变量，从而考察某一时间点的人格是否能够预测从此时到下一时间点之间主观幸福感的变化，或反过来是否成立。虽然这并不是实验，但通过这样的方式，研究者

图 12.1 外向者报告的主观幸福感往往比内向者要高，而这可能是由于社交中的行为不同造成的。

可以在一定程度上探测到因果关系的方向。结果显示，那些外向性、宜人性和尽责性较高并且低神经质的人，不仅在一开始时比较幸福，而且在整个研究过程中都比较幸福。但与此同时，另一发现更加令人吃惊，即幸福感也可以预测人格的变化。那些在研究调查初期比较幸福的人，会随着时间流逝变得比较内向（虽然他们起初比较外向）、宜人、尽责且情绪稳定（也就是低神经质）。因此，人格和幸福感之间的关系并不遵循单一方向，而是复杂且动态的。

影响幸福感的生活事件

主观幸福感在某种程度上算是一种人格特质，但不完全等同于后者。人们所经历的事件也会让主观幸福感发生变化，只是这些变化持续时间不长。那些带来极度欢乐的事件会让整体幸福感出现短暂的波峰，随后便会下降。例如，人们的生活满意度通常会在新婚时上升，但过了一年左右就会恢复到婚前的水平，子女出生所带来的变化也与此类似（Luhmann, Hofmann, Eid, & Lucas, 2012）。

让幸福感长期下降比让它长期上升要简单一些。例如，受伤致残会让生活满意度立即下跌，而且其中大部分人的生活满意度多年后仍然没有恢复（Lucas, 2007）。另外，如果你失去了一份你很看重的工作，即在你的整个职业生涯中可以让自己引以为傲的那种工作，那影响也会很糟糕。一项涵盖了24000名德国工人的研究显示，他们的生活满意度在失去工作后急剧下降。虽然随着时过境迁生活满意度有所恢复，但平均而言，15年后仍然没有恢复到失去那份工作之前的水平（Lucas, Clark, Georgellis, & Diener, 2004）。

另一个强有力的影响因素是因离婚或死亡而失去配偶（Luhmann et al., 2012）。一项长期研究让参与者在许多年里反复报告自己的生活满意度（E. Diener & Seligman, 2004），结果见图12.2。

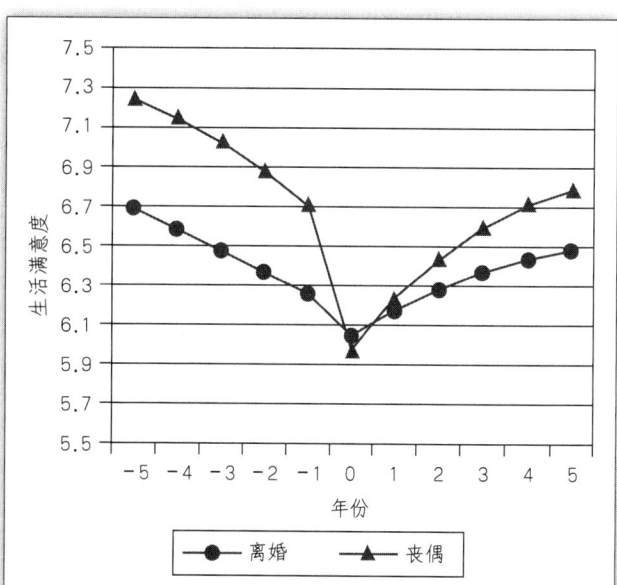

图12.2 参与者所报告的生活满意度在因离婚或死亡而失去配偶之前逐步下降。虽然失去配偶之后，生活满意度会稳步上升，但不太容易恢复到原有的最高水平。E. Diener & M. E. P. Seligman, 2004, *Psychological Science in the Public Interest*, 5, 1-31.

研究者把失去配偶者的数据单列出来，以年度 0 表示他们经历这一丧失的年份。图 12.2 中有几点发现值得注意。第一，生活满意度在失去配偶之前的数年中逐步下降，这可能是因为最终离婚的那些参与者婚姻状况正在恶化，而最终丧偶的那些参与者配偶健康状况正在恶化。第二，总体来说，丧偶的人比起离婚的人在经历丧失之前和经历丧失之后都要幸福一些，但在丧失发生时两类人的幸福感差不多。第三，生活满意度在失去配偶之后会缓慢恢复，但平均而言没有回到失去配偶之前的最高水平上。上述结果当然不会适用于每一个人，有些人恢复得非常好，而有些人持续低沉。

财富与幸福感

当被问到什么会使他们更开心时，许多人回答"更多的钱"。如果你相信更多的钱可以让你幸福，你大概需要多少钱呢？根据一项调查研究的结果，每年赚 25000 美元的人认为，50000 美元可以让他们幸福；每年赚 50000 美元的人则认为，有 100000 美元就够了；而赚 100000 美元的人认为，他们需要 200000 美元……诸如此类（Csikszentmihalyi, 1999）。没什么人会觉得自己钱赚够了，但我们可以看看比较富裕的人是否也比较开心。研究者采用许多方式考察了这一问题，但却得到了不一样的回答。

一种考察方式是：当人们获得财富时，他们会变得更幸福吗？在人们刚刚彩票中奖时，他们会报告自己的幸福感特别高。但是在几个月之后，他们的幸福感就下降到了平均水平（E. Diener et al., 1999; Myers, 2000a）。不过，这一结果的意义还不能完全确定。一种明显的解释是，钱并不能买到幸福感。在某种程度上，经历了奢侈的人能够从简单、日常的生活中体会到的快乐可能逐渐变少了。另一种可能性则是，人们确实更幸福了，只是他们的参照标准也变了，也就是说，如今 7 点量表上的"4"分已经不是几个月前它所代表的意义了。

另一种探索财富与幸福感关系的方式是进行大规模调查。早期研究发现，财富与幸福感的相关很低，大约只有 0.20。长期以来，心理学家都认为，财富对幸福感并无明显的影响。但是大部分这类研究中都存在范围受限的问题：如果你只在可能的取值范围中测量一小群体，你就很难发现你所关注的变量有任何作用。你可以这样想：如果你想知道随着人慢慢变老，人会变得更快乐还是更难过，那么你可以通过只调查青少年就得出结论吗？当然不行！年龄在 13 岁到 19 岁之间的人身上发生的变化并不能告诉我们从 9 岁到 99 岁的人身上发生的事情。如果我们想知道财富与幸福感的关系，而我们调查的样本却围绕着中等收入人群，就会带来同样的问题。略低和略高的中等收入人群之间的差异无法解释哪一类人比较幸福（E. Diener, Tay, & Oishi, 2013）。但是如果我们考察的收入范围更广，我们就会发现，最富有的人报告的幸福感平均来说显著高于最贫困的人（Lucas & Schimmack, 2009）。幸福感与绝对财富有关，与相对财富也有关。换句话说，一定数量的财富，当你"比下有余"的时候带给你的幸福感，高于你拿着它"比上不足"的时候（Boyce, Brown, & Moore, 2010; R. H. Frank, 2012）。

财富的这一效应在研究者调查不同国家人们幸福感时表现得最为显著（Inglehart, Foa, Peterson, & Welzel, 2008）。总的来说，来自富裕国家的人报告的生活满意度高于来自贫穷国家的人。但是，其他变量在其中也发挥了重要作用。在弱势群体得到善待、男女相对平等的国家，人们的幸福感也比较强（Basabe et al., 2002）。如果一个群体的富裕建立在剥削另一个群体的基础上，那么迟早所有人都会因此遭受不幸。另外，虽然贫穷国家的人们总体上报告的生活满意度较低，但是他们报告的生活目标感和意义感却较高（Oishi & Diener, 2014）。这或许和贫穷国家往往也笃信宗教有一定联系。

至此，我们可以得出一些初步的推论：与心理学家曾经的想法相反，平均来说，富人确实容易比穷人更快乐。但是，由于中等收入群体内部财富差异较小，所以这一效应并不明显，只有在研究者考察的财富差异范围很大时，这一效应才最突出。令人担忧的是，人们的幸福感似乎维系于自己和世界上最富有的群体之间的差距有多大，仿佛只有那些人过的才是"好日子"（Becchetti, Castriota, & Giachin, 2011）。全世界的顶级富豪越是富有，其他人对生活的期待就越会升高，同时也伴随着难以实现这种期待时的失落。

幸福感的其他相关因素

还有其他一些因素与幸福感这种特质相关。因为大部分这类研究都采取相关设计而不是实验设计，所以我们并不能得出因果结论，但这些发现可以指引我们今后的研究方向。像我们之前提到的，比起亲密关系（亲近的家人和朋友）较少的人，亲密关系较多的人会报告自己比较幸福。平均来说，已婚人士比未婚者更幸福（DeNeve，1999），而且，和通常的印象相符——婚姻和美的人比婚姻不睦的人更幸福（Carr, Freedman, Cornman, & Schwarz, 2014）。在大学生当中，有亲密恋人和亲近朋友的人比没有这些依恋关系的大学生更幸福（E. Diener & Seligman, 2002）。对此，一种很明显的解释是友谊和爱情对人有益。一项前后测研究发现，年轻人结婚之后报告的应激水平降低了（Coombs & Fawzy, 1982）。另一项纵向研究发现，婚姻可以导致长期的幸福感增加，这种效应虽然没有出现在所有人身上，但确实有一部分人获益（Lucas, Clark, Georgellis, & Diener, 2003）。

但我们也可以想想另一种巧妙的解释：幸福的人比不幸福的人更容易吸引朋友和配偶，建立起持久的依恋关系，走进婚姻并白头偕老（Lyubomirsky, King, & Diener, 2005）。幸福的人也更容易拥有比较幸福的朋友。一项研究发现，当一个人变得幸福，几个月内他的许多朋友也会变得幸福，再过一段时间，这些朋友的朋友也会变得幸福（Fowler & Christakis, 2008）。幸福似乎是会传染的！亲密关系和幸福感之间的相关反映出二者相互影响：幸福感促进亲密关系，同时亲密关系又会增加幸福感。

一般来说，健康的人比不健康的人更幸福（DeNeve, 1999; Myers, 2000a）。大家都赞同生病会让人不幸福。但是，这种相关有可能也反映了另一个方向的影响：幸福可以降低患病的风险。报告了较高的主观幸福感的人后续往往显示出较好的健康状况，特别是在心血管方面（Boehm & Kubzansky, 2012）。这一效应似乎部分来源于幸福的人一般生活方式也比较健康，但也有一部分原因可能是主观幸福感对生理因素直接产生正面影响。

有宗教信仰的人比没有信仰的人要幸福（Myers, 2000a; Myers, 2000b）。由此产生一种自然的推测是，宗教可以为人们提供目标感、困境中的舒适感以及稳定感。但是，这一效应只出现在大家都可以参加宗教仪式的地区（E. Diener, Tay, & Myers, 2011; Gebauer, Sedikides, & Neberich, 2012），这说明宗教主要是通过协助人们建立社交网络来促进生活满意度的。个人内心信奉宗教或单独进行宗教仪式对幸福感没有什么影响（C. Lim & Putnam, 2010）。

对几乎所有人来说，控制感都是很重要的，觉得自己有控制感的人会比其他人更健康也更快乐（Lachman & Firth, 2004）。比起其他人，幸福的人往往有着自己的生活目标（Csikszentmihalyi, 1999; E. Diener et al., 1999），而他们的典型目标一般包含着采取各种方式让世界变得更美好的内容。只有一种目标不能稳定预测幸福感，那就是挣钱。一项研究调查了超过 12000 名美国大学生的人生目标，并追踪其后续情况。平均而言，那些对于挣大钱最有兴趣的大学生，19 年后最不幸福。他们大部分没有变成富人，因此他们感到不幸福可能是因为没实现自己的目标，而不是目标本身导致的（Nickerson, Schwarz, Diener, & Kahneman, 2003）。而那些立志让世界更美好的大学生则通常感到自己至少在一定程度上正在实现目标。

虽然拥有目标很重要，但能够放下无法达到的目标也同样关键（Wrosch, Scheier, & Miller, 2013）。某个重要的目标不可能达到，认清这一现实会引发挫败感和强烈的丧失感。那些能够从无法实现的目标中后撤，并树立新目标的人，报告了较低的痛苦水平和较高的特质性积极情绪（Wrosch et al., 2013）。

你猜长得好看的人会比其他大多数人更幸福吗？如果你长得好看，许多人都会对你微笑，邀请你参加派对，默认你是个不错的人，并且和善地对待你（Eagly, Ashmore, Makhijani, & Longo, 1991）。根据调查研究，好看的人对自己的婚恋关系比一般人更满意，但在其他方面并没有比一般人更开心（E. Diener, Wolsic, & Fujita, 1995）。但是，一项涵盖了数百名参与者的纵向研究显示，外形吸引力的影响比较全面。那些根据中学毕业年鉴照片被评价为外形吸引力较高的人，几十年后报告的心理幸福感也较高（N. D. Gupta, Etcoff, & Jaeger, 2015）。尽管效应量不大，但控制了经济地位和心理能力等潜在的混淆变量后，仍然在统计上达到了显著水平。

那么天气呢？它的作用很明显。如果你刚刚过完一个多云阴冷极度糟糕的冬季，而今天阳光明媚暖意融融，你就很有可能评价今天的自己比平常更开心（Denissen, Butalid, Penke, & van Aken, 2008; Keller et al., 2005）。但是，一项涵盖了一百多万名参与者的研究发现，当前的天气情况对人们的生活满意度分数没有什么影响（Lucas & Lawless, 2013）。生活在阳光明媚的美国加利福尼亚州居民平均来说并不比生活在冬天漫长而寒冷的密歇根州居民更幸福（Schkade & Kahnemann, 1998）。显然，人们会适应自己的生活环境。或者，加利福尼亚州居民与密歇根州居民所报告的相同分数可能具有不同的意义。

你认为受过良好教育的人比没有受过良好教育的人更幸福吗？这个问题的答案更复杂。受过良好教育的人往往从事着比较有挑战性的工作，收入较高但压力也更大。当研究者比较收入和压力相近，只有教育水平不同的人时，发现人们的积极情绪没有什么区别（Mroczek, 2004）。也就是说，教育本身对幸福感并无影响。但是，教育和"兴趣"存在显著的相关，而我们认为"兴趣"也是一种积极情绪（Consedine，Magai，& King，2004）。受过良好教育的人兴趣通常也比较多样化。

有一点对于想要更加幸福的人们来说可能很关键。研究显示，发生在你身上的事件不如你自己做的事来得重要（Lyubomirsky & Layous, 2013）。一项研究比较了近期境遇改善（比方说分到了讨人喜欢的室友）和活动改善（比方说加入了新的校园社团）的大学生。那些分到新室友的大学生幸福感只提高了一阵子，而那些加入新社团的大学生持续报告幸福感上升，直到学期结束（Sheldon & Lyubomirsky, 2006）。

一项具体的有利活动是"数一数你得到的恩惠"。研究者发现，如果人们每周一次抽点时间列出 5 件让他们感激的事情，他们的生活满意度、乐观倾向和总体健康水平都会上升。并且研究者建议每周只进行一次这样的活动，而不需要多次。因为如果你每天或隔天就记录下你的感激，你就会逐渐陷入记录重复内容的流程，而不再认真对待这个任务了（Emmons & McCullough, 2003）。

另一项有益于提高幸福感的活动是帮助他人。研究者在早上给学生一些钱，并告诉其中一部分人把这些钱花在自己身上，而告诉另一部分人（随机选择）用这些钱为他人准备一份惊喜。到了下午，学生们回到研究者这里报告自己的感受。你觉得你会更喜欢为自己花钱还是更喜欢为别人花钱？大部分人都猜想他们会更喜欢为自己花钱，但事实上为其他人购买了惊喜礼物的学生报告自己更开心（E. W. Dunn, Aknin, & Norton, 2008）。根据人格特质对幸福感的影响，任何能够改善我们人际关系或者提醒我们人际关系价值的事物都可以让我们感到幸福。用一句中国谚语来说：如果你想快乐一小时，那就打个盹；如果你想快乐一整天，那就去钓鱼；如果你想快乐一整年，那就继承一份财富；如果你想快乐一生，那就善待他人吧（图 12.3）。

图 12.3　善待他人有助于提高我们的幸福感。

积极情绪的拓展—建构理论

目前为止我们都将幸福感作为一种心境而非情绪来进行讨论。情绪研究者普遍对于是否真的存在可以与恐惧、愤怒等相对应的积极情绪表示怀疑。许多年来，研究者都有很好的理由不去考虑把幸福感作为潜在的基本/离散情绪。对于像恐惧、愤怒、厌恶甚至爱这样的情绪来说，都很容易找到它们在增进身心健康方面的作用。但幸福感如何增加你的基因在后代中的散播呢？在第 2 章中我们已经明确指出幸福感本身并不能带来适应性。在一些情况下，研究者提出，积极情绪的作用就是帮助我们消除负面情绪所带来的身体上和行为上的后果，也就是将积极情绪与轻松等同起来（Fredrickson & Levenson, 1998; Lazarus, 1991）。除此之外，这一问题真的把研究者难住了。

研究者 Barbara Fredrickson（1998）提出，我们应该用一种不同于消极情绪的方式来考虑积极情绪的效果。消极情绪会激发即时的行动以规避环境中的威胁，从而达到增进健康的作用。她推测，积极情绪可能通过改变我们看待周围世界的方式，帮助我们获得有益于未来发展的信息和资源来达到增进身心健康的目标。根据拓展—建构理论，积极情绪可以拓展注意范围，使我们更容易发现环境中的机遇，并提升我们行为的灵活性，从而最大化这些机遇带来的好处。

有许多研究支持了这一笼统的假设。在一项研究中，Fredrickson 和她的同事 Christine Branigan（2005）采用电影片段来诱发参与者快乐、满足、愤怒、焦虑和中性的情绪。接着，他们对参与者进行了一系列的测试，测试项目类似下图：

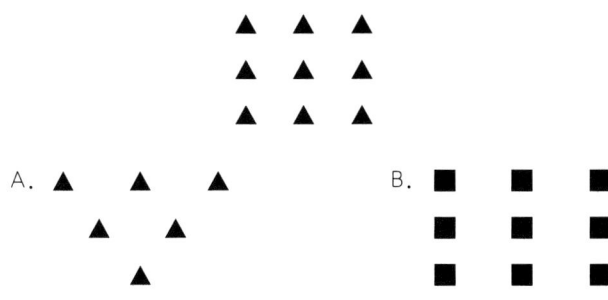

参与者的任务是快速看一眼上一排的图样，然后决定下排的 A 和 B 两个图样哪个跟它更接近。尽快做出反应，不要深思熟虑，你的答案应该出于直觉。你会选择哪一个，A 还是 B？

研究者认为，选 A 说明你的注意力被上排图样的局部特征（小三角形）吸引，而选 B 则表明注意力被它的总体结构（正方形）吸引。刚观看过诱发快乐或满足情绪的影片的参与者选 B（以及其他测试项目中的类似选项）的概率很高，这表明积极情绪使他们的注意力偏向于总体特征而非细节特征。

其他研究也发现，积极情绪带来的许多认知效果都与全局思维和开放心态有关。一般来说，相比于其他种族的面孔，人们更容易识别自己种族的面孔（即所谓的"他们看起来都长得差不多"现象）。但一项研究发现，这种偏向会在诱发了积极情绪之后降低（K. J. Johnson & Fredrickson，2005）。另一项研究则发现，在一个月的时间内，在日记中报告了较多积极情绪状态的人，其特质性生活满意度也会有比较明显的提升，而出现这一效应的原因在于个体的心理弹性或处理应激的能力增强了（Cohn et al., 2009）。

这些研究凸显出积极情绪的一个共同特点：它们可以帮助我们更好地运用周围环境中出现的各种机会。这是否意味着只有一种积极情绪，而且它只具有一种功能？并非如此。根据 Fredrickson 等人的观点，不同的积极情绪可能会有更具体的功能，并涉及可以观察到的不同行为，以及不同的认知效应（Fredrickson, 1998; Shiota et al., 2004）。接下来，我们将简单讨论一下潜在的基本 / 离散积极情绪状态。

存在多种积极情绪吗？

目前为止，我们一直将积极情绪作为一个单一而笼统的分类来考察。但是，研究者越来越重视不同积极情绪之间的区别。在前面几章中，我们介绍了一些研究，有的从非言语表达方面（第 5 章），有的从自主神经系统活动方面（第 7 章）比较了几种积极情绪。在这两方面，各种积极情绪状态之间都显示出了明确的差异。根据基本 / 离散情绪理论，人类演化出情绪是为了协助处理与适应性有关的各种问题，换句话说，情绪以自己的方式帮助我们的祖先提升其基因在后代中的分布。研究者认为，消极情绪主要帮助我们处理威胁以维护身心健康，而积极情绪主要帮助我们抓住机遇以促进身心健康（Fredrickson, 1998; Shiota et al., 2004）。现在我们就来看看一些候选的基本积极情绪以及已有的证据。

热情：对奖赏的预期

当我们期待快乐的经历时，我们会体验到**热情**（enthusiasm），这是一种在期待获得奖赏时产生的愉悦感受。假设我们可以安排你所挑选的电影明星给你送上一个美妙而浪漫的吻，你会希望现在就得到还是在一周以后再得到？大部分人希望延迟这个吻（Loewenstein, 1987），这可能是因为他们希望享受期待这个奖赏的过程。（反过来，如果你必须做某些令人痛苦的事，你情愿现在马上做掉它。）研究者也惊奇地发现电视节目中间插入商业广告实际上使人们更享受这个节目。为什么？因为在插播广告时，人们在期盼节目继续，而当节目继续上演时，人们就会比插播广告之前更享受这个节目（L. D. Nelson, Meyvis, & Galak, 2009）。

对即将到来的奖赏产生愉快的期待，这一反应如何提升人们的适应性呢？难道我们不应该希望立刻获得奖赏吗？关键也许就在这里。我们首先察觉到环境中出现了某种奖赏，例如树上挂着美味的果实，河里流过清凉的饮水，或者（如果从捕食者的角度来看的话）草原那一边有一只肥美的兔子。但看到不等于得到，获得奖赏需要采取行动，付出努力。而且，如果那个奖赏逃跑或反抗（比如你捉兔子的时候）的话，你需要做好快速奔跑甚至打斗的准备，否则你就会饿肚子。而这样肯定会影响你的身心健康。

在动物中，这一反应仅针对少数刺激：想吃的食物、交配的机会，以及动物们（在实验室里通过经典条件反射）已经掌握的预示着食物或交配的种种信号。我们在第 6 章介绍过伏隔核，这一脑结构被公认为奖赏环路的一部分。当动物感知到奖赏即将到来的时候，伏隔核会变得非常活跃（Berridge & Kringelbach, 2013; Floresco, 2015）。当收获意料之外的奖赏时，伏隔核也会变得活跃，而当预期中的奖赏没有出现时，伏隔核则不那么兴奋，这说明它参与了基于概率预测奖赏的学习过程（S. M. Cox et al., 2015）。如果损毁这一结构或用药物干扰其活动，动物主动追求奖赏的兴致会大大下降（Floresco, 2015）。

和上一章探讨的各种负面情绪类似，热情这一情绪反应在人类身上的表现也十分灵活，可以由食物之外的多种奖赏引发（图 12.4）。在针对人类参与者

图 12.4 人类和动物都会在预期获得奖赏时体验到热情。食物是典型的奖赏刺激，但其他类型的奖赏也可以引发热情。

的 fMRI 研究中，伏隔核及其相关结构在许多奖赏情境中都会变活跃，从吃巧克力到玩赌博游戏，从打电子游戏到与富有魅力的人对视，从讲幽默笑话到聆听自己喜欢的音乐等（Bavelier et al., 2011; Blood & Zatorre, 2001; Kampe, Frith, Dolan, & Frith, 2002; Knutson, Wimmer, Kuhnen, & Winkielman, 2008; Mobbs, Grecius, Abdel-Azim, Menon, & Reiss, 2003; Small et al., 2001）。这一脑结构对可卡因和甲基苯丙胺等毒品反应也很强烈，但它在成瘾问题中的作用尚不清楚（Russo et al., 2010）。

如果一只动物预备捕捉自己的晚餐，你认为它现在的生理状况是什么样的？不少研究显示，热情在生理方面看起来跟恐惧十分相似（Kreibig, 2010）。一项研究给参与者播放有关买彩票的幻灯片，以诱发热情反应。第一张幻灯片显示 5 个目标数字和一份奖赏安排表：猜中 3 个数字得 5 美元，猜中 4 个数字得 7 美元，5 个数字全部猜中得 10 美元。接下来的每一张幻灯片显示一个"彩票球"，符合 1 个目标数字，于是到幻灯片播完时，参与者赢得了最高的奖金。在观看幻灯片的过程中，参与者的心率、血压和皮肤电导都上升了，心脏射血前期缩短，呼吸性窦性心律不齐也降低了（Shiota et al., 2011）。这些现象符合我们在第 4 章讲过的威胁评估情形。虽然人类很少在准备餐食的时候面临躯体危险，但我们似乎从遥远的祖先那里继承了它们为果腹而冒险的残迹。

早前我们介绍了一些研究，表明积极情绪有利于拓宽注意广度，促进人们关注整体而非局部。虽然这一效应出现在许多积极情绪中，但热情却是一个例外。Philip Gable 和 Eddie Harmon-Jones（2008, 2010）的研究显示，诸如冰激凌等甜品照片之类的热情诱发刺激可能带来相反的效应，即促进人们关注眼前的焦点（比如说冰激凌）而使人们从周围的细节上分心。这一现象也与恐惧和其他强烈负面情绪近似。

在其他方面，热情和早前研究所描述的典型积极情绪比较像。我们在第 10 章提到过，积极情绪会让人们在加工信息时偏重启发式。例如，处于积极情绪中的人在评估说服信息时，较少采取批判性思维方式，不重视理由本身的质量，而会借助一些捷径去判断，包括有多少条理由或说服者是否讨人喜欢等（Bless et al., 1999）。一项研究为了考察若干不同的积极情绪是否会产生同等程度的这一效应，将参与者随机分配到不同的情绪条件下，让他们面对或强或弱的说服。虽然有些积极情绪转变了早前研究（稍后我们会详细介绍其中一个研究）中的相应趋势，但热情并没有做到。热情条件下的参与者无论面对的理由强还是弱，他们都很容易被说服，甚至比作为对照组的中性情绪条件下的参与者更容易被说服（Griskevicius, Shiota, & Neufeld, 2010）。

总而言之，这一证据符合如下观点：一旦发现潜在奖赏，热情就鼓励我们去"把它拿下！"，迅速行动而不是步步为营，并且让我们认识到追求奖赏往往蕴含着某种程度的风险。那么，当人们获得并享受了奖赏之后，又会发生什么呢？

满足

根据 Barbara Fredrickson（1998）的研究，我们享用奖赏之后产生的**满足**（contentment）的感觉也应该视为一种情绪。大多数人都很熟悉这种状态。你刚吃完一顿美味大餐，此时的你并没有被撑坏的不适感而有愉悦的饱腹感（图 12.5）。你的身体感觉到放松而温暖，你的大脑似乎也慢了下来。这些效应可以用副交感神经系统的活跃水平升高来解释。

图 12.5 人们享用奖励后会产生满足感。饱餐一顿之后身体会放松下来，大脑的工作也会放缓。

这个负责休息和消化的神经系统会将骨骼肌中的能量资源拿走，用来促进消化。实验室研究显示，当进食以外的其他刺激，比如说重现某些体验，引发了满足感时，这一副交感神经的作用也同样会出现（Kreibig, 2010）。

在动物身上也可以观察到与进食之后的满足感相联系的脑活动变化。进食之后，伏隔核中的多巴胺活动平静下来，β-内啡肽的活动则取而代之，令所有行为都放缓（Depuea & Morrone-Strupinsky, 2005）。人们怎样知道自己何时吃饱了？回想一下，自主神经系统的神经元把来自内脏的神经信号传达到脑部，也把脑部的神经信号传递给内脏。当胃逐渐被食物填满，它会通过副交感神经系统里的迷走神经把信息传达到下丘脑（Dockray & Burdyga, 2011）。其他包含神经递质胆囊收缩素的通路把有关食物营养成分的信息从小肠传到脑部（Dockray, 2012）。这时，从下丘脑发往其他区域的神经信号就会携带"停止进食"的指令。这些神经通路受到干扰的实验室动物很可能变得肥胖，提示我们这可能是造成人们过量进食的众多原因之一（Badman & Flier, 2005）。

满足感对认知有何影响？流向胃部的血液增多，一方面有助于消化，另一方面则减少了流向脑部的血液。因此，认知活动会放缓。和热情一样，研究发现满足也会促使人们在加工复杂信息时依靠认知捷径（Griskevicius, Shiota, & Neufeld, 2010）。不过，一项精彩的研究发现满足感可能增强了至少某一种重要的认知。Barbara Fredrickson（1998）提出，满足有助于巩固你取得奖赏的通路的记忆。毕竟，你刚刚做的事情获得了成功，因此，记住你刚才的行为是个不错的选择。

一项针对大鼠的突破性研究为上述观点提供了一定支持。在这项研究中，研究者在啮齿类动物海马体的"位置细胞"，即形成空间记忆所必需的神经结构中插入单细胞记录电极，然后把它们放进迷宫里去找点心。吃到点心之后大鼠会出现典型的饱足行为序列（satiety sequence），其中包括环顾四周看有没有捕食者，然后给自己理毛，最后静悄悄地晃悠出去，就像人类吃完晚餐以后窝在沙发里看电视一样（Bradshaw & Cook, 1996）。当它们表现出这种类似于满足的行为时，其海马体内的位置细胞也会激活，其顺序与它们走入迷宫时的激活顺序恰恰相反，仿佛它们正在脑子里沿原路返回（Foster & Wilson, 2006）。不过，这只是一项针对啮齿类动物的研究，我们还需要更多研究才能知道人类身上是否也存在类似效应。

骄傲

目前，基本积极情绪的最强候选者可能是骄傲。这得益于 Jessica Tracy 和 Richard Robins（2004, 2008a, 2008b）的研究工作，他们率先考察了骄傲的非言语表达。他们让美国的参与者摆出骄傲的样子，这些参与者总是扩张自己的体形，挺起自己的胸膛，抬起自己的头，并且要么双手叉腰，要么高举双臂（参见图 9.10）。有些参与者会微笑，有些则不会，而且即使他们微笑，笑容也不大。通俗来说，骄傲一词指的是人们对自己的成就或他人的仰慕产生的情绪反应。人类的骄傲姿势，和灵长类动物显示领导地位的姿势十分相似。

在后续研究中，Tracy 及其同事发现这一姿势非常容易识别，即便 4 岁的小孩子也能认出来（Tracy, Robins, & Lagattuta, 2005），而且从未接触过西方世界的人对此识别率也很高（Tracy et al., 2013）。先天失明的人——从未见过其他人的骄傲姿势——也会摆出这种样子来显示自己的骄傲（Tracy & Matsumoto, 2008）。另外，斐济居民和北美居民都默认摆出骄傲姿势的人社会地位较高（Shariff & Tracy, 2009; Tracy et al., 2013）。

我们在第 9 章讨论过骄傲，你可以回看一下有关的内容。不过，关于骄傲还有一点值得注意。Tracy 及其同事提出，至少就人类而言，可能存在两种起源不同，社会含义也不同的骄傲（Tracy & Robins, 2014）。**真实型骄傲**（authentic pride）与前面给出的定义相近，指的是基于对自身成就准确评价的积极体验。个体通过自己的行动赢得这种骄傲，它并非来源于对自身先天优越性的信念。与此相反，**狂妄型骄傲**（hubristic pride）产生于人们认为自己天生就比其他人更棒，也就是说，他们相信自己的成就反映的是自己的能力而不是努力（Tracy & Robins, 2007）。虽说两种骄傲的非言语表达差不多，但狂妄型骄傲往往伴随着言语上的自吹自擂，而且经常会被其他人认为不配（Tracy & Prehn, 2012）。在解读他人的骄傲时，我们会先判断其骄傲是否应当。如果应当，我们就乐意认可此人具有较高地位，并给予尊重；如果不应当，我们多半会认为此人态度嚣张。

爱

在我们开始把爱当作情绪来分析之前，我们首先要确定，它真的是一种情绪吗？如果你让人们列出一份情绪清单，爱会是最常见的回答之一（Fehr & Russell，1984；Shaver，Schwartz，Kirson，& O'Connor，1987）。但是，当心理学家列出基本情绪时，大部分答案都不包括爱。爱可以是一种情绪体验，同时又不是一种情绪。

与把爱当作一种情绪不同，很多心理学家认为它更像是一种**态度**（attitude），即包含着信念、感受和行为的综合体，指向特定的人、物或某个分类（e.g., Rubin，1970）。态度和情绪有相似之处，它们都包括认知、感受和行为成分。但是就态度而言，我们更侧重认知成分，而对情绪来说，我们更侧重感受成分。同时，情绪（或至少是感受情绪的能力）具备功能性（也就是有用），但态度却未必。或许二者之间最重要的区别在于态度是长期持续的，而情绪只是短期状态。把爱看作态度，是因为人们总会希望自己所爱的人过得好，即便在其情绪不那么强烈的时候也这么想。

另一些人把爱，尤其是浪漫爱情，描述成**脚本**（script），即从文化中习得的对于事件、想法、感受和行为的一整套预期（e.g., Skolnick，1978）。正如我们在第3章中提到的，一份简单的美国爱情脚本大致如下，"他们相遇，并且一见钟情。他们对于彼此都是不可替代的。没有人可以介入到他们之间。他们克服重重阻碍，从此幸福快乐地生活在一起"（Swidler，1991）。如果你接受的不是这个脚本，你也会接受其他的脚本，也就是一系列关于当人们相爱时会发生什么的默认假设。脚本很可能包含着体验到特定的情绪，以及情绪之外的情境因素和适当的行为。

态度取向和脚本取向都试图解释人们在亲密关系中的复杂感受。这两种理论取向都认为爱复杂得就像一团纠缠的毛线，无法反映单独的基本/离散情绪。不过，也有一些研究者考察了不同类型的爱是否具有共同的主题。

与许多人只关注爱情不同，Beverly Fehr 和 James Russell（1991）采用另一种取向来梳理这个由人际关系、想法、感受和行为交织而成的爱的网络。他们指出，我们最好把爱（像其他的情绪那样）看成一个原型，也就是用来描述某个分类的理想范例的一组特征集合，但并非这个分类中的每一个成员都具备全部特征。与寻找把一件事物称为"爱"时它必须具备哪些特征不同，Fehr 和 Russell 寻找的是爱的理想范例以及这些范例所具备的共同特征。

Fehr 和 Russell（1991）请参与者尽可能多地列出他们能想到的爱的种类，随后考察哪些类型出现的频率比较高。虽然确实有一部分参与者列出了对食物、国家、音乐、艺术和某些物品的爱，但他们最常提到的范例仍是亲密关系，即对父母、孩子、家人、爱人和好友的爱。Fehr 和 Russell 请另一组参与者评定 20 种不同类型的爱符合原型的程度，结果再一次表明最佳范例是对家庭、爱人和好友的爱（见表 12.1）。

表 12.1　对各种爱的原型程度评分

虽然爱这个概念描述的是人们对各种对象的感受，但至少在美国，人们认为有些类型的爱比其他类型的爱"更像"爱。表中展示了 Fehr 和 Russell（1991）的参与者对 20 种爱的原型程度的评价。

爱的种类	原型程度	爱的种类	原型程度
母爱	5.39	人道之爱	4.42
父母的爱	5.22	灵性之爱	4.27
友谊	4.96	激情之爱	4.00
姐妹之爱	4.84	柏拉图之爱	3.98
浪漫之爱	4.76	自爱	3.79
兄弟之爱	4.74	性爱	3.76
家人之爱	4.74	对祖国的爱	3.21
兄弟姐妹之爱	4.73	对工作的爱	3.14
喜爱	4.60	对宠物的爱	2.98
承诺之爱	4.47	痴迷	2.42

这些爱的范例有哪些共同之处呢？Fehr 和 Russell（1991）请第三组参与者评价 20 条陈述对表 12.1 所列出的各种爱是否具有足够的代表性。例如，有一条陈述是"＿＿如果没有得到回报会让人很痛苦"。参与者会评定每个句子的多个版本，比方说"母爱如果没有得到回报会让人很痛苦"或"浪漫之爱如果没有得到回报会让人很痛苦"。人们报告的那些原型程度最高的爱——比如爱情——往往也最适合特定的陈述。例如，有一个陈述是"爱是给予，是理解对方，也

承认对方的缺点"。显然，这个陈述很适合爱情，并且在很大程度上也适合父母对子女的爱，但不大适合对祖国的爱，更是一点都不适合对巧克力的爱。同理，浪漫之爱、父母之爱和其他原型的爱的范例也很适合"承诺和关怀是爱最重要的成分"以及"我们需要努力经营和争取才能真正拥有爱"。

这个研究帮助情绪研究者集中了注意焦点。人们可能会经常谈论起对物质物品的爱，但只有在亲密关系的框架下才会体验到原型的爱。原型的爱包括对他人许下承诺，即哪怕遭遇困难也愿意为对方付出。爱也包括了解真正的对方，既接纳其优点，也接纳其缺点。这一理论取向表明，如果说爱是一种情绪，那么它的功能应当是帮助我们建立和维护亲密关系。

Fehr 和 Russell 的研究强调原型的爱所拥有的共同特征，而另一种研究取向是试图分辨出这个广泛使用的概念所包含的各个分类的不同性质。一生致力于观察婴儿及其父母的约翰·鲍尔比认为，亲密关系中的情绪是人类演化遗产中的一个重要部分。基于自己的观察，鲍尔比描述了3种彼此独立的行为程式，将它们视为家庭内部情感联结的生物基础（Bowlby，1979）。这3种行为程式分别是：依恋、关照和性。我们已经在第9章介绍了依恋。虽然鲍尔比的研究重心是依恋（1979），但他认为这3个基础对于我们称作"爱"的亲密关系来说都十分重要。他不把这些行为程式叫作情绪，而把它们描述为复杂的社会本能。不过，有研究者提出鲍尔比（1979）的这3个程式可能对应了3种不同的爱（Shaver，Morgan，& Wu，1996）。我们在第9章已经讲述了反映前两种程式的依恋之爱和养育之爱，至于性唤起或性欲等概念，人们已经相当熟悉，此处不再赘述。

它们是3种不同的情绪，还是同一种情绪的不同版本呢？目前研究者还没有积累足够的证据做出判断，而且或许本来也没有明确的答案。三者之间确实存在一些相似之处。例如，它们在某种程度上都和催产素的活动有关（L. M. Diamond，2003）。但是，有些研究表明它们具有不同的效应。例如，一项研究发现，性欲和爱情（接近依恋之爱）的非言语表达截然不同（Gonzaga et al.，2006）。在前面提到的积极情绪与说服的研究中，依恋之爱增强了人们对于启发式的依赖，而养育之爱却稳定地增强了批判性思考（Griskevicius，Shiota，& Neufeld，2010）。期待未来的研究揭示出这3种状态之间相同点和不同点怎样组合在一起。

搞笑和幽默

有点古怪的是，积极情绪最显著的表达——大笑，和最不引人关注的积极情绪——幽默，密切相连。想想我们有多看重幽默。对美国人来说，情景喜剧是最主要的电视节目类别，美国观众花大把时间观看它。在不同国家，人们都很乐意花钱买票去看喜剧电影或喜剧表演。当人们描述自己对恋人或配偶的期望时，幽默感往往是最早提及的几种特质之一。但是，几乎没有什么心理学家研究过幽默或大笑，因此，许多基本问题都还有待解答。

这方面研究的困难之一在于找到可靠的搞笑刺激，能够引发大部分人的幽默感。著名作家乔治·奥威尔（2000，p. 284）曾说："当一件事打乱了既定的顺序但不让人感到冒犯或恐惧时，就会好笑。"有一种理论认为，在感知某一目标时发生认知转换，就会让人产生幽默的反应。这种**认知转换**（cognitive shift）是指看待目标的视角从一种角度转变为另一种完全不同但仍然合理的角度（Latta，1999）。看看下面这个笑话：

问：怎样防止一名律师淹死？
答：在他落水之前对他开枪。

如果你觉得这很搞笑的话，其原因是什么呢？根据认知转换的观点，当故事的默认假设从努力挽救律师的性命转移到了选择另一种死法上，幽默就产生了。这种隐含的默认假设建立在打破笑话原本的前提并用包袱加以替代的基础上，从而让你用一种全新的方式去看待笑话中的情境。值得注意的是，要觉得这个笑话好笑，还需要你对律师怀有鄙夷的态度，这样一来对其开枪才会让你感到"很妙"。如果听笑话的人正是一名律师，或者打算成为一名律师，又或者有一个好朋友是律师，这个笑话就不好笑了。而如果笑话的开头改成"怎样防止一名幼儿园老师淹死"，其好笑程度也会大大减弱。

幽默也依赖于惊奇。第一次听到时笑得肚子疼的笑话，第二次听很可能就不怎么好笑了。如果能够让你吃惊的话，那么仅仅看到别人做出奇怪的表情、穿着奇怪的衣服或发出奇怪的声音，都可以让你发笑。但如果你预料到别人要做这些事情，同样的行为就没法逗笑你了。不过，并不是所有令人惊奇的事都好笑，因此仅凭不可预料性并不能带来幽默。

根据认知转换的定义，让某个人觉得好笑的事情可能并不会让另一个人也觉得好笑。比如双关语、厕所笑话、黄色笑话、种族笑话和闹剧等。这些笑话都会让一些人放肆地大笑，但另一些人则会觉得这些笑话粗鲁、低俗、愚蠢，或者至少不好笑。为了理解具体笑话的前提——意外但恰当的包袱，你需要具备特定的文化参照点和个人态度（图 12.6）。几乎没有什么喜剧性质的电影、戏剧和书籍可以经受住时间的考验。不同文化中的幽默往往很难完全翻译出来。相反，一部出色的正剧或悲剧却可以深深地感染不同文化和不同时代的观众。哪怕是一些过去的怪物电影如《科学怪人》(*Frankenstein*)、《惊情四百年》(*Dracula*)和《哥斯拉》(*Godzilla*)等，都长期赢得了不同地域人们的喜爱。

搞笑还依赖于讲笑话的人。你比较有可能对你喜欢的人讲笑话，也比较容易享受你喜欢的人努力逗笑你（Li et al., 2009）。换句话说，幽默是一种在友好的关系中表达兴趣的方式。许多教授试图借助幽默来活跃课堂，但如果你不喜欢某些教授，你也就不会喜欢听他们讲的笑话。种族笑话尤其微妙，而且与人们是否同意笑话的具体内容无关。亚洲人可以开其他亚洲人的玩笑，犹太人也可以开犹太人的玩笑，当人们开自己所属族群的玩笑时，这些笑话既是一种自嘲，同时也是一种在情感上肯定和认同自己所属族群的方式。但外族人开同样的笑话时，它听起来更像是刻板印象，甚或是

"我冲着他的幽默感跟他结了婚。"

图 12.6 幽默的取向随着文化、性别、年龄和历史阶段等诸多因素而变化。一幅别人觉得好笑的漫画可能完全没法逗笑你。

羞辱，而远远不能逗乐目标族群中的成员。要记住，幽默依赖着许多背景假设和信息。如果你和你的倾听者视角不同，企图逗乐对方的尝试很有可能效果平平甚至会冒犯对方。

把搞笑作为基本情绪的另一个难点在于找到它负责应对的适应性问题。幽默和大笑当然是愉悦的，但它们是对哪种类型的机遇做出反应呢？和骄傲一样，考察人类和动物在表达方式上的相似性会得到有趣的发现。当人们表示搞笑时，即便他们没有大笑，他们也会呈现出明显的杜彻尼微笑，而且下巴放松、嘴巴张开，头往后仰或偏向一侧（Campos et al., 2013）。当小孩子和一些动物想要玩耍时也会有类似的表现（图 12.7）。虽然心理学家对搞笑的适应功能仍然一头雾水，但它对于玩耍的意义却很清晰——搞笑帮助我们在安全的环境里实践新技能，检验新想法，在复杂的世界里发展胜任力和灵活性（Pellegrini & Smith, 2005）。

对大部分动物来说，玩耍主要是打打闹闹，对小孩子来说，玩耍同样也主要是嬉戏捣蛋。通过这样的玩耍，动物和儿童得以发展出对于生存至关重要的躯体技能。但是，认知和社会游戏对人类来说和躯体游戏同样重要。因此，一些研究者提出，**搞笑**（amusement）本质上是针对游戏中提

图 12.7 成年人的大笑与小孩子、动物玩耍时的表情十分相似。

供的学习机会产生的情绪反应（Shiota et al., 2014）。理论在向前进展，更多实证研究也将随之而来。

敬畏

敬畏也长期被心理学家忽视。奇特的是，它曾经多年被列入潜在的基本情绪（Ekman, 1992）。但是，直到2007年，才出现了第一篇有关敬畏的研究文献，而且是本书作者之一（Michelle Shiota）撰写的。找出这种情绪所针对的适应性问题也同样棘手。**敬畏**（awe）可以定义为我们面对令自身感到渺小的宏大刺激或超乎理解能力的事件时产生的情绪反应。在北美地区，许多人都曾在置身于科罗拉多大峡谷或尼亚加拉大瀑布等自然景区中时体验到敬畏之情（图12.8），但人们也报告说在面对伟大的美术作品、建筑作品、文学作品、音乐作品和了不起的人类成就时也会感到敬畏（Shiota, Keltner, & Mossman, 2007）。这些刺激都令人十分愉悦，促使人们花费代价也要去见识一下，但它们对适应功能有何意义呢？

根据Dacher Keltner和Jon Haidt（2003）的观点，敬畏的功能可能和搞笑类似，即帮助我们学习。我们在第10章介绍过，许多积极情绪都会让人们的认知变得散漫，依靠捷径和启发式而不是审慎的分析，草率决策却自信满满。当你面对一个庞大到无法忽视的新鲜刺激，但你又理解不了的时候，轻飘飘地略过它可能会犯下严重的错误。具有适应性的做法是密切关注它，尽可能从中学习。也就是说，敬畏促进认知顺应（cognitive accommodation），即关注环境中的新信息并进行编码，

图12.8 人们常在面对宏大、新异、超乎理解的刺激时感到敬畏。

而不是一厢情愿地戴着原有的预期和假设滤镜去看待世界。

如果这一说法正确，那么敬畏在许多方面都应当有别于其他积极情绪。研究显示，的确如此。和其他积极情绪不同，敬畏的面部表情不包含微笑，人们在敬畏时眉毛中央会抬升，看起来有点像悲伤，而且，人们还会睁大眼睛，身体前倾，下巴放松，嘴巴张开（B. Campos et al., 2013）。大部分积极情绪都伴随着一定程度的生理唤醒，而敬畏却和交感神经系统撤除对心脏的影响相联系（Shiota et al., 2011）。

最重要的是，敬畏与符合顺应的认知效应有关。在前面提到的那项考察积极情绪对说服信息的影响力的研究中，敬畏是仅有的两种增强参与者批判性分析的积极情绪之一，能够明确区分较强和较弱的说服理由（另一种积极情绪是养育之爱；Griskevicius, Shiota, & Neufeld, 2010）。当人们感到敬畏时，他们报告自己沉浸在此时此刻（Shiota et al., 2007），以至于时间的流逝都仿佛放慢了（Rudd, Vohs, & Aaker, 2012）。敬畏并没有增加参与者有关信仰宗教的报告，但它确实让更多人感到自己与宏大的、有意义的宇宙联系在一起（Van Cappellen & Saroglou, 2012）。这或许是因为，虽然敬畏在主观体验上对于大家来说是愉快的，但它也会令人不安，它削弱了我们对于理解自己所身处的这个世界抱有的信心和确定性（Valdesolo & Graham, 2014）。关于敬畏我们还有很多未知，例如，目前还没有研究考察过当人们感到敬畏时哪些脑区变得比较活跃。幸运的是，对这种情绪的研究兴趣正在迅速增长。

希望和乐观

想象一下现在是某个重要考试的前夜，你的同班同学惊恐地告诉你在上届 60% 的学生这门课都没及格。你知道情况不妙，但你已经很认真地复习备考，相信只要自己正常发挥一定能够通过。你决定再学习 1 小时就去好好睡觉，以保证明天头脑清晰。你会怎样描述现在你的情绪感受呢？根据 Snyder 及其同事的研究，这就是**希望**（hope）。它作为一种高级的调节机制，让你在充满挑战的情境中也能够积极生成有益于实现目标的计划（Snyder, Sympson, Michael, & Cheavens, 2001）。怀有希望的人通常也比较乐观。**乐观**（optimism）指的是很有可能发生好事情的预期。从这个意义上说，乐观其实是一种促进希望的评估。同卵双生子之间的乐观程度比异卵双生子更接近（Schulman, Keith, &

Seligman, 1993)。

研究者经常用《生活定向测试》(Life Orientation Test; Scheier, Carver, & Bridges, 1994)问卷来测量乐观程度。下面是问卷中的一部分项目：

在不确定的情况下，我通常期望最好的事情发生。
　　　1　　　　2　　　　3　　　　4　　　　5
非常不同意　　　　　　　　　　　　　　非常同意

对我来说，如果有什么事情可能出错，那它就真的会出错。
　　　1　　　　2　　　　3　　　　4　　　　5
非常不同意　　　　　　　　　　　　　　非常同意

总的来说，我预感发生在我身上的好事会比坏事多。
　　　1　　　　2　　　　3　　　　4　　　　5
非常不同意　　　　　　　　　　　　　　非常同意

你可能已经猜到了，乐观者可能会非常同意第一题和第三题的陈述，但不大同意第二题的陈述。而悲观者与乐观者相反，他们会同意第二题的陈述而不同意另两题。悲观和神经质相关但并不等同，神经质指的是相对比较容易体验到恐惧、悲伤和愤怒的倾向。

一种常见的乐观信念是"好事比较容易发生在我而不是其他人身上"。也就是说，"我"比其他人更有可能成功、长寿，更不可能遭遇交通事故或罹患绝症，诸如此类（Quadrel, Fischhoff, & Davis, 1993）。这种信念经常被称作"不切实际的乐观"，因为大部分人根本没有理由相信自己成功或得病的概率会跟平均水平有所不同（Nezlek & Zebrowski, 2001）。但中等程度的不切实际乐观普遍存在。大多数美国成年人都会高估自己猜测困难问题时的准确率（Plous, 1993）、中彩票的可能性（Langer, 1975），以及他们解释复杂物理现象的能力（Rozenblit & Keil, 2002）。当研究者问他们对待健身锻炼和为退休攒钱等事情有多认真时，他们给出的答案就好像在讲述自己如果"生活在理想国"会怎么做一样（Tanner & Carlson, 2008）。

我们可能会默认不切实际的乐观是不好的，当它带来愚蠢的风险和计划时确实如此。例如，大部分人会严重高估自己完成困难任务的速度，因此也就没有留出足够的时间（Buehler, Griffin, & Ross, 1994; Dunning, Heath, & Suls,

2005）。很多人忽略有关节食、吸烟、酗酒的警告，总是自信地认为自己会永远健康。但是，适当的不切实际乐观也能够帮助人们应对坏消息并振作起来继续生活（Taylor & Brown，1988; Taylor, Kemeny, Reed, Bower, & Gruenwald，2000）。大多数人能认识到自己的估计并不总是准确，但他们相信稍微有点不切实际的乐观是件好事（Armor, Massey, & Sackett, 2008）。

另一种常见的信念是"不管我做什么，所有事情最后都会有好结局，所以我无须做某事"。这种态度虽然镇定，但不具有建设性。比较有益的乐观信念应该是"我的问题是可以解决的，我的行动可以让局面变得不同，我可以控制自己成功的机会"。这种意义上的乐观和悲观的差异就在于人们对自己的成功或失败的归因（Carver, & Scheier，2002; Peterson & Steen，2002）。悲观者往往感到好结局都不在自己的掌控之内，但乐观者认为自己的行动可以影响事态，努力终将得到回报。

怀有乐观态度的人在生活的许多方面都具有优势，目前除了有时过度自信可能会导致决策不佳以外尚没有发现劣势。乐观者比较容易交到朋友（Helweg-Larsen, Sadeghian, & Webb, 2002）。在紧张或麻烦的情境中，乐观者体验到的焦虑比较少（G. S. Wilson, Raglin, & Pritchard, 2002），也比较不容易发生情绪耗竭（Fry, 1995）。比起其他人，乐观者不太可能滥用药物（C. L. Park, Moore, Turner, & Adler, 1997）。在经历重大手术之后，乐观者报告的痛苦较少，而且总体生活质量较高。产生这一结果的原因之一是乐观者会向医生和护士咨询，并阅读有关疾病及其治疗手段的信息，还会为克服有关的困难做好计划（Carver et al., 1993; Scheier et al., 1989）。一般来说，知识完备的病人比较可能遵循医嘱，比较容易得到适宜的营养和锻炼，并且会为了康复积极采取其他各种措施。因此，乐观可以从直接和间接两种渠道为人们提供好处。

总　结

幸福感会随着生活中发生的事件而产生和消退，但它在很大程度上也取决于个体的倾向或人格，也就是一种由我们自身带入各种情境的长期特质。乐观的人要么会发现值得高兴的事，要么会做些什么让好事发生，而悲观的人更可能放弃并沉溺在无聊和痛苦之中。

但是，当我们见到某人不幸福时，说一些诸如"真糟糕，我想他们没有幸福的倾向"之类的话也是站不住脚的。个体原本的倾向是生活满意度的一部分,但不是全部。生活事件也在其中发挥作用。许多人即使在不愉快的情境下也能保持乐天,当然这可能是因为他们努力改善自己的处境,而不是他们脑中不变的化学物质造成的。我们看待情境的方式是我们人格的一部分,它影响着我们的情绪,但不像基因一样不可改变,我们可以通过练习和努力来改变我们对情境的理解方式。

世界上许多国家都追求经济的繁荣,这是为什么呢?大概是因为经济繁荣可以让人们幸福。那为什么不直接追求幸福感本身呢?许多人都说,他们除了财富之外还有其他目标,而且这些目标对他们来说比财富更重要。财富得到了超出它应有权重的关注,很可能是因为它比较容易测量。E. Diener & Seligman(2004)指出,心理学家应该努力测量生活满意度并将它作为引导公共政策制订的指标,就像经济学家根据经济指标给政府提供建议一样。这是一种值得追求和完善的观点,可能成为未来许多研究的出发点。

关键术语

搞笑(amusement) 针对游戏中提供的学习机会产生的情绪反应。

态度(attitude) 包含着信念、感受和行为的综合体,指向特定的人、物或某个分类。

真实型骄傲(authentic pride) 基于对自身成就准确评价的骄傲类型。

敬畏(awe) 面对令自身感到渺小的宏大刺激或超乎理解能力的事件时产生的情绪反应。

认知转换(cognitive shift) 看待目标的视角从一种角度转变为另一种完全不同但仍然合理的角度。

满足(contentment) 在享用美食或其他奖赏之后体验到的积极情绪。

热情(enthusiasm) 期待获得奖赏时产生的愉悦感受。

希望(hope) 一种高级的调节机制,让你在充满挑战的情境中也能够积极生成有益于实现目标的计划。

狂妄型骄傲(hubristic pride) 由于个体认为自己天生就比其他人优越而产生的骄傲类型。

乐观(optimism) 很有可能发生好事情的预期。

脚本(script) 从文化中习得的对于事件、想法、感受和行为的一整套预期。

主观幸福感(subjective well-being) 个体对自身生活愉悦程度、有趣程度和满意程度的评价。

思考与讨论

1. 一项研究要求参与者在和其他人互动时举止变得更加外向或是更加内向，结果发现，那些在人际交往中举止更加外向的参与者，无论其本来的人格特质如何，都更加享受实验中的人际互动。怎样解释这一效应？尽可能多找出几个可以解释这一现象的变量。你会如何设计自己的研究来检验这些假设？

2. 不少研究显示生活事件似乎不会对主观幸福感产生长期影响，它们的效应只能持续几个月，最多一年。你能想出几个对幸福感产生长期正面或负面影响的生活事件吗？根据目前已知的幸福感预测指标来展开你的论证。

3. 当我们感到幸福时会微笑，大概是因为在他人面前表达幸福感会给我们带来某些好处。那么为什么向他人表达自己的幸福感会有益呢？它会不会也有一些坏处？是否有些时候我们应该克制住自己的笑容？

4. 研究显示积极情绪有利于增强创造力。你认为本章提及的所有积极情绪都具备这一效果，还是只有一部分具有？如果只有一部分积极情绪具备这一效果，具体是哪几种积极情绪，为什么？

5. 依恋之爱、养育之爱和性欲既有相似也有不同。你认为它们在哪些方面相似？在哪些方面不同？可以想想它们各自引发什么后果，包括生理情形、非言语表达、认知加工和社会行为等。

延伸阅读

Ben-Sharar, T.（2007）. *Happier: Learn the secrets to daily joy and lasting fulfillment*. New York, NY: McGraw-Hill.

本书基于哈佛大学开设的一门广受欢迎的积极心理学课程写成。

Haidt, J.（2006）. *The happiness hypothesis: Finding modern truth in ancient wisdom*. New York, NY: Basic Books.

将哲学和现代实证研究结合起来探讨什么使我们幸福。

Provine, R. R.（2000）. *Laughter*. New York, NY: Viking.

深刻全面地介绍了有关大笑和幽默的研究。

第 13 章

情绪的个体差异

你可以把心理学家的全部思考总结为两个问题：人们到底有多相似？人们又为何彼此不同？大部分情绪研究侧重前一个问题，旨在理解人类共通的情绪的成分、机制和效果。但是，当我们观察自己每天打交道的人时，更容易注意到人和人之间的差别。有的人总是开开心心、情感充沛，而有的人阴郁、暴躁、悲观厌世。有的人喜怒无常，但也有人平和镇定。每个人的情绪特征都如此稳定，足以允许我们用它来描述人们的人格，而且我们也确实常常这么做。

人们在理解和管理情绪方面各不相同，每个人最常体验到的情绪也不一样。有些人能很好地理解别人的情绪，也懂得采用明智的方法处理情绪情境，而有些人则毫无章法。你也许能想到某个朋友或家人就属于后一类。有些人能非常有效地调节自己的情绪，但有些人似乎会被自己的情绪吞没。许多心理学家已经开始研究情绪智力在何种程度上与其他类型的智力相重叠。

在这一章中，我们将考察情绪的个体差异。我们先来了解性别与情绪的联系，比较一下男女两性在情绪方面的异同，并探讨造成这些性别差异的原因。接着，我们会讨论情绪在人格这样的重要领域所扮演的角色，并考虑这些个体差异在遗传和神经层面的解释。最后，我们还要认识情绪智力的本质和测量方法，它与学习智力有何关系，以及人们是否可以通过学习让自己在处理生活中的情绪时变得更聪明。

性别与情绪

如果请本书的读者们说出两个在情绪方面迥然不同的群体，我们猜许多人都会回答"男人和女人"。人们对于情绪的性别差异抱有深刻且精细的刻板印象。有些刻板印象是关于情绪总体水平的,比如,人们经常会说女性"太情绪化"。这种"女性体会到和表达出的情绪都比男性要强烈,而且她们往往基于情绪而非逻辑进行判断和决策"的观点在人群中广为流传(Timmer, Fischer, & Manstead, 2003)。也有一些刻板印象是关于具体情绪的,比如,人们相信男性的愤怒和骄傲比较多,而女性的快乐、悲伤、恐惧和羞耻比较多(Hess et al., 2000; Plant, Hyde, Keltner, & Devine, 2000)。人们总是假定女性天生更善于共情,能够更好地帮助别人管理情绪。这些说法中有多少真实性呢?那些确实存在的性别差异,又是由哪些因素造成的呢?让我们来看看有关的证据。

情绪体验和表达中的性别差异

让我们从最简单的说法开始,也就是情绪体验和表达方面的性别差异。女性比男性情绪化吗?许多西方文化中的研究者都考察了这一问题,不过样本通常不大,而且参与者主要是大学生。对于像这样涉及文化规条的课题,确保数据来源于各方面特征足够接近总体人群的较大样本,非常重要。Robert Simon 和 Leda Nath(2004)运用 1996 年社会普查的数据实现了这一目标。社会普查是美国社会的一个重要调查项目,每两年进行一次,参与者是数千名符合美国国内人口和地理分布代表性要求的成年人。这一调查每次都会包含多个有关态度、偏好和行为的问题,而 1996 年的那次调查还问到了参与者此前一周内体验到 19 种不同情绪的天数。

当我们把所有这些不同的情绪加在一起,女性报告的情绪体验频率是否比男性高呢?不。平均而言,年轻人体验情绪比老年人要频繁,低收入者体验情绪比高收入者要频繁,但男性和女性体验情绪的频率却是一样的(约为 44 次/周)。这一数据并不支持女性比男性情绪化的说法。

但是,在各种具体情绪上确实呈现出了性别差异。男性体验积极情绪比女性要频繁,而且即便控制了其他人口变量,这一差异仍然存在。女性体验负面情绪则比男性要频繁,但这一差异可以用家庭收入来解释。一般来说,女性的家庭收入低于男性,而较低的家庭收入和较多的负面情绪联系在一起。一旦控制了收入变量,女性和男性在体验负面情绪上的差异就变得不显著了。

除此以外,具体情绪层面还有更多差异。研究者没有选择将各种情绪一一分开比较，而是考察参与者是否以相似的方式评价特定的情绪，从而判断他们可否归为同类。根据这些分析，Simon 和 Nath（2004）得出了平静型积极感受、激动型积极感受、焦虑感受、悲伤感受、愤怒感受以及尴尬/羞耻感受的平均数。这一次，男性所报告的积极情绪体验仍然比女性频繁——平静型和激动型都是如此。而女性报告的恐惧和悲伤比男性频繁。愤怒和尴尬/羞耻的体验频率则没有性别差异（图 13.1）。

哪些因素可以解释上述差异？理论家指出，包括美国在内的世界许多地方，男性和女性的社会地位和社会权力都截然不同（Brody & Hall, 2008; Simon & Nath, 2004）。当环境提供了奖赏或事情进展顺利时人们容易产生积极情绪，而

图 13.1 在大众的刻板印象中，女性远比男性情绪化，可是实际情况要复杂得多。美国的一项国家性调查显示，男性报告平静型和激动型积极体验较多，而女性报告恐惧和悲伤较多。男女两性在愤怒和尴尬/羞耻方面没有显著差异。

社会地位和权力对获得各种奖赏来说都很重要。一般而言，男性地位较高，所以比较容易接触到可以诱发积极情绪的奖赏。另一方面，即使男性和女性所处的环境客观上一模一样，男性也比女性更容易感知到或评估成环境中包含着许多奖赏。恐惧和悲伤的性别差异可能也反映着两性在地位和权力上的区别。与这两种情绪相连的认知评估在控制力或应对能力维度上都较低（Scherer, 1997）。如果女性普遍对于自身所处的环境控制力较弱，或者即便客观环境相同但她们主观上认为自己的控制力较弱的话，自然比较容易体验到恐惧和悲伤。

上述数据所显示的美国人在情绪领域的性别差异和其他文化中的相近还是相异？Agneta Fischer 及其同事（2004）考察了我们在第 4 章介绍过的 Klaus Scherer 有关评估与情绪的跨文化研究数据，以图解答这个问题。该研究包含了 37 个国家的男性和女性就自身体验到的恐惧、悲伤、愤怒、厌恶、羞耻和内疚等所报告的情绪感受强度评分。在各种文化条件下，男女两性在愤怒和厌恶上报告的体验强度都差不多。但是，女性所报告的恐惧、悲伤、羞耻和内疚体验强度比男性高。虽然这项研究所包含的情绪类别与 Simon 和 Nath（2004）的美国调查不同（完全忽略了积极情绪），而且侧重于体验强度而非频率，但两项研究的结果在不少重要方面十分接近。男性和女性对愤怒的体验没有区别，但女性报告的恐惧和悲伤水平比男性高。

我们已经说过，恐惧和悲伤与控制力较弱相联系。那么这就对跨文化研究数据提出了一个有趣的问题：在那些客观上女性权力较高的地方，她们体验到的恐惧和悲伤减少了吗？因为这份数据中也包含了有关性别平等的测量结果（比如女性在政府人员或管理岗位、专家人士中所占的比例），所以 Fischer 团队（2004）能够回答这一问题。分析显示，女性的恐惧和悲伤水平不取决于当地社会性别平等的程度。但有趣的是，在性别平等程度较高的地区，男性体验到的悲伤和恐惧（还有羞耻和内疚）较弱。所以，性别平等程度高似乎对女性负面情绪体验的影响不如对男性大。这与"女性拥有的社会权力越多，男性就越感到受威胁、不开心"的看法不一致。

目前为止，我们一直在关注情绪的主观体验方面。有一些男女两性的差异和相似点可以说令人惊讶。男性和女性的愤怒一样多吗？男性的积极情绪比女性多吗？我们的困惑可能反映着人们内在感受和外在表达之间的区别。除了考察主观感受，Fischer 团队（2004）还比较了世界各地的男性和女性所报告的自己在情绪情境中公开表达对抗之意或哭泣的频率。你可能已经料到，男性报告的公开对抗行为（也就是公开表示愤怒）比女性多，而女性报告的哭泣比男性多。和主观感受不同，性别对于表达愤怒的影响，受到所在地区男女平等程度的调节：男女平等程度对男性的对抗行为没有影响，但在平等程度较高的国家，女性表达愤怒的频率也会高一些。

不过，即使在性别平等程度较高的环境中，愤怒的男人也比愤怒的女人更具攻击性。一项研究让大学生参与者收到"另一名参与者"（实际上是研究者的同谋）对自己所写论文的侮辱性反馈，然后给他们提供打沙包的机会，接着再让他们在所谓的学习任务中针对自己收到的批评施加极端刺耳的巨大噪声。结果显示，男性比女性打沙包时更用力，他们更享受打沙包这个环节，随后给出的噪声强度也比女性更大。最终，男性的情绪状态比女性更积极（Bushman, 2002）。

尽管人们发现男性体验积极情绪比女性要频繁，但不少研究都显示女性比男性更经常微笑（Brody & Hall, 2008）。和表达愤怒一样，这一性别差异在某种程度上也和社会地位及权力有关。Marvin Hecht 和 Marianne LaFrance（1998）测量了相同性别的配对参与者在实验室交谈期间的微笑。有些配对参与者进行的是模拟面试，一人询问另一人的资历和工作经验，并为对方的岗位适配程度打分。另一些配对参与者进行的是对等谈话，聊彼此的工作经历和职业目标。女性在两种实验条件下都比男性笑得多，而且这一性别差异在对等谈话时最大。但是，笑容和自我报告的积极情绪之间的相关性在高权力角色参与者身上最大（面试者，$r=0.55$），在权力对等参与者身上居中（彼此闲聊，$r=0.38$），而在低权力角色身上则不存在（求职者，$r=-0.16$）。上述结果表明，女性笑容比男性多的原因可能各式各样，但当人们处于低权力位置上时，他们的笑容可能和感受无关。

大量证据都显示男性和女性的情绪确实存在差异，但这些差异十分复杂，并且受到社会权力动态的影响，而不是对内在性别的简单反映。女性总体上并不比男性更情绪化。虽然男性报告的积极情绪体验比较频繁，但女性的微笑较多，而且因为女性通常社会地位较低，所以当她们并不高兴的时候会感到有较大的压力必须微笑。同理，女性即使和男性感到相同程度的愤怒，她们也较少直白地表达出来（图13.2）。这并不意味着女性比男性更经常隐藏自己的情绪——其实在某些研究中男性报告自己压抑情绪的程度比女性要大（J. J. Gross & John, 2003）。但两种性别角色都和情绪表达规则联系在一起，而这些表达规则并不总是反映出真实感受的模式。

性别与情绪调节

人们生活在一个会引发各种情绪的世界，但人们也会采取各种方式管理和调节自己的情绪。那么男性和女性在调节自身情绪方面比较起来如何呢？

为了回答这个问题，研究者 Susan Nolen-Hoeksema 和 Amelia Aldao（2011）采取**随机数字拨号**（random-digit dialing）的方法，也就是在某一地区电话号码规则范围内随机选取号码来拨打，以募得具有代表性的样本。这项研究最后询问到 1300 多人使用各种情绪调节策略的频率。其中女性比男性更经常使用的策略有认知重评（换一种方式看待情境）、接纳（接受情境而不是试图对抗它）以及寻求情感支持。女性所报告的**反刍**（rumination）程度，或者说反复且负面地思考自己遇到的问题的程度，也比男性要高。至于积极应对——付出一些建设性的努力以解决问题——的性别差异，取决于年龄。年轻男子报告使用积极应对比年轻女子要频繁，但老年女子报告使用积极应对比老年男子要频繁。男性和女性报告自己压抑情绪表达的程度差不多。

图 13.2　即使女性和男性感到相同程度的愤怒，她们也较少表达出来。

这些笼统的自我报告可能会引出诸多疑问。第一，与其他任何自我报告一样，我们无从了解人们是怎样计分的。也许男性和女性在行为方面并无不同，只是他们针对自己所使用的参照群体不一样。第二，人们对自己情绪调节策略的整体评价值得怀疑，也许反映出来的是他们的自我概念，而不是客观表现。上述数据或许可以解读为，总体上女性比男性调节自己的情绪要多一些。不过也有另一种可能性，女性在意识层面思考自己的情绪比较多，因而更多地觉察到自己的情绪反刍和情绪调节。

另一种相对迂回的研究方式是询问人们在各种场景中如何以及为何调节自己的情绪。虽然这种方法仍然依赖自我报告，但参与者对具体情境的反应相对稳定可靠。在一项研究中，参与者要阅读一些用第二人称写的小故事（以便参与者想象自己置身其中），然后评价：①他们试图隐藏自己情绪的可能性有多大；②对于4个包含了一位朋友在内的情境，他们选择隐藏或表达自己情绪的理由有哪些。在诱发失望、恐惧和悲伤的情境条件下，男性报告自己隐藏情绪的可能性显著高于女性，而女性报告自己隐藏愤怒的可能性略高于男性。但是，最大的性别差异出现在人们隐藏和表达情绪的动机上。女性报告自己表达情绪多数是为了宣泄出去，抚平心灵，而她们常常会为了维护和朋友之间的关系而克制情绪表达（Timmers, Fischer, & Manstead, 1998）。

总之，这些研究结果表明，男性比女性更经常压抑自己的情绪表达，而女性在采取多种方式加工和调节自己的情绪体验方面比较积极（但要注意上述研究都是在西方国家进行的，在文化上有局限性）。女性所报告的情绪调节动机也和男性不一样。但这些结果仅基于自我报告，有必要谨慎对待。今后的研究如果能从客观角度去比较男性和女性的情绪调节行为，那将会很有价值。

性别与共情

那么共情方面呢？人们似乎都相信男性和女性在共情这方面有很大差异，女性认为自己的共情感受比男性要强烈许多（Eisenberg & Lennon, 1983）。但是，抛开自我报告，其他的证据相当复杂。在婴儿期，女宝宝听到其他宝宝的哭声后自己也哭泣的频率高于男宝宝，但除此之外，从儿童期到青年期，人们的自我报告在对指定情绪的反应上，识别图片或故事中的人物情绪上，以及观看影片时对人物情绪产生整体生理反应上，都没有显示出性别差异（Eisenberg & Lennon, 1983）。

当研究者未检测到大多数人公认存在的效应（此处指共情的性别差异）时，有3种潜在的解释：①该效应确实不存在；②该效应存在，但研究者所用的测量方法无法检测到它；③该效应在某些条件下存在，在另一些条件下不存在。最后这种解释意味着人或情境中其他方面的因素是研究所要考察的效应的**调节变量**（moderator），即可以改变预测指标和预测后果之间关系的第三个变量。

Tania Singer 及其同事（2006）的一项研究表明，这第三个变量可能调节着性别与共情之间的关系。他们用 fMRI 扫描了观看影片期间女性和男性参与者的脑活动。影片的内容是某个人接受令人痛苦的电击。这项研究中的调节变量是参与者对影片中那个人预先拥有的经历。在进行 fMRI 任务之前，所有参与者都要玩一个两人的囚徒困境游戏，游戏中的另一人是研究者的同谋，也是稍后出现在影片中接受电击的人。在这个囚徒困境（prisoner's dilemma）游戏里，每个玩家都可以与对方合作，也可以出卖对方。如果两人都选择合作，则结果最佳，但如果对方选择出卖你，那么你最好也选择了出卖对方。如果此时你选择了合作的话，结果就会更糟。在这一情境中，从对手的角度来看，另一方选择合作是件好事。而在这项研究中，有一半同谋选择合作，而另一半同谋选择出卖。

男性和女性参与者在看到与自己合作过的那个人在影片中遭受电击时，他们的脑岛皮层和前扣带回皮层活跃水平都升高了。这两个脑区在人们自己经受躯体痛苦时也会同时活跃起来，研究者因而推论男性和女性参与者此时都产生了共情。性别差异出现在参与者对于出卖过自己的那个人的反应上。女性参与者在观看"出卖者"遭受电击的影片时，仍然表现出类似自身感到痛苦的脑活动反应，而男性参与者则没有。不仅如此，男性参与者与奖赏有关的脑区变活跃的概率还增大了。这些数据表明，女性无论与对方关系如何，都容易与其痛苦产生共情，而男性往往只对自己喜爱、认可、相信的人产生共情（Singer et al., 2006）。

研究者 Klein 和 Hodges（2001）的工作为我们解释了为什么共情的性别差异会出现在一些情境中，而不出现在另一些情境中。在这项研究中，参与者要观看一段 5 分钟的影片，其内容是一名年轻女子刚刚得知自己在研究生入学考试（Graduate Record Examination，申请美国大多数研究生院时都需要提交成绩的一门标准化测验）中数学成绩很差。影片播放期间会暂停 4 次，每一次暂停时，参与者都要回答自己对影片中那名女子此刻思维和感受的猜想。参与者的这些回答会根据其准确性予以编码，而且 4 次回答的分数相加后会作为每位参与者共情准确性的总得分。请注意，这是一项相当复杂的共情任务，不仅参与者为影片中女子感到难过的程度会纳入测量分数，而且他们正确推断其内心状态的能力高低也纳入测量分数——分数反映着参与者的客观表现，而不是他们的自我报告。

这项研究中同样包含着调节变量。第一种实验条件是参与者只需作答。在这种条件下，女性的得分远好于男性。第二种实验条件是参与者得知自己分数越高，研究者付给他们的报酬也越多。在这种条件下，女性表现略好于男性，但统计上未达到显著。第三种实验条件是参与者作答后会得到分数反馈。在这种条件下，女性和男性的表现没有差异（Klein & Hodges, 2001）。

总而言之，男性和女性共情能力差异很大的传统观点缺乏强有力的证据支持。事实上，男性往往有选择性地与他人共情，也就是需要足够的动机才会产生共情反应（图13.3）。

图13.3 和一般的观点相反，研究显示男性可以和女性一样共情，只是需要有比较强的动机。

人格与情绪

性别不是情绪领域个体差异的唯一因素。**情绪倾向**（emotional dispositons）是指人和人之间通常感受情绪的方式的差异。情绪反应性上的个体差异从生命早期就开始浮现，而且双生子研究表明其中包含遗传成分。情绪倾向也和多种贯穿成年期的典型行为差异有很强的关联，因此，情绪在人格理论中也扮演着重要角色。

婴儿出生后没多久，在他们如何回应周围环境，也即**气质**（temperament）方面，就开始显示出稳定的个体差异。其中有些差异带有明确的情绪属性：婴儿有多容易陷入不安以及安抚他们有多困难（负面情绪性），婴儿有多精力充沛以及多活跃，婴儿有多外向或多羞怯等（De Pauw & Mervielde, 2010）。这些差异源于何处？为了辨析遗传和环境的影响，研究者常常会考察双生子的行为模式，尤其是在基因完全相同的同卵双生子和基因相当于一般兄弟姐妹的异卵双生子之间做比较。**行为遗传学**（behavioral genetics）的研究者会检验气质和人格之间的各种相关性，以判断个体差异中的哪些部分可以用遗传来解释，哪些部分可以用共同的环境（在同一个家庭里成长、上同样的学校等）来解释，还有哪些部分可以用各自的环境（在不同的班级，由不同的老师教学等）来解释。这些研究找出了先天气质中情绪方面的遗传性，也即个体差异中可以用基因来解释的比例——约为 20%~60%（Saudino, 2005）。

随着人们年龄增长，最初的这些气质和环境交织在一起，形成了稳定的，甚至可以说持续一生的人格中的个体差异（De Pauw & Mervielde, 2010）。这些人格特质对我们的人际关系非常重要，而且我们会遵循它们刻画好的方式去了解其他人。如果你马上要和某个人初次见面，并且要跟对方一起去从事某些重要的事情——诸如项目合作或进行约会之类的——你会想要了解此人的哪些方面？在继续阅读之前，想一想你最想了解的人格特质是什么。

你或许会列出一些不寻常的项目，但大多数人关切的内容都差不多。对方精力充沛、活泼外向，还是沉默寡言、害羞内敛？对方体贴、友善、值得信任吗？对方是个靠得住的人吗？对方情绪稳定还是容易失控？对方对于新点子和新体验感兴趣，还是偏好熟悉、按部就班发生的事件？这些关切的内容十分普遍，以至于可以用来解释人们在各种语言环境下对一个人的描述。

20 世纪中期开始，心理学家就开始研究词汇模式是否可以用来识别出人格的基本维度。Lew Goldberg（1990）做了一个很好的研究。他选取了 1700 个用来描述人的英语形容词，然后让参与者评定每个形容词在多大程度上符合对自己的描述，计分范围从 1 分（极度不准确）到 9 分（极度准确）。他把那些近义词（如勇敢、莽撞、无所畏惧、不顾后果等）的得分进行了平均，创造出 75 个词群。即使这样，很多词群的评分仍然高度相关，这说明这些词群的相似大于不同。比如，"社交性"词群的平均分就和"自发性"词群的平均分高度相关。

Goldberg（1990）接着使用一种叫作因素分析（factor analysis）的统计方法来检验这些词群之间相互关联的模式，以找出究竟需要多少个维度，或者说因素，能够最大限度地解释这些词之间的差异。尽管对因素分析的解读总是存在争议（没有绝对的规则来决定应该有多少因素），但是 Goldberg 发现仅 5 个因素就足以解释 75 个词群之间的相似性和差异性。

心理学家随后考察了与这5个因素相关的项目,来决定如何最好地描述这5个因素。Goldberg(1990)分析得出的第一个因素通常被称为**外倾性**(Extraversion),由词群爱说话、社交性、自发性、欢悦、能量和冒险定义。第二个因素是**宜人性**(Agreeableness),由词群友善、慷慨、宽容、礼貌、温暖、诚实和信任定义。第三个因素是**尽责性**(Conscientiousness),由词群一致、可靠、守规矩、有远见、成熟和自律定义。第四个因素是**神经质**(Neuroticism),由词群自怜、焦虑、不安全感、胆怯和被动定义。第五个因素是**经验开放性**(Openness to Experience),与词群智慧、创造力、客观性、反思和艺术有关。其中外倾性是对探索新鲜事物的兴趣,经验开放性是对新的智力刺激的兴趣。

在进一步的研究中,研究者要求参与者有时候根据自己对条目进行评分,有时候根据他人对条目进行评分。每个研究最终都呈现出这5个因素,只是在具体的描述上略有不同。到目前为止,成百上千的研究都证实了**大五人格因素**(Big Five personality factors)的有效性。还有很多研究者采用了与Goldberg相似的方法,只是语言不同(如德语和荷兰语),同样发现了这5个因素(Hofstee, Kiers, de Raad, Goldberg, et al., 1997),只有在中国的研究结果出现了些许不同(Cheung et al., 1996)。研究者也开发了很多问卷来考察这5个因素,并且翻译成了多种语言。对这些新开发的问卷分数进行的因素分析,同样证明了大五人格因素在其他语言和文化背景下也是人格的关键维度(e.g., Benet-Martinez & John, 1998; Plaisant, Srivastava, Mendelsohn, Debray, & John, 2005; Trull & Geary, 1997)。

进一步研究发现,用问卷考察出来的大五人格因素与真实的生活行为相关。研究者对15种采用大五人格因素问卷,并且让参与者每天数次报告数天内行为活动的研究结果进行了元分析。虽然许多人对用问卷预测行为的有效性表示了怀疑,但是元分析显示,大五人格因素问卷的测量结果与理论上相应的行为之间存在非常显著的相关(相关系数 r 为 0.42~0.56)(Fleeson & Gallagher, 2009)。

情绪对大五因素起着非常重要的作用。大五因素中神经质的定义就是频繁体验到负面情绪,因此用它来预测负面情绪性顺理成章。数十项研究都表明,外倾性与积极情绪体验的频率和强度相关(R. J. Larsen & Ketelaar, 1991; Lucas & Fujita, 2000; Lucas & Baird, 2004; McCrae & Costa, 1991)。平均而言,那些外倾性得分很高的人不仅感觉更幸福,而且在面对积极刺激时也会比那些内倾的人表现出更大幅度的积极情绪增强（J. J. Gross, Sutton, & Ketelaar, 1998）。这个相关非常稳定（不同的研究者采用不同的研究方法都得出此结果），以至于有些研究者提议将积极情绪性作为外倾性的核心特征（D. Watson & Clark, 1997; Wiggins, 1979），或者是外倾性的结果（Costa & McCrae, 1980）。一种可能的原因是，外倾者的多巴胺奖赏环路（见第 6 章）特别活跃（Depue & Collins, 1999; Depue & Iacono, 1989; Gray, 1970），从而增强了在奖赏情境下的情绪体验。外倾者的奖赏环路确实在赌博任务中比内倾个体表现出更大的神经激活，而且他们往往具有一种特殊的多巴胺受体，这种受体能增强多巴胺能神经元的传递（M. X. Cohen, Young, Baek, Kessler, & Ranganath, 2005）。

另一个研究探讨了连接外倾性和积极情绪性的机制（Srivastava, Tamir, McGonigal, John, & Gross, 2008）。研究者让大学生在每天结束的时候报告自己的行为活动，并且报告在这些活动中产生的相应情绪。结果发现，外倾和内倾个体报告的在社交互动中的积极情绪数量一样多，但是外倾大学生比内倾大学生更频繁地参与社交互动，所以他们每天报告的积极情绪总量较多。因此，外倾性可以通过让个体参与更多令人愉快的活动——尤其是社交互动——来增加积极情绪（图 13.4）。

与外倾性相似，神经质也是根据情绪属性来定义的，但区别在于它围绕的是负面情绪。Goldberg（1990）的研究凸显了这一点：神经质包含的词群是自怜、焦虑、不安全感和胆怯。实际上，这个因素时常被人们称作情绪不稳定性，而不是用"神经质"这个词来指称。但是，对于神经质个体为什么不快乐的解释相当复杂。一个可能的原因是神经质个体容易选择或制造出那些让他们不愉快的情境。在一项非常有

图 13.4 外倾者往往体验到很多积极情绪，尤其是与其他人进行社交互动的时候。

趣的实验中，研究者把参与者随机分为两组，让两组参与者在一对一交谈期间，一方表演神经质（"情绪化、主观、喜怒无常、苛求"），另一方表演情绪稳定（"不情绪化、客观、稳定、不苛求"）。虽然这两组参与者原本在神经质人格特质上没有任何差异，但是表演神经质的那一组参与者报告在对话期间体验到的不愉快较多（McNiel & Fleeson, 2006）。研究者并没有报告参与者的实际行为，所以我们也不能确定他们真实的表现是怎样的。不过对此结果的一种解释是，神经质个体倾向于引导对方表现出不友好的行为，从而增加了自己的不愉快。

另一种可能的原因是，在相同的情境下，神经质个体只是单纯地比其他个体体验到更多不愉快，也就是说，他们的情绪反应性比较强。神经质确实能预测个体在实验任务中的痛苦反应强度，比如观看令人难过的影片（Larsen & Ketelaar, 1991）。第三种解释是，高神经质个体和低神经质个体拥有相似的体验和针对这些体验的相似情绪反应，只是神经质个体不善于调控自己的情绪。不少研究发现，神经质个体主要依靠痴心妄想、撤退和聚焦于情绪反应等应对策略，而较少采用有效的情绪调节策略，如问题解决和认知重评等（Connor-Smith & Flachsbart, 2007）。一项中国的研究发现，参与者自我报告的认知重评能力在一定程度上调节着神经质对负面情绪性的效应，这意味着神经质个体较少使用认知重评的策略来调节情绪，因而预示着较多的负面情绪（L. Wang, Shi, & Li, 2009）。Maya Tamir（2005）的研究甚至发现，当要求神经质个体完成一个困难的任务时，他们会试图让自己更担心更不安，而且这样的担忧会提升他们的任务成绩。也许，在必须从好心情和好成绩之间做选择的时候，神经质个体更关注后者。

情绪也和宜人性有关系（图 13.5），只是联系没有外倾性和神经质那么强。宜人性可以预测人们体验积极情绪的倾向性，而且好于外倾性对此的预测（McCrae & Costa, 1991）。宜人性也与更频繁和更强烈的爱和同情（Shiota, Keltner, & John, 2006）以及宽容（Berry, Worthington, O'Connor, Parrott, & Wade, 2005）联系在一起。此外，它还与较低的愤怒倾向有关（Kuppens, 2005）。之前已经提到，中枢（大脑）和外周（血液循环）里的催产素与社交联结以及爱和信任的体验有关，因此，那些催产素传递效率更高的个体或许宜人性也更强。

另一个可能的原因是，宜人性个体与高积极情绪和低消极情绪有关，因为这三者都与情绪调节联系在一起。宜人性较高的个体报告自己付出了较多努力去试图控制自己的情绪。一项 MRI 研究发现，高宜人性个体在观看令人痛苦的图片时前额叶皮层激活更强，这样的激活与更大程度的调节相符（Haas, Omura, Constable, & Canli, 2007）。另一项研究发现，只有在个体宜人性很低的情况下，他们责备全世界

图 13.5　宜人性与经常体验到爱和同情有关，也与愤怒体验较少有关。

的倾向可以预测他们的愤怒感受（在日常生活中以及在实验室观看录像时）。高宜人性个体似乎也会因为负面事件而责怪他人，但是他们对于对方的愤怒比较少（Meier & Robinson, 2004）。但是，从这些研究结果看来，仍然不清楚宜人性究竟是有助于人们调节情绪，还是我们正巧把那些善于调节自身情绪因而通常笑对他人的个体归为宜人性个体。换言之，我们应该把宜人性当成一种解释还是一种描述呢？

尽责性对情绪的效应似乎不是那么明显，但是这个大五因素也间接影响着我们的情绪。一项研究发现，高度尽责的个体往往快乐、满足和骄傲的倾向也比较强（Shiota et al., 2006）。正如我们在第 12 章中讨论的，这些情绪与资源获取和个人成就相关，因此这一效应可能反映了尽责性个体达成目标的能力。

另一项研究认为，高尽责性个体更善于控制自己情绪的行为表现（Jensen-Campbell, Knack, Waldrip, & Campbell, 2007）。请想象自己正在参与一项非常高明的实验研究。在第一次实验中，你完成了几个问卷，包括测量大五人格因素。几天之后你再次回到实验室，得知研究者感兴趣的是知觉的各个方面，包括味觉和人际知觉。接下来，你和另一名参与者编为一组，而对方在隔壁房间

里。对方被随机选中作为本研究中的"知觉者",而你负责被对方感知。你可以从研究者提供的几个主题(比如"在公共场所吸烟的合法性")中选取一个,并写一篇短文阐释自己的立场。这篇短文会被交给在隔壁房间的"知觉者",对方会就你的短文写下自己的评论,并对写这篇短文的人(也就是你)评分。几分钟之后,你拿回了你的短文,还得知了评分。你的得分非常低——根据这篇短文,"知觉者"认为你愚蠢、无聊、荒谬、不友好,诸如此类。比方说,其中的一条评论是"我不懂怎么会有人这样看待这个事情。我希望这个人在(某某)大学里能学点东西"。

这个研究的高明之处来了。你被告知,接下来的实验包含味觉知觉部分,你需要为隔壁的参与者选择要品尝的东西,以确保主试在与对方交流时不知道实验条件是什么(即"双盲实验")。你的选项包括糖、苹果汁、柠檬汁、盐、醋和辣椒酱。这些食品全部被调制成了一样的颜色,所以在实验结束之前只有你一个人知道你为隔壁的参与者选择了什么味道的食物。无论你选择的食物是什么,另一个参与者都必须吃掉。你需要记录此时你体验到的各种情绪及其强度。

讲到这里,你或许已经看出来了,实验中并没有"另一个参与者",味觉任务也只是为了测量攻击性行为——如果你选择辣椒酱,你可能就是想让对方不愉快。研究者发现,高尽责性的个体在被攻击之后自我报告的愤怒较少。更重要的是,对于高尽责性个体而言,愤怒感受与攻击性行为(让对方喝难喝的饮料)之间并没有很强的关系,但是对于低尽责性个体而言,就有很强的关系。研究者因此得出结论,认为尽责性反映出个体良好的自我控制,进而增强了个体调节自己情绪、想法和行为的能力(Jansen-Campbell et al., 2007)。因此,宜人性和尽责性都会在一定程度上影响情绪,因为二者都意味着较好的情绪调节。

在大五人格因素中,经验开放性与情绪的关系研究得最少。然而,在控制了其他4个因素之后,开放性可以有效预测积极情绪倾向(McCrae & Costa, 1991),而且它还与频繁且强烈的爱、同情和敬畏体验密切相关(Shiota et al., 2006)。那些心态开放、充满好奇的个体往往会以比较富有同情心(也比较少评判性)的方式对待各种各样的人,同时他们也比较喜欢探索和尝试那些新鲜有趣、能带来愉悦体验的事情(图 13.6)。

正如我们所看到的那样,人格中的重要因素在很多方面与情绪有关。有时候，某些具备生理基础的因素可能直接影响着个体的情绪反应性，其中影响最大的因素是外倾性和神经质。但是，大五人格特质也可能与情绪有间接关联，通过调控行为改变个体所处的情境，或者通过情绪调节方面的个体差异影响情绪。尽管数十年前研究者就已经发现人格可以预测情绪，但还需要更深入地探索这些效应背后的神经机制。

图 13.6　经验开放性较高的个体偏好追求那些能够激发敬畏的经历。

情绪个体差异的生物机制

前面我们探讨了人和人之间情绪不同的各种原因，以及对情绪与人格之间联系的一些解释。在某些情况下，这些解释包含着情境成分。具有不同人格的个体会选择不同类型的情境（例如，外倾者常在周末的夜晚参加热闹的派对，而内倾者则宅在家里看电视、吃外卖），而不同的情境自然会引发不同的情绪。此外，许多情绪方面的个体差异也反映着人们情绪调节水平的高低。

然而，由于带有情绪属性的气质从婴儿期就早早地浮现出来，再加上行为遗传学研究的一些结果显示情绪中的某些方面具有中等程度的遗传性，都说明生物因素至少发挥了一部分作用。有关情绪方面个体差异的生物机制的研究起步不久，而且许多结果相互矛盾，但研究者对这类课题的兴趣正在快速增长。现在我们就来了解一下。

额叶偏侧化

当人和人的情绪不同时,这些差异如何体现在他们的脑活动上?脑结构和神经联结上的差异是否可以解释人们为何有这样或那样的情绪倾向呢?

目前这个最有前途的研究领域,主要运用脑电图这种无痛且非侵入性的脑活动记录方式。情绪研究者对**额叶偏侧化**(frontal asymmetry)尤其感兴趣,即前额叶皮层的活动呈现在左半球和右半球之间的差异。这方面的研究工作始于Richard Davidson(1984)。如今研究者已经发现,总体来说比较幸福的人往往左侧额叶活动较强,而那些时常陷入悲伤的人,包括那些患有重性抑郁的人,一般右侧额叶活动较强。

在一项经典的研究中,Davidson及其同事(Wheeler, Davidson, & Tomarken, 1993)计算出了参与者在静息状态下,右侧额叶和颞叶的激活程度与左侧相应区域的比值。几天之后,这些参与者再次回到实验室,观看触发快乐、恐惧或厌恶的视频,并且评价他们对每段视频的主观情绪体验。结果发现,右侧相应脑区激活更强的个体对两段负面视频的主观感受更痛苦,而那些左侧相应脑区激活更强的个体对正面视频的评价更加积极(Wheeler et al., 1993)。

对婴儿和儿童所做的研究也显示出类似的结果(Saby & Marshall, 2012)。在脑电图研究中,大多数婴儿和幼儿面对一个陌生人接近自己,尤其是一个陌生的成年男子接近自己的时候,右侧半球的活动增强。而且,那些整体而言右半球比较活跃的婴儿,对于任何潜在的威胁刺激(比方说一个陌生男子靠近自己),反应都比其他孩子强烈,而且他们哭得也比平均水平要多。换句话说,右半球的神经活跃中有一部分属于特质(即一种人格特征),有一部分属于状态(即由情境所激发或放大)。各种各样的研究都显示,那些会引起一侧或另一侧脑半球活动增强或减弱的实验程序,都会让参与者的情绪发生相应的变化(Harmon-Jones, Gable, & Peterson, 2010)。如果你开心,你左侧半球的活动可能比较强,而如果你左侧半球的活动强,你可能比较开心。

一项特别有意思的研究测量了14月龄幼儿未从事任何特别事情时的额叶活动,并与这些幼儿4周岁时的各种行为做比较。14月龄时左侧半球更活跃的幼儿,在4周岁时表现出更大的情绪反应性和更多社会互动,而那些14月龄时右侧半球更活跃的幼儿,在4周岁时则表现得比较退缩(Licata, Paulus, Kühn-

Popp, Meinhardt, & Sodian, 2015)。这样的结果表明，左侧或右侧半球更活跃的现象可能在人生中持续多年，并且与行为模式显著相关。

然而，后来的研究显示，左半球和右半球活跃度的差异，并不能准确反映快乐和悲伤之间的区别。在一项研究中，额叶偏侧化不能有效预测积极情绪或消极情绪，但却预测了通过问卷调查得到的特质性**行为趋近**（behavioral approach，即追求奖赏体验和融入世界的倾向）和**行为回避**（behavioral avoidance，即回避潜在威胁的倾向）分数。具体来说，右侧额叶更活跃的个体的行为回避得分较高，而左侧额叶更活跃的个体的行为趋近得分较高（Sutton & Davidson，1997）。

进一步地，Eddie Harmon-Jones 和 John Allen（1998）发现人们在感到强烈愤怒的时候，左半球活动增强。人们通常认为愤怒和恐惧、悲伤同为负面情绪。但是，愤怒和快乐一样，与趋近的倾向联系在一起，而恐惧和悲伤与回避退缩联系在一起。

还有一项研究（Harmon-Jones & Peterson，2009）直接检验了额叶偏侧化和行为趋避之间的关系：测量人们面对侮辱时的脑活动。当人们站着或坐着的时候，侮辱会导致他们左侧额叶活跃度上升。但当人们躺在地板上的时候，同样的侮辱却不能激发左半球的反应。为什么呢？如果你躺在地板上，就很难发起进攻——事实上，你连靠近对方都会很不容易。你没有办法迅速做出什么事。这一研究支持了左半球活动和趋近动机之间的联系。

5-羟色胺转运体基因的多态性

另一批研究者考察的是 5-羟色胺转运蛋白基因的差异。神经元释放 5-羟色胺之后，这种神经递质会穿过突触间隙，附着到突触后神经元的相应受体上，刺激受体，然后与之脱离。突触前神经元的细胞膜上有一种蛋白质，叫作 5-羟色胺转运体，此时转运体会重新吸收大量被释放出去的 5-羟色胺，以便未来循环利用。虽然没有什么人的 5-羟色胺本身的基因存在变异，但是这些转运体的基因却存在变异。染色体中邻近 **5-羟色胺转运体基因**（serotonin transporter gene）的段落调控着转运体的生成数量。

调控 5-羟色胺转运体的基因有两种等位基因——短（s）等位基因和长（l）等位基因。s 等位基因会导致 5-羟色胺转运体的生成效率较低，而 l 等位基因会导致生成较多的 5- 羟色胺转运体。要记住的是，每个人的这一基因都含有两份拷贝。在具有两个短等位基因的人体内，5- 羟色胺在突触间隙中徘徊的时间较长，因为重吸收的速度较慢，从而导致突触后神经元上相应受体受到刺激的机会较多。而在具有两个长等位基因的人体内，突触间隙里的 5- 羟色胺则会被迅速清理。具有一个短等位基因和一个长等位基因的人体内 5- 羟色胺停留在突触间隙里的时长介于上述两种情形之间。

围绕 5- 羟色胺转运体基因的研究历史富于教益，但又十分复杂，而且还在不断进展当中。和我们在第 6 章介绍的有关杏仁核的许多信息一样，研究者曾就如何描述有关 5- 羟色胺转运体基因变异的情绪性特质而争论不休，而且至今我们仍不能完全肯定它起什么作用以及如何起作用。最初，有些研究把短等位基因和负面情绪性联系起来。带有短等位基因的人表现出较强的焦虑和容易形成新恐惧的倾向（Aleman, Swart, & van Rijn, 2008; Hariri et al., 2002; Lonsdorf et al., 2009）。短等位基因也和神经质较强（Munafò et al., 2003）以及容易患上重性抑郁（Munafò, Clark, Roberts, & Johnstone, 2006）联系在一起。与此相反，长等位基因和宜人性联系在一起（K. L. Jang et al., 2001）。

基于上述发现，研究者提出短等位基因可能是情绪痛苦的一个风险因素。但事情没有这么简单。第一，该效应的因果方向令人吃惊。研究者起初因为增加 5- 羟色胺可用量的药物能够缓解抑郁和焦虑而对 5- 羟色胺转运体基因感兴趣。但是，拥有一个或两个短等位基因（意味着 5- 羟色胺可用量较高），却似乎产生了相反的效果。第二，短等位基因和糟糕情绪之间的联系并不稳定，在多个研究中都未能复制出来。回想一下我们讨论性别和情绪的章节，当某些研究结果不稳定时，其中很可能存在调节变量。

Avshalom Caspi 及其同事（2003）提供了生活应激体验的差异作为调节变量影响 5- 羟色胺转运体基因和抑郁之间关系的证据。该研究测量了数百名年轻人的 5- 羟色胺转运体等位基因，根据短—短、短—长和长—长的基因型给他们分组。参与者还要从包含 14 件应激事件的列表中指出自己在 21 岁生日到 26 岁生日之间经历过哪一些（几乎所有的参与者报告的应激事件数量都在 0~4 件之间）。该研究的结果见图 13.7。

结果显示，5- 羟色胺转运体及运行和应激事件对抑郁的影响之间存在一定关系。但重要的是这两个预测指标之间的交互作用：生活应激和抑郁之间的关系，在拥有两个或一个短等位基因的参与者身上表现得比拥有两个长等位基因

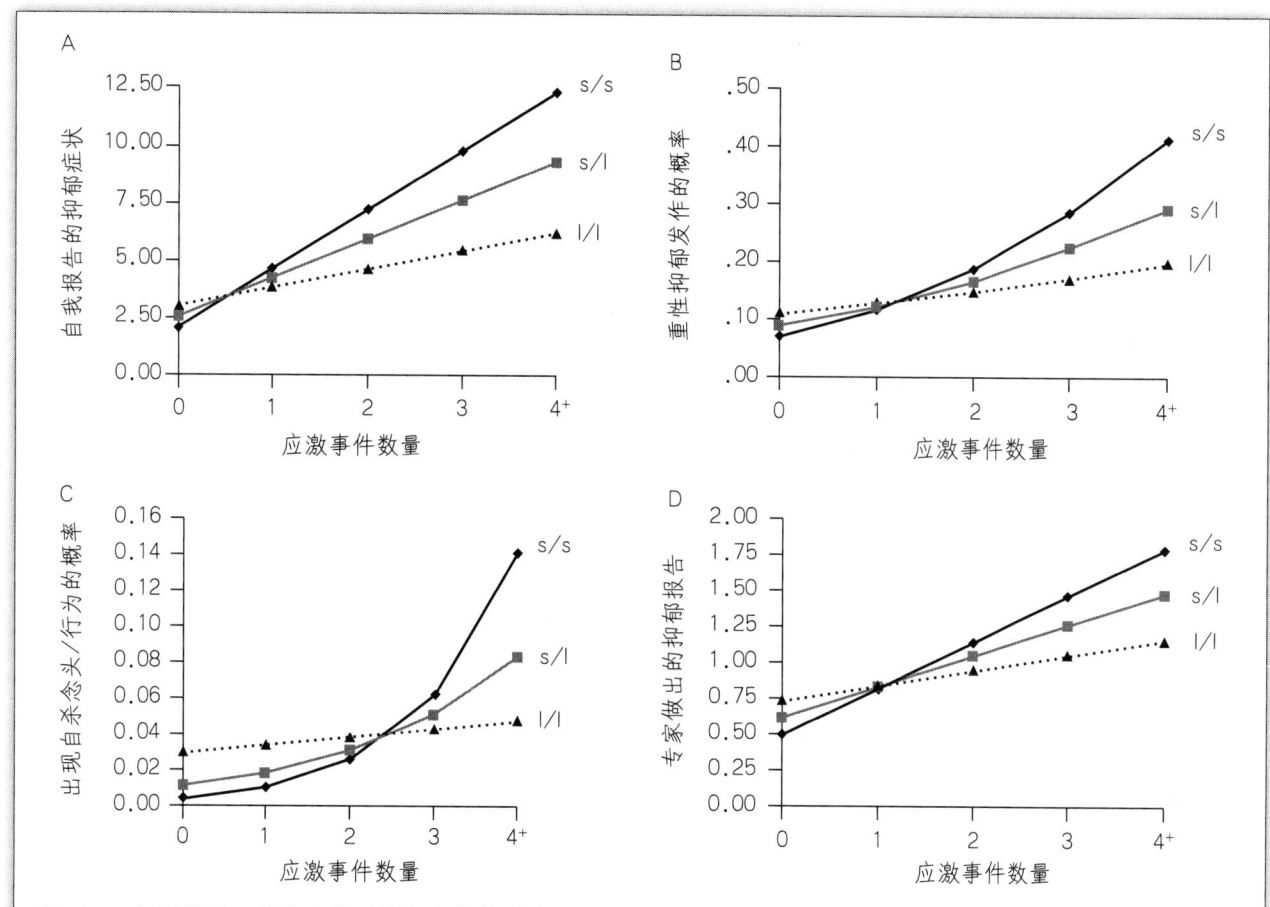

图 13.7 如图所示，应激事件对抑郁症状的影响取决于 5- 羟色胺转运体的基因型。有两个短等位基因的参与者身上所呈现的这些变量之间的关系最强，有一个或两个长等位基因的参与者身上所呈现的关系则不那么强。A. Caspi et al., 2003, *Science*, 301（5631），386-389.

的参与者要明显。同样的结果在预测重性抑郁发作概率和预测出现自杀念头/行为概率时也能观察到（Caspi et al., 2003）。因此，短等位基因并没有直接提高抑郁风险，而是放大了人们应激时的负面情绪。不过，两项围绕类似研究的元分析都没有发现存在这一显著的交互作用（Munafò, Durrant, Lewis, & Flint, 2009; Risch et al., 2009）。然而，这两项元分析所涵盖的研究数量都很少，并不全面。后续一项规模较大的元分析提取了 54 项研究的数据，呈现出了生活应激和 5- 羟色胺转运体基因型在预测抑郁时存在交互作用的明确证据（Karg, Burmeister, Shedden, & Sen, 2011）。

这意味着，如果你有两个或一个短等位基因，你就注定一辈子过着应激反应过强的生活了吗？你可以这么说，但是有两点必须注意。第一，这一效应的效应量并不大。许多因素都影响着人们的应激反应性，而这仅仅是其中之一。第二，越来越多的证据表明，短等位基因不仅能预测人们对负面环境的反应，同样也能预测人们对正面环境的反应。例如，研究发现，具有两个短等位基因的前青春期和青春期个体，对父母的温暖和支持反应更强烈，他们在高度正面的养育环境中报告了更多积极情绪，而且这一效应在具有一个或两个长等位基因的个体身上则不明显（Hankin et al., 2011）。同理，在具有一个或两个短等位基因的青少年当中，那些报告自己拥有较多积极母爱关怀的个体在实验室的"演讲"任务中表现出更健康的生理应激反应（我们在第4章介绍过挑战反应），而那些报告母爱关怀较少的个体表现出的健康威胁反应也较少。并且，母爱关怀的这一效应在拥有两个长等位基因的个体身上没有体现（Sumner, McLaughlin, Walsh, Sheridan, & Koenen, 2015）。

越来越多的研究表明，我们应当认为短等位基因增强了社会敏感性或情绪敏感性，而不是预示着负面情绪或者心理病理学风险。研究者发现，携带短等位基因的个体对描绘其他人置身强烈情绪情境中的影片反应强烈，也对秘密录制的他们自己唱卡拉OK的影片反应强烈（Gyurak et al., 2013）。在中立观察者的记录中，他们身上还呈现出了婚姻矛盾的情绪调性和婚姻满意度变化之间存在较强的相关关系（Haase et al., 2013）。研究者仍在争论5-羟色胺转运体基因对情绪的影响，在这个问题上，我们得提醒你回想一下第6章和第7章讨论过的围绕生物机制和心理过程之间关系草率下结论的问题。不过好消息是，我们对这些关系的认识正在逐渐丰富起来。

情绪智力

有些人似乎总是知道如何正确调节自己的情绪以及如何正确应对涉及其他人的情绪情境。你肯定认识一些不能好好应对情绪情境，或者压根不愿意好好应对的人。想一想下面的例子：

你走在路上，看到一个年轻女人独自坐在公园的椅子上哭泣（图13.8）。你停下来看向她。她忽然抬起头，略显唐突地说了句"你好"，然后埋头继续哭。你是应该上前问她需不需要帮忙，还是你觉得她宁愿独处？

你需要赶去参加一个会面，你的室友答应开车送你。但是你的室友在准备出门的时候却动作很慢，你很担心会迟到，所以变得很紧张。你是应该催促你的室友加快速度还是努力让自己保持冷静？对于这两种选择，你具体会怎么做？

有人给你讲了一个笑话，但是你觉得这个笑话有些侮辱人。你会说些什么吗？如果你说的话，会使用什么样的声调？

图 13.8　如果你看到一个人在公共场所低声哭泣，你会怎么做？对这类假设情境的回答有时会用于测量情绪智力。

一个很有魅力的人对你微笑，用非常欢快的声音向你打招呼。你认为这是调情还是仅仅出于礼貌？

你正和约会了几个月的对象安静地坐在一起。你想到一些浪漫的点子，但是你不知道对方此时在想什么。这会是第一次说"我爱你"的美好时刻吗？对方会不会正想着跟你分手？

在上述情境中，每一个都是没有标准答案的，得"看情况"。在第一个例子中，在你决定是否为那个哭泣的女人提供帮助之前，你可能会考虑她的面部表情、身体语言、说话声调，以及任何可以判断她为什么在这里哭的线索。到底要不要提供帮助还与你自己的情况有关。比如，她可能比较愿意与同龄的女性聊天，而不愿意和其他人聊天。同理，在其他几个情境下，你都会在做出决定之前对整体情境进行评估。关键在于，你的尝试必须足够审慎，你必须注意最有用的线索，你还必须迅速权衡所有信息来找出正确答案。

20 世纪 90 年代，很多心理学家开始研究**情绪智力**（emotional intelligence）

（Mayer，Caruso，& Salovey，2000）。情绪智力的定义多种多样，但一般来说，它包括了感知情绪信号、理解情绪和管理情绪，比如说让自己冷静下来或减轻某人的焦虑等。有些心理学家还将有效沟通情绪的能力也算在其中。"情绪智力"这个术语提示人们它和学业智力十分相似，因而借用了"智力"一词，但二者也有很大差别，所以我们用一个专属的名词来指称它。那些公认拥有卓越情绪智力的人，在大多数情况下，其他类型的智力也高于平均水平。

情绪智力这个概念在心理学界和其他领域都十分流行，但它仍有一些基本问题尚待解答。第一，虽然借用了"智力"一词，但情绪智力在多大程度上像其他类型的智力一样属于一种能力？又在多大程度上属于人格特征？例如，假设某人没有准确探知他人的情绪，那么这种失败代表着此人缺乏对应的能力，还是缺乏对应的兴趣？第二，情绪智力独立于其他心理变量，还是结合了学业智力与某些人格因素？为了回答这些问题，我们首先要测量情绪智力。

测量情绪智力

正如我们在本书中经常提到的，对概念的理解和测量可以彼此促进：我们对某个概念理解越深入，我们就越能找出好方法去测量它；我们的测量方法越好，反过来也会加深我们对概念的理解。如果我们发现我们不能有效测量某个概念，我们就有理由对这个概念提出质疑。那么到底如何测量情绪智力呢？这些测量结果让我们理解了这个概念中的哪些方面呢？

一种测量方法是让人们自我报告，就像研究人格时通常会做的那样。比如，考察人格特质中的外倾性时，心理学家会让测试者回答如下问题：

我生活中常在聚会。（是 / 否）

或

用 1~7 分的量表评价，你有多喜欢结交新朋友？

下面是某个情绪智力测验量表中的几道判断题（Austin，Saklofske，Huang，& McKenney，2004）：

有时候我无法判断一个人是严肃的还是在开玩笑。

其他人觉得向我倾诉心事很容易。

我只需要看着别人就能知道别人的感受。

在别人情绪低落时我能帮助他们感觉好一点。

正如你所猜想的那样，对第一题答"否"和对第三题答"是"效果相同。但这类自我报告测量的问题在于，我们没法知道答案的准确性。有些人自己报告称对他人的感受十分敏锐，而且很擅长处理情绪情境，但是他们的朋友却表示并非如此（Carneyr & Harrigan, 2003; Elfenbein, Barsade, & Eisenkraft, 2015）。实际上，越迟钝的个体越不能觉察到自己的错误。

评价自我报告类情绪智力测验的最好方法，就是检验它们的预测效度。也就是说，参与者在情绪智力量表上的高分应当可以预测其在实际生活中能很好地处理情绪情境。大部分的自我报告类情绪智力量表研究都考察了二者的相关。这种方法并不是最理想的，但是总比什么也不做要好。根据这些研究结果，自我报告有高情绪智力的人认为自己社会适应水平也很高（Engelberg & Sjöberg, 2004）。他们往往比较外倾、宜人（Warwick & Nettelbeck, 2004），在经历创伤之后也比大多数人恢复得更好（Hunt & Evans, 2004）。在大部分研究中，评价自己情绪智力高的人在职场上也比其他人更成功。但是，情绪智力量表中的许多项目询问的是自信心、和他人打交道的能力、勤奋程度以及实现目标的能力（Joseph, Jin, Newman, & O'Boyle, 2015）。所以，那些现实中工作出色的人声称对自己的工作能力有信心也是情理之中的事。

有些雇主用自我报告情绪智力问卷的分数去筛选求职者。不过，在回答中弄虚作假以获得高分并非难事（Tett, Freund, Christiansen, Fox, & Coaster, 2012）。只要你在测验中报告自己情绪智力、自信心、勤奋程度较高，无论你事实上是否具备这些特质，都可以提高自己求职成功的概率。

有些研究者把测验得分和情绪任务中的实际表现联系起来。平均而言，自我报告情绪智力较高的人在识别情绪表情时也做得很好（Austin, 2004）。他们在学业成绩、精神健康、生理健康和克制攻击性冲动的能力方面也都高出平均水平（Di Fabio & Palazzeschi, 2015; García-Sancho, Salguero, & Fernández-Berrocal, 2014; Hall, Andrzejewski, & Yopchick, 2009; Mikolajczak et al., 2015）。然而，许多这样的研究源于小样本而且可能缺乏代表性的人群。

自我报告类情绪智力测量得分和人格特质测量——尤其是外倾性和情绪稳定性——之间相关较强（Siegling, Vesely, Petrides, & Saklofske, 2015）。如果情绪智力是一个有用的概念，那么它应当超越心理学家已经测量到的那些人格特质。

另一种测量情绪智力的方法是开发一套能力测验，就像智商测验或其他标准化测验那样。最著名也最常用的这类情绪智力量表是《迈耶—沙洛韦—卡鲁索情绪智力测验》（*Mayer-Salovey-Caruso Emotional Intelligence Test*，以下简称MSCEIT）。下面是一些题目示例，引用时略做修订（Mayer et al., 2000）：

（1）在5分量表上评价你从图13.9中看到的每种情绪的呈现程度。1表示"肯定没有呈现"，5表示"肯定呈现了"。

快乐

愤怒

恐惧

悲伤

厌恶

惊奇

（2）一个中年男子说他的工作堆积如山。他每天都忙到很晚，没有时间陪伴家人，他和妻子、女儿的关系因此受到了影响。他为自己没有时间陪她们，使她们感觉受到冷落而感到非常愧疚。最近，有一个刚刚离婚且失业的亲戚搬过来和他们一起住。过了一段时间之后，他们告诉这个亲戚，希望他搬走，因为他们需要一些私人空间，尽管他们对于让他搬走也感到很难过。

请在5分量表上评价这个中年男子的每一种情绪感受，5表示"非常强烈"：

抑郁

挫败

内疚

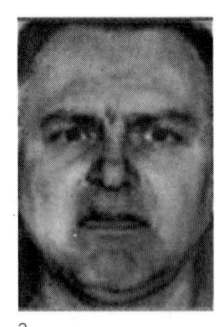 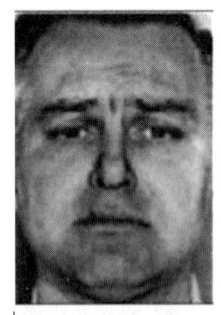 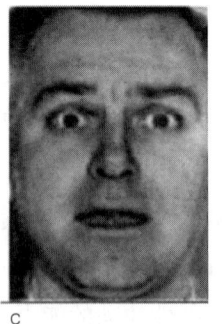

a　　　　　　　　b　　　　　　　　c

图13.9　这是一种测试人们解读面部表情的方法。每张面孔都由电脑程序改换，以糅合两种情绪的表情。你从每张面孔中看出多少快乐、愤怒、恐惧、悲伤、厌恶和惊奇？答案见本章末。

兴奋

快乐

（3）一条狗跑到马路上，被车撞了。司机停了下来，狗的主人迅速跑过去检查狗是否受伤。

请在5分量表上评价司机和狗主人的情绪感受。5表示"非常有可能"，1表示"完全不可能"：

狗主人对司机感到愤怒。

狗主人为自己没有训练好狗而感到尴尬。

司机为自己没有再认真一些开车而感到内疚。

司机为自己撞的只是一条狗而不是小孩而感到轻松。

（4）有个同事看上去心烦意乱。他邀请你在一个安静的地方和他一起吃午餐。几分钟之后，他向你倾诉，告诉你他在求职时作假才得到这份工作。但是现在他感到很愧疚，而且担心自己被发现。你会怎么做？

核心问题又来了，到底什么才是正确答案？对每一个问题你可能都会回答"这得看情况，我还需要更多的信息"。但是，不会有更多信息，你必须根据所提供的有限信息尽力回答。我们可以想象出好几种方法来确定正确答案，但是每种方法都存在一些问题（Conzelmann & Goerke, 2015）。一种方法是**专家评分**（expert scoring），由该领域的专家来确定正确答案。研究者总是会请数学家判定数学测验的答案，这是因为我们很容易分清哪些人是数学家，而且数学家和数学家之间不会有意见分歧。但是我们却没法确定谁是情绪智力专家，而且他们之间很可能意见不一。有些研究情绪智力的心理学家自己提名自己来进行专家评分，但他们未必有资格胜任。就好比，视觉研究者不一定视力最佳，记忆研究者也不总是记忆力超群。另外，大多数情绪研究者都是西方国家出身的中年白人男子。这种缺乏多样性的人员构成对于数学测验来说可能不是什么问题，但对情绪智力而言却是大问题，因为不同背景的人心目中的正确答案很可能不一样。

另一种判定正确答案的方法是**共识评分**（consensus scoring），即以人数最多的那种答案为准。换句话说，最常见的答案就会是正确答案。在大多数情况下，共识评分根据做出相应回答的人数的多少对每一种可能的答案赋予一定权重。以上述第 2 道题为例，30% 的人给中年男子的内疚感评分为 5，45% 的人评分为 4，15% 的人评分为 3，7% 的人评分为 2，3% 的人评分为 1。这样一来，评 5 分会让你的总分加上 0.3，评 4 分会加上 0.45，以此类推。也就是说，共识评分系统承认不存在完美的答案，但有些答案比另一些答案要好。

但共识评分有 3 个问题。第一，如果 99% 的人对一道简单的题选择了同一个答案（自然被认定为正确答案），那么你的分数会加上 0.99。而如果题目比较难，只有 40% 的人做出相同的回答，你则加分 0.4。换句话说，你在容易的题目上得分多，而在困难的题目上得分少。不过，我们可以扭转这种情况：答错简单问题的人失去的得分，要比答错困难问题的人失去的得分多。例如，心理障碍、酗酒或精神分裂症患者通常会在情绪智力的所有方面显示出受损迹象（Blair et al., 2004; J. Edwards, Jackson, & Pattison, 2002; Kohler et al., 2003; Kornreich et al., 2001; Townshend & Duka, 2003）。有些心理学家提出，把这类情绪测验叫作"情绪迟钝测验"或许更贴切（Fiori et al., 2014; R. D. Roberts et al., 2001; Zeidner, Matthews, & Roberts, 2001）。

共识评分的第二个问题在于，如果大部分人的看法就是正确答案，那么测试中就不能包含任何只有"情绪天才"才能答对的难题。想象一下我们用同样的方法让人们投票决定数学测验的正确答案吧。因为这类测验的宗旨并不是表扬那些在大多数人都答错的题目上答对的人，这样的测验无法用于识别出最好的数学家。

共识评分的第三个问题是，由共识选出的正确答案会因文化不同而不同。对于如何控制自身情绪的题目来说尤其如此，来自美国、日本、中国、印度和阿根廷的人们最常见的回答各不相同（Shao, Doucet, & Caruso, 2015）。显然，针对不同的国家，研究者需要不同的标准答案。或许，即使在同一个国家里，不同的亚文化人群也可能拥有不同的标准答案。总之，研究者必须承认，共识评分中不存在客观上的正确答案。

就大部分题目而言，共识评分选出的最佳答案和专家评分的标准答案一致。然而，这种一致性的意义尚不明确。也许，专家中的大多数和普通人中的大多数都是对的，或者，都是错的。

除了专家评分和共识评分，还有一种方法叫作**目标评分**（target scoring），即以那些经历过题目所述情境的目标人群给出的回答作为正确答案。比如，对于撞到小狗之后司机感受如何的题目，我们可以找到有过这样经历的人，直接询问他们当时的感受。基于目标人群的评分很有潜力，但暂时还没有得到广泛应用。不过目标评分也不是完美无缺的。当我们询问目标人群在特定经历中有何感受时，他们往往记不清了，而且有时候他们的回答未必坦诚。

情绪智力测验的信度和效度

心理学家根据信度（个体的分数在测验中的稳定性）和预测效度（分数和实际行为之间的关系）来评价测验或测量的好坏。换句话说，信度表明一个测验有多准确，效度表明一个测验在多大程度上反映了它宣称要测量的东西。信度和效度类似于相关系数，变化范围从 0（没有信度/效度）到 1（信度/效度完美）。

根据 MSCEIT 开发者的报告，它的信度大约是 0.9，与典型的智商测验差不多（Mayer, Salovey, Caruso, & Sitarenios, 2001）。但是，大部分后续研究显示它信度要低一点，约为 0.8，还有一项研究发现 MSCEIT 中的某些分量表信度低于 0.5（Føllesdal & Hagtvet, 2009）。中等水平的信度用于研究目的或许可以，但不适合针对任何个人做出有关的结论。

如果一个测验的分数能准确预测个体在其他场景下的行为，那么这个测验就具备了**预测效度**（predictive validity）。就情绪智力而言，有效的测验分数应该能预测个体在情绪和社会情境中的行为。研究者已经考察了针对生活满意度、友情和爱情质量、原谅、感激、乐观、遵循法律以及克制焦虑的能力等方面的测验的预测效度（Ivcevic & Brackett, 2014; Lopes et al., 2004; Maul, 2012; Rey & Extremera, 2014）。但大多数相关系数都比较低。一项研究显示，任何一个人都可以通过询问那些认识你的人来预测你的友情和爱情质量，其效度要好于直接问你本人或使用 MSCEIT（Choi & Kluemper, 2012）。

一项初步研究考察了在情绪智力量表上得分高和得分低的青少年，让他们描述一个自己生活中遇到的情绪情境，以及自己是如何应对的。首先，下面是一个得分最低的 14 岁女孩的例子：

"我们在一个生日派对上玩游戏。那个游戏太蠢了，它让我看起来像个白痴一样。"（提问：你是如何处理的？）"我哭了，然后走掉了。"（Mayer, Perkins, Caruso, & Salovey, 2001, p. 135）

相对的，下面是一个得分很高的16岁女孩的例子：

"有一次，我的朋友们想要趁别人睡觉的时候偷偷跑进房间里涂鸦。刚开始大家只是开玩笑……但是后来渐渐变成斗狠了……我感觉这样背叛了那个人对我的信任……我知道像这样的小恶作剧也会伤害到人们的感情。"（提问：你是如何处理的？）"直接告诉他们这样很不尊重人，他们不应该这么无情。"（Mayer, Perkins, Caruso, & Salovey, 2001, p. 136）

这一研究结果很有前景。在情绪智力量表上得高分的人，处理情绪情境的水平也很高。但是，这只是一个初步的研究，参与者只有寥寥数人。而且这个测验也许同时反映着言语技能和情绪智力两个方面。

原则上，评价情绪智力测验最重要的标准是**增益效度**（incremental validity），即某一测验的分数在多大程度上改善了研究者基于原有的学业智力和人格测验已经能够做出的行为预测。MSCEIT分数和智商测验分数有中等程度的相关（Kong, 2014），而且前者和测量外倾性、情绪稳定性、尽责性、宜人性以及经验开放性的人格测验分数也有中等程度的相关（Siegling et al., 2015）。智商测验和人格测验分数可以预测生活满意度、友情和爱情质量以及其他任何MSCEIT分数可以预测的内容。如果情绪智力是一种独立的能力，那么它应该可以对行为的某些方面做出比结合使用智商测验与人格测验更好的预测。

大部分围绕这一点的研究，要么只得到略微积极的结果，要么没有发现任何收益。有一些研究显示，结合使用情绪智力和人格因素来预测生活满意度，效果比单独使用人格因素略好一点（Gannon & Ranzijn, 2005; Siegling et al., 2015），而另一些研究表明，情绪智力比起结合使用智商和人格进行预测，没有提供任何额外的帮助（Karim & Weisz, 2010; Rossen & Kranzler, 2009）。一项研究指出，在人格分数之外增加情绪智力分数，对于预测个体处理应激和焦虑的能力，效果只提升了1%或2%（Siegling et al., 2015）。在一项小样本研究中，将情绪智力分数加入其他测量分数中，略微改善了对学业成绩的预测（Lanciano & Curci, 2014）。也就是说，情绪智力分数最多也只显示出一点点增益效度。尽管有一点增益效度，但研究者也不应该断言情绪智力就独立于智商和人格之外。因为如果增加一些智商测验或人格测验的内容，同样可以改善对生活满意度、应激处理能力以及其他方面的预测。也就是说，把任何测验变长一些，都会令分数更加可靠，更加准确，与对应标准之间的相关性也会更好。为了证明情绪智力的独特性，研究者需要让人们看到，在情绪智力测验中加入特定数量的题目之后，其预测效果的改善好于在智商测验或人格测验中加入相同数量题目之后带来的相应改善。据我们所知，还没有人尝试过这样的研究。

简而言之，目前广泛使用的智力测验信度为中等，针对某些目标的效度为低等到中等，其增益效度更是充满争议。一种可能的结论是，情绪智力并非一个有用的概念，至少它肯定不如有些人之前声称的那么有用。但另一种可能性是，研究者需要开发出更好的测量方法。心理学家开发纸笔测验的历史很长。这些测验在测量数学技能或语法理解时效果非常好，在测量人格时效果也可以接受。可是情绪不一样。感知某张照片或某段描述中的情绪，不同于在真实生活中对它的感受，因为人们在真实生活中可以观察到整个环境、表情的快速变化，以及在姿态、声调和其他许多方面发生的改变。拿着笔在纸上勾画正确答案，和根据另一个人的反应处理情境、调整行为，是两回事。

想要严肃对待情绪智力，研究者可能必须脱离纸笔测验，向真实的行为靠近，并且应当尽量使用具有客观正确答案的题目。例如，研究者可以播放审问犯罪嫌疑人的录像，其中一些人后来被证明撒了谎，那么就可以提问："你能识别哪个人在撒谎吗？"研究者也可以播放夫妇之间聊天的录像，其中一些夫妇后来离了婚，因而可以提问哪对夫妇看起来感情比较好。我们还可以播放精神病人的录像，其中一些人数天或数周后试图自杀，那么可以提问哪些病人看起来自杀风险最高。测量情绪智力虽然很不容易，但终究是有可能做到的。

情绪智力可以训练吗？

情绪智力低的坏处一目了然。比如，丈夫或者妻子说了什么，另一半错误地解读为有敌意，那么就会爆发一场莫名其妙的争吵（Flury & Ickes, 2001）。或是一个孩子在游乐场玩，错误地解读了另一个孩子的面部表情或者语气声调，结果哭着跑开（Halberstadt, Denham, & Dunsmore, 2001）。又或者，一名女子在专业场合中对一名男子微笑，期待和对方进行有效的沟通，但男子却错误地解读为女子对自己有意思。毫无疑问，你还可以想到很多这样的例子。

随着情绪智力的概念越来越普遍，很多人开发出课程来进行训练，或敦促学校给孩子们提供这方面的训练（Elias，Hunter，& Kress，2001）。但是我们现在并不确定情绪智力的确切含义，也不知道如何测量它，因此这些早期尝试没有带来明显效果就成了意料之中的事（Izard，2001）。

情绪智力并不是我们通过读书或者听课就能学到的。我们也许可以学到它，但是得通过别的方法。一般而言，中年人情绪智力测验的得分高于年轻人（Kafetsios，2004）。这个研究采用了横断设计，发现了很强的同辈效应（cohort effect）。也就是说，上一代人比当前的年轻一代有更高的情绪智力。但更有可能的解释是，随着年龄的增长，人们的经历越来越丰富，因而学到了更多情绪智力。心理学家区分了流体智力（解决新问题和掌握新技能的能力）和晶体智力（已经掌握了的技能）。流体智力在年轻时达到巅峰，然后随着年龄增长而下降。晶体智力比较稳定，并且在一生的大部分时间里持续增长。如果情绪智力能够随着岁月而增长，它就比较接近"晶体智力"（可以训练）而不是"流体智力"（很难提高）。

如果情绪智力可以训练，那么如何训练？有一项非常好的研究，把儿童随机分为几组，分别上戏剧课、电子琴课、声乐课，或什么课都不参加。然后，研究者测试这些孩子通过别人的语气来判断对方情绪的能力。结果发现，那些上戏剧课和电子琴课的孩子比上声乐课和什么课都不上的孩子表现好。这些研究者还发现，接受过音乐训练的成年人，也擅长通过语音识别情绪（Thompson，Schellenberg，& Husain，2004）。这可能是由于戏剧课或音乐课训练了人们仔细聆听和注意细微声调的能力。那为什么电子琴课有训练效果而声乐课没有呢？我们也不知道。其他一些研究者也报告音乐训练提高了人们通过语音感知情绪的能力（Mualem & Lavidor, 2015; Pinheiro, Vasconcelos, Dias, Arrais, & Gonçalves, 2015）。但是，这些研究样本量都不大，而且只针对了一小部分的情绪智力。我们还需要更多研究，不过关键在于这让我们知道了情绪智力确实可以通过学习来提高。"如何成为情绪天才"的讲座目前看来行不通，但是其他的训练方法可能有用。

总　结

当我们考虑用哪些最重要且信息量大的特征来描述个体的时候，情绪通常是我们很容易想到的方向。人和人之间最经常产生和感受最强烈的情绪不一样，表达或隐藏各种情绪的倾向不一样，回应其他人情绪的方式也不一样。有些人理解自身情绪的能力，以及处理自己和他人情绪的能力，比另一些人要强。

这些差异源于哪里？就像我们在前面章节里说过的，仅凭先天或仅凭后天因素都不能提供最好的解释——这两个方面都很重要，而且它们的作用常常交织在一起。例如，男性和女性的情绪差异反映着二者社会地位的区别，而地位差别之所以存在，又有一部分原因是男性偏好追求权力。5-羟色胺转运体基因型和环境之间的交互作用，同样体现了这一复杂性。据我们目前所知，上述基因影响着个体如何回应情境，而不是直接影响情绪。在这种情况下，分清基因和环境的作用可不是件容易的事。

关键术语

宜人性（Agreeableness） 大五人格因素之一，包含友善、慷慨、宽容、礼貌、温暖、诚实和值得信任等特质。

行为趋近（behavioral approach） 追求奖赏体验和融入世界的倾向。

行为回避（behavioral avoidance） 回避潜在威胁的倾向。

行为遗传学（behavioral genetics） 考察气质和人格中的个体差异分别有哪些部分可以用遗传、共同的环境、各自的环境等来解释的一类研究。

大五人格因素（Big Five personality factors） 人格的5个核心维度，通过对特质形容词进行因素分析而得出。

尽责性（Conscientiousness） 大五人格因素之一，包含一致、可靠、守规矩、有远见、成熟和自律等特质。

共识评分（consensus scoring） 把回答人数最多作为某些题目正确答案的标准。

情绪倾向（emotional dispositons） 每个人不同于其他人的，通常感受情绪的方式。

情绪智力（emotional intelligence） 感知、理解和管理情绪的能力。

专家评分（expert scoring） 由领域内的专家来确定正确答案。

外倾性（Extraversion） 大五人格因素之一，包含爱说话、社交性、自发性、欢悦、能量和冒险等特质。

额叶偏侧化（frontal asymmetry） 在静息或者任务状态下，大脑左右两侧额叶激活程度不一致的现象。

增益效度（incremental validity） 新测验的分数在多大程度上改善了原有测验可以做出的

行为预测。

调节变量（moderator） 即可以改变预测指标和预测后果之间关系的变量。

神经质（Neuroticism） 大五人格因素之一，包含自怜、焦虑、不安全感、胆怯和被动等负面情绪体验的特质。

经验开放性（Openness to Experience） 大五人格因素之一，包含智慧、创造力、客观性、反思和艺术等特质。

预测效度（predictive validity） 测验分数预测某些重要后果时的准确程度。

随机数字拨号（random-digit dialing） 在某一地区电话号码规则范围内随机选取号码来拨打，以募得具有代表性的样本。

反刍（rumination） 反复且负面地思考自己遇到的问题。

5-羟色胺转运体基因（serotonin transporter gene） 负责编码生成突触前神经元细胞膜上5-羟色胺重吸收蛋白质受体的基因。

目标评分（target scoring） 即以那些经历过题目所述情境的目标人群给出的回答作为正确答案。

气质（temperament） 婴儿出生后没多久，在他们如何回应周围环境方面就开始显示出的稳定的个体差异。

思考与讨论

1. 列一张情绪清单——前两章提及的那些情绪以及其他你能想到的情绪。其中哪些情绪，你认为地位高的人会比地位低的人更经常或者更强烈地表达出来？

2. 人们可以观察到的情绪性别差异常常被解释为源于男性和女性的相对地位不同。但是社会也以其他方式塑造着男性角色和女性角色。你所属的文化通过其他哪些方式将男性和女性导向不同方向？它对情绪的体验、表达和理解可能有什么影响？

3. 制作一张表格，总结一下每个大五人格因素和本章提及的各个情绪成分（如体验、表达等）之间的关系。有什么关系是我们没有提供相应证据的？你对它有何预测？大五人格因素和情绪的其他成分（如共情、情绪调节等）可能有什么样的联系？

4. Eddie Harmon-Jones 提供的证据表明，愤怒和许多积极情绪一样，包含着趋近引发愤怒的对象的强烈动机。而大部分负面情绪推动人们回避或远离相应的刺激。热情是另一种包含高趋近动机的情绪。列出几种热情和愤怒共同的具体特征或效应，它们怎样和趋近动机相联系？

5. 现有的研究表明，5-羟色胺转运体基因的短等位基因可能增强了个体对社会环境和情绪环境的反应性。研究更支持这种解读，而不支持短等位基因是抑郁风险因素的观点。但即使这种解读是正确的，它也没有解释短等位基因如何导致这一效应。想出几种短等位基因可能影响到的更加具体的心理效应，以解释上述反应性的提高。

6. 从你认识的人中找出几个你认为情绪智力很高的，描述他们。根据这些描述，你所说的情绪智力很高意味着什么特点？如果你正在修订某个情绪智力测验，你会加入什么类型的项目？

延伸阅读

Little, B. R.（2014）. *Me, myself, and us: The science of personality and the art of well-being.* New York, NY: Perseus.

围绕人格中个体差异的性质、成因，以及它对心理幸福感的意义而撰写的一份启发思考的分析。

Zeidner, M., Matthews, G., & Roberts, R. D.（2012）. *What we know about emotional intelligence: How it affects learning, work, relationships, and our mental health.* Cambridge, MA: MIT Press.

这本书批判性地评价了有关情绪智力的证据，帮助读者分清科学与夸大宣传。

图 13.9 测试答案

图 a 表情厌恶和愤怒分量相同，图 b 悲伤和厌恶分量相同，图 c 惊奇和恐惧分量相同。

第 14 章

临床心理学中的情绪

在心理学的整个历史当中，心理学的哪个领域或分支对情绪最感兴趣？很显然，答案是临床心理学。由于行为主义统治着 20 世纪中叶，直到 1980 年以前，心理学其他领域里没有什么研究者提出有关情绪的课题。但是，临床心理学家和精神病学家却一直在围绕着情绪问题工作。虽然有些人去找治疗师是为了解决情绪之外的问题，比方说注意缺陷之类的，但大部分来访者都经受着抑郁和焦虑的折磨。其他包含情绪属性的心理障碍也一样，例如强迫症的标志就是过分内疚（D'Olimpio & Mancini, 2014），而品行障碍则和伤害他人之后缺乏内疚联系在一起（Blair, 2013）。情绪过强、过弱、过于持久、过于短促或者过于动荡，都会带来麻烦（J. J. Gross & Jazaieri, 2014）。有些精神分裂症患者在不恰当的时刻或场合表达悲伤或快乐，而且大部分精神分裂症患者理解他人情绪表达的能力都受到了损害（Green, Horan, & Lee, 2015）。总之，许多心理或精神障碍都涉及某种类型的情绪问题。

临床心理学家可以从情绪研究者这里得到什么信息？情绪研究者又可以从临床心理学家那里学到什么知识？当你试图修好一台机器时，你对它的认识就更透彻，对情绪来说也是这个道理。随着心理学家对情绪障碍越来越了解，他们对"正常"情绪的理解也增进了。而他们越是了解健康的情绪，他们就越有能力开发出针对情绪问题的治疗方法。

临床心理学的诊断

在临床心理学和精神病学的早期临床实践中，治疗师对于各种心理障碍几乎不加区分。虽然也有几个诊断分类存在，比如精神分裂症和抑郁等，但在许多情况下，治疗师只要把一个来访者归类到神经病（neurosis）或精神病（psychosis）中就满足了。（令人迷惑的是，神经病更接近心理问题的概念，而精神病的意思却是神经系统出了问题。呃，好吧。）在许多情况下，治疗师压根不给出任何诊断。毕竟，许多正常人虽然想和专业人士聊聊自己当前的忧虑或关切，但绝对不愿意因为心理疾病的正式诊断而坏了名声。

行业终究开始发生变化，原因有二。第一，因为诊断出障碍而需要治疗的人，和只想跟治疗师聊聊的人，保险公司比较愿意为前者支付费用。不仅如此，对于每一个想要保险公司支付费用的来访者，治疗师都得提供给他们一个适当的标签。第二，治疗师希望自己的形象更接近医生。如果你去找一位医生说自己头疼、肚子疼、久咳不愈或有任何其他症状，医生都会让你去化验，以找出确切的病因。识别病因自然会带来诊断结论，而诊断结论可以帮助医生决定采取什么疗法。对于心理疾病，治疗师的目标也是类似的：给予每个来访者一个准确的诊断，这样就能知道该用什么疗法。站在科学的角度，拥有一套心理障碍的诊断系统也有助于研究者为每个诊断分类找到最佳的潜在疗法。

这种乐观的发展规划导致了《精神障碍诊断与统计手册》（*Diagnostic and Statistical Manual of Mental Disorders*，简称 DSM；American Psychiatric Association，2013）的诞生。经过历次修订，DSM 如今已走到了第五版，简称 DSM-5。在 DSM-5 中，潜在诊断——不包含症状描述或诊断标准——排列了足足 14 页之多。这套系统的宗旨之一是让每一位治疗师或研究者以相同的方式定义每个诊断。这样一来，理论上，一组获得了某一诊断的病人，和世界上其他任何地方的另一组获得了相同诊断的病人应当非常相似。然而，从这个角度来看，DSM 系统不够成功。例如，对注意缺陷/多动障碍（attention-deficit/hyperactivity disorder，简称 ADHD）的描述列出了 9 种注意力不足的症状和 9 种多动及冲动症状。要做出这个诊断，一个孩子必须表现出两份列表中的 6 种症状。（其规则与成人诊断略有不同。）但是这样就意味着，两个同样获得了这一诊断的孩子可能没有一个症状是相同的。其他障碍的诊断也采取了这种选项模式。惊恐障碍的诊断描述中包含的潜在症状组合超过了 23000 种，而创伤后应激障碍包含的症状组合则超过了 636000 种（Galatzer-Levy & Bryant, 2013）。

一个比较根本的问题在于，大多数其他的医学诊断都基于病因，比如说某种具体的病毒或细菌、某些具体器官的损伤等，而且可以通过各种检查来确认。与此相反，精神病学诊断仅仅基于症状，因为精神病学罕有能确认病因的情形，因此也不存在有效的检查。如果每种障碍的症状完全不相同，并且稳定不变，基于症状给出诊断是妥当的，但其实许多障碍的症状彼此重合，而且很多病人在同一时间可以适用多个诊断。也就是说，某个人可能符合抑郁、焦虑、物质滥用和其他问题的诊断标准，而不是清晰地落入某一个类别（Caspi et al., 2014）。精神障碍也不能用基因来区分，因为可以预测一种障碍的基因和蛋白质同时也和其他障碍相关（Geschwind & Flint, 2015; Network and Pathway Analysis Subgroup, 2015）。即使一个病人完全符合某种诊断，确认这种诊断也无法保证一定能找到最好的疗法。

从另一方面来说，诊断也很困难。因为焦虑、抑郁或其他任何症状都是连续渐变的，"正常"和"异常"之间的界限在某种程度上由治疗师随心裁量。无论在哪里划线，划出的正常人中总会有一部分和划出的病人中的一部分非常相似。目前最好的指导原则是，如果一种情形给某人的生活带来了显著的痛苦或损害，那么就应认定它是一种可以给出诊断的精神障碍。这一点，同时也是DSM中所强调的原则。例如，两个人或许对飞行有着同样病态的恐惧，但只有那个需要经常坐飞机出差的人会获得恐怖症的诊断，而对于那个从来不想也不需要离开家远行的人来说，这不算是个问题。如果某人大量饮酒，他就算酗酒吗？也许。这取决于饮酒是否显著损害了此人的工作、财务、家庭生活、健康等方面。当这个问题导致了显著的痛苦或损害时，就必须给出相应的诊断。

诊断的困难给开发治疗方法的临床心理学家和研究者都提出了问题。假设我们要比较一组抑郁患者和一组健康的人。健康组里至少有一部分人会有轻度的抑郁，只是没有达到诊断标准。与此同时，抑郁组里也有不少人身上存在焦虑、物质滥用或其他抑郁之外的问题。在这样的情况下，想要纯粹比较抑郁者和非抑郁者是一件极富挑战的事情。我们固然可以挑选只符合抑郁诊断标准而不符合其他障碍的人纳入研究，但这样一来，我们的研究结果是否还能推广到那些同时患有抑郁和其他障碍的人身上呢？现在你可以理解，为什么两个研究者做同样的研究，只有抑郁人数不同，就得到不同结果了吧。

因为有关临床障碍中情绪的大部分研究在设计时都遵循DSM分类体系（例如，比较获得了和没有获得重性抑郁障碍诊断的两组人），所以本章的讨论也以这样的方式展开。在本章末尾，我们将探讨其他可供选择的方式。

重性抑郁障碍

每个人都会有心情低落的时候，而重性抑郁障碍是其中一种严重的、长期持续的情形。根据 DSM，诊断**重性抑郁障碍**（major depressive disorder）的必要条件是要么心境抑郁，要么失去兴趣和愉悦感，而且每天如此，持续超过 2 个星期（图 14.1）。其他额外的症状包括没有价值感、精神运动性激越或迟滞、睡眠不正常（嗜睡或失眠）、食欲大增或骤降、注意力受损等（American Psychiatric Association, 2013）。治疗师可以通过多种方式诊断抑郁。临床医生可以通过直接对来访者问诊，来判断其症状是否达到了诊断标准。这是一种常用方法，除非当事人有意隐瞒，否则严重的抑郁通常很容易识别。另一种方法是让来访者填写问卷，比如《明尼苏达多相人格调查表》（*Minnesota Multiphasic Personality Inventory*，简称 MMPI；Butcher, Graham, Ben-Porath, Tellegen, & Dahlstrom, 2003）、《贝克抑郁调查表》（*Beck Depression Inventory*; Beck et al., 1988），或者《汉密尔顿抑郁评价量表》（*Hamilton Depression Rating Scale*; Hamilton, 1960）。问卷诊断的好处之一是可以比较治疗前后的分数，从而量化病人的改善程度。

虽然当事人常常感觉抑郁心境会永远持续下去，但一般来说并非如此。一次抑郁发作可能持续数周、数月，甚至一年或更长时间，但当事人的感受会逐渐向好，即便并没接受任何治疗。人们一生可能只经历一次抑郁发作，也有可能多次。平均而言，第一次抑郁发作之后的所有

图14.1 重性抑郁指的是长时间的悲伤或丧失乐趣，同时伴有无价值感、淡漠，以及注意力、食欲和睡眠的受损。

发作都比较短，但会来得比较频繁（D. A. Solomon et al., 1997）。而且，大部分人的第一次发作都可以追溯到某个应激事件，而后续发作则是自发性的，没有任何明显的触发点（Monroe & Harkness, 2005; Post, 1992）。评价任何治疗方法时，抑郁的发作性都很重要。如果某人经过数月治疗从抑郁中恢复正常，我们不能断定是治疗发挥了效用还是这次发作自然结束。评价一种治疗方法，必须比较一组接受治疗的病人和一组与之条件匹配但没接受治疗，甚至是接受另一种治疗的病人。

许多情况下，或者说大多数情况下，极端应激事件可以触发第一次抑郁发作（Slavich & Irwin, 2014）。例如，地震损毁日本福岛核电站之后，许多当地居民被迫远离家乡住进临时避难所。起初，人们还振作精神，决心应对这场灾难，但随着时间流逝，他们再也没有回归正常的生活。许多人因此陷入严重的抑郁（Brumfiel, 2013）。也许你会想起第 7 章介绍的抵抗和耗竭这两个应激反应阶段。不少严重应激都可以触发抑郁发作，尤其是在耗竭阶段。

这让重性抑郁的诊断变得更加复杂。经历丧失或其他严重应激之后，人们感到悲伤、无精打采，显露出一些抑郁症状都是正常的。但多大程度的反应属于正常，多大程度的反应算是病理问题呢？例如，诊断一个刚刚失去挚爱亲朋的人患有抑郁就成了问题。所爱之人去世后，人们在短暂的居丧期会表现出许多重性抑郁症状（图 14.2）。居丧期的长短因人而异，它持续到哪个时间点，其反应就不再属于居丧而变成一次重性抑郁发作呢？居丧期曾经是抑郁诊断的排除条件（也就是说，如果当事人近期有所爱之人去世，就不适用这一诊断）。但 DSM-5 已经修订了这一条，如今治疗师正努

图 14.2　挚爱之人离世后，人们感到悲伤和抑郁是正常的。在 DSM 先前的版本中，如果你近期丧失了所爱之人，那么你就不会获得抑郁诊断。但 DSM 如今的版本给治疗师提供了更大的灵活性去判断某人的哀伤反应是否正常。

力区分长时间但可以理解的情绪反应和真正异常的反应（Bondolfi, Mazzola, & Arciero, 2015）。可是，做出这样的判断非常困难。

抑郁有多种类型吗？

如果你仔细看看 DSM 的抑郁诊断标准，会发现一些自相矛盾之处。精神运动性激越或迟滞？体重增加或减少？嗜睡或失眠？这到底是怎么回事？

或许，抑郁这个专业术语涵盖了不止一种障碍。有些研究者分出了两种或更多亚型。焦虑型抑郁的焦虑和抑郁一样多；忧郁型（melancholic）抑郁比较严重，其特征是对任何事物都缺乏愉快的感觉；精神病性抑郁包含类似于精神分裂症的思维障碍；非典型性抑郁的标志是食欲和睡眠增加，与此相对的是大部分抑郁患者食欲低下，受失眠的折磨。非典型性抑郁在经历积极事件时能短暂体验到一些快乐的病人当中也不多见。但是，许多人并不会清清楚楚地恰好落入某一个类别。而且，将某人归入其中一个类别也并不保证能够据此找到最有效的治疗方法。所以，尽管抑郁这个大类包含了具体症状情形的各种组合变化，但许多治疗师对于亚型分类工作没有多少热情（Davidson, 2007）。

一些研究者提出，应基于所涉及的神经递质来区分抑郁的类型。其初步假设是，有些类型的抑郁反映出去甲肾上腺素方面有缺陷，而另一些类型则反映出 5-羟色胺方面有问题。这一假设源于临床观察，即大部分抗抑郁药物增加了突触中去甲肾上腺素和 5-羟色胺的可用数量，有时还包括多巴胺。因此，一个试探性的结论是：抑郁可能是一种或多种上述神经递质受损的结果。然而，这一假设也带来了一些新问题（Mulinari, 2012）。主要问题是时间跨度。药物可以在几分钟或几小时内（具体时间取决于药物种类）就增强相应的突触活动，但行为上的改善通常至少要两个星期以后才开始显现。显然，这些药物必然还发挥了一些调节突触之外的作用。

该假设后续调整为：抗抑郁剂提升了突触的去甲肾上腺素和 5-羟色胺数量，它们对这些突触的轰炸改变了受体（Stahl, 1984）。这样一来，问题的根源就是神经递质受体太多，而不是神经递质本身太少。但这个修改后的假设也提出了一个问题，那就是抗抑郁剂对许多人，尤其是轻度到中度抑郁的人，并不起作用（Kirsch, 2010）。结果也显示这些药物对反应较好和没有反应的人的突触发挥的影响同样多。

研究者试图进一步区分去甲肾上腺素型抑郁和5-羟色胺型抑郁，但他们的努力无助于预测某个患者会对哪种药物反应好——如果有反应的话。因为这些以及其他一些原因，研究者大大失去了区分去甲肾上腺素和5-羟色胺的兴趣，甚至可以说整个围绕神经递质的抑郁解释都被他们放弃了。取而代之的是，如今研究者的主要兴趣是把抑郁和神经环路的改变联系起来（Mulinari, 2012）。许多研究——但不是全部——表明，抑郁和海马体内新生神经元以及新生突触的数量减少有关，因而导致学习能力受损（B. R. Miller & Hen, 2015）。当抗抑郁药物、心理治疗或其他任何疗法缓解了抑郁的时候，其效果都是通过提升海马体内神经可塑性实现的。

另一种关于抑郁类型的意见是DSM区分了重性抑郁和持久性抑郁，也就是**心境恶劣**（dysthymia）。（这一类型多多少少和前面介绍的忧郁型抑郁差不多。）心境恶劣和其他抑郁有两方面不同。第一，心境恶劣侧重悲伤心境而不是失去愉悦感。此类病患表示自己几乎所有时间都陷在苦闷当中。第二，重性抑郁一次典型发作持续数月，而心境恶劣持续数年。不过，重性抑郁和心境恶劣之间的相似仍大于不同，而且对于这种区分有多大用处也存在争议。治疗师可能对一个新来的病人给出重性抑郁诊断，但如果病情持续的时间足够长，那么诊断就会改为心境恶劣。

尽管现有的证据并不支持在抑郁中区分各种亚型有什么用处，但我们不需要放弃这个思路。将来的研究深入了解病因后，或许会揭示出各种亚型之间真正的差异。例如，许多后半生发病的抑郁病例都和血流受损有关，而年轻病人中常见的原因则与此不同（Kendler, Fiske, Gardner, & Gatz, 2009）。

抑郁的病因

抑郁并不是面对应激事件的普遍反应，即便严重的抑郁也非如此。几乎每个人在一生中的某个时刻都会经历一次重大丧失或挫折，或许还会有好几次，但是其中大部分最终都恢复过来，而没有发展为临床标准上的抑郁。按照常理，某一应激事件在原本具有抑郁倾向的人身上会引发更大的反应。一项研究恰好在该市地震前让一群大学生完成了人格问卷调查。结果发现，在地震后的头几个星期里，每个人都感觉悲伤或抑郁。然而，地震前已有轻微抑郁的个体反应更为强烈，他们比其他个体沉浸在抑郁中的时间更长（Nolen-Hoeksema &

Morrow，1991）。为什么有些人比另一些人抑郁倾向更强？究竟是什么导致了抑郁？

遗传因素可能是抑郁倾向的基础之一。有研究揭示，当一个领养的孩子在成年之前患上抑郁症，人们会发现抑郁在与其有生物血缘关系的家族中比较普遍，而不是在领养家庭的亲属成员中（Wender et al.，1986）。比较同卵双生子和异卵双生子的研究也肯定了基因具有中等程度的影响（Wilde et al., 2014）。然而，使用先进技术去比较抑郁患者和非抑郁人群的染色体，却没能找到任何对抑郁有显著效应的具体基因（Major Depressive Disorder Working Group, 2013）。识别出来的大部分基因效应微弱，而且这一研究结果也很难复制成功。这些基因增加了患多种障碍的风险，而不仅仅针对抑郁（Geschwind & Flint, 2015）。

一项富有前景的研究把参与者限定在中国女性当中，她们都经历过多次严重的抑郁发作。研究者从这一群体里识别出了 2 个基因，它们将抑郁风险增加了 15%（CONVERGE Consortium, 2015）。但这 2 个基因在中国以外的地方十分罕见，因此这一结果不能推广到其他群体身上。这一研究提示我们，如果专注于严重的抑郁和数量有限的同质化群体，识别基因或许会比较成功。如果实践证明这一取向行得通，那就意味着不同的人群身上不同的基因借由不同的生物机制促生了抑郁。

无论什么基因促生了抑郁，它们似乎都具备超越抑郁之外的多种效应。重性抑郁和酒精依赖、药物依赖、反社会人格障碍、神经性贪食症、惊恐障碍、偏头痛、注意缺陷、暴食障碍，以及其他多种问题一样，会在同一家族内流传（Dawson & Grant, 1998; Q. Fu et al., 2002; J. L. Hudson et al., 2003; Javaras et al., 2008; Kendler et al., 1995）。也就是说，如果你有一个患上这些障碍的亲戚，那么你自己患上这些障碍中任何一种的风险都比较高。

除了遗传因素，过往的有害经历也会增加抑郁倾向。我们前面提过，第一次抑郁发作往往由某个极端应激体验所触发。大量研究发现，曾经遭受情感虐待、忽视或者性虐待的儿童以后发展出抑郁的风险比较高（Mandelli, Petrelli, & Serretti, 2015）。解释这类结果的难点在于，许多遭受性虐待的个体，在成长过程中也伴随着贫穷和其他可能导致抑郁的家庭影响。为了控制其他因素的效应，研究者招募了一批双胞胎，每对双胞胎其中一人经历过性虐待，而另一人没有。结果显示，双胞胎中两人的抑郁风险都高于全国平均水平，只是遭受过性虐待的一人比另一人抑郁风险更高（Kendler, Kuhn, & Precott, 2004）。这项研究说明，整个家庭同时增加了双胞胎患上抑郁的风险，而性虐待进一步加重了抑郁倾向。

生物因素可能导致某些人比较容易受到抑郁的影响，但是抑郁也与人们怎么看待这个世界密切相关。如果你抑郁，你会认为自己无助或无望；如果你认为自己无助或无望，你会陷入抑郁（Lazarus，1991）。这一点符合评估理论，也就是说，我们对事件意义的解读决定着我们的情绪反应。如果人们习惯性地做出有碍功能的评估，那么就比较容易患上抑郁。

有关这个效应的一项经典实验记录了狗身上的**习得性无助**（learned helplessness）现象（Seligman & Maier，1967）。在这项研究中，研究者把狗关在笼子里，并从笼子的地板给予电击，在每次电击前几秒钟都会有一个声音响起。一半的狗的笼子里有一个表盘，只要狗在听到声音时按下正确的按钮，就可以防止电击。这些狗很快就学会了控制电击。另一半的狗的笼子里也有相似的表盘，但是上面的按钮与防止电击无关。之后，所有狗都被放到一个新的环境中，在这里，声音仍然可以提示电击的到来，但是电击只发生在笼子的一个区域里，如果它们迅速跳到另一区域里，就可以免于电击。那些在之前的笼子里可以控制电击的狗在这个新环境中学习得很快，但是那些在之前的笼子里不能控制电击的狗则完全放弃挣扎，它们中的大部分压根就没有试图寻求躲避电击。尽管我们没有办法知道这些狗的感受，但是它们的行为表现看上去很像抑郁。

这项研究中的多个方面都和抑郁有关。第一，习得性无助程序的不同变式运用在多个物种身上，都导致动物出现抑郁模式。研究者由此可以测量和抑郁有关的行为、自主神经反应和脑活动的各个方面。第二，习得性无助是人类抑郁的一种可能解释。根据这一观点，反复经历打击的人们习得了自己无助的信念，因而放弃努力，陷入抑郁。

出于各种各样的原因，这个简单的假设还不能令人满意。修正后的假设是：在某些情境中持续缺乏成功经历可能会，也可能不会导致抑郁的感受，这取决于个体如何解读事件的后果——这就是社会心理学家所说的归因（attributions）（Abramson，Seligman，& Teasdale，1978）。假设你在一次大学的化学考试中不及格。你或许会想，"这次的题目太难了，大部分人应该都考得不好"。这就是**外部归因**（external attribution），即把原因归到自身之外，因此不会导致抑郁或自尊下降。或者，你可能会想，"我再刻苦些就会考好了，可我整个考试周都在生病，我受到的干扰太多了"。这就是**不稳定归因**（unstable attribution），即把原因归到临时发生的情形，但这些短暂的情形不应该影响你的后续努力。还有一种可能的解读是，"化学对我比其他同学困难，因为我高中时的化学课上得不好"。这就是**具体归因**（specific attribution），即把原因归到特定的情境。在这种归因下，你也不会抑郁。但是，如果你的解读是，"考不及格是因为我太蠢了"。这就是**内部归因**（internal attribution；和自身有关）、**稳定归因**（stable attribution；持续不变）和**全面归因**（global attribution；和多种甚至所有情境有关）。这样的归因意味着你会继续在其他许多学业情境中失败，如果学业成绩对你很重要的话，那么你就很有可能感到抑郁了。

让我们再举一个例子。假设你的男朋友或女朋友跟你分手。人际拒斥总会带来痛苦，但如果你认为分手只是暂时的（不稳定归因），或是分手和这段恋情本身的情况有关（外部归因和具体归因），那么你的痛苦会轻一些。但是，如果你认为这次分手意味着永远不会再有人爱你，这样的归因就会让你痛不欲生。

什么变量决定着人们在某一情境中使用哪种归因？人们对于成功的归因往往紧贴事实。如果你考试考得很好，你心里清楚这到底是因为你努力学习，还是因为题目简单。如果你申请到一份好工作，你心里也明白这究竟是源于你资历出色，还是源于你叔叔是这家公司的老板。然而，人们对于失败的归因则往往遵循一种模式。大多数人都拥有自己的**解释风格**（explanatory style），即对于成功和失败进行归因的方式，尤其是在失败的理由不那么清晰时。（比方说，如果所有学生在那次化学考试中都不及格，你就不必费心解读自己为什么分数很低。）有些人容易因为失败而责怪自己，有些人习惯责怪运气，而有些人喜欢责怪别人，诸如此类。

一个人对失败的解释风格具有跨情境和长时间的稳定性，甚至可能几十年不变（M. O. Burns & Seligman，1989）。把失败归因于自己不够努力算是比较乐观的风格。它暗示着你拥有成功的技能，只要下一次更努力，你就能成功。把失败归因于自己缺乏能力（"我很笨"或"我不可爱"）是最悲观的风格。它暗示着失败的原因在于自身（内部归因）、跨越时间不变化（稳定归因）和跨越情境不变化（全面归因）。抑郁和悲观的解释风格密切相关（Hu, Zhang, & Yang, 2015）。

除了悲观的解释风格以外，大多数抑郁患者也具有功能障碍型的态度，也就是说，他们抱有"必须"成为什么样子或"必须"做到什么事才会令自己满意的信念，而这些信念往往不切实际。例如，"在某件事上失败意味着我不配做人"。Aeron Beck（1973，1987）发现，因为这些不合理的信念，抑郁的人在正常进行的事件中也会感到挫败。因为他们对自己的预期脱离现实，所以任何微小的失败都会带来巨大的折磨。如果迎面走来的人没对他们微笑或打招呼，他们就会认为自己不受欢迎。完美主义在抑郁患者中十分常见，但二者并没有呈现出因果关系。抑郁可能导致了功能障碍型的态度，或是功能障碍型的态度导致了抑郁，又或者其他某些因素同时造成了这两种结果（D. D. Burns & Spangler, 2001）。

抑郁不仅和人们对负面事件的归因有关，它也体现出人们对正面事件的功能障碍型反应。当我们思考抑郁问题时，我们往往会认为抑郁患者一直沉浸在悲伤之中。抑郁的人确实悲伤，但原则上，他们身上更突出的特征是缺乏愉悦感。抑郁患者的许多亲属，即便本身没有被诊断为抑郁，但也会表现出相当程度的缺乏愉悦感。对于这一缺陷被称作缺乏愉悦感更好还是缺乏动机更好，心理学家还没有完全达成一致（Pizzagalli, 2014）。做出这样的区分很不容易，而且就大部分临床目标而言，可能也没那么要紧。

一项研究要求参与者每天只要听到提示音就立即记下自己当时的活动和心境。抑郁患者记录下来的悲伤事件数量正常，但比起其他人，他们记录下来的愉快事件非常少（F. Peters, Nicolson, Berkhof, Delespaul, & DeVries, 2003）。在另一项研究中，参与者观看旨在引发愉快、悲伤或中性情绪的短片。抑郁患者对于愉快短片几乎没有报告出什么乐趣。无论他们观看什么内容，他们的感觉都一样糟糕（Rottenberg, Gross, & Gotlib, 2005）。

还有一项研究，抑郁和不抑郁的女性观看一系列图片，并报告自己的情绪反应，同时研究者也会观察她们的面部表情。这两类女性对悲伤图片的反应相当，但抑郁女性对愉快图片的反应则远少于不抑郁的女性（图 14.3）。在这项研究中，参与者要评估 12 个愉快的单词和 12 个不愉快的单词在多大程度上适用于自己。然后，出乎参与者意料的是，研究者要求

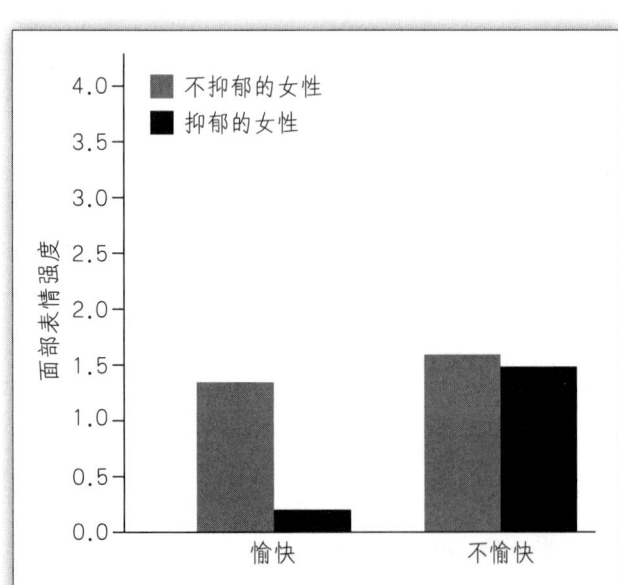

图 14.3 抑郁和不抑郁的女性在观看不愉快图片时，面部表情强度相同；但抑郁的女性对愉快图片的反应却要弱得多。D. M. Sloan, M. E. Strauss, & K. L. Wisner, 2001, *Journal of Abnormal Psychology*, 110, 488-493.

她们回忆这 24 个单词。两组女性回忆出的不愉快单词数量相当，但抑郁的女性回想起来的愉快单词比较少（D. M. Sloan, Strauss, & Wisner, 2001）。

在另一项研究中，抑郁和不抑郁的参与者注视电脑屏幕上的单词，然后完成一个分心任务。接着，研究者交给参与者一份长长的单词表，请他们从中找出之前看过的那些词。此处当然有两种试次，一是参与者要尽可能准确回答，并且没有奖励，二是参与者每答对一个词得到 10 美分奖励，答错没有惩罚。换成是你，你会怎么做？在没有奖励的试次中，你应该会尽力答对；在有奖励的试次中，你会改变策略，对每一个有疑问的单词，都说是先前看过的。毕竟，你可以赢钱却不会输钱。大部分不抑郁的参与者都表现出上述模式。但抑郁的参与者却没有改变他们的策略。也就是说，面对赢钱的机会，他们也没有增加"看过"的答案数量。很明显，抑郁的参与者对潜在奖励的反应性低于其他人（Henriques & Davidson, 2000）。

如果抑郁的根基是对奖赏的去敏感化，那么说明抑郁患者脑中负责调节奖赏的多巴胺环路可能运作不良。有关这一点的证据尚不一致。大多数研究——但不是全部——表明纹状体（释放多巴胺的主要结构）不够活跃，而且有一类多巴胺受体活跃程度也较低（Marchand & Yurgelun-Todd, 2010; Savitz & Drevets, 2016）。研究结果比较稳定地显示，平均而言，抑郁患者体内的多巴胺代谢产物含量较少（Kunugi, Hori, & Ogawa, 2015; Pizzagalli, 2004）。如果抑郁仅仅源于多巴胺不活跃，我们或许可以期待某种刺激多巴胺突触的药物能够缓解抑郁。但是，这样的药物对于大部分抑郁患者来说都没有效果，而且大多数抗抑郁药物主要借由其他类型的突触来起效。

治疗抑郁

最常见的抑郁治疗方法是抗抑郁剂和各种形式的心理治疗（谈话疗法）。两种方式效力相当，但并不总是可靠。无论使用药物或心理治疗，开始治疗后几个月内，大约半数患者都会表现出改善，而在服用安慰剂的患者中，大约有 1/3 出现改善（Hollon, Thase, & Markowitz, 2002）。结合药物与心理治疗，能够改善一部分患者的治疗反应，但对于见效患者在总人数中所占的比例提升不多（Hollon et al., 2014; Thase, 2014）。显然，对有些患者来说，两种疗法都有用，而对另一些患者来说，两种疗法都不见效。这些数据多多少少意味着治疗的效用被高估了，因为它们只基于正式发表的论文，还有大量表明治疗无效的研究从未发表（Driessen, Hollon, Bockting, Cuijpers, & Turner, 2015）。

第一种抗抑郁药物的问世出于偶然。20世纪50年代，没有人期待一种药物能够改变人们的心境，但精神病学家注意到某些因为其他治疗目的而开具的处方似乎缓解了抑郁。随着越来越多药物的发明，逐渐浮现出了一种模式：这样或那样的抗抑郁剂都增强了5-羟色胺或去甲肾上腺素突触的活动，有时还包括多巴胺突触。

然而，就像我们前面提到的，针对突触产生效用之后，要过相当长的一段时间才会出现行为上的改善，而且行为改善也不是必然结果。当抗抑郁剂有效的时候，它们究竟是如何起效的，仍然没有定论。至少目前而言，有关抗抑郁药物的信息并没有增进多少我们对情绪的认识。

从谈话治疗的效果中我们可以学到什么有关情绪的知识？最常见的此类疗法之一是**认知疗法**（cognitive therapy）（或认知行为疗法），即努力改变人们的解释风格和功能障碍型的认知态度（Beck, 1973）。使用这种技术的治疗师通常会和来访者讨论日常的事件和困难，然后帮助来访者挑战每一个适应不良的认知前提和带来折磨的信念（图14.4）。比方说，如果一个抑郁的来访者习惯将每一个负面事件都解读成自己的失败，那么治疗师就会指出这一认知偏差，并且挑战它，向来访者提出其他解读。如果你最近的项目做得不好，你会怎么解读（除了你自身不足以外）？你不擅长做这类项目是一个很严重的问题吗？如果某个人昨天遇见你时没有微笑，你会怎么解读（除了对方讨厌你以外）？

图14.4 在认知治疗中，治疗师鼓励来访者去探索负面事件的其他归因。

治疗师并不会断言你的解读是错的——毕竟那人确实有可能不喜欢你——而是邀请你考虑其他可能性，推导出最合理的结论，以替代让人情绪糟糕的假设。

学习重新评估负面事件可能有助于防止和减轻抑郁。在一项研究中，有抑郁风险的大学生被随机分为两组，一组不接受任何治疗，另一组参加为期 8 周的系列工作坊，其主题是和针对自身的负面思维做斗争。在接下来的 3 年时间里，参加了工作坊的学生报告的焦虑和抑郁发作次数显著较少（Seligman, Schulman, DeRubeis, & Hollon, 1999）。

认知疗法的另一个重要部分是鼓励患者参加各种各样的活动。在抑郁发作期间，人们没有动机去做任何事情，这一部分是因为他们没有精力，另一部分是因为他们不期待从活动中得到任何乐趣。但如果他们勉强自己去试着做点什么，有时候就会发现他们得到的愉悦感比原本期待的要多。一项研究指出，鼓励患者参加活动可以解释认知疗法的不少有效性（Jacobson et al., 1996），而另一些治疗师则已经开始尝试把行为激励作为独立的疗法。虽然研究还很有限，但截至目前已经显示出单独使用行为激励疗法的效果和其他抑郁治疗相当（Ekers et al., 2014）。从理论上来说，这一发现虽然有些尴尬，但很重要。它意味着改变人们对事件的解读对于从抑郁中恢复，并不像心理学家原本以为的那么要紧。

人们应当敦促重性抑郁障碍患者寻求专业帮助。不过，我们自己也可以采取一些简单步骤来降低抑郁风险。其中一种简单有效的措施就是体育锻炼。无需大强度，但需要坚持不懈，每周运动几次，每次 30~45 分钟即可（图 14.5）。在户外徒步，享受阳光和自然风景在多方面都十

图 14.5 经常进行户外运动可以预防或缓解中等程度的抑郁。

分有益。经常运动的人抑郁风险较低，而陷入抑郁的人也不怎么运动（Pereira, Geoffroy, & Power, 2014）。

另一个建议是保持规律的睡眠。睡眠问题是抑郁患者身上最常见的症状，改善睡眠往往能够缓解抑郁（Asarnow, Soehner, & Harvey, 2014）。有两项研究显示，青少年时期的睡眠困难可以预测未来的抑郁风险升高（Roane & Taylor, 2008; R. E. Roberts & Duong, 2014）。

吃些海鲜也会有帮助。每周食用至少约500克海产品，与抑郁概率较低之间存在相关关系。这或许是因为大多数海产品中都含有omega-3脂肪酸（Noaghiul & Hibbeln, 2003; Saris, Mischoulon, & Schweitzer, 2012）。

躁狂与双相障碍

在**双相障碍**（bipolar disorder）当中，抑郁和**躁狂**（mania）交替发作，其中躁狂可以轻微，也可以比较极端。躁狂在多个方面都和抑郁相对立。抑郁的标志是精神活动性不足、缺乏自信心，而躁狂的标志是精神活动性持续高昂、绝对自信。轻度躁狂发作会令人乐在其中，至少有一阵子是这样。但如果外界环境试图减缓或阻挡这一愉快的心境，那么它就会转变为易激惹。

前面我们已经说过，抑郁和人们对奖赏的态度发生了改变有关。抑郁发作时，人们对奖赏相当不敏感，而躁狂发作时则恰好相反。DSM对于躁狂发作的诊断标准包含了冲动、冒险的追求奖赏行为，比方说赌博、不安全的性行为、超出自己财务能力的挥霍以及不可能成功的风险投资等（图14.6）。这是躁狂最容易给人们造成损害的一种特性，因为这类行为时常会破坏人们和亲朋好友的关系。处于躁狂发作期间，人们会开始许多项目，但最后一个也不会完成，因为他们总是分心。当存在躁狂症状，但不至于严重影响当事人生活的时候，这样的发作一般被归为**轻躁狂**（hypomania）。

有关双相障碍患者情绪倾向的研究显示，这种障碍干扰了人们对奖赏刺激的正常反应。在一项研究中，June Gruber及其同事（Gruber, Johnson, Oveis, & Keltner, 2008）让报告了一些轻躁狂症状的参与者观看积极、消极和中性的短片。和轻躁狂倾向很低的参与者相比，那些躁狂倾向比较强的参与者对3个短片都报告了高水平的积极情绪和易激惹性。另一项研究显示，热情和骄傲——

二者都意味着较高的获取动机和行为活跃性——这两种气质倾向很强，是躁狂的风险因素（Gruber & Johnson, 2009）。这并不是说积极情绪本身是件坏事。我们在第11章讨论过，负面情绪不总是坏事，它们是否健康，取决于其对于所处环境来说是否合理。与此类似，只有在人们的积极情绪无视当前环境的时候，躁狂的风险才会升高（Gruber, 2011）。

双相障碍中的抑郁比较近似于我们前面提到的非典型性抑郁，即缺乏乐趣、躯体活动迟滞而且嗜睡（Akiskal & Benazzi, 2005）。它更像是躁狂的反义词，因为躁狂包含动个不停、兴奋和少睡。但也有例外，有些病例是躁狂和不安型的抑郁交替发作。几乎所有病例都是首先经历一次或数次抑郁发作，被诊断为重性抑郁，而出现一次躁狂发作后，其诊断则改为双相障碍。治疗方法也随诊断而变化。和重性抑郁障碍不同，双相障碍患者通常对于锂盐或某些抗癫痫药物反应最好。

双相障碍的定义性特征是心境不稳定，即患者的感受在非常低落和非常亢奋之间摆荡。一项研究提示了我们心境不稳

图 14.6 躁狂发作期间，人们对潜在的奖赏反应过度，因而会做出冲动的高风险行为，为之后带来麻烦。

定的一种可能解释。在这项研究中，年轻的参与者中间包含一部分轻躁狂个体。研究者让参与者观看一个描写创伤事件的短片，然后在接下来的6天里报告是否体验到有关这个短片的任何侵入性画面。轻躁狂参与者报告体验到的侵入性画面是其他参与者的两倍之多（Malik, Goodwin, Hoppit, & Holmes, 2014）。时常体验到侵入性画面或许是改变个体心境的方式之一。

双相障碍曾经是一种少见的诊断，仅限于心境极度和强烈动荡的人。如今这一诊断越来越多，因为它适用的范围变大了，症状较轻的个体也包含在内

(Medici, Videbech, Gustafsson, & Munk-Jorgensen, 2015)。由于许多双相障碍患者起病于重性抑郁发作，有些过去根据首次发作会被诊断为重性抑郁障碍的病例，现在更容易正确识别为双相障碍了。

焦虑障碍

假设你正在散步，发现了一个洞穴的入口。洞穴幽深，不过你手边有一盏小灯。洞穴里会有什么呢？蝙蝠、蛇，还是其他危险？上有钟乳石，下有石笋，还有其他美景？谁知道呢，也许你还会发现几百年前海盗埋藏在这里的宝藏！总之，你会进去一探究竟吗？如果你决定去看看，你会走多远、多快？人们对待新异、模糊的情境时各有各的反应。还记得第 6 章所说，杏仁核受损的个体有强烈的趋近倾向，几乎没有什么回避倾向（L. A. Harrison, Hurlemann, & Adolphs, 2015）。而患有焦虑障碍的个体则处在另一个极端，即使面对各种熟悉、无害的情境，仍会害怕、退缩。

多害怕或者多焦虑是正常的呢？假设你是战争前线的一名军人，总是要么正在遭到敌方攻击，要么在警戒下一次敌方攻击。你认识和喜爱的人都已在这场战争中死去，有些就在你眼前过世。在上述条件下，你持续紧张，对任何意料之外的声音和影像都产生强烈的惊跳反射，也在情理之中。你睡得很浅，以便一旦听到什么风吹草动就立即醒来保护自己。你可能会做噩梦。在此情况下，你的反应均属正常。后来，战争结束，你退役了。当你回到安宁祥和的故乡农村，却仍然感到成天紧张，随时准备对声音和影像做出反应。这个时候，你可能会被诊断为**创伤后应激障碍**（posttraumatic stress disorder），当你转换环境的时候未能迅速调整自己的焦虑水平，因而造成了麻烦。

DSM 里共有十几种障碍以过度焦虑为主要症状，还有不少障碍以焦虑为排名第二的症状。举个最简单的例子，**广泛性焦虑障碍**（generalized anxiety disorder）的定义是持续不断的神经紧张和广泛的担忧。这些患者对自己的健康、收入、工作，甚至像家务或修车这样很小的事情都感到强烈担忧。有时候，连他们自己也说不清在担心什么。这样的担忧让他们易怒、不安且疲惫，因此他们也不能很好地工作或与家人相处。由于焦虑也是其他众多障碍的症状之一，所以大部分广泛性焦虑障碍患者同时也符合其他一种或多种障碍的诊断标准

（Bruce，Machan，Dyck，& Keller，2001）。

广泛性焦虑障碍和其他任何焦虑障碍一样，问题不在于焦虑过分强烈，而是它来得太频繁、太容易。想象你参与了一项研究，某个图像或某个声音预示着你可能遭受电击，而其他特定的图像或声音则预示着接下来一段时间内安全。如果你患有某种焦虑障碍，你对危险信号的反应和其他人差不多，但你对安全信号的反应却好像它也会带来危险一样（Duits et al., 2015; van Meurs, Wiggert, Wicker, & Lissek, 2014）。即便危险信号不再预示着电击，但在很长一段时间里，你仍然会对它产生反应。而且，如果你反复听到一个突然出现的巨响，你也要过很久才能习惯它（M. L. Campbell et al., 2014）。

惊恐障碍（panic disorder）指的是个体反复经历惊恐发作，伴随着心率急速上升、呼吸急促、出汗、发抖、胸痛，通常持续数分钟。惊恐发作的人时常害怕自己是心脏病发作。但是，并非所有经历惊恐发作的人都会发展出惊恐障碍。有些人会经历一次或多次惊恐发作，但是很快就会把它们忘记，然后继续生活。区分惊恐障碍和惊恐发作的一个要点是，惊恐障碍患者总是担忧即将经历下一次惊恐发作。这样的担忧容易导致广场恐怖症（这个词来源于希腊语，意为"害怕集市"），也就是过分回避公共场所，因为在这类地方出现惊恐发作会让他们感到很丢脸。许多惊恐障碍患者总是尽可能待在家里。

对于惊恐发作有一种解读，认为它的基础就是害怕惊恐发作本身。经历过几次惊恐发作以后，患者会一直担心再次发生，因而高度关注任何可能预示着发作的信号。如果当事人呼吸加重却又没有明显原因（比方说运动），那么这样的呼吸就会成为一个条件化刺激，触发威胁评估。接着，威胁评估让自主神经唤起进一步增强，让当事人想要快速逃离当前情境，然后便是一次完整的惊恐发作（Bouton, Mineka, & Barlow, 2001; Hamm, Richter, & Pané-Farré, 2014）。这是一个显示情绪和评估之间联系的好例子。"我可能马上要惊恐发作了"这样的念头会带来过分的情绪反应，然后情绪反应又会反过来强化评估。

惊恐障碍在女性中比在男性中常见，而且青少年和年轻成年人的患病率最高。随着年龄增长，患病率逐渐下降。这或许是因为交感神经系统的反应性变弱，不那么容易激起急剧的心跳、急促的呼吸以及其他惊恐发作症状了。

广泛性焦虑障碍包含着几乎持续不断但只有中等程度的恐惧，而惊恐障碍包含着在难以预料的时间和地点出现的极端焦虑。**特定恐怖症**（specific phobia；也叫简单恐怖症）的特点则是对特定物品或环境过度恐惧。就像惊恐障碍一样，恐怖症在年轻人身上最为普遍，并且在女性中比在男性中常见（Burke, Burke, Regier, & Rae, 1990）。大多数恐怖症都指向危险的项目，比如蛇、蜘蛛、闪电、从高处坠落，诸如此类。其关键特征并不是这种恐惧不切实际，而是它过于放大以致干扰了当事人的正常生活。比方说，你因为害怕封闭空间而无法乘坐电梯，或者你因为害怕蛇而无法享受大自然，那么你的恐惧就称得上恐怖症了。

表 14.1 列出了一些常见的恐怖对象（Cox, McWilliams, Clara, & Stein, 2003）。当这些对象或情境出现的时候，以及脑海中想到的时候，患者都会产生强烈的恐惧。如果你对鲨鱼有恐怖症，你不会想看有关鲨鱼的电影、图片，也不想听有关鲨鱼的故事。

要注意到恐怖症的对象都与潜在但不那么常见的伤害源

表 14.1　常见的特定恐怖症

名称	定义
广场恐怖症	害怕开放的公开场合
言语恐怖症	害怕公开演讲
恐高症	害怕高处
社交恐怖症	对于和陌生人相处，或被陌生人关注感到极度焦虑
蜘蛛恐怖症	害怕蜘蛛
蛇恐怖症	害怕蛇
血液恐怖症	害怕血液

B. J. Cox, L. A. McWilliams, I. P. Clara, & M. B. Stein, 2003, *Journal of Anxiety Disorders*, 17, 89-101.

有关，至少在现代社会来说是如此。现在我们比较容易因为交通事故、体育运动、工具误操作等原因受伤，但几乎没有人发展出了汽车、运动或工具恐怖症。蜘蛛、蛇和闪电等恐怖症的常见对象，曾经是伴随人类演化历程的日常威胁，但如今因它们而受伤的人寥寥无几。在第 11 章，我们提到人们可能天生具有害怕这些东西的倾向（Öhman, 2009），但还有一种解释是人们害怕的是不受控制的危险。你感到自己能够控制汽车和工具，但控制不了蛇和蜘蛛。而且，大多数人对汽车和工具有足够多的安全体验，但很少体验过和蛇、蜘蛛安全地待在一起。

恐怖症的一个关键特征是所害怕的事物会占据注意力。前面我们曾提到过，恐惧可以提升对恐惧对象的注意，而恐怖症会放大这种倾向。在一项研究中，参与者要从许多花朵的图片中找到一张蘑菇图片，或者在有很多花朵的图片和一张蜘蛛图片中找到一张蘑菇图片。有蜘蛛恐怖症的人在没有蜘蛛的时候很容易就找到了蘑菇，但是和其他人相比，他们在有蜘蛛图片的时候找到蘑菇图片就变得非常困难（Miltner, Krieschel, Hecht, Trippe, & Weiss, 2004）。显然，蜘蛛图片夺走了他们的注意。

焦虑障碍的病因

什么原因会导致一个人患上焦虑障碍？一个简单的假设是，很多人在痛苦经历之后发展出恐惧。比如，被性虐待的儿童平均来说比其他人更容易发展出与恐惧相关的障碍（Friedman et al., 2002）和抑郁症（E. Nelson et al., 2002）。美国心理学的先驱之一约翰·华生，提出人们经由经典条件反射患上恐怖症。他首先在一个叫"小阿尔伯特"的孩子身上演示了这一点。小阿尔伯特本来不害怕白鼠，但是每次他见到白鼠时，华生都会在他旁边大声敲锣。经过几次这样的匹配之后，小阿尔伯特一看到白鼠就会大哭、发抖、试图逃离（J. B. Watson & Rayner, 1920）。多年以后，研究者从记录中确认了小阿尔伯特是华生所属医院里一名未婚女性工作人员的孩子（Powell, Digdon, Harris, & Smithson, 2014）。

华生的这项研究在科学性和伦理性上都有相当大的欠缺，它并没有能够对患上恐怖症提供一个令人信服的解释。虽然有些恐怖症病例可以追溯到某个痛苦经历，但大部分都找不出这样的源头。同卵双生子中一人患有恐怖症，则另一人患上恐怖症的风险较高，而无论前者是否能找到一次恐惧经历来作为恐怖症的起始点（Kendler, Myers, & Prescott, 2002）。换句话说，证据并不支持恐惧经历比遗传基因更容易导致恐怖症。另一方面，有过痛苦经历的人会变得谨慎小心，但其中大部分都没有发展出恐怖症。简而言之，有过痛苦经历对于患上恐怖症来说，既非必要条件，也非充分条件。

从其定义出发，创伤经历是创伤后应激障碍的必要条件，但它并不是充分条件。许多有过严重创伤经历的人没有发展出创伤后应激障碍。事实上，创伤的严重性和当事人初期反应的强烈程度都无法预测此人是否会患上创伤后应激障碍（Bryant et al., 2015）。一个比较好的预测指标是当事人在经历创伤之前的情绪状态。童年时曾经遭受虐待或忽视的人，或者因其他困境而产生情绪问题的人，患上创伤后应激障碍的风险高于其他人（Berntsen et al., 2012）。创伤后应激障碍的患者记忆中自己对生活事件有控制感的时刻少于正常水平（Jobson,

Moradi, Rahimi-Movaghar, Conway, & Dalgleish, 2014）。

　　幽默报纸《洋葱新闻》（*The Onion*）曾发表过一篇有关"创伤前应激障碍"的文章，讽刺看太多电视新闻带来不良后果的现象。心理学家好奇是否真的存在这种障碍，对被派往战区执行任务之前、期间和之后的军人进行了问卷调查。许多军人在即将出发之前确实出现了轻度症状。根据他们预料自己可能面对的危险，这些军人报告了做噩梦和侵入性意象，并且承认自己努力回避任何可以提示自己联想到有关事件的刺激。那些创伤前反应最强烈的军人，任务结束发展出创伤后应激障碍的概率也最高（Berntsen & Rubin, 2015）。也就是说，有些人患上焦虑障碍的倾向比较强，一旦发生坏事，他们的处境就相当危险。提前筛选出这样的人或许有助于降低军队里创伤后应激障碍病例数。

　　是什么因素让这些人比其他人更容易患上焦虑障碍呢？和以往原则一样，可能的解释包含了遗传和环境两个方面，而且它们共同发挥作用。我们首先来看看遗传因素。焦虑障碍患者往往拥有同样患上了焦虑障碍的亲戚，而且这一重合现象在同卵双生子当中比在异卵双生子当中更突出。但是，遗传因素似乎并不针对特定情形。比方说，惊恐障碍患者可能拥有患上了恐怖症、广泛性焦虑障碍或重性抑郁的亲戚。目前，研究者尚未找出一个负责此类易感性的基因，要么效应量较小，要么结果难以成功复制（Shimada-Sugimoto, Otowa, & Hettema, 2015）。也许焦虑障碍和抑郁障碍关联着多个效应量不大的基因。另一种可能性涉及**表观遗传学**（epigenetics），也就是环境条件触发了基因表达时的差异，而不是说这些差异源于遗传基因本身有什么不同。某些化学物质——具体来说主要是乙酰类和甲基类——可以与基因结合，从而在不改变DNA序列的情况下提升或降低基因的效力。

　　遗传倾向通过什么样的机制发挥作用呢？没有什么基因直接导致焦虑。一种可能性是基因通过改变脑结构来产生影响。创伤后应激障碍患者的海马体小于平均水平（图14.7）。而海马体除了众所周知对情节记忆有重要影响之外，还负责控制应激激素（Garfinkel & Liberzon, 2009; Stein, Hanna, Koverola, Torchia, & McClarty, 1997）。为了判断脑结构的区别是创伤后应激障碍的起因还是后果，研究者考察了一些男性同卵双生子的情况。其中一方在战争中发展出了创伤后应激障碍，而另一方并没有经历战争，也没有患上这种障碍。研究结果显示，双方的海马体都小于平均水平（Gilbertson et al., 2002）。换句话说，海马体在他们患上这种障碍之前体积就比较小。这是一个患上障碍的倾向因素，而不是障碍造成的后果。

许多研究者把注意力集中在调节 5- 羟色胺的基因上，因为这种神经递质和杏仁核关系密切（J. Li et al., 2015）。我们在第 13 章介绍了 5- 羟色胺转运体基因，它影响着突触对 5- 羟色胺的重吸收效率。短等位基因制造的转运体较少，因此 5- 羟色胺停留在突触间隙内的时间较长。总体说来，携带短等位基因的人对威胁的反应更强，也更关注威胁性刺激，在社会情境中尤其如此。他们的杏仁核对愤怒或恐惧的表情图片反应强烈（Hariri et al., 2002），而且在条件性恐惧范式下对危险信号学习得也更快（Lonsdorf et al., 2009）。因此，携带短等位基因的人比其他人更容易发展出焦虑障碍，在社交方面的困难也比较多（Disner et al., 2013; Miu, Vulturar, Chis, Ungureanu, & Gross, 2013; Volman et al., 2013）。不过，就像我们在

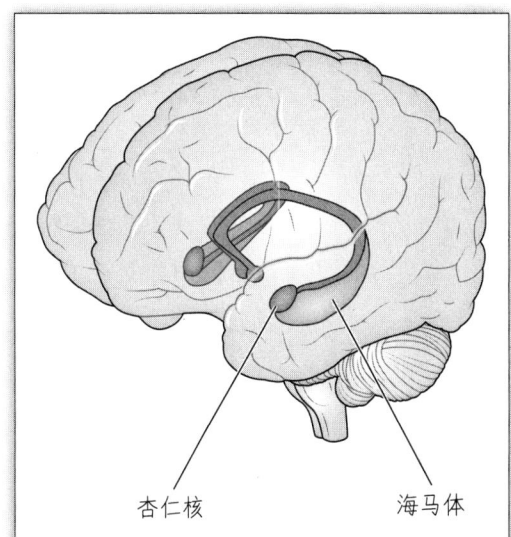

图 14.7　海马体小于平均水平的人，在经历创伤之后，患上创伤后应激障碍的风险较高。

第 13 章说过的，短等位基因并不只针对焦虑。携带短等位基因的人面对搞笑刺激时微笑幅度更大，出声大笑也更多（Haase et al., 2015）。很明显，该基因增强的是任何类型的情绪反应，并且会增强对情绪线索的注意。

除了基因影响，家庭环境也十分重要。例如，遭受过性虐待的儿童比其他人更容易发展出与恐惧有关的精神障碍（S. Friedman et al., 2002）以及抑郁障碍（E. C. Nelson et al., 2002）。童年时被忽视的儿童患病风险也很高（Berntsen et al., 2012）。

一项研究招募了成年的男性同卵双生子，其中一方患有焦虑障碍而另一方没有。未患病一方的孩子和自己父亲之间的遗传联系，等同于和患病的叔叔或伯伯之间的遗传联系。如果患病倾向完全取决于基因，我们预料双生子各自的孩子中患上焦虑障碍的人数一样多。但事实上，结果并非如此。对同卵双生子和异卵双生子来说，他们各自的孩子患上焦虑障碍的风险，主要取决于孩子的父亲是否患病，而不是孩子的叔叔或伯伯是否患病（Eley et al., 2015）。这一结果表明，环境具有很大影响力。如果你的父母非常容易焦虑，那么你很可能也避免不了。

治疗焦虑障碍

就像抑郁一样，对焦虑障碍的治疗一般包括谈话疗法和药物治疗。常用的认知疗法关注如何重新解读或重新评估情境，如何解决问题以及放松（Cuijpers et al., 2014; S. G. Hofmann, Wu, & Boettcher, 2014）。对于广泛性焦虑障碍，认知治疗可能会强调怎样识别担忧的感受，培养对不确定性的容忍度，以及学习建设性地解决问题而不要去反刍。对于惊恐障碍，认知治疗也强调要重新解释生理信号，这样患者感知到的威胁性较小，容忍度变高。

对于特定恐怖症，治疗师经常使用**暴露疗法**（exposure therapy），也就是系统脱敏（systematic desensitization）。想象一下你（就像本书的一位作者一样）非常害怕蜘蛛。治疗师会首先让你感到舒适和安全，安排你坐在一个舒服的椅子上，处于明亮的房间里。接着，她会让你想象一只小蜘蛛，想象它离你几步之外，正在专心做它的事情。起初你可能会很紧张，但是治疗师会鼓励你一直想象它直到你习惯这个画面。下一阶段难度增大一点——你需要想象有一只比较大的蜘蛛在附近。经过几个疗程后，治疗师不再要求你想象，而会给你看一只真正的蜘蛛——首先是小的，放在房间的另一头。接下来，这只蜘蛛会放得离你越来越近，甚至你最终可以接受触摸它。有些治疗师会直接从真蛇、真蜘蛛等对象开始（前提当然是来访者允许这样做）。你可能一开始惊恐万分，但什么可怕的事情都没有发生，你的身体因而会逐渐放松。当你发现自己在恐惧的对象面前也能平静下来，你就会更加自信。

因为大多数治疗师并不会在办公室里搞一个动物园出来，所以治疗程序主要依靠虚拟现实。来访者佩戴一个用于观看自己恐惧对象的设备。任何时候如果你感到自己承受不住了，可以很方便地关掉它。

治疗的主旨是让你暴露于自己恐惧的对象，而且暴露剂量逐步增大，总是维持在你能够忍受的极限上，直到你平静下来。这套程序成功率很高，而且迅速见效。不幸的是，恐怖症有时会反弹。与任何其他类型的学习过程一样，暴露疗法经过复习效果会更好。因此，即便你看起来已经没什么问题，治疗师也会建议你适时回去多做几次治疗。

作为谈话治疗的补充或替代，使用药物也是一种看起来有效的方法。缓解焦虑的药物叫作**抗焦虑剂**（anxiolytics），它更常见的名称是**镇静剂**（tranquilizers）。

其中最常见的属苯二氮䓬类药物，例如地西泮、氯氮䓬、阿普唑仑等。这些药物可以注射，但口服形式更常用。药效可以持续几个小时，具体时间根据药物的不同而不同。

镇静剂有益于一种叫作γ-氨基丁酸（gamma-aminobutyric acid，简称GABA）的神经递质发挥作用。γ-氨基丁酸是包括杏仁核在内的整个神经系统主要的抑制性神经递质。这样一来，镇静剂抑制杏仁核的活动，减少了对威胁或其他情绪刺激的反应。但是，它们也抑制了很多其他脑结构的活动，导致困倦、记忆力下降和情绪活动整体减弱。例如，在镇静剂作用下人们很难识别他人的面部表情，比方说恐惧或愤怒（Zangara et al., 2002）。需要注意，γ-氨基丁酸不是专门的"抗恐惧"神经递质——它是整个脑部主要的抑制性神经递质，涉及很多功能。

抗焦虑剂对于缓解严重焦虑的短期发作很有帮助，但是大部分医生都不鼓励长期使用它，因为这些药物的副作用很杂，而且反复使用会形成惯性。焦虑障碍的长期治疗，特别是对于心理治疗不见效的那些病例来说，比较常用到抗抑郁药物。理论上，这些抵抗抑郁的药物对焦虑也有效似乎有些令人惊讶。而这一现象也正是许多治疗师怀疑将抑郁和焦虑分开诊断是否合理的原因之一。

强迫症

强迫性障碍（obsessive-compulsive disorder）也叫作强迫症。它曾经长期隶属于焦虑障碍这个大类。但DSM-5已经把强迫症单列出来，因为焦虑通常并不是强迫性障碍的主要症状，抑郁也不是。**强迫观念**（obsessions）指的是经常出现和持续存在的令人痛苦的想法、冲动和侵入性意象。**强迫行为**（compulsion）是重复性的行为，比如洗手或整理，或心理操作，比如数东西或重复默念词语（图14.8）。个体会感到有一种内部压力迫使他们必须从事这些行为，以此应对强迫观念。如果阻止患者从事强迫行为，他们会感到十分痛苦，但完成这些行为却又不足以缓解他们的痛苦。从定义上来说，强迫观念和强迫行为都与患者所处的情境不相适应。如果你确实没钱付账单，那么你因为此事成天忧心忡忡就不属于强迫观念。如果你在医院工作，频繁接触病人，并且你洗手的频率符合你保护自身和病人们健康的目的，那么经常洗手也不属于强迫行为。另外，反复出现的念头或举动并不一定是强迫性障碍的症状，除非它们令你感到痛苦，给你带来麻烦。

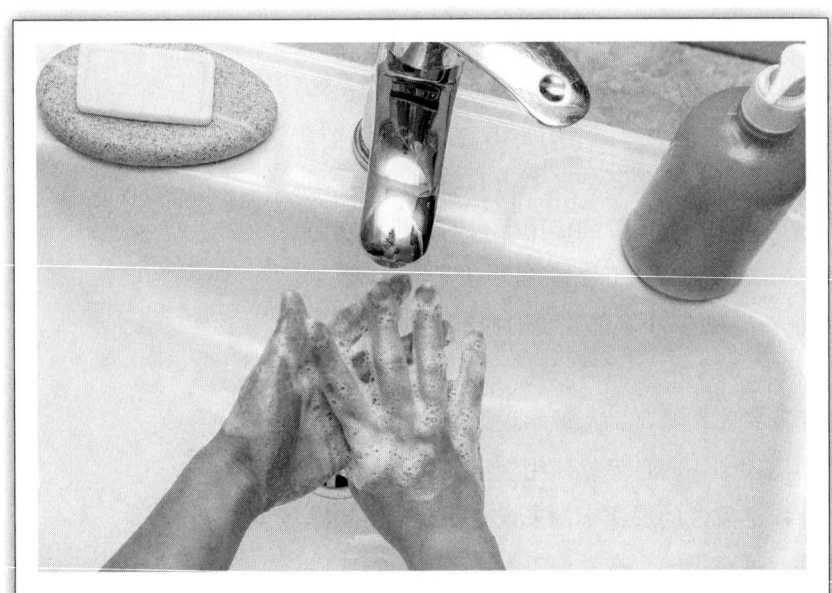

图 14.8 强迫行为是一种反复进行的仪式性行为，包括洗手等外显行为或数数等心理操作。

虽然强迫症和强烈的焦虑或抑郁无关，但它在其他方面仍然是一种情绪障碍。大多数强迫症患者非常容易感到厌恶，尤其是涉及任何污染的感觉的时候（Paul, Abramovitch, Rauch, & Geller, 2014）。害怕被污染导致他们过度清洁。患者报告的内疚感也高于平均水平。一项 fMRI 研究显示，强迫症患者的脑部对任何有关羞耻或内疚的提示线索都有强烈的反应（Hennig-Fast et al., 2015）。对此有一种推测是内疚感导致了强迫观念和强迫行为。许多患上强迫症的个体认为想到一件羞耻的事和真的做出那件事一样糟糕（Coughtrey, Shafran, Lee, & Rachman, 2013）。人们难以避免想到某些事物。一个人越是想回避某些念头，这些念头就越容易突然侵入脑海。于是当事人通过某些重复的仪式来维持僵硬的自我控制："只要我坚持做这个，我就不会去做那件糟糕的事了。"过度清洁也会带来内疚感。"洗刷罪孽"这样的概念在世界各地的文化传统中都很常见。

反社会人格障碍

到现在为止，我们主要介绍了那些会让人们情绪感受过度强烈，或者在不恰当的环境中体验到某些情绪的障碍。但是，也存在一些不能体验到足够情绪的心理障碍。想象你伤害了某个人，或者回忆你曾经伤害过某个人，你感觉如何？大部分人都会感到焦虑、悲伤和内疚。但**反社会人格障碍**（antisocial personality disorder）患者不会这样。此类患者无法遵守社会规范，有意欺诈、冲动、具有攻击性而且不负责任，他们不考虑自己或他人的安全，伤害他人之后也没有悔意（Black, 2015）。这一组症状与"精神病态"（psychopathy）和"社会病态"（sociopathy）两个范畴的特性相重叠，但后两个概念并不是DSM所承认的障碍。这三个概念都意味着具有伤害或操纵他人的意愿，不考虑他人的福祉，也丝毫不懂得悔恨。

早前的章节中我们区分了共情准度和情绪性共情，二者的差异在具有精神病态特质的个体身上尤其明显。如果这类人看见别人难过或恐慌，他们能够识别出当事人的感受——即具有共情准度——但他们不会产生同样的感受。也就是说，他们缺乏情绪性共情（Dadds et al., 2009）。大多数人看见悲伤或害怕的表情时，多多少少会加以模仿。但反社会人格障碍患者没有这样的表现（Lishner, Hong, Jiang, Vitacco, & Neumann, 2015）。在看到别人受苦时，这类人的杏仁核与前额叶皮层反应都非常小（D. F. Thompson, Ramos, & Willett, 2014）。总之，患有反社会人格障碍的个体可以伤害了其他人，自己却没有任何感觉。这种情形通常从生命早期就开始，而且很难治疗。

作为心理障碍跨诊断属性的情绪紊乱

根据DSM给出的定义，情绪方面的紊乱是许多心理障碍的特征。目前为止，那些情绪作用特别突出、实证研究特别扎实的心理障碍，我们都已经讨论过了。但是还有许多例子，如果一一介绍的话，本章可以变得很长。边缘型人格障碍患者冲动、情绪极度动荡并且调节情绪的技巧很差（Lieb, Zanarini, Schmahl, Linehan, & Bohus, 2004）。自闭症患者在识别他人表情方面也有很大缺陷（T. F. Clark, Winkielman, & McIntosh, 2008）。精神分裂症患者经常表现出情绪淡漠的症状，或是缺乏情绪表达，但他们报告自己的主观情绪体验仍在正常水平（Kring, Kerr, Smith, & Neale）。不少人通过喝酒来调节自己的情绪（Sher & Grekin, 2007），而且酗酒和药物滥用也会像抑郁一样在家族里传递（Dawson & Grant, 1998）。

多种障碍以共同的情绪症状为特点。但情绪不是这方面唯一的症状类型。DSM包含了许多以某一症状（比如睡眠紊乱或注意力难以集中）作为若干障碍诊断标准的例子。因此，在临床实践中，人们想要做出清晰明确的诊断总是会遇到不少麻烦。这个问题同样也困扰着研究工作。在本章开头，我们已经指出，研究者比较获得了某一诊断的人与没有获得诊断的人或者获得了另一诊断的人，这样的研究范式已经持续了几十年。美国国立卫生研究院前院长 Thomas Insel 及其同事（2010）发现，这种研究范式并没有让我们增进多少对心理障碍病因或疗法的认识。

Insel（2010）和其他众多研究者一道，提出应当放弃诊断分类，而寻求从连续变化的维度上去描述心理病理学。例如，悲伤的程度、奖赏的敏感性、焦虑、睡眠紊乱、注意力不集中和思维困难等。根据维度范式，精神障碍就不再像肺结核那样，是你要么有要么没有的东西，而变成了严重程度各不相同的一系列问题。这一改革的目标是，通过研究总体人口中出现症状的情况，而非关注特定障碍的复杂标准，来帮助研究者更好地找出各方面紊乱的对应原因（Cuthbert & Insel, 2013）。研究者 Ann Kring（2010）指出，新范式可以大大促进情绪症状的研究成果。

有一个假设吸引了研究者的大量关注，即情绪紊乱在很大程度上源于情绪调节不足或不当（J. J. Gross & Jazaieri, 2014）。在本书最后一章，我们会探讨许多可以用来调节情绪的策略。你可以控制你的情绪，而情绪未必能够控制你。如果你遇到任何诱发情绪的事件或刺激，包括愉快的和不愉快的，你都可以按部就班地让你所产生的情绪反应增强或减弱。大部分人都拥有自己偏好的情绪调节策略，而且它们在大多数情况下都能成功调节情绪。但在面临极端的应激体验时，你的选项或许变得有限。高应激事件和强烈的情绪会干扰大部分调节策略（Sheppes, Scheibe, Suri, & Gross, 2011）。但在处理不那么极端的事件时，或者可怕的经历结束之后，大多数人都会保持积极正面的世界观。

抑郁和糟糕的情绪调节关系尤为密切。抑郁患者往往对不愉快的事件过度敏感，而对愉快的事件过度迟钝（Mehu & Scherer, 2015）。一项研究显示，情绪调节能力比较差的人，比其他人更容易在数年内出现抑郁症状（Berking, Wirtz, Svaldi, & Hofmann, 2014）。但这只是相关研究而非实验研究。或许是情绪调节能力差导致了抑郁，但也有可能情绪调节能力差本身就是抑郁的早期症状之一。

遭受抑郁折磨的人不大容易以比较正面的方式去重新评估情境，他们更习惯责备自己、期待最坏的结果或反刍（Joormann & Vanderlind, 2014; H. Lee et al., 2014）。反刍是指反复思考某些事件，通常是不愉快的事件，而不寻求解决方案的做法。反刍延长了不愉快的情绪反应，而且经常反刍的人陷入抑郁的概率高于平均水平。一般来说，女性反刍显著多于男性，女性抑郁也多于男性，并且反刍的女性陷入抑郁的可能性尤其高（Nolen-Hoeksema, Larson, & Grayson, 1999）。这些研究结果说明女性更容易抑郁是因为她们反刍过多，但我们还是要提醒自己，目前二者只是相关关系。或许反刍导致了抑郁，但也有一种可能性是反刍恰好是抑郁的早期症状之一。确认因果关系的最佳办法是教给人们更好的情绪调节策略，然后观察长期的心理收益如何。有一些研究已经开始这样做了（Kemeny et al., 2012; Morrow & Nolen-Hoeksema, 1990），不过还不够多。另外，为何女性反刍多于男性，这个问题也有待解答。

许多抑郁患者会借助某些情绪调节策略来让自己持续沉浸在悲伤之中，这一现象让情绪调节所发挥的作用变得更加复杂。例如，提供引发愉快、悲伤和中性情绪的3段音乐给参与者选择，患有抑郁的人选择悲伤音乐的概率比其他人要高。提供引发愉快、悲伤和中性情绪的3种图片让参与者观看，患有抑郁的人注视悲伤图片的时间比其他人要长。在学习了如何使用认知重评来调节情绪之后，抑郁患者往往利用这一策略来增强而不是减轻他们对悲伤图片的反应（Millgram, Joormann, Huppert, & Tamir, 2015）。怎么会有人想让自己更悲伤呢？对此，有两种推测：一是这些人沉浸在悲伤的心境中感到熟悉和舒适，二是有些人认为自己只配感到悲伤。

其他心理障碍当中也存在情绪调节模式问题。惊恐障碍患者面对细微的心率上升、呼吸加快等潜在信号，反应却极为强烈（Sheppes, Suri, & Gross, 2015）。也就是说，他们去放大而不是平息自己的情绪反应。有些创伤后应激障碍患者或双相障碍患者使用自我隔离的策略来调节自己对痛苦回忆的反应，但这样并不成功（Kenny et al., 2009; J. Park et al., 2014）。总之，情绪调节不足或不当，至少是解释许多心理障碍的一个潜在方向。

总　　结

本章的核心观点在于，心理疾病不像肺结核等躯体疾病那样是一种你要么有要么就没有的东西。它们只是放大或扭曲了人人都有的某种情绪，并且在从零到极限的程度范围内变化。

本章的第二要点是，情绪障碍不完全取决于基因、早期或近期经历以及认知风格。

这 3 个因素交织在一起共同作用的具体方式，研究者才刚刚开始探索。例如，表观遗传学指出，环境条件可以改变人们的基因表达。虽然研究者对这方面的理解还十分有限，但它对于心理障碍的治疗意义重大。精神病学家默认使用药物来缓解每一位患者的痛苦。心理治疗师则重视某些类型的谈话疗法。每一个病例的治疗都要经过反复试错，而且坦率地说，研究结果显示各种疗法的效果都不够强。采取新范式去研究情绪和心理病理学，或许可以帮助我们找到更好的治疗工具。

第三点，情绪和认知密切相连。当你情绪反应强烈时，它的强度和时长都取决于你怎样理解它的含义。如果你认为你的抑郁心境意味着你将永远无法再快乐起来，如果你认为你的惊恐发作意味着你在未来每一个不恰当的场合都会出现惊恐发作，或者如果你认为有关悲惨经历的闪回意味着你将再也处理不了困难情境，那么你的障碍就会持续下去。只有当你相信自己可以克服眼下的情绪困难，并且为此尽可能去努力，你才有改善的希望。

关键术语

反社会人格障碍（antisocial personality disorder） 无法遵守社会规范，有意欺诈、冲动、具有攻击性而且不负责任，不考虑自己或他人的安全，伤害他人之后也没有悔意的一种人格障碍类型。

抗焦虑剂（anxiolytics） 缓解焦虑的药物。

双相障碍（bipolar disorder） 抑郁和躁狂交替发作的一种心境障碍。

认知疗法（cognitive therapy） 努力改变人们的解释风格和功能障碍型认知态度的疗法。

强迫行为（compulsion） 因内部压力迫使个体反复从事的行为或心理操作。

心境恶劣（dysthymia） 即持久性抑郁，指患者持续数年感到悲伤。

表观遗传学（epigenetics） 环境条件触发基因表达时的差异。

解释风格（explanatory style） 对于自己的成功或失败进行归因的典型方式。

暴露疗法（exposure therapy） 针对特定恐怖症的治疗方法，让患者在舒适安全的条件下暴露于自己恐惧的对象。

外部归因（external attribution） 用自身以外的力量解释行为或行为的后果。

广泛性焦虑障碍（generalized anxiety disorder） 一种焦虑障碍，其特点是持续不断的神经紧张和广泛的担忧。

全面归因（global attribution） 用自身在所有时间和所有场合下都具备的东西解释行为或

行为的后果。

轻躁狂（hypomania） 存在躁狂症状，但不至于严重影响当事人生活的一种发作。

内部归因（internal attribution） 用自身的力量解释行为或行为的后果。

习得性无助（learned helplessness） 由于对之前的情境缺乏控制感而无法做出努力以改善当前处境。

重性抑郁障碍（major depressive disorder） 每天都心境抑郁或失去兴趣和愉悦感，并且持续超过 2 个星期。同时伴随没有价值感、精神运动性激越或迟滞、睡眠不正常（嗜睡或失眠）、食欲大增或骤降、注意力受损等症状。

躁狂（mania） 精力过于旺盛、活动以目标导向、思维和言语过速，并且在追求快乐的行为过程中不考虑是否会有伤害性的后果。

强迫观念（obsessions） 经常出现和持续存在的令人痛苦的想法、冲动和侵入性意象。

强迫性障碍（obsessive-compulsive disorder） 也叫作强迫症，是一种以侵入性思维和当事人感到被迫从事的重复举动为特征的异常情形。

惊恐障碍（panic disorder） 个体反复经历惊恐发作，伴随着心率急速上升、呼吸急促、出汗、发抖、胸痛等，而且个体会频繁担忧下一次发作。

创伤后应激障碍（posttraumatic stress disorder） 反复出现有关创伤性事件的闪回和噩梦，回避与之相关的线索，并伴有大幅度的惊跳反射。

具体归因（specific attribution） 用仅限于特定情境的东西解释行为或行为的后果。

特定恐怖症（specific phobia） 对特定物品或环境过度恐惧，严重到足以影响正常生活。

稳定归因（stable attribution） 用自身的长期特征解释行为或行为的后果。

镇静剂（tranquilizers） 使人平静下来的药物，可用于治疗焦虑。

不稳定归因（unstable attribution） 用自身或情境的短期特征解释行为或行为的后果。

思考与讨论

1. 在介绍抑郁、双相障碍、焦虑障碍、强迫症以及其他障碍的定义时，我们描述了不少正常情绪功能运作不良的方式。你还能想到其他的方式吗？如果你的某种情绪太多或太少会怎样？如果你的某种情绪方面的能力，比如表达、解读或共情等，太多或太少又会怎样？

2. 在某些情境下，比如所爱之人离世，出现长时间的悲伤退缩也属正常。对于这类情形，你会提出怎样的标准去判断某人的情绪仍在正常范围内，还是需要治疗干预？

3. 一些心理学家提出，人类祖先演化出了在特定情境下陷入抑郁的能力。你能想出抑郁倾向具有怎样的演化优势吗？
4. 针对焦虑障碍的认知治疗旨在帮助来访者重塑他们的评估，以缓解恐惧。根据图4.4中与恐惧有关的评估，哪些评估维度会是治疗师的目标？
5. 治疗反社会人格障碍已经被证明非常困难。缺乏情绪性共情是这种障碍的一大特点。假如你可以识别出患上反社会人格障碍风险较高的儿童，你会设计怎样的干预方法来促进其共情能力的发展？

延伸阅读

Elliott, C. H. & Smith, L. L.（2010）. *Overcoming anxiety for dummies*. New York: Wiley.

Smith, L. L. & Elliott, C. H.（2003）. *Depression for dummies*. New York: Wiley.

两位执业临床心理学家所写的关于临床抑郁和焦虑的概述。

第 15 章

情绪调节

虽然许多研究者致力于识别情绪问题的生物和环境根源，但就像我们上一章所说的那样，越来越多的研究者开始好奇情绪问题在多大程度上取决于管理情绪的能力（J. J. Gross & Jazaieri, 2014）。当你体验到强烈的情绪时，感觉就好像有某种力量临时接管了你的身体和心理似的。人们常常形容自己在激烈的情绪中"发了疯"。但是，情绪并不能完全控制我们，我们也可以反过来控制情绪。即便不考虑心理病理学上的情形，我们控制情绪的方式也对我们的生活有很大影响。

情绪调节（emotion regulation）指的是我们控制自己产生何种情绪、何时产生情绪、情绪体验的强烈程度以及如何表达情绪的策略（J. J. Gross, 2002）。情绪调节的近义词是**应对**（coping），它指的是人们在经受应激事件期间或之后减少负面情绪的努力。两者的区别在于，应对总是尝试减弱负面情绪，而情绪调节包括尝试增强或减弱积极情绪，以及在某些恰当或有必要的时候努力增强负面情绪。

人们使用各种各样的策略来管理自己的情绪，哲学家和心理学家一直对这些策略的不同后果很感兴趣。有些策略比另一些策略有效，但哪种策略最有效，取决于当时的情境。在最后这一章，我们将考察多种情绪调节策略，评估它们的有效性。

弗洛伊德的自我防御机制：早期的应对方式分类

在我们开始之前，请你列出你能想到的所有应对压力情境的方式，比如跟人聊天、远离人群独处、仔细思考目前的困难、转移注意力去从事其他活动等。不要担心你提出的方式会自相矛盾，有时这种策略很有效，但有时是与它相反的策略更有效，这取决于问题的性质。如果将你列出的清单和其他人的相比较，你可能会发现几十种提议。

应对机制的早期分类体系于20世纪早期由西格蒙德·弗洛伊德（1937）提出，其后由他的女儿安娜·弗洛伊德进一步细化。根据弗洛伊德的说法，人类天生具有基本的驱力和欲望（"本我"），但这些是不能在文明社会中表现出来的。其中最著名的当然就是假定儿童渴望与自己的母亲或父亲（性别相反的一方家长）发生性关系。限制本我表达的各种要求、规则和社会期待的东西，就是通过社会化习得的道德，或称"超我"。在这两种互相冲突的力量间起调解作用的就是"自我"。自我是意识层面的"我"，它在超我的约束下尽力安抚本我。弗洛伊德提出了一系列**自我防御机制**（ego defense mechanisms），也就是用来解决本我和超我之间的紧张冲突，保证扰人的欲望隐藏在意识层面之下的心理调节机制。表15.1中描述了几种这样的机制。

表15.1　弗洛伊德提出的若干自我防御机制

自我防御机制	定义	例子
否认	拒绝接受不愉快或威胁性的现实情境	拒绝承认你的好友患上了威胁生命的严重疾病
幻想	用幻想或白日梦来满足欲望	幻想自己与某个著名影星一夜风流
投射	将自己无法接受的欲望、动机或感受指认到别人身上	指责你的伴侣厌倦了你们的感情，但其实你才是那个不安分的人
替换	将自己烦人的情绪施加到其他对象而非真正引起情绪的人或事上	在办公室和上司争辩后，回家冲着你的狗大喊大叫
理智化	只关注问题或经历中抽象的逻辑，而不关注个人或情绪方面	从逻辑上分析朋友令你失望的动机和解释，而不感到受伤害
反向形成	采取和表现出的态度或行为，与潜在的态度和行为完全相反	对你极度讨厌的人表现得过分友好
压抑	无意识地自动遗忘或屏蔽不愉快或无法忍受的记忆	屏蔽对一次车祸的记忆
抑制	有意识地决定在某一特定时段内不去想某件烦心事	你决定晚上看电影时不去想明天一早要提交的作业
升华	用建设性的、社会所宽容的方式去表达社会无法接受的欲望或冲动	写一首歌或一首诗来表达你对父亲或母亲的不满，而不是直接与其争吵

弗洛伊德的分类体系既有优势也有不足。它为我们提供了一种描述和划分各种应对策略的方式。定义清晰、标签明确的结构有益于科学进步，据此，不同研究者才可以针对相同的过程进行研究并比较彼此的结果。有了弗洛伊德的这套分类体系，研究者可以根据人们的总体心理健康水平来比较各种自我防御机制。例如，George Vaillant（1977）提出，弗洛伊德列出的自我防御机制可以分为4个大类，它们分别代表着情绪成熟的几个阶段，对于心理和生活结果也有不同的影响。

Vaillant（1977）认为，第一类是精神病性的防御机制（比如否认）。它们在年幼儿童身上十分常见，但如果在成人身上出现则意味着创伤或精神问题。这一类情绪调节方式与现实脱节最彻底。虽然它们可以改善你的心境，但它们同时会让你无力应对真实世界。第二类是不成熟的防御机制，即避免承认完整的现实。但这种逃避主要是对问题做出不准确的解释（比如投射）或给出不切实际的解决办法（比如幻想），而不是压根否定问题的存在。根据Vaillant的说法，不成熟的防御机制对于青少年来说比较典型，但对成年人来说则不健康。

第三类是神经质性的防御方式，包括替换、理智化、反向形成和压抑等。这些防御机制都可以缓解焦虑，或者至少可以让焦虑变得不那么具有破坏性，但是它们也不能解决眼前的问题。也就是说，神经质性的防御机制虽然不会伤害你，但在很大程度上，它们也没法帮到你。它们在潜意识层面运作，因此人们并不清楚它们在干些什么。按照Vaillant的看法，这些防御机制在成年人身上最常见，因为它们既可以减轻痛苦又为社会所接受。Vaillant认为，成熟的防御手段（比如抑制和升华），才是最健康的，因为它们是有目标的，并且指向亲社会的建设性行为。

除了优点，弗洛伊德的自我防御理论也导致了一些严重的问题。弗洛伊德将防御机制看作人们处理社会不接受的性和身体欲望及其带来的内疚和焦虑的手段。这一观点源于弗洛伊德对于其病人的心理症状背后"真正"原因的解读，但他缺乏扎实的证据来支持这种解读。事实上，目前强有力的证据表明，大部分人对于和家庭成员或其他在自己童年早期就熟识的人发生性关系天然感到厌恶（Lieberman, Tooby, & Cosmides, 2003; Shepher, 1971; Wolf & Durham, 2005）。此外，有关一部分自我防御机制的证据也不稳固。当后来的研究者试图为压抑和投射这样的防御机制寻找科学基础时，他们对于弗洛伊德观点的支持仅止于"疑似"（D. S. Holmes，1978，1990）。

不仅如此，随着弗洛伊德的理论从一个版本更新到另一个版本，他常常会用同样的临床病例来支持不同的甚至相反的结论（F. Crews，1996；Esterson，2001）。也就是说，他并没有发展出新的理论去适配收集到的数据，他只是重新解释了数据以适配他的新理论。现在已经没有什么心理学家或精神病学家捍卫弗洛伊德的理论，但在文学和哲学领域，他的观点至今影响深远。

最重要的是，弗洛伊德的分类体系未能涵盖人们用来应对情绪情境的所有方式。他所描述的防御机制仅限于解释人们如何处理社会不接受或者无法满足的欲望。他并没想过去解释人们如何应对诸如失业、离婚，或一周内参加4门考试并提交一篇论文之类的事件。想要和自己的异性家长发生性关系——如果个体真有这种欲望的话——这样的问题是没法解决的，可是对于其他类型的问题，我们或多或少总能找出一些解决办法。

情绪调节的过程模型

James Gross（2002）提出了**情绪调节的过程模型**（process model of emotion regulation）。这个模型根据各种情绪调节策略在情绪过程中的位置将它们组织在一起，从而为我们思考和分类情绪调节策略提供了另一种选择（见图15.1）。这一模型建立在Lazarus（1991）、Frijda（1986）和Arnold（1960）等人的情绪和情绪调节理论的基础之上，同时也基于有关情绪发生和发展过程的特定假设：①我们进入一个具体的情境；②我们注意到情境中几个特定的方面而非其他方面；③我们采用一种促进特定情绪反应的方式来评估情境中引起我们注意的那几个方面；④接下来我们经历了完整的情绪，包括生理变化、行为冲动和主观感受等。上述事件发生的顺序可以变化，并且有时我们会只体验到情绪中的某些方面而没有体验到另一些方面。但是，这一理论似乎已经可以解释足够多的情绪体验，因而有助于我们理解和组织不同的情绪调节方法。

按照这一模型，我们可以根据情绪调节策略在情绪过程中的哪个阶段使用来对它们进行分类，而且这种分类有助于我们理解为什么不同的策略会对情绪有不同的影响并产生不同的效果。这个模型包含3大类情绪调节策略。**情境关注策略**（situation-focused strategies）是人们用来控制情境的，它通过主动选择某种情境或在一定程度上改变情境来发挥作用。**认知关注策略**（cognition-

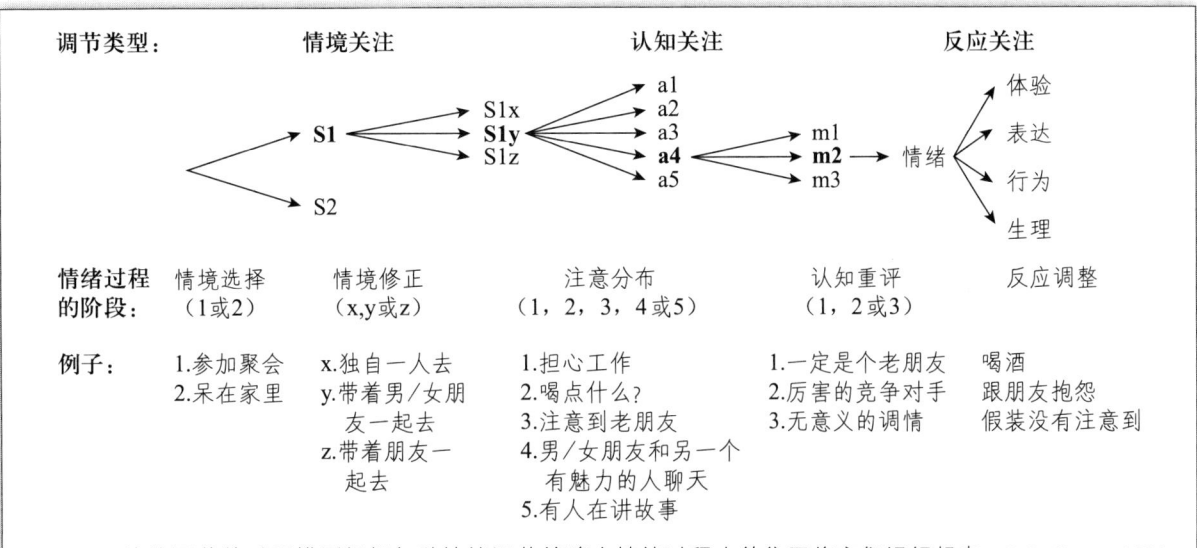

图 15.1 情绪调节的过程模型根据每种情绪调节策略在情绪过程中的位置将它们组织起来。J. J. Gross, 2002, *Psychophysiology*, 39, 281-291.

focused strategies）则要求我们有选择地注意情境中的某些方面或是改变我们看待情境的方式来促进某些情绪并/或消除其他情绪。第三种策略是**反应关注策略**（response-focused strategies），一旦产生情绪就改变情绪的效果。反应关注策略假定个体已经产生了某种情绪，并且想要改变情绪的某些方面。这可能包括：通过谈论这种情绪来消除它；尽力关闭这种情绪或用其他情绪来替代它；努力压制情绪表达好让别人看不出你此时的感受。让我们仔细地来看一看这 3 大类情绪调节策略。

情境关注策略

在有可能的情况下，控制情绪的一种有力方式就是寻求、避免或改变诱发情绪的情境（J. J. Gross, 2001）。例如，如果你担心下周的考试，你可以花更多时间来学习，这样的话你就没什么理由感到焦虑。如果你的室友从来不打扫洗手间，那么你每次不得不去做这件事的时候都会觉得很不爽，所以，你不妨告诉她你觉得两个人分担寝务很重要，并且要求她以后多做一些。如果你的朋友总爱纠缠于一个令人难受的话题（尖锐的政治辩论、详细讨论让你最伤心的一段恋情、有一次你不小心坐在他养的仓鼠上……），你可以一听到他提起这个话题就马上走开，或者你可以积极引出别的话题。如果这些策略没奏效，你可以告诉朋友你觉得这个话题让人不舒服，你不想再谈它了。当你成功地避免或改善了一个消极情境时，你就减少了痛苦的来源。而如果你寻求积极的情境，你就比较容易体验到积极情绪。

这一点看起来似乎非常显而易见，你可能觉得我们这样郑重其事地讨论它完全没有必要。毕竟，有谁会忍受一个本来不必忍受的糟糕情境呢？在这里，我们需要区分一下情境选择和情境修正。**情境选择**（situation selection）指的是我们决定是否要进入可能会诱发某些情绪的情境，而**情境修正**（situation modification）指的是我们进入这个情境后采取措施来改变它。我们首先来了解一下情境选择。

明智地选择情境

我们应当选择进入充满乐趣并且带来长期收益的情境。（一些短期看来有趣的活动长期看来却有消极的后果，这些活动很明显是应该避免的。）事实上，研究者发现，那些为自己创设愉悦事件（比如轻松地散一会步或好好泡一次澡）的人们，在面对强烈应激时有很好的心理弹性（Folkman & Moskowitz, 2000）。避免不必要的应激源也很有好处，但很多人总是倾向于沉浸在完全没有必要的痛苦中。成年人随着衰老体会到较高水平的幸福感，其中原因之一就是老年人较少选择不愉快的情境，特别是为了将来着想的话（Urry & Gross, 2010）。

但情境选择并不是一种万能的情绪调节策略。一方面，完全避免不愉快的情境并不现实。当然，你可以不去参加求职面试，因为那让你紧张。你也可以不约喜欢的人出去，因为那让你心慌，而且万一对方拒绝了，你会非常伤心。但是这样生活真的好吗？过度使用情境选择会限制你的机遇和人际关系。

此外，长期避免任何应激或不愉快事件的人可能没法很好地维持健康和正常生活。一项研究发现，在调查的第一年里采取较多回避取向应对方式的个体，在接下来的4年中反而经历了更多生活应激，进而预测了抑郁症状变多（Holahan, Moos, Holahan, Brennan, & Schutte, 2005）。另一项研究发现，患有创伤后应激障碍的退伍军人很可能使用回避取向的应对方式，但这样的应对也预测了创伤后应激障碍症状的增多（Badour et al., 2012）。第三项研究发现，报告高回避取向应对风格的心脏病患者更有可能在未来 6 年内死于心脏问题（Murberg，Furze，& Bru，2003）。第四项研究发现，偏好使用回避取向应对风格的肾病患者更有可能在未来 9 年内去世，并且数据显示这是因为他们没有按照预约的时间来复诊（E. J. Wolf & Mori，2009）。

上述每一项研究的结果都表明，采用回避应对风格的个体生活得并不好，倒不如直面他们的问题比较有利。因此，使用情境选择策略需要仔细考量。如果你可以回避应激情境而且不会带来任何不良后果，那就放心大胆地这么去做。但是，如果忍受这样的情境长期看来对你有益，或可以避免某些消极后果，那么你可以选择其他一些情绪调节策略。

主动应对：改变情境

在情境修正中，我们会改变所处的情境，以促生我们想要的情绪状态。虽然我们早前提到过，"应对"这个词仅用于描述个体尝试减轻痛苦的消极情境，但情境修正策略也经常被叫作**主动应对**（active coping）。这看起来好像是一种显而易见的情绪调节取向，只要你能够对情境施加一些控制力的话。一些研究发现，经常采用情境修正，或者说主动应对，来调节情绪的人往往拥有较高的身体健康和心理幸福水平（Penley, Tomaka, & Wiebe, 2002）。虽然这些相关关系并不等同于因果，但采取一定措施来改善客观情境，似乎是一种健康、长效的问题处理方式。

主动应对的一大阻碍是人们认为自己无力控制情境。在某些情况下确实如此，但这样的情况并不多见。即使面对可怕的危机情境，也总有一些我们能做的事情（图 15.2）。在一项研究中，那些相信自己对病程比较有控制力的癌症幸存者，在健康行为方面出现了较大改善（C. L. Park, Edmondson, Fenster, & Blank, 2008）。主动应对并没有改变这些人曾经患有癌症的事实，或者说他们未来患癌风险仍然很高的事实。但是，他们改变了自

图 15.2 即便经历了洪水之类的灾难，仍然有一些改善处境的事情是人们可以做到的。主动应对可以让人们拥有较多控制感。

己的生活方式（合理膳食、充足睡眠、经常锻炼等），这对预防今后出现健康问题很有效。

研究表明，主动应对除了能有效改变情境外，也能通过某些机制来提升主观幸福感。即使某些不愉悦的事件难以避免，但如果你采取措施去控制情境的某些方面或预测接下来可能发生什么并有所准备，就可以减少你的烦恼。比起那些有较强控制感的人，感到自己无力控制情境的人罹患抑郁的风险较高（Alloy et al., 1999）。

假设课堂上教授正随机抽查学生来回答富有挑战性的问题。你或许不希望自己被抽中，但你必须时刻做好被抽中的准备，因为下一个有可能就是你。现在，改变这个情境：教授仍在叫学生回答问题，但是按姓名的字母顺序叫的。这样一来，如果你的名字是 Zoe Zyzzlewicz，你就可以一直保持轻松的心情直到快下课的时候。现在，让我们再次改变这个情境：教授只让主动举手的学生回答问题。现在你可以完全控制这个情境了，因为你可以选择什么时候来回答问题。

仅仅认为自己对某个情境有一定控制力，都足以有效降低应激水平。假设你参加了一项实验：你要做一些困难的文稿校对工作，而你的旁边有一个装置会发出不能预测的、突然的、非常响且烦人的声音。你得知研究目的是考察这些噪声对你行为的影响。在你开始工作之前，主试指给你看一个按钮：如果你觉得实在无法忍受噪声了，你就可以按下这个按钮关闭噪声。但不到万不得已你不能使用这个按钮，毕竟研究目的就是要看噪声对你的行为有何影响。也就是说，这个按钮只是"为了以防万一"而存在的。结果发现，几乎没有人真的按下这个按钮。但是，有这个按钮并且相信按下按钮可以关闭噪声的参与者比没有按钮的参与者在校对工作中表现更好（Glass, Singer, & Pennebaker, 1977; Sherrod, Hage, Halpern, & Moore, 1977）。

在另一项研究中，参与者的前臂要接受一系列令人疼痛的热刺激。其中一组参与者得知，如果自己将一个操纵杆足够快地推向正确的方向，那么刺激的持续时间会从 5 秒缩短到 2 秒。但实际上，刺激的持续时间随机变化，他们无法控制其长短。可是，因为他们正在努力操作操纵杆，所以他们将每一个短刺激都解读为自己反应"足够快"的奖赏。此外，相信自己控制着刺激时长的参与者所体验到的疼痛，少于另一组知道自己无法控制的参与者。而且，研究者采用 fMRI 测量脑活动发现，前者的几个疼痛敏感脑区的唤醒程度也较低

（Salomons，Johnstone，Backonja，& Davidson，2004）。一项后续研究使用了类似的设计，结果发现，相信自己有控制力的参与者不仅报告的疼痛比较轻，而且他们的杏仁核也相对不那么活跃（负面情绪普遍与杏仁核的激活有关），伏隔核的活动却比较强（伏隔核与感知到奖赏有关），同时前额叶皮层对这两个脑结构的调制也增强了（前额叶皮层常在需要自我调节的任务中激活）（Salomons, Nusslock, Detloff, Johnstone, & Davidson, 2015）。

想一想如下这个应激情境：你因为重大手术而住院。医护人员并没有告诉你何时会进行手术、手术会持续多久、成功的概率有多大或者手术之后多长时间才能痊愈。你感到又无助又害怕。现在改变一下这个情境：医护人员正如你所愿很详细地告诉你接下来会发生什么，甚至给了你一些选择，比如什么时候动手术、当你从麻醉中醒来时希望谁在你身边等。当你有了一些预期感和控制感时，你的焦虑就缓解了许多（Van Der Zee，Huet，Cazemier，& Evers，2002），同时你甚至会获得更好的治疗效果（Shapiro，Schwartz，& Astin，1996）。研究显示，如果你因为心脏问题接受治疗，同时你感知到自己对心脏病情的控制力较高，那么我们可以有效预测你住院期间出现并发症的风险较低（McKinley et al., 2012）。

如今医院常常会让病人自己决定在手术后如何使用止痛药。病人会得到一个小巧的镇痛泵，而不会有一个护士定时来要求你服药（图15.3）。当然，这种装置限制着病人自主用药的频率。因此，相比由他人控制给药的做法，使用镇痛泵的病人用药较少，也不那么频繁。但是，这些病人在疼痛控制方面的满意度更高（Lehmann，1995）。

单纯相信自己拥有控制感的好处也有一定局限。自助书籍总是鼓励人们将成功可视化，以增加人生的控制感和实现期待的结果。例如，这些书

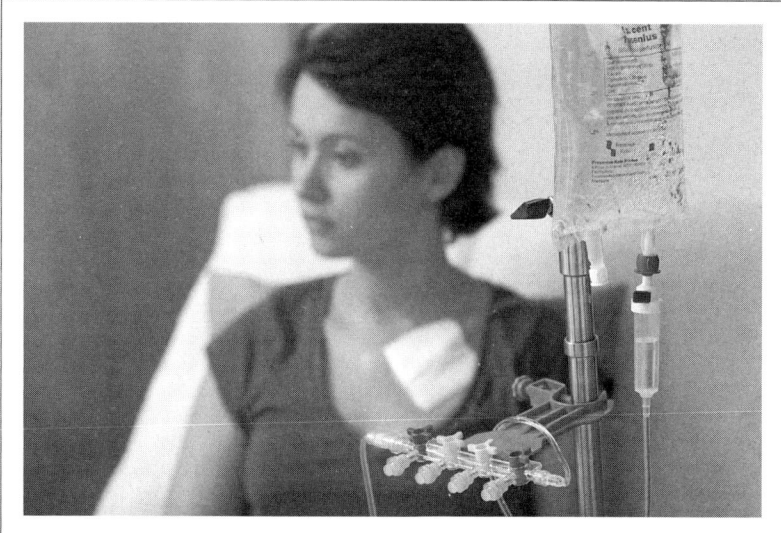

图15.3 一些医院允许病人自己控制使用止痛药的时间点。这种控制感本身也有助于减轻疼痛。

可能会鼓励你想象自己得到了理想的工作、和完美的另一半约会、赢得了比赛或是正驾驶着一辆昂贵的汽车。但这一建议完全是误导。如果你只是想象那些光鲜亮丽的场景的话，你可以享受它，但它并不会真正改善你的处境，甚至可能阻止你参与富有建设性的活动。真正有帮助的活动应该是想象任务本身，而任务可以给你带来奖励和荣誉（Taylor, Pham, Rivkin, & Armor, 1998）。如果你想在运动领域获得成功，你应该想象自己正在练习规定的动作。如果你想要写出一篇精彩的论文，你应该想象自己正在埋头苦读或整理笔记。（然后真的去做！）

同理，如果我们预料将来会面对挑战，那么想象当挑战来临时我们如何应对就可以增加我们的控制感。比如，如果你预期将会和某人进行一次不愉快的交谈，你可以想象你到时会说些什么，对方可能会如何回应，而你又会如何回应（Sanna, 2000）。在一项研究中，首次怀孕的女性要想象和描述自己分娩的场景。那些描述得最精确也最详细的女性最不担心即将到来的分娩（Brown, MacLeod, Tata, & Goddard, 2002）。这种想象并不是一厢情愿的白日梦，而近乎一场细致的认知演练，以应对压力情境。

你也可以通过心理"接种"来获得控制感。如果想要获得对某种病毒的免疫力，你会接种疫苗，而疫苗正是弱化了的病毒。为了对应激源达到心理接种的效果，你可以将自己暴露于强度较低的应激事件中（Janis, 1983; Meichenbaum, 1985）。例如，军队中会要求军人在真实但没有生命威胁的条件下训练战斗技能，警察局也会让受训者在角色扮演的场景中练习逮捕嫌疑人、干预家庭纠纷等。采用这种方式练习的人可以发展出一套情境应对技能，他们可以将这些技能应用到更严重、更具挑战性的同类情境中去。

认知关注策略

不幸的是，我们有时会面对一些自己无力控制或者已经发生而无法挽回的不愉快情境。例如，你向好几家大学提交了研究生申请，但它们都拒绝了你。在另一些情况下，事件仍在进行中，但它的后果是不可控的。例如，你正在照顾患有阿尔茨海默病或癌症的亲人。

在这样的情况下，你可以换一种思考方式，从而控制自己的情绪。有时这意味着你要将自己的注意力放在情境的某一个方面而忽略其他方面。或者，你也可以选用一种不那么令人痛苦的方式去解读情境的意义。这些认知关注策略的好处在于，它们有助于防止产生那些扰人的情绪，从而让你能够忍受潜在的应激情境。认知关注策略近年来得到了研究者的广泛关注，接下来我们仔细了解一下。

注意控制

想象一下，你和你在情绪心理学课上认识的一些人成为了朋友，其中一人邀请大伙某天晚上去他那里吃饭并一起看电影。当你到达的时候一切看起来都那么美好：舒适的起居室，晚饭闻起来很香，电视机又大又新。但有一个问题。你的同学并没有告诉你他养了一只狼蛛做宠物。它就住在起居室柜子上的一个玻璃容器里，清晰可见。在晚饭和看电影期间，狼蛛就在玻璃容器里静静地看着你。

对很多人来说，这种情境会诱发相当大的焦虑。一种选择是改变这个情境，比如离开朋友家（情境选择）或请求主人将狼蛛转移到其他房间去（情境修正）。但是，前者意味着失去社交机会，而后者又可能不大礼貌。许多人在这种情况下会采取**注意控制**（attentional control）的策略，他们会努力避免去看或去想令其不安的对象——在这种情况下就是那只狼蛛。

在小说《飘》（Gone With the Wind）中，主人公斯嘉丽对于处理应激情境有一句名言，"我现在不想想这件事，等我明天可以承受这些的时候我再想"（Mitchell，1936）。这就是一个注意控制的绝佳例子，因为斯嘉丽是有意把问题先放下一阵子。

一项精彩的研究指出了注意控制对于情绪调节的有效性。在这项研究中，Ozlem Ayduk 和她的同事（Ayduk, Mischel, & Downey, 2002）要求参与者生动鲜活地回忆一次被他人拒绝的经历。这种经历会让大部分人觉得很沮丧。他们鼓励一半的参与者关注回忆中的情绪和生理感受，而鼓励另一半参与者关注事件发生地的房间特点上。在唤回这种感受之后，参与者要完成3个新任务：①一个反应时任务，要求参与者尽可能迅速地判断一串字母是不是单词（包括许多不同种类的单词，你认出一个词的时间越短，研究者就越容易认为在你脑海中已经形成了有关的念头）；②给自己的愤怒心境打分；③针对刚才回忆中被拒绝的经历写一篇短文。图15.4的结果表明，注意操纵确实可以影响人们的情绪。比起关注情绪和生理感受的参与者，那些关注他们记忆中房间特征的参与者识别敌意相关单词时比较慢，愤怒分值比较低，在短文中也较少提到愤怒和伤心的感觉。

在一项相似的研究中，儿童玩一个基于电视节目"幸存者"而设计的游戏。研究者告诉其中一些孩子（随机选择），经过投票他们被淘汰了——这是一种明确的同伴拒绝。然后，在开始第二项任务之前的等待时间中，这些孩子默默地思考或参加一些分心活动，比如读漫画书或听音乐。他们花费在分心活动中的时间越久，他们的情绪就恢复得越好，专注于完成第二项任务的能力也就越强（Reijntnes，Stegge，& Terwogt，Kamphuis，& Telch，2006）。

注意控制的难点在于它需要花费很多认知能量。因此，如果个体感到疲劳或是已经长时间控制自身思维，就没什么能力再去控制他们的注意了（Engle，Conway，Tuholsky，& Shisler，2006）。事实上，强迫自己不去注意已经活跃起来的想法和刺激可能是一种特别困难的认知控制。在一项经典研究中，Daniel Wegner及其同事（Wegner, Schneider, Carter, & White, 1987）要求参与者5分钟内不要想到白熊，如果想到了就按铃。结果发现，被要求不想白熊的参与者比被要求想白熊的参与者按铃次数更多！也就是说，如果你努力不去想某些事物，

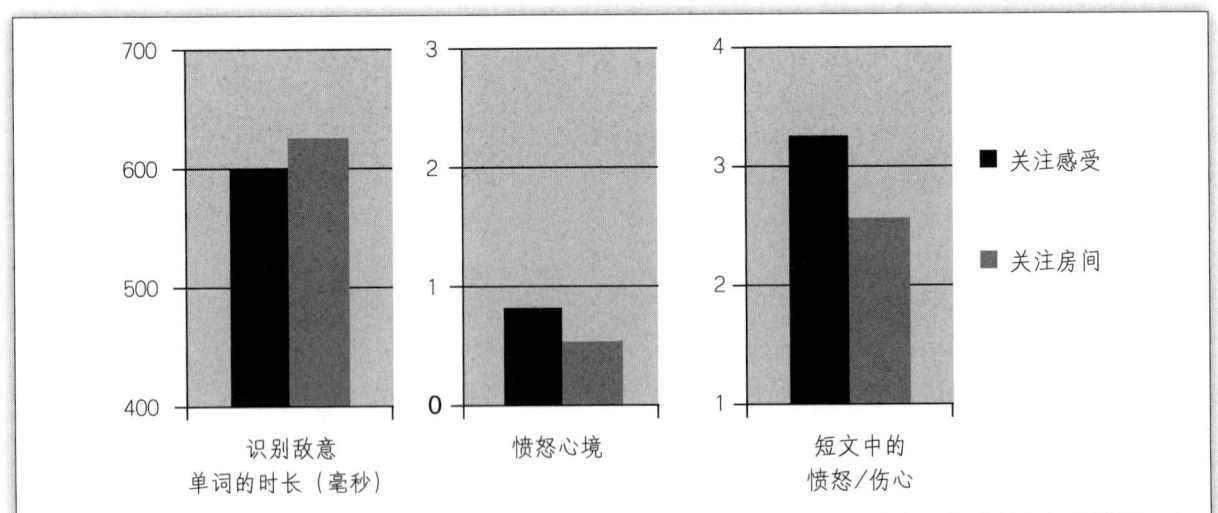

图15.4 在回忆被拒经历期间关注房间特征的参与者在后续任务中识别敌意单词较慢，报告愤怒评分较低，在短文中也较少表达愤怒和伤心。O. Ayduk, W. Mischel, & G. Downey, 2002, *Psychological Science*, 13, 443-448.

与它有关的念头反而会变得更富于侵入性。

一项研究让参与者在电脑上观看成对出现的面孔，一张愤怒的和一张中性的，并在一个圆点取代某张面孔的时候按下指定键（这叫作点探测任务）。与此同时，参与者还要不断在内心复述一个或难或易的数字串（较难的数字串需要较多精力）。研究者使用脑电图测量了愤怒面孔对侧脑半球的事件相关电位，它意味着参与者的注意强度。努力复述较难数字串的参与者对于取代中性面孔出现的圆点反应较慢，说明他们把注意力从旁边的愤怒面孔上转移过来比较困难。脑电图结果也显示他们对愤怒面孔的反应较强，再一次说明此类面孔吸引了他们较多的注意（A. Holmes, Mogg, de Fockert, Nielsen, & Bradley, 2014）。这项研究充分反映了人们面对不愉快刺激时注意调节能力的重要性。

许多研究者对于正念冥想训练是否能够增强人们的注意控制能力，进而提升他们调节情绪的水平，很感兴趣。正念冥想指的是个体学习如何不带评判性地关注自身当下的状态（比方说留意自己的呼吸），或者说面对此时此刻始终保持开放心态的一种实践。研究显示，正念练习有助于增强人们的认知控制，或者说执行功能（executive function）（Chambers, Lo, & Allen, 2008; Hölzel et al., 2013; Teper & Inzlicht, 2013），并且可以减轻人们反刍自身问题的倾向（Chambers et al., 2008）。涵盖多项研究的元分析也表明，练习正念可以缓解焦虑和抑郁症状（S. G. Hofmann, Sawyer, Witt, & Oh, 2010）。

这是个振奋人心的好消息，但我们想要了解正念练习为什么有效以及如何起效，还需要做大量的工作。首先，许多研究要么没有设置对照组，要么用等待名单上的人作为对照组，可这些人并没和研究者有什么接触。这样做是有问题的，因为干预方法中的任何一方面都有可能可以解释结果，而不一定是正念本身。例如，或许改善效果单纯来自放松的时间足够长。即便正念训练本身确实有效，但它是一种十分复杂的心理状态，我们对它如何改善情绪状态没有多少了解。也有研究者提出了其他一些方案，包括增强注意控制，提升人们对情绪的接纳程度，预防人们做出某些让自己难受的傻事等（Kang, Gruber, & Gray, 2013; Teper & Inzlicht, 2013）。目前来说，正念冥想的确是一个很有潜力的研究方向，只是需要更加认真地评估其效果，揭示其背后的机制。

无论是否练习正念，如果你把注意力转向其他事物的话，不去注意特定的刺激就会变得比较容易。**分心**（distraction）意味着努力用其他可选的想法或活动去替代不愉快的念头。分心有不少优点。如果你能把烦恼从脑海里赶出去，它就不会再冒出来，而且你不需要对它做什么。在一项实验里，研究者明确告知参与者，要求他们使用分心策略，结果有效减轻了痛苦（Webb, Miles, & Sheeran, 2012）。但是，分心会妨碍你接下来采取实际措施去改善情境，因为你已经把问题抛到脑后了。这一点可以解释为什么依靠分心来调节情绪的习惯和心理健康水平之间呈现负相关关系（Schroevers, Kraaij, & Garnefski, 2011; Shiota, 2006）。

认知重评

让我们回到前面假设的那个情境：你正和几个朋友共进晚餐，而附近有一只狼蛛。你就是没法不去看那只狼蛛。也许蜘蛛对你来说实在是一个很难克服的障碍，也许你的座位恰好对着那只蜘蛛，又或者，你勤奋学习了一整天，已经没有精力去控制自己的注意了。那么你能怎么办呢？

试着想一想蜘蛛是一个可怜无助的小家伙，它被困在一个玻璃容器中，而你和朋友们却在房间里开心地玩耍并且吃着美味的食物。这样一来，也许你会同情这只蜘蛛而不是感到焦虑。如果这也不管用，你可以想象这只蜘蛛正处在一个搞笑情境中（图15.5）。研究者把这种策略叫作**认知重评**（cognitive reappraisal），即用一种可以改变你情绪反应的方式去看待有关的事件或刺激。

重评并不意味着假装这个情境没有发生，或创造出一个不现实的故事来欺骗自己。它的意思是关注一种积极的（或至少是中性的）情境解读。例如，交通事故、洪水或其他不幸事件的受害者经常会用"这事原本也许会更糟"之类的想法来让自己好过一些。又例如，假设你在上台演讲或求职面试之前发现自己心跳很快、两手发抖，你可以不给自己贴上可能会影响你发挥的"紧张"标签，而去选择"兴奋"标签（Brooks, 2014）。

改变自己对较大的情绪议题或经常遇到的情境的看法，这一过程叫作**认知重构**（cognitive restructuring）——这往往

"妈呀！禁止人类在我旁边打喷嚏！"

图15.5 以搞笑的方式去看待恐惧的对象，属于认知重评。

也是对抑郁和焦虑等有关障碍的治疗目标。例如，也许你曾经把别人每一条不那么友好的评论都作为"大家不喜欢我"的新证据，但你可以学着去想"好吧，总是很难让她满意"或者"我猜今天他心情不大好"。

许多研究表明，认知重评是一种有效且健康的情绪调节策略。在一些研究中，一部分参与者受到指示要重新评价一些令人难受的刺激，结果他们报告的痛苦程度和痛苦的表情都显著少于无指导组（J. J. Gross, 1998; Richards & Gross, 2000; Shiota & Levenson, 2009）。在一项 fMRI 研究中，相比于让参与者仅仅留意自己的情绪，指导参与者使用认知重评降低了他们观看负面照片和短片期间的杏仁核活动水平（Buhle et al., 2014; Ochsner et al., 2002）。此外，大部分研究都显示，经常使用认知重评策略的个体也报告了较高水平的心理健康，其中包含积极情绪倾向较高、消极情绪较少、生活满意度较高、与他人共享的情绪较多、受到同伴的喜爱、拥有亲密的人际关系以及罹患抑郁的风险较低（J. J. Gross & John, 2003; McRae, Jacobs, Ray, John, & Gross, 2012）。

我们并不是在说认知重评是可以适用于任何情境的完美策略。重评改变人们对情境的解读，进而改变你的情绪反应，但它对情境本身没有丝毫影响。和分心一样，它无助于解决问题。研究者考察了使用重评的倾向和抑郁之间的关系，认为其中有一个潜在的调节变量，即各个参与者近期的应激经历总体可控（指当事人可以采取某些措施改善情境）还是不可控。使用重评的倾向较强，在那些面临不可控应激源的参与者身上，预测了抑郁风险较低，但对于那些客观上面临可控应激源的人来说，反而预测了抑郁风险较高（Troy, Shallcross, & Mauss, 2013）。习惯使用重评的人们，即便在自己能够改善情境的时候也会用重评来替代实干，但这样只是获得了短期的情绪受益，却会埋下长期的隐患。

重评的不同类型

重评可以有很多不同的形式。最简单的一种就是忽略情境的情绪属性而只关注一些比如物理环境或人们的衣着等无关紧要的内容。这种方法有时候可以减弱负面情绪体验，就像让参与者回忆被拒经历时只关注房间摆设的那个研究结果一样（Ayduk et al., 2002）。另外，把一个情境变成玩笑也可以改善你的情绪（Lefcourt et al., 1997）。这一策略的有效性多多少少取决于玩笑的类型。在一项研究中，Andrea Samson 和 James Gross（2012）给参与者展示一系列非常不愉快的照片，安排他们有的单纯看照片，有的用搞笑但积极、善意的方式去重新解读照片，还有的用搞笑但刻薄的方式去解读。和单纯看照片的对照组相比，两种类型的搞笑解读都减少了参与者的消极情绪，增加了他们的积极情绪，但善意搞笑的效果显著更好。

如果与他人的互动让你感到有压力，从对方的观点来看待问题也可以是一种有用的情绪调节策略（Webb et al., 2012）。我们也可以将原谅他人作为一种认知重评。原谅通常包括针对他人伤害性的行为找出一些可以接受的解释。比如，"人人都有软弱的时候，而我并不知道他身上发生了什么，也许我不应该把他往坏处想"。放下怨恨可以释放紧张感并提升情绪稳定性（McCullough, 2001; Witvliet, Ludwig, & Vander Laan, 2001）。换句话说，原谅不仅可以帮助被原谅的人，也可以帮助原谅的人。

一种特别好用的重评策略是，关注负面事件，但尽量用一种相对温和的方式去解读它。一项研究给大学生展示120幅图片，其中许多图片是令人不快，让人心烦的。在见到烦人的图片时，参与者要抑制自己的情绪表达，而我们感兴趣的是其中减少情绪表达最成功的参与者究竟采用了怎样的策略。当研究者问他们是如何做到的，大部分人都回答说他们试着用积极的眼光去重新解读图片中的情境。例如，当他们看到一名受伤的军人，他们会告诉自己战斗刚刚结束，伤员马上就会得到很好的医疗照护（Jackson, Malmstadt, Larson, & Davidson, 2000）。

这种关注负性或挑战性情境中积极方面的策略叫作**正性重评**（positive reappraisal），有时也叫作"意义发现"。例如，如果你申请的每一个岗位都拒绝了你，你可以对自己说："好吧，我从第一轮申请里学到了很多，下一轮申请我会做得好一些。"如果你必须要照顾患有阿尔茨海默病的亲人，你可以对自己说："现在正是我振作精神应对问题的时候，让我去帮助最需要我的人。"

正性重评的短期效果不同于那些相对比较中性的重评，或者说解绑重评（detached reappraisal）。Michelle Shiota 和 Robert Levenson（2012）请参与者观看电视节目和电影片段，其中电视片段的内容是人们吃一些比较恶心的食物，而电影片段的内容是主角得知家人去世。参与者首先观看两类片段各一个，然后再观看两类片段各一个，同时要么运用解绑重评，要么运用正性重评，来调节自己的情绪。（参与者观看的片段组合方式不同，顺序也不同，以确保研究结果并非来自任何一个片段本身。）

两组参与者都认为研究者分配给他们的重评策略有效调节了情绪。但与此同时，这两种重评策略也表现出一些重大差异。第二轮观看期间使用解绑重评的参与者，比起第一轮观看时，整体情绪减少。他们的主观情绪体验强度降低，但情绪效价没有改善。在使用解绑重评期间，他们的心血管反应也变得不那么强烈。与此相反，使用正性重评的参与者，主观情绪体验强度没有发生变化，但情绪效价变得比较积极。这组参与者在第一轮和第二轮观看期间的心血管反应也差不多。综上所述，正性重评保持了人们对当前情境的情绪卷入，但卷入的方式相对不那么令人反感（Shiota & Levenson, 2012）。

相关研究表明，正性重评可能是一种特别健康的调节策略。例如，**心理弹性**（resilience）较高的个体，即那些比较容易从负性事件中恢复过来的个体，想到消极事件中潜在积极方面的频率通常也比较高（Tugade & Fredrickson, 2004）。正性重评策略的有效性也得到了临床研究的支持。一项研究比较了荷兰临床诊断为抑郁和焦虑的成人以及情绪健康的对照组成人在情绪调节策略方面的差异（Garnefski et al., 2002）。两组人都完成了一份问卷，报告了他们对自我指责、指责他人、反刍、灾难化（强调事件有多么糟糕）、接纳、计划、客观看待负面事件、思考其他积极议题以及正性重评等各种认知策略的使用频率。其中，健康组使用频率显著多于临床组的一种策略就是正性重评。

还有一些研究也发现，依靠正性重评的个体报告抑郁症状的可能性低于其他人（Garnefski, Teerds, Kraaij, Legerstee, & van den Kommer, 2004; Kraaij, Pruymboom, & Garnefski, 2002）。对这些结果的一种可能解释是，正性重评促进了改善现实生活的行为，就像主动应对一样。例如，一项元分析考察了艾滋病患者的应对策略，结果发现经常采取正性重评的患者在健康行为方面也做得比较好，进而表现出更好的健康效果（Moskowitz, Hult, Bussolari, & Acree, 2009）。

但是，正性重评并不适用于所有情境，也并不总能预示最好的结果。另一项元分析发现，正性重评倾向较强与身体健康无关，与心理健康却有负相关（Penley et al., 2002）。或许某些类型的正性重评比另一些对健康更有益。一方面，看到压力情境中的机遇可能会促进抓住这些机遇的行为，为我们带来希望。但另一方面，一味想着事情没有看起来那么糟也可能会削弱个体改善情境的动机（图15.6）。要找出在什么情况下正性重评才最有利，我们还需要更多的研究。

"本班同学真是活泼开朗……"

图 15.6 在某些情况下，正性重评或许会抑制个体付出努力去改善负面情境。

反应关注策略

假设最坏的事情已经发生，比如，你的亲人离世了。对此你无力挽回，没有任何一种认知重评可以显著地改善这样的情境。一旦情绪涌出，人们常常依靠反应关注策略去调节情绪。这样的策略有很多，接下来我们会讨论几种目前受到研究者重视的。它们都有一个共同的目标就是改变情绪的感受或表达，而不是改变情境或对情境的评价。

逃离情绪：酒精和食物

如果你最近经历了某些糟糕的事情，你想要逃离痛苦的折磨——马上见效的那种——你会考虑怎么做？朋友，诚实一点。

不少人用"一醉解千愁"来暂时回避问题，至少他们偶尔会选择这么做（Sher & Grekin, 2007）。酒精本身不是问题，每周小酌几杯的人不计其数。但是，如果依靠酒精或某些药品来逃避痛苦，这种行为本身则会迅速演变成大问题。抛开酒精成瘾或药物成瘾给生命健康带来的严重危害不谈，这些选择用醉酒来替代负面情绪感受的人，往往不会再采取任何建设性的行动去改善自己的处境。

还有一个办法可以让人立即感觉好起来，那就是吃。然而，大多数通过饮食来逃脱情绪紧张的人后续只会感到更痛苦（M. R. Solomon, 2001; A. Water, Hill, & Waller, 2001）。频繁发生情绪性进食，是抑郁的风险因素之一（Konttinen, Männistö, Sarlio-Lähteenkorva, Silventoinen, & Haukkala, 2010）。围绕进食、情绪调节和心理健康之间关系的研究通常采用相关设计，因此尚不能判定这几个因素之间的因果关系如何。但是，一项实验研究随机安排参与者，要么在负面情绪任务中使用重评策略以尽力抑制自己的情绪表达，要么可以自由地表达情绪、做出反应。在接下来的一项味觉测试中，抑制情绪表达的这组参与者吃的曲奇或薯条等零食多于其他参与者（Evers, Marjin & de Ridder, 2010）。因此，或许人们为隐藏自身情绪所付出的精力消耗了他们的自我调节储备，导致他们有什么就吃什么。但是，和酒精、药品一样，习惯性的"情绪性进食"也会排挤具有建设性的、针对问题解决的方案。

抑制情绪表达

在某些情境中，我们可能会感到有压力，无论内心有何感受，都必须控制它的外在表达。想象一下，你在工作场合受到了领导不公正且措辞粗鲁的指责，或是在学校里收到了教授讽刺的评语。此时你会感到被冒犯了，但如果你毫不克制地表现出自己生气了，就有可能惹出更大的麻烦。大多数人都懂得如何隐藏自己的情绪，好避免周围的人看出他们此时的感受（J. J. Gross, 1998, 2002; J. J. Gross & Levenson, 1997）。

研究者把这种策略叫作抑制情绪表达。但要注意，此处的"抑制"和弗洛伊德所说的"抑制"不是一回事。后者指的是有意屏蔽某些想法，而前者指的是阻断某种情绪的行为表现。有能力抑制情绪表达，在某些情况下非常重要。假设你从来没有抑制过自己的情绪表达，想想那会变成什么样吧。不过，和其他一些情绪调节策略一样，不论具体情况如何，一味抑制情绪也会导致问题。许多研究都表明，抑制情绪表达相当耗费认知资源，会带来各种各样的负面影响。接下来我们就详细谈谈这些影响。

宣泄：表达你的感受

通俗心理学经常建议人们"放开自己"——充分体验你的感受，将它们完全表达出来。这种策略可以追溯到弗洛伊德所说的**宣泄**（catharsis），即表达强烈的情绪，借此释放它们。这一策略背后的理念是，情绪被禁锢在你心里，你必须通过某些方式把它们抒泄出去。

但总体来说，研究并不支持发泄情绪会让人感觉好些的假设。激烈地表达悲伤或愤怒，不一定能削弱相应的情绪，有时候反而还会增强它（图15.7）。例如，用释放来处理负面情绪的个体在人际交往中往往比其他人更焦虑（Jerome & Liss，2005）。如果鼓励人们在观看悲伤电影时哭泣，那么这些人最终会比努力克制眼泪的人感觉更难过（Kraemer & Hastrup，1988）。感情不和的夫妻如果把自己的愤怒向对方倾倒出去，只会朝着离婚迈出一大步，而不会走向和解（Fincham，2003）。

此外，虽然谈论一个困扰你的情境有助于人们调节情绪，但长久沉浸其中却是有害的。就像药物一样：恰当的剂量有益健康，但如果服用太多就会让你患上其他毛病。反刍就是指长期关注某一情境中的消极方面而不去寻求解决方案。过度反刍通常是临床抑郁的先兆，同时也有可能是焦虑障碍的一个致病因素（Garnefski et al.，2004; McLaughlin & Nolen-Hoeksema，2011）。

图 15.7 弗洛伊德起初认为表达自己的感受有助于把它们清除出去，从而改善人们的情绪状态。但研究并不支持这种观点。

我们并不是在建议你克制一切对负面体验的表达或讨论。记得我们之前介绍注意控制时说过，抑制思维需要付出认知资源，当它迅速消耗过多的资源后，你就无力再去注意其他东西了。努力不去想近期不愉快经历的个体，工作记忆测试成绩比其他人要差（Klein & Boals, 2001）。很明显，封闭不想要的念头耗费掉了他们原本可以利用来做其他事情的认知资源。

因此，我们在这里提示你：既不要沉浸在不愉快的经历和情绪中，也不要彻底避开所有有关它们的想法——在某种程度上，你需要找到两者之间的平衡点。研究表明，对问题进行相对简明的探索即可为你带来大量的收益。在一项实验中，James Pennebaker（1997）随机要求一组大学生在3~5天的时间内每天围绕一些非常令人不快的经历花半小时写下自己最深层的想法和感受。而在相同的时间内，随机选出的对照组学生则围绕非情绪性的主题写作。许多实验组的学生写下了一些创伤性的事件，比如朋友或亲人的离世、遭遇身体虐待或性虐待的经历。在这周结束时，这些学生可以销毁自己的记录也可以选择将它们交上来，但是不会有人跟他们讨论其中的内容。换句话说，在这些研究中，这些学生只和自己交流了其中的情绪感受。

事后，研究者询问这些学生在记录时的反应。虽然在记录时他们感到非常难受，有时甚至会哭，但几乎所有人都说这是一次珍贵的体验。在学期末的追踪中发现，平均来说，实验组的学生比对照组的学生较少生病，较少喝酒，并且获得了更好的成绩（Pennebaker, 1997）。若干后续研究也显示，这样的写作记录对健康有益（Pennebaker & Chung, 2011）。思考一个应激事件及其潜在的解决方案也能让人们获得一些类似的好处，即使他们没有把想法写在纸上（Rivkin & Taylor, 1999）。

为什么写作任务有这么好的效果，而反刍和单纯表达情绪却让局面变得更糟？根据Pennebaker团队的研究，那些借助写作过程试着理解应激事件以及自身反应的人，最有可能从这一任务中获益。比方说，在一项写作任务研究中，频繁使用诸如"因为""原因""认识到""明白"和"理解"这类词语的个体，在健康、学业成绩和总体调适方面获益也较多（Pennebaker & Graybeal, 2001）。也就是说，并不是因为人们通过写作表达了自己的情绪，而是因为他们通过写作更好地理解了情境，写作任务才发挥了作用。

另一项研究没有发现写作的益处，但它也同样启发了我们。在这项研究中，结婚时间很长但最近正在办理离婚或分居手续的参与者，每天花20分钟，连续

3 天，要么写下分手怎样影响了他们的情绪，要么写下他们生活中一些非情绪性的事实。结果显示，写下非情绪性内容的参与者心境和注意力都有显著改善（Sbarra, Boals, Mason, Larson, & Mehl, 2013）。很明显，持续思考自己对事件的情绪反应，反而会让近期经历或正在进行的事件一次次复燃。

经由另一条通路——即诱发其他人提供社会支持——表达情绪可以产生积极的效果。研究者收集了 35 个国家几千人的数据，调查他们最近何时哭过以及哭泣如何影响他们的情绪（Bylsma, Vingerhoets, & Rottenberg, 2008）。参与者要报告自己哭泣时情境的特点，比如当时有谁在场，是什么事情使他们哭泣，以及事后发生了什么等等。结果显示，如果哭泣诱发了来自他人的社会支持，就很有可能改善参与者的情绪。尤其是在参与者获得他人安慰性的话语或触碰，或者其他友善的行为时。

锻炼

最成功的反应关注策略之一就是体育锻炼（图 15.8）。研究一再表明，锻炼是一种可靠的预防抑郁的方式（Leppämäki, Partonen, & Lönnqvist, 2002），而且锻炼作为一种干预方法，能够有效缓解抑郁症状（Josefsson, Lindwall, & Archer, 2014）。如能长期坚持下去，锻炼也可以帮助预防焦虑（Asmundson et al., 2013）。唯一需要注意的是，只有坚持参加体育锻炼才能获得相应的益处，单次运动并不能达到这样的效果。同时，中等运动量的锻炼可以改善心境，但极端剧烈的运动却反而会让心情更糟糕（Salmon，2001）。

为什么长期坚持中等强

图 15.8 体育锻炼不仅可以促进身体健康，也可以在情绪调节方面发挥重要作用。

度的锻炼可以改善心境呢？可能有许多不同的机制参与其中。第一，锻炼可以让你从应激源中解脱出来。任何形式的分心任务，比如听音乐或看电视都是处理压力的方式，虽然在很多情况下并不是最有效的方式（Fauerbach, Lawrence, Haythornthwaite, & Richter, 2002）。分心是否能起到很好的作用实际上与应激源有关。一方面，如果应激源完全超出你的控制，重评不再是一种明智的策略，那么分心可能就是一个不错的选择。另一方面，如果你对某一情境有一定的控制力，那么分心就会妨碍你解决问题并阻断你改善情境的可能。

第二，锻炼提升总体健康水平。身体状况好的个体在面对应激事件时表现出的紧张和交感神经兴奋都弱于身体差的个体（Crews & Landers, 1987）。而且别忘了肌肉紧张度和唤醒度是主观应激感受的组成部分。

第三，即使眼前的应激情境无需躯体活动，但任何应激都会让身体紧张起来做好战斗或逃跑的准备。如果身体经历应激之后进行了一定量的活动，那么它就比较容易放松下来。针对啮齿类动物的实验室研究发现，在大鼠体验某个独立应激源之后让它们进行滚轮奔跑运动，减弱了其肾上腺应激反应（Mills & Ward, 1986）。

第四，神经递质内啡肽（见第6章）在体育锻炼期间会变得更活跃（Thoren, Floras, Hoffman, & Seals, 1990）。这类化学物质是人体自身止痛系统的一部分，而且它们的活动总体来说与心境改善联系在一起。

放松

将锻炼和放松同时列为控制情绪的方法似乎有些自相矛盾，但实际上它们很可能彼此关联：两者都能降低肌肉紧张度和自主唤醒水平。不知道如何放松？请跟随下面的建议（Benson, 1985）：

- 找一个相对安静的地方。
- 绷紧你全身的肌肉，并且留意这种紧张的感觉。然后从你的双脚开始，逐渐向上，系统地、一点一点地放松它们。
- 如果起初你觉得很难放松，不要担心，因为放松的重点就是停止担心。
- 通过重复某个单音（比如"哦——"）或者关注某个简单的物品或形状，尽可能排除刺激干扰。你可以选择任意一种你觉得舒适自在的方式。

图 15.9 经常冥想的人报告的应激水平较低，这有可能是认知训练的效果，也有可能是单纯放松的效果。

这一训练就是众所周知的冥想（见图 15.9）。冥想的形式有许多种，其中包括我们前面提过的正念冥想，但所有形式的冥想都包含安静打坐，或安静地做一些动作，将注意力集中在此时此地，避免脑海被忧愁烦恼和待办事项占据。一项元分析发现，基于冥想练习的治疗方法可以改善抑郁、焦虑和疼痛症状，但是其效应量并未超过使用体育锻炼和应激削减课程的对照组（Goyal et al., 2014）。而且，有关积极情绪和总体应激方面的效果目前尚未有研究报告。虽然冥想降低应激的机制现在我们还不大理解，但一种潜在的解释是冥想促进了放松（D. S. Holmes，1987）。

情绪调节的神经生物学基础

没有哪位神经科学专家试图找出一个准确的情绪调节脑区，但神经影像研究的结果让人们多多少少了解到运用具体的调节策略时需要什么认知能力。许多这样的研究都围绕认知关注策略展开，其中一部分原因在于它的理论意义，另一部分原因是认知关注策略容易通过 fMRI 设备观察到。这些研究普遍侧重我们之前提出的观点，即认知关注策略需要个体费力控制思维和注意，这一过程经常被叫作**执行控制**（executive control）。有关认知重评的神经激活模式的研究结果也符合这一观点。

一项研究采用 fMRI 扫描了年轻男性观看一系列色情短片时的脑激活情况。看部分色情短片时，研究者告诉他们要允许自己的性唤醒，而看另一部分短片时他们则要抑制自己的性唤醒。结果显示，两种不同条件下激活的脑区是不同的（Beauregard, Lévesque, & Bourgouin, 2001）。当这些参与者放任自己的性唤醒时，他们的下丘脑、右侧杏仁核以及一部分右侧颞叶皮层活跃起来，这些区域与强烈的情绪相联系。当他们抑制自己的性唤醒时，杏仁核和下丘脑的激活较弱，前额叶皮层的激活增强，而前额叶是与认知控制相关的脑区（Tisserandet al., 2004）。

一项相似的研究也扫描了参与者观看一系列负面图片时的脑激活情况。然后研究者又考察了参与者观看同样图片时的脑激活，只是这一次他们必须以不那么负面的方式对图片进行认知重评。当参与者第一次看这些图片时，其杏仁核以及眶额叶皮层出现了广泛的激活，而这些区域往往和情绪体验联系在一起。当参与者重新解读这些图片时，这些脑区的激活下降了，前额叶皮层的若干部位则兴奋起来（Ochsner et al., 2002）。如今，多项研究都已经成功复制了前额叶皮层在重评期间高度兴奋的结果（Buhle et al., 2014）。

认知重评并不是唯一需要认知控制的情绪调节策略。在一项研究中，研究者给参与者播放几个负面的电影片段，同时对他们进行 fMRI 扫描。对于一部分片段，参与者只需单纯观看，对于另一部分片段，他们要一边观看一边进行重评，还有一部分片段，他们在观看期间要抑制自己的情绪表达。重评和抑制条件下的前额叶皮层都比单纯观看条件下要活跃。但重评条件下这样的激活在片段开始播放的数秒内就发生了，而抑制条件下这样的激活则在数秒之后才出现（Goldin et al., 2008）。这一时间差正好符合情绪调节过程模型的假设：在情绪加工过程中，抑制发生在重评之后。

哪种情绪调节策略最好？

到现在为止，我们已经总结了一系列情绪调节策略，其中哪一种最好呢？在回答这一问题之前，我们需要注意，许多情绪调节策略都不能非此即彼地归入情境关注、认知关注或反应关注策略（E. A. Skinner, Edge, Altman, & Sherwood, 2003）。例如，我们将"表达你的感受"列为一种反应关注策略，但是如果它引发了他人的援助就起到了情境修正的作用。

社会支持也可以通过多种途径帮助我们处理应激情境。首先，想一想社会支持对所有现实问题的效果：朋友可以为你提供如何解决问题的建议。如果你失业了，他们可能会帮助你找一份新的工作；如果你病了，他们会开车陪你去看医生，帮你拿药，告诉你要注意药物的副作用，并且给你带饭吃。研究者常把这叫作**工具性社会支持**（instrumental social support）。

其次，想一想社会支持如何为你提供情感抚慰，也就是**情绪性社会支持**（emotional social support）。孤独令人伤心，孤独的人有更高的自杀风险也有更多应激相关的疾病（Hawkley & Cacioppo，2010）。婚姻幸福的人以及有亲密朋友的人报告的应激较少，表现出较强的免疫反应和较高的健康水平（Kiecolt-Glaser，1999；Kiecolt-Glaser & Newton，2001）。一项元分析显示，对各种癌症患者来说，已婚都是和化疗一样有力的生存预测指标（Kissane，2013）。（我们假设这一效应主要源于那些婚姻幸福的患者。）和其他相关研究一样，我们不能下结论说其中有因果联系，但许多研究的时间进程都符合亲密关系可以减少应激的假设。

虽然许多情绪调节策略难于分类，但仍有一些可以清楚地归到某一分类中，尤其是在涉及具体例子时。研究发现，在表面有效性方面，3大类策略存在比较稳定的差异。你可能猜想，情境关注策略成功的话，会带来很多好处。如果你可以回避或减少问题，那么从一开始就不会有不愉快的情绪产生。一项围绕新近丧夫的女性的研究显示，对生活事件怀有的控制感最强的女性体验到的焦虑最少（Ong，Bergeman，& Bisconti，2005）。另一项研究发现，患有注意缺陷多动障碍（ADHD）的成人在面对应激情境时较少采用情境关注策略，因此比较容易走向攻击性的对抗（S. Young，2005）。

但是情境关注策略并不适用于所有情况，比如慢性疾病、战争或不可抗拒的死亡等。如果你对一个问题缺乏控制力，你就会选择重新评价这一情境或是试着调节自己的情绪反应。

正如我们之前提到的，已有不少研究比较了重评和抑制情绪表达的效果。一些个体习惯性地抑制自己的情绪表达，将之作为自己全方位的调节策略（J. J. Gross & John，2003）。研究者一致发现，抑制面部表情并不能减轻负面情绪体验，实际上还会增强应激的生理反应（e.g., J. J. Gross，1998，2002；J. J. Gross & Levenson，1997）。例如，面对一系列负面情绪图片，被要求抑制情绪反应的学生的血压，高于没有收到指导语的学生（Richards & Gross，2000）。另一项研究让女性参与者观看有关第二次世界大战中广岛和长崎原子弹爆炸的一段影片，然后要求她们讨论影片内容。讨论过程中要么任其自然反应，要么让她们抑制自己的情绪。结果发现，抑制情绪反应的女性血压明显升高（Butlern et al., 2003）。但是，抑制情绪表达的亚洲人并没有表现出像欧美人那么大的反应（Butler，Lee，& Gross，2007）。这或许是因为亚洲文化本身就比较鼓励人们抑制，因而在亚洲文化中成长起来的人抑制情绪的经历相对多一些。

　　重评和抑制的策略对于记忆会带来不同的效果。一旦人们启用重评策略，他们的注意力就从负面的情绪体验上转移开，指向情境的其他方面。而抑制你的情绪需要持续的注意，因为你需要一直监控自己的行为并始终记挂着隐藏自身感受的要求。抑制策略中需要付出认知努力，因此可用于完成其他任务的资源较少。在一些给参与者看负面电影片段、不愉快图片以及讨论与伴侣的争吵的研究中，比起被要求使用重评策略或没有给出调节指导的参与者，被要求抑制情绪表达的参与者表现出较差的言语记忆（Richards，Butler，& Gross，2003; Richards & Gross，1999）。

　　此外，研究还表明，相比重评，抑制对于人际关系也有不良影响。报告说自己经常使用抑制策略的个体较少依靠他人的社会支持，也不太受他人喜爱。相反，频繁使用重评策略的个体受到了同伴的喜爱（J. J. Gross & John，2003）。一项近期的研究发现，由高中步入大学的新生中，那些经常使用情绪抑制的个体难以在新环境中建立新的人际关系（Srivastava，Tamir，McGonigal，John，& Gross，2009）。这一趋势特别有趣，因为抑制负面情绪最突出的原因就是为了避免和他人起冲突。在某些情况下，抑制情绪表达很有必要。然而，作为一种整体倾向，其后果显然不佳。习惯于隐藏自己情绪的个体很难亲近，他们可能避免了冲突，但也同时逃避了亲密关系。

　　总而言之，研究表明，抑制情绪远不是一种理想的调节策略。但任何调节策略都在某些场合有效，而在另一些场合要么无效，要么把事情变得更糟糕。最健康的做法是多样选择，灵活应对，视情况而定（Bonanno & Burton, 2013）。

总　　结

　　虽然我们表达了对弗洛伊德的方法和理论的怀疑，但他的基本观点是正确的：人们想要回避焦虑或压力，并且他们会不断尝试各种方法，直到实现这一目标。许多人会习惯于依赖某一种方法，但考虑到情境的差异，总有一些策略会比另一些好用。如果条件允许的话，最佳策略是努力解决问题。即使你不能完全解决问题，对情境施加一些控制，或者哪怕只是想一想要去控制它，都会让问题变得不再那么令人崩溃。

当你无力控制情境时，重评通常是下一个最佳选项。你能让自己的心思远离这个麻烦情境一小会吗？或者，你可以换个角度去看：这个情境有可能带来什么好处吗？你能借由这个情境做出有价值的事情吗？

最后，反应关注的取向也有一定的作用，可以作为其他策略的辅助，也可以作为其他策略都失败之后的最终方案。在这方面，研究纠正了一些常见的错误观点：肆意表达你的负面情绪无助于缓解它们，而抑制它们往往也只会适得其反。折中而行最为明智：建设性地思考问题，和他人讨论问题，但不要沉浸其中长期反刍。坚持体育锻炼可以帮助我们控制情绪，放松也可以，但具体方式应当科学、健康。如果你熬过了糟糕的一天，需要喝杯小酒或吃个蛋筒冰激凌，我们不会阻止你——但千万不要养成这种习惯。

关键术语

主动应对（active coping） 采取具体步骤以改变问题情境。

注意控制（attentional control） 让注意力离开可能诱发不想要的情绪的刺激和想法。

宣泄（catharsis） 通过充分的体验和表达来释放强烈的情绪。

认知关注策略（cognition-focused strategies） 有选择地注意情境中的某些方面或是改变我们看待情境的方式，以促进某些情绪并/或消除其他情绪的调节策略。

认知重评（cognitive reappraisal） 通过改变看待某一情境的方式来减少负面情绪，增加正面情绪。

认知重构（cognitive restructuring） 改变自己对较大的情绪议题或经常遇到的情境的看法，这往往也是对抑郁和焦虑等有关障碍的治疗目标。

应对（coping） 人们在经受应激事件期间或之后减少负面情绪的努力。

分心（distraction） 努力用其他可选的想法或活动去替代不愉快的念头。

自我防御机制（ego defense mechanisms） 根据弗洛伊德的观点，用来解决本我和超我之间的紧张冲突，保证扰人的欲望隐藏在意识层面之下的心理调节机制。

情绪性社会支持（emotional social support） 痛苦时寻求和接受他人的同情与鼓励。

情绪调节（emotion regulation） 我们用来控制自己产生何种情绪、何时产生情绪、情绪体验的强烈程度以及如何表达情绪的策略。

执行控制（executive control） 指费力控制注意、工作记忆和计划等认知过程。

工具性社会支持（instrumental social support） 经历应激期间寻求和接受他人的现实支持。

正性重评（positive reappraisal） 关注负性或挑战性情境中积极方面的策略。

情绪调节的过程模型（process model of emotion regulation） 根据各种情绪调节策略在情绪过程中的位置将它们组织起来的模型。

心理弹性（resilience） 指比较容易从负性事件中恢复。

反应关注策略（response-focused strategies） 当情绪已经产生，试着改变情绪反应的调节策略。

情境关注策略（situation-focused strategies） 通过主动选择某种情境或在一定程度上改变情境来调节情绪的策略。

情境修正（situation modification） 采取具体步骤来改变情境，通常是改善它。

情境选择（situation selection） 决定是否要进入可能诱发特定情绪的情境中。

思考与讨论

1. 想一想最近让你感到难受的一个情境，描述一下你会怎样运用情境关注、认知关注和反应关注策略去应对它。在这个情境中，每种策略各有什么优缺点？
2. 说一说你在应激情境下可以通过哪些方式从别人的支持中受益。这些方式根据情绪调节的过程模型应该如何分类？
3. 假如你想要帮助一个刚刚丢了工作的朋友，你会怎样运用本章所介绍的各种情绪调节策略让你的朋友感觉好受些？
4. 在什么场合下，你会想要增强自己的负面情绪？在什么情况下你应该减弱自己的积极情绪？

延伸阅读

Gross, J. J.（2014）. *Handbook of emotion regulation*（2nd ed.）. New York, NY: Guilford.

情绪调节领域前沿研究者的论述合集。

Goleman, D. & Davidson, R. J.（2017）. *Altered traits: Science reveals how meditation changes your mind, brain, and body*. New York, NY: Avery.

有关正念冥想及其短期和长期效应研究的批判性分析。

参考文献*

Abbey. A.(1982).Sexual differences in attributions for friendly behavior: Do males misperceive females' friendliness? *Journal of Personality and Social Psychology*, 42, 830–838.

Abramov, I., Gordon, J., Hendrickson, A., Hainline, L., Dobson, V., & LaBossiere, E. (1982). The retina of the newborn human infant. *Science*, 217, 265–267.

Abramson, L. Y., Seligman, M. E. P., & Teasdale, J. D. (1978). Learned helplessness in humans: Critique and reformulation. *Journal of Abnormal Psychology*, 87, 49–74.

Abu-Lughod, L. (1986). *Veiled sentiments*. Berkeley, CA: University of California Press.

Acevedo, B.P., Aron, A., Fisher, H. E., & Brown, L. L. (2012). Neural correlates of long-term intense romantic love. *Social Cognitive and Affective Neuroscience*, 7, 145–159.

Adamec, R. E., Stark-Adamec, C., & Livingston, K.E. (1980). The development of predatory aggression and defense in the domestic cat (Felis catus): 3. Effects on develop ment of hunger between 180 and 365 days of age. *Behavioral and Neural Biology*, 30, 435–447.

Adams, R. B., & Kleck, R. E. (2003). Perceived gaze direction and the processing of facial displays of emotion. *Psychological Science*, 14, 644–647.

Adams, R. B., & Kleck, R. E. (2005). Effects of direct and averted gaze on the perception of facially communicated emotion. *Emotion*, 5(1), 3–11.

Admon, R., Lubin, G., Stern, O., Rosenberg, K., Sela, L., Ben-Ami, H., & Hendler, T. (2009). Human vulnerability to stress depends on amygdala's predisposition and hippocampal plasticity. *Proceedings of the National Academy of Sciences of the United States of America*, 106, 14120–14125.

Adolph, K.E.(2000). Specificity of learning: Why infants fall over a veritable cliff. *Psychological Science*, 11, 290–295.

---

* 为了环保，也为了节省您的购书开支，本书参考文献不在此一一列出。如果您需要完整的参考文献，请通过电子邮箱1012305542@qq.com 联系下载，或者登录 www.wqedu.com 下载。如您在下载中遇到问题，可拨打 010-65181109 咨询。